前言

Python 是應用最廣泛、最簡單的程式語言之一，Qt 是最好的桌面程式開發函式庫之一。PyQt 是 Python 與 Qt 結合的產物。PyQt 借助 Qt 和 Python 兩大生態，一誕生就廣受歡迎，可以說是 Python 中應用最廣泛的桌面程式開發（GUI）函式庫。由於 PyQt 是 Python 與 Qt 的結合，因此它既可以利用 Python 強大而又簡潔的語法和強大的生態，又不會遺失 Qt 強大的功能。

事實上，PyQt 是協力廠商提供的 Qt for Python 綁定，而 Qt 官方提供的 Python 綁定為 PySide。PySide 的第一個版本在 2018 年發佈，是基於 Qt 5.11 的 PySide 2。PyQt 最早的版本可以追溯到 1998 年的 PyQt 0.1，當前最新版本為 PyQt 6（截至 2022 年 8 月，最新版本基於 Qt 6.3），並且實現了 PyQt 與 Qt 的同步更新。隨著 PySide 2 的逐漸完善，我們有了除 PyQt 之外的另一個選擇，在此之前基本上只會選擇 PyQt。PySide 和 PyQt 都是 Qt 對 Python 的綁定，兩者絕大部分的方法和用法都一樣，並且兩者之間的程式碼相互轉換也非常容易，對初學者來說隨便選取一種學習即可。學習 PySide 6 / PyQt 6 的好處是原來 PySide 2 / PyQt 5 的絕大部分案例都能用，少部分程式碼在進行微調以後就能執行。因此，對想要學習 GUI 的讀者來說，從 PySide 6 / PyQt 6 開始是最好的選擇。

本書增加了很多新的基礎知識，包含了初學者學習 PySide 6 / PyQt 6 需要掌握的絕大多數內容。在開始撰寫本書時，PySide 生態已經非常完善，PySide 6 比 PyQt 6 的更新速度更快。本書提供了 PySide 6 和 PyQt 6 兩套原始程式碼，讀者可以把本書作為 PySide 6 / PyQt 6 的小百科，因為本書涉及 PySide 6 / PyQt 6 絕大多數常用的基礎知識，並且內容足夠豐富。如果讀者想快速入門 PySide / PyQt，那麼本書絕對可以滿足你的需求。

經過一年多的不懈努力，本書終於得以出版，希望能夠幫助更多的朋友快速掌握 PySide 6 / PyQt 6 開發技術，少走冤枉路，節約時間成本。

在筆者最初接觸 PyQt 的時候，查詢各種資料非常痛苦，因此讓更多的人減輕這種痛苦是筆者完成本書最大的動力。本書若能幫助更多的讀者快速入門 PySide 6 / PyQt 6，將是筆者莫大的榮幸。

✤ 本書結構

本書共 9 章，包含 PySide 6 / PyQt 6 常用知識及一些經典的應用。每章的側重點不同，並且相對獨立，讀者根據目錄即可獲取自己所需的內容。

第 1 章介紹 PySide / PyQt 的入門知識，主要介紹 PySide 和 PyQt 的基本概念、PySide 6 / PyQt 6 的安裝和使用（包括 Qt Designer 等工具的初步用法）、常見 IDE（PyCharm、VSCode、Eric 7）的安裝、設定與使用。已經有一定基礎的讀者可以略過本章。

第 2 章介紹 Qt Designer 的詳細用法。Qt Designer 是 PySide / PyQt 的視覺化介面編輯程式，透過拖曳滑鼠等視覺化操作就可以快速開發出 GUI 檔案（*.ui 檔案），可以透過官方提供的 uic 工具把 .ui 檔案自動轉為 .py 檔案。本章介紹了 PySide / PyQt 程式開發流程，如版面配置管理、訊號與槽連結、功能表列與工具列、增加與轉換資源檔等。對 PySide / PyQt 初學者來説，這些是實現快速入門和快速進步的重要內容。

第 3 章和第 4 章介紹 PySide / PyQt 的基本視窗控制項的使用方法。第 1 章介紹了 PySide / PyQt 的環境設定，第 2 章介紹了 PySide / PyQt 完整的開發流程，接下來讀者最想知道的是 PySide / PyQt 有哪些常用控制項和如何使用這些控制項，這就是第 3 章和第 4 章要解決的問題。

第 5 章介紹 PySide / PyQt 的特殊控制項——表格與樹。本章主要介紹表格與樹的用法，入門非常簡單。如果想要更進一步，還需要理解 Model / View / Delegate（模型 / 視圖 / 委託）框架，這也是表格與樹的特殊之處。此外，資料量較大的表格往往需要資料庫的支撐，所以本章會涉及資料庫的相關內容。

第 6 章介紹一些進階視窗控制項。本章主要介紹第 3 ～ 5 章沒有涉及的其他常用控制項或內容,這也是介紹控制項的最後一章。本章介紹的控制項相對進階一些,比較常用的是版面配置管理與多視窗控制項(容器)。本章還介紹了視窗風格、多執行緒、網頁互動、QSS 的 UI 美化等內容,最後以 Qt Quick(QML)收尾。

第 7 章介紹訊號 / 槽和事件。本章對 PySide / PyQt 的進階內容進行收尾,是介紹 PySide / PyQt 框架的最後一部分內容。前面幾章初步介紹了訊號 / 槽的使用方法,但不夠詳細,本章會對訊號 / 槽和事件進行系統性的介紹,如內建訊號 / 槽、自訂訊號 / 槽、裝飾器訊號 / 槽、訊號 / 槽的斷開與連接、多執行緒訊號 / 槽、事件處理的常用方法等。

第 8 章介紹 Python 的擴充應用。第 1 ～ 7 章介紹的是 PySide / PyQt 框架的內容,本章介紹 Python 對 PySide / PyQt 的擴充。學習 PySide / PyQt 的一大好處是可以結合 Python 生態提高開發效率。Python 生態非常多,本章只介紹部分常用生態,如 PyInstaller、Pandas、Matplotlib、PyQtGraph 和 Plotly 等,使用這些生態可以更快地開發出 GUI 程式。

第 9 章介紹 PySide / PyQt 的實戰應用。本章介紹了兩個應用供讀者參考,一個是在量化投資中的應用,另一個是在券商投資研發中的應用。

此外,本書的附錄內容也很重要。

附錄 A 介紹 PySide / PyQt 各個版本之間相互轉換的問題,主要包括以下兩部分內容。

- PySide 6 / PyQt 6 之間的相互轉換。
- 將 PySide 2 / PyQt 5 轉為 PySide 6 / PyQt 6。

附錄 B 透過一個案例來分析如何把 Qt 的 C++ 程式碼轉為 PySide / PyQt 的 Python 程式碼。Qt 的生態比 PySide / PyQt 更豐富一些,有時需要把 Qt 的 demo 轉換成 PySide / PyQt 的 demo,讀者可以參考這部分內容。

附錄 C 列舉一些常用表格目錄。本書將很多列舉、屬性和函式參數等的用法以表格的形式呈現，絕大部分表格可以根據目錄快速定位到，比較常用但又沒有辦法快速定位到的在這裡以表格形式列出。

附錄 D 列舉一些筆者了解的基於 PySide / PyQt 的優秀開放原始碼專案。本書只會對這些專案進行簡單介紹，感興趣的讀者可自行研究。

❖ 本書原始程式碼和附贈內容

本書提供了 PySide 6 和 PyQt 6 兩套原始程式碼，這兩套原始程式碼在 Gitee 或 GitHub 官網上都可以查到（開啟 Gitee 或 GitHub 官網，搜尋關鍵字 sunshe35/PyQt6-codes 或 sunshe35/PySide6-codes）。原始程式碼在 Gitee 和 GitHub 官網上會同步更新，若讀者執行本書程式碼存在困難，可參考原始程式碼 readme.md 檔案中的執行環境部分。

此外，本書剝離出部分章節的內容，以附贈電子版的形式呈現。附贈電子版與原始程式碼放在一起，路徑名稱為「appendix/《PySide 6-PyQt 6 快速開發與實戰》附贈電子版 .pdf」。

❖ 本書讀者

本書適合具有一定 Python 基礎並且對 Python 桌面程式開發感興趣的讀者閱讀。只要讀者掌握了 Python 的基本語法就可以閱讀本書，同時在學習 PySide 6 / PyQt 6 的過程中又可以加深與鞏固 Python 基礎知識。本書結構合理，內容充實，適合對 Python、Qt 和 PySide / PyQt 程式設計感興趣的科教人員和廣大電腦程式設計同好閱讀，也可以作為相關機構的教育訓練教材。

❖ 致謝

本書得以出版要特別感謝電子工業出版社的黃愛萍，她在選題策劃和稿件整理方面為筆者提供了很多建議。感謝生活與工作中的朋友與同事的理解和支持。祝願每個朋友、同事及讀者身體健康、心想事成。

✤ 繁體中文版出版說明

　　本書原作者為中國大陸人士，書中原始程式碼均為簡體中文撰寫。為保證全書程式碼能正確執行，儘量不修改原作者已測試完成之程式碼，本書書附程式碼保持簡體中文格式，本書範例圖亦保持原簡體中文環境，以方便讀者在閱讀時對照前後文。

孫洋洋

目錄

Chapter 01 認識 PySide 6 / PyQt 6

1.1 PySide 6 / PyQt 6 框架簡介 1-1

    1.1.1 從 GUI 到 PySide / PyQt 1-1

    1.1.2 PySide 6 / PyQt 6 的進展 1-3

    1.1.3 PySide / PyQt 相對於 Qt 的優勢 1-6

    1.1.4 PySide 6 / PyQt 6 與 PySide 2 / PyQt 5 的關係 1-7

    1.1.5 PyQt 5 與 PyQt 4 1-8

    1.1.6 其他圖形介面開發函式庫 1-9

    1.2.2 在 Windows 下自行架設 PySide 6 / PyQt 6 環境 1-12

    1.2.4 測試 PySide 6 / PyQt 6 環境 1-22

1.3 PySide 6 快捷工具簡介 1-23

    1.3.1 Qt Designer 1-24

    1.3.2 Qt 使用者互動編譯器 1-25

    1.3.3 Qt 資源編譯器 1-26

    1.3.4 Qt 說明文件 1-26

    1.3.5 Qt 翻譯器與其他 1-27

    1.3.6 PyQt 6 中的 Qt 工具 1-28

1.4 常用 IDE 的安裝設定與使用 1-29

    1.4.1 Eric 7 的安裝 1-29

    1.4.2 Eric 7 的相關設定 1-32

    1.4.3 Eric 7 的基本使用 1-32

    1.4.4 PyCharm 的安裝 1-37

    1.4.5 使用 PyCharm 架設 PySide 6 / PyQt 6 環境 1-40

    1.4.6 PyCharm 的基本使用 1-42

    1.4.7 VSCode 的安裝 1-46

    1.4.8 VSCode 的設定 1-47

　　1.4.9　VSCode 的基本使用 1-48

1.5　PySide / PyQt 的啟動方式 1-52

Chapter **02　Qt Designer 的使用**

2.1　Qt Designer 快速入門 2-1

　　2.1.1　新建主視窗 2-2

　　2.1.2　視窗主要區域介紹 2-4

　　2.1.3　查看 .ui 檔案 2-7

　　2.1.4　將 .ui 檔案轉為 .py 檔案 2-8

　　2.1.5　將 .qrc 檔案轉為 .py 檔案 2-14

　　2.1.6　介面與邏輯分離 2-15

2.2　版面配置管理入門 2-16

　　2.2.1　使用版面配置管理器進行版面配置 2-17

　　2.2.2　使用容器控制項進行版面配置 2-21

2.3　Qt Designer 實戰應用 2-23

　　2.3.1　絕對版面配置 2-24

　　2.3.2　使用版面配置管理器進行版面配置 2-26

　　2.3.3　其他流程補充 2-36

　　2.3.4　測試程式 2-40

2.4　訊號與槽連結 2-42

　　2.4.1　簡單入門 2-43

　　2.4.2　獲取訊號與槽 2-49

　　2.4.3　使用訊號 / 槽機制 2-55

2.5　功能表列與工具列 2-55

　　2.5.1　介面設計 2-55

　　2.5.2　效果測試 2-61

2.6　增加圖片（資源檔）.. 2-63

2.6.1 建立資源檔 2-63

2.6.2 增加資源檔 2-64

2.6.3 轉換資源檔 2-68

2.6.4 效果測試 2-69

Chapter **03** 基本視窗控制項（上）

3.1 主視窗（QMainWindow / QWidget / QDialog）......................... 3-1

   3.1.1 視窗類型 3-1

   3.1.2 建立主視窗 3-4

   3.1.3 移動主視窗 3-9

   3.1.4 增加圖示 3-10

   3.1.5 顯示狀態列 3-10

   3.1.6 視窗座標系統 3-11

3.2 標籤（QLabel）.. 3-15

   3.2.1 對齊 3-17

   3.2.2 設定顏色 3-17

   3.2.3 顯示 HTML 資訊 3-18

   3.2.4 滑動與點擊事件 3-18

   3.2.5 載入圖片和氣泡提示 QToolTip.. 3-19

   3.2.6 使用快速鍵 3-20

3.3 單行文字標籤（QLineEdit）... 3-21

   3.3.1 對齊、tooltip 和顏色設定 3-23

   3.3.2 佔位提示符號、限制輸入長度、限制編輯 3-24

   3.3.3 移動指標 3-25

   3.3.4 編輯 3-26

   3.3.5 相關訊號與槽 3-27

   3.3.6 快速鍵 3-28

Contents ≫

3.3.7　隱私保護：回應模式 3-29

3.3.8　限制輸入：驗證器 3-31

3.3.9　限制輸入：遮罩 3-33

3.4　多行文字標籤（QTextEdit / QPlainTextEdit）.................... 3-35

3.4.1　QTextEdit 3-36

3.4.2　QPlainTextEdit 3-40

3.4.3　快速鍵 3-41

3.4.4　QSyntaxHighlighter 3-43

3.4.5　QTextBrowser 3-45

3.5　按鈕類別控制項 3-50

3.5.1　QAbstractButton 3-50

3.5.2　QPushButton 3-52

3.5.3　QRadioButton、QGroupBox 和 QButtonGroup 3-55

3.5.4　QCheckBox... 3-60

3.5.5　QCommandLinkButton 3-65

3.6　工具按鈕（QToolButton）... 3-67

3.7　下拉式清單方塊（QComboBox）..................................... 3-76

3.7.1　查詢 3-78

3.7.2　增加 3-79

3.7.3　修改 3-80

3.7.4　刪除 3-82

3.7.5　訊號與槽函式 3-83

3.7.6　模型 / 視圖框架 3-85

3.7.7　QFontComboBox 3-85

3.8　微調框（QSpinBox / QDoubleSpinBox）........................... 3-90

3.8.1　步進值和範圍 3-92

3.8.2　迴圈 3-93

3.8.3　首碼、尾碼與千位分隔符號 3-93

3.8.4 特殊選擇 3-94

3.8.5 訊號與槽 3-95

3.8.6 自訂顯示格式 3-95

3.9 日期時間控制項 3-98

3.9.1 日期時間相關控制項 3-98

3.9.2 QDateTimeEdit、QDateEdit 和 QTimeEdit 3-100

3.9.3 QCalendarWidget 3-108

3.10 滑動控制項 3-113

3.10.1 QAbstractSlider 3-114

3.10.2 QSlider 3-115

3.10.3 QDial 3-119

3.10.4 QScrollBar 3-121

3.11 區域捲動（QScrollArea）.. 3-124

Chapter 04 基本視窗控制項（下）

4.1 對話方塊類別控制項（QDialog 族）... 4-1

4.1.1 對話方塊簡介 4-2

4.1.2 強制回應對話方塊 4-2

4.1.3 非強制回應對話方塊 4-4

4.1.4 擴充對話方塊 4-11

4.1.5 QMessageBox 4-13

4.1.6 QInputDialog 4-22

4.1.7 QFontDialog 4-25

4.1.8 QFileDialog 4-27

4.1.9 QColorDialog 4-34

4.1.10 QProgressDialog 和 QProgressBar 4-39

4.1.11 QDialogButtonBox 4-46

4.2 視窗繪圖類別控制項 4-53

    4.2.1　QPainter 4-53

    4.2.2　QBrush 4-59

    4.2.3　QPen 4-66

    4.2.4　幾個繪圖案例 4-71

    4.2.5　QPixmap 4-77

    4.2.6　QImage 4-80

4.3 拖曳與剪貼簿 4-93

    4.3.1　QMimeData 4-93

    4.3.2　Drag 與 Drop 4-99

    4.3.3　QClipboard 4-111

4.4 功能表列、工具列、狀態列與快速鍵 4-114

    4.4.1　功能表列 QMenu 4-115

    4.4.2　快速鍵 QKeySequence（Edit）、QShortcut 4-121

    4.4.3　工具列 QToolBar 4-130

    4.4.4　QStatusBar 4-136

4.5 其他控制項 4-140

    4.5.1　QFrame 4-140

    4.5.2　QLCDNumber 4-145

Chapter **05** 表格與樹

5.1 QListWidget 5-1

    5.1.1　增 / 刪項目 5-2

    5.1.2　選擇 5-3

    5.1.3　外觀 5-6

    5.1.4　工具、狀態、幫助提示 5-6

    5.1.5　訊號與槽 5-6

5.1.6　右鍵選單 5-7

5.2　QTableWidget 5-18

5.2.1　建立 5-19

5.2.2　基於 item 的操作 5-19

5.2.3　基於行列的操作 5-20

5.2.4　導覽 5-20

5.2.5　標頭（標題） 5-21

5.2.6　自訂小元件 5-22

5.2.7　調整行 / 列的大小 5-22

5.2.8　伸展填充剩餘空間 5-24

5.2.9　座標系 5-24

5.2.10　訊號與槽 5-24

5.2.11　右鍵選單 5-25

5.3　QTreeWidget 5-34

5.4　模型 / 視圖 / 委託框架 5-38

5.4.1　模型 5-40

5.4.2　視圖 5-43

5.4.3　委託 5-44

5.5　QListView 5-45

5.5.1　綁定模型和初始化資料 5-46

5.5.2　增、刪、改、查、移 5-46

5.5.3　清單視圖版面配置 5-47

5.5.4　其他要點 5-49

5.6　QTableView 5-55

5.6.1　綁定模型和初始化資料 5-56

5.6.2　模型（QStandardItemModel）的相關函式 5-56

5.6.3　視圖（QTableView）的相關函式 5-58

5.6.4　標頭（標題，QHeaderView）的相關函式 5-60

5.6.5 右鍵選單 5-62

5.7 QTreeView 5-71

5.8 自訂模型 5-77

5.9 自訂委託 5-85

5.10 Qt 資料庫 5-94

5.10.1 Qt SQL 簡介 5-94

5.10.2 連接資料庫 5-96

5.10.3 執行 SQL 語句 5-101

5.10.4 資料庫模型 5-106

5.10.5 資料庫模型與視圖的結合 5-111

5.10.6 資料感知表單 5-128

5.10.7 自訂模型與委託 5-132

Chapter 06 進階視窗控制項

6.1 視窗風格 6-1

6.1.1 設定視窗風格 6-1

6.1.2 設定視窗樣式 6-2

6.1.3 設定視窗背景 6-3

6.1.4 設定視窗透明 6-8

6.2 版面配置管理 6-10

6.2.1 版面配置管理的基礎知識 6-10

6.2.2 Q（V / H）BoxLayout 6-15

6.2.3 QGridLayout 6-22

6.2.4 QFormLayout 6-25

6.2.5 QStackedLayout 6-30

6.2.6 QSplitter 6-36

6.3 容器：加載更多的控制項 6-40

6.3.1 QTabWidget 6-40

6.3.2 QStackedWidget 6-45

6.3.3 QToolBox 6-49

6.3.4 QDockWidget 6-51

6.3.5 多重文件介面 QMdiArea 和 QMdiSubWindow 6-57

6.3.6 QAxWidget 6-68

6.4 多執行緒 6-75

6.4.1 QTimer 6-76

6.4.2 QThread 6-79

6.4.3 事件處理 6-86

6.5 網頁互動 6-88

6.5.1 載入內容 6-88

6.5.2 標題和圖示 6-89

6.5.3 QWebEnginePage 的相關方法 6-89

6.5.4 執行 JavaScript 函式 6-93

6.6 QSS 的 UI 美化 6-98

6.6.1 QSS 的基本語法規則 6-98

6.6.2 QSS 選取器的類型 6-100

6.6.3 QSS 子控制項 6-102

6.6.4 QSS 偽狀態 6-103

6.6.5 顏色衝突與解決方法 6-104

6.6.6 繼承與多樣 6-106

6.6.7 Qt Designer 與樣式表 6-107

6.6.8 QDarkStyleSheet 6-113

6.7 QML 淺議 6-114

6.7.1 QML 的基本概念 6-114

6.7.2 QML 與 JavaScript 6-115

6.7.3 在 Python 中呼叫 QML 6-116

Chapter **07** 訊號 / 槽和事件

7.1 訊號與槽的簡介 7-1

    7.1.1 基本介紹 7-1

    7.1.2 建立訊號 7-3

    7.1.3 操作訊號 7-5

    7.1.4 槽函式 7-5

7.2 訊號與槽的案例 7-6

    7.2.1 內建訊號 + 內建槽函式 7-7

    7.2.2 內建訊號 + 自訂槽函式 7-8

    7.2.3 自訂訊號 + 內建槽函式 7-9

    7.2.4 自訂訊號 + 自訂槽函式 7-10

    7.2.5 斷開訊號與槽連接 7-11

    7.2.6 恢復訊號與槽連接 7-12

    7.2.7 裝飾器訊號與槽連接 7-14

    7.2.8 多執行緒訊號與槽連接 7-16

7.3 訊號與槽的參數 7-17

    7.3.1 內建訊號 + 預設參數 7-18

    7.3.2 自訂訊號 + 預設參數 7-19

    7.3.3 內建訊號 + 自訂參數 lambda 7-20

    7.3.4 內建訊號 + 自訂參數 partial 7-21

    7.3.5 自訂訊號 + 自訂參數 lambda 7-22

    7.3.6 自訂訊號 + 自訂參數 partial 7-23

7.4 基於 Qt Designer 的訊號與槽 7-24

7.5 事件處理機制 7-29

    7.5.1 事件處理機制和訊號 / 槽機制的區別 7-30

    7.5.2 常見事件類型 7-30

    7.5.3 使用事件處理的方法 7-34

7.5.4 經典案例分析 7-35

Chapter 08 Python 的擴充應用

8.1 使用 PyInstaller 打包專案生成 .exe 檔案 8-1

    8.1.1 安裝 PyInstaller 8-2

    8.1.2 PyInstaller 的用法與參數 8-2

    8.1.3 PyInstaller 案例 8-6

8.2 Pandas 在 PySide / PyQt 中的應用 8-8

    8.2.1 qtpandas 模組函式庫的安裝 8-9

    8.2.2 官方案例解讀 8-10

    8.2.3 設定提升的視窗元件 8-12

    8.2.4 qtpandas 的使用 8-14

8.3 Matplotlib 在 PyQt 中的應用 8-18

    8.3.1 對 MatplotlibWidget 的解讀 8-19

    8.3.2 設定提升的視窗元件 8-22

    8.3.3 MatplotlibWidget 的使用 8-24

    8.3.4 更多擴充 8-26

8.4 PyQtGraph 在 PyQt 中的應用 8-27

    8.4.1 PyQtGraph 的安裝 8-28

    8.4.2 官方案例解讀 8-28

    8.4.3 設定提升的視窗元件 8-30

    8.4.4 PyQtGraph 的使用 8-31

    8.4.5 更多擴充 8-35

8.5 Plotly 在 PyQt 中的應用 8-36

    8.5.1 Plotly 的安裝 8-36

    8.5.2 案例解讀 8-37

    8.5.3 設定提升的視窗元件 8-39

8.5.4　Plotly 的使用 8-39

8.5.5　Plotly 的更多擴充 8-43

8.5.6　Dash 的使用 8-44

8.5.7　Dash 的更多擴充 8-48

Chapter **09　實戰應用**

9.1　在量化投資中的應用 9-2

9.2　在券商投資研發中的應用 9-13

9.2.1　從爬蟲說起 9-13

9.2.2　程式解讀 9-15

Appendix **A　Qt for Python 程式碼轉換**

A.1　PySide 6 和 PyQt 6 相互轉換 A-1

A.2　從 PySide 2 / PyQt 5 到 PySide 6 / PyQt 6 .... A-7

Appendix **B　C++ to Python 程式碼轉換**

Appendix **C　本書一些通用列舉表格目錄**

Appendix **D　優秀 PySide / PyQt 開放原始碼專案推薦**

D.1　QtPy：PySide / PyQt 統一介面 D-1

D.2　qtmodern：主題支援 D-2

D.3　QtAwesome：字型與圖示支援 D-3

D.4　pyqgis：地理資訊系統軟體..D-3

D.5　notepad：簡易記事本程式...D-4

D.6　qt_style_sheet_inspector：Qt 樣式表檢查修改器.....................D-5

D.7　QssStylesheetEditor：Qt 樣式表編輯器 D-6

D.8　PyDracula：一個基於 PySide 6 / PyQt 6 的現代 GUI 程式.......D-7

D.9　PySimpleGUIQt：簡易 GUI 框架...D-8

D.10　FeelUOwn：音樂播放機 1..D-8

D.11　MusicPlayer：音樂播放機 2..D-9

D.12　15 個應用程式的集合 D-10

D.13　youtube-dl-GUI：YouTube 下載程式 D-11

D.14　自訂 Widgets...D-12

D.15　vnpy：開放原始碼量化交易平臺 D-14

認識 PySide 6 / PyQt 6

本章先介紹 PySide 和 PyQt 的基本概念，然後介紹環境設定，最後執行一個完整的案例。

PyQt 和 PySide 都是 C++ 的程式開發框架 Qt 的 Python 實作。PyQt 是協力廠商組織對 Qt 官方提供的 Python 實作，也是 Qt for Python 最主要的實作。Qt 官方對 Python 的支援力度越來越大，但是由於各種原因，Qt 官方選擇使用 PySide 提供對 Python Qt 的支援。所以，Python Qt 實際上有兩個分支：Qt 4 對應 PyQt 4 和 PySide；Qt 5 對應 PyQt 5 和 PySide 2；Qt 6 對應 PyQt 6 和 PySide 6。對讀者來說，Python Qt 的兩個分支在學習上基本沒有區別。筆者開始撰寫本書的時候 Qt 6 剛剛誕生，官方提供的 PySide 6 在功能上明顯領先於 PyQt 6，如 designer、rcc、uic 等功能 PySide 6 都能在第一時間提供支援，因此，本書的主要內容是圍繞 PySide 6 展開的，但是這些內容同樣適用於 PyQt 6，兩者在使用上基本沒有區別。

1.1 PySide 6 / PyQt 6 框架簡介

1.1.1 從 GUI 到 PySide / PyQt

在目前的軟體設計過程中，GUI 的設計相當重要，美觀、好用的使用者介面能夠在很大程度上提高軟體的使用量，因此，許多軟體的使用者介面的設計需要花費大量的精力。

在介紹 PySide / PyQt 框架之前，先介紹什麼是 GUI。

> GUI 是 Graphical User Interface 的簡稱，即圖形化使用者介面，準確地說，GUI 就是螢幕產品的視覺體驗和互動操作部分。GUI 是一種結合電腦科學、美學、心理學、行為學及各商業領域需求分析的人機系統工程，強調將人、機、環境這三者作為一個系統進行整體設計。

Python 最初是作為一門指令碼語言開發的，並不具備 GUI 功能。但是，由於 Python 本身具有良好的可擴充性，能夠不斷地透過 C / C++ 模組進行功能性擴充，因此目前已經有相當多的 GUI 控制項集（Toolkit）可以在 Python 中使用。

在 Python 中經常使用的 GUI 控制項集有 PyQt、Tkinter、wxPython、Kivy、PyGUI 和 Libavg，其中 PySide / PyQt 是 Qt 官方專門為 Python 提供的 GUI 擴充。

> Qt for Python 旨在為 PySide 模組提供完整的 Qt 介面支援。Qt for Python 於 2015 年 5 月在 GitHub 上開始開發，計畫使 PySide 支援 Qt 5.3、Qt 5.4 和 Qt 5.5。2016 年 4 月，Qt 官方正式為其提供介面支援。2018 年 6 月中旬發佈的技術預覽版支援 Qt 5.11，同年 12 月發佈的正式版支援 Qt 5.12。
>
> 2020 年 12 月，PySide 6 跟隨 Qt 6 一起被發佈，與舊版本相比該版本有以下不同之處。
>
> （1）不再支援 Python 2.7。
> （2）放棄對 Python 3.5 的支援，最低支援到 Python 3.6+（最高支援 Python 3.9）。
>
> Qt for Python 在 LGPLv3 / GPLv2 和三大平臺（Linux、Windows、macOS）的商業許可下可用。

截至本書完稿之時，PySide 6 / PyQt 6 的最新版本是 6.2.3，這個版本和 Qt 的最新版本一致，由此可見，Python Qt 的同步速度是非常快的。PySide 6 / PyQt 6 是 Python 下為數不多的非常好用的 GUI，可以在 Python 中呼叫 Qt 的圖形函式庫和控制項。

PySide 6 / PyQt 6 是 Python 對 Qt 框架的綁定。Qt 是挪威的 Trolltech（奇趣科技公司）使用 C++ 開發的 GUI 應用程式，包括跨平臺類別庫、整合開發工具和跨平臺 IDE，既可以用於開發 GUI 程式，也可以用於開發非 GUI 程式。使用 Qt 只需要開發一次應用程式，便可跨不同桌面和嵌入式系統部署該應用程式，而無須重新撰寫原始程式碼。和 Python 一樣，Qt 也具有相當優秀的跨平臺特性，使用 Qt 開發的應用程式能夠在 Windows、Linux 和 macOS 這三大平臺之間輕鬆移植。

開放原始碼軟體需要解決的最大問題是如何處理開發人員使用開放原始碼軟體來完成個人或商業目標，其中包括版權與收益的問題。當一個軟體開發人員打算將自己寫的程式碼開放原始碼時，通常選擇自由軟體協定，即 GPL（GNU General Public License，GNU 通用公共許可證）協定。因此，PySide 6 / PyQt 6 選擇了 GPL 協定，開發人員可以放心使用 PySide 6 / PyQt 6 開發軟體。

> **GPL 協定**：軟體版權屬於開發人員本人，軟體產品受國際相關版權法的保護。允許其他使用者對原作者的軟體進行複製或發行，並且可以在更改之後發行自己的軟體。發佈的新軟體也必須遵守 GPL 協定，不得對其進行其他附加的限制。在 GPL 協定下不存在「盜版」的說法，但使用者不能將軟體據為己有，如申請軟體產品「專利」等，因為將會違反 GPL 協定並且侵犯了原作者的版權。

本書主要以 PySide 6 為例進行講解，在提供 PySide 6 程式碼的同時也會提供一份 PyQt 6 程式碼。

1.1.2　PySide 6 / PyQt 6 的進展

2020 年 12 月，PySide 6 跟隨 Qt 6 一起發佈，這時就可以使用 Python Qt 6 模組。但是 Qt 6 還不夠完善，所以 Qt 官方於 2021 年 4 月發佈了 Qt 6.1，並於 2021 年 9 月底發佈了 Qt 6.2 LTS，這是 Qt 6 的第一個 LTS 版本，也是比較完整的版本。

Qt 6 支援的模組如表 1-1 所示。

表 1-1 Qt 6 支援的模組

序號	模組	序號	模組	序號	模組
1	Qt Concurrent	12	Qt Quick 3D	23	Qt Wayland Compositor
2	Qt Core	13	Qt Quick Controls	24	Qt Widgets
3	Qt Core Compatability APIs	14	Qt Quick Layouts	25	Qt XML
4	Qt D-Bus	15	Qt Quick Timeline	26	Qt 3D
5	Qt GUI	16	Qt Quick Widgets	27	Qt Image Formats
6	Qt Help	17	Qt Shader Tools	28	Qt Network Authorization
7	Qt Network	18	Qt SQL	29	M2M package: Qt CoAP
8	Qt OpenGL	19	Qt SVG	30	M2M package: Qt MQTT
9	Qt Print Support	20	Qt Test	31	M2M package: Qt OpcUA
10	Qt QML	21	Qt UI Tools		
11	Qt Quick	22	Qt Wayland		

Qt 6.1 將在 Qt 6 的基礎上增加如表 1-2 所示的模組。

表 1-2 Qt 6.1 在 Qt 6 的基礎上增加的模組

序號	模組
1	Active Qt
2	Qt Charts
3	Qt Quick Dialogs (File dialog)
4	Qt ScXML
5	Qt Virtual Keyboard

Qt 6.2 又在 Qt 6.1 的基礎上增加了如表 1-3 所示的模組。

表 1-3 Qt 6.2 在 Qt 6.1 的基礎上增加的模組

序號	模組	序號	模組
1	Qt Bluetooth	9	Qt Sensors
2	Qt Data Visualization	10	Qt SerialBus
3	Qt Lottie Animation	11	Qt SerialPort
4	Qt Multimedia	12	Qt WebChannel
5	Qt NFC	13	Qt WebEngine
6	Qt Positioning	14	Qt WebSockets
7	Qt Quick Dialogs: Folder, Message Box	15	Qt WebView
8	Qt Remote Objects		

由此可知，Qt 6.2 是比較完整的版本，這也是本書的主要內容圍繞 PySide 6 詳細說明的原因。有一些模組沒有在表 1-1 ～表 1-3 中列出，這是因為：有的模組可能已經從 Qt 6 中刪除，如 Qt KNX、Qt Script 和 Qt XML Patterns 等；有的模組被合併成其他模組的一部分，不再需要作為單獨的模組，如特定於平臺的附加功能；有的模組是在 Qt 6.2 LTS 之後發佈的或透過 Qt Marketplace 提供的；有的模組並不是 Qt 框架的一部分，如 Qt Safe Renderer、Qt Automotive Suite 等。

如果讀者想查看更多關於 Qt 的資料，則可以參考 Qt 官方網站。

Qt 自從問世以來就受到了業界的廣泛歡迎。在《財富》全球 500 大企業排行榜中，前 10 家企業中有 8 家在使用 Qt 開發軟體。

每當 Qt 6 的版本進行更新時，PySide 6 / PyQt 6 也會隨時跟進更新。PySide 6 / PyQt 6 嚴格遵循 Qt 的發佈許可，擁有雙重協定，開發人員可以選擇使用免費的 GPL 協定，如果要將它們用於商業活動，則必須為此交付商業許可費用。

PySide 6 / PyQt 6 正受到越來越多的 Python 程式設計師的喜愛，這是因為它們具有以下幾方面特性。

- 基於高性能的 Qt 的 GUI 控制項集。
- 能夠跨平臺執行在 Windows、Linux 和 macOS 等平臺上。
- 使用訊號 / 槽機制進行通訊。
- 對 Qt 函式庫進行完全封裝。
- 可以使用 Qt 成熟的 IDE（如 Qt Designer）進行圖形介面設計，並且自動生成可以執行的 Python 程式碼。
- 提供了一整套種類繁多的視窗控制項。

1.1.3 PySide / PyQt 相對於 Qt 的優勢

首先，PySide / PyQt 都是簡單易學且功能強大的框架。PySide / PyQt 作為 Qt 框架的 Python 語言實作，為程式設計師提供了完整的 Qt 應用程式介面的函式，幾乎可以使用 Python 做任何 Qt 能做的事情。PySide / PyQt 使用 Qt 中的訊號 / 槽機制在視窗控制項之間傳遞事件和訊息非常方便。不同於其他圖形介面開發函式庫所採用的回呼（Callback）機制，使用訊號 / 槽機制可以使程式更加安全。

其次，在執行效率上，由於 PySide / PyQt 的底層是 Qt 的 dll 檔案，也就是說，底層是基於 C++ 執行的，所以可以在一定程度上保證程式開發的性能。

再次，PySide / PyQt 可以充分發揮 Python 的語法優雅、開發快速的優勢。Python 相對於 C++ 的優點是程式設計效率高，在標準的 Qt 例子移植到 PyQt 後，雖然程式碼具有相同的功能，也使用相同的應用程式介面，但 Python 版本的程式碼只有原來的 50% ～ 60%，並且更容易閱讀。在開發效率上，Python 是一種物件導向的語言，語法簡單。相對於 C++ 而言，使用 Python 撰寫程式可以降低開發成本。另外，可以借助 Qt Designer 進一步降低 GUI 開發的難度，減少程式碼數量，提高開發效率。

最後，PySide / PyQt 既可以使用 Qt 的生態，也可以使用 Python 自己的生態。舉例來說，Python 在人工智慧、巨量資料、視覺化繪圖等方面都有非常成熟的開放原始碼專案，這些專案使用起來非常容易，結合 PySide / PyQt 可以快速開發出具有生產力的作品。

1.1.4 PySide 6 / PyQt 6 與 PySide 2 / PyQt 5 的關係

PySide 6 / PyQt 6 都基於 Qt 6，它們之間的程式碼基本上沒有區別；PySide 2 / PyQt 5 都基於 Qt 5，它們之間的程式碼也基本上沒有區別。Qt 6 能夠向下相容 Qt 5，因此，對絕大部分應用來說，PySide 6 / PyQt 6 和 PySide 2 / PyQt 5 的程式碼是可以通用的。也就是說，以下 4 行程式碼一般可以相互替換：

```
from PySide6 import *
from PySide2 import *
from PyQt6 import *
from PyQt5 import *
```

但是它們之間還是有細微的區別的，初學者最關心的可能是 PySide 6 / PyQt 6 之間的區別。下面介紹 PySide 6 / PyQt 6 之間的兩個最重要的區別，掌握這兩個最重要的區別基本上就可以幫助開發人員解決 PySide 6 / PyQt 6 之間約 95% 的相容性問題。

一是訊號與槽的命名，PySide 6 和 PyQt 6 關於訊號與槽的命名不同，使用下面的方法可以統一起來：

```
from PySide6.QtCore import Signal,Slot
from PyQt6.QtCore import  pyqtSignal as Signal,pyqtSlot as Slot
```

二是關於列舉的問題。PySide 6 為列舉的選項提供了捷徑，如 Qt.DayOfWeek 列舉包括星期一到星期日的 7 個值，在 PySide 中星期三可以直接用 Qt.Wednesday 表示，而在 PyQt 6 中需要完整地使用 Qt.DayOfWeek.Wednesday 表示。當然，在 PySide 6 中使用 Qt.DayOfWeek.Wednesday 也不會出錯。在 PySide 6 中可以使用捷徑，但在 PyQt 6 中不可以使用捷徑。為了解決這個問題，最簡單的方法是從 Qt

官方的說明文件中查詢列舉的完整路徑,如圖 1-1 所示。

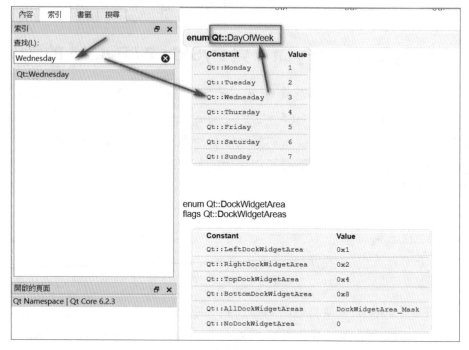

▲ 圖 1-1

　　另一個方法是使用 qtpy 模組。使用 qtpy 模組可以把 PySide 和 PyQt 統一起來,假設在 Python 環境下只安裝了 PyQt 6 和 qtpy 模組,沒有安裝 PySide 等,該環境就會為 PyQt 6 的列舉增加捷徑,簡單來說就是透過以下方式匯入的 Qt 模組可以直接使用 Qt.Wednesday:

```
from qtpy.QtCore import Qt
```

1.1.5 PyQt 5 與 PyQt 4

　　對 Qt 4 和 Qt 5 來說,Python Qt 主要使用 PyQt 4 和 PyQt 5。

　　PyQt 5 不再向下相容使用 PyQt 4 撰寫的程式,因為 PyQt 5 有以下幾個較大的變化。

（1）PyQt 5 不再為 Python 2.6 以前的版本提供支援，而對 Python 3 的支援比較完善，官方預設只提供 Python 3 版本的安裝套件，如果需要使用 Python 2.7，則需要自行編譯 PyQt 5 程式。

（2）PyQt 5 對一些模組進行了重新建構，一些舊的模組已經被捨棄，如 PyQt 4 的 QtDeclarative 模組、QtScript 模組和 QtScriptTools 模組；一些模組被拆分到不同的模組中，如 PyQt 4 的 QtWebKit 模組被拆分到 PyQt 5 的 QtWebKit 模組和 QtWebKitWidgets 模組中。

（3）PyQt 5 對網頁的支援是與時俱進的。PyQt 4 的 QtWebKit 模組是 Qt 官方基於開放原始碼的 WebKit 引擎開發維護的，但是由於 WebKit 引擎的版本比較老，因此對網際網路的新生事物，尤其是對 JavaScript 的支援不是很完美；PyQt 5 所使用的 QtWebEngineWidgets 模組（PyQt 5.7 以上版本）是基於 Google 團隊開發的 Chromium 核心引擎開發和維護的，該核心引擎更新維護的速度很快，基本上可以完美地支援網際網路的新生事物。

（4）PyQt 5 僅支援新式的訊號與槽，對舊式的訊號與槽的調動不再支援，新式的訊號與槽使用起來更簡單。

（5）PyQt 5 不支援在 Qt 5.0 中標記為已放棄或過時的 Qt API 部分。

（6）PyQt 5 在程式需要時才釋放 GIL，而 PyQt 4 是執行完程式後強制釋放 GIL。

1.1.6 其他圖形介面開發函式庫

自 Python 誕生之日起，就有許多 GUI 工具集被整合到 Python 中，使 Python 也可以在圖形介面程式設計領域大顯身手。由於 Python 的流行，許多應用程式都是用 Python 結合這些 GUI 工具集撰寫的。下面分別介紹 Python GUI 程式設計的各種實作。

1. Tkinter

Tkinter 是綁定了 Python 的 Tk GUI 工具集,就是 Python 包裝的 Tcl 程式碼,透過內嵌在 Python 解譯器內部的 Tcl 解譯器實作。先將 Tkinter 的呼叫轉為 Tcl 命令,然後交由 Tcl 解譯器進行解釋,使用 Python 實作 GUI 設計。Tk 和其他語言的綁定,如 PerlTk,是直接由 Tk 中的 C 函式 庫實作的。

Tkinter 是 Python 事實上的標準 GUI,在 Python 中使用 Tk GUI 工具 集的標準介面,已經包含在 Python Windows 安裝程式中,IDLE 就是使 用 Tkinter 實作 GUI 設計的。

2. wxPython

wxPython 是 Python 對跨平臺的 GUI 工具集 wxWidgets(用 C++ 撰 寫)的包裝,作為 Python 的擴充模組來實作。wxPython 是 Tkinter 的替 代品,在各種平臺上的表現都很好。

3. PyGTK

PyGTK 是 Python 對 GTK+GUI 函式庫的一系列包裝,也是 Tkinter 的替代品。GNOME 下許多應用程式的 GUI 都是使用 PyGTK 實作的,如 BitTorrent、GIMP 等。

在上面的圖形介面開發函式庫中,都沒有類似於 Qt Designer(UI 工 具可以透過視覺化操作建立 .ui 檔案,並透過工具快速編譯成 Python 檔 案,因此,也可以把它視為一個程式碼生成器)的工具,所有的程式碼 都需要手動輸入,學習曲線非常陡峭,並且這幾個 GUI 框架遠沒有 Qt 的 生態成熟與強大。所以,對 Python 使用者來説,使用 PySide / PyQt 進行 GUI 開發是最好的選擇,這也是筆者介紹 PySide 6 / PyQt 6 的原因。

1.2 架設 PySide 6 / PyQt 6 環境

本節主要講解如何在常見的電腦平臺上架設 PySide 6 / PyQt 6 環境，包括架設 PySide 6 / PyQt 6 環境的流程和一些注意事項。

1.2.1 在 Windows 下使用 PySide 6 / PyQt 6 環境

對初學者來說，獨立架設 PySide 6 / PyQt 6 環境比較困難。為了減輕讀者的負擔，筆者為本書封裝了可以執行書中所有程式的綠色版的 PySide 6 / PyQt 6 環境，解壓縮後即可使用，不會影響系統的預設環境，適合對 Python 剛入門的初學者或不想為本書重新安裝一個環境的老手使用。該綠色環境獲取方式參見本書原始程式碼的 readme.md 檔案，原始程式碼獲取方式請至深智數位官方網站下載。

```
D:\WinPython\WPy64-3870-pyside6\python-3.8.7.amd64\Scripts\pyside6-uic.exe
D:\Anaconda3\Scripts\pyside6-uic.exe

D:\WinPython\WPy64-3870-pyside6\scripts>where python
D:\WinPython\WPy64-3870-pyside6\scripts\python.bat
D:\WinPython\WPy64-3870-pyside6\python-3.8.7.amd64\python.exe
D:\Anaconda3\python.exe
C:\Users\sunshe35\AppData\Local\Microsoft\WindowsApps\python.exe

D:\WinPython\WPy64-3870-pyside6\scripts>where pyside6-uic
D:\WinPython\WPy64-3870-pyside6\python-3.8.7.amd64\Scripts\pyside6-uic.exe
D:\Anaconda3\Scripts\pyside6-uic.exe

D:\WinPython\WPy64-3870-pyside6\scripts>where pip
D:\WinPython\WPy64-3870-pyside6\python-3.8.7.amd64\Scripts\pip.exe
D:\Anaconda3\Scripts\pip.exe

D:\WinPython\WPy64-3870-pyside6\scripts>pip show pyside6
Name: PySide6
Version: 6.2.3
Summary: Python bindings for the Qt cross-platform application and UI framework
Home-page: https://www.pyside.org
Author: Qt for Python Team
Author-email: pyside@qt-project.org
License: LGPL
Location: d:\winpython\wpy64-3870-pyside6\python-3.8.7.amd64\lib\site-packages
Requires: shiboken6
Required-by:

D:\WinPython\WPy64-3870-pyside6\scripts>
```

▲ 圖 1-2

那麼如何使用這個環境呢？以 PySide 6 環境為例，筆者的電腦目錄的位置為 D:\WinPython\ WPy64-3870-pyside6，如果讀者想安裝與管理模組，則可以透過這個檔案來管理（D:\WinPython\WPy64-3870-pyside6\WinPython Command Prompt.exe）。開啟檔案，如圖 1-2 所示，在這裡可以看到當前 Python 環境下的所有資訊，可以使用這個環境作為 PyCharm 和 VSCode 等 IDE 的解析器。

1.2.2 在 Windows 下自行架設 PySide 6 / PyQt 6 環境

如果讀者要自行架設 PySide 6 / PyQt 6 環境，則應首選 Anaconda。Anaconda 是開放原始碼的 Python 發行版本的安裝套件工具，包含 Conda、Python 等 180 多個套件及其相依項。因為 Anaconda 包含大量的套件，所以下載檔案比較大，如果只需要某些套件，或需要節省頻寬 / 儲存空間，那麼也可以使用 Miniconda 這個比較小的發行版本。建議初學者直接使用 Anaconda，這樣可以不用考慮安裝套件相互相依的問題，本書也以 Anaconda 為基礎介紹。

Miniconda 是一個免費的 Conda 最小的安裝程式軟體，是 Anaconda 的小型啟動版本，僅包含 Conda、Python、它們所相依的套件，以及少量其他有用的套件。使用 conda install 命令可以從 Anaconda 儲存庫中安裝 720 多個額外的 Conda 套件。

截止到 2022 年 2 月，Conda 還未實現對 PyQt 6 的支援，其最新版本支援 Qt 5.9，和 Qt 6.2 存在一些衝突，需要額外解決衝突，而使用 Miniconda 則沒有這個問題，所以本書以 Miniconda 為例介紹 PySide 6 / PyQt 6 環境的架設。

需要注意的是，本節內容預設以 Python 主環境執行，熟悉 Python 環境的讀者可自行虛擬環境。

1. 下載 Anaconda 或 Miniconda

　　讀者可以根據自己電腦安裝的系統選擇對應的版本進行下載，下面以 Windows 為例詳細說明。下載 Python 3.9 和 64 位元的 Anaconda，如圖 1-3[1] 所示。

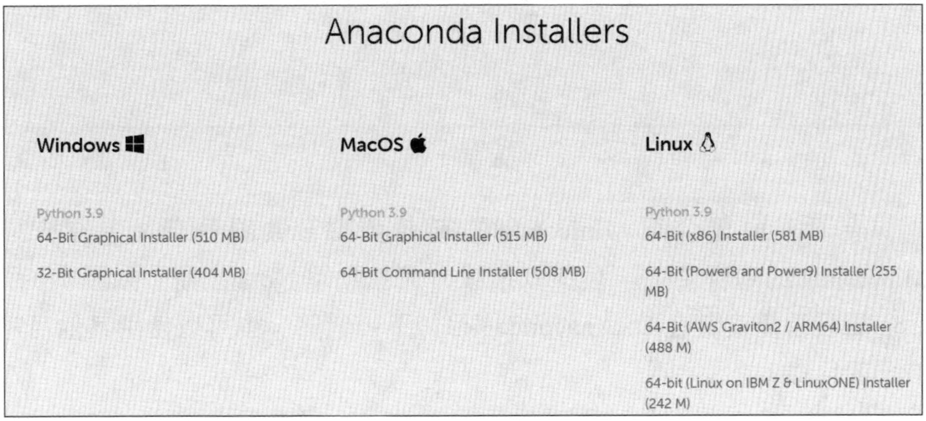

Anaconda Installers

Windows ⊞

Python 3.9

64-Bit Graphical Installer (510 MB)

32-Bit Graphical Installer (404 MB)

MacOS

Python 3.9

64-Bit Graphical Installer (515 MB)

64-Bit Command Line Installer (508 MB)

Linux

Python 3.9

64-Bit (x86) Installer (581 MB)

64-Bit (Power8 and Power9) Installer (255 MB)

64-Bit (AWS Graviton2 / ARM64) Installer (488 M)

64-bit (Linux on IBM Z & LinuxONE) Installer (242 M)

▲ 圖 1-3

　　Miniconda 可下載最新版本，筆者下載的是 Windows 64 位元安裝套件，對應 Python 3.9，如圖 1-4 和圖 1-5 所示。

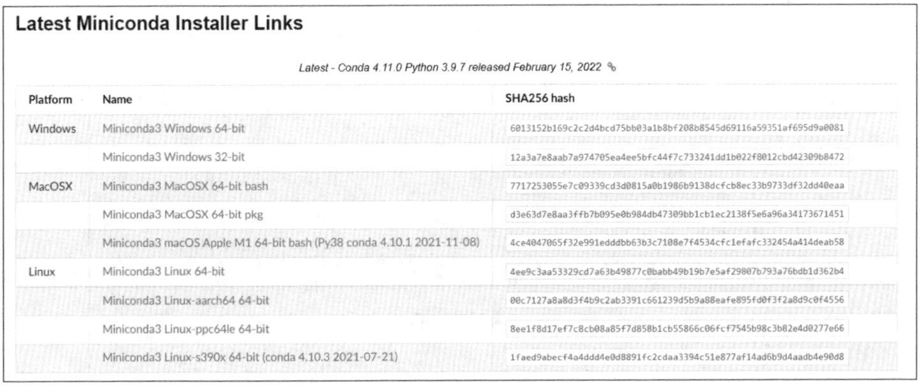

Latest Miniconda Installer Links

Latest - Conda 4.11.0 Python 3.9.7 released February 15, 2022 ⚲

Platform	Name	SHA256 hash
Windows	Miniconda3 Windows 64-bit	6013152b169c2c2d4bcd75bb03a1b8bf208b8545d69116a59351af695d9a0081
	Miniconda3 Windows 32-bit	12a3a7e8aab7a974705ea4ee5bfc44f7c733241dd1b022f8012cbd42309b8472
MacOSX	Miniconda3 MacOSX 64-bit bash	7717253055e7c09339cd3d0815a0b1986b9138dcfcb8ec33b9733df32dd40eaa
	Miniconda3 MacOSX 64-bit pkg	d3e63d7e8aa3ffb7b095e0b984db47309bb1cb1ec2138f5e6a96a34173671451
	Miniconda3 macOS Apple M1 64-bit bash (Py38 conda 4.10.1 2021-11-08)	4ce4047065f32e991edddbb63b3c7108e7f4534cfc1efafc332454a414deab58
Linux	Miniconda3 Linux 64-bit	4ee9c3aa53329cd7a63b49877c0babb49b19b7e5af29807b793a76bdb1d362b4
	Miniconda3 Linux-aarch64 64-bit	00c7127a8a8d3f4b9c2ab3391c661239d5b9a88eafe895fd0f3f2a8d9c0f4556
	Miniconda3 Linux-ppc64le 64-bit	8ee1f8d17ef7c8cb08a85f7d858b1cb55866c06fcf7545b98c3b82e4d0277e66
	Miniconda3 Linux-s390x 64-bit (conda 4.10.1 2021-07-21)	1faed9abecf4a4ddd4e0d8891fc2cdaa3394c51e877af14ad6b9d4aadb4e90d8

▲ 圖 1-4

1　圖中「MacOS」的正確寫法應為「macOS」。

Windows installers

			Windows
Python version	Name	Size	SHA256 hash
Python 3.9	Miniconda3 Windows 64-bit	70.4 MiB	6013152b169c2c2d4bcd75bb03a1b8bf208b8545d69116a59351af695d9a0081
Python 3.8	Miniconda3 Windows 64-bit	69.8 MiB	29d8d1720034df262b079514e5f200140f7303b37bfe90ae8a2b40b8f294d2d8
Python 3.7	Miniconda3 Windows 64-bit	68.1 MiB	0b4890b2b1782c91ae2de2f77a2f6c5cecb9b54729565771f5301c1fc60fa024
Python 3.9	Miniconda3 Windows 32-bit	66.5 MiB	12a3a7e8aab7a974705ea4ee5bfc44f7c733241dd1b022f8012cbd42309b8472
Python 3.8	Miniconda3 Windows 32-bit	65.6 MiB	df115c77915519a9a4de9c04ca26f81703be6ac0344762023557fc7659659ac0
Python 3.7	Miniconda3 Windows 32-bit	64.2 MiB	64a18114bc66aaa73f431ef8ca1edc7b16ad5564a16e18f13e1a69272d85ca5d

▲ 圖 1-5

接下來簡單介紹 Miniconda 的安裝步驟，供讀者參考。在安裝 Miniconda 的過程中，一直採取預設方式並點擊 Next 按鈕，如圖 1-6 所示。筆者習慣安裝在 D:\Anaconda3 目錄下，當然，也可以使用其他目錄或預設目錄。

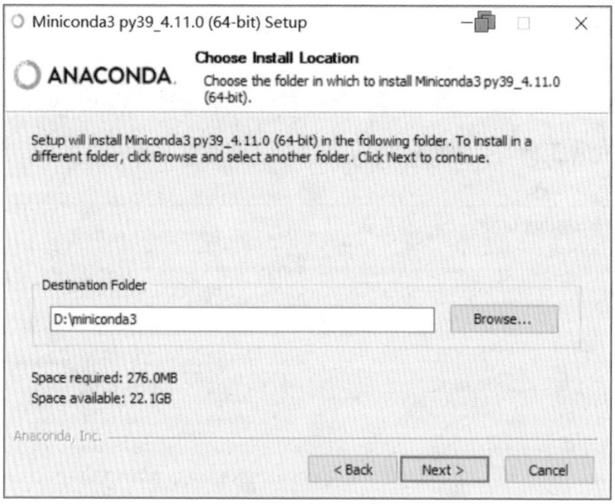

▲ 圖 1-6

對於最後一個安裝介面中的核取方塊，建議 Python 初學者全部選取，如圖 1-7 所示，這樣 Conda 會提供最全的 Python 環境。如果讀者對 Python 很熟悉，並且不打算破壞本地 Python 環境，那麼可以不選取。

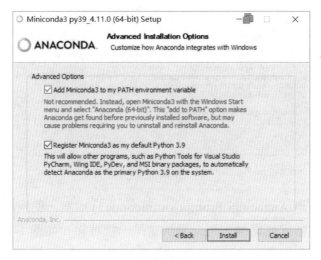

▲ 圖 1-7

如果選取圖 1-7 中的第 1 個核取方塊,則自動增加環境變數,隨便開啟一個 cmd 視窗就可以使用 Conda 的 Python 環境,如圖 1-8 所示。

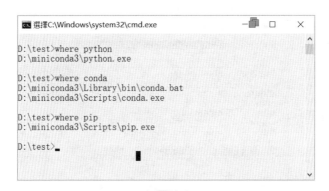

▲ 圖 1-8

如果不選取圖 1-7 中的第 1 個核取方塊,則系統預設找不到 Conda 的 Python 環境,此時可以將 Conda 看作一個便攜版的 Python 環境,需要使用另一種方法進入 Conda 環境,即選擇「開始」→「最近增加」命令,找到命令列 Anaconda Prompt (miniconda3),這樣就可以進入 Conda 預設的 Python 環境,如圖 1-9 所示。需要注意的是,每次使用這個環境都要按照上述步驟操作一次。

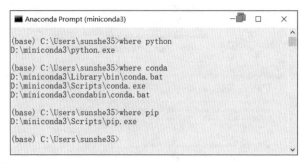

▲ 圖 1-9

按滑鼠右鍵 Anaconda Prompt (miniconda3) 檔案，開啟該檔案的屬性視窗，查看該檔案的屬性，可以看到這是一種捷徑，如圖 1-10 所示。

▲ 圖 1-10

該檔案執行的是以下命令：

```
%windir%\System32\cmd.exe "/K" D:\miniconda3\Scripts\activate.bat D:\
miniconda3
```

讀者可以複製一個副本，在重裝系統時透過副本也能使用這個環境，當然，也可以自行建立這樣的捷徑。

如果選取圖 1-7 中的第 2 個核取方塊，則可以方便 IDE 查詢 Python 環境，讀者可以根據需求進行選擇。

當選取了圖 1-7 中的兩個核取方塊之後，系統環境變數會增加幾條路徑。查看環境變數的方法如下：按滑鼠右鍵「本機」，在彈出的快顯功能表中選擇「內容」命令，在開啟的視窗中點擊「進階系統設定」連結，在開啟的「系統內容」對話方塊中點擊「環境變數」按鈕，在「變數」列開啟 Path 選項即可。這裡有兩個 Path，上面的 Path 只影響當前使用者，下面的 Path 會影響整個系統，也就是説會影響系統的所有使用者。以圖中的電腦為例，會增加包含 C:\Users\joshhu\miniconda3 的幾個目錄，如圖 1-11 所示。

▲ 圖 1-11

因為 D:\miniconda3 已經被增加到環境變數中，系統會從這些環境變數中查詢 python.exe 並傳回，所以使用 where python 能傳回 D:\miniconda3\python.exe。

安裝好 Miniconda 之後，在「開始」選單中有兩種進入 Conda 環境的捷徑，如圖 1-12 所示。

如果是 Anaconda，則「開始」選單中會多出一些非常好用的工具，如 Jupyter Notebook、Spyder 等，如圖 1-13 所示，可以透過按兩下來使用這些工具。

▲ 圖 1-12

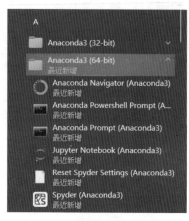

▲ 圖 1-13

2. 安裝 PySide 6 / PyQt 6

安裝 PySide 6 最簡單的方法是使用 pip 命令。

```
pip install PySide6
```

同理，安裝 PyQt 6 可以使用以下命令：

```
pip install PyQt6
```

如果使用的是 Miniconda，那麼到這裡 PySide 6 / PyQt 6 的安裝就結束了。如果使用的是 Anaconda，那麼還需要下面的步驟。

在安裝好 Anaconda 之後，預設附帶 Python Qt 環境，因為開放原始碼的 IDE Spyder 是基於這個環境開發的（預設是 PyQt）。在本書完稿之際，Spyder 相依的環境還是 PyQt 5.9，這也是 Anaconda 的 Python Qt 環境，但這不符合筆者的要求，所以需要手動更新，程式碼如下：

```
* Spyder version: 5.1.5 None
* Python version: 3.9.7 64-bit
* Qt version: 5.9.7
* PyQt5 version: 5.9.2
* Operating System: Windows 10
```

此時的 Spyder 使用的是 PyQt 5，在安裝 PySide 6 / PyQt 6 時和 Spyder 有版本衝突，如果執行 PySide 6 / PyQt 6 程式碼，那麼會出現 qt.qpa.plugin: Could not find the Qt platform plugin "windows" in "" 錯誤，產生這種錯誤的原因是 Conda 找到的 Qt 版本資訊是由 PyQt 5 提供的，解決方法是把 D:\Anaconda3\Lib\site-packages\PySide6\plugins 路徑下的所有檔案複製到 D:\Anaconda3\Library\plugins 路徑下完成替換。但採用這種方法會導致系統的 PyQt 5 不能使用，基於 PyQt 5 的 Spyder 也不能使用。

1.2.3 在 macOS 和 Linux 下架設 PySide 6 / PyQt 6 環境

1. 在 macOS 下架設 PySide 6 / PyQt 6 環境

在 macOS 下架設 PySide 6 / PyQt 6 環境的步驟和在 Windows 下架設 PySide 6 / PyQt 6 環境的步驟基本一致，筆者在這裡僅測試了 Miniconda 的安裝。在官方網站下載 Miniconda 安裝套件，筆者選擇的是 pkg 版本，如圖 1-14 所示，可以進行視覺化安裝。在安裝過程中，一直採取預設方式並點擊 Next 按鈕即可，直接進入 Conda 環境。

macOS installers			
		macOS	
Python version	Name	Size	SHA256 hash
Python 3.9	Miniconda3 macOS 64-bit bash	55.2 MiB	7717253055e7c09339cd3d0815a0b1986b9138dcfcb8ec33b9733df32dd40eaa
	Miniconda3 macOS 64-bit pkg	61.9 MiB	d3e63d7e8aa3ffb7b095e0b984db47309bb1cb1ec2138f5e6a96a34173671451
Python 3.8	Miniconda3 macOS 64-bit bash	55.7 MiB	e13a4590879638197b0c506768438406b07de614911610e314f8c78133915b1c
	Miniconda3 macOS 64-bit pkg	62.4 MiB	3ca9720a2b47fbbff529057fd4ec8781a23cb825eec289b487dfa040b7ae8e25
	Miniconda3 macOS Apple M1 ARM 64-bit bash	44.9 MiB	4ce4047065f32e991edddbb63b3c7108e7f4534cfc1efafc332454a414deab58
Python 3.7	Miniconda3 macOS 64-bit bash	63.5 MiB	c3a863eb85ad7035e5578684509b0b8387e8eb93c022495ab987baac3df6ef41
	Miniconda3 macOS 64-bit pkg	70.2 MiB	e28d2edb8d79b884f9f35479d35635b2d3d415f3af634b39043aff4ed14a0458

▲ 圖 1-14

在安裝完 Miniconda 之後，就需要安裝 PySide 6，使用 pip 命令安裝即可：

```
pip install PySide6
```

至此，macOS 的 Python 環境和 PySide 6 環境就架設完成，後面在安裝 IDE 時可以自動辨識這個環境。

筆者只測試了 PySide 6，沒有對 PyQt 6 進行測試，因為截止到 PySide 6 ～ PySide 6.2.3，pyside6-designer.exe 檔案在命令列中打不開，出現的錯誤訊息如圖 1-15 所示。

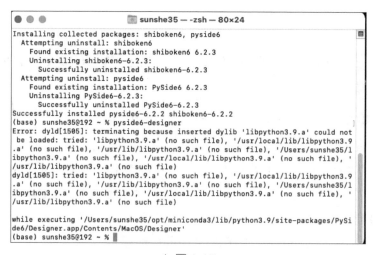

▲ 圖 1-15

2. 在 Linux 下架設 PySide 6 / PyQt 6 環境

測試電腦使用的是國產深度系統社區版（版本編號為 20.4），因為用的是最新的 Python 和 PySide 6，如果系統版本太老，就會由於編譯器版本太低而出現相容性問題，這一點需要注意。

在官方網站下載 Miniconda 安裝套件，選擇 Linux 的第 1 個版本。下載完成後，需要在主控台安裝，命令如下：

```
bash Miniconda3-latest-Linux-x86_64.sh
```

點擊操作過程中的「下一步」按鈕，直到輸入 yes 等就完成了安裝，效果如圖 1-16 所示，重新啟動終端就會自動進入 Conda 環境。

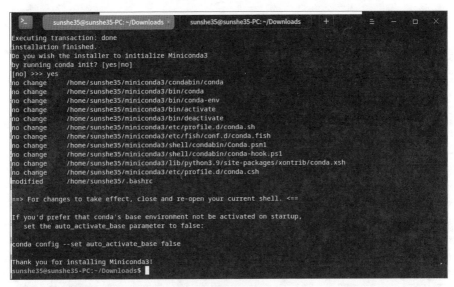

▲ 圖 1-16

在重新啟動終端之後，再次開啟終端就可以安裝 PySide 6：

```
pip install PySide6
```

這樣 Python 環境和 PySide 6 環境就架設如圖 1-17 所示，系統已經可以正確辨識這個環境。

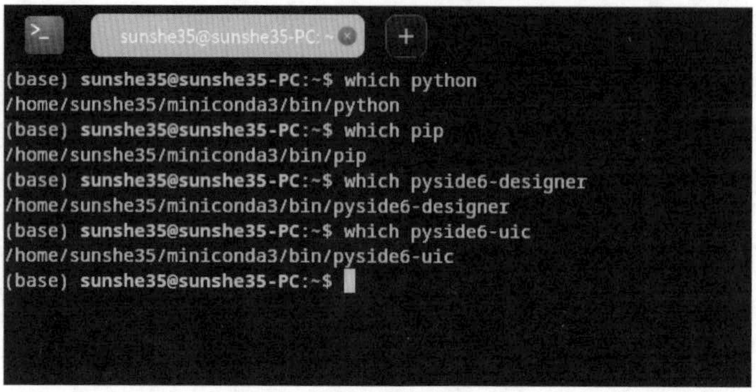

▲ 圖 1-17

1.2.4 測試 PySide 6 / PyQt 6 環境

在架設好 Python 環境之後，就需要對環境進行測試。如果要測試 PySide 6 環境是否安裝成功，則使用 PySide6/Chapter01/testFirst.py 檔案；如果要測試 PyQt 6 環境是否安裝成功，則使用 PyQt6/Chapter01/testFirst.py 檔案。以 PySide 6 為例，其完整程式碼如下：

```python
import sys
from PySide6 import QtWidgets

app = QtWidgets.QApplication(sys.argv)
widget = QtWidgets.QWidget()
widget.resize(360, 360)
widget.setWindowTitle("hello, PySide6")
widget.show()
sys.exit(app.exec())
```

在 Windows 系統中，按兩下 testFirst.py 檔案，或在 Windows 命令列視窗中執行以下命令：

```
python testFirst.py
```

如果沒有顯示出錯，則彈出如圖 1-18 所示的視窗（Widget），說明 PySide 6 / PyQt 6 環境安裝成功。

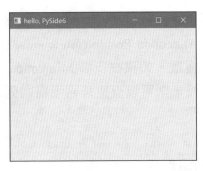

▲ 圖 1-18

1.3 PySide 6 快捷工具簡介

PySide 6 預設提供了很多 Qt 快捷工具，如 Qt 幫助工具 pyside6-assistant.exe、將 .ui 檔案轉為 .py 檔案的工具 pyside6-uic.exe 和資源管理工具 pyside6-rcc.exe 等，在安裝好這些工具之後就可以直接使用，如圖 1-19 所示。

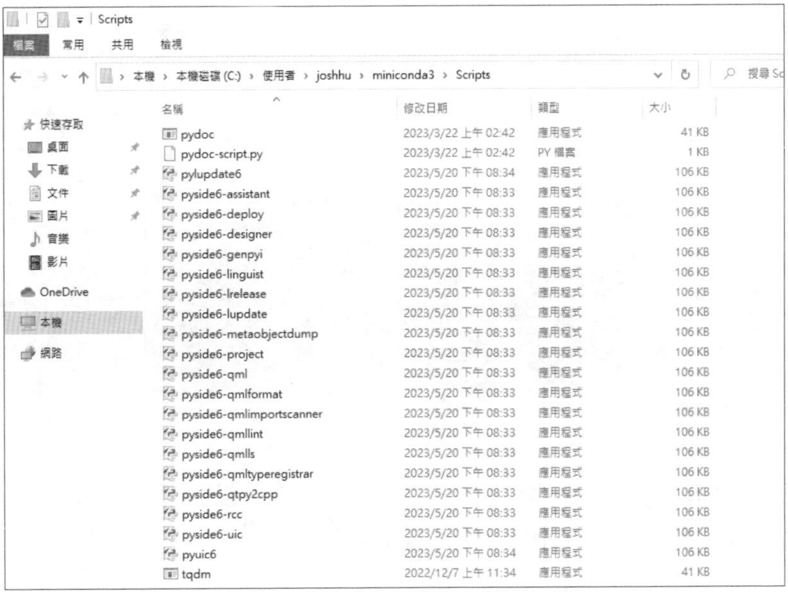

▲ 圖 1-19

那麼如何使用這些快捷工具呢？可以先透過「開始選單」→ Anaconda3(64-bit) → Anaconda Prompt(miniconda3) 捷徑進入 Conda 環境，然後透過命令列開啟。如果在安裝 Miniconda 時選取了「設定系統 Python 環境」核取方塊，則可以直接按兩下檔案開啟，也可以在任意位置透過命令列開啟。

1.3.1　Qt Designer

Qt Designer 就是我們常說的 Qt 設計師。它是一個視覺化的程式碼生成器，有一個 GUI 介面，如圖 1-20 所示。

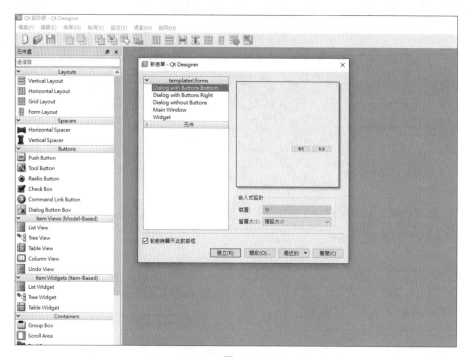

▲ 圖 1-20

在架設好 Anaconda 環境之後，既可以透過按兩下 pyside6-designer.exe 檔案直接開啟，也可以透過以下命令開啟：

```
pyside6-designer.exe
```

開啟 Chapter02\layoutWin.ui 檔案，效果如圖 1-21 所示，可以透過視覺化的方式對該檔案進行編輯。

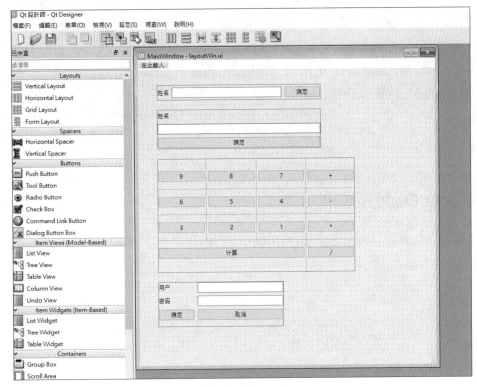

▲ 圖 1-21

1.3.2 Qt 使用者互動編譯器

上面介紹了如何透過視覺化的方式生成 .ui 檔案，但是我們最終需要的是 .py 檔案，這就需要使用 Qt 的 uic.exe 工具。這個工具在 PySide 6 上對應 pyside6-uic.exe，作用是把 .ui 檔案轉為 .py 檔案，但其沒有 GUI，只能透過命令行使用，使用方式如下：

```
pyside6-uic.exe -o test.py  test.ui
pyside6-uic -o test.py  test.ui
```

1.3.3 Qt 資源編譯器

pyside6-rcc.exe 是 PySide 6 提供的資源編譯工具，作用是把一些 .qrc 檔案（包含圖片等資源）編譯成 .py 檔案。如下所示，下面任意一行程式碼都可以把 test.qrc 檔案轉為 test_rc.py 檔案，以方便 Python 直接呼叫（這樣做的好處是 test_rc.py 檔案已經包含圖片資源，可以直接使用，不受原始圖片位置變更的影響）：

```
pyside6-rcc.exe -o test_rc.py test.qrc
pyside6-rcc -o test_rc.py test.qrc
```

1.3.4 Qt 說明文件

pyside6-assistant.exe 是 PySide 6 的說明文件，來自 Qt 6 的說明文件。其介面如圖 1-22 所示。

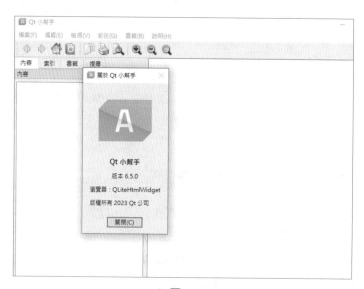

▲ 圖 1-22

該說明文件對 PySide 6 的介紹非常詳細，也非常全面，讀者在學習 PySide 6 中的每個模組時都可以透過這個工具查到。可以透過按兩下開啟

pyside6-assistant.exe，也可以在任意位置開啟 cmd 視窗，輸入以下命令開啟該説明文件：

```
pyside6-assistant.exe
```

1.3.5 Qt 翻譯器與其他

pyside6-linguist.exe（Qt 翻譯器）為 PySide 程式增加了翻譯功能，方便程式的國際化業務。這個工具有 GUI 功能，既可以透過按兩下開啟該工具，也可以透過以下命令列開啟該工具：

```
pyside6-linguist.exe
```

這裡隨便開啟一個檔案（開啟的是 .po 檔案），效果如圖 1-23 所示。

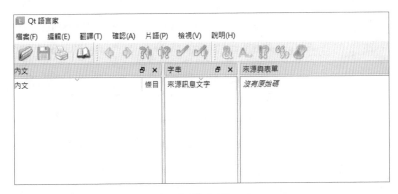

▲ 圖 1-23

還有幾個不常用的工具，下面進行簡介。

- pyside6-genpyi.exe：為 PySide 模組生成 .pyi 檔案，只能在命令列中使用。
- pyside6-lrelease.exe：是 Qt Linguist 工具鏈的一部分，只能在命令列中使用。
- pyside6-lupdate.exe：是 Qt Linguist 工具鏈的一部分，從 QTUI 檔案，以及 C++、Java 和 JavaScript / QtScript 原始程式碼中提取可

翻譯的資訊。提取的資訊儲存在文字翻譯原始檔案（通常是 Qt-TS-XML）中。新資訊和修改後的資訊可以合併到現有的 TS 檔案中。該工具只能在命令列中使用。

1.3.6 PyQt 6 中的 Qt 工具

上面介紹的都是 PySide 6 提供的工具。PyQt 6 預設提供了 uic 工具，該工具和 pyside6-uic.exe 都位於 D:\miniconda3\Scripts\pyuic6.exe 目錄下。uic 工具可以像 pyside6-uic.exe 一樣使用。

如果想使用其他 Qt 工具，如 Designer 等功能，則需要額外安裝其他模組，如 pyqt6-tools，程式碼如下：

```
pip install pyqt6-tools
```

這個模組為 PyQt 6 提供 Designer、QML Scene 和 QML Test Runner 的支援，可以使用子命令來獲取這些支援，如開啟 Qt Designer 需要執行以下命令：

```
pyqt6-tools designer
```

遺憾的是，這個模組更新得比較慢，和 PyQt 6 不同步。截止到 2022 年 2 月，該模組只支援到 PyQt 6.1，而最新版本的 PyQt 是 6.2.3，會產生版本衝突，建議使用虛擬環境單獨安裝這個模組。

另一個補充工具是 qt6-applications，安裝方法如下：

```
pip install qt6-applications
```

完成安裝之後可以在 D:\miniconda3\Lib\site-packages\qt6_applications\Qt\bin 目錄下找到一些 Qt 工具，如圖 1-24 所示，一些常用軟體 assistant.exe、designer.exe 等都可以使用。遺憾的是這個工具更新得比較慢，最新版本只支援到 Qt 6.1。

qt.conf	2022/3/1 10:26
androiddeployqt.exe	2022/3/1 10:26
androidtestrunner.exe	2022/3/1 10:26
assistant.exe	2022/3/1 10:26
designer.exe	2022/3/1 10:26
lconvert.exe	2022/3/1 10:26
linguist.exe	2022/3/1 10:26
lprodump.exe	2022/3/1 10:26
lrelease.exe	2022/3/1 10:26
lrelease-pro.exe	2022/3/1 10:26
lupdate.exe	2022/3/1 10:26
lupdate-pro.exe	2022/3/1 10:26
pixeltool.exe	2022/3/1 10:26
qdbus.exe	2022/3/1 10:26
qdbuscpp2xml.exe	2022/3/1 10:26
qdbusviewer.exe	2022/3/1 10:26

▲ 圖 1-24

1.4 常用 IDE 的安裝設定與使用

本節介紹使用 Python 開發 PySide / PyQt 的過程中會用到的 3 個 IDE
工具，分別為 Eric、PyCharm 和 VSCode。這 3 個 IDE 工具中的任何一
個都可以用來開發 PySide / PyQt，讀者可以根據自身需求選擇使用。Eric
對初學者比較友善，當讀者對 PySide / PyQt 熟悉之後，使用專業的 IDE
工具（如 PyCharm）會更好一些。

以下內容都是基於 Windows 系統介紹的。

1.4.1 Eric 7 的安裝

Eric 是一個功能齊全的 Python 編輯器和 IDE，使用 Python 撰寫。它
基於跨平臺 Qt UI 工具套件整合了高度靈活的 Scintilla 編輯器控制項。
Eric 既可以作為編輯器，也可以作為專業的專案管理工具，為 Python 開
發人員提供許多進階功能。Eric 包括一個外掛程式系統，不僅允許使用者
自行下載外掛程式，還可以輕鬆擴充 IDE 功能。最新的穩定版本是基於
PyQt 6 和 Python 3 的 Eric 7，Eric 有如圖 1-25 所示的一些特徵。

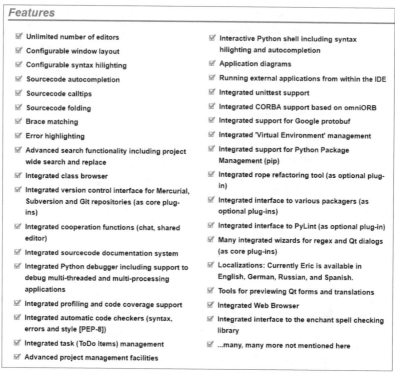

▲ 圖 1-25

存取 Eric 官網，下載最新的 Windows 系統下的 Eric 7 安裝套件。

截至本書成書時，Eric 的最新版本為 7-22.2，如圖 1-26 所示。

▲ 圖 1-26

　　準備好安裝環境之後，就可以開始安裝 Eric 7。在下載完安裝套件之後先對其進行解壓縮，然後進入解壓縮目錄，按兩下 install.py 檔案開始安裝 Eric 7，或在命令列輸入 python install.py，使用方式如圖 1-27 所示。

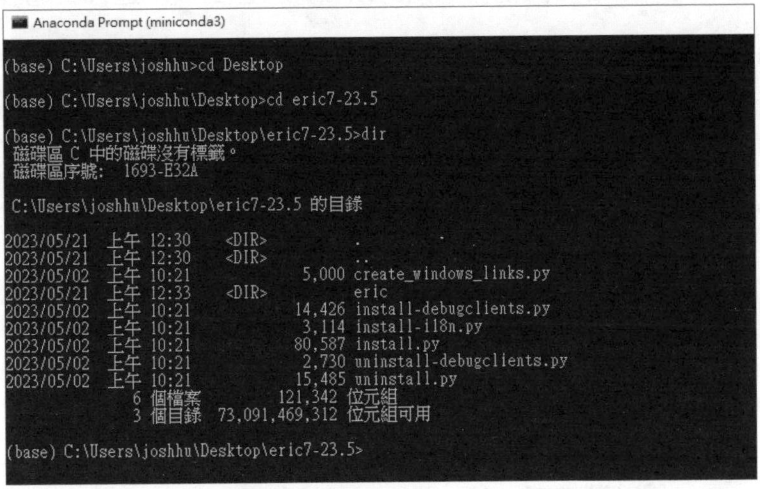

▲ 圖 1-27

　　安裝完成之後，會在桌面生成捷徑 eric7(Python3.9)，其目標路徑為 D:\miniconda3\Scripts\eric7.cmd，如圖 1-28 所示。

▲ 圖 1-28

1.4.2 Eric 7 的相關設定

Python 環境是系統預設的,可以被 IDE 辨識到,因此不需要進行額外的設定,如果讀者有其他需求則可以根據自己的需求進行其他設定。

開啟 Eric 7,選擇 setting → show external tool 命令,可以看到,PySide 6 / PyQt 6 的環境已經被辨識到,如圖 1-29 所示,Qt 的各種工具都能夠被檢測到。

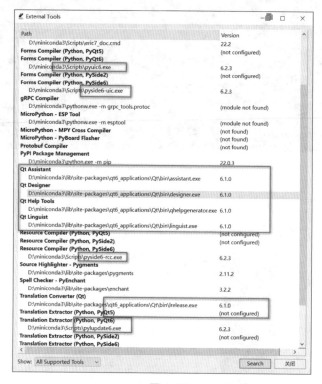

▲ 圖 1-29

1.4.3 Eric 7 的基本使用

本節主要講解使用 Eric 7 開發 PySide 6 / PyQt 6 應用。本節以開發 PySide 6 應用為例介紹,專案檔案儲存在 Chapter01/ericProject 目錄下。下面講解初學者使用 Qt Designer 開發 PySide 6 應用的典型流程。

（1）開啟 Eric 7，選擇 Project → Open 命令，開啟開發專案檔案 Chapter01\ericProject\ericPySide6.epj，可以看到如圖 1-30 所示的視圖。

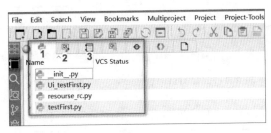

▲ 圖 1-30

圖 1-30 中有 1、2、3 這 3 個選項。第 1 個選項用於編輯程式碼檔案（.py 檔案）；第 2 個選項的功能是使用 Qt Designer 編輯 .ui 檔案，以及使用其他工具編譯 .ui 檔案（轉換成 .py 檔案）；第 3 個選項用來編譯資源檔 .qrc。

（2）切換到第 2 個選項，按兩下 testFirst.ui 檔案，透過視覺化的方式建立 GUI 檔案，如圖 1-31 所示。

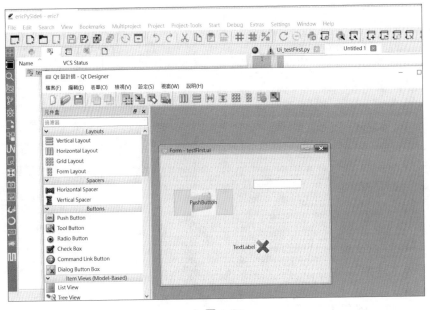

▲ 圖 1-31

按兩下 testFirst.ui 檔案，對應的 cmd 命令列如下：

```
pyside6-designer.exe  testFirst.ui
```

先儲存編輯完的 .ui 檔案，按滑鼠右鍵 testFirst.ui 檔案，在彈出的快顯功能表中選擇 Compile form 命令，如圖 1-32 所示，編譯檔案，把 testFirst.ui 檔案轉為 Ui_testFirst.py 檔案。

這一步對應的 cmd 命令列如下：

```
pyside6-uic.exe -o Ui_testFirst.py testFirst.ui
```

可以看到，此時更新了 Ui_testFirst.py 檔案。

（3）切換到第 3 個選項，進入資源管理介面，可以看到 .qrc 檔案，即資源管理檔案，裡面儲存的是圖片與引用路徑資訊。按滑鼠右鍵 resource.qrc 檔案，在彈出的快顯功能表中選擇 Compile resource 命令，如圖 1-33 所示，這樣就可以把 resource.qrc 檔案編譯成 resource_rc.py 檔案。

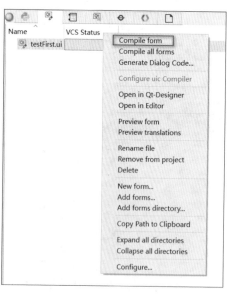

▲ 圖 1-32

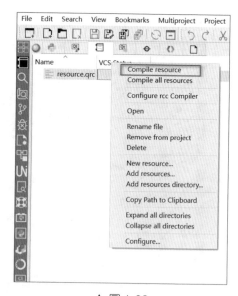

▲ 圖 1-33

這一步對應的 cmd 命令列如下：

```
pyside6-rcc.exe -o resource_rc.py resource.qrc
```

可以看到，此時更新了 resource_rc.py 檔案。

需要注意的是，由於 PyQt 6 放棄了對資源的支援，即不會提供 pyrcc6.exe 工具，因此不會顯示如圖 1-33 所示的介面。另外，使用 PyQt 6 執行這個案例的 demo 不會顯示圖片。

（4）切換到第 1 個選項，選中 testFirst.py 檔案，先點擊「執行」按鈕（或按快速鍵 F2），再點擊 PushButton 按鈕，就會彈出如圖 1-34 所示的提示框。

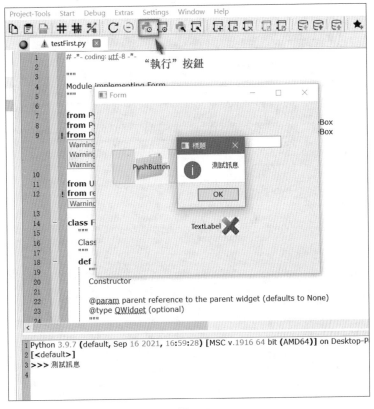

▲ 圖 1-34

由圖 1-34 可知，程式正常執行並且顯示了圖示。

如果使用的是 Anaconda，但版本基於 PyQt 5，則可能不會正確顯示圖示。這是因為 Qt 5 和 Qt 6 的版本不匹配，解決方法是把 D:\Anaconda3\Lib\site-packages\PySide6\plugins 路徑下的所有檔案複製到 D:\Anaconda3\Library\plugins 路徑下並替換。

下面介紹如何建立專案資料夾。選擇 Project → New 命令，彈出如圖 1-35 所示的對話方塊，圖中 1、2、3 處的內容需要修改。1 是專案名稱，對應的檔案是 ericPySide6.epj；2 是專案類型，下拉清單中包含 PySide6 GUI 和 PyQt6 GUI 這兩個選項，筆者建立的是 PySide6 專案，所以選擇 PySide6 GUI 選項，這很重要，這樣這個專案會自動選擇 pyside6-uic.exe 來編譯 .ui 檔案；3 是專案資料夾路徑。

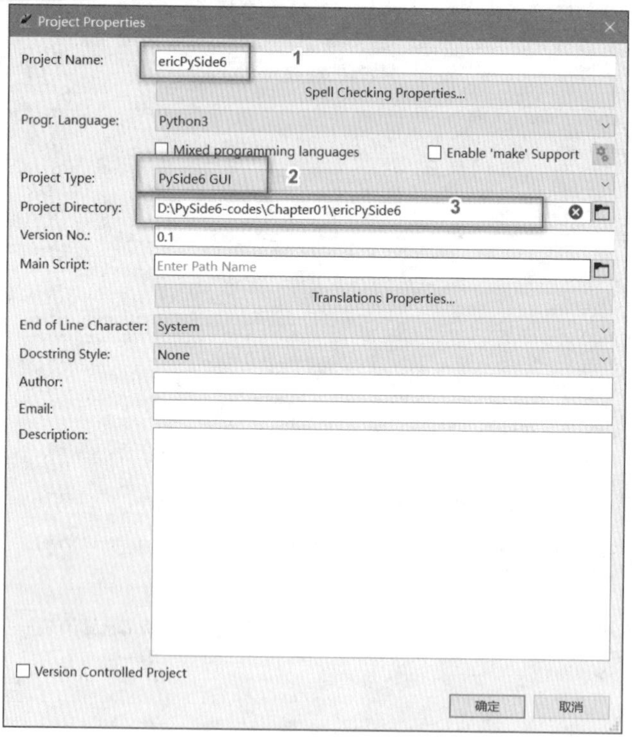

▲ 圖 1-35

1.4.4 PyCharm 的安裝

PyCharm 是一種 Python IDE（Integrated Development Environment，整合式開發環境），帶有一整套可以幫助使用者在使用 Python 開發時提高其效率的功能，如偵錯、語法突顯、專案管理、程式碼跳躍、智慧提示、自動完成、單元測試、版本控制等。此外，該 IDE 提供了一些進階功能，可以用於支援 Django 框架下的專業 Web 開發。PyCharm 是 Python 開發最常用的 IDE 工具，也是筆者日常開發 Python 程式的主力軍。

PyCharm 有免費的 Community（社區）版本和收費的 Professional（專業）版本。如果開發 PySide / PyQt，則 Community 版本就足夠用。Community 版本和 Professional 版本的區別如圖 1-36 所示。

	PyCharm Professional Edition	PyCharm Community Edition
Intelligent Python editor	✓	✓
Graphical debugger and test runner	✓	✓
Navigation and Refactorings	✓	✓
Code inspections	✓	✓
VCS support	✓	✓
Scientific tools	✓	
Web development	✓	
Python web frameworks	✓	
Python Profiler	✓	
Remote development capabilities	✓	
Database & SQL support	✓	

▲ 圖 1-36

可以從官方網站下載 PyCharm，在下載頁面中選擇 Community 版本，如圖 1-37 所示。

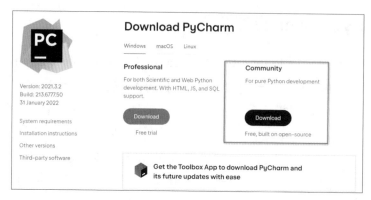

▲ 圖 1-37

安裝完 PyCharm 之後，會在桌面建立捷徑，筆者建立的捷徑的名稱為 PyCharm Community Edition 2021.3.2，開啟這個工具，要新建一個 Project 需要開啟如圖 1-38 所示的視窗。

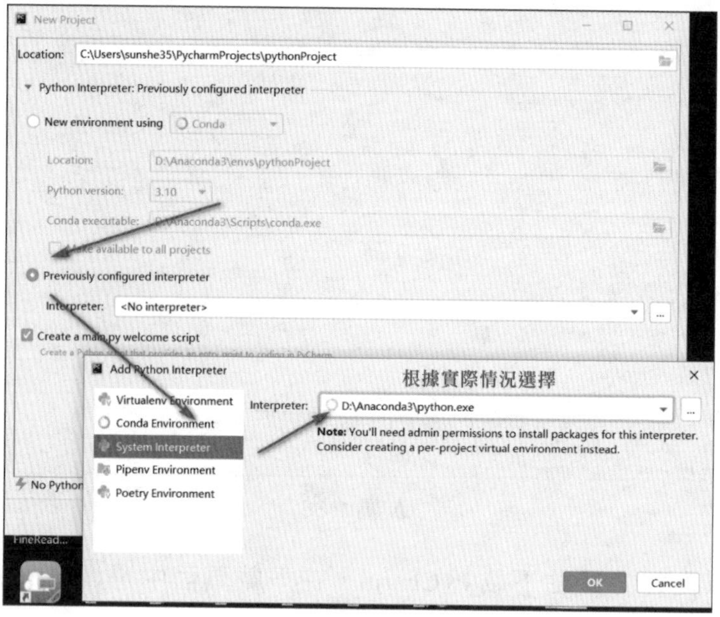

▲ 圖 1-38

進入 PyCharm 主程式介面，選項預設都是英文的，可以透過安裝外掛程式對選項進行中文化。選擇 File → Setting 命令，開啟 Settings 對話方塊，下載 Chinese 外掛程式並應用，重新啟動後即可進入中文介面，如圖 1-39 所示。

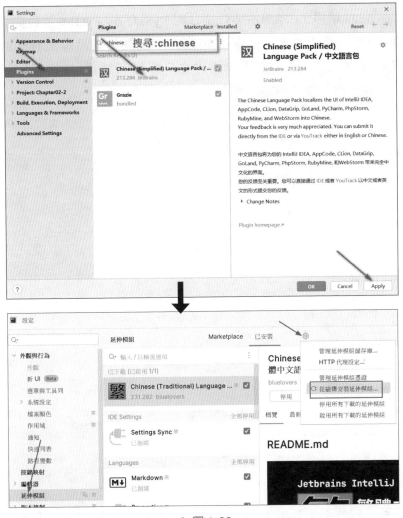

▲ 圖 1-39

（編按：PyCharm 本身並未提供繁體中文語言包，讀者可至 https://github.com/bluelovers/idea-l10n-zht/raw/master/plugin-dev-out/zh.jar 下載「zh.jar」，並在 PyCharm 中選擇「從磁碟安裝延伸模組」。唯此語言包非官方開發，中間仍有多處項目為英文用語或簡體用語）

1.4.5 使用 PyCharm 架設 PySide 6 / PyQt 6 環境

因為 PyCharm 支援多個 Python 環境，所以需要指定一個 Python 環境（Anaconda 環境），本節主要介紹在對 PySide 6 / PyQt 6 進行開發的過程中使用 Qt 工具的方法。如圖 1-40 所示，為開發環境增加幾個 PySide 6 / PyQt 6 的外部工具，方便快速建立、編輯和編譯 .ui 檔案，以及編譯 .qrc 檔案，以及快速查看說明等。

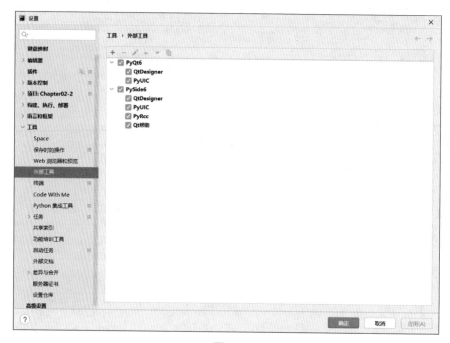

▲ 圖 1-40

1. 外部工具的使用

使用這些外部工具非常簡單，具體的使用方法和執行效果如圖 1-41 所示。

由此可知，PySide 6 / PyUIC 這個外部工具實際上執行的是如下所示的 cmd 命令：

```
pyside6-uic.exe firstMainWin.ui -o firstMainWinUI.py
```

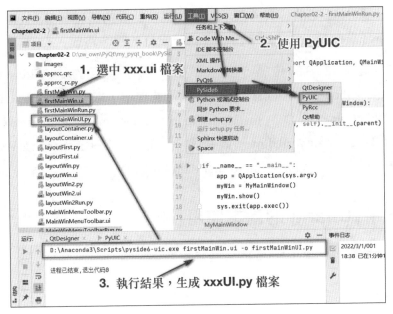

▲ 圖 1-41

2. 設定 PySide6 / PyUIC

建立外部工具的步驟如圖 1-42 所示。

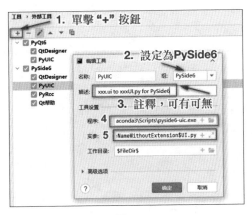

▲ 圖 1-42

下面仍然以 PySide 6 / PyUIC 為例介紹。建立外部工具需要注意以下
幾點。

（1）圖 1-42 中的位置 4 表示外部程式，此處的路徑為 D:\Anaconda3\Scripts\pyside6-uic.exe，讀者應參考自己電腦的實際路徑。

（2）圖 1-42 中的位置 5 表示參數，此處填寫的是 $FileName$-o $FileNameWithoutExtension$UI.py，在執行過程中，以 firstMainWin.ui 檔案為例，$FileName$ 編譯為 firstMainWin.ui，$FileNameWithoutExtension$UI.py 編譯為 firstMainWinUI.py，最終執行的命令是 D:\Anaconda3\Scripts\pyside6-uic.exe firstMainWin.ui -o firstMainWinUI.py。

1.4.6 PyCharm 的基本使用

下面簡單介紹 PyCharm 的一些常用方法。

1. 開啟資料夾

選擇「檔案」→「新增專案」命令，開啟如圖 1-43 所示的對話方塊，選擇要開啟的資料夾，設定完成後點擊「建立」按鈕。

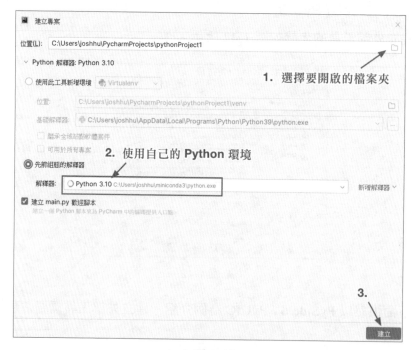

▲ 圖 1-43

在彈出的提示框中點擊「從現有的來源建立」按鈕，如圖 1-44 所示。

▲ 圖 1-44

在開啟的介面中可以對本書的原始程式碼進行編輯操作，如圖 1-45 所示。

▲ 圖 1-45

2. 執行檔案

選擇「執行」→「執行」命令即可啟動檔案，在第一次啟動之後就可以使用視窗右上角的捷徑，主要包括「執行」和「偵錯」兩種捷徑，如圖 1-46 所示。

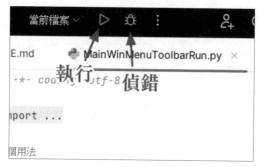

▲ 圖 1-46

3. 偵錯檔案

假設已經成功執行了檔案,則可以透過如圖 1-47 所示的方式進行偵錯,可以看到這種偵錯方式和使用 IPython Console 撰寫程式碼的體驗是一樣的。

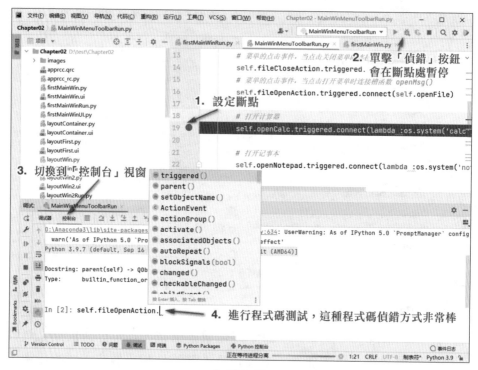

▲ 圖 1-47

4. 使用 PySide 6 / PyQt 6 的一些工具

可以透過 PyCharm 快速開啟 Qt Designer、PyUIC、PyRcc、Qt 説明文件等工具，這種方式的設定方法在 1.4.5 節已經介紹了，這裡不再贅述。具體的使用方法如圖 1-48 所示，該操作會使用 Qt Designer 命令開啟 layoutContainer.ui 檔案。

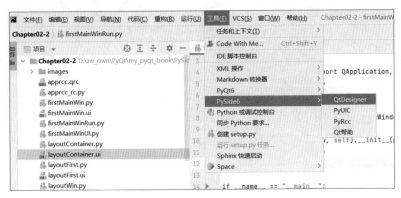

▲ 圖 1-48

5. 使用其他 Python 環境

如果想要使用其他 Python 環境，如虛擬環境，則可以在如圖 1-49 所示的「設定」對話方塊中進行修改。

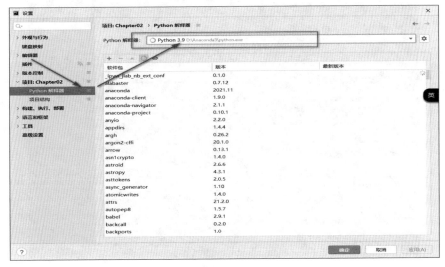

▲ 圖 1-49

1.4.7 VSCode 的安裝

從 Visual Studio 官方網站下載安裝套件,讀者可以自行修改安裝時的安裝目錄或選項,如圖 1-50 所示。這個安裝套件非常小,啟動非常快。

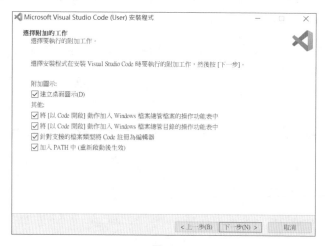

▲ 圖 1-50

安裝完之後會檢測系統語言,並提示安裝中文擴充,如果沒有顯示這個提示,則可以自行安裝,如圖 1-51 所示。

▲ 圖 1-51

1.4.8 VSCode 的設定

一般要安裝兩個外掛程式：一個是官方推出的 Python 擴充，在安裝這個外掛程式之後，Python 的編輯、自動補全、程式碼提示、跳躍、執行、偵錯等功能都能完整支援，可以像 IDE 一樣開發 Python 程式，如圖 1-52 所示。

▲ 圖 1-52

另一個是 Qt 擴充。它支援 .qml、.qss、.ui 等檔案的語法突顯，基於 PyQt 或 PySide 把 .ui 檔案或 .qrc 檔案編輯成 .py 檔案，是開發 PyQt / PySide 程式的利器，如圖 1-53 所示。

▲ 圖 1-53

前面已經透過全域方式架設了 Python 環境和 PySide / PyQt 環境，VSCode 會自動辨識它們，不需要額外設定。

1.4.9 VSCode 的基本使用

1. 執行與偵錯

按照如圖 1-54 所示的步驟執行與偵錯 VSCode。

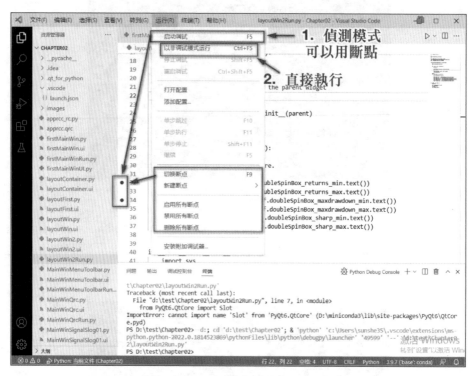

▲ 圖 1-54

2. 偵錯功能的細節

VSCode 的偵錯功能的細節如圖 1-55 所示。

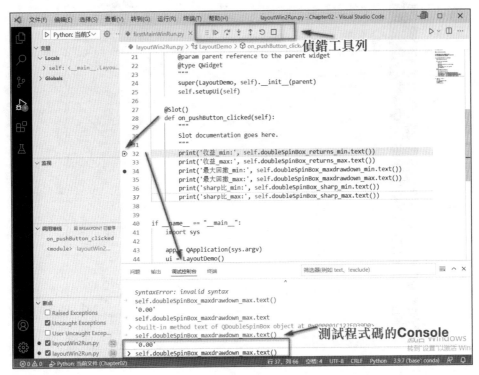

▲ 圖 1-55

3. PyQt / PySide 工具的使用

在安裝好 Python 外掛程式和 Qt for Python 外掛程式之後，電腦會自動辨識 Python 環境，按滑鼠右鍵 .ui 檔案，在彈出的快顯功能表中選擇 Compile Form(Qt Designer UI File) into Qt for Python File 命令，此時可以生成對應的 .py 檔案，檔案在 .qt_for_python\uic 目錄下，如圖 1-56 所示。

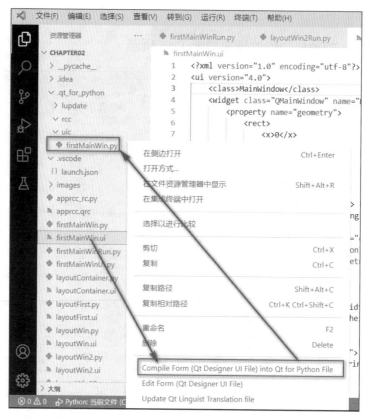

▲ 圖 1-56

4. 自訂 PyQt / PySide 工具

架設好本地 Python 環境和 PySide 6 環境之後，VSCode 會被自動檢測並使用，可以在 settings.json 檔案中自訂其他路徑。在「設定」對話方塊中，可以透過如圖 1-57 所示的方式開啟 settings.json 檔案。

增加了以下自訂設定：

```
"qtForPython.designer.path":"D:\\Anaconda3\\Scripts\\pyside6-designer.exe",
"qtForPython.rcc.path":"D:\\Anaconda3\\Scripts\\pyside6-rcc.exe",
"qtForPython.uic.path":"D:\\Anaconda3\\Scripts\\pyside6-uic.exe",
```

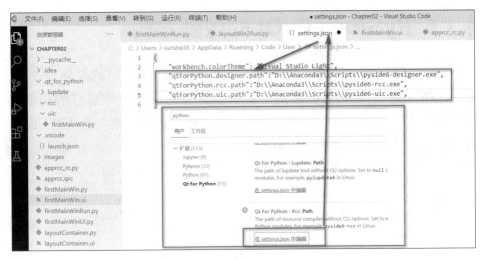

▲ 圖 1-57

5. 使用其他 Python 環境

如果要切換到其他 Python 環境，如虛擬環境，則可以按照如圖 1-58 所示的步驟操作。

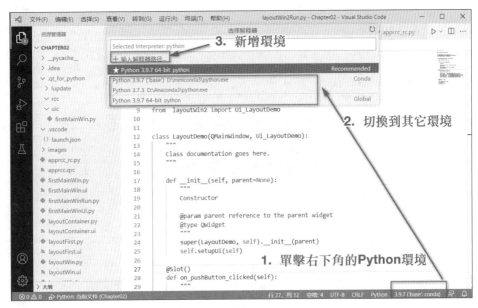

▲ 圖 1-58

1.5 PySide / PyQt 的啟動方式

Chapter01\runDemo.py 是 PySide 6 應用的最基本形式，新建一個繼承 QWidget 的 WinForm 類別，並根據實際情況來實作自訂的視窗。QWidget 視窗預設允許一些操作，如修改視窗的大小、最大化視窗、最小化視窗等，這些都不需要自己定義。

```python
# -*- coding: utf-8 -*-
import sys
from PySide6.QtWidgets import QPushButton, QApplication, QWidget

class WinForm(QWidget):
    def __init__(self, parent=None):
        super(WinForm, self).__init__(parent)
        self.setGeometry(300, 300, 250, 150)
        self.setWindowTitle('啟動方式 1')
        button = QPushButton('Close', self)
        button.clicked.connect(self.close)

if __name__ == "__main__":
    app = QApplication(sys.argv)
    win = WinForm()
    win.show()
    sys.exit(app.exec())
```

執行結果如圖 1-59 所示，點擊 Close 按鈕會關閉視窗。

▲ 圖 1-59

下面對這種啟動方式進行解讀。

【程式碼分析】

使用下面這行程式碼可以避免在所生成的 PySide 程式中出現中文亂碼：

```
# -*- coding: UTF-8 -*-
```

下面這些程式碼是程式執行的主體，這裡展示了 PySide6 程式開發的最小 demo。PySide6.QtWidgets 模組包含 GUI 開發所需要的絕大多數類別，QWidget 更是絕大多數控制項的父類別：

```
import sys
from PySide6.QtWidgets import QPushButton, QApplication, QWidget

class WinForm(QWidget):
    def __init__(self, parent=None):
        super(WinForm, self).__init__(parent)
        self.setGeometry(300, 300, 250, 150)
        self.setWindowTitle('啟動方式 1')
        button = QPushButton('Close', self)
        button.clicked.connect(self.close)
```

每個 PySide 6 程式都需要有一個 QApplication 物件，QApplication 物件包含在 QtWidgets 模組中。sys.argv 是一個命令列參數列表。Python 腳本可以從 Shell 中執行，也可以攜帶有參數，這些參數會被 sys.argv 捕捉，程式碼如下：

```
app = QApplication(sys.argv)
```

實例化 WinForm()，並在螢幕上顯示，程式碼如下：

```
win = WinForm()
win.show()
```

app.exec() 是 QApplication 物件的函式，exec() 函式的作用是「進入程式的主迴圈直到 exit() 被呼叫」。如果沒有 exec() 函式，win.show() 函式也會起作用，只是執行的時候視窗會閃退，這是因為沒有「進入程式的主迴圈」就直接結束了。使用 sys.exit() 函式退出可以確保程式完整地結束，在這種情況下系統的環境變數會記錄程式是如何退出的。程式碼如下：

```
sys.exit(app.exec())
```

如果程式執行成功，那麼 exec() 函式的傳回值為 0，否則為非 0。

在正常情況下，使用這種方式啟動沒有什麼問題。但是如果在 IPython 主控台上透過複製貼上的方式執行程式碼，就可能會遇到以下兩個問題。

1. 無法實例化

顯示出錯資訊如下：

```
RuntimeError: Please destroy the QApplication singleton before creating a new
QApplication instance.
```

出現這個問題主要是因為之前已經實例化 QApplication 物件，無法再次實例化，解決方法如下：

```
app = QApplication.instance()
if app == None:
    app = QApplication(sys.argv)
```

QApplication.instance() 表示如果 QApplication 物件已經實例化則傳回其實例，否則傳回 None。

2. 顯示出錯或直接退出

顯示出錯資訊如下：

```
UserWarning: To exit: use 'exit', 'quit', or Ctrl-D.
  warn("To exit: use 'exit', 'quit', or Ctrl-D.", stacklevel=1)
```

這是因為使用 sys.exit() 函式會引發一個通常用於退出 Python 的 SystemExit 異常。IPython 主控台的 Shell 會捕捉該異常，並顯示警告。但這其實不會影響程式，所以可以忽略這筆訊息。

如果讀者覺得這個異常非常討厭，則可以把 sys.exit(app.exec()) 替換成 app.exec()，也就是去掉 sys.exit()，在一般情況下不影響結果。如果這樣做程式不能完全退出，則可以對以下兩行程式碼任選其一，其效果是一樣的：

```
app.aboutToQuit.connect(app.deleteLater)
app.setQuitOnLastWindowClosed(True)
```

完整程式碼如下（見 Chapter01\runDemo2.py）：

```
# -*- coding: utf-8 -*-)

import sys
from PySide6.QtWidgets import QPushButton, QApplication, QWidget


class WinForm(QWidget):
    def __init__(self, parent=None):
        super(WinForm, self).__init__(parent)
        self.setGeometry(300, 300, 250, 150)
        self.setWindowTitle('啟動方式 2')
        button = QPushButton('Close', self)
        button.clicked.connect(self.close)


if __name__ == "__main__":

    app = QApplication.instance()
    if app == None:
        app = QApplication(sys.argv)

    # 下面兩行程式碼可以根據需要來開啟
    # app.aboutToQuit.connect(app.deleteLater)
```

```
# QApplication.setQuitOnLastWindowClosed(True)

    win = WinForm()
    win.show()
    app.exec()
```

在後續章節中，不會刻意使用某種啟動方式，因為無論使用哪種啟動方式都可以成功執行本書所有的程式。

Qt Designer 的使用

第 1 章介紹了 PySide / PyQt 的基礎知識，本章介紹如何快速入門，簡單來説就是如何透過拖曳滑鼠等視覺化操作建立一個 UI 程式，達到快速入門的目的。

建立 UI 程式，一般可以透過 UI 工具和撰寫純程式碼兩種方式來實現，在 PySide 6 中（本章及後續章節會用 PySide 6 指代 PySide 6 / PyQt 6）也可以採用這兩種方式。本章主要講解使用 Qt Designer 來製作 UI 介面。

2.1 Qt Designer 快速入門

Qt Designer，即 Qt 設計師，是一個強大、靈活的視覺化 GUI 設計工具，可以幫助使用者加快開發 PySide 6 程式的速度。Qt Designer 是專門用來製作 PySide 6 程式中 UI 介面的工具，生成的 UI 介面是一個副檔名為 .ui 的檔案。該檔案使用起來非常簡單，既可以透過命令將 .ui 檔案轉為 .py 檔案，並被其他 Python 檔案引用，也可以透過 Eric 6 進行手動轉換。本章以命令的方式為主，手動的方式為輔，但是二者的原理和結果是一樣的，讀者可以根據自己的偏好進行選擇。範例如圖 2-1 所示。

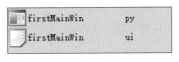

firstMainWin py

firstMainWin ui

▲ 圖 2-1

Qt Designer 符合 MVC（模型—視圖—控制器）設計模式，做到了顯示和業務邏輯的分離。

Qt Designer 具有以下兩方面優點。

- 使用簡單，透過拖曳和點擊就可以完成複雜的介面設計，並且可以隨時預覽查看效果圖。
- 轉換 Python 檔案方便。使用 Qt Designer 可以將設計好的使用者介面儲存為 .ui 檔案，這種格式的檔案支援 XML 語法。在 PySide 6 中使用 .ui 檔案，可以透過 pyside6-uic.exe（或第 1 章介紹的其他方式）將 .ui 檔案轉為 .py 檔案，同時將 .py 檔案匯入 Python 程式碼中。

Qt Designer 預設安裝在 D:\Anaconda3\Scripts\pyside6-designer.exe 目錄下。Qt Designer 的啟動檔案為 pyside6-designer.exe，如圖 2-2 所示。

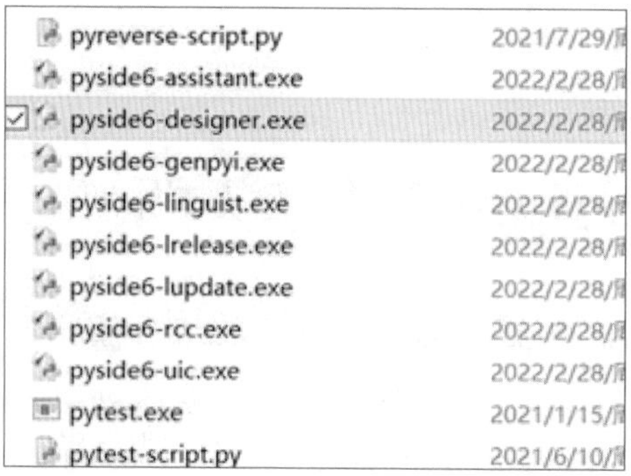

▲ 圖 2-2

2.1.1 新建主視窗

按兩下 pyside6-designer.exe 檔案，開啟 PySide 6 的 Qt Designer，自動彈出「新建表單」對話方塊，如圖 2-3 所示。在範本選項中，最常用的就是 Widget（通用視窗）和 Main Window（主視窗）。在 PySide 6 中，Widget 被分離出來，用來代替 Dialog，並將 Widget 放入 QtWidget 模組函式庫中。

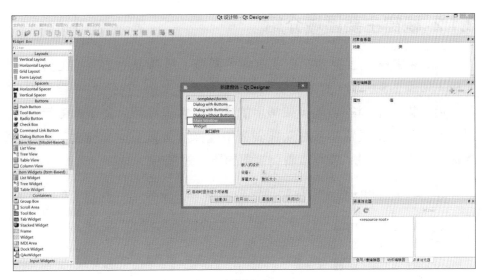

▲ 圖 2-3

選擇的範本是 Main Window，建立一個主視窗，儲存並命名為 firstMainWin.ui，如圖 2-4 所示，主視窗預設增加了功能表列、工具列和狀態列。

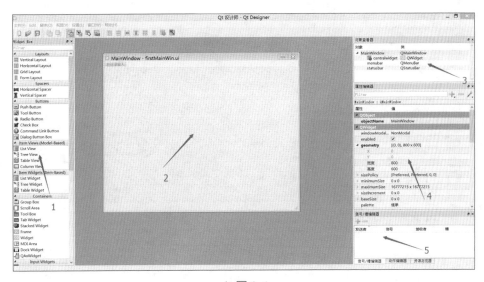

▲ 圖 2-4

2.1.2 視窗主要區域介紹

圖 2-4 中標注了視窗的主要區域，區域 1 是 Widget Box（工具箱）面板，如圖 2-5 所示，其中提供了很多控制項，每個控制項都有自己的名稱，用於提供不同的功能，如常用的按鈕、選項按鈕、文字標籤等，可以直接拖曳到主視窗中。在功能表列中選擇「表單」→「預覽」命令，或按 Ctrl+R 快速鍵，就可以看到視窗的預覽效果。

可以將 Buttons 欄中的按鈕拖曳到主視窗（區域 2），如圖 2-6 所示。

▲ 圖 2-5

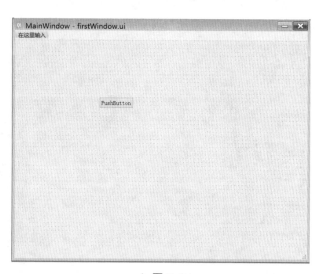

▲ 圖 2-6

在「物件檢視器」面板（區域 3）中，可以查看主視窗中放置的物件列表，如圖 2-7 所示。

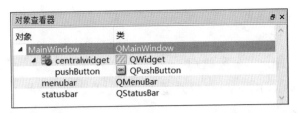

▲ 圖 2-7

　　區域 4 是 Qt Designer 的「屬性編輯器」面板，其中提供了對視窗、控制項、版面配置的屬性編輯功能，如圖 2-8 所示。

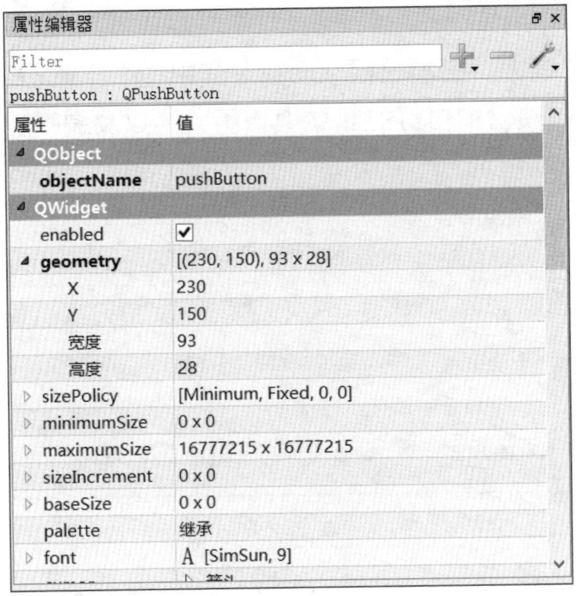

▲ 圖 2-8

- objectName：控制項物件的名稱。
- geometry：相對座標系。
- sizePolicy：控制項大小策略。
- minimumSize：最小寬度和最小高度。
- maximumSize：最大寬度和最大高度。如果想固定視窗或控制項的大小，則可以將 minimumSize 屬性和 maximumSize 屬性設定為一樣的數值。

- font：字型。
- cursor：指標。
- windowTitle：視窗標題。
- windowsIcon / icon：視窗圖示 / 控制項圖示。
- iconSize：圖示大小。
- toolTip：提示訊息。
- statusTip：工作列提示訊息。
- text：控制項文字。
- shortcut：快速鍵。

區域 5 是「訊號 / 槽編輯器」面板，其中在「訊號 / 槽編輯器」視圖中，可以為控制項增加自訂的訊號與槽函式，以及編輯控制項的訊號與槽函式，如圖 2-9 所示。

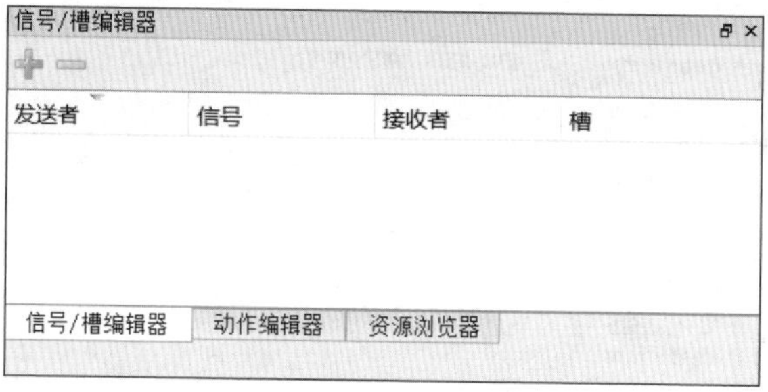

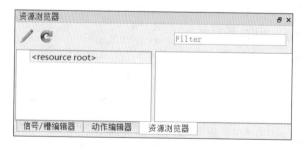

▲ 圖 2-9

在「資源瀏覽器」視圖中，可以為控制項增加圖片，如 Label、Button 的背景圖片，如圖 2-10 所示。

▲ 圖 2-10

2.1.3 查看 .ui 檔案

採用 Qt Designer 設計的介面預設為 .ui 檔案，描述了視窗中控制項的屬性清單和版面配置顯示。.ui 檔案中包含的內容是按照 XML 格式處理的。

首先，使用 Qt Designer 開啟 Chapter02/firstMainWin.ui 檔案，可以看到在主視窗中放置了一個按鈕，其 objectName 為 pushButton，在視窗中的座標為 (490,110)，按鈕的寬度為 93 像素，高度為 28 像素，如圖 2-11 所示。

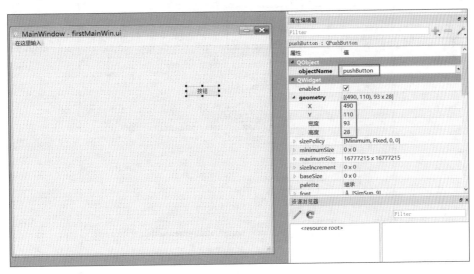

▲ 圖 2-11

然後，使用文字編輯器開啟 firstMainWin.ui 檔案，顯示的內容如圖 2-12 所示。

從圖 2-12 中可以看出，按鈕的設定參數與使用 Qt Designer 開啟 .ui 檔案時顯示的資訊是一致的。有了 Qt Designer，開發人員就能夠更快地開發設計出程式介面，避免使用純程式碼來撰寫，從而不必擔心底層的程式碼實作。

```
💾 firstMainWin.ui❌
1      <?xml version="1.0" encoding="UTF-8"?>
2    ☐<ui version="4.0">
3      <class>MainWindow</class>
4    ☐<widget class="QMainWindow" name="MainWindow">
5    ☐ <property name="geometry">
6    ☐  <rect>
7        <x>0</x>
8        <y>0</y>
9        <width>726</width>
10       <height>592</height>
11      </rect>
12     </property>
13   ☐ <property name="windowTitle">
14      <string>MainWindow</string>
15     </property>
16   ☐ <widget class="QWidget" name="centralwidget">
17   ☐  <widget class="QPushButton" name="pushButton">
18   ☐   <property name="geometry">
19   ☐    <rect>
20         <x>490</x>
21         <y>110</y>
22         <width>93</width>
23         <height>28</height>
24        </rect>
25       </property>
26   ☐   <property name="text">
27        <string>按钮</string>
28       </property>
29      </widget>
30     </widget>
31   ☐ <widget class="QMenuBar" name="menubar">
32   ☐  <property name="geometry">
33   ☐   <rect>
34        <x>0</x>
35        <y>0</y>
36        <width>726</width>
37        <height>26</height>
38       </rect>
39      </property>
40     </widget>
41     <widget class="QStatusBar" name="statusbar"/>
42    </widget>
43    <resources/>
44    <connections/>
45   </ui>
```

▲ 圖 2-12

2.1.4 將 .ui 檔案轉為 .py 檔案

使用 Qt Designer 設計的使用者介面預設儲存為 .ui 檔案,其內容結構類似於 XML,但這種檔案並不是我們想要的,我們想要的是 .py 檔案,所以還需要使用其他方法將 .ui 檔案轉為 .py 檔案。本書提供了以下幾種方法,這些方法可以說是第 1 章的整理,下面進行簡介。

1. 使用命令把 .ui 檔案轉為 .py 檔案

PySide 6 安裝成功後會自動安裝 pyside6-uic.exe，以筆者環境為例，位置為 D:\Anaconda3\ Scripts\pyside6-uic.exe。pyside6-uic.exe 會自動把 .ui 檔案編譯為 .py 檔案，從而方便 Python 呼叫。以 firstMainWin.ui 檔案為例，使用方法是在目前的目錄下開啟 cmd 視窗，並執行以下命令：

```
pyside6-uic.exe -o firstMainWin.py firstMainWin.ui
```

這是最基礎的操作，後續介紹的其他方法都是對這種方法的 GUI 封裝，這幾種方法生成的 .py 檔案是一樣的。

> ⧖ **注意：**
>
> （1）如果輸入 pyside6-uic.exe 沒有得到正確的結果，而是提示「pyside6-uic.exe 不是內部命令或外部命令，也不是可執行的程式或批次檔」，則是 Python 環境設定出錯導致的，請參考第 1 章的內容使用正確的 Python 環境。
>
> （2）如果要生成 PyQt 6 程式碼，則需要使用 pyuic6.exe 程式，位置為 D:\Anaconda3\Scripts\pyuic6.exe，執行以下命令：
>
> ```
> pyuic6.exe -o firstMainWin.py firstMainWin.ui
> ```
>
> 如果執行成功，則結果如圖 2-13 和圖 2-14 所示。
>
>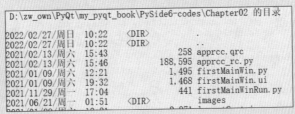
>
> ▲ 圖 2-13
>
>
>
> ▲ 圖 2-14

firstMainWin.py 檔案中的程式碼如下，由於使用 pyside6-uic.exe 生成的程式碼（對應 PySide 6）中文使用 Unicode 字串，因此不便於查看（如「確定」字串會顯示為 u"\u786e\u5b9a"）。這裡舉出的是使用 pyuic6.exe 生成的程式碼（對應 PyQt 6），兩者的使用效果沒有區別，這裡只需要把 PyQt 6 看成 PySide 6 即可：

```python
from PyQt6 import QtCore, QtGui, QtWidgets

class Ui_MainWindow(object):
    def setupUi(self, MainWindow):
        MainWindow.setObjectName("MainWindow")
        MainWindow.resize(726, 592)
        self.centralwidget = QtWidgets.QWidget(MainWindow)
        self.centralwidget.setObjectName("centralwidget")
        self.pushButton = QtWidgets.QPushButton(self.centralwidget)
        self.pushButton.setGeometry(QtCore.QRect(490, 110, 93, 28))
        self.pushButton.setObjectName("pushButton")
        MainWindow.setCentralWidget(self.centralwidget)
        self.menubar = QtWidgets.QMenuBar(MainWindow)
        self.menubar.setGeometry(QtCore.QRect(0, 0, 726, 26))
        self.menubar.setObjectName("menubar")
        MainWindow.setMenuBar(self.menubar)
        self.statusbar = QtWidgets.QStatusBar(MainWindow)
        self.statusbar.setObjectName("statusbar")
        MainWindow.setStatusBar(self.statusbar)

        self.retranslateUi(MainWindow)
        QtCore.QMetaObject.connectSlotsByName(MainWindow)

    def retranslateUi(self, MainWindow):
        _translate = QtCore.QCoreApplication.translate
        MainWindow.setWindowTitle(_translate("MainWindow", "MainWindow"))
        self.pushButton.setText(_translate("MainWindow", "按鈕"))
```

2. 使用 Eric 7 把 .ui 檔案轉為 .py 檔案

Eric 7 要在專案中使用。如果要編輯 PySide 6 程式碼就要建立或使用 PySide 6 專案；如果要編輯 PyQt 6 程式碼就需要使用 PyQt 6 專案（關於建立和使用專案的相關內容請參考第 1 章）。這裡以 PySide 6 專案為例詳細說明，透過 Eric 7 開啟專案（選擇 Project → NEW 命令）Chapter02\ericProject\ericPySide6.epj，並執行如圖 2-15 所示的操作。

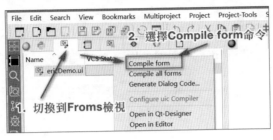

▲ 圖 2-15

上述操作完成之後，就會在目前的目錄下重新生成 Ui_ericDemo.py 檔案。

3. 使用 PyCharm 把 .ui 檔案轉為 .py 檔案

假設已經為 PyCharm 架設好 Python 環境和 PySide 6 環境，透過如圖 2-16 所示的方法就可以把 firstMainWin.ui 檔案轉為 firstMainWinUI.py 檔案。

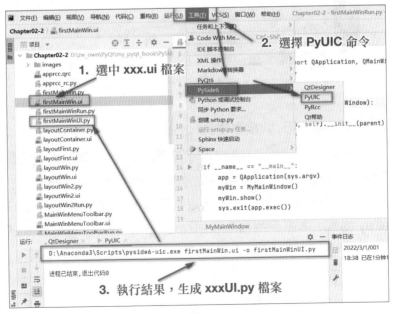

▲ 圖 2-16

4. 使用 VSCode 把 .ui 檔案轉為 .py 檔案

假設已經為 VSCode 架設好 Python 環境和 PySide 6 環境，透過如圖 2-17 所示的方法可以把 firstMainWin.ui 檔案轉為 firstMainWin.py 檔案。

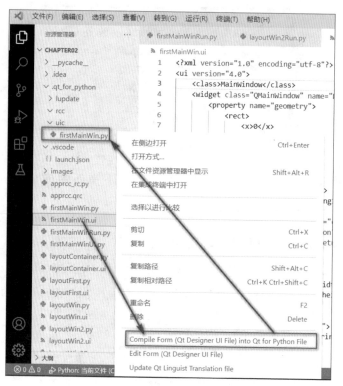

▲ 圖 2-17

5. 使用 Python 腳本把 .ui 檔案轉為 .py 檔案

有些讀者可能對命令列的使用不熟悉，所以本書介紹了如何使用 Python 腳本來完成轉換，這個腳本從本質上使用 Python 程式碼把上述操作封裝起來。這是一個**批次腳本，可以把目前的目錄下所有的 xxx.ui 檔案轉為 xxx.py 檔案**。本案例的檔案名稱為 Chapter02/ tool.py，程式碼如下：

```python
import os
import os.path
```

```python
# .ui 檔案所在的路徑
dir = './'


# 列出目錄下的所有 .ui 檔案
def listUiFile():
    list = []
    files = os.listdir(dir)
    for filename in files:
        # print( dir + os.sep + f )
        # print(filename)
        if os.path.splitext(filename)[1] == '.ui':
            list.append(filename)

    return list


# 把副檔名為 .ui 的檔案改成副檔名為 .py 的檔案
def transPyFile(filename):
    return os.path.splitext(filename)[0] + '.py'


# 呼叫系統命令把 .ui 檔案轉為 .py 檔案
def runMain():
    list = listUiFile()
    for uifile in list:
        pyfile = transPyFile(uifile)
        # PyQt 6 適用
        # cmd = 'pyuic6 -o {pyfile} {uifile}'.format(pyfile=pyfile,
uifile=uifile)
        # PySide 6 適用
        cmd = 'pyside6-uic -o {pyfile} {uifile}'.format(pyfile=pyfile,
uifile=uifile)
        # print(cmd)
        os.system(cmd)


###### 程式的主入口
if __name__ == "__main__":
    runMain()
```

如果這個腳本不能執行，則説明系統的 PySide / PyQt 環境設定存在問題，這時候使用命令列也無法執行，請參考 1.2 節的內容架設好環境。

如果要執行 PyQt 6 程式，則使用 pyuic 6 命令，註釋起來 pyside6-uic 命令；如果要執行 PySide 6 程式，則使用 pyside6-uic 命令，註釋起來 pyuic 6 命令。

只要把 tool.py 放在需要轉換介面檔案的目錄下，並按兩下就可以直接執行（或使用其他方式執行），其執行效果和直接執行轉換命令的效果是一樣的。使用 Qt Designer 製作的圖形介面如圖 2-18 所示，介面檔案為 firstMainWin.ui。

▲ 圖 2-18

2.1.5 將 .qrc 檔案轉為 .py 檔案

2.6 節會詳細介紹資源檔（.qrc）的相關內容，這裡為了保證流程的完整性只進行簡單介紹。基本使用方法如下：

```
pyside6-rcc.exe apprcc.qrc -o apprcc_rc.py
```

和 pyside6-uic.exe 一樣，可以使用 Eric、PyCharm、VSCode 把 .qrc 檔案轉為 .py 檔案，讀者可以參考 2.1.4 節和第 1 章的內容，這裡不再贅述。

> ⧗ **注意：**
>
> 如果是開發 PyQt 6 應用，PyQt 6 官方已經放棄了對 .qrc 檔案的支援（即沒有 pyrcc6.exe 工具），則可以使用路徑引用的方式設定圖片，這種方式不需要編譯。

2.1.6 介面與邏輯分離

上面介紹了如何製作 .ui 檔案，以及如何把 .ui 檔案轉為 .py 檔案。值得注意的是，由於這裡的 .py 檔案是由 .ui 檔案編譯而來的，因此當 .ui 檔案發生變化時，對應的 .py 檔案也會發生變化。我們將這種由 .ui 檔案編譯而來的 .py 檔案稱為介面檔案。由於介面檔案每次編譯時都會初始化，因此需要新建一個 .py 檔案呼叫介面檔案，這個新建的 .py 檔案稱為邏輯檔案，也可以稱為業務檔案。介面檔案和邏輯檔案是兩個相對獨立的檔案，透過上述方法可以實作介面與邏輯的分離（也就是上面提到的「顯示和業務邏輯的分離」）。

要實作介面與邏輯的分離很簡單，只需要新建一個 firstMainWinRun.py 檔案（這是邏輯檔案），並繼承介面檔案的主視窗類別即可。其完整程式碼如下：

```python
import sys
from PySide6.QtWidgets import QApplication, QMainWindow,QWidget
from firstMainWin import *

class MyMainWindow(QMainWindow, Ui_MainWindow):
    def __init__(self, parent=None):
        super(MyMainWindow, self).__init__(parent)
        self.setupUi(self)
```

```
if __name__ == "__main__":
    app = QApplication(sys.argv)
    myWin = MyMainWindow()
    myWin.show()
    sys.exit(app.exec())
```

在上面的程式碼中實作了業務邏輯，程式碼結構也非常清晰。如果以後想要更新介面，那麼只需要先對 .ui 檔案進行更新，然後編譯成對應的 .py 檔案即可。

PySide 6 支援使用 Qt Designer 實作介面與邏輯的分離，這也是需要讀者學習它的非常重要的原因。另外，也可以透過 Qt Designer 生成的程式碼來了解一些視窗控制項的用法。

想要做出豐富的介面還需要學一些程式碼，本書提供了常用的視窗控制項的用法，方便讀者參考。

2.2 版面配置管理入門

2.1 節只介紹了一個按鈕控制項，如果需要更多的控制項，則可以從左側的 Widget Box 面板中進行拖曳。本節重點介紹對這些控制項的版面配置。

Qt Designer 提供了 4 種視窗版面配置方式，分別是 Vertical Layout（垂直版面配置）、Horizontal Layout（水平版面配置）、Grid Layout（網格版面配置）和 Form Layout（表單版面配置）。這 4 種版面配置方式位於 Widget Box 面板的 Layouts（版面配置）欄中，如圖 2-19 所示。

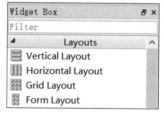

▲ 圖 2-19

- 垂直版面配置：控制項預設按照從上到下的順序進行縱向增加。
- 水平版面配置：控制項預設按照從左到右的順序進行橫向增加。

■ 網格版面配置：先將視窗控制項放入一個網格之中，然後將它們合理地劃分成若干行（row）和列（column），並把其中的每個視窗控制項放置在合適的單元（cell）中，這裡的單元就是指由行和列交叉所劃分出來的空間。

■ 表單版面配置：控制項以兩列的形式版面配置在表單中，其中左列包含標籤，右列包含輸入控制項。

進行版面配置一般有兩種方式：一是使用版面配置管理器進行版面配置；二是使用容器控制項進行版面配置。

2.2.1 使用版面配置管理器進行版面配置

以水平版面配置為例，開啟 Qt Designer，新建一個 QWidget 控制項，並在其中放入兩個子控制項：一個文字標籤（lineEdit）和一個按鈕（pushButton）。選中這兩個子控制項並按滑鼠右鍵，在彈出的快顯功能表中選擇「版面配置」→「水平版面配置」命令，如圖 2-20 所示。

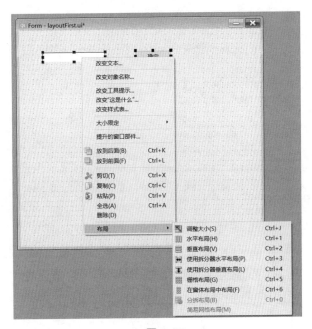

▲ 圖 2-20

將 layoutFirst.ui 檔案轉為 layoutFirst.py 檔案後，就可以看到以下內容（本案例的檔案名稱為 Chapter02/layoutFirst.py，為了便於閱讀，此處依然使用了 PyUIC 6 生成的 PyQt 6 程式碼，只需要把 PyQt 6 看成 PySide 6 即可）：

```python
from PyQt6 import QtCore, QtGui, QtWidgets

class Ui_Form(object):
    def setupUi(self, Form):
        Form.setObjectName("Form")
        Form.resize(511, 458)
        self.widget = QtWidgets.QWidget(Form)
        self.widget.setGeometry(QtCore.QRect(51, 43, 215, 26))
        self.widget.setObjectName("widget")
        self.horizontalLayout = QtWidgets.QHBoxLayout(self.widget)
        self.horizontalLayout.setContentsMargins(0, 0, 0, 0)
        self.horizontalLayout.setObjectName("horizontalLayout")
        self.lineEdit_2 = QtWidgets.QLineEdit(self.widget)
        self.lineEdit_2.setObjectName("lineEdit_2")
        self.horizontalLayout.addWidget(self.lineEdit_2)
        self.pushButton_2 = QtWidgets.QPushButton(self.widget)
        self.pushButton_2.setObjectName("pushButton_2")
        self.horizontalLayout.addWidget(self.pushButton_2)

        self.retranslateUi(Form)
        QtCore.QMetaObject.connectSlotsByName(Form)

    def retranslateUi(self, Form):
        _translate = QtCore.QCoreApplication.translate
        Form.setWindowTitle(_translate("Form", "Form"))
        self.pushButton_2.setText(_translate("Form", "確定"))
```

可以看到，在建構子控制項 QPushButton（按鈕）和 QLineEdit（文字標籤）時指定的父控制項物件就是 QWidget，版面配置物件 QHBoxLayout 指定的父控制項物件也是 QWidget。這與在 Qt Designer 的「物件檢視器」面板中看到的物件相依關係是一樣的，如圖 2-21 所示。

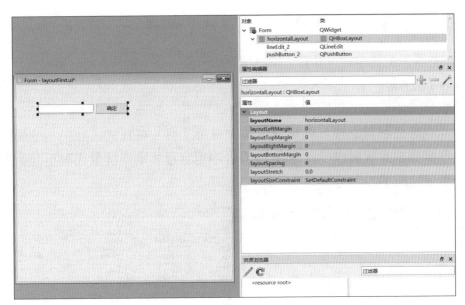

▲ 圖 2-21

⌛ 注意：

如果從 Widget Box 面板中拖曳版面配置控制項，那麼其屬性中的 *Margin（* 是萬用字元，可以匹配一個或多個字元）預設都是 0。

　　新建一個主視窗，以同樣的方式進行水平版面配置、垂直版面配置、網格版面配置和表單版面配置，並中的一些控制項進行簡單的重新命名，最終的效果如圖 2-22 所示。本案例的檔案名稱為Chapter02/layoutWin.ui。

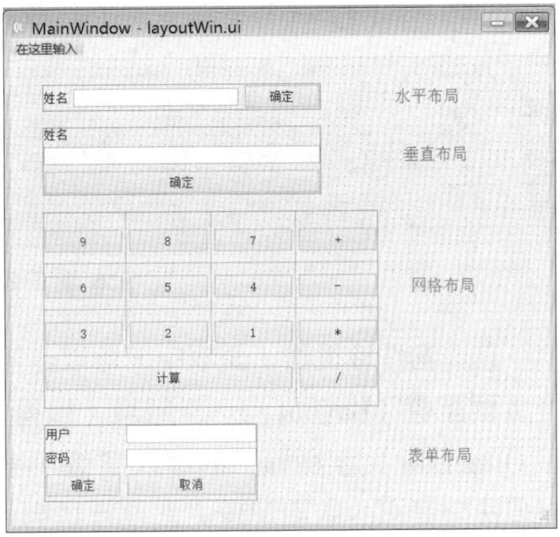

▲ 圖 2-22

> ⧖ **注意：**
>
> 網格版面配置中的「計算」按鈕預設佔一個方格，對其進行伸展就可以佔 3 個方格。

在版面配置之後，就需要對層次有所了解。在程式設計中，一般用父子關係來展現層次，就像在 Python 中規定程式碼縮排量代表不同層次一樣，如圖 2-23 所示。

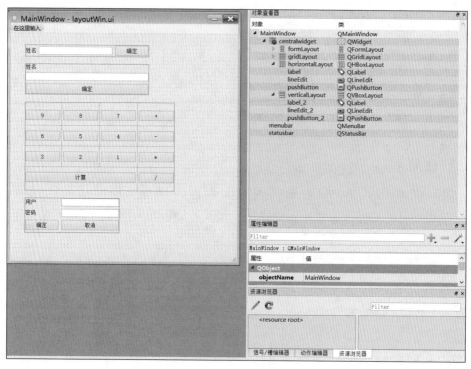

▲ 圖 2-23

在「物件檢視器」面板中，可以非常明顯地看出視窗（MainWindow）→版面配置（Layout）→控制項（這裡是 pushButton 按鈕、QLabel 標籤和 QlineEdit 文字標籤）的層次關係。視窗一般作為頂層顯示，並且將控制項按照要求的版面配置方式進行排列。

2.2.2 使用容器控制項進行版面配置

所謂容器控制項，就是指能夠容納子控制項的控制項。使用容器控制項的目的是將容器控制項中的控制項歸為一類，以與其他控制項進行區分。當然，使用容器控制項也可以對其子控制項進行版面配置，只不過沒有版面配置管理器常用。下面對容器控制項進行簡單介紹。

同樣以水平版面配置為例，新建一個主視窗，先從左側 Widget Box 面板的 Containers 欄中拖入一個 Frame 控制項，然後在 Frame 控制項中放入 Label 控制項、LineEdit 控制項和 Button 控制項，並進行重新命名，如圖 2-24 所示。

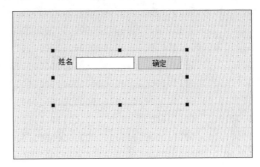

▲ 圖 2-24

選中 Frame 控制項並按滑鼠右鍵，在彈出的快顯功能表中選擇「版面配置」→「水平版面配置」命令，結果如圖 2-25 所示。

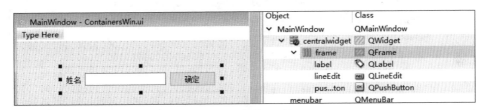

▲ 圖 2-25

本案例的檔案名稱為 Chapter02/layoutContainer.ui。將 layoutContainer.ui 檔案編譯為 layoutContainer.py 檔案，程式碼如下（為方便閱讀，依然使用 PyQt 6 程式碼，PySide 6 程式碼與之雷同）：

```python
from PyQt6 import QtCore, QtGui, QtWidgets

class Ui_MainWindow(object):
    def setupUi(self, MainWindow):
```

```
        MainWindow.setObjectName("MainWindow")
        MainWindow.resize(800, 600)
        self.centralwidget = QtWidgets.QWidget(MainWindow)
        self.centralwidget.setObjectName("centralwidget")
        self.frame = QtWidgets.QFrame(self.centralwidget)
        self.frame.setGeometry(QtCore.QRect(70, 40, 264, 43))
        self.frame.setFrameShape(QtWidgets.QFrame.Shape.StyledPanel)
        self.frame.setFrameShadow(QtWidgets.QFrame.Shadow.Raised)
        self.frame.setObjectName("frame")
        self.horizontalLayout = QtWidgets.QHBoxLayout(self.frame)
        self.horizontalLayout.setObjectName("horizontalLayout")
        self.label = QtWidgets.QLabel(self.frame)
        self.label.setObjectName("label")
        self.horizontalLayout.addWidget(self.label)
        self.lineEdit = QtWidgets.QLineEdit(self.frame)
        self.lineEdit.setObjectName("lineEdit")
        self.horizontalLayout.addWidget(self.lineEdit)
        self.pushButton = QtWidgets.QPushButton(self.frame)
        self.pushButton.setObjectName("pushButton")
        self.horizontalLayout.addWidget(self.pushButton)
        MainWindow.setCentralWidget(self.centralwidget)
        self.menubar = QtWidgets.QMenuBar(MainWindow)
        self.menubar.setGeometry(QtCore.QRect(0, 0, 800, 23))
        self.menubar.setObjectName("menubar")
        MainWindow.setMenuBar(self.menubar)
        self.statusbar = QtWidgets.QStatusBar(MainWindow)
        self.statusbar.setObjectName("statusbar")
        MainWindow.setStatusBar(self.statusbar)

        self.retranslateUi(MainWindow)
        QtCore.QMetaObject.connectSlotsByName(MainWindow)

    def retranslateUi(self, MainWindow):
        _translate = QtCore.QCoreApplication.translate
        MainWindow.setWindowTitle(_translate("MainWindow", "MainWindow"))
        self.label.setText(_translate("MainWindow", "姓名"))
        self.pushButton.setText(_translate("MainWindow", "確定"))
```

需要注意的是，容器 QFrame 與子控制項之間有一個 QHBoxLayout。

可以看到，使用容器控制項進行版面配置從本質上來說還是呼叫版面配置管理器。

2.3 Qt Designer 實戰應用

透過前面的介紹，讀者基本上了解了使用 Qt Designer 的整個流程，以及簡單的版面配置管理。由於版面配置管理器是連接視窗和控制項的橋樑，絕大多數 Qt 程式都需要版面配置管理器參與管理控制項，因此本節仍然從版面配置管理器入手，對版面配置管理器的一些細節和要點進行詳細介紹，從而幫助讀者快速了解版面配置管理器的進階應用，並以此為基礎引出程式開發的完整流程，對各個流程進行解讀。

為了讓讀者能夠快速理解本節的內容，下面從 Qt Designer 入手對與版面配置相關的一些基本概念進行解讀。

開啟 Qt Designer，新建一個主視窗，將左側 Widget Box 面板的 Buttons 欄的 Push Button 控制項拖曳到視窗中，並重新命名為「開始」。查看右側的「屬性編輯器」面板，這裡重點對 geometry 屬性、sizePolicy 屬性、minimumSize 屬性和 maximumSize 屬性進行解讀，如圖 2-26 所示。了解了這幾個屬性，讀者也就能明白控制項在視窗中的位置是如何確定的。

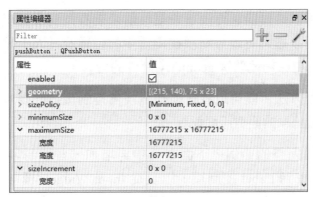

▲ 圖 2-26

> ⧗ **注意：**
> 本節的案例請參考 Chapter02\layoutWin2.ui。

2.3.1 絕對版面配置

最簡單的版面配置方法就是設定 geometry 屬性。geometry 屬性在 PyQt 中主要用來設定控制項在視窗中的絕對座標與控制項自身的大小，如圖 2-27 所示。

∨ **geometry**		[(215, 140), 75 x 23]
	X	215
	Y	140
	寬度	75
	高度	23

▲ 圖 2-27

由圖 2-27 可知，這個按鈕控制項的左上角距離主視窗左側 215 像素，距離主視窗上側 140 像素，控制項的寬度為 75 像素，高度為 23 像素。對應的程式碼如下：

```
self.pushButton = QtWidgets.QPushButton(self.centralwidget)
self.pushButton.setGeometry(QtCore.QRect(215, 140, 75, 23))
self.pushButton.setObjectName("pushButton")
```

讀者既可以透過隨意更改這些屬性值來查看控制項在視窗中的位置的變化，也可以透過更改控制項在視窗中的位置及其大小來查看屬性值的變化，以此更深刻地理解 geometry 屬性的含義。

透過以上方法，就可以對任何一個視窗控制項按照要求進行版面配置。這就是最簡單的絕對版面配置。

作為一個完整的範例，下面在其中再增加一些控制項。從 Display Widgets 欄中找到 Label 控制項，以及從 Input Widgets 欄中找到 Double Spin Box 控制項，將它們拖曳到主視窗中，如圖 2-28 所示。

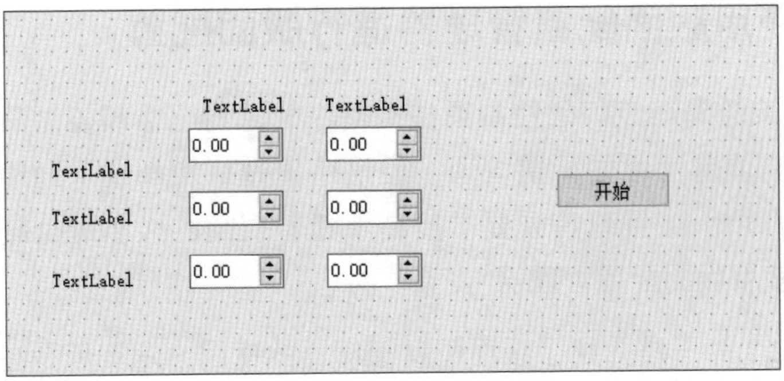

▲ 圖 2-28

將 Label 控制項和 Double Spin Box 控制項重新命名（將 Double Spin Box 控 制 項 依 次 命 名 為 doubleSpinBox_returns_min、doubleSpinBox_returns_max、doubleSpinBox_maxdrawdown_ min、doubleSpinBox_maxdrawdown_max、doubleSpinBox_sharp_min 和 doubleSpinBox_sharp_max），如圖 2-29 所示。

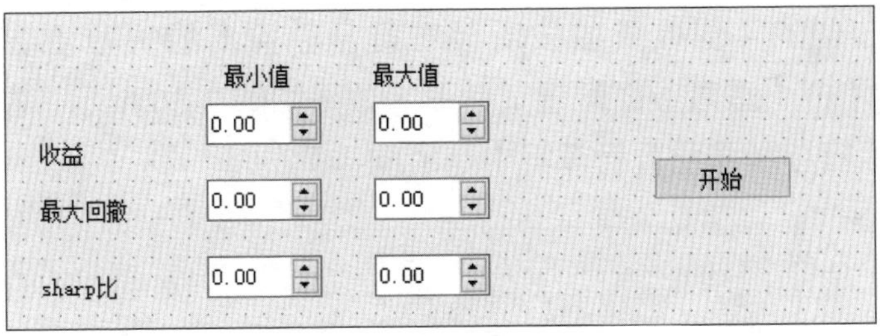

▲ 圖 2-29

這樣對一些視窗控制項就完成了介面版面配置。對應的部分程式碼如下：

```
self.label = QtWidgets.QLabel(self.centralwidget)
self.label.setGeometry(QtCore.QRect(140, 80, 54, 12))
self.label.setObjectName("label")

self.doubleSpinBox_returns_max = QtWidgets.QDoubleSpinBox(self.centralwidget)
self.doubleSpinBox_returns_max.setGeometry(QtCore.QRect(220, 100, 62, 22))
self.doubleSpinBox_returns_max.setObjectName ("doubleSpinBox_returns_max")
```

2.3.2 使用版面配置管理器進行版面配置

2.3.1 節透過設定每個控制項在視窗中的絕對座標和控制項自身的大小,對控制項進行版面配置管理。但是這樣做每次都要手動矯正位置,操作非常麻煩,並且有時候要求控制項隨著視窗的大小進行動態調整,此時可以使用版面配置管理器。

雖然 2.2 節已經介紹了版面配置管理器的使用方法,但是在實際應用中,版面配置管理器的使用遠沒有這麼簡單,本節將透過一個相對複雜的案例來介紹版面配置管理器相對進階的用法。

圖 2-29 中左側第 1 列有 3 行資料,第 2 列和第 3 列分別有 4 行資料,這樣不便於進行版面配置管理,因此,在「收益」標籤上面再增加一個標籤,並命名為空。

1. 垂直版面配置

選中左側的 4 個標籤並按滑鼠右鍵,在彈出的快顯功能表中選擇「版面配置」→「垂直版面配置」命令,效果如圖 2-30 所示,左側矩形框中的 4 個標籤在版面配置管理器中是縱向排列的。

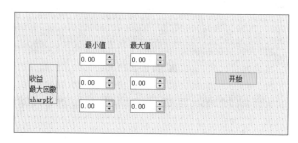

▲ 圖 2-30

對應的程式碼如下:

```
self.verticalLayout = QtWidgets.QVBoxLayout()
self.verticalLayout.setObjectName("verticalLayout")
self.verticalLayout.addWidget(self.label_6)
self.verticalLayout.addWidget(self.label_3)
```

```
self.verticalLayout.addWidget(self.label_4)
self.verticalLayout.addWidget(self.label_5)
```

> ⧗ **注意：**
>
> 這裡之所以沒有改變這些 Label 控制項的名稱，是因為在實際處理業務
> 邏輯時，不會與這些 Label 控制項有任何交集。也就是說，這些 Label 控
> 制項的作用僅是顯示「收益」、「最大回撤」和「sharp 比」這些名字，當
> 對這些 Label 控制項進行重新命名時，它們的使命也就完成了。如果以
> 程式碼形式來寫這些 Label 控制項，那麼肯定是要給它們起名字的，而
> 使用 Qt Designer 則沒有這個煩惱，這也是使用 Qt Designer 的好處之一。

需要注意的是，使用版面配置管理器之後，在「屬性編輯器」面板中
可以看到這 4 個標籤的 geometry 屬性變成灰色（不可用），說明這 4 個標
籤的位置與大小已經由垂直版面配置管理器接管，與 geometry 屬性無關。
查看原始程式碼也可以發現此時已經沒有類似於以下形式的程式碼了：

```
self.label.setGeometry(QtCore.QRect(140, 80, 54, 12))
```

2.　網格版面配置

選中中間兩列的 8 個控制項並按滑鼠右鍵，在彈出的快顯功能表中
選擇「版面配置」→「柵格版面配置」命令，效果如圖 2-31 所示。

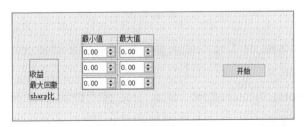

▲ 圖 2-31

網格版面配置的意思就是該版面配置管理器的視窗呈網格狀排列。
本來這 8 個零散的控制項就是呈網格狀排列的，因此使用網格版面配置

管理器正好合適。對應的程式碼如下：

```
self.gridLayout = QtWidgets.QGridLayout()
self.gridLayout.setObjectName("gridLayout")
self.gridLayout.addWidget(self.label, 0, 0, 1, 1)
# gridLayout.addWidget(視窗控制項，行位置，列位置，要合併的行數，要合併的列數)，後
兩個是可選參數
self.gridLayout.addWidget(self.label_2, 0, 1, 1, 1)
self.gridLayout.addWidget(self.doubleSpinBox_returns_min, 1, 0, 1, 1)
self.gridLayout.addWidget(self.doubleSpinBox_returns_max, 1, 1, 1, 1)
self.gridLayout.addWidget(self.doubleSpinBox_maxdrawdown_min, 2, 0, 1, 1)
self.gridLayout.addWidget(self.doubleSpinBox_maxdrawdown_max, 2, 1, 1, 1)
self.gridLayout.addWidget(self.doubleSpinBox_sharp_min, 3, 0, 1, 1)
self.gridLayout.addWidget(self.doubleSpinBox_sharp_max, 3, 1, 1, 1)
```

3. 水平版面配置

從 Spacers 欄中將視窗控制項 Horizontal Spacer 和 Vertical Spacer 拖曳到主視窗，從 Display Widgets 欄中將 Vertical Line 控制項拖曳到主視窗，效果如圖 2-32 所示。

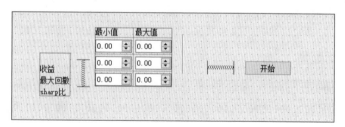

▲ 圖 2-32

- Vertical Spacer 表示兩個版面配置管理器不要彼此挨著，否則視覺效果不好。
- Horizontal Spacer 表示「開始」按鈕應該與網格版面配置管理器盡可能離得遠一些，否則視覺效果也不好。
- Vertical Line 表示「開始」按鈕與左邊的兩個版面配置管理器根本不是同一個類別，用一條線把它們區分開。

對應的程式碼如下：

```
self.line = QtWidgets.QFrame(self.widget) # 設定 Horizontal Line
self.line.setFrameShape(QtWidgets.QFrame.VLine)
self.line.setFrameShadow(QtWidgets.QFrame.Sunken)
self.line.setObjectName("line")

# 設定 Horizontal Spacer，200 是手動調整的結果，下面會舉出說明
spacerItem1 = QtWidgets.QSpacerItem(200, 20, QtWidgets.QSizePolicy.
Preferred, QtWidgets.QSizePolicy.Minimum)

spacerItem = QtWidgets.QSpacerItem(20, 40, QtWidgets.QSizePolicy. Minimum,
QtWidgets.QSizePolicy.Expanding)          # 設定 Vertical Spacer
```

選中所有的視窗控制項並按滑鼠右鍵，在彈出的快顯功能表中選擇「版面配置」→「水平版面配置」命令，效果如圖 2-33 所示。

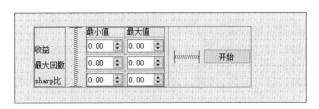

▲ 圖 2-33

「開始」按鈕應該離版面配置管理器更遠一些比較合適，所以點擊 horizontalSpacer 視窗控制項，將 sizeType 屬性更改為 preferred，sizeHint 的寬度更改為 200 像素。這樣設定表示 horizontalSpacer 視窗控制項希望（preferred）達到尺寸提示（sizeHint）的 200 像素 ×20 像素。

選擇「表單」→「預覽」命令，效果如圖 2-34 所示。

▲ 圖 2-34

可以看出，呈現的結果基本上符合我們對版面配置管理的預期。對應的程式碼如下：

```
class Ui_LayoutDemo(object): # 這裡將主視窗的物件名稱修改為 LayoutDemo
    def setupUi(self, LayoutDemo):
LayoutDemo.setObjectName("LayoutDemo") # 建立主視窗
LayoutDemo.resize(800, 600)
        self.centralwidget = QtWidgets.QWidget(LayoutDemo)
        # centralwidget 的父類別是主視窗
        self.centralwidget.setObjectName("centralwidget")
        self.layoutWidget = QtWidgets.QWidget(self.centralwidget)
        # layoutWidget 的父類別為 centralwidget
        self.layoutWidget.setGeometry(QtCore.QRect(90, 90, 391, 161))
        self.layoutWidget.setObjectName("layoutWidget")
        self.horizontalLayout = QtWidgets.QHBoxLayout(self.layoutWidget)
        # horizontalLayout 的父類別是 layoutWidget
        self.horizontalLayout.setObjectName("horizontalLayout")

        # horizontalLayout 也有很多子類別
        self.horizontalLayout.addLayout(self.verticalLayout)
        self.horizontalLayout.addItem(spacerItem)
        self.horizontalLayout.addLayout(self.gridLayout)
        self.horizontalLayout.addWidget(self.line)
        self.horizontalLayout.addItem(spacerItem1)
        self.horizontalLayout.addWidget(self.pushButton)
```

需要説明的是，PyQt 有一個基本原則，即主視窗中的所有視窗控制項都繼承自其父類別。由上面的程式碼可以看到，從主視窗 LayoutDemo 到視窗控制項是一步步繼承傳遞的，這些事情都不需要讀者操心，因為 Qt Designer 已經做這也是使用 Qt Designer 的方便之處之一。

接下來介紹 minimumSize 屬性、maximumSize 屬性和 sizePolicy 屬性。之所以要介紹這 3 個屬性，是因為使用版面配置管理器之後，控制項在版面配置管理器中的位置管理可以透過它們來描述。

4. minimumSize 屬性和 maximumSize 屬性

minimumSize 屬性和 maximumSize 屬性用來設定控制項在版面配置管理器中的最小尺寸和最大尺寸，可以對 Button（按鈕）的這兩個屬性進行設定，如圖 2-35 所示。

屬性	值
∨ **minimumSize**	100 x 100
寬度	100
高度	100
∨ **maximumSize**	300 x 300
寬度	300
高度	300

▲ 圖 2-35

對應的程式碼如下：

```
self.pushButton.setMinimumSize(QtCore.QSize(100, 100))
self.pushButton.setMaximumSize(QtCore.QSize(300, 300))
```

選擇頂層的版面配置管理器進行壓縮或伸展。這裡有一種很方便的選擇方法——因為版面配置管理器特別小，用滑鼠基本上很難選擇成功，所以可以在「物件檢視器」面板中進行選擇，如圖 2-36 所示。

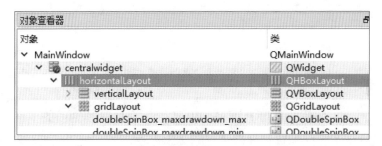

▲ 圖 2-36

可以看到，無論如何壓縮這個按鈕，都不可能讓它的寬度和高度小於 100 像素，無論如何伸展這個版面配置管理器，都不可能讓它的寬度和高度大於 300 像素，如圖 2-37 和圖 2-38 所示。

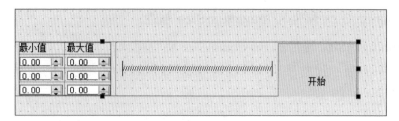

▲ 圖 2-37

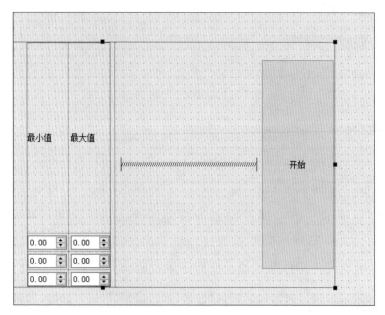

▲ 圖 2-38

⧗ **注意：**

這個「開始」按鈕的高度其實是 100 像素，只是該控制項的下面有一部分「溢位」了版面配置管理器（見圖 2-38）。

為了不影響下面的分析，可以把「開始」按鈕的這兩個屬性還原為預設設定。在每個屬性的右上側都有一個還原的快捷入口，如圖 2-39 所示，對其進行點擊就可以還原為預設設定。

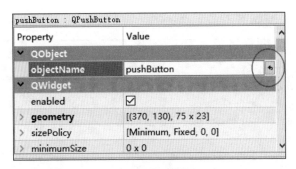

▲ 圖 2-39

5. sizePolicy 屬性

在介紹 sizePolicy 屬性之前，需要先介紹 sizeHint 和 minimumSizeHint。

每個視窗控制項都有屬於自己的兩個尺寸：一個是 sizeHint（推薦尺寸）；另一個是 minimumSizeHint（推薦最小尺寸）。前者是視窗控制項的期望尺寸，後者是對視窗控制項進行壓縮時能夠被壓縮到的最小尺寸。如果控制項沒有被版面配置（指的是被版面配置管理器接管），那麼這兩個函式傳回無效數值，否則傳回對應尺寸。所以，沒有被版面配置的控制項不建議使用這兩個函式。另外，若控制項已經被版面配置，除非設定了 minimumSize 或將 sizePolicy 屬性設定為 QsizePolicy.Ignore，否則控制項尺寸不會小於 minimumSizeHint。

sizePolicy 屬性的作用是，如果視窗控制項在版面配置管理器中的版面配置不能滿足我們的需求，那麼可以透過設定該視窗控制項的 sizePolicy 屬性來實作版面配置的微調。sizePolicy 也是每個視窗控制項所特有的屬性，不同的視窗控制項的 sizePolicy 屬性可能不同。

按鈕控制項預設的 sizePolicy 屬性的設定如圖 2-40 所示。

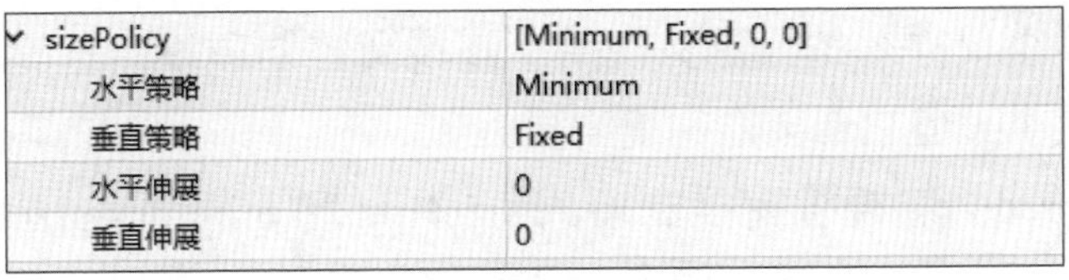

sizePolicy	[Minimum, Fixed, 0, 0]
水平策略	Minimum
垂直策略	Fixed
水平伸展	0
垂直伸展	0

▲ 圖 2-40

對應的程式碼如下：

```
sizePolicy = QtWidgets.QSizePolicy(QtWidgets.QSizePolicy.Fixed, QtWidgets.
QSizePolicy.Minimum)
sizePolicy.setHorizontalStretch(0)          # 水平伸展 0
sizePolicy.setVerticalStretch(0)            # 垂直伸展 0
sizePolicy.setHeightForWidth(self.pushButton.sizePolicy().
hasHeightForWidth())
self.pushButton.setSizePolicy(sizePolicy)
```

對 sizePolicy 屬性的水平策略和垂直策略相關的解釋如下。

- Fixed：視窗控制項具有其 sizeHint 所提示的尺寸，並且尺寸不會再改變。

- Minimum：視窗控制項的 sizeHint 所提示的尺寸就是它的最小尺寸；該視窗控制項不能被壓縮得比這個值小，可以擴充得更大，但是沒有優勢。

- Maximum：視窗控制項的 sizeHint 所提示的尺寸就是它的最大尺寸；該視窗控制項不能變得比這個值大，如果其他控制項需要空間（如分隔線 separator line），那麼該控制項可以任意縮小而不會造成損害。

- Preferred：視窗控制項的 sizeHint 所提示的尺寸就是它的期望尺寸；控制項可以縮小，也可以變大，但是和其他控制項的 sizeHint（預設 QWidget 的策略）相比沒有優勢。

- Expanding：視窗控制項可以縮小到 minimumsizeHint 所提示的尺寸，也可以變得比 sizeHint 所提示的尺寸大，但它希望能夠變得更大。

- MinimumExpanding：視窗控制項的 sizeHint 所提示的尺寸就是它的最小尺寸，並且足夠使用；該視窗控制項不能被壓縮得比這個值還小，但它希望能夠變得更大。

- Ignored：無視視窗控制項的 sizeHint 和 minimumsizeHint 所提示的尺寸，控制項將獲得盡可能多的空間。

值得注意的是，Minimum 指的是該視窗控制項的尺寸不能小於 sizeHint 所提示的尺寸，Maximum 指的是該視窗控制項的尺寸不能大於 sizeHint 所提示的尺寸。這與我們平常所理解的 Minimum 和 Maximum 的含義有些差別。

下面透過一個簡單的例子幫助讀者理解水平伸展和垂直伸展。

設定「收益」、「最大回撤」和「sharp 比」這 3 個標籤的垂直伸展因數分別為 1、3 和 1，同時拉寬 horizontalLayout，效果如圖 2-41 所示。

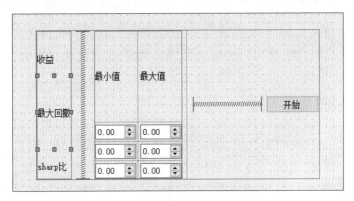

▲ 圖 2-41

可以看到，「收益」、「最大回撤」和「sharp 比」這 3 個標籤會分別按照 1：3：1 來縮放。對應的程式碼如下：

```
sizePolicy = QtWidgets.QSizePolicy(
QtWidgets.QSizePolicy.Preferred, QtWidgets.QSizePolicy.Preferred)
sizePolicy.setHorizontalStretch(0)
sizePolicy.setVerticalStretch(1)
sizePolicy.setHeightForWidth(self.label_3.sizePolicy(). hasHeightForWidth())
self.label_3.setSizePolicy(sizePolicy)

sizePolicy = QtWidgets.QSizePolicy(
QtWidgets.QSizePolicy.Preferred, QtWidgets.QSizePolicy.Preferred)
sizePolicy.setHorizontalStretch(0)
sizePolicy.setVerticalStretch(3)
sizePolicy.setHeightForWidth(self.label_4.sizePolicy(). hasHeightForWidth())
```

```
self.label_4.setSizePolicy(sizePolicy)

sizePolicy = QtWidgets.QSizePolicy(
QtWidgets.QSizePolicy. Preferred, QtWidgets.QSizePolicy.Preferred)
sizePolicy.setHorizontalStretch(0)
sizePolicy.setVerticalStretch(1)
sizePolicy.setHeightForWidth(
self.label_5.sizePolicy(). hasHeightForWidth())
self.label_5.setSizePolicy(sizePolicy)
```

　　至此，基本上可以按照要求對視窗控制項進行版面配置管理，絕大
部分程式介面都可以使用這種方式進行版面配置管理。至於透過增加一
些進階控制項來實作特定的功能，在後面的章節中會詳細說明。

2.3.3 其他流程補充

　　上面對 PySide / PyQt 版面配置管理做了詳細介紹，對一般的應用
程式來說，學會這些已經基本可以滿足需求。但是 PySide / PyQt 作為
一個能夠開發大型系統的框架，其功能不僅侷限於此，接下來透過 Qt
Designer 來介紹其他相關內容。

1. Qt Designer 版面配置的順序

　　使用 Qt Designer 開發一個完整的 GUI 程式的流程如下。

（1） 將一個視窗控制項拖曳到視窗中並放置在大致正確的位置。除
了 Containers 欄，一般不需要調整各欄的尺寸。

（2） 要用程式碼引用的視窗控制項應指定一個名字，需要微調的視
窗控制項可以設定對應的屬性。

（3） 重複前兩個步驟，直到所需要的全部視窗控制項都被拖曳到視
窗中。

（4） 如有需要，在視窗控制項之間可以用 Vertical Spacer、Horizontal
Spacer、Horizontal Line、Vertical Line 隔開（實際上前兩個步
驟就可以包含這部分內容）。

（5） 選擇需要版面配置的視窗控制項，使用版面配置管理器或切分視窗（splitter）對它們進行版面配置。

（6） 重複步驟（5），直到所有的視窗控制項和分隔符號都版面配置好為止。

（7） 點擊視窗，並使用版面配置管理器對其進行版面配置。

（8） 為視窗中的標籤設定夥伴關係。

（9） 如果按鍵次序有問題，則需要設定視窗的 Tab 鍵次序。

（10）在適當的地方為內建的訊號與槽建立訊號與槽連接。

（11）預覽視窗，並檢查所有的內容能否按照設想進行工作。

（12）設定視窗的物件名稱（在類別中會用到這個名字）、視窗的標題並儲存。

（13）使用 Eric 或有類似功能的工具（如在命令列中使用 pyuic6 或 pyside6-uic）編譯視窗，並根據需要生成對話方塊程式碼（Eric 在邏輯檔案上建立訊號與槽連接的方式，會在 2.4.2 節介紹）。

（14）進行正常的程式碼撰寫工作，即撰寫業務邏輯檔案。

可以看到，步驟（1）～（6）和步驟（11）～(14)上面已經介紹過了，只有步驟（7）～（10）還沒有介紹，下面先介紹步驟（7）～（9），然後介紹步驟（10）。

2. 使用版面配置管理器對表單進行版面配置

使用版面配置管理器對表單進行版面配置是針對整個表單而言的。在一般情況下，如果要將視窗控制項塞滿整個表單就可以考慮對表單進行版面配置。下面僅演示將視窗控制項顯示在表單的部分空間，因此用不到表單等級的版面配置管理。

使用版面配置管理器對表單進行版面配置的方法是，在表單的空白處按滑鼠右鍵，在彈出的快顯功能表中選擇「版面配置」→「水平版面配置」（或「垂直版面配置」）命令，效果如圖 2-42 所示。

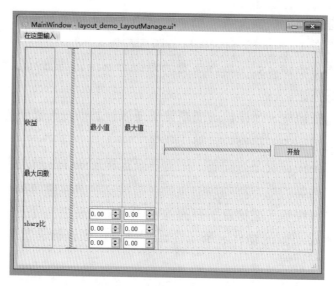

▲ 圖 2-42

可以看到，版面配置管理器充滿了整個螢幕，這不是筆者想要的結果，所以撤銷這個操作。

對於不合理的版面配置，還有一種比較實用的解決方法，即打破版面配置。按滑鼠右鍵表單，在彈出的快顯功能表中選擇「版面配置」→「打破版面配置」命令，其效果和撤銷操作的效果是一樣的。打破版面配置適用於版面配置錯了很多步的情況，這種方式比撤銷更方便。

3. 設定夥伴關係

先將「sharp 比」標籤重新命名為「&sharp 比」，然後選擇 Edit →「編輯夥伴」命令，用滑鼠左鍵按住「sharp 比」標籤，向右拖曳到doubleSpinBox_ sharp_min，如圖 2-43 所示。

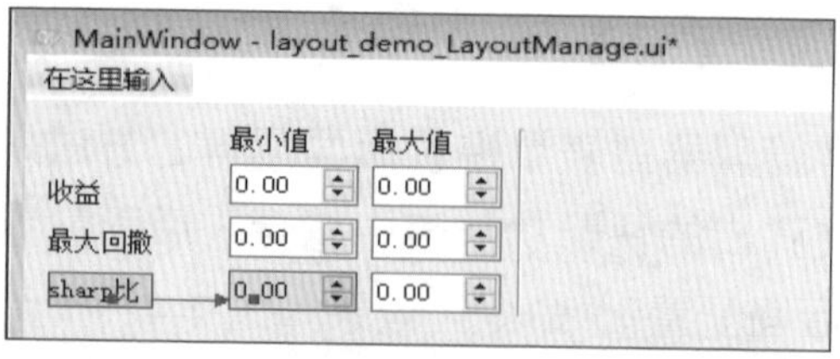

▲ 圖 2-43

對應的程式碼如下：

```
self.label_5.setBuddy(self.doubleSpinBox_sharp_min)
```

最後進行儲存，選擇「表單」→「預覽表單」命令（或按 Ctrl+R 快速鍵）。

此時按 Alt+S 快速鍵就會發現指標快速定位到 doubleSpinBox_sharp_min，這就是 Label 控制項和 Double Spin Box 控制項之間的夥伴關係。對 Display Widgets 設定快速鍵，當觸發快速鍵時，指標會立刻定位到與 Display Widgets 有夥伴關係的 Input Widgets 上。

需要注意的是，設定夥伴關係只對英文名字的 Display Widgets 有效，這個例子顯示的名字大多數是中文的，所以「收益」和「最大回撤」這兩個標籤實際上無法設定夥伴關係。

4. 設定 Tab 鍵次序

選擇 Edit →「設定 Tab 鍵次序」命令，效果如圖 2-44 所示。

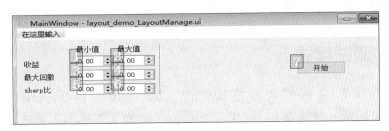

▲ 圖 2-44

如圖 2-44 所示，1 ～ 7 這 7 個數字表示按 Tab 鍵時指標跳動的順序，這個順序符合預期，所以無須修改。

如果讀者想對這個次序進行修改，只需要按照自己想要的順序依次點擊這 7 個控制項即可。

設定 Tab 鍵次序的另一種方法如下：點擊滑鼠右鍵，在彈出的快顯功能表中選擇「定位字元順序清單」命令，開啟「定位字元順序清單」

對話方塊，如圖 2-45 所示。

▲ 圖 2-45

在「定位字元順序清單」對話方塊中，任意選擇某個控制項並上下滑動，其他控制項的順序就會進行對應的調整。

至此，使用 Qt Designer 進行版面配置管理的所有內容介紹完畢，接下來就可以對這個程式進行測試了。

2.3.4 測試程式

先利用 2.1.4 節的內容將 layoutWin2.ui 檔案轉為 layoutWin2.py 檔案，然後新建一個檔案 layoutWin2Run.py，並寫入下面的程式碼：

```python
from PySide6.QtCore import Slot
from PySide6.QtWidgets import QMainWindow, QApplication
from  layoutWin2 import Ui_LayoutDemo

class LayoutDemo(QMainWindow, Ui_LayoutDemo):
    """
    Class documentation goes here.
    """

    def __init__(self, parent=None):
```

```
        """
        Constructor

        @param parent reference to the parent widget
        @type QWidget
        """
        super(LayoutDemo, self).__init__(parent)
        self.setupUi(self)

    @Slot()
    def on_pushButton_clicked(self):
        """
        Slot documentation goes here.
        """
        print('收益_min:', self.doubleSpinBox_returns_min.text())
        print('收益_max:', self.doubleSpinBox_returns_max.text())
        print('最大回撤_min:', self.doubleSpinBox_maxdrawdown_min.text())
        print('最大回撤_max:', self.doubleSpinBox_maxdrawdown_max.text())
        print('sharp比_min:', self.doubleSpinBox_sharp_min.text())
        print('sharp比_max:', self.doubleSpinBox_sharp_max.text())


if __name__ == "__main__":
    import sys

    app = QApplication(sys.argv)
    ui = LayoutDemo()
    ui.show()
    sys.exit(app.exec())
```

⧗ 注意：

```
@Slot()
def on_pushButton_clicked(self):
```

上述程式碼實際上利用了 Eric 的「生成對話方塊程式碼」的功能，這是 Eric 在邏輯檔案上建立訊號與槽連接的方式，2.4.2 節會說明。關於訊號與槽的更詳細的用法請參考第 7 章。

執行程式，對視窗中的 Double Spin Box 控制項進行修改，如圖 2-46 所示。

點擊「開始」按鈕，在主控台中輸出的內容如圖 2-47 所示，結果符合預期。

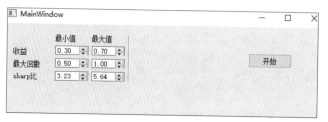

▲ 圖 2-46

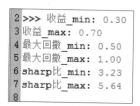

▲ 圖 2-47

2.4 訊號與槽連結

訊號 / 槽是 Qt 的核心機制。在建立事件迴圈之後，透過建立訊號與槽的連接就可以實作物件之間的通訊。當訊號發射（Emit）時，連接的槽函式將自動執行。在 PySide / PyQt 中，訊號與槽透過 QObject.signal. connect() 連接。

所有從 QObject 類別或其子類別（如 QWidget）衍生的類別都能夠包含訊號與槽。當物件改變其狀態時，訊號就由該物件發射出去。槽用於接收訊號，但槽函式是普通的物件成員函式。多個訊號可以與單一槽進行連接，單一訊號也可以與多個槽進行連接。總之，訊號與槽建構了一種強大的控制項程式設計機制。

在 Qt 程式設計中，透過 Qt 訊號 / 槽機制對滑鼠或鍵盤在介面上的操作進行回應處理，如對使用滑鼠點擊按鈕的處理。Qt 中的控制項能夠發射什麼訊號，以及在什麼情況下發射訊號，在 Qt 的文件中有說明，不同的控制項能夠發射的訊號種類和觸發時機也是不同的。

那麼如何為控制項發射的訊號指定對應的處理槽函式呢？一般有 3 種方法：第 1 種是在 Qt Designer 中增加訊號與槽，第 2 種是透過程式碼連接訊號與槽，第 3 種是透過 Eric 的「生成對話方塊程式碼」功能產生訊號與槽。

2.4.1 簡單入門

Qt Designer 提供了基本的編輯訊號與槽的方法。首先，新建一個範本名為 Widget 的簡單視窗，該視窗檔案名稱為 MainWinSignalSlog1.ui。本案例的檔案名稱為 PySide6/Chapter02/ MainWinSignalSlog1.ui，要實作的功能是，當點擊「關閉」按鈕後關閉視窗。

在 Qt Designer 視窗中，左側有一個 Buttons 欄，找到 QPushButton 控制項，把它拖到表單 Form 中。在「屬性編輯器」面板中，找到按鈕對應的 text 屬性，把屬性值改為「關閉視窗」，並將 objectName 屬性的值改為 closeWinBtn，如圖 2-48 所示。

▲ 圖 2-48

點擊工具列中的「編輯訊號 / 槽」按鈕（或選擇 Edit →「編輯訊號 / 槽」命令），進入訊號與槽編輯模式，可以直接在發射者（「關閉視窗」

按鈕）上按住滑鼠左鍵並拖到接收者（Form 表單）上，這樣就建立了連接，如圖 2-49 所示。

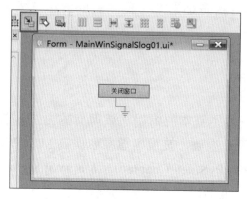

▲ 圖 2-49

接著會彈出「設定連接」對話方塊，如圖 2-50 所示。

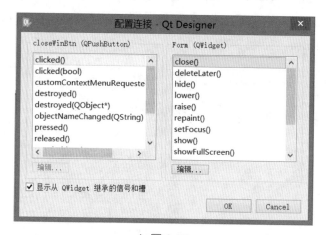

▲ 圖 2-50

可以看到，按鈕控制項會發射很多訊號，只要選擇一個訊號，並點擊 OK 按鈕，就會生成對應的槽函式對按鈕發射的該訊號進行處理。

由於要達到點擊按鈕關閉視窗的效果，因此這裡選取「顯示從 QWidget 繼承的訊號和槽」核取方塊。在左側的 closeWinBtn 按鈕的訊號清單方塊中選擇 clicked() 選項，在右側的 Form 槽函式清單方塊中選擇

close() 選項，這表示點擊「關閉視窗」按鈕會發射 clicked 訊號，這個訊號會被 Form 表單的 close() 捕捉到，並觸發該表單的 close 行為（也就是關閉該表單）。

上面看到的是內建的訊號與槽，除此之外，還可以建立自訂的槽函式。點擊圖 2-50 中的「編輯 ...」按鈕，透過如圖 2-51 所示的操作增加自訂槽函式 testSlot()。

▲ 圖 2-51

在圖 2-51 中還增加了一個自訂訊號 signal1()，不過這個案例不打算使用。

需要注意的是，這種增加自訂訊號和自訂槽函式的方法只適合主資料表單，對於標準的控制項，如本案例的 QPushButton 控制項，它們的訊號與槽都已經是固定的，無法修改。而主資料表單是不一樣的，因為可以透過子類別繼承主資料表單，使用這些訊號與槽，所以它具有很強的可擴充性。

連接訊號與槽成功後，會發現在「編輯訊號 / 槽」模式下，建立了兩個訊號與槽的連結，如圖 2-52 所示。

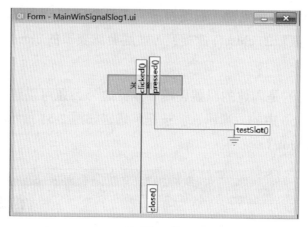

▲ 圖 2-52

　　將介面檔案轉為 Python 檔案，需要輸入以下命令把 MainWinSignal Slog1.ui 檔案轉為 MainWinSignalSlog1.py 檔案：

```
pyside6-uic -o MainWinSignalSlog1.py MainWinSignalSlog1.ui
```

　　如果命令執行成功，則在 MainWinSignalSlog1.ui 檔案的同級目錄下會生成一個名稱相同的 .py 檔案。

　　查看 MainWinSignalSlog1.py 檔案，生成的程式碼如下：

```python
from PySide6 import QtCore, QtGui, QtWidgets

class Ui_Form(object):
    def setupUi(self, Form):
        Form.setObjectName("Form")
        Form.resize(452, 296)
        self.closeWinBtn = QtWidgets.QPushButton(Form)
        self.closeWinBtn.setGeometry(QtCore.QRect(150, 80, 121, 31))
        self.closeWinBtn.setObjectName("closeWinBtn")

        self.retranslateUi(Form)
        self.closeWinBtn.clicked.connect(Form.close)          # type: ignore
        self.closeWinBtn.pressed.connect(Form.testSlot)       # type: ignore
        QtCore.QMetaObject.connectSlotsByName(Form)
```

```
def retranslateUi(self, Form):
    _translate = QtCore.QCoreApplication.translate
    Form.setWindowTitle(_translate("Form", "Form"))
    self.closeWinBtn.setText(_translate("Form", "關閉視窗"))
```

在使用命令列生成的 Python 程式碼中，透過以下程式碼直接連接 closeWinBtn 按鈕的 clicked 訊號和槽函式 Form.close()，以及 pressed 訊號和自訂槽函式 testSlot()：

```
self.closeWinBtn.clicked.connect(Form.close)         # type: ignore
self.closeWinBtn.pressed.connect(Form.testSlot)      # type: ignore
```

> ⧗ **注意：**
>
> （1）使用 QObject.signal.connect() 連接的槽函式不要加括號，否則會出錯。
>
> （2）透過命令列（pyside6-uic 或 pyuic6）生成的程式碼中有這樣一行程式碼：
>
> QtCore.QMetaObject.connect SlotsByName(Form)
>
> 這行程式碼表示根據名字連接訊號與槽，這是使用 Eric 連接訊號與槽的預設方法，2.4.2 節及第 7 章會進行詳細介紹。

由上面的訊號與槽的連接可知，當按鈕的 clicked 訊號發出時，會連接槽函式 Form.close()，也就是會觸發 Form 表單的關閉行為；當按鈕的 pressed 訊號發出時，會連接槽函式 Form.testSlot()，這個自訂槽函式需要在後面定義。需要注意的是，當觸發 clicked 訊號時，往往也會觸發 pressed 訊號，所以兩者基本上會同時發出。

一般不使用 MainWinSignalSlog1.py 檔案，因為每次 MainWinSignalSlog1.ui 檔案發生變化都會使其自動改變。為了解決這個問題，同時為了解決視窗的顯示和業務邏輯分離問題，一般會再新建一個呼叫它的檔案 MainWinSignalSlog1Run.py，上面介紹的自訂槽函式 testSlot() 就需要在

這個檔案中建立,從而完成整個程式的閉環。其完整程式碼如下:

```python
import sys
from PySide6.QtWidgets import QApplication, QMainWindow
from MainWinSignalSlog1 import Ui_Form

class MyMainWindow(QMainWindow, Ui_Form):
    def __init__(self, parent=None):
        super(MyMainWindow, self).__init__(parent)
        self.setupUi(self)

    def testSlot(self):
        print('這是一個自訂槽函式,你成功了')


if __name__ == "__main__":
    app = QApplication(sys.argv)
    myWin = MyMainWindow()
    myWin.show()
    sys.exit(app.exec())
```

執行效果如圖 2-53 所示。

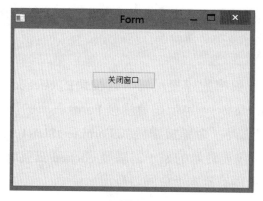

▲ 圖 2-53

當點擊「關閉視窗」按鈕時,會觸發視窗關閉行為,並且會在主控台中輸出文字「這是一個自訂槽函式,你成功了」,說明成功觸發了兩個槽函式。

透過以上操作，讀者可以了解訊號與槽的基本用法。如果讀者想進一步了解訊號與槽，就會遇到兩個問題：第 1 個是 PySide 有哪些訊號與槽可供使用，第 2 個是如何使用這些訊號與槽。

2.4.2 獲取訊號與槽

本節會介紹一些獲取訊號與槽的方法，具體如下。

1. 從 Qt Designer 中獲取訊號與槽

在 2.4.1 節的案例中，可以透過操作（選擇「編輯」→「編輯訊號與槽」命令，為控制項增加訊號）獲取所有的訊號與槽，這裡需要選取「顯示從 QWidget 繼承的訊號和槽」核取方塊，顯示所有可用的訊號與槽。如圖 2-54 所示，左側的清單方塊中顯示的是可用的訊號，右側的清單方塊中顯示的是可用的內建槽，如果已經增加了自訂訊號與槽，那麼這裡也會顯示出來。

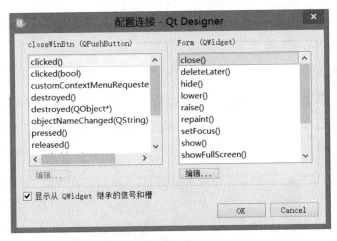

▲ 圖 2-54

當操作完成之後，右下角的「訊號 / 槽 編輯器」視圖中會多出一筆記錄，在這個視圖中可以新增 / 刪除訊號與槽，效果是一樣的，如圖 2-55 所示。

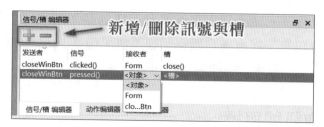

▲ 圖 2-55

2. 使用 Eric 7 獲取訊號與槽

使用 Eric 7 需要建立專案，下面以 PySide 6 為例介紹。開啟 Chapter02\ericProject\ericPySide6.epj，進入專案介面，如圖 2-56 所示。

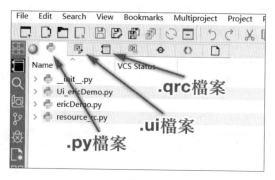

▲ 圖 2-56

在這個專案中，切換到 Forms 視窗（.ui 檔案），選中 ericDemo.ui 檔案並按滑鼠右鍵，在彈出的快顯功能表中選擇 Generate Dialog Code 命令，如圖 2-57 所示。

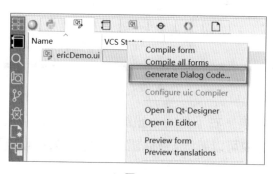

▲ 圖 2-57

開啟一個對話方塊，用來生成訊號。**在這個對話方塊中可以查看控制項的所有可用訊號**，參考圖 2-58 中的操作增加訊號。

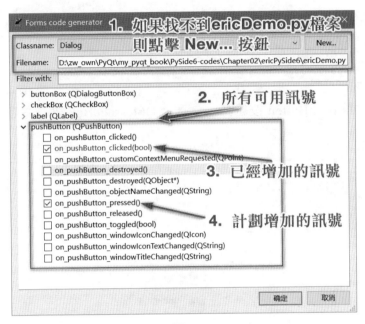

▲ 圖 2-58

點擊「確定」按鈕，發現在 ericDemo.py 檔案中新增了以下資訊，這就是使用 Eric 生成的訊號：

```python
from PySide6.QtCore import Slot

@Slot()
def on_pushButton_pressed(self):
    """
    Slot documentation goes here
    """
    # TODO: not implemented yet
    raise NotImplementedError
```

在一般情況下需要對這個訊號進行改寫，可以參考 on_pushButton_clicked() 函式：

```
from PySide6.QtCore import Slot
from PySide6.QtWidgets import QDialog, QApplication, QMessageBox

    @Slot(bool)
    def on_pushButton_clicked(self, checked):
        print('測試訊息')
        QMessageBox.information(self, "標題", "測試訊息")
```

當點擊 pushButton 按鈕時，會觸發 QMessageBox 訊息方塊，效果如圖 2-59 所示。

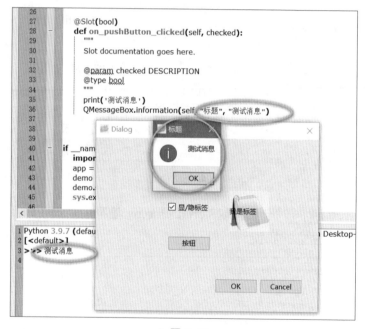

▲ 圖 2-59

那麼怎麼理解 on_pushButton_clicked() 函式呢？這個函式的功能與以下程式碼的功能相同：

```
self.pushButton.clicked.connect(self.myFunc)
def myFunc(self)
    print('測試訊息')
    QMessageBox.information(self, "標題", "測試訊息")
```

on_pushButton_clicked() 函式能夠正確執行的前提條件是已經執行了以下程式碼：

```
QMetaObject.connectSlotsByName(Dialog)
```

使用 pyside6-uic.exe 工具把 .ui 檔案轉為 .py 檔案的過程中已經自動增加了這行程式碼，在手寫 .py 檔案的時候使用這種方法需要注意這一點。

3. 使用 Qt 幫手獲取訊號與槽

開啟 pyside6-assistant.exe，位置為 D:\Anaconda3\Scripts\pyside6-assistant.exe，查看官方説明文件，可以找到當前控制項 / 類別的所有資訊，包括訊號與槽。如圖 2-60 所示，從這個視窗中可以找到控制項的訊號與槽，以及父類別、子類別的資訊。這裡只舉出了當前控制項特有的訊號與槽，如果想要知道當前控制項所有的訊號與槽，則需要跳躍到父類別。

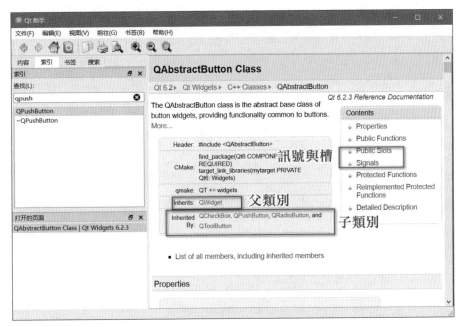

▲ 圖 2-60

這種方法的好處是介紹得非常詳細，如對 clicked 訊號的含義及詳細用法都有介紹，如圖 2-61 所示。

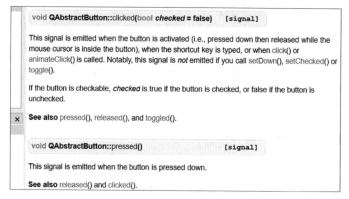

▲ 圖 2-61

4. 使用官方幫助網站獲取訊號與槽

開啟官方幫助網站，可以找到所有模組的幫助捷徑，如圖 2-62 所示。

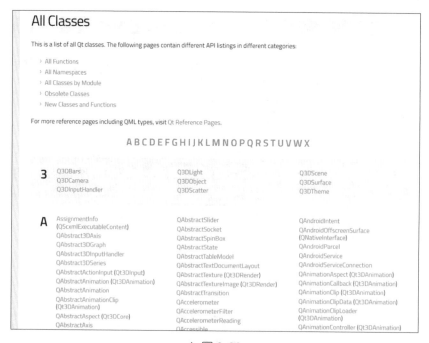

▲ 圖 2-62

隨便選取一個類別進行跳躍，其顯示結果和使用 Qt 幫手獲取的資訊是一樣的，在此不再贅述。

2.4.3 使用訊號 / 槽機制

上面在介紹訊號與槽的獲取方法時也順帶介紹了使用方法，對初學者來説，可以先使用 Qt Designer 練習訊號與槽，然後透過工具把 .ui 檔案轉為 .py 檔案，學習訊號與槽是執行原理的，由此熟悉這種流程。等熟練之後，選擇就有很多，既可以使用 Eric 熟悉 on_pushButton_clicked() 函式的用法，也可以直接查看官方説明文件找自己需要的資訊。事實上，後期的學習大部分都是在和官方説明文件打交道。

透過以上方式可以初步掌握訊號 / 槽機制的使用方式。訊號 / 槽機制是非常重要的內容，第 7 章會進行詳細介紹。

2.5 功能表列與工具列

2.5.1 介面設計

Main Window 即主視窗，主要包含功能表列、工具列、工作列等。先按兩下功能表列中的「在這裡輸入」，然後輸入文字，最後按 Enter 鍵即可生成選單。對於一級選單，可以透過輸入「檔案 (&F)」和「編輯 (&E)」來加入選單的快速鍵，如圖 2-63 所示。需要注意的是，要按 Enter 鍵來確認選單的輸入。

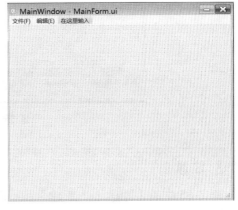

▲ 圖 2-63

在 Qt Designer 中選擇「表單」→「預覽」命令，可以快速預覽所生成的視窗的效果（或按 Ctrl+R 快速鍵進行預覽），如圖 2-64 所示。

▲ 圖 2-64

在本例中，先輸入「檔案」選單，然後輸入「開啟」、「新建」和「關閉」這 3 個子功能表。子功能表可以透過「動作編輯器」面板或「屬性編輯器」面板中的 Shortcut 來增加快速鍵，如圖 2-65 所示。

▲ 圖 2-65

> **⧗ 注意：**
>
> 圖 2-65 中的「開啟」、「新建」和「關閉」這 3 個動作是透過功能表列自動生成的，「計算機」和「記事本」需要手動增加。

按兩下需要編輯的動作，可以對其進行設定並增加圖示、快速鍵等，如圖 2-66 所示。

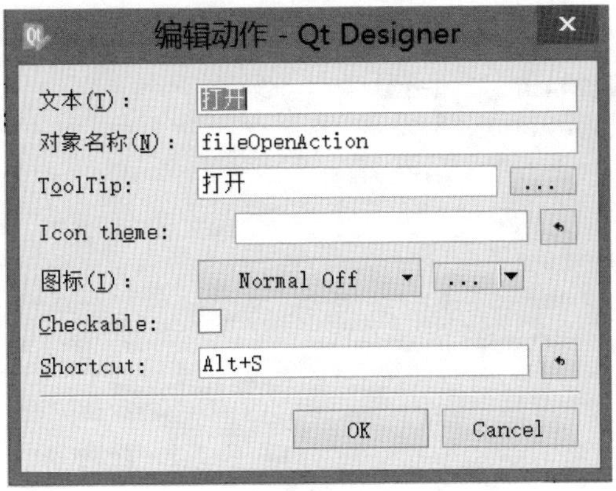

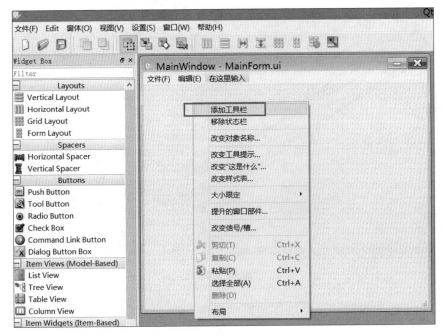

▲ 圖 2-66

下面增加主視窗的工具列。Qt Designer 預設生成的主視窗是不顯示工具列的，可以透過點擊滑鼠右鍵來增加工具列，如圖 2-67 所示。

▲ 圖 2-67

在 Qt Designer 的「屬性編輯器」面板中新建 openCalc，其詳細資訊如圖 2-68 所示。

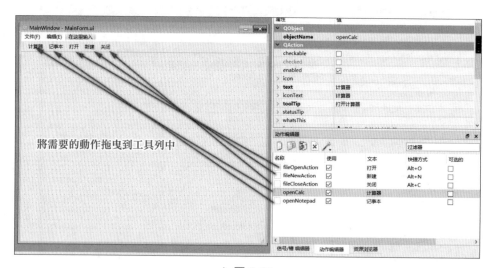

▲ 圖 2-68

將需要的動作從「動作編輯器」面板拖曳到工具列中，如圖 2-69 所示。

▲ 圖 2-69

在「動作編輯器」面板中自訂的動作如表 2-1 所示。

表 2-1

名　稱	文字	快　速　鍵
fileOpenAction	開啟	Alt + O
fileNewAction	新建	Alt + N
fileCloseAction	關閉	Alt + C
openCalc	計算機	
openNotepad	記事本	

使用 pyside6-uic 命令將 .ui 檔案轉為 .py 檔案：

```
pyside6-uic -o MainWinMenuToolbar.py MainWinMenuToolbar.ui
```

MainWinMenuToolbar.py 檔案儲存在 Chapter02 目錄下，主要程式碼如下：

```python
from PySide6 import QtCore, QtGui, QtWidgets


class Ui_MainWindow(object):
    def setupUi(self, MainWindow):
        MainWindow.setObjectName("MainWindow")
        MainWindow.resize(608, 500)
        self.centralwidget = QtWidgets.QWidget(MainWindow)
        self.centralwidget.setObjectName("centralwidget")
        MainWindow.setCentralWidget(self.centralwidget)
        self.menubar = QtWidgets.QMenuBar(MainWindow)
        self.menubar.setGeometry(QtCore.QRect(0, 0, 608, 22))
        self.menubar.setObjectName("menubar")
        self.menu = QtWidgets.QMenu(self.menubar)
        self.menu.setObjectName("menu")
        self.menu_E = QtWidgets.QMenu(self.menubar)
        self.menu_E.setObjectName("menu_E")
        MainWindow.setMenuBar(self.menubar)
        self.statusbar = QtWidgets.QStatusBar(MainWindow)
        self.statusbar.setObjectName("statusbar")
        MainWindow.setStatusBar(self.statusbar)
        self.toolBar = QtWidgets.QToolBar(MainWindow)
```

```
        self.toolBar.setObjectName("toolBar")
        MainWindow.addToolBar(QtCore.Qt.ToolBarArea.TopToolBarArea, self.
toolBar)
        self.fileOpenAction = QtGui.QAction(MainWindow)
        self.fileOpenAction.setObjectName("fileOpenAction")
        self.fileNewAction = QtGui.QAction(MainWindow)
        self.fileNewAction.setObjectName("fileNewAction")
        self.fileCloseAction = QtGui.QAction(MainWindow)
        self.fileCloseAction.setObjectName("fileCloseAction")
        self.openCalc = QtGui.QAction(MainWindow)
        self.openCalc.setObjectName("openCalc")
        self.openNotepad = QtGui.QAction(MainWindow)
        self.openNotepad.setObjectName("openNotepad")
        self.menu.addAction(self.fileOpenAction)
        self.menu.addAction(self.fileNewAction)
        self.menu.addAction(self.fileCloseAction)
        self.menubar.addAction(self.menu.menuAction())
        self.menubar.addAction(self.menu_E.menuAction())
        self.toolBar.addAction(self.openCalc)
        self.toolBar.addAction(self.openNotepad)
        self.toolBar.addAction(self.fileOpenAction)
        self.toolBar.addAction(self.fileNewAction)
        self.toolBar.addAction(self.fileCloseAction)

        self.retranslateUi(MainWindow)
        QtCore.QMetaObject.connectSlotsByName(MainWindow)

    def retranslateUi(self, MainWindow):
        _translate = QtCore.QCoreApplication.translate
        MainWindow.setWindowTitle(_translate("MainWindow", "MainWindow"))
        self.menu.setTitle(_translate("MainWindow", " 檔案 (&F)"))
        self.menu_E.setTitle(_translate("MainWindow", " 編輯 (&E)"))
        self.toolBar.setWindowTitle(_translate("MainWindow", "toolBar"))
        self.fileOpenAction.setText(_translate("MainWindow", " 開啟 "))
        self.fileOpenAction.setShortcut(_translate("MainWindow", "Alt+O"))
        self.fileNewAction.setText(_translate("MainWindow", " 新建 "))
        self.fileNewAction.setShortcut(_translate("MainWindow", "Alt+N"))
        self.fileCloseAction.setText(_translate("MainWindow", " 關閉 "))
        self.fileCloseAction.setShortcut(_translate("MainWindow", "Alt+C"))
        self.openCalc.setText(_translate("MainWindow", " 計算機 "))
```

```
        self.openCalc.setToolTip(_translate("MainWindow", "開啟計算機"))
        self.openNotepad.setText(_translate("MainWindow", "記事本"))
        self.openNotepad.setToolTip(_translate("MainWindow", "開啟記事本"))
```

2.5.2 效果測試

可以透過介面檔案與邏輯檔案分離的方式來測試所呈現的介面效果,只需要先使用 pyside6-uic 命令將 MainWinMenuToolbar.ui 檔案轉為 MainWinMenuToolbar.py 檔案,然後在 MainWinMenuToolbarRun.py 檔案中匯入對應的類別並繼承即可。MainWinMenuToolbarRun.py 檔案儲存在 Chapter02 目錄下,主要程式碼如下:

```python
import sys
from PySide6.QtWidgets import QApplication , QMainWindow, QWidget ,
QFileDialog
from MainWinMenuToolbar import Ui_MainWindow
from PySide6.QtCore import QCoreApplication
import os

class MainForm( QMainWindow , Ui_MainWindow):
    def __init__(self):
        super(MainForm,self).__init__()
        self.setupUi(self)
        # 選單的點擊事件,當點擊關閉選單時連接槽函式 close()
        self.fileCloseAction.triggered.connect(self.close)
        # 選單的點擊事件,當點擊開啟選單時連接槽函式 openMsg()
        self.fileOpenAction.triggered.connect(self.openFile)

        # 開啟計算機
        self.openCalc.triggered.connect(lambda :os.system('calc'))

        #開啟記事本
        self.openNotepad.triggered.connect(lambda :os.system('notepad'))

    def openFile(self):
        file,ok= QFileDialog.getOpenFileName(self," 開啟 ","C:/","All Files
(*);;Text Files (*.txt)")
```

```
        # 在狀態列中顯示檔案位址
        self.statusbar.showMessage(file)

if __name__=="__main__":
    app = QApplication(sys.argv)
    win = MainForm()
    win.show()
    sys.exit(app.exec())
```

執行腳本，顯示效果如圖 2-70 所示。

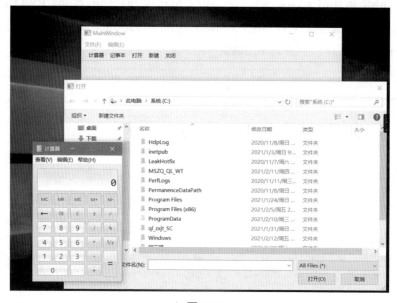

▲ 圖 2-70

執行腳本所生成的介面和使用 Qt Designer 設計的介面是一樣的，並且在類別的初始化過程中為「開啟」、「關閉」、「計算機」和「記事本」綁定了自訂的槽函式。

```
# 選單的點擊事件，當點擊關閉選單時連接槽函式 close()
self.fileCloseAction.triggered.connect(self.close)
# 選單的點擊事件，當點擊開啟選單時連接槽函式 openMsg()
self.fileOpenAction.triggered.connect(self.openMsg)
# 開啟計算機
```

```
self.openCalc.triggered.connect(lambda :os.system('calc'))
# 開啟記事本
self.openNotepad.triggered.connect(lambda :os.system('notepad'))
```

2.6 增加圖片（資源檔）

使用 PySide／PyQt 生成的應用程式引用圖片資源主要有兩種方法：第 1 種方法是先將資源檔轉為 Python 檔案，然後引用 Python 檔案；第 2 種方法是在程式中透過相對路徑引用外部圖片資源。這兩種方法本節都會涉及，需要提前説明的是，如果只使用第 2 種方法（PyQt 6 不支援第 1 種方法），則下面的「建立資源檔」、「增加資源檔」和「轉換資源檔」等步驟都可以跳過。

2.6.1 建立資源檔

在 Qt Designer 中可以極佳地增加資源檔，如複製 MainWinMenu Toolbar.ui 檔案，將其重新命名為 MainWinQrc.ui，並用 Qt Designer 開啟。開啟「資源瀏覽器」面板，按照如圖 2-71 所示的步驟操作（本節涉及的圖片在 Chapter02/images 目錄下）。

▲ 圖 2-71

按照以上步驟增加圖片後，可以用文字編輯器查看 apprcc.qrc 檔案，發現它是 XML 格式的：

```
<RCC>
  <qresource prefix="pic">
    <file>images/close.jpg</file>
    <file>images/new.jpg</file>
    <file>images/open.jpg</file>
    <file>images/python.jpg</file>
    <file>images/calc.jpg</file>
    <file>images/notepad.jpg</file>
  </qresource>
</RCC>
```

2.6.2 增加資源檔

1. 為功能表列和工具列增加圖示

如圖 2-72 所示，修改功能表列或工具列的 icon 屬性。如果使用資源檔，則選擇「選擇資源...」命令；如果直接使用檔案，則選擇「選擇檔案...」命令。

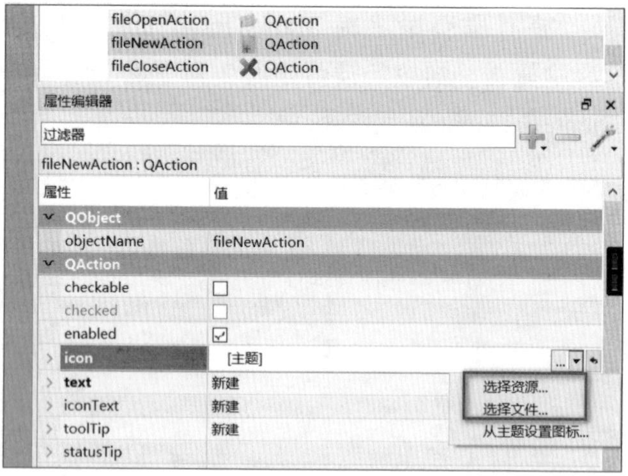

▲ 圖 2-72

如果選擇「選擇資源...」命令，則從資源檔中匯入圖片；如果選擇「選擇檔案...」命令，則引用本地檔案，不需要把圖片編譯成資源檔後引用。如果使用的是 PyQt 6，由於它已經放棄了對資源檔的支援，因此使用「選擇資源 ...」命令建立的圖示無效，使用 PySide 6 則不存在這個問題。

本節對 fileOpenAction 和 fileNewAction 使用「選擇資源 ...」命令，對 fileCloseAction 使用「選擇檔案 ...」命令，兩者僅是路徑上有區別，使用資源檔在將 .ui 檔案轉為 .py 檔案的過程中自動匯入 apprcc_rc：

```
self.fileNewAction = QAction(MainWindow)
self.fileNewAction.setObjectName(u"fileNewAction")
icon1 = QIcon()
icon1.addFile(u":/pic/images/new.jpg", QSize(), QIcon.Normal, QIcon.Off)
self.fileNewAction.setIcon(icon1)
self.fileCloseAction = QAction(MainWindow)
self.fileCloseAction.setObjectName(u"fileCloseAction")
icon2 = QIcon()
icon2.addFile(u"images/close.jpg", QSize(), QIcon.Normal, QIcon.Off)
self.fileCloseAction.setIcon(icon2)
```

2. 在表單中增加圖片

在 Qt Designer 視窗的左側，先將 Display Widgets 欄中的 Label 控制項拖曳到表單中間並選中它，然後在 Qt Designer 視窗的右側的「屬性編輯器」面板中找到 pixmap 屬性，透過「選擇資源 ...」命令或「選擇檔案 ...」命令選擇 python.jpg，結果如圖 2-73 所示。

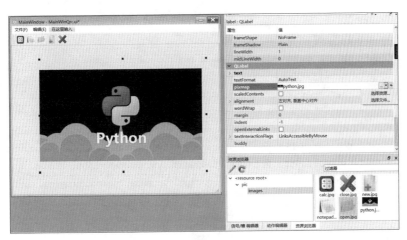

▲ 圖 2-73

3. 將 .ui 檔案轉為 .py 檔案

使用 pyside6-uic 命令將 .ui 檔案轉為 . py 檔案：

```
pyside6-uic -o MainWinQrc.py MainWinQrc.ui
```

本案例的檔案名稱為 Chapter02/MainWinQrc.py，程式碼如下（和 MainWinMenuToolbar.py 檔案相比，增加了圖片的使用方法）：

```python
from PyQt6 import QtCore, QtGui, QtWidgets

class Ui_MainWindow(object):
    def setupUi(self, MainWindow):
        MainWindow.setObjectName("MainWindow")
        MainWindow.resize(608, 479)
        self.centralwidget = QtWidgets.QWidget(MainWindow)
        self.centralwidget.setObjectName("centralwidget")
        self.label = QtWidgets.QLabel(self.centralwidget)
        self.label.setGeometry(QtCore.QRect(80, 40, 491, 321))
        self.label.setText("")
        self.label.setPixmap(QtGui.QPixmap("images/python.jpg"))
        self.label.setObjectName("label")
        MainWindow.setCentralWidget(self.centralwidget)
        self.menubar = QtWidgets.QMenuBar(MainWindow)
        self.menubar.setGeometry(QtCore.QRect(0, 0, 608, 22))
        self.menubar.setObjectName("menubar")
        self.menu = QtWidgets.QMenu(self.menubar)
        self.menu.setObjectName("menu")
        self.menu_E = QtWidgets.QMenu(self.menubar)
        self.menu_E.setObjectName("menu_E")
        MainWindow.setMenuBar(self.menubar)
        self.statusbar = QtWidgets.QStatusBar(MainWindow)
        self.statusbar.setObjectName("statusbar")
        MainWindow.setStatusBar(self.statusbar)
        self.toolBar = QtWidgets.QToolBar(MainWindow)
        self.toolBar.setObjectName("toolBar")
        MainWindow.addToolBar(QtCore.Qt.ToolBarArea.TopToolBarArea, self.
toolBar)
        self.fileOpenAction = QtGui.QAction(MainWindow)
```

```
        icon = QtGui.QIcon()
        icon.addPixmap(QtGui.QPixmap(":/pic/images/open.jpg"), QtGui.QIcon.
Mode.Normal, QtGui.QIcon.State.Off)
        self.fileOpenAction.setIcon(icon)
        self.fileOpenAction.setObjectName("fileOpenAction")
        self.fileNewAction = QtGui.QAction(MainWindow)
        icon1 = QtGui.QIcon()
        icon1.addPixmap(QtGui.QPixmap(":/pic/images/new.jpg"), QtGui.QIcon.
Mode.Normal, QtGui.QIcon.State.Off)
        self.fileNewAction.setIcon(icon1)
        self.fileNewAction.setObjectName("fileNewAction")
        self.fileCloseAction = QtGui.QAction(MainWindow)
        icon2 = QtGui.QIcon()
        icon2.addPixmap(QtGui.QPixmap("images/close.jpg"), QtGui.QIcon.Mode.
Normal, QtGui.QIcon.State.Off)
        self.fileCloseAction.setIcon(icon2)
        self.fileCloseAction.setObjectName("fileCloseAction")
        self.openCalc = QtGui.QAction(MainWindow)
        icon3 = QtGui.QIcon()
        icon3.addPixmap(QtGui.QPixmap(":/pic/images/calc.jpg"), QtGui.QIcon.
Mode.Normal, QtGui.QIcon.State.Off)
        self.openCalc.setIcon(icon3)
        self.openCalc.setObjectName("openCalc")
        self.openNotepad = QtGui.QAction(MainWindow)
        icon4 = QtGui.QIcon()
        icon4.addPixmap(QtGui.QPixmap("images/notepad.jpg"), QtGui.QIcon.
Mode.Normal, QtGui.QIcon.State.Off)
        self.openNotepad.setIcon(icon4)
        self.openNotepad.setObjectName("openNotepad")
        self.menu.addAction(self.fileOpenAction)
        self.menu.addAction(self.fileNewAction)
        self.menu.addAction(self.fileCloseAction)
        self.menubar.addAction(self.menu.menuAction())
        self.menubar.addAction(self.menu_E.menuAction())
        self.toolBar.addAction(self.openCalc)
        self.toolBar.addAction(self.openNotepad)
        self.toolBar.addAction(self.fileOpenAction)
        self.toolBar.addAction(self.fileNewAction)
        self.toolBar.addAction(self.fileCloseAction)
```

```
            self.retranslateUi(MainWindow)
            QtCore.QMetaObject.connectSlotsByName(MainWindow)

    def retranslateUi(self, MainWindow):
        _translate = QtCore.QCoreApplication.translate
        MainWindow.setWindowTitle(_translate("MainWindow", "MainWindow"))
        self.menu.setTitle(_translate("MainWindow", "檔案 (&F)"))
        self.menu_E.setTitle(_translate("MainWindow", "編輯 (&E)"))
        self.toolBar.setWindowTitle(_translate("MainWindow", "toolBar"))
        self.fileOpenAction.setText(_translate("MainWindow", "開啟"))
        self.fileOpenAction.setShortcut(_translate("MainWindow", "Alt+O"))
        self.fileNewAction.setText(_translate("MainWindow", "新建"))
        self.fileNewAction.setShortcut(_translate("MainWindow", "Alt+N"))
        self.fileCloseAction.setText(_translate("MainWindow", "關閉"))
        self.fileCloseAction.setShortcut(_translate("MainWindow", "Alt+C"))
        self.openCalc.setText(_translate("MainWindow", "計算機"))
        self.openCalc.setToolTip(_translate("MainWindow", "開啟計算機"))
        self.openNotepad.setText(_translate("MainWindow", "記事本"))
        self.openNotepad.setToolTip(_translate("MainWindow", "開啟記事本"))
```

2.6.3 轉換資源檔

如果沒有使用資源檔，則可以跳過這一步。

使用 PySide 6 提供的 pyside6-rcc 命令（PyQt 6 放棄了對資源檔的支援，這裡不適合使用 PyQt 6）可以將 apprcc.qrc 檔案轉為 apprcc_rc.py 檔案（之所以增加 _rc，是因為使用 Qt Designer 匯入資源檔時預設是加 _rc 的，這裡是為了與 Qt Designer 保持一致）：

```
pyside6-rcc apprcc.qrc -o apprcc_rc.py
```

轉換完成後，在同級目錄下會多出一個與 .qrc 檔案名稱相同的 .py 檔案。查看 apprcc_rc.py 檔案，程式碼如下：

```
from PySide6 import QtCore
```

```
qt_resource_data = b"\
\x00\x00\x42\x3e\
\x00\x01\x00\x01\x00\x40\x40\x00\x00\x01\x00\x20\x00\x28\x42\x00\
# 由於程式碼較多，因此此處省略了多行程式碼
\xf0\x00\x7f\xff\xff\xff\xff\xff\xfc\x01\xff\xff\xff\
"

qt_resource_name = b"\
\x00\x03\
# 由於程式碼較多，因此此處省略了多行程式碼
\x00\x61\x00\x72\x00\x74\x00\x6f\x00\x6f\x00\x6e\x00\x32\x00\x2e\x00\x69\x00\
x63\x00\x6f\
"

qt_resource_struct = b"\
\x00\x00\x00\x00\x00\x02\x00\x00\x00\x01\x00\x00\x00\x01\
# 由於程式碼較多，因此此處省略了多行程式碼
\x00\x00\x00\x78\x00\x00\x00\x00\x00\x01\x00\x00\xc6\xc6\
"

def qInitResources():
    QtCore.qRegisterResourceData(0x01, qt_resource_struct, qt_resource_ name,
qt_resource_data)

def qCleanupResources():
    QtCore.qUnregisterResourceData(0x01, qt_resource_struct, qt_resource_
name, qt_resource_data)

qInitResources()
```

可以看出，apprcc_rc.py 檔案已經使用 QtCore.qRegisterResourceData 進行了初始化註冊，所以可以直接引用該檔案。

2.6.4 效果測試

為了使視窗的顯示和業務邏輯分離，需要新建一個呼叫視窗顯示的檔案 MainWinQrcRun.py，主要程式碼如下：

```python
import sys
from PySide6.QtWidgets import QApplication, QMainWindow, QWidget, QFileDialog
from MainWinQrc import Ui_MainWindow
from PySide6.QtCore import QCoreApplication
import os


class MainForm(QMainWindow, Ui_MainWindow):
    def __init__(self):
        super(MainForm, self).__init__()
        self.setupUi(self)
        # 選單的點擊事件，當點擊關閉選單時連接槽函式 close()
        self.fileCloseAction.triggered.connect(self.close)
        # 選單的點擊事件，當點擊開啟選單時連接槽函式 openMsg()
        self.fileOpenAction.triggered.connect(self.openFile)

        # 開啟計算機
        self.openCalc.triggered.connect(lambda: os.system('calc'))

        # 開啟記事本
        self.openNotepad.triggered.connect(lambda: os.system('notepad'))

    def openFile(self):
        file, ok = QFileDialog.getOpenFileName(self, "開啟", "C:/", "All
Files (*);;Text Files (*.txt)")
        # 在狀態列中顯示檔案位址
        self.statusbar.showMessage(file)


if __name__ == "__main__":
    app = QApplication(sys.argv)
    win = MainForm()
    win.show()
    sys.exit(app.exec())
```

執行 MainWinQrcRun.py 檔案，顯示效果如圖 2-74 所示。

▲ 圖 2-74

執行腳本一切正常，可以在視窗中看到匯入的圖片。

> **⧗ 注意：**
>
> 這個案例如果執行 PyQt 6 的程式，就不會顯示資源檔的圖片資訊，這是因為 PyQt 6 放棄了對資源檔的支援。如圖 2-75 所示，「記事本」控制項和「關閉」控制項使用「選擇檔案…」命令引用，可以正常顯示圖示，「計算機」控制項、「開啟」控制項和「新建」控制項使用「選擇資源…」命令引用，圖示無法顯示。

▲ 圖 2-75

基本視窗控制項（上）

本書把視窗控制項分為基礎控制項和進階控制項。可以將基礎控制項看作一些簡單的、容易使用的控制項，主要是單一控制項，可以呈現簡單資訊；進階控制項是相對複雜一些的控制項，如表格與多視窗（頁面）控制項，可以顯示更多、更複雜的資訊。從內容上來看，本章主要介紹一些簡單的控制項，如主視窗、標籤顯示、文字輸入、按鈕類別控制項、日期時間控制項和滑動控制項等。

3.1 主視窗（QMainWindow / QWidget / QDialog）

主視窗提供給使用者了一個應用程式框架。它有自己的版面配置，可以在版面配置中增加控制項。在主視窗中可以增加控制項，如可以將工具列、功能表列和狀態列等增加到版面配置管理器中。

3.1.1 視窗類型

開啟 Qt Designer，第一步就是建立視窗，可以建立 3 種視窗，分別是 Dialog、Widget 和 Main Window，對應的類別為 QDialog、QWidget 和 QMainWindow。

QMainWindow、QWidget 和 QDialog 都是用來建立視窗的，既可以直接使用，也可以繼承後再使用。QMainWindow 和 QDialog 都繼承自

QWidget，並對 QWidget 進行了擴充，前者往主視窗方向擴充，後者往對話方塊方向擴充。

QMainWindow 視窗可以包含功能表列、工具列、狀態列、標題列等，是最常見的視窗形式，也可以説是 GUI 程式的主視窗，如圖 3-1 所示。

QDialog 是對話方塊視窗的基礎類別。對話方塊主要用來執行短期任務，或與使用者進行互動。對話方塊可以是模態的，也可以是非模態的。QDialog 視窗沒有功能表列、工具列、狀態列等，如圖 3-2 所示。

▲ 圖 3-1

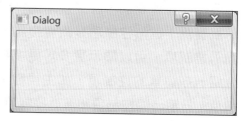

▲ 圖 3-2

QWidget 主要用於嵌入視窗，如嵌入主視窗，以及作為多視窗應用的子視窗等。如果不需要功能表列、工具列、狀態列、標題列等，則可以把它當成主視窗使用。

關於 QMainWindow、QWidget 和 QDialog 的詳細區別使用 Qt Designer 生成的程式碼可以看出，具體如下。

（1）使用 Qt Designer 生成 QMainWindow 視窗的預設程式碼如下：

```
class Ui_MainWindow(object):
    def setupUi(self, MainWindow):
        if not MainWindow.objectName():
            MainWindow.setObjectName(u"MainWindow")
        MainWindow.resize(800, 600)
        self.centralwidget = QWidget(MainWindow)
        self.centralwidget.setObjectName(u"centralwidget")
        MainWindow.setCentralWidget(self.centralwidget)
        self.menubar = QMenuBar(MainWindow)
        self.menubar.setObjectName(u"menubar")
```

```
        self.menubar.setGeometry(QRect(0, 0, 800, 22))
        MainWindow.setMenuBar(self.menubar)
        self.statusbar = QStatusBar(MainWindow)
        self.statusbar.setObjectName(u"statusbar")
        MainWindow.setStatusBar(self.statusbar)

        self.retranslateUi(MainWindow)

        QMetaObject.connectSlotsByName(MainWindow)
```

由此可見，預設增加了功能表列、狀態列等，並設定 QWidget 為中心視窗。

（2）使用 Qt Designer 生成 QWidget 視窗的預設程式碼如下：

```
class Ui_Form(object):
    def setupUi(self, Form):
        if not Form.objectName():
            Form.setObjectName(u"Form")
        Form.resize(400, 300)

        self.retranslateUi(Form)

        QMetaObject.connectSlotsByName(Form)
```

上述程式碼對應一個空視窗。

（3）使用 Qt Designer 生成 QDialog 視窗（無按鈕）的預設程式碼如下：

```
class Ui_Dialog(object):
    def setupUi(self, Dialog):
        if not Dialog.objectName():
            Dialog.setObjectName(u"Dialog")
        Dialog.resize(400, 300)

        self.retranslateUi(Dialog)

        QMetaObject.connectSlotsByName(Dialog)
```

上述程式碼對應的也是一個空視窗（空的對話方塊）。

使用原則如下。

- 如果是主視窗，則使用 QMainWindow 類別。
- 如果是對話方塊，則使用 QDialog 類別。
- 如果要嵌入視窗，則使用 QWidget 類別。

3.1.2 建立主視窗

基礎視窗控制項 QWidget 是所有使用介面物件的基礎類別，所有的視窗和控制項都直接或間接繼承自 QWidget。QMainWindow 是對 QWidget 的繼承，方便增加功能表列、工具列、狀態列等，因此，建立主視窗主要使用 QMainWindow。

視窗控制項（Widget，簡稱控制項）是在 PySide 6 中建立介面的主要元素。在 PySide 6 中把沒有嵌入其他控制項中的控制項稱為視窗，視窗一般都有邊框、標題列。視窗是指程式的整體介面，可以包含標題列、功能表列、工具列、「關閉」按鈕、「最小化」按鈕、「最大化」按鈕等；控制項是指按鈕、核取方塊、文字標籤、表格、進度指示器等這些組成程式的基本元素。一個程式可以有多個視窗，一個視窗也可以有多個控制項。

一個套裝程式包含一個或多個視窗或控制項，必定有一個視窗是其他視窗的父類別，將這個視窗稱為主視窗（或頂層視窗）。其他視窗或控制項繼承主視窗，方便對它們進行管理，在需要的時候啟動，在不需要的時候刪除。主視窗一般是 QMainWindow 的實例，

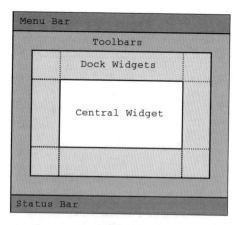

▲ 圖 3-3

QMainWindow 中用一個控制項（QWidget）預留位置來佔著中心視窗，可以使用 setCentralWidget() 函式來設定中心視窗，如圖 3-3 所示。

QMainWindow 中比較重要的函式如表 3-1 所示。

表 3-1

函式	描　述
addToolBar()	增加工具列
centralWidget()	傳回中心視窗的控制項，未設定時傳回 NULL
menuBar()	傳回主視窗的功能表列
setCentralWidget()	設定中心視窗的控制項
setStatusBar()	設定狀態列
statusBar()	獲得狀態列物件後，呼叫狀態列物件的 showMessage(message, int timeout = 0) 方法顯示狀態列資訊。其中，第 1 個參數是要顯示的狀態列資訊；第 2 個參數是資訊停留的時間，單位是毫秒，預設是 0，表示一直顯示狀態列資訊

> ⌛ **注意：**
>
> QMainWindow 不能用於設定版面配置（使用 setLayout() 函式），因為主視窗的程式預設已經有了自己的版面配置管理器。每個 QMainWindow 類別都有一個中心控制項 QWidget（中心視窗），可以對該 QWidget 版面配置來近似實作對 QMainWindow 的版面配置，中心控制項由 setCentralWidget 來增加。具體如下：

```
# 增加版面配置管理器
layout = QVBoxLayout()
widget = QWidget(self)
widget.setLayout(layout)
self.setCentralWidget(widget)
```

📝 案例 3-1 建立主視窗

本案例的檔案名稱為 Chapter03/MainWin.py，用於演示在 PySide 6 中建立主視窗的常見操作，主要程式碼如下：

```python
class MainWidget(QMainWindow):
    def __init__(self, parent=None):
        super(MainWidget, self).__init__(parent)
        # 設定主資料表單標籤
        self.setWindowTitle("QMainWindow 例子 ")
        self.resize(800, 400)
        self.status = self.statusBar()


        # 增加版面配置管理器
        layout = QVBoxLayout()
        widget = QWidget(self)
        widget.setLayout(layout)
        widget.setGeometry(QtCore.QRect(200, 150, 200, 200))
        # self.setCentralWidget(widget)
        self.widget = widget

        # 關閉主視窗
        self.button1 = QPushButton(' 關閉主視窗 ')
        self.button1.clicked.connect(self.close)
        layout.addWidget(self.button1)

        # 主視窗置中顯示
        self.button2 = QPushButton(' 主視窗置中 ')
        self.button2.clicked.connect(self.center)
        layout.addWidget(self.button2)

        # 顯示圖示
        self.button3 = QPushButton(' 顯示圖示 ')
        self.button3.clicked.connect(lambda :self.setWindowIcon(QIcon('./
images/
cartoon1.ico')))
        layout.addWidget(self.button3)
```

```
        # 顯示狀態列
        self.button4 = QPushButton(' 顯示狀態列 ')
        self.button4.clicked.connect(lambda: self.status.showMessage(" 這是狀態
列提示，5 秒鐘後消失 ", 5000))
        layout.addWidget(self.button4)

        # 顯示視窗座標和大小
        self.button5 = QPushButton(' 顯示視窗座標及大小 ')
        self.button5.clicked.connect(self.show_geometry)
        layout.addWidget(self.button5)


    def center(self):
        screen = QGuiApplication.primaryScreen().geometry()
        size = self.geometry()
        self.move((screen.width() - size.width()) / 2, (screen.height() -
size.height()) / 2)

    def show_geometry(self):
        print(' 主視窗座標資訊，相對於螢幕 ')
        print(' 主視窗 : x={}, y={}, width={}, height={}'
.format(self.x(),self.y(),self.width(),self.height()))
        print(' 主視窗 geometry: x={}, y={}, width={}, height={}'
.format(self.geometry().x(),self.geometry().y(),self.geometry().width(),
self.geometry().height()))
        print(' 主視窗 frameGeometry: x={}, y={}, width={}, height={}'
.format(self.frameGeometry().x(),self.frameGeometry().y(),self.frameGeometry
().width(),self.frameGeometry().height()))

        print('\n 子視窗 QWidget 座標資訊，相對於主視窗 :')
        print(' 子視窗 self.widget: x={}, y={}, width={}, height={}'
.format(self.widget.x(),self.widget.y(),self.widget.width(),self.widget
.height()))
        print(' 子視窗 self.widget.geometry: x={}, y={}, width={}, height={}'
.format(self.widget.geometry().x(),self.widget.geometry().y(),self.widget.
geometry().width(),self.widget.geometry().height()))
        print(' 子視窗 self.widget.frameGeometry: x={}, y={}, width={},
height={}'
.format(self.widget.frameGeometry().x(),self.widget.frameGeometry().y(),
```

```
self.widget.frameGeometry().width(),self.widget.frameGeometry().height()))


if __name__ == "__main__":
    app = QApplication.instance()
    if app == None:
        app = QApplication(sys.argv)
    main = MainWidget()
    main.show()
    app.exec()
```

執行腳本，顯示效果如圖 3-4 所示。

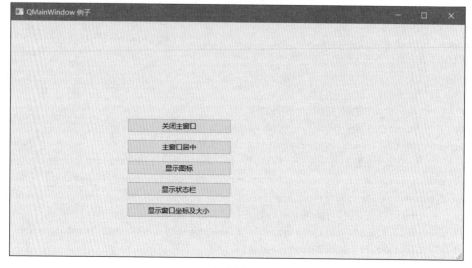

▲ 圖 3-4

該主視窗是一個自訂的視窗類別 MainWindow，繼承了主視窗 QMainWindow 所有的屬性和方法，並使用父類別 QMainWindow 的建構函式 super() 初始化視窗。透過子類別 QWidget 來綁定一個版面配置管理器 QVBoxLayout，在 QVBoxLayout 中增加幾個按鈕，每個按鈕都綁定對應的槽函式。

下面介紹對主視窗的操作。

3.1.3 移動主視窗

對應按鈕「主視窗置中」，程式碼如下：

```python
# 主視窗置中顯示
self.button2 = QPushButton(' 主視窗置中 ')
self.button2.clicked.connect(self.center)
layout.addWidget(self.button2)

def center(self):
    screen = QGuiApplication.primaryScreen().geometry()
    size = self.geometry()
    self.move((screen.width() - size.width()) / 2, (screen.height() - size.
height()) / 2)
```

點擊「主視窗置中」按鈕，視窗位置發生變化，主要程式碼如下：

```python
screen = QGuiApplication.primaryScreen().geometry()
```

該行語句用來計算顯示螢幕的大小，screen 是一個 QRect 類別。QRect(int left,int top,int width,int height) 中的 left 和 top 表示距離左側和頂部的距離，width 和 height 表示螢幕（視窗）的寬度和高度，這些參數可以用 screen.left()、screen.top()、screen.width() 和 screen. height() 來獲取。

```python
size = self.geometry()
```

該行語句用來獲取 QWidget 視窗的大小。size 和 screen 一樣，也是一個 QRect 類別。

```python
self.move((screen.width()- size.width()) / 2, (screen.height() - size.
height()) / 2)
```

該行語句用來將視窗移到螢幕中間。

3.1.4 增加圖示

程式圖示就是一張小圖片，通常在標題列的左上角顯示。對應按鈕「顯示圖示」，這裡增加圖示使用了 lambda 運算式，程式碼如下：

```
# 顯示圖示
self.button3 = QPushButton(' 顯示圖示 ')
self.button3.clicked.connect(lambda :self.setWindowIcon(QIcon('./images/
cartoon1.ico')))
layout.addWidget(self.button3)
```

執行效果如圖 3-5 所示，左上角顯示了圖示。

▲ 圖 3-5

使用 setWindowIcon() 函式可以設定程式圖示，但該方法需要一個 QIcon 類型的物件作為參數。在呼叫 QIcon 物件建構函式時，需要提供圖示路徑（相對路徑或絕對路徑）。

3.1.5 顯示狀態列

對應按鈕「顯示狀態列」，這裡同樣使用了 lambda 運算式：

```
# 顯示狀態列
self.button4 = QPushButton(' 顯示狀態列 ')
self.button4.clicked.connect(lambda: self.status.showMessage(" 這是狀態列提示，
```

```
5 秒鐘後消失 ", 5000))
layout.addWidget(self.button4)
```

執行效果如圖 3-6 所示。

▲ 圖 3-6

3.1.6 視窗座標系統

PySide 6 使用統一的座標系統來錨定視窗控制項的位置和大小。具體的座標系統如圖 3-7 所示。

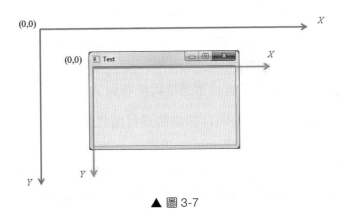

▲ 圖 3-7

以螢幕的左上角為原點，即 (0, 0)，從左向右為 X 軸正向，從上向下為 Y 軸正向，整個螢幕的座標系統就是用來定位主視窗的。

此外，在視窗內部也有自己的座標系統，該座標系統仍然以左上角為原點，從左向右為 X 軸正向，從上向下為 Y 軸正向，原點、X 軸、Y 軸圍成的區域叫作客戶區（Client Area），客戶區的周圍是標題列（Window Title）和邊框（Frame）。

如圖 3-8 所示，Qt 提供了分析 QWidget 幾何結構的一張圖，在說明文件的 Window and Dialog Widgets 中可以找到相關的內容。

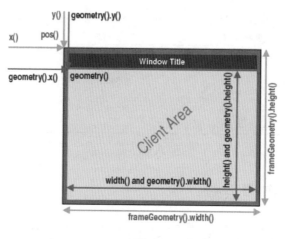

▲ 圖 3-8

從圖 3-8 中可以看出，這些成員函式分為 3 類。

（1）QWidget 直接提供的成員函式：使用 x() 和 y() 可以獲得視窗左上角的座標，使用 width() 和 height() 可以獲得客戶區的寬度和高度（x、y、width 和 height 都不包含視窗邊框與標題列）。

（2）QWidget 的 geometry() 提供的成員函式：QWidget.geometry() 傳回 QtCore.QRect(x, y,width,height)，這裡的 left=x，top=y，所以也可以認為是 QtCore.QRect(left,top,width, height)，x、y、width 和 height 的含義與上面的相同，只不過這裡的 x 和 y 包含視窗的邊框與標題列，width 和 height 不包含視窗的邊框與標題列，也就是說：

```
QWidget.geometry().x()=QWidget.geometry().left()>=QWidget.x();
QWidget.geometry().y()=QWidget.geometry().right()>=QWidget.y();
QWidget.geometry().width()=QWidget.width();
QWidget.geometry().height()=QWidget.height()。
```

（3）QWidget 的 frameGeometry() 提供的成員函式：和 geometry() 一樣，QWidget. frameGeometry() 也 傳 回 QtCore.QRect(x,y,width,height)。

只不過它的 width 和 height 包含邊框與標題列，x 和 y 不包含邊框與標題列，也就是說：

```
QWidget.frameGeometry().x()=QWidget.frameGeometry().left()=QWidget.x()；
QWidget.frameGeometry().y()=QWidget.frameGeometry().right()=QWidget.y()；
QWidget.frameGeometry().width()>QWidget.width()；
QWidget.frameGeometry().height()>QWidget.height()。
```

⌛ 注意：

這裡的 x、y、width 和 height 是相對父視窗（類別）的座標，以及寬和高。對主視窗來說，需要考慮邊框和功能表列的問題，x 和 y 的相對起點是螢幕的左上角。對子視窗來說，其相對起點是父視窗的左上角。

其他座標相關函式如下：

```
QWidget.pos()              # x 和 y 的組合，傳回 QtCore.QPoint(x, y)
*.size()    # width 和 height 的組合，傳回 QtCore.QSize(width, hight)，QMainWindow/
QWidget/QDialog 都可呼叫 QWidget.size()，QWidget.geometry().size(),QWidget.
frameGeometry().size()
QWidget.frameSize()        # 相當於 QWidget.frameGeometry().size()
```

設定位置和尺寸：

```
move(x, y)                 # 操控的是 x 和 y，也就是 pos，包括視窗邊框
resize(width, height)      # 操控的是寬和高，不包括視窗邊框。如果小於最小值，就無效
setGeometry(x_noFrame, y_noFrame, width, height)   # 注意，此處參照為使用者區域
# 在 show 之後設定
adjustSize()               # 根據內容自我調整大小。單次有效，在設定內容後面使用
setFixedSize()             # 設定固定尺寸
```

設定最大尺寸和最小尺寸：

```
minimumWidth()             # 傳回最小尺寸的寬度
minimumHeight()            # 傳回最小尺寸的高度
minimumSize()              # 傳回最小尺寸
maximumWidth()             # 傳回最大尺寸的寬度
```

```
maximumHeight()              # 傳回最大尺寸的高度
maximumSize()                # 傳回最大尺寸
setMaximumWidth()            # 傳回設定的最大寬度
setMaximumHeight()           # 傳回設定的最大高度
setMaximumSize()             # 傳回設定的最大尺寸
setMinimumWidth()            # 傳回設定的最小寬度
setMinimumHeight()           # 傳回設定的最小高度
setMinimumSize()             # 傳回設定的最小尺寸
```

　　點擊「顯示視窗座標及大小」按鈕就會在主控台中輸出視窗的座標系統。相關程式碼如下：

```
# 顯示視窗座標和大小
self.button5 = QPushButton('顯示視窗座標及大小')
self.button5.clicked.connect(self.show_geometry)
layout.addWidget(self.button5)
def show_geometry(self):
    print('主視窗座標資訊，相對於螢幕')
    print('主視窗: x={}, y={}, width={}, height={}:'
.format(self.x(),self.y(),self.width(),self.height()))
    print('主視窗 geometry: x={}, y={}, width={}, height={}:'
.format(self.geometry().x(),self.geometry().y(),self.geometry().width(),
self.geometry().height()))
    print('主視窗 frameGeometry: x={}, y={}, width={}, height={}:'
.format(self.frameGeometry().x(),self.frameGeometry().y(),self.
frameGeometry()
.width(),self.frameGeometry().height()))

    print('\n子視窗 QWidget 座標資訊，相對於主視窗：')
    print('子視窗 self.widget: x={}, y={}, width={}, height={}:'
.format(self.widget.x(),self.widget.y(),self.widget.width(),self.widget.
height()))
    print('子視窗 self.widget.geometry: x={}, y={}, width={}, height={}:'
.format(self.widget.geometry().x(),self.widget.geometry().y(),self.widget.
geometry().width(),self.widget.geometry().height()))
    print('子視窗 self.widget.frameGeometry: x={}, y={}, width={}, height={}:'
.format(self.widget.frameGeometry().x(),self.widget.frameGeometry().y(),
self.widget.frameGeometry().width(),self.widget.frameGeometry().height()))
```

輸出結果如下：

```
主視窗座標資訊，相對於螢幕
主視窗：x=367, y=230, width=800, height=400：
主視窗 geometry: x=368, y=260, width=800, height=400：
主視窗 frameGeometry: x=367, y=230, width=802, height=431：

子視窗 QWidget 座標資訊，相對於主視窗：
子視窗 self.widget: x=200, y=150, width=200, height=200：
子視窗 self.widget.geometry: x=200, y=150, width=200, height=200：
子視窗 self.widget.frameGeometry: x=200, y=150, width=200, height=200：
```

由此可見，主視窗受到邊框和功能表列的影響，QWidget、QWidget. geometry、QWidget. frameGeometry 這 3 種座標系稍微有些不同，子視窗沒有邊框和功能表列，3 種座標系的結果一樣。

3.2 標籤（QLabel）

QLabel 物件作為一個預留位置可以顯示不可編輯的文字或圖片，也可以放置一個 GIF 動畫，還可以用作提示標記為其他控制項。純文字、連結或豐富文字都可以在標籤上顯示。

QLabel 是介面中的標籤類別，繼承自 QFrame。QLabel 類別的繼承結構如圖 3-9 所示。

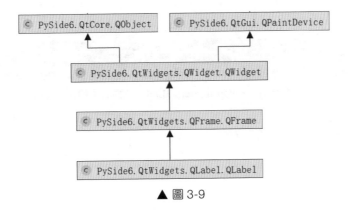

▲ 圖 3-9

QLabel 類別中常用的函式如表 3-2 所示。

表 3-2

函式	描　述
setAlignment()	按固定值方式對齊文字 • Qt.AlignLeft：水平方向靠左對齊 • Qt.AlignRight：水平方向靠右對齊 • Qt.AlignCenter：水平方向置中對齊 • Qt.AlignJustify：水平方向調整間距兩端對齊 • Qt.AlignTop：垂直方向靠上對齊 • Qt.AlignBottom：垂直方向靠下對齊 • Qt.AlignVCenter：垂直方向置中對齊
setIndent()	設定文字縮排值
setPixmap()	設定 QLabel 為一張 Pixmap 圖片
text()	獲得 QLabel 的文字內容
setText()	設定 QLabel 的文字內容
selectedText()	傳回所選擇的字元
setBuddy()	設定 QLabel 的快速鍵及 buddy（夥伴），即使用 QLabel 設定快速鍵，也在快速鍵後將焦點設定到其 buddy 上，這裡用到了 QLabel 的互動控制項功能。此外，buddy 可以是任何一個 Widget 控制項。使用 setBuddy(QWidget *) 設定，其 QLabel 必須是文字內容，並且使用「&」符號設定了快速鍵
setWordWrap()	設定是否允許換行

QLabel 類別中常用的訊號如表 3-3 所示。

表 3-3

訊號	描　述
linkActivated	當點擊標籤中嵌入的超連結，並且希望在新視窗中開啟該超連結時，setOpenExternalLinks 特性必須設定為 True
linkHovered	當滑鼠指標滑過標籤中嵌入的超連結時，需要用槽函式與這個訊號進行綁定

案例 3-2 QLabel 標籤的基本用法

本 案 例 的 檔 案 名 稱 為 Chapter03/qt_ QLabel.py，用於演示在 PySide 6 的視窗中顯示 QLabel 標籤。為了節約篇幅，此處的程式碼不再贅述。執行腳本，顯示效果如圖 3-10 所示。

下面介紹 QLabel 類別中常用的函式。

▲ 圖 3-10

3.2.1 對齊

setAlignment() 是 QLabel、QLineEdit 等控制項通用的函式，用來設定文字的對齊方式，程式碼如下（更多使用方式請參考表 3-2）：

```
# 顯示普通標籤
label_normal = QLabel(self)
label_normal.setText("這是一個普通標籤，置中。")
label_normal.setAlignment(Qt.AlignCenter)
```

3.2.2 設定顏色

可以使用 QPalette 類別來設定 QLabel 的顏色。QPalette 類別作為對話方塊或控制項的色票面板，管理著控制項或表單的所有顏色資訊，每個表單或控制項都包含一個 QPalette 物件，在顯示時按照它的 QPalette 物件中對各部分各狀態下的顏色的描述進行繪製。在 QLabel 類別中使用 QPalette 類別一定要設定 setAutoFillBackground(True)，否則 QPalette 類別無法管理顏色。這裡的 QPalette.Window 表示背景顏色，QPalette. WindowText 表示前景顏色。主要程式碼如下：

```
# 背景標籤
label_color = QLabel(self)
label_color.setText("這是一個有紅色背景白色字型的標籤，左對齊。")
```

```
        label_color.setAutoFillBackground(True)
        palette = QPalette()
        palette.setColor(QPalette.Window, Qt.red)
        palette.setColor(QPalette.WindowText, Qt.white)
        label_color.setPalette(palette)
        label_color.setAlignment(Qt.AlignLeft)
```

3.2.3 顯示 HTML 資訊

QLabel 可以相容 HTML 格式，使用 HTML 可以呈現更豐富的文字形式。主要程式碼如下：

```
    # HTML 標籤
    label_html = QLabel(self)
    label_html.setText("<a href='#'>這是一個 HTML 標籤</a> <font
color=red>hello <b>world</b> </font>")
```

3.2.4 滑動與點擊事件

QLabel 有兩個常用的訊號，即 linkHovered 和 linkActivated，當滑鼠指標滑過超連結或點擊超連結時才會觸發。需要注意的是，這兩個訊號只對超連結有效，即對這種 "<a href='...'" 帶有 href 的 HTML 文字有效。如果設定了 setOpenExternalLinks(True)，則 linkActivated 訊號不會起作用。因此，在本案例中不會觸發 link_clicked 訊號。

當滑鼠指標滑到標籤「指標滑過該標籤觸發事件」時會觸發 link_hovered 訊號，當點擊「點擊可以開啟百度」超連結時，瀏覽器會自動開啟百度頁面：

```
    # 滑過 QLabel 綁定槽事件
    label_hover = QLabel(self)
    label_hover.setText("<a href='#'>指標滑過該標籤觸發事件</a>")
    label_hover.linkHovered.connect(self.link_hovered)
```

```
    # 點擊 QLabel 綁定槽事件
    label_click = QLabel(self)
    label_click.setText("<a href='http://www.baidu.com'>點擊可以開啟百度
</a>")
    label_click.linkActivated.connect(self.link_clicked)
    label_click.setOpenExternalLinks(True)

def link_hovered(self):
    print(「指標滑過該標籤觸發事件」。)

def link_clicked(self):
    # 設定了 setOpenExternalLinks(True) 之後會自動遮罩該訊號
    print(" 當點擊「點擊可以開啟百度」超連結時，觸發事件。")
```

3.2.5 載入圖片和氣泡提示 QToolTip

QLabel 使用 setPixmap() 函式可以載入圖片資訊，使用 setToolTip() 函式可以進行氣泡提示，setToolTip() 是 QWidget 的函式，任何繼承 QWidget 類別的控制項都可以使用 setToolTip() 函式進行氣泡提示。主要程式碼如下：

```
    # 顯示圖片
    label_pic = QLabel(self)
    label_pic.setAlignment(Qt.AlignCenter)
    label_pic.setToolTip(' 這是一個圖片標籤 ')
    label_pic.setPixmap(QPixmap("./images/cartoon1.ico"))
```

氣泡提示效果如圖 3-11 所示。

▲ 圖 3-11

3.2.6 使用快速鍵

✎ 案例 3-3 QLabel 快速鍵的基本用法

QLabel 快速鍵本身沒有太大的意義，但是可以透過夥伴關係（setBuddy）把指標快速切換到目標控制項（如文字標籤）上，以便於使用快速鍵操作。本案例的檔案名稱為 Chapter03/qt_QLabel2.py，用於演示在 PySide 6 的視窗中使用 QLabel 標籤的快速鍵，程式碼如下：

```python
class QLabelDemo(QDialog):
    def __init__(self):
        super().__init__()

        self.setWindowTitle('QLabel 例子')
        nameLb1 = QLabel('&Name', self)
        nameEd1 = QLineEdit(self)
        nameLb1.setBuddy(nameEd1)

        nameLb2 = QLabel('&Password', self)
        nameEd2 = QLineEdit(self)
        nameLb2.setBuddy(nameEd2)

        btnOk = QPushButton('&OK')
        btnCancel = QPushButton('&Cancel')
        mainLayout = QGridLayout(self)
        mainLayout.addWidget(nameLb1, 0, 0)
        mainLayout.addWidget(nameEd1, 0, 1, 1, 2)

        mainLayout.addWidget(nameLb2, 1, 0)
        mainLayout.addWidget(nameEd2, 1, 1, 1, 2)

        mainLayout.addWidget(btnOk, 2, 1)
        mainLayout.addWidget(btnCancel, 2, 2)

if __name__ == "__main__":
    app = QApplication(sys.argv)
    labelDemo = QLabelDemo()
    labelDemo.show()
    sys.exit(app.exec())
```

執行腳本，顯示效果如圖 3-12 所示。

在開啟的對話方塊中，按 Alt+N 快速鍵可以切換到第 1 個文字標籤，因為這個文字標籤已經與 QLabel 進行了連結。QLabel 控制項設定了捷徑 '&Name'，程式碼如下：

▲ 圖 3-12

```
nameLb1 = QLabel('&Name', self)
nameEd1 = QLineEdit( self )
nameLb1.setBuddy(nameEd1)
```

同理，按 Alt+P 快速鍵可以切換到第 2 個文字標籤，按 Alt+O 快速鍵可以觸發 OK 按鈕。

3.3 單行文字標籤（QLineEdit）

QLabel 透過 QFrame 繼承 QWidget，而 QLineEdit 直接繼承 QWidget，如圖 3-13 所示。

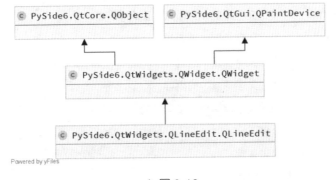

▲ 圖 3-13

QLineEdit 類別是一個單行文字標籤控制項，可以輸入單行字串。如果需要輸入多行字串，則使用 QTextEdit 類別。QLineEdit 類別中常用的函式如表 3-4 所示。

表 3-4

函式	描　述
setAlignment()	按固定值方式對齊文字 • Qt.AlignLeft：水平方向靠左對齊 • Qt.AlignRight：水平方向靠右對齊 • Qt.AlignCenter：水平方向置中對齊 • Qt.AlignJustify：水平方向調整間距兩端對齊 • Qt.AlignTop：垂直方向靠上對齊 • Qt.AlignBottom：垂直方向靠下對齊 • Qt.AlignVCenter：垂直方向置中對齊
clear()	清除文字標籤中的內容
setEchoMode()	設定文字標籤的顯示格式。允許輸入的文字標籤顯示格式的值可以是以下幾個。 • QLineEdit.Normal：正常顯示所輸入的字元，此為預設選項 • QLineEdit.NoEcho：不顯示任何輸入的字元，常用於密碼類型的輸入，並且其密碼長度需要保密 • QLineEdit.Password：顯示與平臺相關的密碼遮罩字元，而非實際輸入的字元 • QLineEdit.PasswordEchoOnEdit：在編輯時顯示字元，負責顯示密碼類型的輸入
setPlaceholderText()	設定文字標籤浮顯文字
setMaxLength()	設定文字標籤允許輸入的最大字元數
setReadOnly()	設定文字標籤是唯讀的
setText()	設定文字標籤中的內容
text()	傳回文字標籤中的內容
setDragEnabled()	設定文字標籤是否接受滑動
selectAll()	全選
setFocus()	得到焦點
setInputMask()	設定遮罩
setValidator()	設定文字標籤的驗證器（驗證規則），將限制任意可能輸入的文字。可用的驗證器如下 • QIntValidator：限制輸入整數 • QDoubleValidator：限制輸入浮點數 • QRegexpValidator：檢查輸入是否符合正規表示法

✎ **案例 3-4** QLineEdit 的基本用法

QLineEdit 類別的很多函式和 QLabel 類別的函式一樣，如對齊、顏色設定、tooltip 設定等。但二者也存在一些不同之處，如 QLineEdit 類別不支援 HTML 顯示，沒有滑動訊號和點擊訊號。同時，作為文字輸入的主力軍，QLineEdit 類別有其特有的訊號和輸入限制方法。

本案例的檔案名稱為 Chapter03/qt_QLineEdit.py，用於演示 QLineEdit 的基本用法。這個案例包含了很多基礎內容，下面對其進行分項解讀。執行效果如圖 3-14 所示。

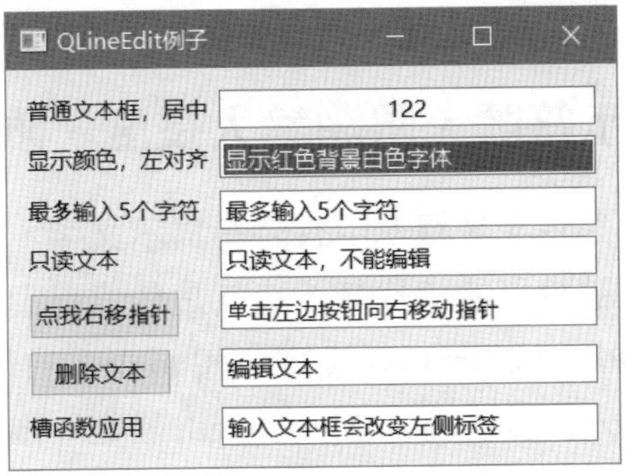

▲ 圖 3-14

3.3.1 對齊、tooltip 和顏色設定

對齊、tooltip 和顏色設定這部分內容與 QLabel 類別的一致。需要注意的是，在設定背景顏色時，QLabel 類別使用的是 QPalette.Window，QLineEdit 類別使用的是 QPalette.Base；在使用前景顏色時，QLabel 類別使用的是 QPalette.WindowText，QLineEdit 類別使用的是 QPalette.Text，程式碼如下：

```
# 正常文字標籤，對齊，tooltip
lineEdit_normal = QLineEdit()
lineEdit_normal.setText("122")
lineEdit_normal.setAlignment(Qt.AlignCenter)
```

```
lineEdit_normal.setToolTip(' 這是一個普通文字標籤 ')
flo.addRow(" 普通文字標籤，置中 ", lineEdit_normal)

# 顯示顏色
lineEdit_color = QLineEdit()
lineEdit_color.setText(" 顯示紅色背景白色字型 ")
lineEdit_color.setAutoFillBackground(True)
palette = QPalette()
palette.setColor(QPalette.Base, Qt.red)
palette.setColor(QPalette.Text, Qt.white)
lineEdit_color.setPalette(palette)
lineEdit_color.setAlignment(Qt.AlignLeft)
flo.addRow(" 顯示顏色，左對齊 ", lineEdit_color)
```

3.3.2 佔位提示符號、限制輸入長度、限制編輯

在開啟一個介面時文字標籤中有時有提示文字，當輸入內容後提示文字會自動消失並被輸入的值代替，這就是佔位提示符號的作用。佔位提示符號使用 setPlaceholderText 設定，和 tooltip 的作用一樣，都具有提示作用。限制輸入長度使用 setMaxLength 設定。限制編輯只需要設定 setReadOnly(True)。程式碼如下：

```
# 佔位提示符號，限制長度
lineEdit_maxLength = QLineEdit()
lineEdit_maxLength.setMaxLength(5)
# lineEdit_maxLength.setText("122")
lineEdit_maxLength.setPlaceholderText(" 最多輸入 5 個字元 ")
flo.addRow(" 最多輸入 5 個字元 ", lineEdit_maxLength)

# 唯讀文字
lineEdit_readOnly = QLineEdit()
lineEdit_readOnly.setReadOnly(True)
lineEdit_readOnly.setText(" 唯讀文字，不能編輯 ")
flo.addRow(" 唯讀文字 ", lineEdit_readOnly)
```

3.3.3 移動指標

點擊如圖 3-14 所示的「點我右移指標」按鈕，可以發現，右側文字標籤中的指標向右移動兩格。移動指標涉及焦點的問題，setFocus 表示獲取焦點，如果要查詢是否獲取到焦點可以用 hasFocus。setCursorPosition(1) 表示設定文字標籤的當前指標的位置為 1。向前（向右）移動指標使用 cursorForward(bool mark,int steps = 1)，如果 mark 為 True 則將每個移出的字元增加到選擇中，如果 mark 為 False 則清除選擇。

```python
# 移動指標
lineEdit_cursor = QLineEdit()
self.lineEdit_cursor = lineEdit_cursor
lineEdit_cursor.setText("點擊左邊按鈕向右移動指標")
self.lineEdit_cursor.setFocus()
lineEdit_cursor.setCursorPosition(1)
button = QPushButton("點我右移指標")
button.clicked.connect(self.move_cursor)
flo.addRow(button, lineEdit_cursor)

def move_cursor(self):
    # 移動指標
    self.lineEdit_cursor.cursorForward(True,2)
    pass
```

執行腳本，顯示效果如圖 3-15 所示。

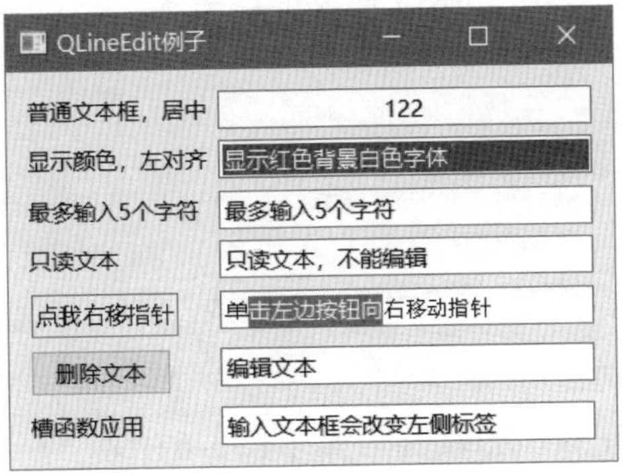

▲ 圖 3-15

QLineEdit 類別中指標操作的其他常見函式如表 3-5 所示。

表 3-5

函式	描　述
cursorBackward(mark=True,steps=0)	向左移動 step 個字元，當 mark 為 True 時附帶選中效果
cursorForward(mark=True,steps=0)	向右移動 step 個字元，當 mark 為 True 時附帶選中效果
cursorWordBackward(mark=True)	向左移動一個單字的長度，當 mark 為 True 時附帶選中效果
cursorWordForward(mark=True)	向右移動一個單字的長度，當 mark 為 True 時附帶選中效果
home(mark=True)	指標移到行首，當 mark 為 True 時附帶選中效果
end(mark=True)	指標移到行尾，當 mark 為 True 時附帶選中效果
setCursorPosition(pos=8)	指標移到指定位置（如果 pos 為小數則向下取整數）
cursorPosition()	獲取指標的位置
setFocus()	獲取輸入焦點
hasFocus()	查詢是否獲取輸入焦點，傳回 bool 類型

3.3.4 編輯

點擊如圖 3-14 所示的「刪除文字」按鈕，會觸發槽函式 QLineEdit. clear() 把右側的所有內容刪除，程式碼如下：

```
# 編輯文字
lineEdit_edit = QLineEdit()
lineEdit_edit.setText(" 編輯文字 ")
button2 = QPushButton(" 刪除文字 ")
button2.clicked.connect(lambda: lineEdit_edit.clear())
flo.addRow(button2, lineEdit_edit)
```

關於 QLineEdit 類別的其他函式如表 3-6 所示。

表 3-6

函式	描述
backspace()	刪除指標左側的字元或選中的文字
del_()	刪除指標右側的字元或選中的文字
clear()	刪除文字標籤中的所有內容
copy()	複製文字標籤中的內容
cut()	剪下文字標籤中的內容
paste()	貼上文字標籤中的內容
isUndoAvailabQLineEdit()	是否可以執行撤銷動作
undo()	撤銷
redo()	重做
setDragEnabQLineEditd(True)	設定文字可拖曳
selectAll()	選擇所有文字（即突出顯示文字），並將指標移到尾端
setReadOnly(True)	唯讀

3.3.5 相關訊號與槽

QLineEdit 類別中常用的訊號如表 3-7 所示。

表 3-7

訊號	描述
selectionChanged	只要選擇發生變化，就會發射這個訊號
textChanged	當修改文字內容時，就會發射這個訊號
editingFinished	當編輯文字結束時，就會發射這個訊號
textEdited(text)	每當編輯文字時，都會發射此訊號。text 參數是新文字。 與 textChanged 訊號不同，如透過呼叫 setText() 函式以程式 設計方式更改文字時，不會發射此訊號。當編輯被破壞時， 發射這個訊號
cursorPositionChanged (int oldPos,int newPos)	每當指標移動時，就會發射這個訊號。前一個位置由 oldPos 舉出，新位置由 newPos 舉出

訊號	描　述
returnPressed	當按 Enter 鍵時，就會發射這個訊號。需要注意的是，如果在編輯行中設定了 validator() 或 inputMask()，則只有當輸入在 inputMask() 之後，並且 validator() 傳回 QValidator. Acceptable 時，才會發射 returnPressed 訊號

本案例使用了 textChanged 訊號，當修改文字內容時，就會觸發槽函式，修改標籤的顯示結果，程式碼如下：

```
# 槽函式
lineEdit_change = QLineEdit()
lineEdit_change.setPlaceholderText(" 輸入文字標籤會變左側標籤 ")
lineEdit_change.setFixedWidth(200)
label = QLabel(" 槽函式應用 ")
lineEdit_change.textChanged.connect(lambda: label.setText(' 更新標籤：'+
lineEdit_change.text()))
flo.addRow(label, lineEdit_change)
```

執行效果如圖 3-16 所示，標籤內容隨著文字標籤的輸入內容而即時改變。

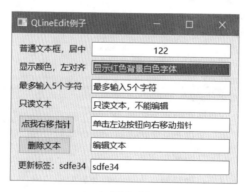

▲ 圖 3-16

3.3.6 快速鍵

預設快速鍵如表 3-8 所示，此外，還提供了一個右鍵選單（在點擊滑鼠右鍵時呼叫），其中顯示了一些編輯選項。

表 3-8

快 速 鍵	作 用
←	將指標向左移動一個字元
Shift+ ←	向左移動一個字元並選擇文字
→	將指標向右移動一個字元
Shift+ →	向右移動一個字元並選擇文字
Home	將指標移到行首
End	將指標移到行尾
Backspace	刪除指標左側的字元
Ctrl+Backspace	刪除指標左側的單字
Delete	刪除指標右側的字元
Ctrl+Delete	刪除指標右側的單字
Ctrl+A	全選
Ctrl+C	將選定的文字複製到剪貼簿中
Ctrl+Insert	將選定的文字複製到剪貼簿中
Ctrl+K	刪除到行尾
Ctrl+V	將剪貼簿文字貼上到行編輯中
Shift+Insert	將剪貼簿文字貼上到行編輯中
Ctrl+X	刪除所選文字並將其複製到剪貼簿中
Shift+Delete	刪除所選文字並將其複製到剪貼簿中
Ctrl+Z	撤銷上次的操作
Ctrl+Y	重做上次撤銷的操作

3.3.7 隱私保護：回應模式

在網頁中輸入密碼之後會顯示「*」，這是對使用者隱私的保護，在 PyQt 中可以透過回應模式（EchoMode）來設定。

✎ 案例 3-5 回應模式的顯示效果

使用 QLineEdit.echoMode 屬性可以儲存編輯的回應模式，回應模式決定了在編輯器中輸入的文字顯示給使用者的方式。該屬性的預設值是 Normal，其中使用者輸入的文字將按原樣顯示，但是 QLineEdit 還支援限制輸入或模糊輸入的文字模式，這些模式包括 NoEcho、Password 和 PasswordEchoOnEdit，如表 3-9 所示（視窗小元件的顯示、複製或滑動文字的能力受此設定的影響）。

表 3-9

模　式	值	描　述
QLineEdit.Normal	0	輸入時顯示字元，這是預設值
QLineEdit.NoEcho	1	不顯示任何內容。這可能適用於密碼，密碼的長度也應保密
QLineEdit.Password	2	顯示平臺相關的密碼遮罩字元，而非實際輸入的字元
QLineEdit.PasswordEchoOnEdit	3	編輯時顯示輸入的字元，編輯完成後顯示 Password 的遮罩字元

本案例的檔案名稱為 Chapter03/qt_QLineEdit_EchoMode.py，程式碼如下：

```python
class lineEditDemo(QWidget):
    def __init__(self, parent=None):
        super(lineEditDemo, self).__init__(parent)
        self.setWindowTitle("QLineEdit_EchoMode 例子 ")

        flo = QFormLayout()
        pNormalLineEdit = QLineEdit()
        pNoEchoLineEdit = QLineEdit()
        pPasswordLineEdit = QLineEdit()
        pPasswordEchoOnEditLineEdit = QLineEdit()

        flo.addRow("Normal", pNormalLineEdit)
        flo.addRow("NoEcho", pNoEchoLineEdit)
        flo.addRow("Password", pPasswordLineEdit)
```

```
        flo.addRow("PasswordEchoOnEdit", pPasswordEchoOnEditLineEdit)

        pNormalLineEdit.setPlaceholderText("Normal")
        pNoEchoLineEdit.setPlaceholderText("NoEcho")
        pPasswordLineEdit.setPlaceholderText("Password")
        pPasswordEchoOnEditLineEdit.setPlaceholderText ("PasswordEchoOnEdit")

        # 設定顯示效果
        pNormalLineEdit.setEchoMode(QLineEdit.Normal)
        pNoEchoLineEdit.setEchoMode(QLineEdit.NoEcho)
        pPasswordLineEdit.setEchoMode(QLineEdit.Password)
        pPasswordEchoOnEditLineEdit.setEchoMode(QLineEdit.
PasswordEchoOnEdit)

        self.setLayout(flo)
```

執行腳本，顯示效果及輸入效果如圖 3-17 所示。

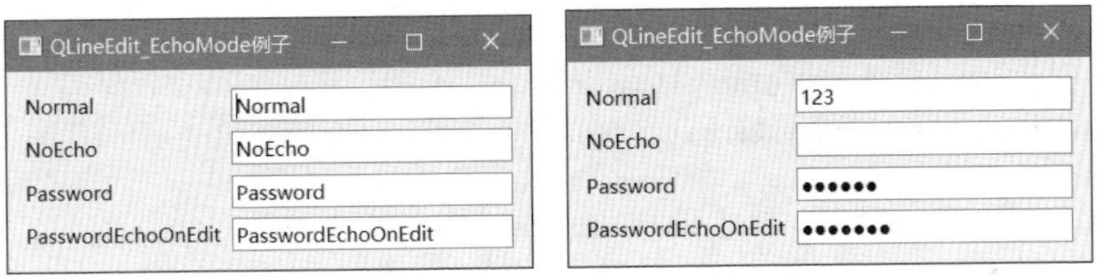

▲ 圖 3-17

3.3.8 限制輸入：驗證器

✎ 案例 3-6　QValidator 驗證器的使用方法

在大部分的情況下，需要對使用者的輸入做一些限制，如只允許輸入整數、浮點數或其他自訂資料，驗證器（QValidator）可以滿足這些限制需求。驗證器由 QValidator 控制。另外，驗證器有 3 個子類別，即 QDoubleValidator、QIntValidator 和 QRegularExpressionValidator，分別表示整數驗證器、浮點數驗證器和正規驗證器。本案例的檔案名稱為 Chapter03/qt_QLineEdit_QValidator.py，程式碼如下：

```python
class lineEditDemo(QWidget):
    def __init__(self, parent=None):
        super(lineEditDemo, self).__init__(parent)
        self.setWindowTitle("QLineEdit 例子 QValidator")

        flo = QFormLayout()
        pIntLineEdit = QLineEdit()
        pDoubleLineEdit = QLineEdit()
        pValidatorLineEdit = QLineEdit()

        flo.addRow("整數", pIntLineEdit)
        flo.addRow("浮點數", pDoubleLineEdit)
        flo.addRow("字母和數字", pValidatorLineEdit)

        pIntLineEdit.setPlaceholderText("整數")
        pDoubleLineEdit.setPlaceholderText("浮點數")
        pValidatorLineEdit.setPlaceholderText("字母和數字")

        # 整數，範圍為 [1, 99]
        pIntValidator = QIntValidator(self)
        pIntValidator.setRange(1, 99)

        # 浮點數，範圍為 [-360, 360]，精度為小數點後兩位
        pDoubleValidator = QDoubleValidator(self)
        pDoubleValidator.setRange(-360, 360)
        pDoubleValidator.setNotation(QDoubleValidator.StandardNotation)
        pDoubleValidator.setDecimals(2)

        # 字元和數字
        reg = QRegularExpression("[a-zA-Z0-9]+$")
        pValidator = QRegularExpressionValidator(self)
        pValidator.setRegularExpression(reg)

        # 設定驗證器
        pIntLineEdit.setValidator(pIntValidator)
        pDoubleLineEdit.setValidator(pDoubleValidator)
        pValidatorLineEdit.setValidator(pValidator)

        self.setLayout(flo)
```

執行腳本，顯示效果和輸入效果如圖 3-18 所示，第 1 行只允許輸入整數，第 2 行只允許輸入浮點數，第 3 行只允許輸入字母和數字。

▲ 圖 3-18

3.3.9 限制輸入：遮罩

要限制使用者的輸入，除了可以使用驗證器，還可以使用遮罩，常見的有 IP 位址、MAC 位址、日期、許可證號等，這些遮罩需要使用者自己定義。表 3-10 中列出了遮罩的預留位置和字面字元，並說明了其是如何控制資料登錄的。

表 3-10

字元	含　義
A	ASCII 字母字元是必須輸入的（A～Z、a～z）
a	ASCII 字母字元是允許輸入的，但不是必需的
N	ASCII 字母字元是必須輸入的（A～Z、a～z、0～9）
n	ASCII 字母字元是允許輸入的，但不是必需的
X	任何字元都是必須輸入的
x	任何字元都是允許輸入的，但不是必需的
9	ASCII 數字字元是必須輸入的（0～9）
0	ASCII 數字字元是允許輸入的，但不是必需的
D	ASCII 數字字元是必須輸入的（1～9）
d	ASCII 數字字元是允許輸入的，但不是必需的（1～9）
#	ASCII 數字字元或加號 / 減號是允許輸入的，但不是必需的
H	十六進位格式字元是必須輸入的（A～F、a～f、0～9）

字元	含　義
h	十六進位格式字元是允許輸入的，但不是必需的
B	二進位格式字元是必須輸入的（0, 1）
b	二進位格式字元是允許輸入的，但不是必需的
>	所有的字母字元都是大寫的
<	所有的字母字元都是小寫的
!	關閉大小寫轉換
\	使用「\」跳脫上面列舉的字元

　　遮罩由遮罩字元和分隔符號字串組成，後面可以跟一個分號和空白字元，空白字元在編輯後會從文字中刪除。遮罩範例如表 3-11 所示。

表 3-11

遮罩	注意事項
000.000.000.000;_	IP 位址，空白字元是「_」
HH:HH:HH:HH:HH:HH;	MAC 位址
0000-00-00	日期，空白字元是空格
>AAAAA-AAAAA-AAAAA-AAAAA-AAAAA;#	許可證號，空白字元是「-」，所有的字母字元轉為大寫

✎ 案例 3-7 輸入遮罩 InputMask

　　本案例的檔案名稱為 Chapter03/qt_QLineEdit_InputMask.py，程式碼如下：

```
class lineEditDemo(QWidget):
    def __init__(self, parent=None):
        super(lineEditDemo, self).__init__(parent)
        self.setWindowTitle("QLineEdit 的輸入遮罩例子 ")

        flo = QFormLayout()
        pIPLineEdit = QLineEdit()
        pMACLineEdit = QLineEdit()
        pDateLineEdit = QLineEdit()
```

```
pLicenseLineEdit = QLineEdit()

pIPLineEdit.setInputMask("000.000.000.000_")
pMACLineEdit.setInputMask("HH:HH:HH:HH:HH:HH_")
pDateLineEdit.setInputMask("0000-00-00")
pLicenseLineEdit.setInputMask(">AAAAA-AAAAA-AAAAA-AAAAA-AAAAA#")

flo.addRow(" 數字遮罩 ", pIPLineEdit)
flo.addRow("MAC 遮罩 ", pMACLineEdit)
flo.addRow(" 日期遮罩 ", pDateLineEdit)
flo.addRow(" 許可證遮罩 ", pLicenseLineEdit)

pIPLineEdit.setToolTip("ip: 192.168.*")
pMACLineEdit.setToolTip("mac: ac:be:ad:*")
pDateLineEdit.setToolTip("date: 2020-01-01")
pLicenseLineEdit.setToolTip(" 許可證 : HDFG-ADDB-*")

self.setLayout(flo)
```

執行腳本，顯示效果和輸入效果如圖 3-19 所示。

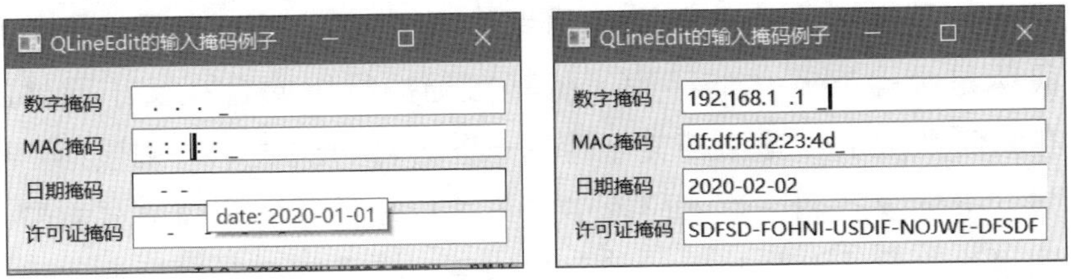

▲ 圖 3-19

3.4 多行文字標籤（**QTextEdit / QPlainTextEdit**）

3.3 節介紹了 QLineEdit，這是一個單行文字標籤控制項，可以輸入單行字串，如果需要輸入多行字串，則使用 QTextEdit 或 QPlainTextEdit。前者支援豐富文字，可以設定豐富的格式，適用於處理大多數多行文本任務；後者僅支援純文字，其引擎專門最佳化純文字，速度更快，更適用於處理大型文字文件。如圖 3-20 所示，為了使多行文本自動匹配捲軸，兩者都繼承自 QAbstractScrollArea。

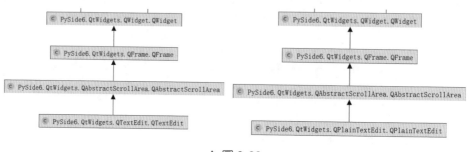

▲ 圖 3-20

3.4.1 QTextEdit

QTextEdit 是一種進階 WYSIWYG 檢視器／編輯器，支援使用 HTML 樣式的標記或 Markdown 格式的豐富文字。經過最佳化，使用 QTextEdit 可以處理大型文件並快速回應使用者輸入。QTextEdit 適用於段落和字元，段落是經過格式化的字串，將其自動換行以適合視窗小元件的寬度。在預設情況下，閱讀純文字時，一個分行符號表示一個段落。一個文件包含零個或多個段落。段落中的單字根據段落的對齊方式對齊。段落之間用強制分行符號分隔。段落中的每個字元都有其自己的屬性，如字型和顏色。

使用 QTextEdit 可以顯示影像、清單和表格。如果文字太大而無法在文字編輯的視埠中查看，則會出現捲軸。文字編輯可以載入純文字檔案和豐富文字檔。豐富文字可以使用 HTML 4 標記的子集來描述。如果只需要顯示一小段豐富文字，則使用 QLabel。

QTextEdit 的大部分函式和 QLineEdit 的大致相和，這裡只介紹二者的不同之處。它們之間的差別主要表現在 QTextEdit 支援豐富文字。QTextEdit 常用的函式如表 3-12 所示。

表 3-12

函式	描述
setPlainText()	設定多行文字標籤中的文字內容
setText()	設定多行文本。參數可以是純文字或 HTML，setText() 函式相當於 setHtml() 函式和 setPlainText() 函式的複合體，Qt 會辨識正確的格式
toPlainText()	傳回多行文字標籤中的文字內容
setHtml()	設定多行文字標籤的內容為 HTML 檔案，HTML 檔案用於描述網頁
toHtml()	傳回多行文字標籤中的 HTML 檔案
setMarkdown()	輸入文字會被解析為 Markdown 格式的豐富文字，這個函式會刪除之前的文字，以及撤銷 / 重做歷史記錄。Markdown 字串中包含的 HTML 的解析與 setHtml 中的處理相同，但是不支援 HTML 檔案內的 Markdown 格式
toMarkdown()	傳回純 Markdown 格式。如果隨後呼叫 toMarkdown()，則傳回的文字可能會有所不同，但含義會盡可能保留
clear()	清除多行文字標籤中的內容

✎ 案例 3-8　QTextEdit 控制項的使用方法

　　本案例的檔案名稱為 Chapter03/qt_QTextEdit.py，用於演示 QTextEdit 控制項的使用方法。執行腳本，點擊「顯示純文字」按鈕，文字內容將在 textEdit 控制項中顯示，視窗的顯示效果如圖 3-21 所示。

▲ 圖 3-21

　　相關程式碼如下：

```
# 顯示文字
self.btn_plain = QPushButton(" 顯示純文字 ")
self.btn_plain.clicked.connect(self.btn_plain_Clicked)
layout.addWidget(self.btn_plain)
```

```
def btn_plain_Clicked(self):
        self.textEdit.setFontItalic(True)
        self.textEdit.setFontWeight(QFont.ExtraBold)
        self.textEdit.setFontUnderline(True)
        self.textEdit.setFontFamily('宋體')
        self.textEdit.setFontPointSize(15)
        self.textEdit.setTextColor(QColor(200,75,75))
        # self.textEdit.setText('Hello Qt for Python!\n點擊按鈕')
        self.textEdit.setPlainText("Hello Qt for Python!\n點擊按鈕")
```

上述程式碼對字型格式進行了設定，如粗體、傾斜、變大、修改顏色等。需要注意的是，setFontWeight() 函式，Qt 中控制字型粗細使用與 OpenType 相容的從 1 到 1000 的權重等級，具體如表 3-13 所示。

表 3-13

屬　　性	值	描　　述
QFont.Thin	100	100
QFont.ExtraLight	200	200
QFont.Light	300	300
QFont.Normal	400	400
QFont.Medium	500	500
QFont.DemiBold	600	600
QFont.Bold	700	700
QFont.ExtraBold	800	800
QFont.Black	900	900

點擊「顯示 HTML」按鈕，把 support\myhtml.html 檔案的內容顯示到 textEdit 控制項中，視窗的顯示效果如圖 3-22 所示。可以看到，成功載入了 HTML 網頁。涉及的程式碼如下：

```
# 顯示 HTML
self.btn_html = QPushButton("顯示 HTML")
self.btn_html.clicked.connect(self.btn_html_Clicked)
layout.addWidget(self.btn_html)
```

```
def btn_html_Clicked(self):
    a = ''
    with open('.\support\myhtml.html', 'r', encoding='utf8') as f:
        a = f.read()
    self.textEdit.setHtml(a)
```

點擊圖 3-22 中的「顯示 markdown」按鈕，把 support\myMarkDown.md 文件的內容顯示到 textEdit 控制項中，視窗的顯示效果如圖 3-23 所示。可以看到，成功載入並繪製了 .md 檔案。涉及的程式碼如下：

```
# 顯示 markdown
self.btn_markdown = QPushButton(" 顯示 markdown")
self.btn_markdown.clicked.connect(self.btn_markdown_Clicked)
layout.addWidget(self.btn_markdown)

def btn_markdown_Clicked(self):
    a = ''
    with open('.\support\myMarkDown.md', 'r', encoding='utf8') as f:
        a = f.read()
    self.textEdit.setMarkdown(a)
```

▲ 圖 3-22

▲ 圖 3-23

QTextEdit 支援豐富文字主要透過 HTML 和 Markdown 兩種方式來實作，涉及的函式主要是 setHtml() 和 setMarkdown()。關於 HTML 和 Markdown 的介紹，本書不再進一步擴充，感興趣的讀者可以自行查閱相關資料。

3.4.2 QPlainTextEdit

QPlainTextEdit 和 QTextEdit 共用的方法很多，只不過 QPlainTextEdit 簡化了文字處理方式，處理文字的性能更強大。QPlainTextEdit 的很多用法和 QTextEdit 的相同，這裡不再重複介紹，直接引入案例。

✎ **案例 3-9** QPlainTextEdit 控制項的使用方法

本案例的檔案名稱為 Chapter03/qt_QPlainTextEdit.py，用於演示在 PySide 6 的視窗中 QPlainTextEdit 控制項的使用方法，程式碼如下：

```python
class TextEditDemo(QWidget):
    def __init__(self, parent=None):
        super(TextEditDemo, self).__init__(parent)
        self.setWindowTitle("QPlainTextEdit 例子 ")
        self.resize(300, 270)
        self.textEdit = QPlainTextEdit()
        # 版面配置管理
        layout = QVBoxLayout()
        layout.addWidget(self.textEdit)

        # 顯示文字
        self.btn_plain = QPushButton(" 顯示純文字 ")
        self.btn_plain.clicked.connect(self.btn_plain_Clicked)
        layout.addWidget(self.btn_plain)

        self.setLayout(layout)

    def btn_plain_Clicked(self):
        font = QFont()
```

```
font.setFamily("Courier")
font.setFixedPitch(True)
font.setPointSize(14)
self.textEdit.setFont(font)
self.textEdit.setPlainText("Hello Qt for Python!\n 點擊按鈕 ")
```

執行腳本，顯示效果如圖 3-24 所示。

與 QTextEdit 不同，QPlainTextEdit 沒有 setFontItalic() 這種直接控制字型的函式，所以透過 QFont 間接控制。

▲ 圖 3-24

3.4.3 快速鍵

QTextEdit 和 QPlainTextEdit 既可以作為閱讀器，也可以作為編輯器，為了方便操作，Qt 為它們綁定了一些預設的快速鍵，這些快速鍵大致相同。

當 QTextEdit 和 QPlainTextEdit 作為唯讀使用時（setReadOnly(True)），按鍵綁定僅限於導覽，並且只能使用滑鼠選擇文字，如表 3-14 所示。

表 3-14

按　鍵	動　作
↑	向上移動一行
↓	向下移動一行
←	向左移動一個字元
→	向右移動一個字元
PageUp	向上移動一頁（視埠）
PageDown	向下移動一頁（視埠）
Home	移到文字的開頭
End	移到文字的尾端

按　鍵	動　作
Alt+Wheel	水平捲動頁面（Wheel 是滑鼠滾輪）
Ctrl+Wheel	縮放文字
Ctrl+A	選擇所有文字

　　當 QTextEdit 和 QPlainTextEdit 作為編輯器使用時，部分快速鍵綁定如表 3-15 所示。需要注意的是，右鍵選單也提供了一些按鍵選項。

表 3-15

快速鍵	功　能
Backspace	刪除指標左側的字元
Delete	刪除指標右側的字元
Ctrl+C	將所選文字複製到剪貼簿中
Ctrl+Insert	將所選文字複製到剪貼簿中
Ctrl+K	刪除到行尾
Ctrl+V	將剪貼簿文字貼上到文字編輯器中
Shift+Insert	將剪貼簿文字貼上到文字編輯器中
Ctrl+X	刪除所選文字並將其複製到剪貼簿中
Shift+Delete	刪除所選文字並將其複製到剪貼簿中
Ctrl+Z	撤銷上次的操作
Ctrl+Y	重做上次的操作
←	將指標向左移動一個字元
Ctrl+ ←	將指標向左移動一個字
→	將指標向右移動一個字元
Ctrl+ →	將指標向右移動一個字
↑	將指標向上移動一行
↓	將指標向下移動一行
PageUp	將指標向上移動一頁
PageDown	將指標向下移動一頁
Home	將指標移到行首
Ctrl+Home	將指標移到文字的開頭

快 速 鍵	功 能
End	將指標移到行尾
Ctrl+End	將指標移到文字的尾端
Alt+Wheel	水平捲動頁面（Wheel 是滑鼠滾輪）

3.4.4 QSyntaxHighlighter

作為一個文字編輯器，語法突顯是不可避免的，這就涉及 QSyntaxHighlighter 類別。QSyntaxHighlighter 是實作語法突顯器的基礎類別，語法突顯器會自動突顯 QTextDocument 中的部分文字。無論是 QTextEdit 還是 QPlainTextEdit，都可以和 QSyntaxHighlighter 一起使用。

要設定語法突顯，必須繼承 QSyntaxHighlighter 並重新實作 highlightBlock() 函式。

當建立 QSyntaxHighlighter 類別的實例時，需要將應用語法突出顯示的 QTextDocument 傳遞給它。例如：

```
self.editor = QTextEdit()
highlighter = PythonHighlighter(self.editor.document())
```

在此之後，highlightBlock() 函式將在必要時自動呼叫。在 highlightBlock() 函式中實作語法突顯的關鍵在於 setFormat() 函式，該函式把 QTextCharFormat 格式（包含字型和顏色）應用到文字的特定位置：

```
setFormat(self, start: int, count: int, color: PySide6.QtGui.QColor) -> None
setFormat(self, start: int, count: int, font: PySide6.QtGui.QFont) -> None
setFormat(self, start: int, count: int, format: PySide6.QtGui.
QTextCharFormat) -> None
```

其他需要注意的是，可以使用 previousBlockState() 函式查詢前一個文字區塊的結束狀態。在解析區塊後，可以使用 setCurrentBlockState() 函式儲存最後一個狀態。函式 currentBlockState() 和 previousBlockState() 傳回一個 int 值。如果未設定狀態，則傳回值為 –1。

✎ 案例 **3-10** QSyntaxHighlighter 控制項的使用方法

本案例的檔案名稱為 Chapter03/qt_QSyntaxHighlighter.py，用於演示 QSyntaxHighlighter 控制項的使用方法。本案例的程式碼相對複雜，用到了很多現在還沒介紹的知識（困難處在於正規表示法的使用），為了節省篇幅，這裡不再介紹。建議讀者在學習完基礎知識之後再學習這部分內容。

執行效果如圖 3-25 所示，可以看出實作了 Python 的語法突顯。

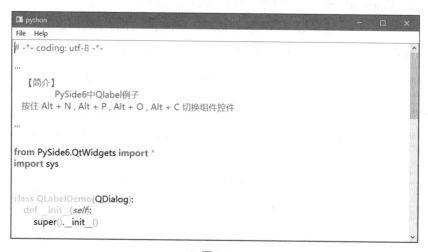

▲ 圖 3-25

需要注意的是，本案例的程式碼放在 PyQt 6 中之後重新開啟的檔案無法實作突顯，這可能是因為 PyQt 6 根據垃圾回收機制刪除了語法突顯部分的內容，在實例化的時候綁定到 self 就可以解決這個問題。對 PySide 6 來說，以下程式碼沒有問題：

```
highlighter = PythonHighlighter(self.editor.document())
```

但是對 PyQt 6 來說，需要改成以下方式才能正確執行：

```
self.highlighter = PythonHighlighter(self.editor.document())
```

3.4.5 QTextBrowser

QTextBrowser 是 QTextEdit 的唯讀模式，並在 QTextEdit 的基礎上增加了一些導覽功能，以便使用者可以追蹤超文字文件中的連結，方便頁面跳躍。如果要實作可編輯的文字編輯器，則需要使用 QTextEdit 或 QPlainTextEdit。如果只是顯示一小段豐富文字，則使用 QLabel。

如圖 3-26 所示，QTextBrowser 是 QTextEdit 的子類別，因此，QTextEdit 的一些函式（如 setHtml() 或 setPlainText()）QTextBrowser 都可以使用。但 QTextBrowser 也實作了 setSource() 函式，可以更進一步地追蹤文件的載入路徑。

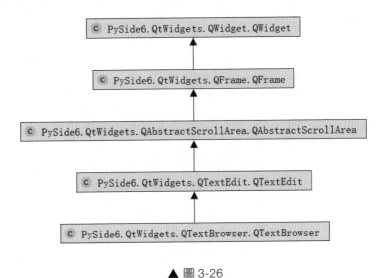

▲ 圖 3-26

為了實作導覽功能，QTextBrowser 類別提供了 backward() 函式和 forward() 函式，用於實作後退和前進功能。另外，使用 home() 函式可以跳躍到第一個載入檔案。

當使用者點擊一個連結時，會觸發 anchorClicked 訊號；如果頁面發生跳躍，則觸發 historyChanged 訊號。anchorClicked 訊號和 historyChanged 訊號的具體用法請參考案例 3-11 的程式碼。

✎ 案例 **3-11** QTextBrowser 控制項的使用方法

本案例的檔案名稱為 Chapter03/qt_QTextBrowser.py，用於演示在 PySide 6 的視窗中 QTextBrowser 控制項的使用方法，程式碼如下：

```python
class TextBrowser(QMainWindow):

    def __init__(self):
        super().__init__()
        self.initUI()

    def initUI(self):
        self.lineEdit = QLineEdit()
        self.lineEdit.setPlaceholderText("在這裡增加你想要的資料，按 Enter 鍵確認")
        self.lineEdit.returnPressed.connect(self.append_text)

        self.textBrowser = QTextBrowser()
        self.textBrowser.setAcceptRichText(True)
        self.textBrowser.setOpenExternalLinks(True)
        self.textBrowser.setSource(QUrl(r'.\support\textBrowser.html'))
        self.textBrowser.anchorClicked.connect(lambda url:self.statusBar().
showMessage('你點擊了 url'+urllib.parse.unquote(url.url()),3000))
        self.textBrowser.historyChanged.connect(self.show_anchor)

        self.back_btn = QPushButton('Back')
        self.forward_btn = QPushButton('Forward')
        self.home_btn = QPushButton('Home')
        self.clear_btn = QPushButton('Clear')

        self.back_btn.pressed.connect(self.textBrowser.backward)
        self.forward_btn.pressed.connect(self.textBrowser.forward)
        self.clear_btn.pressed.connect(self.clear_text)
        self.home_btn.pressed.connect(self.textBrowser.home)

        layout = QVBoxLayout()
        layout.addWidget(self.lineEdit)
        layout.addWidget(self.textBrowser)
        frame = QFrame()
        layout.addWidget(frame)
```

```python
        self.text_show = QTextBrowser()
        self.text_show.setMaximumHeight(70)
        layout.addWidget(self.text_show)

        layout_frame = QHBoxLayout()
        layout_frame.addWidget(self.back_btn)
        layout_frame.addWidget(self.forward_btn)
        layout_frame.addWidget(self.home_btn)
        layout_frame.addWidget(self.clear_btn)
        frame.setLayout(layout_frame)

        widget = QWidget()
        self.setCentralWidget(widget)
        widget.setLayout(layout)

        self.setWindowTitle('QTextBrowser 案例')
        self.setGeometry(300, 300, 300, 300)
        self.show()

    def append_text(self):
        text = self.lineEdit.text()
        self.textBrowser.append(text)
        self.lineEdit.clear()

    def show_anchor(self):
        back = urllib.parse.unquote(self.textBrowser.historyUrl(-1).url())
        now = urllib.parse.unquote(self.textBrowser.historyUrl(0).url())
        forward = urllib.parse.unquote(self.textBrowser.historyUrl(1).url())
        _str = f' 上一個 url:{back},<br> 當前 url:{now},<br> 下一個 url:{forward}'
        self.text_show.setText(_str)

    def clear_text(self):
        self.textBrowser.clear()
```

本案例基於 '.\support\textBrowser.html' 實作了兩種跳躍：一種是頁外跳躍，跳躍到其他頁面；另一種是頁內跳躍，只在當前頁跳躍。感興趣的讀者可以自行查看 textBrowser.html 檔案的相關程式碼，這裡不再深入介紹。部分程式碼的執行效果如圖 3-27 所示。

▲ 圖 3-27

在這個案例中，實作 QTextBrowser 的導覽功能的主要是 self.textBrowser。使用 setOpenExternalLinks() 函式方便開啟外部連結，這時候開啟「外連接：百度」就可以正常跳躍。使用 setSource() 函式方便記錄初始化 URL，如果使用 setHtml() 等函式則沒有 URL 記錄。當使用者點擊一個連結時，會觸發 anchorClicked 訊號，該訊號會傳遞 QUrl 作為參數，使用 urllib.parse.unquote() 可以解碼出正確的 URL。

```
self.textBrowser = QTextBrowser()
self.textBrowser.setAcceptRichText(True)
self.textBrowser.setOpenExternalLinks(True)
self.textBrowser.setSource(QUrl(r'.\support\textBrowser.html'))
self.textBrowser.anchorClicked.connect(lambda url:self.statusBar().
showMessage(' 你點擊了 url'+urllib.parse.unquote (url.url()),3000))
self.textBrowser.historyChanged.connect(self.show_anchor)
```

如果頁面發生跳躍，則會觸發 historyChanged 訊號，這裡綁定了 show_anchor() 函式，顯示跳躍的當前頁、上一頁和下一頁的資訊。historyUrl 記錄了歷史 URL，當傳遞參數 i<0 時為 backward() 歷史；當

i==0 時為當前 URL；當 i>0 時為 forward() 歷史。程式碼如下：

```python
def show_anchor(self):
    back = urllib.parse.unquote(self.textBrowser.historyUrl(-1).url())
    now = urllib.parse.unquote(self.textBrowser.historyUrl(0).url())
    forward = urllib.parse.unquote(self.textBrowser.historyUrl(1).url())
    _str = f'上一個 url:{back},<br>當前 url:{now},<br>下一個 url:{forward}'
    self.text_show.setText(_str)
```

依次點擊 Back 按鈕、Forward 按鈕、Home 按鈕和 Clear 按鈕，會觸發對應的功能，這是 QTextBrowser 導覽功能的主體：

```python
self.back_btn = QPushButton('Back')
self.forward_btn = QPushButton('Forward')
self.home_btn = QPushButton('Home')
self.clear_btn = QPushButton('Clear')

self.back_btn.pressed.connect(self.textBrowser.backward)
self.forward_btn.pressed.connect(self.textBrowser.forward)
self.clear_btn.pressed.connect(self.clear_text)
self.home_btn.pressed.connect(self.textBrowser.home)

def clear_text(self):
    self.textBrowser.clear()
```

在頂部的 QLineEdit 中可以增加想要的樣式，在點擊 Clear 按鈕之後，測試自己的樣式效果：

```python
self.lineEdit = QLineEdit()
self.lineEdit.setPlaceholderText("在這裡增加你想要的資料，按 Enter 鍵確認")
self.lineEdit.returnPressed.connect(self.append_text)

def append_text(self):
    text = self.lineEdit.text()
    self.textBrowser.append(text)
    self.lineEdit.clear()
```

3.5 按鈕類別控制項

3.5.1 QAbstractButton

在任何 GUI 設計中，按鈕都是很重要的和常用的觸發動作請求的方式，用來與使用者進行互動操作。在 PySide 6 中，根據不同的使用場景可以將按鈕劃分為不同的表現形式。按鈕的基礎類別是 QAbstractButton，提供了按鈕的通用性功能。QAbstractButton 為抽象類別，不能實例化，必須由其他的按鈕類別繼承自 QAbstractButton，從而實作不同的功能、不同的表現形式，如圖 3-28 所示。

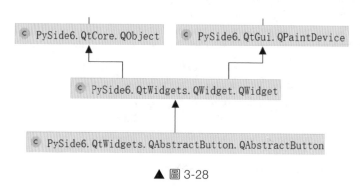

▲ 圖 3-28

PySide 6 中提供的按鈕類別主要有 4 個，分別為 QPushButton、QToolButton、QRadioButton 和 QCheckBox。這些按鈕類別均繼承自 QAbstractButton，並且根據各自的使用場景透過圖形展現出來。任何按鈕都可以顯示包含文字和圖示的標籤。setText() 函式用於設定文字，setIcon() 函式用於設定圖示。如果禁用了按鈕，則會更改其標籤以使按鈕具有「禁用」外觀。

QAbstractButton 用於按鈕的大多數狀態，這些狀態以上 4 個按鈕類別都可以繼承，如表 3-16 所示。

表 3-16

狀　態	含　義
isDown()	提示按鈕是否被按下
isChecked()	提示按鈕是否已經被選中
isEnable()	提示按鈕是否可以被使用者點擊
isCheckAble()	提示按鈕是否是可標記的
setAutoRepeat()	設定如果使用者按下按鈕，按鈕是否將自動重複。使用 autoRepeatDelay 和 autoRepeatInterval 定義如何進行自動重複

⧗ **注意：**

與其他視窗小元件相反，從 QAbstractButton 類別衍生的按鈕類別在禁用時會接受滑鼠和右鍵選單事件。

　　isDown() 和 isChecked() 之間的區別如下：當使用者點擊切換按鈕時，首先按下該按鈕（isDown() 傳回 True），然後將其釋放到選中狀態（isChecked() 傳回 True）。當使用者想要取消選中再次點擊它時，該按鈕首先移至按下狀態（isDown() 傳回 True），然後移至未選中狀態（isChecked() 和 isDown() 均傳回 False）。

　　QAbstractButton 類別提供的訊號如表 3-17 所示。

表 3-17

訊號	含　義
Pressed	當滑鼠指標在按鈕上並按下左鍵時觸發該訊號
Released	當滑鼠左鍵被釋放時觸發該訊號
Clicked	當滑鼠左鍵被按下並釋放時，或快速鍵被釋放時觸發該訊號
Toggled	當按鈕的標記狀態發生變化時觸發該訊號

3.5.2 QPushButton

QPushButton 繼承自 QAbstractButton，其形狀是長方形，可以顯示文字標題和圖示。QPushButton 也是一種命令按鈕，可以點擊該按鈕執行一些命令，或回應一些事件。常見的按鈕有「確認」、「申請」、「取消」、「關閉」、「是」和「否」等。QPushButton 類別的繼承結構如圖 3-29 所示。

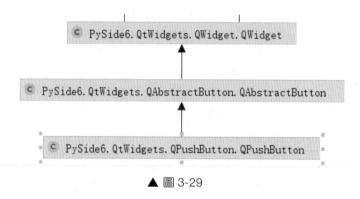

▲ 圖 3-29

命令按鈕通常透過文字來描述執行的動作，但有時也會透過快速鍵來執行對應按鈕的命令。

1. QPushButton 類別中常用的函式

QPushButton 類別中常用的函式如表 3-18 所示。

表 3-18

函式	描　述
setCheckable()	設定按鈕是否已經被選中，如果設定為 True，則表示按鈕將保持已點擊和釋放狀態
toggle()	在按鈕狀態之間進行切換
setIcon()	設定按鈕上的圖示
setEnabled()	設定按鈕是否可以使用，當設定為 False 時，按鈕變成不可用狀態，點擊它不會發射訊號
isChecked()	傳回按鈕的狀態，傳回值為 True 或 False
setDefault()	設定按鈕的預設狀態

函式	描　述
setText()	設定按鈕的顯示文字
text()	傳回按鈕的顯示文字

2. 為 QPushButton 設定快速鍵

透 過 按 鈕 名 字 可 以 為 QPushButton 設 定 快 速 鍵，如 名 字 為 &Download 的按鈕的快速鍵是 Alt+D。其規則如下：如果想要實作快速鍵為 Alt + D，那麼按鈕的名字中就要有字母 D，並且在字母 D 的前面加上「&」。這個字母 D 一般是按鈕名稱的字首，在按鈕顯示時，「&」不會被顯示出來，但字母 D 會顯示一條底線。如果只想顯示「&」，那麼需要像跳脫一樣使用「&&」。如果讀者想了解更多關於快速鍵的使用，請參考 QShortcut 類別。其核心程式碼如下：

```python
self.button= QPushButton("&Download")
self.button.setDefault(True)
```

執行效果如圖 3-30 所示。

▲ 圖 3-30

✎ 案例 3-12　QPushButton 按鈕的使用方法

本案例的檔案名稱為 Chapter03/qt_QPushButton.py，用於演示 QPushButton 按鈕的使用方法。執行腳本，顯示效果如圖 3-31 所示。

【程式碼分析】

在這個案例中，建立了 button1、button_image、button_disabled 和 button_shortcut 這 4 個按鈕，這 4 個 QPushButton 物件被定義為類別的

執行個體變數。每個按鈕都將 clicked 訊號發送給指定的槽函式，在標籤「顯示按鈕資訊」上顯示當前操作情況。

▲ 圖 3-31

第 1 個按鈕 Button1 透過 toggle() 函式來切換按鈕的 checked 狀態。其核心程式碼如下：

```
self.button1 = QPushButton("Button1")
self.button1.setCheckable(True)
self.button1.toggle()
self.button1.clicked.connect(lambda: self.button_click(self.button1))
layout.addWidget(self.button1)

def button_click(self, button):
    if button.isChecked():
        self.label_show.setText('你按下了' + button.text() + "isChecked=True")
    else:
        self.label_show.setText('你按下了' + button.text() + "isChecked=False")
```

需要注意的是，這裡透過 lambda 運算式為槽函式傳遞額外的參數 button，將 clicked 訊號發送給槽函式 button_click()，這是一種非常簡捷好用的訊號與槽傳遞方式。連續多次點擊 Button1 按鈕，標籤顯示的資訊會在「你按下了 button1 isChecked=True」和「你按下了 button1 isChecked=False」中來回切換。

isChecked() 函式傳回當前按鈕是否被選中，並且只有 checkable button 才能夠被選擇，開啟 checkable 的方法為 setCheckable(True)。這是

一種 QAbstractButton 方法，因此 QPushButton、QToolButton、QRadio
Button 和 QCheckBox 都有這個屬性。

和第 1 個按鈕相比，第 2 個按鈕 image 多了圖示，並且使用 setIcon()
函式接收 QPixmap 物件的影像檔作為輸入參數：

```
self.button_image = QPushButton('image')
    self.button_image.setCheckable(True)
    self.button_image.setIcon(QIcon(QPixmap("./images/python.png")))
    self.button_image.clicked.connect(lambda: self.button_click(self.
button_image))
```

第 3 個按鈕 Disabled 使用 setEnabled() 函式來禁用該按鈕：

```
self.button_disabled = QPushButton("Disabled")
    self.button_disabled.setEnabled(False)
```

第 4 個按鈕 &Shortcut_Key 使用 setDefault() 函式來設定按鈕是否
為預設按鈕。在 Qt 中，當使用者按下 Enter 鍵時，設定 autoDefault() 為
True 且獲得焦點的按鈕會被按下；在其他情況下，setDefault() 函式的傳
回值為 True 的按鈕（即預設按鈕）會被按下。快速鍵是 & + Shortcut_
Key 表示可以透過快速鍵 Alt + S 來觸發該按鈕。程式碼如下：

```
self.button_shortcut = QPushButton("&Shortcut_Key")
    self.button_shortcut.setDefault(True)
    self.button_shortcut.setCheckable(True)
    self.button_shortcut.clicked.connect(lambda: self.button_click(self.
button_shortcut))
```

這種透過 lambda 運算式連接帶有參數的槽函式使程式碼看起來簡潔
易懂，槽函式有參數的情況都可以透過這種方法進行處理。

3.5.3 QRadioButton、QGroupBox 和 QButtonGroup

QRadioButton 繼承自 QAbstractButton，提供了一組可供選擇的按鈕
和文字標籤，使用者可以選擇其中一個選項，標籤用於顯示對應的文字

資訊。選項按鈕是一種開關按鈕，可以切換為 on 或 off，即 checked 或 unchecked，主要提供給使用者「多選一」的選擇。QRadioButton 類別的繼承結構如圖 3-32 所示。

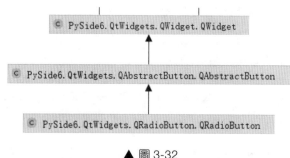

▲ 圖 3-32

QRadioButton 是選項按鈕控制項，預設是獨佔的（Exclusive）。繼承自同一個父類別 QAbstractButton 的多個選項按鈕屬於同一個按鈕組合，在選項按鈕組合中，一次只能選擇一個選項按鈕。如果需要將多個獨佔的按鈕進行組合，則需要將它們放在 QGroupBox 或 QButtonGroup 中。**QButtonGroup 只是為了更容易地管理 button 事件，它不是一個控制項，和版面配置完全沒有關係，使用 layout 無法對其進行管理。因此，如果想使用版面配置管理器對 button 進行管理，則建議使用 QGroupBox。** 如圖 3-33 所示，QGroupBox 是 QWidget 的子類別，而 QButtonGroup 和 QWidget 沒有關係，layout 沒有辦法接管。

如果將選項按鈕切換到 on 或 off，就會發送 toggled 訊號，綁定這個訊號，在按鈕狀態發生變化時觸發對應的行為。

▲ 圖 3-33

QRadioButton 類別中常用的函式如表 3-19 所示。

表 3-19

函式	描　述
setCheckable()	設定按鈕是否已經被選中,可以改變選項按鈕的選中狀態,如果設定為 True,則表示選項按鈕將保持已點擊和釋放狀態
isChecked()	傳回選項按鈕的狀態,傳回值為 True 或 False
setText()	設定選項按鈕的顯示文字
text()	傳回選項按鈕的顯示文字

在 QRadioButton 中,toggled 訊號是在切換選項按鈕的狀態(on 或 off)時發射的,而 clicked 訊號則在每次點擊選項按鈕時都會發射。在實際中,一般只有狀態改變時才有必要去回應,因此 toggled 訊號更適合用於狀態監控。

✎ 案例 3-13 QRadioButton 按鈕的使用方法

本案例的檔案名稱為 Chapter03/qt_QRadioButton.py,QRadioButton 按鈕的用法此處不再贅述,讀者可自行查看。執行腳本,顯示效果如圖 3-34 所示。

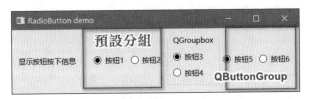

▲ 圖 3-34

【程式碼分析】

如圖 3-34 所示,在正常情況下按鈕為預設分組(按鈕 1 和按鈕 2),這一組兩個互斥的選項按鈕只有一個能被選中。可以用 QGroupBox(按鈕 3 和按鈕 4)和 QButtonGroup(按鈕 5 和按鈕 6)接管其他分組,這樣每個分組都有一個選項按鈕可以被選中。

1. 預設分組

預設分組相關程式碼如下，按鈕 1 被設定成預設選中狀態（按鈕 1
和按鈕 2 相互切換時，按鈕的狀態發生改變，將觸發 toggled 訊號，並與
lambda 運算式對應的槽函式連接，使用 lambda 運算式允許將來源訊號傳
遞給槽函式，將按鈕作為參數）：

```python
# button1 和 button2 未接管按鈕
self.button1 = QRadioButton("按鈕1")
self.button1.setChecked(True)
self.button1.toggled.connect(lambda: self.button_select(self.button1))
layout.addWidget(self.button1)

self.button2 = QRadioButton("按鈕2")
self.button2.toggled.connect(lambda: self.button_select(self.button2))
layout.addWidget(self.button2)
self.btn1.setChecked(True)
```

槽函式接收 button 參數，透過獲取 button 參數的資訊來改變 label 的
狀態，相關程式碼如下：

```python
def button_select(self, button):
    if button.isChecked() == True:
        self.label.setText(button.text() + " is selected")
    else:
        self.label.setText(button.text() + " is deselected")
```

選中「按鈕 2」選項按鈕，結果如圖 3-35 所示。

▲ 圖 3-35

2. QGroupBox

使用 QGroupBox 是比較推薦的一種方式，支援使用 Qt Designer 來增加，非常方便。在下面的程式碼中，QGroupBox 透過版面配置管理器 layout_group_box 來管理兩個按鈕的版面配置，將整體作為一個元素由 layout 接管：

```
# button3 和 button4 使用 GroupBox 接管按鈕
group_box1 = QGroupBox('QGroupbox', self)
layout_group_box = QVBoxLayout()
self.button3 = QRadioButton("按鈕 3")
self.button3.setChecked(True)
self.button3.toggled.connect(lambda: self.button_select(self.button3))
layout_group_box.addWidget(self.button3)

self.button4 = QRadioButton("按鈕 4")
self.button4.toggled.connect(lambda: self.button_select(self.button4))
layout_group_box.addWidget(self.button4)
group_box1.setLayout(layout_group_box)

layout.addWidget(group_box1)
```

3. QButtonGroup

和 QGroupBox 不同，QButtonGroup 只是為了更容易地管理 button 事件。它不是一個控制項，和版面配置完全沒有關係，使用 layout 無法對其進行管理。也就是說，如果使用 QButtonGroup，那麼仍然使用 layout 直接管理 button；如果使用 QGroupBox，那麼 layout 會透過管理 QGroupBox 來間接管理 button。程式碼如下：

```
# button5 和 button6 使用 button_group 接管按鈕
button_group = QButtonGroup(self)
self.button5 = QRadioButton("按鈕 5")
self.button5.setChecked(True)
self.button5.toggled.connect(lambda: self.button_select(self.button5))
button_group.addButton(self.button5)
layout.addWidget(self.button5)
```

```
self.button6 = QRadioButton(" 按鈕 6")
self.button6.toggled.connect(lambda: self.button_select(self.button6))
button_group.addButton(self.button6)
layout.addWidget(self.button6)
```

當然，也可以新建一個 layout_child 對按鈕 5 和按鈕 6 進行管理，
layout 透過管理 layout_child 來實作對 button 的間接管理。

3.5.4 QCheckBox

QCheckBox 繼承自 QAbstractButton。QCheckBox 提供了一組附帶
文字標籤的核取方塊，使用者可以從中選擇多個選項。和 QPushButton
一樣，核取方塊可以顯示文字或圖示，其中，文字可以透過建構函式
或 setText() 函式來設定，圖示可以透過 setIcon() 函式來設定；可以透
過在首選字元的前面加上「＆」來指定快速鍵。使用 QButtonGroup 或
QGroupBox 可以把許多核取方塊組織在一起。QCheckBox 類別的繼承結
構如圖 3-36 所示。

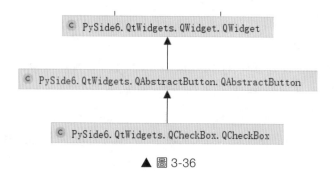

▲ 圖 3-36

QCheckBox 和 QRadioButton 都是選項按鈕，因為它們都可以在 on
（選中）和 off（未選中）之間切換。它們的區別在於對使用者選擇的限
制：QRadioButton 提供的是「多選一」的選擇（排他性）；QCheckBox
提供的是「多選多」的選擇（非排他性）。排他性和非排他性之間的區別
如圖 3-37 所示。

▲ 圖 3-37

　　QCheckBox 通常應用於需要使用者選擇一個或多個可用的選項的場景中。只要核取方塊被選取或取消選取，都會發射一個 stateChanged 訊號。如果想在核取方塊狀態改變時觸發對應的行為，請發射這個訊號並連接對應的行為，可以使用 isChecked() 函式來查詢核取方塊是否被選取。

　　除了常用的選取和未選取兩種狀態，QCheckBox 還提供了第 3 種狀態（半選中）來表示「沒有變化」。當需要提供給使用者選取或未選取核取方塊的選擇時，這種狀態是很有用的。如果需要第 3 種狀態，則可以透過 setTriState() 函式來使其生效，並使用 checkState() 函式來查詢當前的切換狀態。

　　QCheckBox 類別中常用的函式如表 3-20 所示。

表 3-20

函式	描　述
setChecked()	設定核取方塊的狀態，當設定為 True 時表示選取核取方塊，當設定為 False 時表示取消選取核取方塊
isChecked()	檢查核取方塊是否被選取
setText()	設定核取方塊的顯示文字
text()	傳回核取方塊的顯示文字
setTriState()	將核取方塊設定為三態
checkState()	查詢三態核取方塊被選取的狀態

　　三態核取方塊有 3 種狀態，如表 3-21 所示。

表 3-21

狀 態 名 稱	值	含　義
Qt.Checked	2	元件沒有被選取（預設值）
Qt.PartiallyChecked	1	元件被半選取
Qt.Unchecked	0	元件被選取

✎ **案例 3-14** QCheckBox 按鈕的使用方法

本案例的檔案名稱為 Chapter03/qt_QCheckbox.py，用於演示 QCheckBox 按鈕的使用方法。執行腳本，取消選取 Checkbox1 核取方塊，顯示效果如圖 3-38 所示。

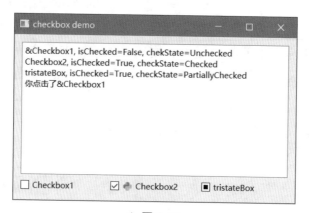

▲ 圖 3-38

【程式碼分析】

在這個案例中，上面的 QTextEdit 顯示了 3 個核取方塊的狀態，用於對核取方塊的控制項說明，如表 3-22 所示。

表 3-22

控制項類型	控制項名稱	顯示的文字	功能
QCheckBox	checkBox1	&Checkbox1	兩種狀態選擇 + 快速鍵
QCheckBox	checkBox2	Checkbox2	兩種狀態選擇 + 圖示
QCheckBox	checkBox3	tristateBox	3 種狀態選擇

3 個 QCheckBox 被 layout_child 接管，layout_child 和 QTextEdit 被 layout 接管。checkBox1 使用「&」設定了快速鍵，透過 Alt+C 觸發；checkBox2 設定了圖示。checkBox1 和 checkBox2 都透過 toggled 連接槽函式。程式碼如下：

```
layout_child = QHBoxLayout()
self.checkBox1 = QCheckBox("&Checkbox1")
self.checkBox1.setChecked(True)
self.checkBox1.stateChanged.connect(lambda: self.button_click(self.checkBox1))
layout_child.addWidget(self.checkBox1)

self.checkBox2 = QCheckBox("Checkbox2")
self.checkBox2.setChecked(True)
self.checkBox2.setIcon(QIcon(QPixmap("./images/python.png")))
self.checkBox2.toggled.connect(lambda: self.button_click(self.checkBox2))
layout_child.addWidget(self.checkBox2)
```

第 3 個按鈕主要透過設定 setTriState() 函式開啟第 3 種狀態，並透過 setCheckState() 函式設定控制項當前屬於哪種狀態（這是 Tristate 專屬的方法，如果不需要第 3 種狀態，則可以透過 setChecked() 函式來設定控制項的當前狀態，就像前兩個按鈕一樣）：

```
self.checkBox3 = QCheckBox("tristateBox")
self.checkBox3.setTriState(True)
self.checkBox3.setCheckState(Qt.PartiallyChecked)
self.checkBox3.stateChanged.connect(lambda: self.button_click(self.checkBox3))
layout_child.addWidget(self.checkBox3)
```

3 個按鈕都透過 lambda 運算式連接槽函式 button_click()，並傳遞參數 checkbox。在這個函式中會檢查每個按鈕的當前狀態，以及當前點擊的按鈕資訊，這些都會在 QTextEdit 中顯示。程式碼如下：

```
def button_click(self, btn):
    chk1Status = self.checkBox1.text() + ", isChecked=" + str(self.checkBox1.
isChecked()) + ', chekState=' + str(self.checkBox1.checkState().name.
decode('utf8')) + "\n"
```

```
    chk2Status = self.checkBox2.text() + ", isChecked=" + str(self.checkBox2.
isChecked()) + ', checkState=' + str(self.checkBox2.checkState().name.
decode('utf8')) + "\n"
    chk3Status = self.checkBox3.text() + ", isChecked=" + str(self.checkBox3.
isChecked()) + ', checkState=' + str(self.checkBox3.checkState().name.
decode('utf8')) + "\n"
    click = '你點擊了' + btn.text()
    self.textEdit.setText(chk1Status + chk2Status + chk3Status+click)
```

對同一個按鈕來說，isChecked() 函式包含兩種狀態，checkState() 函式包含 3 種狀態，它們之間是有關係的。兩個函式的對應資訊如表 3-23 所示。

表 3-23

isChecked() 函式	checkState() 函式
True	Checked
True	PartiallyChecked
False	Unchecked

isChecked() 函式和 checkState() 函式之間的關係如圖 3-39 所示。

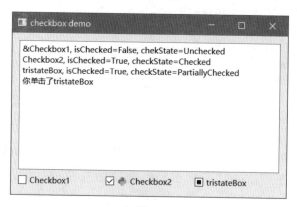

▲ 圖 3-39

3.5.5 QCommandLinkButton

QCommandLinkButton 是 Windows Vista 引入的新控制項。
QCommandLinkButton 是 QPushButton 的子類別，適用於特殊的場景，
如點擊軟體安裝介面中的「下一步」按鈕切換到其他視窗。它是 QPush
Button 在特定場景下的替代品，在一般場景下沒有必要使用。與 QPush
Button 相比，QCommandLinkButton 允許使用描述性文字。在預設情況
下，QCommandLinkButton 還帶有一個箭頭圖示，表示按下該控制項將開
啟另一個視窗或頁面。QCommandLinkButton 類別的繼承結構如圖 3-40
所示。

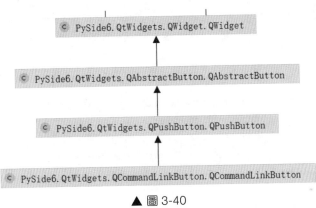

▲ 圖 3-40

相關初始化參數如下：

```
__init__(self, parent: typing.Union[PySide6.QtWidgets.QWidget, NoneType] =
None) -> None
__init__(self, text: str, description: str, parent: typing.Union[PySide6.
QtWidgets.QWidget, NoneType] = None) -> None
__init__(self, text: str, parent: typing.Union[PySide6.QtWidgets.QWidget,
NoneType] = None) -> None
```

✎ 案例 3-15 QCommandLinkButton 按鈕的使用方法

本案例的檔案名稱為 Chapter03/qt_QCommandLinkButton.py，用於
演示 QCommandLinkButton 按鈕的使用方法，程式碼如下：

```python
class CommandLinkButtonDemo(QDialog):
    def __init__(self, parent=None):
        super(CommandLinkButtonDemo, self).__init__(parent)
        layout = QVBoxLayout()
        self.label_show = QLabel('顯示按鈕資訊')
        layout.addWidget(self.label_show)

        self.button1 = QCommandLinkButton("預設按鈕")
        self.button1.setCheckable(True)
        self.button1.toggle()
        self.button1.clicked.connect(lambda: self.button_click(self.button1))
        layout.addWidget(self.button1)

        self.button_descript = QCommandLinkButton("描述按鈕",'描述資訊')
        self.button_descript.clicked.connect(lambda: self.button_click(self.
button_descript))
        layout.addWidget(self.button_descript)

        self.button_image = QCommandLinkButton('圖片按鈕')
        self.button_image.setCheckable(True)
        self.button_image.setDescription('設定自訂圖片')
        self.button_image.setIcon(QIcon("./images/python.png"))
        self.button_image.clicked.connect(lambda: self.button_click(self.
button_image))
        layout.addWidget(self.button_image)


        self.setWindowTitle("QCommandLinkButton demo")
        self.setLayout(layout)


    def button_click(self, button):
        if button.isChecked():
            self.label_show.setText('你按下了 ' + button.text() +
"isChecked=True")
        else:
            self.label_show.setText('你按下了 ' + button.text() +
"isChecked=False")
```

執行腳本，顯示效果如圖 3-41。

▲ 圖 3-41

第 1 個按鈕是預設的 QCommandLinkButton 按鈕，第 2 個按鈕增加了描述資訊，第 3 個按鈕不僅修改了預設圖片，還增加了描述資訊。

3.6 工具按鈕（QToolButton）

和 QPushButton、QRadioButton 和 QCheckBox 一 樣，QToolButton 也繼承自 QAbstractButton。不過 QToolButton 比較特殊，不是傳統意義上的按鈕，既可以增加功能表列，也可以作為工具列使用，功能多、用途廣。因此，本節對 QToolButton 單獨介紹。

QToolButton 是一種特殊按鈕，可以用於快速存取特定命令或選項。與普通命令按鈕相反，QToolButton 通常不顯示文字標籤，而是顯示圖示。QToolButton 的一種經典用法是作為選擇工具，如繪圖程式中的「筆」工具，以及視窗工具列中的各種工具。QToolButton 類別的繼承結構如圖 3-42 所示。

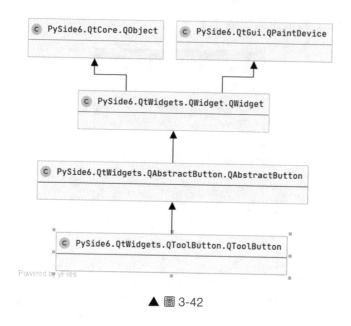

▲ 圖 3-42

✎ 案例 3-16 QToolButton 按鈕的使用方法

本案例的檔案名稱為 Chapter03/qt_QToolButton.py，用於演示 QToolButton 按鈕的使用方法，具體程式碼在此不再贅述，讀者可自行查看。執行腳本，顯示效果如圖 3-43 所示。

▲ 圖 3-43

QToolButton 的功能主要包括以下幾點。

1. 文字工具按鈕

正常的文字工具按鈕和普通按鈕一樣，程式碼如下：

```
# 文字工具按鈕
tool_button = QToolButton(self)
tool_button.setText(" 工具按鈕 ")
layout.addWidget(tool_button)
```

2. 自動提升工具按鈕

在預設情況下，QToolButton 會顯示一個凸起的按鈕形態，這是正常的按鈕形態，但是也存在另一種形態，即自動提升（AutoRaise），也就是僅當滑鼠指標指向該按鈕時，該按鈕才會進行 3D 繪製，在正常情況下看起來像一個文字標籤。可以使用 setAutoRaise(True) 來開啟自動提升。需要注意的是，當 QToolButton 在 QToolBar 中使用按鈕時，自動提升功能會自動開啟。

顯示效果如圖 3-44 所示。

▲ 圖 3-44

```
# 自動提升
tool_button_AutoRaise = QToolButton(self)
tool_button_AutoRaise.setText(" 工具按鈕 -AutoRise")
tool_button_AutoRaise.setAutoRaise(True)
layout.addWidget(tool_button_AutoRaise)
```

3. 圖示工具按鈕

工具按鈕的圖示可以用 QIcon 設定。設定圖示後會有一些樣式呈現方式，可以透過 setToolButtonStyle() 來設定，這個繼承自 QMainWindow 的函式用來描述應如何顯示按鈕的文字和圖示，在預設情況下只顯示圖示。需要注意的是，如果使用 addWidget() 函式增加 QToolButton（如下

面的 toolbar 透過 addWidget() 函式把 QToolButton 增加到工具列中），
則該樣式設定無效。

在 Qt 中，按鈕的幾種樣式呈現方式如表 3-24 所示。

表 3-24

ButtonStyle	值	描　述
Qt.ToolButtonIconOnly	0	僅顯示圖示，預設狀態
Qt.ToolButtonTextOnly	1	僅顯示文字
Qt.ToolButtonTextBesideIcon	2	文字出現在圖示旁邊
Qt.ToolButtonTextUnderIcon	3	文字出現在圖示下方
Qt.ToolButtonFollowStyle	4	遵循系統風格設定。在 UNIX 平臺上，將使用桌面環境中的使用者設定；在其他平臺上僅顯示圖示

工具按鈕的大小可以透過 setIconSize(QSize) 設定，該方法繼承自
QAbstractButton。

相關程式碼如下，這裡只展示了 ToolButtonTextUnderIcon 樣式，也
就是文字出現在圖示下方：

```
# 圖片工具按鈕
tool_button_pic = QToolButton(self)
tool_button_pic.setText(" 工具按鈕 - 圖片 ")
tool_button_pic.setIcon(QIcon("./images/python.png"))
tool_button_pic.setIconSize(QSize(22,22))
tool_button_pic.setToolButtonStyle(Qt.ToolButtonTextUnderIcon)
layout.addWidget(tool_button_pic)
```

顯示效果請參考如圖 3-43 所示的「工具按鈕 - 圖片」按鈕。

> ⏳ **注意：**
>
> 當工具按鈕被嵌入 QMainWindow 中被 QToolBar 接管時，setToolButton
> Style() 函式和 setIconSize() 函式將不起作用，並且自動調整為 QMain
> Window 的相關設定（請參考 QMainWindow.setToolButtonStyle() 函式
> 和 QMainWindow.setIconSize() 函式）。

4. 箭頭工具按鈕

除了可以顯示圖示，工具按鈕還可以顯示箭頭符號，用 setArrow Type() 函式設定。需要注意的是，箭頭的優先順序是高於圖示的優先順序的，因此，設定了箭頭就不會顯示圖示，並且如果樣式風格設定為只顯示文字就不會顯示箭頭。在預設情況下只顯示圖示（箭頭）。

我們比較熟悉的是向下箭頭，如 Office 中的插入頁首、頁尾等，如圖 3-45 所示。

▲ 圖 3-45

在 Qt 中，箭頭的方向其實有很多種，如表 3-25 所示。

表 3-25

變數	值	說　明
Qt.NoArrow	0	沒有箭頭
Qt.UpArrow	1	向上箭頭
Qt.DownArrow	2	向下箭頭
Qt.LeftArrow	3	向左箭頭
Qt.RightArrow	4	向右箭頭

開啟箭頭的相關程式碼如下（這裡只展示了 UpArrow，也就是向上箭頭）：

```
# 工具按鈕 + 箭頭
tool_button_arrow = QToolButton(self)
tool_button_arrow.setText("工具按鈕 - 箭頭")
tool_button_arrow.setToolButtonStyle(Qt.ToolButtonTextBesideIcon)
tool_button_arrow.setArrowType(Qt.UpArrow)
layout.addWidget(tool_button_arrow)
```

顯示效果請參考如圖 3-43 所示的「工具按鈕 - 箭頭」按鈕。

5. 選單工具按鈕

工具按鈕可以透過彈出選單的方式提供其他選擇，使用 setMenu() 函式設定彈出的選單，使用 setPopupMode() 函式設定選單顯示的不同模式。預設模式是 DelayedPopup，即按住按鈕一段時間後，會彈出一個選單。具體的模式資訊如表 3-26 所示。

表 3-26

模 式	值	描 述
QToolButton.DelayedPopup	0	按住工具按鈕一段時間後（逾時取決於樣式，請參考 QStyle.SH_ToolButton_ PopupDelay），顯示選單。一個典型的應用範例是某些 Web 瀏覽器工具列中的「上一頁」按鈕：如果點擊「上一頁」按鈕，則瀏覽器顯示的是上一頁；如果使用者按住按鈕一段時間，則工具按鈕將顯示一個包含當前歷史記錄清單的選單
QToolButton.MenuButtonPopup	1	在此模式下，工具按鈕會顯示一個特殊的箭頭，提示存在選單。按下按鈕的箭頭部分會顯示選單
QToolButton.InstantPopup	2	按下工具按鈕後，將立即顯示選單。在此模式下，不會觸發按鈕本身的動作

相關程式碼以下（此處展示的是 InstantPopup 模式，也就是按下按鈕立即顯示選單。需要注意的是，setData() 函式是為了和其他 QAction 進行區分，方便辨識當前觸發的動作，在訊號與槽部分會用到）：

```
# 選單工具按鈕
tool_button_menu = QToolButton(self)
    tool_button_menu.setText(" 工具按鈕 - 選單 ")
    tool_button_menu.setAutoRaise(True)
    layout.addWidget(tool_button_menu)

# 以下是為 tool_button_menu 增加的 menu 資訊
menu = QMenu(tool_button_menu)
new_action = QAction(" 新建 ",menu)
```

```
new_action.setData('NewAction')
menu.addAction(new_action)
open_action = QAction(" 開啟 ",menu)
open_action.setData('OpenAction')
menu.addAction(open_action)
menu.addSeparator()
# 增加子功能表
sub_menu = QMenu(menu)
sub_menu.setTitle(" 子功能表 ")
recent_action = QAction(" 最近開啟 ",sub_menu)
recent_action.setData('RecentAction')
sub_menu.addAction(recent_action)
menu.addMenu(sub_menu)
tool_button_menu.setMenu(menu)
tool_button_menu.setPopupMode(QToolButton.InstantPopup)
```

執行效果如圖 3-46 所示。

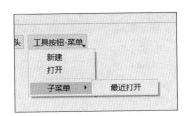

▲ 圖 3-46

6. 嵌入工具列 QToolBar 中

QToolButton 作為工具按鈕，可以極佳地嵌入工具列 QToolBar 中。在正常情況下，工具列中增加的按鈕是一個 QAction 實例，透過 addAction() 函式增加。QToolButton 是 QWidget 的子類別，不是一個 QAction，因此要使用 addWidget() 函式增加。

具體程式碼如下（這裡使用 addWidget() 函式增加了兩個 QTool Button，使用 addAction() 函式增加了兩個 QAction）：

```
# 工具按鈕，嵌入 toolbar 中
toobar = self.addToolBar("File")
```

```
# 增加工具按鈕 1
tool_button_bar1 = QToolButton(self)
tool_button_bar1.setText(" 工具按鈕 -toobar1")
toobar.addWidget(tool_button_bar1)
# 增加工具按鈕 2
tool_button_bar2 = QToolButton(self)
tool_button_bar2.setText(" 工具按鈕 -toobar2")
tool_button_bar2.setIcon(QIcon("./images/close.ico"))
tool_button_arrow.setToolButtonStyle(Qt.ToolButtonTextBesideIcon)
toobar.addWidget(tool_button_bar2)
# 增加其他 QAction 按鈕
new = QAction(QIcon("./images/new.png"), "new", self)
toobar.addAction(new)
open = QAction(QIcon("./images/open.png"), "open", self)
toobar.addAction(open)
```

執行效果如圖 3-47 中框選的部分所示。

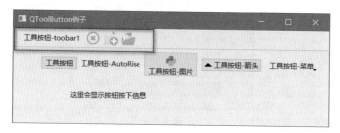

▲ 圖 3-47

> ⌛ **注意：**
>
> QToolBar 的 addWidget() 函式繼承自 QMainWindow，因此，在新建視窗時需要新建一個主視窗，而非一個 QWidget 視窗，否則沒有 addWidget() 函式。

7. 訊號與槽

除了繼承自 QAbstractButton 的 4 個槽函式（clicked()、pressed()、released() 和 toggled()），QToolButton 還有自己的槽函式 triggered

(QAction)。這個槽函式只有當工具列中的某個 QAction 被點擊時才會發出資訊，並傳遞 QAction 參數。舉例來說，當 QToolButton 中的某個 QAction 被點擊時，QToolButton 會觸發 triggered 訊號，並把該 QAction 作為參數傳遞給槽函式，透過解析 QAction 就可以知道點擊的是哪個按鈕。

這裡使用了兩個訊號，即 clicked 和 triggered，上面已經介紹了 clicked 訊號，這裡重點介紹 triggered 訊號。

使用槽函式 button_click() 接收 clicked 訊號，並在 QLabel 中顯示按鈕按下的資訊。使用槽函式 action_call() 接收功能表列中 QAction 被點擊的訊號，並在 QLabel 中顯示選單被點擊的資訊，這樣才能表現 QAction. setData 的作用，並區分 QAction 之間的不同，程式碼如下：

```
# 槽函式
tool_button.clicked.connect(lambda: self.button_click(tool_button))
tool_button_AutoRaise.clicked.connect(lambda: self.button_click(tool_button_
AutoRaise))
tool_button_pic.clicked.connect(lambda: self.button_click(tool_button_pic))
tool_button_arrow.clicked.connect(lambda: self.button_click(tool_button_
arrow))
tool_button_bar1.clicked.connect(lambda: self.button_click(tool_button_bar1))
tool_button_bar2.clicked.connect(lambda: self.button_click(tool_button_bar2))
tool_button_menu.triggered.connect(self.action_call)

def button_click(self, button):
    self.label_show.setText(' 你按下了：'+button.text())

def action_call(self, action):
    self.label_show.setText(' 觸發了選單 action: '+action.data())
```

點擊 QToolButton 相關的按鈕，會在最下方的 QLabel 顯示按鈕資訊，這就是槽函式的作用，如圖 3-48 所示。

▲ 圖 3-48

3.7 下拉式清單方塊（**QComboBox**）

QComboBox 是一個集按鈕和下拉選項於一體的控制項，也被稱為下拉式清單方塊（或下拉式方塊）。QComboBox 提供了一種以佔用最少螢幕空間的方式向使用者顯示選項清單的方法。QComboBox 繼承自 QWidget，如圖 3-49 所示。

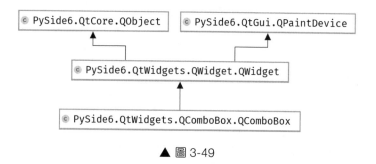

▲ 圖 3-49

✎ 案例 **3-17** QComboBox 按鈕的使用方法

本案例的檔案名稱為 Chapter03/qt_QComboBox.py，用於演示 QComboBox 按鈕的使用方法，程式碼如下：

```
item_list = ["C", "C++", "Java", "Python", "JavaScript", "C#", "Swift", "go",
"Ruby", "Lua", "PHP"]
```

```
data_list = [1972, 1983, 1995, 1991, 1992, 2000, 2014, 2009, 1995, 1993, 1995]

class Widget(QWidget):
    def __init__(self, *args, **kwargs):
        super(Widget, self).__init__(*args, **kwargs)
        self.setWindowTitle("QComboBox案例")

        layout = QFormLayout(self)

        self.label = QLabel('顯示資料資訊')
        layout.addWidget(self.label)
        icon = QIcon("./images/python.png")   # 顯示圖示
### 此處省略一些程式碼，下面會進行展示 ###
if __name__ == "__main__":
    app = QApplication(sys.argv)
    w = Widget()
    w.show()
    sys.exit(app.exec())
```

執行腳本，隨便選中一個選項，顯示效果如圖 3-50 所示。

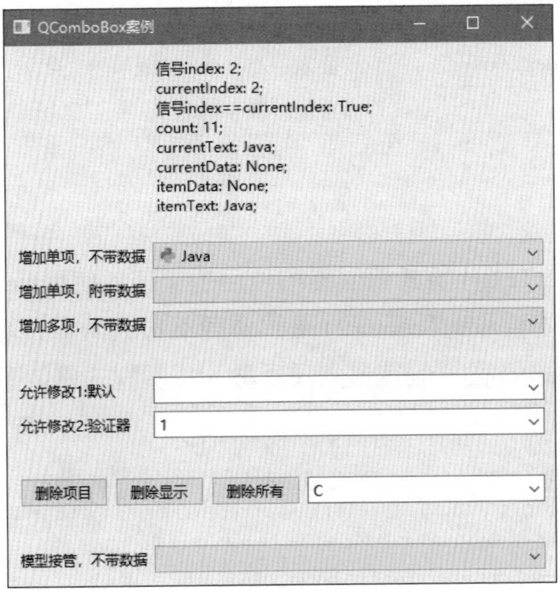

▲ 圖 3-50

QComboBox 類別最常見的是增、刪、改、查，常見的函式如表 3-27 所示。

表 3-27

函式	描　述
addItem()	增加一個項目到下拉式清單方塊中
addItems()	增加一個清單到下拉式清單方塊中
insertItem()	指定索引插入一個項目到下拉式清單方塊中
insertItems()	指定索引插入一個清單到下拉式清單方塊中
clear()	刪除下拉式清單方塊中的所有選項
removeItem()	刪除下拉式清單方塊中的項目
clearEditText()	清楚顯示的字串，不改變 QComboBox 的內容
count()	傳回下拉式清單方塊中的選項的數目
setMaxCount()	設定可選數目的最大值
currentText()	傳回選中選項的文字
itemText()	獲取索引為 i 的 item 的選項文字
currentIndex()	傳回選中項的索引
setItemText(int index,text)	改變索引為 index 的選項的文字
setCurrentIndex()	設定當前索引的文字

3.7.1 查詢

使用 currentText() 函式傳回當前項目的文字，使用 itemText() 函式傳回指定索引的文字，使用 count() 函式傳回下拉式清單方塊中的項目數，使用 setMaxCount() 函式設定最大項目數。相關程式碼如下：

```
def on_activate(self, index, combobox=None):
    _str = ' 訊號 index: {};\n currentIndex: {};\n 訊號 index==currentIndex:
{};\n count: {};\n currentText: {};\n currentData: {};\n itemData: {};\n
itemText: {};\n'.format(
        index, combobox.currentIndex(), index == combobox.currentIndex(),
combobox.count(), combobox.currentText(),
        combobox.currentData(), combobox.itemData(index),combobox.
```

```
itemText(index))
    self.label.setText(_str)
```

執行效果如圖 3-51 所示。

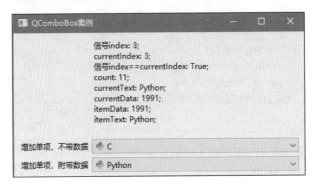

▲ 圖 3-51

3.7.2 增加

QComboBox 可以使用 insertItem() 函式來插入項目，作用是在替定的索引處插入圖示、文字和 userData（Qt 中的 QVariant 實例，Python 中可以是一個 string）。insertItem() 函式需要指定索引，如果索引大於或等於項目的總數，則將新項目追加到現有項目的清單中（也就是放在清單的最後）；如果索引為零或負數，則將新項目增加到現有項目的清單的前面。如果只考慮追加新項目，則可以使用 addItem() 函式，不指定索引，只進行追加操作。如果需要同時插入多個項目，則可以考慮使用 insertItems() 函式和 addItems() 函式。

本案例使用新建資料，使用 addItem() 函式和 addItems() 函式初始化資料。需要注意的是，addItem() 函式使用多種類型的參數傳遞：

```
addItem(self, icon: PySide6.QtGui.QIcon, text: str, userData: typing.Any =
Invalid(typing.Any)) -> None

addItem(self, text: str, userData: typing.Any = Invalid(typing.Any)) -> None
```

　　既可以包含 icon，也可以不包含 icon，需要注意這種使用方式。userData 可以為 text 增加額外的資訊，也可以根據實際情況考慮是否需要增加額外的資訊：

```
# 增加單項，不附帶資料
self.combobox_addOne = QComboBox(self, minimumWidth=200)
for i in range(len(item_list)):
    self.combobox_addOne.addItem(icon, item_list[i])
self.combobox_addOne.setCurrentIndex(-1)
layout.addRow(QLabel(" 增加單項，不附帶資料 "), self.combobox_addOne)

# 增加單項，附帶資料
self.combobox_addData = QComboBox(self, minimumWidth=200)
for i in range(len(item_list)):
    self.combobox_addData.addItem(icon, item_list[i], data_list[i])
self.combobox_addData.setCurrentIndex(-1)
layout.addRow(QLabel(" 增加單項，附帶資料 "), self.combobox_addData)

# 增加多項，不附帶資料
self.combobox_addMore = QComboBox(self, minimumWidth=200)
layout.addRow(QLabel(" 增加多項，不附帶資料 "), self.combobox_addMore)
self.combobox_addMore.addItems(item_list)
self.combobox_addMore.setCurrentIndex(-1)
```

　　執行效果如圖 3-51 所示。

3.7.3 修改

　　修改項目清單的前提是將 setEditable 設定為 True。之後在下拉式清單方塊中輸入新字串時按 Enter 鍵，系統就會自動將這個字串增加到最後一項。這個預設策略是 InsertAtBottom，可以使用 setInsertPolicy() 函式進行更改，如果讀者想嘗試其他策略，請參考表 3-28，本案例使用的策略是 InsertAfterCurrent。

表 3-28

類　型	值	描　述
NoInsert	0	不會將該字串插入下拉式清單方塊中
InsertAtTop	1	該字串將作為下拉式清單方塊中的第一項插入
InsertAtCurrent	2	當前項目將被字串替換
InsertAtBottom	3	該字串將被插入下拉式清單方塊中的最後一項之後
InsertAfterCurrent	4	該字串將被插入下拉式清單方塊中當前項目的後面
InsertBeforeCurrent	5	該字串將被插入下拉式清單方塊中當前項目的前面
InsertAlphabetically	6	該字串將按字母順序插入下拉式清單方塊中

也可以使用 QValidator 將輸入限制為可編輯的下拉式清單方塊，在預設情況下可以接受任何輸入。

相關程式碼如下：

```python
# 允許修改 1
self.combobox_edit = QComboBox(self, minimumWidth=200)
self.combobox_edit.setEditable(True)
for i in range(len(item_list)):
    self.combobox_edit.addItem(icon, item_list[i])
self.combobox_edit.setInsertPolicy(self.combobox_edit.InsertAfterCurrent)
self.combobox_edit.setCurrentIndex(-1)
layout.addRow(QLabel(" 允許修改 1：預設 "), self.combobox_edit)


# 允許修改 2
self.combobox_edit2 = QComboBox(self, minimumWidth=200)
self.combobox_edit2.setEditable(True)
self.combobox_edit2.addItems(['1', '2', '3'])
# 整數驗證器
pIntValidator = QIntValidator(self)
pIntValidator.setRange(1, 99)
self.combobox_edit2.setValidator(pIntValidator)
layout.addRow(QLabel(" 允許修改 2：驗證器 "), self.combobox_edit2)
```

上述程式碼會生成 QComboBox，前者可以新增任意類型的資料，後者僅能增加 1 和 99 之間的整數。執行效果如圖 3-52 所示。

▲ 圖 3-52

> ⌛ **注意：**
>
> 可以使用 setItemText() 函式修改指定索引的項目，可以使用 setCurrentIndex() 函式設定當前索引的項目。
>
> 在預設情況下，項目新增不允許重複，如果要開啟重複，則可以設定 setDuplicatesEnabled(True)。

3.7.4 刪除

使用 removeItem() 函式可以刪除項目，使用 clear() 函式可以刪除所有項目。對於可編輯的下拉式清單方塊，提供了 clearEditText() 函式，以在不更改下拉式清單方塊中內容的情況下清除顯示的字串。相關程式碼如下：

```
# 刪除項目
layout_child = QHBoxLayout()
self.button1 = QPushButton(' 刪除項目 ')
self.button2 = QPushButton(' 刪除顯示 ')
self.button3 = QPushButton(' 刪除所有 ')
self.combobox_del = QComboBox(minimumWidth=200)
self.combobox_del.setEditable(True)
self.combobox_del.addItems(item_list)
layout_child.addWidget(self.button1)
layout_child.addWidget(self.button2)
layout_child.addWidget(self.button3)
layout_child.addWidget(self.combobox_del)
self.button1.clicked.connect(lambda: self.combobox_del.removeItem(self.
combobox_del.currentIndex()))
self.button2.clicked.connect(lambda: self.combobox_del.clearEditText())
self.button3.clicked.connect(lambda: self.combobox_del.clear())
layout.addRow(layout_child)
```

如圖 3-53 所示，這 3 種操作對應的按鈕為「刪除項目」、「刪除顯示」和「刪除所有」，請讀者自行嘗試。

▲ 圖 3-53

3.7.5 訊號與槽函式

如果 QComboBox 的當前項目發生更改，則會發出 3 個訊號，即 currentIndexChanged 訊號、currentTextChanged 訊號和 activated 訊號。在 Qt 中，這種更改方式有兩個來源，即程式設計和使用者互動，activated 訊號只會觸發使用者互動，而 currentIndexChanged 訊號和 currentTextChanged 訊號都會觸發。highlighted 訊號觸發得非常頻繁，當使用者的滑鼠指標滑過 QComboBox 清單中的項目時（這時候項目會突顯顯示）就會觸發，而不像 activated 訊號等使用者選中之後才觸發。這些訊號都有兩個版本，即帶有 str 參數和帶有 int 參數。如果使用者選擇或突顯顯示，則僅 int 參數發射訊號。只要更改了可編輯下拉式清單方塊的文字，就會觸發 editTextChanged 訊號。

QComboBox 類別中常用的訊號如表 3-29 所示。

表 3-29

訊號	含　義
activated	當使用者選中下拉式清單方塊中的選項時發射該訊號
currentIndexChanged	當下拉式清單方塊中的選項的索引改變時發射該訊號
currentTextChanged	當下拉式清單方塊中的選項的文字改變時發射該訊號
highlighted	當滑鼠或鍵盤操作引起下拉式清單方塊中的選項突顯顯示時發射該訊號
editTextChanged	當下拉式清單方塊的文字改變時發射該訊號

這裡的訊號與槽之間的綁定和之前的有些不同，**既需要傳遞訊號的參數，也需要傳遞自訂的參數**。可以使用兩種方式來處理，分別是

lambda 運算式和 partial() 函式，底層原理不屬於本書的內容，有需求的
讀者可以自行查閱相關資料。需要說明的是，對於 lambda 運算式，x 是
訊號的參數，self.combox_* 是自訂參數。lambda 運算式把這兩個參數分
別傳遞給 on_activate 的 index 參數和 combobox 參數。將 partial() 函式的
args 參數傳遞給 on_activate 的 index，參數 combobox 傳遞給 on_active
的 combobox。兩者的功能是一樣的，lambda 運算式更簡潔易懂，而使
用 partial() 函式可以解決更複雜的參數傳遞。使用 partial 函式需要匯入
from functools import partial。

程式碼如下：

```
    # 訊號與槽
    self.combobox_addOne.activated.connect(lambda x: self.on_activate(x,
self.combobox_addOne))
    self.combobox_addData.activated.connect(partial(self.on_activate, *args,
combobox=self.combobox_addData))
    self.combobox_addMore.highlighted.connect(lambda x: self.on_activate(x,
self.combobox_addMore))
    self.combobox_model.activated.connect(lambda x: self.on_activate(x, self.
combobox_model))
    self.combobox_edit.activated.connect(lambda x: self.on_activate(x, self.
combobox_edit))
    self.combobox_edit2.currentIndexChanged.connect(lambda x: self.on_
activate(x, self.combobox_edit2))
    self.combobox_del.activated.connect(lambda x: self.on_activate(x, self.
combobox_del))

def on_activate(self, index, combobox=None):
    _str = ' 訊號 index: {};\n currentIndex: {};\n 訊號 index==currentIndex:
{};\n count: {};\n currentText: {};\n currentData: {};\n itemData: {};\n
itemText: {};\n'.format(
        index, combobox.currentIndex(), index == combobox.currentIndex(),
combobox.count(), combobox.currentText(),
        combobox.currentData(), combobox.itemData(index),combobox.
itemText(index))
    self.label.setText(_str)
```

選中下拉式清單方塊中的任意選項，就能看到效果。

3.7.6 模型 / 視圖框架

QComboBox 使用模型 / 視圖框架為彈出的清單儲存項目。在預設情況下，可以基於 QStandardItemModel 儲存項目，基於 QListView 子類別顯示彈出清單。可以透過 QComboBox.model() 和 QComboBox.view() 直接存取模型和視圖。可以使用 setModel() 函式和 setView() 函式設定模型和視圖。如果只涉及項目等級，則可以透過 setItemData() 函式和 itemText() 函式設定和獲取項目資料。模型 / 視圖的難度比 QComboBox 的大很多，更詳細的資訊請參考第 5 章。

下面使用 QStringListModel 接管模型，程式碼如下：

```
# 模型接管，不附帶資料
self.combobox_model = QComboBox(self, minimumWidth=200)
self.tablemodel = QStringListModel(item_list)
self.combobox_model.setModel(self.tablemodel)
self.combobox_model.setCurrentIndex(-1)
layout.addRow(QLabel(" 模型接管，不附帶資料 "), self.combobox_model)
```

3.7.7 QFontComboBox

可 以 將 QFontComboBox 看 作 QComboBox 和 QFont 的 結 合 體。QFontComboBox 是 QComboBox 的子類別，以視覺化的方式儲存系統字型清單，方便使用者選取。QFontComboBox 經常用於工具列，如使用一個 QComboBox 控制字型大小，使用兩個 QToolButton 控制粗體和斜體。QFontComboBox 類別的繼承結構如圖 3-54 所示。

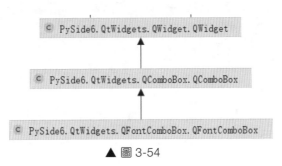

▲ 圖 3-54

當使用者選擇新字型時，除了繼承的 currentIndexChanged(int) 訊號，還會發射 currentFontChanged(QFont) 訊號，這是 QFontComboBox 特有的訊號。

QFontComboBox 提供了一些過濾選項，使用 setWritingSystem (QFontDatabase) 只顯示特定書寫系統的字型，如中文、韓文等，參數清單如表 3-30 所示。

表 3-30

選　項	值
QFontDatabase.Any	0
QFontDatabase.Latin	1
QFontDatabase.Greek	2
QFontDatabase.Cyrillic	3
QFontDatabase.Armenian	4
QFontDatabase.Hebrew	5
QFontDatabase.Arabic	6
QFontDatabase.Syriac	7
QFontDatabase.Thaana	8
QFontDatabase.Devanagari	9
QFontDatabase.Bengali	10
QFontDatabase.Gurmukhi	11
QFontDatabase.Gujarati	12
QFontDatabase.Oriya	13
QFontDatabase.Tamil	14
QFontDatabase.Telugu	15
QFontDatabase.Kannada	16
QFontDatabase.Malayalam	17
QFontDatabase.Sinhala	18
QFontDatabase.Thai	19
QFontDatabase.Lao	20

選　項	值
QFontDatabase.Tibetan	21
QFontDatabase.Myanmar	22
QFontDatabase.Georgian	23
QFontDatabase.Khmer	24
QFontDatabase.SimplifiedChinese	25
QFontDatabase.TraditionalChinese	26
QFontDatabase.Japanese	27
QFontDatabase.Korean	28
QFontDatabase.Vietnamese	29
QFontDatabase.Symbol	30
QFontDatabase.Other	Symbol
QFontDatabase.Ogham	31
QFontDatabase.Runic	32
QFontDatabase.Nko	33

可以使用 setFontFilters(QFontComboBox.FontFilters) 來過濾掉某些類型的字型，如不可縮放字型或等寬字型，參數清單如表 3-31 所示。

表 3-31

常數	值	描　述
QFontComboBox.AllFonts	0	顯示所有字型
QFontComboBox.ScalableFonts	0x1	顯示可縮放字型
QFontComboBox.NonScalableFonts	0x2	顯示不可縮放字型
QFontComboBox.MonospacedFonts	0x4	顯示等寬字型
QFontComboBox.ProportionalFonts	0x8	顯示比例字型

✎ 案例 3-18 QFontComboBox 按鈕的使用方法

本案例的檔案名稱為 Chapter03/qt_QFontComboBox.py，用於演示 QFontComboBox 按鈕的使用方法，程式碼如下：

```python
class FontComboBoxDemo(QMainWindow):
    def __init__(self, *args, **kwargs):
        super(FontComboBoxDemo, self).__init__(*args, **kwargs)
        self.setWindowTitle("QFontComboBox 案例 ")
        widget = QWidget()
        self.setCentralWidget(widget)
        layout = QVBoxLayout(widget)
        self.text_show = QTextBrowser()

        layout.addWidget(self.text_show)

        toolbar = self.addToolBar('toolbar')

        # 設定字型，all
        font = QFontComboBox()
        font.currentFontChanged.connect(lambda font: self.text_show.
setFont(font))
        toolbar.addWidget(font)

        # 設定字型，僅限中文
        font2 = QFontComboBox()
        font2.currentFontChanged.connect(lambda font: self.text_show.
setFont(font))
        font2.setWritingSystem(QFontDatabase.SimplifiedChinese)
        toolbar.addWidget(font2)

        # 設定字型，等寬字型
        font3 = QFontComboBox()
        font3.currentFontChanged.connect(lambda font: self.text_show.
setFont(font))
        font3.setFontFilters(QFontComboBox.MonospacedFonts)
        toolbar.addWidget(font3)

        # 設定字型大小
        font_size_list = [str(i) for i in range(5, 40, 2)]
        combobox = QComboBox(self, minimumWidth=60)
        combobox.addItems(font_size_list)
        combobox.setCurrentIndex(-1)
        combobox.activated.connect(lambda x: self.set_fontSize(int
```

```
(font_size_list[x])))
        toolbar.addWidget(combobox)

        # 粗體按鈕
        buttonBold = QToolButton()
        buttonBold.setShortcut('Ctrl+B')
        buttonBold.setCheckable(True)
        buttonBold.setIcon(QIcon("./images/Bold.png"))
        toolbar.addWidget(buttonBold)
        buttonBold.clicked.connect(lambda: self.setBold(buttonBold))

        # 傾斜按鈕
        buttonItalic = QToolButton()
        buttonItalic.setShortcut('Ctrl+I')
        buttonItalic.setCheckable(True)
        buttonItalic.setIcon(QIcon("./images/Italic.png"))
        toolbar.addWidget(buttonItalic)
        buttonItalic.clicked.connect(lambda: self.setItalic(buttonItalic))

        self.text_show.setText(' 顯示資料格式 \n textEdit \n Python')

    def setBold(self, button):
        if button.isChecked():
            self.text_show.setFontWeight(QFont.Bold)
        else:
            self.text_show.setFontWeight(QFont.Normal)
        self.text_show.setText(self.text_show.toPlainText())

    def setItalic(self, button):
        if button.isChecked():
            self.text_show.setFontItalic(True)
        else:
            self.text_show.setFontItalic(False)
        self.text_show.setText(self.text_show.toPlainText())

    def set_fontSize(self, x):
        self.text_show.setFontPointSize(x)
        self.text_show.setText(self.text_show.toPlainText())
```

執行腳本，顯示效果如圖 3-55 所示。

▲ 圖 3-55

這個案例使用 3 個 QFontComboBox 設定字型，使用一個 QCombo Box 設定字型大小，使用兩個 QToolButton 設定粗體和斜體。

第 1 個 QFontComboBox 用於顯示所有字型，第 2 個 QFontComboBox 透過 setWritingSystem 僅顯示中文字型，第 3 個 QFontComboBox 透過 setFontFilters 僅顯示等寬字型，三者均使用 currentFontChanged 訊號連接槽函式。上面已經介紹了 QComboBox 和 QToolButton 的使用方法，這裡不再贅述。

3.8 微調框（ QSpinBox / QDoubleSpinBox ）

QSpinBox、QDoubleSpinBox 和 QDateTimeEdit 屬於一類，它們都繼承自 QAbstractSpinBox。使用 QSpinBox 可以處理整數和離散值集（如年月），使用 QDoubleSpinBox 可以處理浮點數，使用 QDateTimeEdit 可以處理日期時間。QSpinBox 類別的繼承結構如圖 3-56 所示，QDoubleSpinBox 類別的繼承結構與此類似。

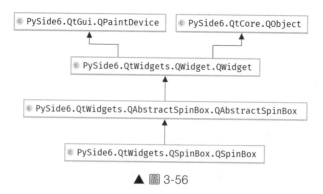

▲ 圖 3-56

　　QSpinBox 和 QDoubleSpinBox 的主要區別在於使用後者可以顯示浮點數。下面以 QSpinBox 為例詳細説明，這些內容同樣適用於 QDoubleSpinBox。QDateTimeEdit 則在 3.9.2 節介紹。

　　使用 QSpinBox，使用者可以透過點擊調節按鈕或鍵盤的↑ /↓選擇一個值，以增加 / 減小當前顯示的值，也可以手動輸入該值。

✎ 案例 3-19　QSpinBox 控制項的使用方法

　　本案例的檔案名稱為 Chapter03/qt_QSpinBox.py，用於演示 QSpinBox 控制項的使用方法，程式碼如下：

```python
class spindemo(QWidget):
    def __init__(self, parent=None):
        super(spindemo, self).__init__(parent)
        self.setWindowTitle("SpinBox 例子 ")
        self.resize(300, 100)

        layout = QFormLayout()

        self.label = QLabel("current value:")
        # self.label.setAlignment(Qt.AlignCenter)
        self.label.setAlignment(Qt.AlignLeft)
        layout.addWidget(self.label)

        self.spinbox = QSpinBox()
        layout.addRow(QLabel(' 預設顯示 '), self.spinbox)
        self.spinbox.valueChanged.connect(lambda: self.on_valuechange(self.
spinbox))

### 此處省略一些程式碼，下面會進行展示 ###

        self.setLayout(layout)

    def on_valuechange(self, spinbox):
        self.label.setText("current value:" + str(spinbox.value()))

if __name__ == '__main__':
```

```
app = QApplication(sys.argv)
ex = spindemo()
ex.show()
sys.exit(app.exec_())
```

執行腳本，顯示效果如圖 3-57 所示。

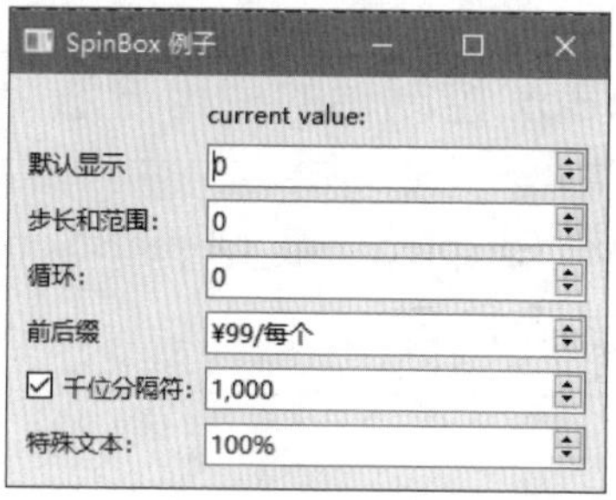

▲ 圖 3-57

下面介紹 QSpinBox 的使用方法。

3.8.1 步進值和範圍

點擊調節按鈕或使用鍵盤上的 ↑ / ↓，將以 singleStep() 函式的大小為步進值增加或減小當前值。如果要更改此行為，則可以透過 setSingleStep() 函式設定。使用 setMinimum() 函式、setMaximum() 函式和 setSingleStep() 函式可以修改最小值、最大值及步進值。使用 setRange() 函式可以修改範圍。程式碼如下：

```
label = QLabel("步進值和範圍：")
self.spinbox_int = QSpinBox()
self.spinbox_int.setRange(-20, 20)
self.spinbox_int.setMinimum(-10)
self.spinbox_int.setSingleStep(2)
self.spinbox_int.setValue(0)
layout.addRow(label, self.spinbox_int)
self.spinbox_int.valueChanged.connect(lambda: self.on_valuechange(self.
spinbox_int))
```

3.8.2 迴圈

QSpinBox 在預設情況下的方向是單一的，使用 setWrapping(True) 支援迴圈。迴圈的含義如下：如果範圍為 0 ～ 99，並且當前值為 99，則點擊「向上」按鈕舉出 0。查看是否支援迴圈使用 Wrapping() 函式，預設為 False，開啟迴圈後變成 True。程式碼如下：

```
label = QLabel("迴圈:")
self.spinbox_wrap = QSpinBox()
self.spinbox_wrap.setRange(-20, 20)
self.spinbox_wrap.setSingleStep(5)
self.spinbox_wrap.setWrapping(True)
layout.addRow(label, self.spinbox_wrap)
self.spinbox_wrap.valueChanged.connect(lambda: self.on_valuechange(self.
spinbox_wrap))
```

3.8.3 首碼、尾碼與千位分隔符號

使用 setPrefix() 函式和 setSuffix() 函式可以在顯示的值之前和之後附加任意字串（如貨幣或度量單位）。獲取首碼和尾碼資訊涉及以下方法。

- 使用 prefix() 函式和 suffix() 函式僅獲取首碼和尾碼。
- 使用 text() 函式可以獲取包括首碼和尾碼的文字。
- 使用 cleanText() 函式可以獲取沒有首碼和尾碼，以及前後空白的文字。

對數值來說，有顯示千位分隔符號的需求，可以使用 setGroup SeparatorShown 屬性開啟。在預設情況下，此屬性為 False，在 Qt 5.3 中引入了這個屬性。

相關程式碼如下（使用 groupSeparatorChkBox 決定是否開啟千位分隔符號）：

```
label = QLabel("前尾碼")
self.spinbox_price = QSpinBox()
```

```
self.spinbox_price.setRange(0, 999)
self.spinbox_price.setSingleStep(1)
self.spinbox_price.setPrefix("¥")
self.spinbox_price.setSuffix("/ 每個 ")
self.spinbox_price.setValue(99)
layout.addRow(label, self.spinbox_price)
self.spinbox_price.valueChanged.connect(lambda: self.on_valuechange(self.
spinbox_price))


self.groupSeparatorSpinBox = QSpinBox()
self.groupSeparatorSpinBox.setRange(-99999999, 99999999)
self.groupSeparatorSpinBox.setValue(1000)
self.groupSeparatorSpinBox.setGroupSeparatorShown(True)
groupSeparatorChkBox = QCheckBox()
groupSeparatorChkBox.setText(" 千位分隔符號：")
groupSeparatorChkBox.setChecked(True)
layout.addRow(groupSeparatorChkBox, self.groupSeparatorSpinBox)
groupSeparatorChkBox.toggled.connect(self.groupSeparatorSpinBox.
setGroupSeparatorShown)
self.groupSeparatorSpinBox.valueChanged.connect(lambda: self.
on_valuechange(self.groupSeparatorSpinBox))
```

3.8.4 特殊選擇

除了數值範圍，還可以透過 setSpecialValueText() 函式顯示特殊選擇。設定了該項，QSpinBox 將在當前值等於 minimum() 時顯示此文字而非數字值。setSpecialValueText 適用於一些特定場合的情景，如選擇 1 ～ 99 為使用者設定，選擇文字（也就是 0）委託系統設定：

```
label = QLabel(" 特殊文字：")
self.spinbox_zoom = QSpinBox()
self.spinbox_zoom.setRange(0, 1000)
self.spinbox_zoom.setSingleStep(10)
self.spinbox_zoom.setSuffix("%")
self.spinbox_zoom.setSpecialValueText("Automatic")
self.spinbox_zoom.setValue(100)
```

```
layout.addRow(label, self.spinbox_zoom)
self.spinbox_zoom.valueChanged.connect(lambda: self.on_valuechange(self.
spinbox_zoom))
```

3.8.5 訊號與槽

在每次更改數值時，QSpinBox 都會發出 valueChanged 訊號和 textChanged 訊號，前者提供一個 int 參數，後者提供一個 str 參數。可以使用 value() 函式獲取當前值，並使用 setValue() 函式設定當前值。

可以使用 valueChanged 訊號來獲取數值變化的資訊，程式碼如下：

```
self.spinbox_zoom.valueChanged.connect(lambda: self.on_valuechange(self.
spinbox_zoom))

def on_valuechange(self, spinbox):
    self.label.setText("current value:" + str(spinbox.value()))
```

3.8.6 自訂顯示格式

如果使用 prefix() 函式、suffix() 函式和 specialValueText() 函式無法滿足要求，則可以透過子類別繼承 QSpinBox 並重新實作 valueFromText() 函式和 textFromValue() 函式來自訂顯示方式。舉例來説，下面是自訂 QSpinBox 的程式碼，允許使用者輸入圖示的大小（如 32 像素 ×32 像素）。

✎ 案例 3-20 QSpinBox 控制項的自訂格式顯示

本案例的檔案名稱為 Chapter03/qt_QSpinBox2.py，用於演示自訂 QSpinBox 控制項的使用方法，程式碼如下：

```
class myQSpinBox(QSpinBox):
    def __init__(self, parent=None):
        super(myQSpinBox, self).__init__(parent)
```

```python
    def valueFromText(self, text):
        regExp = QRegularExpression("(\\d+)(\\s*[xx]\\s*\\d+)?")
        match = regExp.match(text)
        if match.isValid():
            return match.captured(1).toInt()
        return 0

    def textFromValue(self, val):
        return ('%s x %s' % (val, val))


class spindemo(QWidget):
    def __init__(self, parent=None):
        super(spindemo, self).__init__(parent)
        self.setWindowTitle("SpinBox 例子")
        self.resize(300, 100)

        layout = QFormLayout()

        self.label = QLabel("current value:")
        # self.label.setAlignment(Qt.AlignCenter)
        self.label.setAlignment(Qt.AlignLeft)
        layout.addWidget(self.label)

        self.spinbox = myQSpinBox()
        layout.addRow(QLabel('自訂顯示：'), self.spinbox)
        self.spinbox.valueChanged.connect(lambda: self.on_valuechange(self.spinbox))

        self.setLayout(layout)

    def on_valuechange(self, spinbox):
        self.label.setText("current value:" + str(spinbox.value()))

if __name__ == '__main__':
    app = QApplication(sys.argv)
    ex = spindemo()
    ex.show()
    sys.exit(app.exec_())
```

執行腳本，顯示效果如圖 3-58 所示。

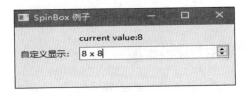

▲ 圖 3-58

這個功能比較小眾，有需求的讀者可以自行研究。

📝 案例 3-21　QDoubleSpinBox 控制項的使用方法

與 QSpinBox 相比，使用 QDoubleSpinBox 可以顯示浮點數，並且是透過 setDecimals (int) 設定的。

本案例的檔案名稱為 Chapter03/qt_QDoubleSpinBox.py，用於演示 QDoubleSpinBox 控制項的使用方法。其完整程式碼和例 3-19 的程式碼基本一樣，本節不再展示。執行腳本，顯示效果如圖 3-59 所示。

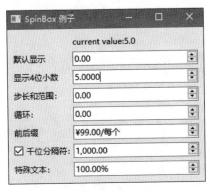

▲ 圖 3-59

如圖 3-59 所示，預設顯示兩位小數，第 2 行可以顯示 4 位小數。

3.9 日期時間控制項

3.9.1 日期時間相關控制項

與日期時間相關的控制項主要包括 QDateTimeEdit、QDateEdit、QTimeEdit 和 QCalendarWidget。 其 中，QDateTimeEdit、QDateEdit 和 QTimeEdit 屬於一類，最常用的是 QDateTimeEdit，用來呈現日期和時間。 和 QSpinBox 一樣，QDateTimeEdit 也是 QAbstractSpinBox 的子類別，因此，兩者的呈現方式有些類似。QDateTimeEdit 類別的繼承結構和效果圖如圖 3-60 所示。

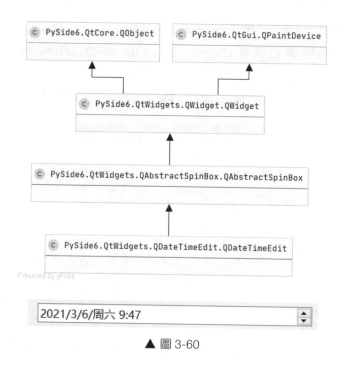

▲ 圖 3-60

QDateEdit 和 QTimeEdit 都是 QDateTimeEdit 的子類別，分別用於處理日期和時間。也就是說，如果業務中只涉及時間不涉及日期，則可以考慮使用 QTimeEdit，當然，也可以直接使用 QDateTimeEdit。

在實際處理中,也會用到 QDateTime、QDate 和 QTime 這些模組,它們分別是描述日期和時間、日期、時間的資料類別。QDateTime 類別、QDate 類別和 QTime 類別的繼承結構如圖 3-61 所示,這三者都不是 QWidget 的子類別,不可以被使用者看到(只有繼承 QWidget 的類別才能被使用者看到)。QDateTimeEdit、QDateEdit 及 QTimeEdit 可以透過 QDateTime、QDate 及 QTime 管理日期和時間。

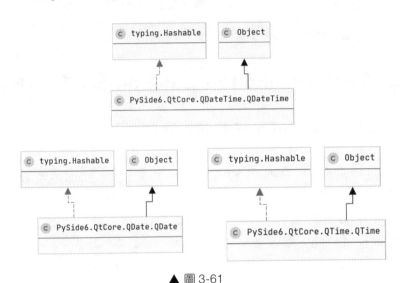

▲ 圖 3-61

QCalendarWidget 是一個日曆控制項,提供了一個基於月份的視圖,允許使用者透過滑鼠或鍵盤選擇日期。QCalendarWidget 是 QWidget 的子類別,因此它的外觀更像是一個視窗而非 QSpinBox。QCalendarWidget 類別的效果圖如圖 3-62 所示,繼承結構如圖 3-63 所示。

QDateTimeEdit、QDateEdit、QTimeEdit 及 QCalendarWidget 只是時間和日期管理的不同呈現方式而已,具體使用哪一個可以根據實際業務需求進行選擇。另外,它們都可以透過 Qt Designer 來設計,並且使用起來也非常方便。

▲ 圖 3-62

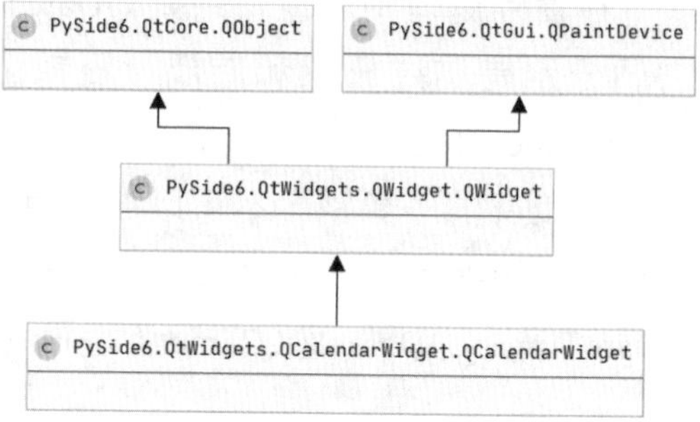

▲ 圖 3-63

3.9.2 QDateTimeEdit、QDateEdit 和 QTimeEdit

✎ 案例 3-22 QDateTimeEdit 控制項的使用方法

本案例的檔案名稱為 Chapter03/qt_QDateTimeEdit.py，用於演示 QDateTimeEdit 控制項的使用方法。執行腳本，修改任意時間，顯示效果如圖 3-64 所示。

【程式碼分析】

1. 時間和日期範圍

QDateTimeEdit 的有效值的範圍由屬性 minimumDateTime 和 maximumDateTime 控制，也可以使用 setDateRange() 函式一次性設定兩個屬性。在預設情況下，100—9999 年的任何日期時間都是有效的。除了使用者手動指定的日期時間，還可以透過函式 setDateTime()、setDate() 和 setTime() 以程式設計的方式指定日期。

▲ 圖 3-64

同理，QDateEdit 和 QTimeEdit 也一樣，程式碼如下：

```
# QDateTimeEdit 範例
dateTimeLabel = QLabel('QDateTimeEdit 範例:')
dateTimeEdit = QDateTimeEdit(QDateTime.currentDateTime(), self)
dateTimeEdit01 = QDateTimeEdit(QDate.currentDate(), self)
dateTimeEdit01.setDate(QDate(2030, 12, 31))
dateTimeEdit02 = QDateTimeEdit(QTime.currentTime(), self)
vlayout.addWidget(dateTimeLabel)
vlayout.addWidget(dateTimeEdit)
vlayout.addWidget(dateTimeEdit01)
vlayout.addWidget(dateTimeEdit02)

# QDateEdit 範例
dateEdit = QDateEdit(QDate.currentDate())
dateEdit.setDateRange(QDate(2015, 1, 1), QDate(2030, 12, 31))
dateLabel = QLabel('QDateEdit 範例:')
vlayout.addWidget(dateLabel)
vlayout.addWidget(dateEdit)

# QTimeEdit 範例
timeEdit = QTimeEdit(QTime.currentTime())
timeEdit.setTimeRange(QTime(9, 0, 0, 0), QTime(16, 30, 0, 0))
timeLabel = QLabel('QTimeEdit 範例:')
vlayout.addWidget(timeLabel)
vlayout.addWidget(timeEdit)
```

執行腳本，顯示效果如圖 3-65 所示。

▲ 圖 3-65

2. 日期格式

QDateTimeEdit 透過 setDisplayFormat() 函式來設定顯示的日期時間格式。支援的日期格式如表 3-32 所示。

表 3-32

表達式	輸出效果
d	一天中的數字，不附帶前置字元為零（1～31）
dd	以附帶前置字元為零（01～31）的數字表示的日期
ddd	縮寫的日期名稱（星期一至星期日）
dddd	一整天的名稱（星期一至星期日）
M	以不附帶前置字元為零（1～12）的數字表示的月份
MM	月份，以前置字元為零（01～12）開頭的數字
MMM	縮寫的月份名稱（從 Jan 到 Dec）
MMMM	長月份名稱（一月至十二月）
y	以兩位數表示的年份（00～99）
yyyy	以 4 位數表示的年份。如果年份為負數，則在前面加上負號，以 5 個字元為單位

使用範例如表 3-33 所示。

表 3-33

格　式	效　果
dd.MM.yyyy	21.05.2001
ddd MMMM d yy	Tue May 21 01
hh:mm:ss.zzz	14:13:09.120
hh:mm:ss.z	14:13:09.12
h:m:s ap	2:13:9 pm
'The day is' dddd	The day is Sunday

支援的時間格式如表 3-34 所示。

表 3-34

表達式	輸出效果
h	沒有前置字元為零的小時（如果顯示 AM / PM，則為 0～23 或 1～12）
hh	帶前置字元為零的小時（如果顯示 AM / PM，則為 00～23 或 01～12）
H	沒有前置字元為零的小時（0～23，即使有 AM / PM 顯示）
HH	帶前置字元為零的小時（00～23，即使有 AM / PM 顯示）
m	沒有前置字元為零（0～59）的分鐘
mm	帶前置字元為零的分鐘（00～59）
s	整秒，不附帶任何前置字元為零（0～59）
ss	整秒，使用前置字元為零（00～59）
z	秒的小數部分，保留到小數點後，並且不尾隨零（0～999）。s.z 會將秒顯示為完全可用（毫秒）的精度，不會出現零
zzz	秒的小數部分，以毫秒為單位，在適用的情況下包括尾隨零（000～999）
AP 或 A	使用 AM / PM 顯示。A / AP 將替換為 AM 或 PM
ap 或 a	使用 am / pm 顯示。a / ap 將替換為 am 或 pm
t	時區（如 CEST）

使用範例如表 3-35 所示。

表 3-35

格　式	效　果
hh:mm:ss.zzz	14:13:09.042
h:m:s ap	2:13:9 pm
H:m:s a	14:13:9 pm

程式碼如下所示（這裡使用 QComboBox 來儲存時間格式，選中任意格式就會在 QDateTimeEdit 中呈現出對應的效果。需要注意的是，meetingEdit.displayedSections() & QDateTimeEdit.DateSections_Mask 表示如果當前顯示的日期時間包含日期，則為 True，否則為 False）：

```
# 設定日期時間格式
meetingEdit = QDateTimeEdit(QDateTime.currentDateTime())
```

```
    formatLabel = QLabel("選擇日期和時間格式:")
    formatComboBox = QComboBox()
    formatComboBox.addItems(
        ["yyyy-MM-dd hh:mm:ss (zzz 'ms')", "hh:mm:ss MM/dd/yyyy", "hh:mm:ss
dd/MM/yyyy", "北京時間: hh:mm:ss", "」hh:mm ap"])
    formatComboBox.textActivated.connect(
        lambda: self.setFormatString(formatComboBox.currentText(),
meetingEdit))
    vlayout.addWidget(formatLabel)
    vlayout.addWidget(meetingEdit)
vlayout.addWidget(formatComboBox)

def setFormatString(self, formatString, meetingEdit):
    meetingEdit.setDisplayFormat(formatString)

    if meetingEdit.displayedSections() & QDateTimeEdit.DateSections_Mask:
        meetingEdit.setDateRange(QDate(2004, 11, 1), QDate(2005, 11, 30))
    else:
        meetingEdit.setTimeRange(QTime(0, 7, 20, 0), QTime(21, 0, 0, 0))
```

執行腳本，顯示效果如圖 3-66 所示。

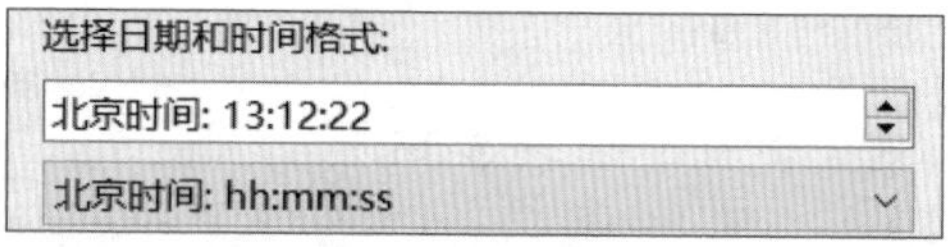

▲ 圖 3-66

　　使用 fromString() 函式可以把字串轉為時間，使用 toString() 函式可以把時間轉為字串。QDateTime、QDate 和 QTime 都可以使用 fromString() 函式及 toString() 函式。toString() 函式支援兩種參數（str 和 Qt.DateFormat），使用 str 參數就可以傳遞表 3-32 ～表 3-35 中的格式，如下所示：

```
toString(self, format: PySide6.QtCore.Qt.DateFormat = PySide6.QtCore.
Qt.DateFormat.TextDate) -> str
toString(self, format: str, cal: PySide6.QtCore.QCalendar =
Default(QCalendar)) -> str
```

Qt.DateFormat 參數預設使用的是 Qt.TextDate，會顯示英文簡稱，如「2020/3/6/ 週五 13:05:51」會顯示為「Fri Mar 6 13:05:51 2020」，而 Qt.ISODate 顯示為「2021-03-06T13:05:51」，我們更傾向於採用 Qt.ISODate 的表示法。

另外，PySide 6 也可以使用 toPython() 函式把 Qt 的時間類型轉為 datetime 類型，PyQt 6 中對應的是 toPyDate() 函式。程式碼如下：

```
def showDate(self, dateEdit):
    # 當前日期時間
    dateTime = dateEdit.dateTime().toString()
    date = dateEdit.date().toString('yyyy-MM-dd')
    time = dateEdit.time().toString()
    # 最大最小日期時間
    maxDateTime = dateEdit.maximumDateTime().toString('yyyy-MM-dd hh:mm:ss')
    minDateTime = dateEdit.minimumDateTime().toString(Qt.ISODate)

    # 最大最小日期
    maxDate = dateEdit.maximumDate().toString(Qt.ISODate)
    minDate = dateEdit.minimumDate().toString()

    # 最大最小時間
    maxTime = dateEdit.maximumTime().toString()
    minTime = dateEdit.minimumTime().toString()

    _str = '當前日期時間：{}\n當前日期：{}\n當前時間：{}\n最大日期時間：{}\n最小日期
時間：{}\n最大日期：{}\n最小日期：{}\n最大時間：{}\n最小時間：{}\n'.format(
        dateTime, date, time, maxDateTime, minDateTime, maxDate, minDate,
maxTime, minTime)
    self.label.setText(_str)
```

執行腳本，顯示效果如圖 3-67 所示。

▲ 圖 3-67

3. 使用彈出日曆小元件

可以將 QDateTimeEdit 設定為允許使用 QCalendarWidget 選擇日期，這可以透過設定 calendarPopup 屬性（使用 setCalendarPopup() 函式）來啟用。此外，也可以透過 setCalendarWidget() 函式來使用自訂日曆小元件，用作日曆快顯視窗；使用 calendarWidget() 函式可以獲取現有的日曆小元件。程式碼如下：

```
# 彈出日曆小元件
dateTimeEdit_cal = QDateTimeEdit(QDateTime.currentDateTime(), self)
dateTimeEdit_cal.setCalendarPopup(True)
vlayout.addWidget(QLabel(' 彈出日曆小元件 '))
vlayout.addWidget(dateTimeEdit_cal)
```

執行腳本，顯示效果如圖 3-68 所示。

▲ 圖 3-68

4. 訊號與槽

QDateTimeEdit 類別中常用的訊號如表 3-36 所示。

表 3-36

訊號	含　義
dateChanged	當日期改變時發射此訊號
dateTimeChanged	當日期時間改變時發射此訊號
timeChanged	當時間改變時發射此訊號

可以使用 dateTimeChanged 訊號，透過 lambda 運算式來傳遞自訂參數，以及 showDate() 槽函式獲取參數的詳細資訊，如下所示：

```
# 訊號與槽
dateTimeEdit.dateTimeChanged.connect(lambda: self.showDate(dateTimeEdit))
dateTimeEdit01.dateTimeChanged.connect(lambda: self.
showDate(dateTimeEdit01))
dateTimeEdit02.dateTimeChanged.connect(lambda: self.
showDate(dateTimeEdit02))
dateEdit.dateTimeChanged.connect(lambda: self.showDate(dateEdit))
timeEdit.dateTimeChanged.connect(lambda: self.showDate(timeEdit))
meetingEdit.dateTimeChanged.connect(lambda: self.showDate(meetingEdit))
dateTimeEdit_cal.dateTimeChanged.connect(lambda: self.
showDate(dateTimeEdit_cal))

def showDate(self, dateEdit):
    # 當前日期時間
    dateTime = dateEdit.dateTime().toString()
    date = dateEdit.date().toString('yyyy-MM-dd')
    time = dateEdit.time().toString()
    # 最大最小日期時間
    maxDateTime = dateEdit.maximumDateTime().toString('yyyy-MM-dd hh:mm:ss')
    minDateTime = dateEdit.minimumDateTime().toString(Qt.ISODate)

    # 最大最小日期
    maxDate = dateEdit.maximumDate().toString(Qt.ISODate)
    minDate = dateEdit.minimumDate().toString()
```

```
# 最大最小時間
maxTime = dateEdit.maximumTime().toString()
minTime = dateEdit.minimumTime().toString()

_str = ' 當前日期時間：{}\n 當前日期：{}\n 當前時間：{}\n 最大日期時間：{}\n 最小日期
時間：{}\n 最大日期：{}\n 最小日期：{}\n 最大時間：{}\n 最小時間：{}\n'.format(
       dateTime, date, time, maxDateTime, minDateTime, maxDate, minDate,
maxTime, minTime)
    self.label.setText(_str)
```

3.9.3 QCalendarWidget

QCalendarWidget 是一個日曆控制項，提供了一個基於月份的視圖，允許使用者透過滑鼠或鍵盤選擇日期，預設選中的是今天的日期。

1. 基本資訊

在預設情況下，將選擇今天的日期，並且使用者可以使用滑鼠和鍵盤選擇日期，使用 setSelectedDate() 函式以程式設計方式選擇日期，使用 selectedDate() 函式獲取當前選擇的日期。透過設定 minimumDate 屬性和 maximumDate 屬性可以將使用者選擇限制在替定的日期範圍內，也可以使用 setDateRange() 函式一次性設定兩個屬性。可以分別使用函式 monthShown() 和 yearShown() 查看當前顯示的月份和年份。

在預設情況下不顯示網格，可以使用 setGridVisible() 函式將 gridVisible 屬性設定為 True 來開啟日曆網格。

2. 行標題和列標題的資訊

新建立的日曆視窗小元件的第 1 行標題預設使用縮寫的日期名稱，並且星期六和星期日都標記為紅色。可以使用 setHorizontalHeaderFormat() 函式來修改顯示類型，如傳遞參數 QCalendarWidget.SingleLetterDay Names 可以顯示完整的日期名稱。日曆視窗第 1 行支援顯示的各種格式如表 3-37 所示。

表 3-37

項　目	值	描　述
QCalendarWidget.SingleLetterDayNames	1	標題顯示日期名稱的單字母縮寫（如星期一為 M）
QCalendarWidget.ShortDayNames	2	預設值，標題顯示日期名稱的簡短縮寫（如星期一為 Mon）
QCalendarWidget.LongDayNames	3	標題顯示完整的日期名稱（如 Monday）
QCalendarWidget.NoHorizontalHeader	0	標題是隱藏的

日曆視窗小元件的第 1 列預設顯示當年的第幾周，可以使用 setVerticalHeaderFormat() 函式設定參數為 QCalendarWidget.NoVertical Header 來刪除星期數。第 1 列標題可以顯示的各種格式如表 3-38 所示。

表 3-38

項　目	值	描　述
QCalendarWidget.ISOWeekNumbers	1	標題顯示 ISO 周編號（1 ～ 53）
QCalendarWidget.NoVerticalHeader	0	標題是隱藏的

3. 限制編輯

如果要禁止使用者選擇，則需要把 selectionMode 屬性設定為 NoSelection，該屬性預設為 SingleSelection，如表 3-39 所示。

表 3-39

屬　性	值	描　述
QCalendarWidget.NoSelection	0	無法選擇日期
QCalendarWidget.SingleSelection	1	可以選擇單一日期

4. 修改排列順序

可以使用 setFirstDayOfWeek() 函式更改第 1 列中的日期，參數如表 3-40 所示。

表 3-40

參　數	值
Qt.Monday	1
Qt.Tuesday	2
Qt.Wednesday	3
Qt.Thursday	4
Qt.Friday	5
Qt.Saturday	6
Qt.Sunday	7

5. 訊號與槽

QCalendarWidget 類 別 提 供 了 4 個 訊 號， 即 selectionChanged、 activated、currentPageChanged 和 clicked，這 4 個訊號都可以回應使用者 互動，參數如下：

```
activated(QDate date)
clicked(QDate date)
currentPageChanged(int year, int month)
selectionChanged()
```

QCalendarWidget 類別中常用的函式如表 3-41 所示。

表 3-41

函式	描　述
setDateRange()	設定日期範圍可供選擇
setFirstDayOfWeek()	重新設定星期的第 1 天，預設是星期日
setMinimumDate()	設定最小日期
setMaximumDate ()	設定最大日期
setHorizontalHeaderFormat()	設定第 1 行的顯示類型
setVerticalHeaderFormat()	設定第 1 列的顯示類型
setSelectedDate()	設定一個 QDate 物件，作為日期控制項選定的日期

函式	描 述
maximumDate	獲取日曆控制項的最大日期
minimumDate	獲取日曆控制項的最小日期
selectedDate()	傳回當前選定的日期
setGridvisible ()	設定日曆控制項是否顯示網格
selectionMode	使用者編輯模式

✎ 案例 3-23　QCalendarWidget 控制項的使用方法

本案例的檔案名稱為 Chapter03/qt_QCalendarWidget.py，用於演示 QCalendarWidget 控制項的使用方法，程式碼如下：

```python
class CalendarExample(QWidget):
    def __init__(self):
        super(CalendarExample, self).__init__()
        self.setGeometry(100, 100, 400, 350)
        self.setWindowTitle('Calendar 例子 ')
        layout = QVBoxLayout()
        self.dateTimeEdit = QDateTimeEdit(self)
        self.dateTimeEdit.setCalendarPopup(True)

        self.cal = QCalendarWidget(self)
        self.cal.setMinimumDate(QDate(1980, 1, 1))
        self.cal.setMaximumDate(QDate(3000, 1, 1))
        self.cal.setGridVisible(True)
        self.cal.setSelectedDate(QDate(2010, 1, 30))
        self.cal.setHorizontalHeaderFormat(QCalendarWidget.LongDayNames)
        self.cal.setFirstDayOfWeek(Qt.Wednesday)
        self.cal.move(20, 20)

        self.label = QLabel(' 此處會顯示選擇日期資訊 ')

        self.cal.clicked.connect(lambda :self.showDate(self.cal))
        self.dateTimeEdit.dateChanged.connect(lambda x: self.cal.
setSelectedDate(x))
        self.cal.clicked.connect(lambda x: self.dateTimeEdit.setDate(x))
```

```
        layout.addWidget(self.dateTimeEdit)
        layout.addWidget(self.cal)
        layout.addWidget(self.label)
        self.setLayout(layout)

    def showDate(self, cal):
        date = cal.selectedDate().toString("yyyy-MM-dd dddd")
        month = cal.monthShown()
        year = cal.yearShown()
        _str = '當前選擇日期：%s;\n當前選擇月份：%s;\n當前選擇年份：%s;'%(date,
month,year)
        self.label.setText(_str)
```

執行腳本，顯示效果如圖 3-69 所示。

▲ 圖 3-69

【程式碼分析】

QCalendarWidget 的基本用法已經介紹過了，這裡不再贅述。需要注意的是，這裡綁定了 QDateTimeEdit 和 QCalendarWidget 相互傳遞的機制，點擊其中一個另一個也會改變。下面的程式碼表示點擊 QCalendarWidget 會改變 QLabel 和 QDateTimeEdit；修改 QDateTimeEdit 會改變 QCalendarWidget，但不會改變 QLabel。

訊號與槽的相關程式碼如下：

```
self.cal.clicked.connect(lambda :self.showDate(self.cal))
self.dateTimeEdit.dateChanged.connect(lambda x: self.cal.setSelectedDate(x))
self.cal.clicked.connect(lambda x: self.dateTimeEdit.setDate(x))
```

3.10 滑動控制項

QSlider、QScrollBar 和 QDial 都是控制數值的經典小元件，三者的作用類似，效果圖如圖 3-70 所示。

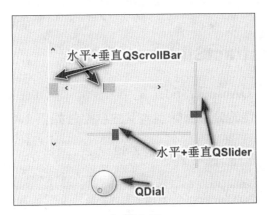

▲ 圖 3-70

QSlider、QScrollBar 和 QDial 都繼承自 QAbstractSlider。QAbstractSlider 是被設計為 QScrollBar、QSlider 和 QDial 之類的小元件的公共超類別。以 QSlider 為例，其繼承結構如圖 3-71 所示，其他類別的繼承結構依此類推。

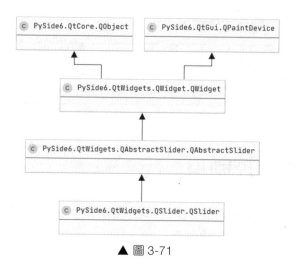

▲ 圖 3-71

3.10.1 QAbstractSlider

如 上 所 述，QAbstractSlider 是 被 設 計 為 QScrollBar、QSlider 和 QDial 之類的小元件的公共超類別，其主要屬性如表 3-42 所示。

表 3-42

屬　性	描　述
value	QAbstractSlider 維護的有界整數
setValue	用於設定 value
minimum	最小值
maximum	最大值
setRange(min, max)	分別設定最小值和最大值
singleStep	QAbstractSlider 提供的兩個自然步驟中的較小者，通常對應使用者按↓鍵
pageStep	QAbstractSlider 提供的兩個自然步驟中的較大者，通常對應使用者按 PageUp 鍵或 PageDown 鍵的情況
tracking	是否啟用滑桿追蹤
slidePosition	滑桿的當前位置。如果啟用了追蹤（預設設定），則此值與 value 屬性的值相同

QAbstractSlider 可以發射的訊號如表 3-43 所示。

表 3-43

訊號	發射時間
valueChanged	如果啟用了 tracking（預設設定），則在滑動滑桿時，滑桿會發射 valueChanged 訊號。如果禁用了 tracking，則僅當使用者釋放滑桿時，滑桿才會發射 valueChanged 訊號
slidePressed	使用者開始滑動滑桿
slideMoved	使用者滑動滑桿
slideReleased	使用者釋放滑桿
actionTriggered	觸發了滑桿操作
rangeChanged	範圍已更改

QAbstractSlider 提供了一個虛擬的 slideChange() 函式，非常適合更新滑桿的螢幕顯示。透過呼叫 triggerAction() 函式，子類別可以觸發滑桿動作。使用 QStyle.sliderPositionFromValue() 函式和 QStyle.sliderValueFromPosition() 函式可以幫助子類別與樣式將螢幕座標映射到邏輯範圍值。

3.10.2 QSlider

QSlider 是用於控制有界值的經典小元件。使用者可以沿水平或垂直凹槽移動滑動搖桿，並將搖桿的位置轉為合法範圍內的整數值。有時這種方式比輸入數字或使用 SpinBox 更加自然。

QSlider 的大多數功能都是從父類別 QAbstractSlider 繼承的，QAbstractSlider 常用的方法同樣適用於 QSlider。舉例來說，使用 setValue() 函式可以將滑桿直接設定為某個值，使用 triggerAction() 函式可以模擬點擊的效果（對於快速鍵很有用），使用 setSingleStep() 函式和 setPageStep() 函式可以設定步進值（前者對應方向鍵，後者對應翻頁鍵），使用 setMinimum() 函式和 setMaximum() 函式可以定義捲軸的範圍。

QSlider 也有其獨特的方法，如控制刻度線。使用 setTickPosition() 函式可以指示想要的刻度線，使用 setTickInterval() 函式可以指示想要的刻度線數。當前設定的刻度位置和間隔可以分別使用 tickPosition() 函式和 tickInterval() 函式查詢。

QSlider 類別中常用的函式如表 3-44 所示。

表 3-44

函式	描　　述
setMinimum()	設定滑桿控制項的最小值
setMaximum()	設定滑桿控制項的最大值
setSingleStep()	設定滑桿控制項遞增 / 遞減的步進值
setValue()	設定滑桿控制項的值
value()	獲得滑桿控制項的值
setTickInterval()	設定刻度間隔
setTickPosition()	設定刻度標記的位置，可以輸入一個列舉值，這個列舉值用於指定刻度線相對於滑桿和使用者操作的位置。可以輸入的列舉值如下。 • QSlider.NoTicks：不繪製任何刻度線。 • QSlider.TicksBothSides：在滑桿的兩側繪製刻度線。 • QSlider.TicksAbove：在（水平）滑桿上方繪製刻度線。 • QSlider.TicksBelow：在（水平）滑桿下方繪製刻度線
setTickPosition()	• QSlider.TicksLeft：在（垂直）滑桿左側繪製刻度線。 • QSlider.TicksRight：在（垂直）滑桿右側繪製刻度線
setTickPosition()	• QSlider.TicksLeft：在（垂直）滑桿左側繪製刻度線。 • QSlider.TicksRight：在（垂直）滑桿右側繪製刻度線

QSlider 可以以水平或垂直的方式顯示，只需要傳遞對應的參數，如下所示：

```
# 水平滑桿
slider_horizon=QSlider(Qt.Horizontal)
# 垂直滑桿
slider_vertical=QSlider(Qt.Vertical)
```

QSlider 僅提供整數範圍，如果這個範圍非常大就很難精確化操作。使用 QSlider 可以從 Tab 鍵獲得焦點，此時可以用滑鼠滾輪和鍵盤來控制滑桿，鍵盤方式如表 3-45 所示。

表 3-45

按　　鍵	說　　明
← / →	水平滑桿移動一步
↑ / ↓	垂直滑桿移動一步
PageUp	上翻一頁
PageDown	下翻一頁
Home	移到最開始（minimum）
End	移到最後（maximum）

QSlider 可以發射的訊號請參考 QAbstractSlider。

✎ 案例 3-24　QSlider 控制項的使用方法

本案例的檔案名稱為 Chapter03/qt_QSlider.py，用於演示 QSlider 控制項的使用方法。隨著滑桿的移動，標籤的字型大小也會隨之發生變化。程式碼如下：

```python
class SliderDemo(QWidget):
    def __init__(self, parent=None):
        super(SliderDemo, self).__init__(parent)
        self.setWindowTitle("QSlider 例子 ")
        self.resize(300, 100)

        layout = QVBoxLayout()
        self.label = QLabel("Hello Qt for Python")
        self.label.setAlignment(Qt.AlignCenter)
        layout.addWidget(self.label)

        # 水平滑桿
        self.slider_horizon = QSlider(Qt.Horizontal)
        self.slider_horizon.setMinimum(10)
        self.slider_horizon.setMaximum(50)
```

```python
        self.slider_horizon.setSingleStep(3)
        self.slider_horizon.setPageStep(10)
        self.slider_horizon.setValue(20)
        self.slider_horizon.setTickPosition(QSlider.TicksBelow)
        self.slider_horizon.setTickInterval(5)
        layout.addWidget(self.slider_horizon)

        # 垂直滑桿
        self.slider_vertical = QSlider(Qt.Vertical)
        self.slider_vertical.setMinimum(5)
        self.slider_vertical.setMaximum(25)
        self.slider_vertical.setSingleStep(1)
        self.slider_vertical.setPageStep(5)
        self.slider_vertical.setValue(15)
        self.slider_vertical.setTickPosition(QSlider.TicksRight)
        self.slider_vertical.setTickInterval(5)
        self.slider_vertical.setMinimumHeight(100)
        layout.addWidget(self.slider_vertical)

        # 連接訊號與槽
        self.slider_horizon.valueChanged.connect(lambda :self.valuechange
(self.slider_horizon))
        self.slider_vertical.valueChanged.connect(lambda :self.valuechange
(self.slider_vertical))

        self.setLayout(layout)

    def valuechange(self,slider):
        size = slider.value()
        self.label.setText(' 選中大小：%d'%size)
        self.label.setFont(QFont("Arial", size))
```

執行腳本，顯示效果如圖 3-72 所示。

▲ 圖 3-72

3.10.3 QDial

當使用者需要將值控制在特定範圍內，並且該範圍可以環繞（如角度範圍為 0° ～ 359°）或對話方塊版面配置需要方形小元件時，可以使用 QDial。QDial 和 QSlider 都繼承自 QAbstractSlider，當 QDial.wrapping()（是否開啟迴圈）為 False（預設設定）時，兩者之間基本上沒有區別。**由於 QDial 和 QSlider 的絕大部分方法、訊號與槽都一樣，因此基礎內容部分請參考 3.10.2 節，這裡不再贅述。**

如果使用滑鼠滾輪調整轉盤，則每次捲動滑鼠滾輪的變化值由 wheelScrollLines * singleStep 和 pageStep 的較小值確定。需要注意的是，wheelScrollLines 是 QApplication 的方法。

✎ 案例 3-25 QDial 控制項的使用方法

本案例的檔案名稱為 Chapter03/qt_QDial.py，用於演示 QDial 控制項的使用方法，程式碼如下：

```python
class dialDemo(QWidget):
    def __init__(self, parent=None):
        super(dialDemo, self).__init__(parent)
        self.setWindowTitle("Qdial 例子 ")
        self.resize(300, 100)

        layout = QVBoxLayout()
        self.label = QLabel("Hello Qt for Python")
        self.label.setAlignment(Qt.AlignCenter)
        layout.addWidget(self.label)

        # 普通 QDial
        self.dial1 = QDial()
        self.dial1.setMinimum(10)
        self.dial1.setMaximum(50)
        self.dial1.setSingleStep(3)
        self.dial1.setPageStep(5)
        self.dial1.setValue(20)
```

```
        layout.addWidget(self.dial1)

        # 開啟迴圈
        self.dial_wrap = QDial()
        self.dial_wrap.setMinimum(5)
        self.dial_wrap.setMaximum(25)
        self.dial_wrap.setSingleStep(1)
        self.dial_wrap.setPageStep(5)
        self.dial_wrap.setValue(15)
        self.dial_wrap.setWrapping(True)
        self.dial_wrap.setMinimumHeight(100)
        layout.addWidget(self.dial_wrap)

        # 連接訊號與槽
        self.dial1.valueChanged.connect(lambda :self.valuechange(self.dial1))
        self.dial_wrap.valueChanged.connect(lambda :self.valuechange
        (self.dial_wrap))

        self.setLayout(layout)

def valuechange(self,dial):
    size = dial.value()
    self.label.setText(' 選中大小：%d'%size)
    self.label.setFont(QFont("Arial", size))
```

執行腳本，滑動滑桿，顯示效果如圖 3-73 所示。

▲ 圖 3-73

這裡需要注意以下兩點。

（1）第 2 個 QDial 透過 setWrapping(True) 支援迴圈，第 1 個 QDial 不支援迴圈。

（2）對第 1 個 QDial 來說，min(SingleStep(3) * WheelScrollLines(2), PageStep(5)) = 5；對第 2 個 QDial 來說，min(SingleStep(1) * WheelScroll Lines(2), PageStep(5)) = 2，所以，前者滑鼠滾輪捲動一次可移動 5 格，後者可移動 2 格。

3.10.4 QScrollBar

在有限的空間下使用 QScrollBar 控制項可以查看更多的資訊。常見的場景之一是瀏覽器的捲動視圖，透過滑鼠滾輪可以進行捲動查看。QScrollBar 很少單獨使用，通常整合在其他控制項中使用，從而實作更準確地導覽。舉例來說，需要顯示大量文字而需要捲動視圖顯示的時候使用 QTextEdit 和 QPlainTextEdit，需要在視窗中整合大量控制項而需要捲動視圖的時候使用 QScrollArea。QTextEdit、QPlainTextEdit 和 QScrollArea 都是 QAbstractScrollArea 的子類別，可以根據需要自動開啟捲動視圖。如果 Qt 提供的控制項無法滿足需求，則可以結合 QAbstractScrollArea 和 QScrollBar 設定專門的小控制項。

捲軸通常包括 4 個單獨的控制項，分別為一個滑桿 a、兩個捲動箭頭 b 和一個頁面控制項 c，如圖 3-74 所示。

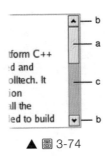

▲ 圖 3-74

- 滑桿 a：滑桿提供了一種快速跳躍到文件任意位置的方法，但不支援在大型文件中進行精確導覽。

- 捲動箭頭 b：捲動箭頭是按鈕，可以用於精確導覽到文件中的特定位置。連接到文字編輯器的垂直捲動條通常將當前位置上移或下移一個「行」，並小幅度調整滑桿的位置。在編輯器和清單方塊中，「一行」可能表示一行文字；在影像檢視器中，這可能表示 20 像素。

- 頁面控制項 c：頁面控制項是在其上滑動滑桿的區域（捲軸的背景）。點擊此處可以將捲軸移向一個「頁面」。該值通常與滑桿的長度相同。

和 QSlider 一 樣，setValue()、triggerAction()、setSingleStep()、setPageStep()、setMinimum()、setMaximum() 等 函 式 和 ← / → / PageUp / PageDown 等**快速鍵**同樣適用於 QScrollBar，這裡不再贅述。需要注意的是，如果使用鍵盤控制，那麼 QScrollBar.focusPolicy() 預設為 Qt.NoFocus 會導致無法獲得焦點。可以使用 setFocusPolicy() 函式啟用鍵盤與捲軸的互動，如表 3-46 所示。

表 3-46

類　　別	值	描　　述
Qt.TabFocus	0x1	小元件透過 Tab 鍵接收焦點
Qt.ClickFocus	0x2	小元件透過點擊接收焦點
Qt.StrongFocus	TabFocus|ClickFocus|0x8	小元件可以透過 Tab 鍵和點擊接收焦點。在 macOS 上，這也表示在「文字 / 清單焦點模式」下，小元件接收 Tab 焦點
Qt.WheelFocus	StrongFocus|0x4	與 Qt.StrongFocus 一樣，小元件也可以使用滑鼠滾輪來接收焦點
Qt.NoFocus	0	視窗小元件不接收焦點

在許多常見的情況下，捲軸的範圍可以根據文件的長度進行設定，並且規則很簡單，可以參考下列等式：

Document length = maximum() - minimum() + PageStep()

案例 3-26 QScrollBar 控制項的使用方法

本案例的檔案名稱為 Chapter03/qt_QScrollBar.py，用於演示 QScrollBar 控制項的使用方法，程式碼如下：

```python
class Example(QWidget):
    def __init__(self):
        super(Example, self).__init__()
        self.initUI()

    def initUI(self):
        hbox = QHBoxLayout()
        self.label = QLabel(" 滑動滑桿去改變顏色 ")
        self.label.setFont(QFont("Arial", 16))
        hbox.addWidget(self.label)

        self.scrollbar1 = QScrollBar()
        self.scrollbar1.setMaximum(255)
        self.scrollbar1.sliderMoved.connect(self.sliderval)
        hbox.addWidget(self.scrollbar1)

        self.scrollbar2 = QScrollBar()
        self.scrollbar2.setMaximum(255)
        self.scrollbar2.setSingleStep(5)
        self.scrollbar2.setPageStep(50)
        self.scrollbar2.setValue(150)
        self.scrollbar2.setFocusPolicy(Qt.StrongFocus)
        self.scrollbar2.valueChanged.connect(self.sliderval)
        hbox.addWidget(self.scrollbar2)

        self.scrollbar3 = QScrollBar()
        self.scrollbar3.setMaximum(255)
        self.scrollbar3.setSingleStep(5)
        self.scrollbar3.setPageStep(50)
        self.scrollbar3.setValue(100)
        self.scrollbar3.setFocusPolicy(Qt.TabFocus)
        self.scrollbar3.valueChanged.connect(self.sliderval)
        hbox.addWidget(self.scrollbar3)
```

```
        self.setGeometry(300, 300, 300, 200)
        self.setWindowTitle('QScrollBar 例子')
        self.setLayout(hbox)

    def sliderval(self):
        value_tup = (self.scrollbar1.value(), self.scrollbar2.value(), self.
scrollbar3.value())
        _str = " 滑動滑桿去改變顏色 :\n 左邊不支援鍵盤 ,\n 中間透過 Tab 鍵 or 點擊獲取焦
點 ,\n 右邊只能透過 Tab 鍵獲取焦點。\n 當前選中 (%d,%d,%d)"%value_tup
        palette = QPalette()
        palette.setColor(QPalette.WindowText, QColor(*value_tup, 255))
        self.label.setPalette(palette)
        self.label.setText(_str)
```

執行腳本，滑動滑桿，顯示效果如圖 3-75 所示。

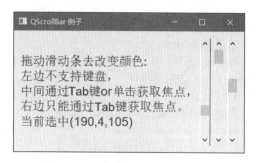

▲ 圖 3-75

3.11 區域捲動（QScrollArea）

3.10.4 節 介 紹 了 QScrollBar，本 節 介 紹 與 QScrollBar 相 關 的
QScrollArea。QScrollArea 繼 承 自 QAbstractScrollArea，同 樣 繼 承 自
QAbstractScrollArea 的 類 別 還 有 QAbstractItemView、QGraphicsView、
QMdiArea、QPlainTextEdit 及 QTextEdit，它們都有適合自己的捲動視圖
功能。QScrollArea 的主要特點是可以透過 setWidget() 函式指定子視窗，
從而為子視窗提供捲動視圖功能。舉例來說，子視窗為了包含圖片的

QLabel，使用 setWidget() 函式自動讓圖片在需要的時候開啟捲動視圖功能。QScrollArea 類別的繼承結構如圖 3-76 示。

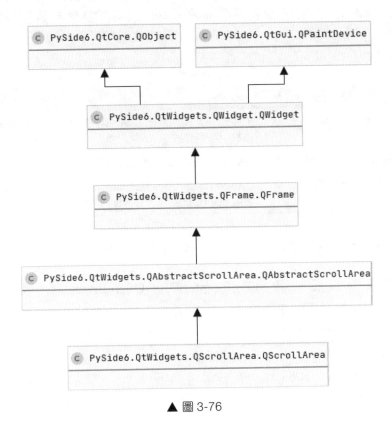

▲ 圖 3-76

可以將 QScrollArea 看作 QWidget 和 QScrollArea 的混合體。因此，QScrollArea 的使用方法主要圍繞 QWidget 和 QScrollArea 展開。

關於獲取 QWidget：使用 widget() 函式可以獲取子視窗，使用 setWidgetResizable() 函式可以自動調整子視窗的大小。

關於獲取 QScrollArea：可以使用父類別 QAbstractScrollArea 的函式，如使用函式 verticalScrollBar() 和 horizontalScrollBar() 分別獲取垂直 ScrollBar 和水平 ScrollBar，3.10.4 節中關於 QScrollBar 的所有內容都可以在這裡處理。

QAbstractScrollArea 中有控制捲軸顯示方式的方法，即 setHorizontal ScrollBarPolicy() 和 setVerticalScrollBarPolicy()。預設參數是 Qt.Scroll BarAsNeeded，也就是隨選開啟捲軸，也可以傳遞其他參數，如表 3-47 所示。

表 3-47

參　　數	值	描　　述
Qt.ScrollBarAsNeeded	0	如果內容太多而無法容納，則 QAbstractScrollArea 顯示捲軸。這是預設值
Qt.ScrollBarAlwaysOff	1	QAbstractScrollArea 永遠不會顯示捲軸
Qt.ScrollBarAlwaysOn	2	QAbstractScrollArea 始終顯示捲軸。在具有臨時捲軸的系統上（如 Mac 10.7 版本），將忽略此屬性

🖉 案例 3-27　QScrollArea 控制項的使用方法

本案例的檔案名稱為 Chapter03/qt_QScrollArea.py，用於演示 QScrollArea 控制項的使用方法，程式碼如下：

```python
class QScrollAreaWindow(QMainWindow):
    def __init__(self):
        super(QScrollAreaWindow, self).__init__()
        self.setWindowTitle('QScrollArea 案例 ')

        w = QWidget()
        self.setCentralWidget(w)
        layout_main = QVBoxLayout()
        w.setLayout(layout_main)

        # 建立一個 QLabel 捲軸
        label_scroll = QLabel()
        label_scroll.setPixmap(QPixmap("./images/boy.png"))
        self.scroll1 = QScrollArea()
        self.scroll1.setWidget(label_scroll)
        layout_main.addWidget(self.scroll1)

        ## 獲取 QScrollArea 的 Widget
```

```
    widget = self.scroll1.widget()
    print(widget is label_scroll)

    ## 獲取及處理 QScrollArea 的 QScrollBar
    self.scroll1.setVerticalScrollBarPolicy(Qt.ScrollBarAlwaysOn)
    hScrollBar = self.scroll1.horizontalScrollBar()
    vScrollBar = self.scroll1.verticalScrollBar()
    vScrollBar.setSingleStep(5)
    vScrollBar.setPageStep(50)
    vScrollBar.setValue(200)
    vScrollBar.setFocusPolicy(Qt.TabFocus)

    # 建立一個 QWidget 捲軸
    self.scrollWidget = QWidget()
    self.scrollWidget.setMinimumSize(500, 1000)
    self.scroll2 = QScrollArea()
    self.scroll2.setWidget(self.scrollWidget)
    layout_main.addWidget(self.scroll2)

    ## 對 QWidget 捲軸增加控制項
    layout_widget = QVBoxLayout()
    self.scrollWidget.setLayout(layout_widget)
    label_pic = QLabel()
    label_pic.setPixmap(QPixmap("./images/boy.png"))
    layout_widget.addWidget(label_pic)
    label_pic2 = QLabel()
    label_pic2.setPixmap(QPixmap("./images/python.jpg"))
    layout_widget.addWidget(label_pic2)
    button = QPushButton(' 按鈕 ')
    button.clicked.connect(lambda: self.on_click(button))
    layout_widget.addWidget(button)

    self.statusBar().showMessage(" 底部資訊欄 ")
    self.resize(400, 800)

def on_click(self, button):
    self.statusBar().showMessage(' 你點擊了 %s' % button.text())
```

執行腳本，顯示效果如圖 3-77 所示。

▲ 圖 3-77

　　本案例建構了兩個 QScrollArea，第 1 個設定 QLabel 為子視窗，第 2 個設定 QWidget 為子視窗，並提供了獲取子視窗和控制條的方法。具體細節前面已有說明，這裡不再贅述。

基本視窗控制項（下）

本章仍然介紹基礎視窗控制項，作為第 3 章的補充。從內容上來看，本章主要介紹對話方塊類別控制項、視窗繪圖類別控制項、拖曳與剪貼簿、功能表列、工具列、狀態列、快速鍵等內容，比第 3 章的難度稍微大一些。

4.1 對話方塊類別控制項（QDialog 族）

QDialog 是對話方塊視窗的基礎類別，繼承自 QWidget，方便設計一些對話方塊視窗，繼承結構如圖 4-1 所示。

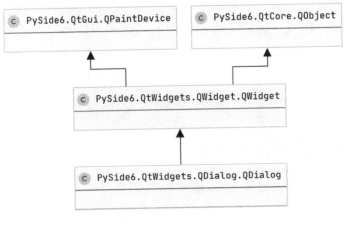

▲ 圖 4-1

QDialog 有很多子類別，如 QColorDialog、QErrorMessage、QFile Dialog、QFontDialog、QInputDialog、QMessageBox、QProgressDialog 和 QWizard。QDialog 也可以作為通用對話方塊使用。

4.1.1 對話方塊簡介

對話方塊（QDialog）是頂層視窗，主要用於短期任務和與使用者的簡短通訊。所謂的頂層視窗，就是可以顯示在所有視窗的最前面（也有另一種說法，是指沒有父類別的視窗）。舉例來說，有些警告視窗始終顯示在螢幕頂端，直到被使用者關閉。QDialog 雖然是頂層視窗，但是也可以有父類別視窗。和一般具有父類別視窗的控制項（如 QLabel）不同，QDialog 可以顯示在螢幕的任何位置，而有父類別的 QLabel 只能在父視窗範圍之內顯示。如果 QDialog 有父類別，則其啟動預設位置在父視窗的中間，並共用父類別的工作列項目，否則預設啟動位置在螢幕中間。既可以在初始化過程中傳遞父類別，也可以使用 setParent() 函式修改對話方塊的所有權。

使用對話方塊會彈出一個視窗，這就涉及多視窗對焦點控制權的問題。舉例來說，快顯視窗警告會阻止使用者對程式的其他操作，除非關閉快顯視窗，利用查詢功能進行查詢的時候也可以對文件進行編輯。在 Qt 中解決這個問題的方法叫作強制回應對話方塊（Modal Dialog）和非模式（Modeless Dialog）對話方塊。可以簡單地理解為前一個場景是強制回應對話方塊，後一個場景是非強制回應對話方塊。

4.1.2 強制回應對話方塊

強制回應對話方塊會禁止對該程式的其他可見視窗操作。舉例來說，開啟檔案的對話方塊就屬於強制回應對話方塊，會阻止對程式進行其他操作。強制回應對話方塊包含兩個，分別是 ApplicationModal（預設）和 WindowModal。

- ApplicationModal：使用者必須先完成與對話方塊的互動並關閉它，然後才能存取應用程式中的任何其他視窗。
- WindowModal：僅阻止存取與該對話方塊連結的視窗，從而允許使用者繼續使用應用程式中的其他視窗。

強制回應對話方塊可以透過 setWindowModality() 函式設定，該函式支援的 3 個參數如表 4-1 所示。

表 4-1

參　　數	值	描　　述
Qt.NonModal	0	該視窗不是強制回應視窗，不會阻止對其他視窗的存取
Qt.WindowModal	1	該視窗是單一視窗層次結構的模式，並阻止存取其父視窗、所有祖父母視窗，以及其父視窗和祖父母視窗的所有同級
Qt.ApplicationModal	2	該視窗是強制回應視窗，阻止與程式相關的所有其他視窗的存取

顯示強制回應對話方塊最常見的方法是呼叫 exec() 函式（這是使用 Qt 的 C++ 方法，在 PyQt 5 / PySide 2 中是 exec() 函式，在 PyQt 5 / PySide 2 中對應 exec_() 函式）。exec() 函式將對話方塊顯示為強制回應對話方塊，在使用者將它關閉之前，該對話方塊一直處於阻塞狀態。也就是說，如果對話方塊是 ApplicationModal（預設值），則使用者在關閉對話方塊之前無法與同一應用程式中的任何其他視窗進行互動；如果對話方塊是 WindowModal，則在開啟對話方塊時僅阻止與父視窗的互動。

當使用者關閉對話方塊時，exec() 函式將提供傳回值 1（Dialog. Rejected）或 0（Dialog. Accepted）。在預設情況下，關閉對話方塊只傳回 0。如果要傳回 1，則可以新建一個名字為 OK 的按鈕，並與槽函式 Dialog.accept 連接。同樣，也可以新建一個 Cancel 按鈕，並與槽函式 Dialog.reject 連接，或可以使用槽函式 Dialog.done 自訂傳回值。傳回值只適用於強制回應對話方塊，非強制回應對話方塊沒有傳回值。也可以重新實作方法 accept()、reject() 或 done() 來修改對話方塊的關閉行為。另外，按 Esc 鍵也會呼叫 reject() 函式。

另外，也可以先呼叫 setModal(True) 或 setWindowModality()，然後使用 show() 函式。與 exec() 函式不同，使用 show() 函式立即將控制權傳回給呼叫者。另外，show() 函式在預設情況下會開啟非強制回應對話方塊，因此需要提前設定 setModal(True) 或 setWindowModality()，而 setModal(True) 從本質上來說又等於 setWindowModality(Qt.ApplicationModal)。如果同時使用 show() 和 setModal(True) 來執行較長的操作，則必須在處理期間定期呼叫 QCoreApplication.processEvents()，從而方便使用者與對話方塊進行互動。

4.1.3 非強制回應對話方塊

非強制回應對話方塊是指在同一個應用程式中，對話方塊和程式的其他視窗是獨立的。一些典型的應用場景是 Word 中的「查詢和替換」對話方塊，既可以查詢文字，又可以編輯文字，對話方塊和主程式可以極佳地進行互動。

使用 show() 函式顯示無強制回應對話方塊時，該對話方塊立即將控制權傳回給呼叫者。如果在隱藏對話方塊後呼叫 show() 函式，那麼該對話方塊將恢復到原始位置，要恢復到使用者上次的位置，可以先在 closeEvent() 函式中儲存位置資訊，然後在 show() 函式之前將對話方塊移至該位置。

✎ 案例 4-1 QDialog 控制項的基本用法

本案例的檔案名稱為 Chapter04/qt_Dialog.py，用於演示 QDialog 控制項的基本用法，程式碼如下：

```python
class DialogDemo(QWidget):

    def __init__(self, parent=None):
        super(DialogDemo, self).__init__(parent)
        self.setWindowTitle("Dialog 例子")
```

```
        self.resize(350, 300)
        self.move(50, 150)
        layout = QVBoxLayout(self)
        self.setLayout(layout)

        self.label_brother = QLabel(' 我是對話方塊的兄弟視窗 \n 彈出對話方塊後你能關閉
我嗎？ ')
        font = QFont()
        font.setPointSize(20)
        self.label_brother.setFont(font)
        self.label_brother.show()
        self.label = QLabel(' 我會顯示對話方塊的資訊： ')
        layout.addWidget(self.label)

        # 普通對話方塊
        self.button1 = QPushButton(self)
        self.button1.setText(" 對話方塊 1-normal")
        layout.addWidget(self.button1)
        self.button1.clicked.connect(self.showdialog_normal)

        # 對話方塊的傳回值
        self.button2 = QPushButton(self)
        self.button2.setText(" 對話方塊 2- 傳回值 ")
        layout.addWidget(self.button2)
        self.button2.clicked.connect(self.showdialog_return)

        # 父視窗
        self.button3 = QPushButton(self)
        self.button3.setText(" 對話方塊 3- 有父視窗 ")
        layout.addWidget(self.button3)
        self.button3.clicked.connect(self.showdialog_father)

        # 強制回應視窗
        self.button4 = QPushButton(self)
        self.button4.setText(" 對話方塊 4- 強制回應視窗 (exec_)")
        layout.addWidget(self.button4)
        self.button4.clicked.connect(self.showdialog_model1)

        # 強制回應視窗 2
        self.button5 = QPushButton(self)
```

```
        self.button5.setText("對話方塊 5- 強制回應視窗 2 (exec_)")
        layout.addWidget(self.button5)
        self.button5.clicked.connect(self.showdialog_model2)

        # 強制回應視窗 3
        self.button6 = QPushButton(self)
        self.button6.setText("對話方塊 6- 強制回應視窗 3 (show)")
        layout.addWidget(self.button6)
        self.button6.clicked.connect(self.showdialog_model3)

        # 強制回應視窗 4
        self.button7 = QPushButton(self)
        self.button7.setText("對話方塊 7- 強制回應視窗 4 (show)")
        layout.addWidget(self.button7)
        self.button7.clicked.connect(self.showdialog_model4)

        # 錯誤使用
        self.button8 = QPushButton(self)
        self.button8.setText("對話方塊 8- 錯誤使用")
        layout.addWidget(self.button8)
        self.button8.clicked.connect(self.showdialog_error)


    def showdialog_normal(self):
        dialog = QDialog()
        button = QPushButton("OK", dialog)
        button.clicked.connect(dialog.accept)
        dialog.setWindowTitle("Dialog 案例 - 普通對話方塊")
        dialog.setMinimumWidth(200)
        self.label.setText('預設對話方塊："%s" \n 你只有關閉對話方塊才能進行其他操作
' % dialog.windowTitle())
        dialog.exec_()

    def showdialog_return(self):
        dialog = QDialog()
        dialog.setWindowTitle("Dialog 案例 - 傳回值")
        self.label.setText('測試對話方塊傳回值："%s" \n 你只有關閉對話方塊才能進行其
他操作' % dialog.windowTitle())
        layout = QHBoxLayout()
```

```
        dialog.setLayout(layout)

        button_OK = QPushButton("OK", dialog)
        button_OK.clicked.connect(dialog.accept)
        layout.addWidget(button_OK)
        button_Cancel = QPushButton("Cancel", dialog)
        button_Cancel.clicked.connect(dialog.reject)
        layout.addWidget(button_Cancel)

        button_DoneOK = QPushButton("Done_OK", dialog)
        button_DoneOK.clicked.connect(lambda: dialog.done(dialog.Accepted))
        layout.addWidget(button_DoneOK)
        button_DoneCancel = QPushButton("Done_Cancel", dialog)
        button_DoneCancel.clicked.connect(lambda: dialog.done(dialog.
Rejected))
        layout.addWidget(button_DoneCancel)
        button_DoneOthers = QPushButton("Done_自訂傳回值", dialog)
        button_DoneOthers.clicked.connect(lambda: dialog.done(66))
        layout.addWidget(button_DoneOthers)

        out = dialog.exec_()
        self.label.setText('對話方塊:"%s" 傳回值為:%s' % (dialog.
windowTitle(), out))

    def showdialog_father(self):
        dialog = QDialog(self)
        button = QPushButton("OK", dialog)
        button.clicked.connect(dialog.accept)
        dialog.setWindowTitle("Dialog 案例 - 有父視窗對話方塊")
        dialog.setMinimumWidth(250)
        self.label.setText('對話方塊:"%s" 有父視窗，請注意對話方塊的預設開啟位置。
\n 你只有關閉對話方塊才能進行其他操作' % dialog.windowTitle())
        dialog.exec_()

    def showdialog_model1(self):
        dialog = QDialog()
        button = QPushButton("OK", dialog)
        button.clicked.connect(dialog.accept)
        dialog.setWindowTitle("Dialog 案例 - 強制回應視窗 (exec)")
        dialog.setMinimumWidth(250)
```

```
        dialog.setWindowModality(Qt.WindowModal)
        self.label.setText(' 修改預設模式："%s" \n 我沒有父類別所以我不影響程式其他視
窗 '
 % dialog.windowTitle())
        dialog.exec_()

    def showdialog_model2(self):
        dialog = QDialog(self)
        button = QPushButton("OK", dialog)
        button.clicked.connect(dialog.accept)
        dialog.setWindowTitle("Dialog 案例 - 強制回應視窗 2 (exec)")
        dialog.setMinimumWidth(250)
        dialog.setWindowModality(Qt.WindowModal)
        self.label.setText(' 修改預設模式："%s" \n 我有父類別，我能影響父視窗，不能影
響兄弟視窗 ' % dialog.windowTitle())
        dialog.exec_()

    def showdialog_model3(self):
        dialog = QDialog(self)
        button = QPushButton("OK", dialog)
        button.clicked.connect(dialog.accept)
        dialog.setWindowTitle("Dialog 案例 - 強制回應視窗 3 (show)")
        dialog.setMinimumWidth(250)
        dialog.setWindowModality(Qt.WindowModal)
        self.label.setText(' 修改預設模式："%s" \n 我有父類別，我能影響父視窗，不能影
響兄弟視窗 ' % dialog.windowTitle())
        dialog.show()

    def showdialog_model4(self):
        dialog = QDialog(self)
        button = QPushButton("OK", dialog)
        button.clicked.connect(dialog.accept)
        dialog.setWindowTitle("Dialog 案例 - 強制回應視窗 4 (show)")
        dialog.setMinimumWidth(250)
        # dialog.setWindowModality(Qt.NonModal)
        self.label.setText(' 修改預設模式："%s" \n 我是非強制回應視窗，我不影響程式
其他視窗 ' % dialog.windowTitle())
        dialog.show()

    def showdialog_error(self):
```

```
        dialog = QDialog()
        button = QPushButton("OK", dialog)
        button.clicked.connect(dialog.accept)
        dialog.setWindowTitle("Dialog 案例 - 錯誤使用 ")
        dialog.setMinimumWidth(250)
        # dialog.setWindowModality(Qt.NonModal)
        self.label.setText(' 修改預設模式："%s" \n 我是錯誤的使用方法，你可以看出來我
錯在哪了嗎？ ' % dialog.windowTitle())
        dialog.show()


if __name__ == '__main__':
    app = QApplication(sys.argv)
    demo = DialogDemo()
    demo.show()
    sys.exit(app.exec())
```

執行腳本，顯示效果如圖 4-2 所示。

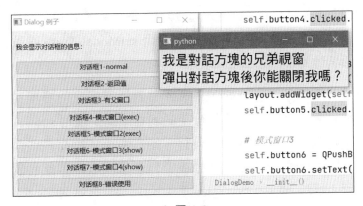

▲ 圖 4-2

點擊各個按鈕會顯示對應的效果。基本原理之前都已經介紹過，這裡簡單介紹以下幾點。

■ 對話方塊 1：預設的對話方塊快顯視窗。

■ 對話方塊 2：帶有傳回值的對話方塊視窗，只有使用 exec() 函式啟動才會有傳回值，槽函式 done 可以自訂傳回值。

- 對話方塊 3：彈出的對話方塊父類別是主視窗，其預設啟動位置在主視窗的中心位置。

- 對話方塊 4 / 5：透過 exec() 函式啟動的視窗都是強制回應視窗，對話方塊 1 ～ 對話方塊 3 使用的是預設模式，也就是 Qt.ApplicationModal，預設會阻止程式的所有其他視窗。對話方塊 4 和對話方塊 5 使用的模式是 Qt.WindowModal，只會阻止與父視窗互動，不阻止兄弟視窗。由於對話方塊 4 沒有父類別，表現形式為可以和所有視窗互動；對話方塊 5 的父視窗是主視窗，不能和主視窗互動，但是可以和兄弟視窗互動。使用 exec() 函式啟動的視窗都是強制回應視窗，因此 Qt.NonModal 參數無效。

- 對話方塊 6 / 7：使用 show() 函式啟動預設為非強制回應視窗（對話方塊 7），在這種情況下可以和所有視窗互動，該方式預設使用了 Qt.NonModal；也可以設定為強制回應視窗，如 Qt.WindowModal（對話方塊 6），這種方式不能和父視窗互動，但是可以和兄弟視窗互動。如果使用 setModal(True) 開啟模式，則預設開啟 Qt.ApplicationModal。

- 對話方塊 8：使用 exec() 函式啟動對話方塊會阻塞程式的執行，直到關閉對話方塊才能執行後面的程式碼；使用 show() 函式不會阻塞程式，會直接執行下一行。函式最後一行程式碼執行完畢之後，區域變數 dialog 會自動被當作垃圾回收，因此會看到閃現的視窗。解決方法如下。

  - 使用 exec() 函式啟動，用完對話方塊之後才能被回收，如對話方塊 1 ～ 對話方塊 5。
  - 掛靠父視窗：dialog = QDialog(self)，這樣也不會被立刻回收，如對話方塊 6 和對話方塊 7。
  - 掛靠類別：self.dialog = QDialog()，這樣也不會被立刻回收，如 self.label

> **⏳ 注意：**
>
> 之所以掛靠主視窗快顯視窗沒有消失是因為主視窗被 QApplication 接管，如下所示（如果沒有最後一行，主視窗也會一閃就消失）：

```python
if __name__ == '__main__':
    app = QApplication(sys.argv)
    demo = DialogDemo()
    demo.show()
    sys.exit(app.exec())
```

4.1.4 擴充對話方塊

擴充對話方塊，顧名思義，就是一個具有擴充功能的對話方塊。這種對話方塊包含一個隱藏區域，用於儲存一些不常用的功能，點擊「更多」按鈕可以顯示這部分區域。

✎ 案例 4-2 QDialog 擴充對話方塊的使用方法

本案例的檔案名稱為 Chapter04/qt_Dialog2.py，用於演示 QDialog 擴充對話方塊的使用方法，程式碼如下（該程式碼來自 Qt 官方案例，由 C++ 程式碼改寫）：

```python
class FindDialog(QDialog):

    def __init__(self, parent=None):
        super(FindDialog, self).__init__(parent)
        self.setWindowTitle("Extension")

        # topLeft: label+LineEdit
        label = QLabel("Find w&hat:")
        lineEdit = QLineEdit()
        label.setBuddy(lineEdit)
        topLeftLayout = QHBoxLayout()
```

```
topLeftLayout.addWidget(label)
topLeftLayout.addWidget(lineEdit)

# left: topLeft + QCheckBox * 2
caseCheckBox = QCheckBox("Match &case")
fromStartCheckBox = QCheckBox("Search from &start")
fromStartCheckBox.setChecked(True)
leftLayout = QVBoxLayout()
leftLayout.addLayout(topLeftLayout)
leftLayout.addWidget(caseCheckBox)
leftLayout.addWidget(fromStartCheckBox)

# topRight: QPushButton * 2
findButton = QPushButton("&Find")
findButton.setDefault(True)
moreButton = QPushButton("&More")
moreButton.setCheckable(True)
moreButton.setAutoDefault(False)
buttonBox = QDialogButtonBox(Qt.Vertical)
buttonBox.addButton(findButton, QDialogButtonBox.ActionRole)
buttonBox.addButton(moreButton, QDialogButtonBox.ActionRole)

# hide QWidge
extension = QWidget()
extensionLayout = QVBoxLayout()
extension.setLayout(extensionLayout)
extension.hide()
# hide QWidge: QCheckBox * 3
wholeWordsCheckBox = QCheckBox("&Whole words")
backwardCheckBox = QCheckBox("Search &backward")
searchSelectionCheckBox = QCheckBox("Search se&lection")
extensionLayout.setContentsMargins(QMargins())
extensionLayout.addWidget(wholeWordsCheckBox)
extensionLayout.addWidget(backwardCheckBox)
extensionLayout.addWidget(searchSelectionCheckBox)

# mainLayout
mainLayout = QGridLayout()
mainLayout.setSizeConstraint(QLayout.SetFixedSize)
```

```
mainLayout.addLayout(leftLayout, 0, 0)
mainLayout.addWidget(buttonBox, 0, 1)
mainLayout.addWidget(extension, 1, 0, 1, 2)
mainLayout.setRowStretch(2, 1)
self.setLayout(mainLayout)

# signal & slot
moreButton.toggled.connect(extension.setVisible)
```

執行腳本，顯示效果如圖 4-3 所示。

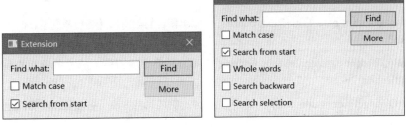

▲ 圖 4-3

這個案例繼承了 QDialog 並增加了隱藏視窗功能，關鍵是透過 QWidget. setVisible 來開啟 / 關閉隱藏視窗。上述程式碼並不複雜，所以這裡不進行過多解讀，讀者可以自己體會。

4.1.5 QMessageBox

QMessageBox 是一種通用的彈出式對話方塊，用於顯示訊息，允許使用者透過點擊不同的標準按鈕對訊息進行回饋。每個標準按鈕都有一個預先定義的文字、角色和十六進位數。

QMessageBox 類別中常用的函式如表 4-2 所示。

表 4-2

函 數	描 述
information(QWidget parent,title, text, buttons, defaultButton)	彈出訊息對話方塊，各參數的解釋如下。 • parent：指定的父視窗控制項。 • title：對話方塊標題。 • text：對話方塊文字。 • buttons：多個標準按鈕，預設為 OK 按鈕。 • defaultButton：預設選中的標準按鈕，預設是第 1 個標準按鈕
question(QWidget parent,title, text, buttons, defaultButton)	彈出問答對話方塊（各參數的解釋同上）
warning(QWidget parent,title, text, buttons, defaultButton)	彈出警告對話方塊（各參數的解釋同上）
critical(QWidget parent,title, text, buttons, defaultButton)	彈出嚴重錯誤對話方塊（各參數的解釋同上）
about(QWidget parent,title, text)	彈出關於對話方塊（各參數的解釋同上）
setTitle()	設定標題
setText()	設定訊息文字
setIcon()	設定彈出對話方塊的圖片

✎ 案例 **4-3** QMessageBox 控制項的使用方法

本 案 例 的 檔 案 名 稱 為 Chapter04/qt_QMessageBox.py，用 於 演 示 QMessageBox 控制項的使用方法。執行腳本，顯示效果如圖 4-4 所示。

▲ 圖 4-4

▲ 圖 4-4（續）

如圖 4-4 所示，主要包含 3 種訊息方塊，即普通訊息方塊、自訂訊息方塊、訊號與槽訊息方塊，下面分別介紹。

1. 普通訊息方塊

QMessageBox 提供了許多標準化的訊息方塊，如提示、警告、錯誤、詢問、關於等對話方塊。這些不同類型的 QMessageBox 對話方塊只是顯示時的圖示不同，其他功能是一樣的。

5 種常用的對話方塊類型及其顯示效果如表 4-3 所示。

表 4-3

對話方塊類型	顯 示 效 果
訊息對話方塊，用來告訴使用者提示訊息。 QMessageBox.information(self, " 標題 ", " 訊息對話方塊正文 ", QMessageBox.Yes | QMessageBox.No，QMessageBox.Yes)	標題 消息对话框正文 Yes　No
提問對話方塊，用來告訴使用者提問訊息。 QMessageBox.question(self, " 標題 ", " 提問框訊息文字 ", QMessageBox.Yes | QMessageBox.No，QMessageBox.Yes)	標題 提问框消息正文 Yes　No

對話方塊類型	顯示效果
警告對話方塊，用來告訴使用者不尋常的錯誤訊息。 QMessageBox.warning(self, " 標題 ", " 警告框訊息文字 ", QMessageBox.Yes | QMessageBox.No ， QMessageBox.Yes)	
嚴重錯誤對話方塊，用來告訴使用者嚴重的錯誤訊息。 QMessageBox.critical(self, " 標題 ", " 嚴重錯誤對話方塊訊息文字 ", QMessageBox.Yes | QMessageBox.No ， QMessageBox.Yes)	
關於對話方塊。 QMessageBox.about(self, " 標題 ", " 關於對話方塊 ")	

QMessageBox 也提供了一些標準化的按鈕，如表 4-4 所示，按鈕角色（如 AcceptRole）是一種組合標記，用來描述按鈕行為的不同方面。

表 4-4

類　　別	值	描　　述
QMessageBox.Ok	0x00000400	使用 AcceptRole 定義的「確定」按鈕
QMessageBox.Open	0x00002000	使用 AcceptRole 定義的「開啟」按鈕
QMessageBox.Save	0x00000800	使用 AcceptRole 定義的「儲存」按鈕
QMessageBox.Cancel	0x00400000	使用 RejectRole 定義的「取消」按鈕
QMessageBox.Close	0x00200000	使用 RejectRole 定義的「關閉」按鈕
QMessageBox.Discard	0x00800000	根據平臺使用 DestructiveRole 定義的「放棄」按鈕或「不儲存」按鈕
QMessageBox.Apply	0x02000000	使用 ApplyRole 定義的「應用」按鈕
QMessageBox.Reset	0x04000000	使用 ResetRole 定義的「重置」按鈕
QMessageBox.RestoreDefaults	0x08000000	使用 ResetRole 定義的「恢復預設值」按鈕
QMessageBox.Help	0x01000000	使用 HelpRole 定義的「説明」按鈕

類　別	值	描　述
QMessageBox.SaveAll	0x00001000	使用 AcceptRole 定義的「全部儲存」按鈕
QMessageBox.Yes	0x00004000	使用 YesRole 定義的「是」按鈕
QMessageBox.YesToAll	0x00008000	使用 YesRole 定義的「全部同意」按鈕
QMessageBox.No	0x00010000	使用 NoRole 定義的「否」按鈕
QMessageBox.NoToAll	0x00020000	使用 NoRole 定義的「全部拒絕」按鈕
QMessageBox.Abort	0x00040000	使用 RejectRole 定義的「中止」按鈕
QMessageBox.Retry	0x00080000	使用 AcceptRole 定義的「重試」按鈕
QMessageBox.Ignore	0x00100000	使用 AcceptRole 定義的「忽略」按鈕
QMessageBox.NoButton	0x00000000	無效的按鈕

Qt 中提供了多種按鈕角色，並以此為基礎提供了多種用途的按鈕，這些按鈕角色如表 4-5 所示。關於這些角色的進一步介紹請參考下面的「訊號與槽訊息方塊」部分，如果用不到訊號與槽則可以不關注按鈕角色。

表 4-5

按 鈕 角 色	值	描　述
QMessageBox.InvalidRole	-1	按鈕無效
QMessageBox.AcceptRole	0	點擊該按鈕會使對話方塊被接受（如確定）
QMessageBox.RejectRole	1	點擊該按鈕會導致對話方塊被拒絕（如取消）
QMessageBox.DestructiveRole	2	點擊該按鈕會導致破壞性更改（如放棄更改）並關閉對話方塊
QMessageBox.ActionRole	3	點擊該按鈕會更改對話方塊中的元素
QMessageBox.HelpRole	4	可以點擊該按鈕來請求幫助
QMessageBox.YesRole	5	該按鈕與「是」按鈕類似
QMessageBox.NoRole	6	該按鈕與「否」按鈕類似
QMessageBox.ApplyRole	8	該按鈕應用當前更改
QMessageBox.ResetRole	7	該按鈕將對話方塊的欄位重置為預設值

相關程式碼如下：

```
    button1 = QPushButton()
    button1.setText(" 普通訊息方塊 ")
    layout.addWidget(button1)
    button1.clicked.connect(self.showMessageBox1)

def showMessageBox1(self):
    reply = QMessageBox.information(self, " 標題 ", " 對話方塊訊息文字 ",
QMessageBox.Yes | QMessageBox.No | QMessageBox.Ok | QMessageBox.Apply,
QMessageBox.Yes)
    self.label.setText(' 傳回 %s' % reply)
```

2. 自訂訊息方塊

如果標準的訊息方塊無法滿足需求，則可以自訂訊息方塊。

- 使用 setText() 函式可以設定訊息方塊文字。
- 使用 setInformativeText() 函式可以設定更多資訊，主要用來補充 text() 函式的內容，向使用者提供更多資訊。
- 使用 setStandardButtons() 函式可以增加標準的按鈕控制項，標準按鈕資訊請參考表 4-4。
- 使用 setDetailedText() 函式可以設定詳細資訊區域要顯示的純文字資訊，預設是空字串，效果如圖 4-5 所示。

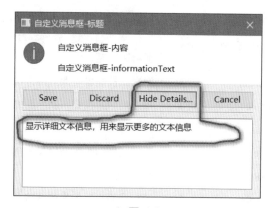

▲ 圖 4-5

使用 setIcon() 函式可以增加訊息方塊的標準圖示，預設無圖，支援的參數如表 4-6 所示。

表 4-6

參　　數	值	描　　述
QMessageBox.NoIcon	0	該訊息方塊沒有任何圖示
QMessageBox.Question	4	指示該訊息正在詢問問題的圖示
QMessageBox.Information	1	一個圖示，指示該訊息與眾不同
QMessageBox.Warning	2	一個圖示，指示該訊息是警告，但可以處理
QMessageBox.Critical	3	指示該訊息表示嚴重問題的圖示

使用 setIconPixmap() 函式可以設定一個自訂的圖示，適用於標準圖示不能滿足需求的情況。使用 addButton() 函式可以增加自訂按鈕，適用於標準按鈕不能滿足需求的情況。

相關程式碼如下：

```
    button2 = QPushButton()
    button2.setText(" 自訂訊息方塊 ")
    layout.addWidget(button2)
    button2.clicked.connect(self.showMessageBox2)

def showMessageBox2(self):
    msgBox = QMessageBox()
    msgBox.setWindowTitle(' 自訂訊息方塊 - 標題 ')
    msgBox.setText(" 自訂訊息方塊 - 內容 ")
    msgBox.setInformativeText(" 自訂訊息方塊 -informationText")
    msgBox.setDetailedText(" 顯示詳細文字資訊，用來顯示更多的文字資訊 ")
    msgBox.setStandardButtons(QMessageBox.Save | QMessageBox.Discard |
QMessageBox.Cancel)
    msgBox.setDefaultButton(QMessageBox.Save)
    msgBox.setIcon(QMessageBox.Information)

    # 自訂按鈕
    button1 = QPushButton('MyOk')
    msgBox.addButton(button1, QMessageBox.ApplyRole)
```

```
    reply = msgBox.exec()
    self.label.setText('傳回 :%s' % reply)
    if msgBox.clickedButton() == button1:
        self.label.setText(self.label.text() + ' 你點擊了自訂按鈕 :' + button1.
text())
```

3. 訊號與槽訊息方塊

　　QDialog 常用的訊號有兩個，分別為 rejected 和 accepted。一般來說，使用 QMessageBox 用不到這兩個訊號，**標準化訊息方塊**和**自訂訊息方塊**的內容就夠用了。為了保持內容的完整性，下面介紹這兩個訊號的使用方法。

　　在一般情況下，當使用 QDialog.exec() 函式啟動對話方塊時，如果點擊基於 AcceptRole 或 YesRole 定義的按鈕則會觸發 accepted 訊號，如果點擊基於 RejectRole 或 NoRole 定義的按鈕則會觸發 rejected 訊號。上面的內容對於自訂按鈕也適用，想要觸發 accepted 訊號或 rejected 訊號就要基於 AcceptRole 或 RejectRole 定義按鈕。

　　對於標準化訊息方塊，如 QMessageBox.information() 函式的執行邏輯和 QDialog.exec() 函式的執行邏輯不一樣，並不能觸發 rejected 訊號和 accepted 訊號，所以這裡使用自訂訊息方塊。事實上，QMessageBox.information() 函式傳回的是使用者點擊的按鈕，QDialog.exec() 函式傳回的是數字，兩者的底層邏輯不一樣。

　　如圖 4-6 所示，建立了一個包含 OK、Save、Discard、Cancel 和 No 的通用按鈕，以及 MyOk-ApplyRole、MyOk-AcceptRole 的自訂按鈕的訊息方塊。當點擊 OK 按鈕、Save 按鈕和 MyOk-AcceptRole 按鈕時，會觸發 accepted 訊號，在狀態列中顯示「觸發了 accepted 訊號」，1 秒後消失；當點擊 Cancel 按鈕和 No 按鈕時，會觸發 rejected 訊號，在狀態列中顯示「觸發了 rejected 訊號」，1 秒後消失；當點擊 Discard 按鈕和 MyOk-ApplyRole 按鈕時，不會觸發訊號。

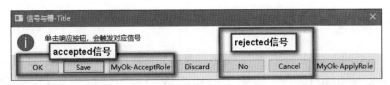

▲ 圖 4-6

程式碼如下：

```python
button3 = QPushButton()
button3.setText(" 訊號與槽 ")
layout.addWidget(button3)
button3.clicked.connect(self.showMessageBox3)
def showMessageBox3(self):
    msgBox = QMessageBox()
    msgBox.setWindowTitle(' 訊號與槽 -Title')
    msgBox.setText(" 點擊回應按鈕，會觸發對應訊號 ")
    msgBox.setStandardButtons(QMessageBox.Ok |QMessageBox.Save | QMessageBox.
Discard | QMessageBox.Cancel| QMessageBox.No)
    msgBox.setDefaultButton(QMessageBox.Save)
    msgBox.setIcon(QMessageBox.Information)

    # 自訂按鈕
    button1 = QPushButton('MyOk-ApplyRole')
    msgBox.addButton(button1 , QMessageBox.ApplyRole)
    button2 = QPushButton('MyOk-AcceptRole')
    msgBox.addButton(button2, QMessageBox.AcceptRole)

    # 訊號與槽
    msgBox.accepted.connect(lambda: self.statusBar().showMessage(' 觸發了
accepted 訊號 ',1000))
    msgBox.rejected.connect(lambda: self.statusBar().showMessage(' 觸發了
rejected 訊號 ',1000))

    reply = msgBox.exec()
    self.label.setText(' 傳回 :%s' % reply)
    if msgBox.clickedButton() in [button1,button2]:
        self.label.setText(self.label.text() + ' 你點擊了自訂按鈕 :' + msgBox.
clickedButton().text())
```

4.1.6 QInputDialog

QInputDialog 控制項是一個標準對話方塊，由一個文字標籤和兩個按鈕（OK 按鈕和 Cancel 按鈕）群組組成。當使用者點擊 OK 按鈕或按 Enter 鍵後，在父視窗中可以收集透過 QInputDialog 控制項輸入的資訊。

在 QInputDialog 控制項中可以輸入數字、字串或串列中的選項。標籤用於提示必要的資訊。

QInputDialog 類別中常用的函式如表 4-7 所示。

表 4-7

函式	描　述
getInt()	從控制項中獲得標準整數輸入
getDouble()	從控制項中獲得標準浮點數輸入
getText()	從控制項中獲得標準字串輸入
getItem()	從控制項中獲得清單裡的選項輸入
getMultiLineText()	從控制項中獲得多行字串輸入

✎ 案例 4-4　QInputDialog 控制項的使用方法

本案例的檔案名稱為 Chapter04/qt_QInputDialog.py，用於演示 QInputDialog 控制項的使用方法，程式碼如下：

```python
class InputdialogDemo(QWidget):
    def __init__(self, parent=None):
        super(InputdialogDemo, self).__init__(parent)
        layout = QFormLayout()
        self.btn1 = QPushButton("獲得清單裡的選項")
        self.btn1.clicked.connect(self.getItem)
        self.le1 = QLineEdit()
        layout.addRow(self.btn1, self.le1)

        self.btn2 = QPushButton("獲得字串")
        self.btn2.clicked.connect(self.getIext)
```

```
        self.le2 = QLineEdit()
        layout.addRow(self.btn2, self.le2)

        self.btn3 = QPushButton(" 獲得整數 ")
        self.btn3.clicked.connect(self.getInt)
        self.le3 = QLineEdit()
        layout.addRow(self.btn3, self.le3)

        self.btn4 = QPushButton(" 獲得浮點數 ")
        self.btn4.clicked.connect(self.getDouble)
        self.le4 = QLineEdit()
        layout.addRow(self.btn4, self.le4)

        self.btn5 = QPushButton(" 獲得多行字串 ")
        self.btn5.clicked.connect(self.getMultiLine)
        self.le5 = QTextEdit()
        layout.addRow(self.btn5, self.le5)

        self.setLayout(layout)
        self.setWindowTitle("Input Dialog 例子 ")

    def getItem(self):
        items = ("C", "C++", "Java", "Python")
        item, ok = QInputDialog.getItem(self, "select input dialog",
                                        " 語言清單 ", items, 0, False)
        if ok and item:
            self.le1.setText(item)

    def getIext(self):
        text, ok = QInputDialog.getText(self, 'Text Input Dialog', ' 輸入姓名:')
        if ok:
            self.le2.setText(str(text))

    def getInt(self):
        num, ok = QInputDialog.getInt(self, "integer input dualog", " 輸入數字 ",
10, minValue=-10, maxValue=120, step=10)
        if ok:
            self.le3.setText(str(num))

    def getDouble(self):
```

```
        num, ok = QInputDialog.getDouble(self, "double input dualog", "輸入數
字 ", 5, minValue=-1.00, maxValue=20.00,
                                    decimals=2, step=0.1)
        if ok:
            self.le4.setText(str(num))

    def getMultiLine(self):
        num, ok = QInputDialog.getMultiLineText(self, "MultiLineText input
dualog", " 輸入多行字串 ", ' 字串 1\n 字串 2')
        if ok:
            self.le5.setText(str(num))
```

執行腳本，顯示效果如圖 4-7 所示。

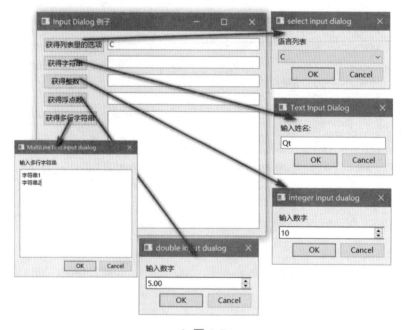

▲ 圖 4-7

【程式碼分析】

在這個案例中，QFormLayout 版面配置管理器中放置了 5 個按鈕和 5 個文字標籤。當點擊按鈕時，將彈出標準對話方塊，把按鈕的點擊訊號與自訂的槽函式連接起來。以第 1 個按鈕為例，其他類似：

```
self.btn1.clicked.connect(self.getItem)
```

當呼叫 QInputDialog.getItem() 函式時，QInputDialog 控制項中包含一個 QCombox 控制項和兩個按鈕，使用者從 QCombox 中選擇一個選項後，允許使用者確認或取消操作：

```
def getItem(self):
    items = ("C", "C++", "Java", "Python")
    item, ok = QInputDialog.getItem(self, "select input dialog",
    "語言清單", items, 0, False)
    if ok and item:
        self.le1.setText(item)
```

4.1.7 QFontDialog

QFontDialog 控制項是一個常用的字型選擇對話方塊，可以讓使用者選擇所顯示文字的字型大小、樣式和格式。使用 QFontDialog 的函式 getFont()，可以從字型選擇對話方塊中選擇顯示文字的字型大小、樣式和格式。

✎ **案例 4-5** QFontDialog 控制項的使用方法

本案例的檔案名稱為 Chapter04/qt_QFontDialog.py，用於演示 QFontDialog 控制項的使用方法，程式碼如下：

```
class FontDialogDemo(QWidget):
    def __init__(self, parent=None):
        super(FontDialogDemo, self).__init__(parent)
        layout = QVBoxLayout()

        self.fontLabel = QLabel("Hello, 我來顯示字型效果 ")
        layout.addWidget(self.fontLabel)

        self.fontButton1 = QPushButton(" 設定 QLabel 字型 ")
        self.fontButton1.clicked.connect(self.set_label_font)
```

```
        layout.addWidget(self.fontButton1)

        self.fontButton2 = QPushButton("設定 QWidget 字型 ")
        self.fontButton2.clicked.connect(lambda:self.setFont(QFontDialog.
getFont(self.font(),self)[1]))
        layout.addWidget(self.fontButton2)

        self.setLayout(layout)
        self.setWindowTitle("Font Dialog 例子 ")
        # self.setFont(QFontDialog.getFont(self.font(),self)[1])

    def set_label_font(self):
        ok, font = QFontDialog.getFont()
        if ok:
            self.fontLabel.setFont(font)
```

執行腳本，顯示效果如圖 4-8 所示。

▲ 圖 4-8

【程式碼分析】

這個案例的程式碼非常簡單，先透過 getFont() 函式獲取字型，然後透過 QLabel.setFont() 函式設定字型，如下所示：

```
    self.fontButton1 = QPushButton("設定 QLabel 字型")
    self.fontButton1.clicked.connect(self.set_label_font)
    layout.addWidget(self.fontButton1)
def set_label_font(self):
    ok, font = QFontDialog.getFont()
    if ok:
        self.fontLabel.setFont(font)
```

另外，可以透過 QWidget.setFont 設定視窗字型，如下所示：

```
    self.fontButton2 = QPushButton("設定 QWidget 字型")
self.fontButton2.clicked.connect(lambda:self.setFont(QFontDialog.
getFont(self.
font(),self)[1]))
layout.addWidget(self.fontButton2)
```

執行腳本，顯示效果如圖 4-9 所示，QWidget.setFont 接管所有控制項的字型，QLabel. setFont 接管 QLabel 字型。

▲ 圖 4-9

4.1.8 QFileDialog

QFileDialog 是用於開啟和儲存檔案的標準對話方塊，繼承自 QDialog 類別。和前面的對話方塊一樣，QFileDialog 主要提供了一些方便好用的靜態方法，不需要實例化就可以呼叫；當然，也可以透過實例化呼叫，實作自訂對話方塊。

✎ 案例 4-6 QFileDialog 控制項的使用方法

本 案 例 的 檔 案 名 稱 為 Chapter04/qt_QFileDialog.py，用 於 演 示 QFileDialog 控制項的使用方法，程式碼如下：

```python
class filedialogdemo(QWidget):
    def __init__(self, parent=None):
        super(filedialogdemo, self).__init__(parent)
        layout = QVBoxLayout()
        self.label = QLabel(" 此處顯示檔案資訊 ")
        layout.addWidget(self.label)
        self.label2 = QLabel()
        layout.addWidget(self.label2)

        self.button_pic_filter1 = QPushButton(" 載入圖片 - 過濾 1( 靜態方法 )")
        self.button_pic_filter1.clicked.connect(self.file_pic_filter1)
        layout.addWidget(self.button_pic_filter1)

        self.button_pic_filter2 = QPushButton(" 載入圖片 - 過濾 2( 實例化方法 )")
        self.button_pic_filter2.clicked.connect(self.file_pic_filter2)
        layout.addWidget(self.button_pic_filter2)

        self.button_pic_filter3 = QPushButton(" 載入圖片 - 過濾 3( 實例化方法 )")
        self.button_pic_filter3.clicked.connect(self.file_pic_filter3)
        layout.addWidget(self.button_pic_filter3)

        self.button_MultiFile1 = QPushButton(" 選擇多個檔案 - 過濾 1( 靜態方法 )")
        self.button_MultiFile1.clicked.connect(self.file_MultiFile1)
        layout.addWidget(self.button_MultiFile1)

        self.button_MultiFile2 = QPushButton(" 選擇多個檔案 - 過濾 2( 實例化方法 )")
        self.button_MultiFile2.clicked.connect(self.file_MultiFile2)
        layout.addWidget(self.button_MultiFile2)

        self.button_file_mode = QPushButton("file_mode 範例：選擇資料夾 ")
```

```python
        self.button_file_mode.clicked.connect(self.file_mode_show)
        layout.addWidget(self.button_file_mode)

        self.button_directory = QPushButton("選擇資料夾（靜態方法）")
        self.button_directory.clicked.connect(self.directory_show)
        layout.addWidget(self.button_directory)

        self.button_save = QPushButton("儲存檔案")
        self.button_save.clicked.connect(self.file_save)
        layout.addWidget(self.button_save)

        self.setLayout(layout)
        self.setWindowTitle("File Dialog 例子")

    def file_pic_filter1(self):
        fname, _ = QFileDialog.getOpenFileName(self, caption='Open file1',
dir=os.path.abspath('.') + '\\images',
                    filter="Image files (*.jpg *.png);;Image files2
                        (*.ico *.gif);;All files(*)")
        self.label.setPixmap(QPixmap(fname))
        self.label2.setText('你選擇了:\n' + fname)

    def file_pic_filter2(self):
        file_dialog = QFileDialog(self, caption='Open file2', directory=
os.path.abspath('.') + '\\images',
                        filter="Image files (*.jpg *.png);;Image files2
                            (*.ico *.gif);;All files(*)")

        if file_dialog.exec_():
            file_path_list = file_dialog.selectedFiles()
            self.label.setPixmap(QPixmap(file_path_list[0]))
            self.label2.setText('你選擇了:\n' + file_path_list[0])

    def file_pic_filter3(self):
        file_dialog = QFileDialog()
        file_dialog.setWindowTitle('Open file3')
        file_dialog.setDirectory(os.path.abspath('.') + '\\images')
        file_dialog.setNameFilter("Image files (*.jpg *.png);;Image files2
(*.ico *.gif);;All files(*)")
```

```python
        if file_dialog.exec_():
            file_path_list = file_dialog.selectedFiles()
            self.label.setPixmap(QPixmap(file_path_list[0]))
            self.label2.setText('你選擇了:\n' + file_path_list[0])

    def file_MultiFile1(self):
        file_path_list, _ = QFileDialog.getOpenFileNames(self, caption='選擇
多個檔案', dir=os.path.abspath('.'),
                                filter="All files(*);;Python files(*.py);;
                                Image files(*.jpg *.png);;Image files2
                                (*.ico *.gif)")
        self.label.setText('你選擇了以下路徑:\n' + ';\n'.join(file_path_list))
        self.label2.setText('')

    def file_MultiFile2(self):
        file_dialog = QFileDialog(self, caption='選擇多個檔案', directory=
os.path.abspath('.'),
                        filter="All files(*);;Python files(*.py);;Image files
                            (*.jpg *.png);;Image files2(*.ico *.gif)")
        file_dialog.setFileMode(file_dialog.ExistingFiles)
        if file_dialog.exec_():
            file_path_list = file_dialog.selectedFiles()
            self.label.setText('你選擇了以下路徑:\n' + ';\n'.join(file_path_
list))
            self.label2.setText('')

    def file_mode_show(self):
        file_dialog = QFileDialog(self, caption='file_mode範例:選擇資料夾',
directory=os.path.abspath('.'))
        file_dialog.setFileMode(file_dialog.Directory)
        if file_dialog.exec_():
            file_path_list = file_dialog.selectedFiles()
            self.label.setText('你選擇了以下路徑:\n' + ';\n'.join(file_path_
list))
            self.label2.setText('')

    def directory_show(self):
        directory_path = QFileDialog.getExistingDirectory(caption='獲取儲存路
徑', dir=os.path.abspath('.'))
        self.label.setText('獲取目錄:\n' + directory_path)
```

```
        self.label2.setText('')


    def file_save(self):
        file_save_path, _ = QFileDialog.getSaveFileName(self, caption=' 獲取儲
存路徑 ', dir=os.path.abspath('.'),
                            filter="All files(*);; Python files(*.py);;
                            Image files(*.jpg *.png);;Image files2(*.ico
*.gif)")
        self.label.setText(' 儲存路徑如下：\n' + file_save_path)
        self.label2.setText('')
```

執行腳本，顯示效果如圖 4-10 所示。

▲ 圖 4-10

【程式碼分析】

1. 獲取單一檔案

可以採用簡單的靜態方法獲取單一檔案：

```
fname, _ = QFileDialog.getOpenFileName(self, caption='Open file1', dir=
os.path.abspath('.') + '\\images',filter="Image files (*.jpg *.png);;
Image files2(*.ico *.gif);;All files(*)")
```

等價於實例化方法 1：

```
file_dialog = QFileDialog(self, caption='Open file2', directory=os.path.
abspath('.') + '\\images',filter="Image files (*.jpg *.png);;Image files2
(*.ico *.gif);;All files(*)")

if file_dialog.exec_():
    file_path_list = file_dialog.selectedFiles()
```

等價於實例化方法 2：

```
file_dialog = QFileDialog()
file_dialog.setWindowTitle('Open file3')
file_dialog.setDirectory(os.path.abspath('.') + '\\images')
file_dialog.setNameFilter("Image files (*.jpg *.png);;Image files2(*.ico
*.gif);;All files(*)")

if file_dialog.exec_():
    file_path_list = file_dialog.selectedFiles()
```

以上 3 種實作方式**分別對應案例 4-6 的前 3 個按鈕**的功能。這些是檔案對話方塊的基本用法，基本上可以滿足大部分需求。這裡需要注意的是檔案類型過濾，不同的檔案類型過濾可以透過「;;」方式隔開。"Image files (*.jpg *.png);;Image files2(*.ico *.gif);;All files(*)" 的效果如圖 4-11 所示。

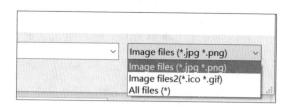

▲ 圖 4-11

這是比較常見的檔案過濾方式。如果這些方式無法滿足需求，則可以採用下面列舉的一些更進階的方法。

2. 獲取多個檔案

可以採用 getOpenFileNames() 函式一次性獲取多個檔案：

```
file_path_list, _ = QFileDialog.getOpenFileNames(self, caption=' 選擇多個檔案 ',
 dir=os.path.abspath('.'),
filter="All files(*);;Python files(*.py);;Image files (*.jpg *.png);;Image
files2(*.ico *.gif)")
```

也可以採用實例化方法：

```
file_dialog = QFileDialog(self, caption=' 選擇多個檔案 ', directory=os.path.
abspath('.'),
filter="All files(*);;Python files(*.py);;Image files (*.jpg *.png);;Image
files2(*.ico *.gif)")

file_dialog.setFileMode(file_dialog.ExistingFiles)
```

它們分別對應按鈕「選擇多個檔案 - 過濾 1(靜態方法)」和「選擇多個檔案 - 過濾 2(實例化方法)」，這兩個檔案對話方塊可以傳回多個選中檔案的路徑。這裡的實例化方法使用了 setFileMode() 函式，下面會介紹這個函式。

3. 檔案模式

檔案模式定義了希望使用者在對話方塊中選擇的類型，主要包括如表 4-8 所示的類型。

表 4-8

類 型	值	使用者點擊「確定」按鈕時對話方塊將傳回的內容
QFileDialog.AnyFile	0	任意單一檔案名稱（預設）
QFileDialog.ExistingFile	1	單一現有檔案名稱
QFileDialog.Directory	2	檔案和目錄的名稱，Windows 檔案對話方塊不支援在目錄選取器中顯示檔案
QFileDialog.ExistingFiles	3	零個或多個現有檔案的名稱

舉例來說，在按鈕「選擇多個檔案 - 過濾 2(實例化方法)」中定義了 ExistingFiles 模式，使用者可以選擇多個檔案。如果設定為 Directory 模式，那麼使用者僅能選擇資料夾，如下所示（**對應按鈕「file_mode 範例：選擇資料夾」**）：

```
file_dialog = QFileDialog(self, caption='file_mode 範例：選擇資料夾',
directory=os.path.abspath('.'))
file_dialog.setFileMode(file_dialog.Directory)
if file_dialog.exec_():
    file_path_list = file_dialog.selectedFiles()
```

也有很好的靜態方法可以解決這個問題（**對應按鈕「選擇資料夾 (靜態方法)」**）：

```
directory_path = QFileDialog.getExistingDirectory(caption=' 獲取儲存路徑 ',
dir=os.path.abspath('.'))
```

上述兩種選擇資料夾的方法的效果是一樣的。

4. 其他方法

使用 getSaveFileName() 函式可以獲取檔案儲存路徑，當選擇的路徑已經存在檔案時，會彈出「xxx 檔案已經存在，要替換它嗎？」提示框，可以根據需要選擇新建檔案路徑或已經存在的檔案路徑。**對應按鈕「儲存檔案」**。

當然，也可以透過實例化方法達到這個目的，保持檔案模式為 AnyFile（預設設定），不過不會彈出「xxx 檔案已經存在，要替換它嗎？」提示框。

4.1.9 QColorDialog

QColorDialog 是用於選擇顏色的標準對話方塊，同樣繼承自 QDialog 類別。QColorDialog 主要透過 getColor() 函式呼叫：

```
color = QColorDialog.getColor(Qt.green, self, "Select Color", options)
```

詳細參數如下：

```
getColor(initial: PySide6.QtGui.QColor = PySide6.QtCore.Qt.GlobalColor.
white, parent: typing.Union[PySide6.QtWidgets.QWidget, NoneType] = None,
title: str = '', options: PySide6.QtWidgets.QColorDialog.ColorDialogOptions =
Default(QColorDialog.ColorDialogOptions)) -> PySide6.QtGui.QColor
```

這裡需要注意的是 options 參數，該參數是 ColorDialogOptions 類型，定義了顏色對話方塊外觀的各種選項，如表 4-9 所示。**在預設情況下，所有選項都是禁用的**。具體的使用方法請參考案例 4-7。

表 4-9

選　項	值	描　述
QColorDialog.ShowAlphaChannel	1	允許使用者設定透明度（alpha）
QColorDialog.NoButtons	2	不顯示「**確定**」按鈕和「**取消**」按鈕（對於「即時對話」很有用）
QColorDialog.DontUseNativeDialog	4	使用 Qt 的標準顏色對話方塊，而非系統的本機顏色對話方塊

使用者可以透過 setCustomColor() 函式設定（儲存）自訂顏色，使用 customColor() 函式來獲取它們。所有顏色對話方塊共用相同的自訂顏色，並在程式執行期間被記住。使用 customCount() 函式可以獲取支援的自訂顏色的數量。

> ⌛ **注意：**
> macOS 平臺上的「系統預設」對話方塊無法使用 setCustomColor() 函式，如果仍然需要此功能，則使用 QColorDialog.DontUseNativeDialog 選項。

✎ **案例 4-7** QColorDialog 控制項的使用方法

本案例的檔案名稱為 Chapter04/qt_QColorDialog.py，用於演示 QColorDialog 控制項的使用方法，程式碼如下：

```python
class ColorDlg(QDialog):
    def __init__(self, parent=None):
        super(ColorDlg, self).__init__(parent)
        self.setWindowTitle('QColorDialog 案例 ')

        layout = QVBoxLayout()
        self.setLayout(layout)

        self.colorLabel = QLabel(' 顯示顏色效果 ')
        layout.addWidget(self.colorLabel)

        colorButton = QPushButton("QColorDialog.get&Color()")
        colorButton.clicked.connect(self.setColor)
        layout.addWidget(colorButton)

        # 顏色選項
        self.colorDialogOptionsWidget = DialogOptionsWidget()
        self.colorDialogOptionsWidget.addCheckBox(" 使用 Qt 對話方塊 ( 非系統 )",
QColorDialog.DontUseNativeDialog)
        self.colorDialogOptionsWidget.addCheckBox(" 顯示透明度 alpha",
QColorDialog.ShowAlphaChannel)
        self.colorDialogOptionsWidget.addCheckBox(" 不顯示 buttons",
QColorDialog.NoButtons)
        layout.addWidget(self.colorDialogOptionsWidget)

        # 自訂顏色設定
        layout.addSpacerItem(QSpacerItem(100, 20))
        self.label2 = QLabel(' 設定自訂顏色 ')
        layout.addWidget(self.label2)
        self.combobox = QComboBox(self, minimumWidth=100)
        item_list = ['#ffffff', '#ffff00', '#ff0751', '#52aeff']
        index_list = [2, 3, 4, 5]
        for i in range(len(item_list)):
            self.combobox.addItem(item_list[i], index_list[i])
```

```
        self.combobox.activated.connect(lambda: self.on_activate(self.
combobox))
        layout.addWidget(self.combobox)

    def setColor(self):
        options = self.colorDialogOptionsWidget.value()
        if options:
            color = QColorDialog.getColor(Qt.green, self, "Select Color",
options)
        else:
            color = QColorDialog.getColor(Qt.green, self, "Select Color")
        if color.isValid():
            self.colorLabel.setText(color.name())
            self.colorLabel.setPalette(QPalette(color))
            self.colorLabel.setAutoFillBackground(True)

    def on_activate(self, combobox):
        color = QColor(combobox.currentText())
        index = combobox.currentData()
        QColorDialog.setCustomColor(index, color)
        self.label2.setText('QColorDialog 在位置 {} 已經增加自訂顏色 {}'
.format(index, combobox.currentText()))
        self.label2.setPalette(QPalette(color))
        self.label2.setAutoFillBackground(True)


class DialogOptionsWidget(QWidget):

    def __init__(self, parent=None):
        super(DialogOptionsWidget, self).__init__(parent)

        self.layout = QVBoxLayout()
        self.setLayout(self.layout)
        self.checkBoxList = []

    def addCheckBox(self, text, value):
        checkBox = QCheckBox(text)
        self.layout.addWidget(checkBox)
        self.checkBoxList.append((checkBox, value))
```

```
    def value(self):
        result = 0
        for checkbox_tuple in self.checkBoxList:
            if checkbox_tuple[0].isChecked():
                result = checkbox_tuple[1]
        return result


if __name__ == '__main__':
    app = QApplication(sys.argv)
    form = ColorDlg()
    form.show()
    app.exec_()
```

執行腳本，顯示效果如圖 4-12 所示。

▲ 圖 4-12

【程式碼分析】

這個案例的部分程式碼是基於官方 C++ demo 改寫而成的。

按鈕 QColorDialog.get&Color() 對應顏色對話方塊呼叫方法。

DialogOptionsWidget 中的 3 個 checkbox 儲存了 ColorDialogOptions 類型，選擇對應類型後顏色對話方塊的外觀會發生一定的變化。

底部的 QComboBox 用來設定自訂顏色，這裡只使用了設定自訂顏色的函式 setCustomColor()，可以使用 customColor() 函式獲取自訂顏色。

4.1.10 QProgressDialog 和 QProgressBar

有時使用者想知道任務的進度，如在安裝一個程式時可以看到當前程式安裝的百分比及剩餘安裝時間，這些都是動態顯示的，QProgressDialog 就提供了這種功能。QProgressDialog 繼承自 QDialog，因此具有快顯視窗的功能。但是 QProgressDialog 還具有 QSlider 的一些屬性，如 setMinimum() 函式和 setMaximum() 函式用於設定最小值和最大值（也可以使用 setRange() 函式同時設定最大值和最小值），setValue() 函式用於設定當前值。因此，可以把 QProgressDialog 看作 QDialog 和 QSlider 的結合體。

在預設情況下，QProgressDialog 要等待 4 秒後才會顯示自身，可以透過 minimumDuration() 函式修改這個時間。如果設定 setValue() 函式和 setMaximum() 函式的值相等，操作就會結束。

在操作結束時，對話方塊將自動重置並隱藏。使用 setAutoReset() 函式和 setAutoClose() 函式可以更改此行為（預設都是 True）。如果使用 setMaximum() 函式或 setRange() 函式設定了更大的最大值，並且該值大於或等於 value()，則該對話方塊不會關閉。

QProgressDialog 有兩種使用方式：模式和無模式。關於模式和無模式的詳細區別請參考 4.1.1 節和 4.1.2 節的內容。

模式的 QProgressDialog 會阻斷父視窗，這個比較容易設計。執行迴圈操作，每隔一段時間呼叫 setValue() 函式，並使用 wasCanceled() 函式檢查對話方塊是否取消。

無模式 QProgressDialog 不會阻斷父視窗，適用於在後台進行的操作，使用者可以在其中與應用程式進行互動。這樣的操作通常基於 QTimer（或 QObject.timerEvent() 函式）、QSocketNotifier，或在單獨的執行緒中執行。所以，無模式 QProgressDialog 的設計相對麻煩一些，下面以 QTimer 為例介紹。

　　QProgressDialog 快顯視窗的進度指示器其實呼叫了 QProgressBar，
如圖 4-13 所示，QProgressBar 繼承自 QWidget，而非 QDialog。如果想
對 QProgressDialog 使用自訂的 QProgressBar，則可以使用 setBar() 函
式；同理，setLabel() 函式和 setCancelButton() 函式透過設定自訂的相關
控制項的 setLabelText() 函式和 setCancelButtonText() 函式來設定自訂文
字。

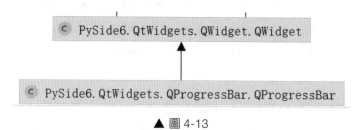

▲ 圖 4-13

✎ 案例 4-8 QProgressDialog 控制項和 QProgressBar 控制項的 使用方法

　　本案例的檔案名稱為 Chapter04/qt_QProgressDialog.py，用於演示
QProgressDialog 控制項和 QProgressBar 控制項的使用方法，程式碼如
下：

```python
class Main(QMainWindow):
    def __init__(self):
        super().__init__()
        self.setWindowTitle("QProgressDialog Demo")
        widget = QWidget()
        self.setCentralWidget(widget)
        layout = QVBoxLayout()
        widget.setLayout(layout)
        self.label = QLabel('顯示進度指示器取消資訊')
        layout.addWidget(self.label)

        button_modeless = QPushButton('顯示無模式進度指示器，不會阻斷其他視窗',
self)
        button_modeless.clicked.connect(self.show_modeless)
```

```
        layout.addWidget(button_modeless)


        button_model = QPushButton('模式進度指示器，會阻斷其他視窗', self)
        button_model.clicked.connect(self.show_modal)
        layout.addWidget(button_model)

        button_auto = QPushButton('不會自動關閉和重置的進度指示器', self)
        button_auto.clicked.connect(self.show_auto)
        layout.addWidget(button_auto)

        # 自訂進度指示器
        button_custom = QPushButton('自訂 QProgressDialog', self)
        button_custom.clicked.connect(self.show_custom)
        layout.addWidget(button_custom)

        # 水平滑桿
        self.pd_slider = QProgressDialog("滑桿進度指示器：點擊滑桿我會動",
"Cancel", 10, 100, self)
        self.pd_slider.move(300, 400)
self.pd_slider.canceled.connect(lambda: self.cancel(self.pd_slider))
        self.slider_horizon = QSlider(Qt.Horizontal)
        self.slider_horizon.setRange(10,120)
        layout.addWidget(self.slider_horizon)
        self.slider_horizon.valueChanged.connect(lambda : self.valuechange
(self.slider_horizon))
        bar = QProgressBar(self) # QProgressBar
        bar.valueChanged.connect(lambda value:print('自訂 Bar 的 Value 值：',
value))
        bar.setRange(1,80)
        self.slider_horizon.valueChanged.connect(lambda value:bar.setValue
(value))
        layout.addWidget(bar)
        # self.slider_horizon.valueChanged.connect(self.pd_slider.setValue)


        self.resize(300, 200)


    def show_modeless(self):
```

```python
        pd_modeless = QProgressDialog(" 無模式進度指示器：可以操作父視窗 ",
"Cancel", 0, 12)
        pd_modeless.move(300,600)

        self.steps = 0


        def perform():
            pd_modeless.setValue(self.steps)
            self.label.setText(' 當前進度指示器值：{}\n 最大值：{}\n 是否取消（重
置）過進度指示器：{}'.format(pd_modeless.value(), pd_modeless.maximum(),pd_
modeless.wasCanceled()))

            # // perform one percent of the operation
            self.steps += 1
            if self.steps > pd_modeless.maximum():
                self.timer.stop()

        self.timer = QTimer(self)
        self.timer.timeout.connect(perform)
        self.timer.start(1000)

        pd_modeless.canceled.connect(lambda :self.cancel(pd_modeless))
        pd_modeless.canceled.connect(self.timer.stop)


    def show_modal(self):
        max = 10
        pd_modal = QProgressDialog(" 模式進度指示器：不可以操作父視窗 ", " 終止 ", 0,
max, self)
        pd_modal.move(300, 600)
        pd_modal.setWindowModality(Qt.WindowModal)
        # pd_modal.setWindowModality(Qt.ApplicationModal)
        pd_modal.setMinimumDuration(1000) # 1 秒後出現對話方塊

        # 訊號與槽要放在計時器後面，否則不會被執行
        pd_modal.canceled.connect(lambda :self.cancel(pd_modal))


        for i in range(max + 1):
```

```
            pd_modal.setValue(i)
            self.label.setText('當前進度指示器值：{}\n最大值：{}\n是否取消（重
置）過進度指示器：{}'.format(pd_modal.value(), pd_modal.maximum(),pd_modal.
wasCanceled()))
            if pd_modal.value()>=pd_modal.maximum() or pd_modal.
wasCanceled():
                break
            # print('you can do something  here')
            time.sleep(1)
            # pd_modal.setValue(max)

    def get_pd_auto(self):
        if not hasattr(self,'pd_auto'):
            max = 5
            self.pd_auto = QProgressDialog("我不會自動關閉和重置，哈哈", "終止",
0, max, self)
            self.pd_auto.move(300, 600)
            self.pd_auto.setWindowModality(Qt.ApplicationModal)
            self.pd_auto.setMinimumDuration(1000)
            # self.pd_auto.setValue(0)

            # 取消滿值自動關閉（在預設情況下滿值自動重置）
            self.pd_auto.setAutoClose(False)
            self.pd_auto.setAutoReset(False)  # 取消自動重置（在預設情況下滿值自動
重置）

            self.pd_auto.canceled.connect(lambda: self.cancel(self.pd_auto))
        return self.pd_auto

    def show_auto(self):
        pd_auto = self.get_pd_auto()

        for i in range(1000):
            if pd_auto.value()>=pd_auto.maximum() or pd_auto.wasCanceled():
                self.label.setText('當前進度指示器值：{}\n最大值：{}\n是否取消
（重置）過進度指示器：{}'.format(pd_auto.value(), pd_auto.maximum(), pd_auto.
wasCanceled()))
                break
            pd_auto.setValue(pd_auto.value()+1)
            self.label.setText('當前進度指示器值：{}\n最大值：{}\n是否取消
```

```
（重置）過進度指示器：{}'.format(pd_auto.value(), pd_auto.maximum(),pd_auto.
wasCanceled()))
                # print('you can do something  here')
                time.sleep(1)
                # pd_auto.setValue(max)


    def show_custom(self):

        pd_custom = QProgressDialog(self)
        bar = QProgressBar()
        bar.setMaximum(9)
        bar.setMinimum(2)
        bar.valueChanged.connect(lambda value:print(' 自訂 Bar 的 Value 值：',
value))
        pd_custom.setBar(bar)
        pd_custom.setLabel(QLabel(' 自訂進度指示器，使用自訂的 QProgressBar'))
        pd_custom.setCancelButton(QPushButton(' 取消按鈕 '))


        pd_custom.move(300, 600)
        pd_custom.setWindowModality(Qt.WindowModal)
        # pd_custom.setWindowModality(Qt.ApplicationModal)
        pd_custom.setMinimumDuration(1000)   # 1 秒後出現對話方塊

        # 訊號與槽要放在計時器後面，否則不會被執行
        pd_custom.canceled.connect(lambda: self.cancel(pd_custom))

        for i in range(-1, bar.maximum()+1):
            pd_custom.setValue(i)
            self.label.setText(' 當前進度指示器值：{}\n 最大值：{}\n 是否取消（重
置）過進度指示器：{}'.format(pd_custom.value(), pd_custom.maximum(),pd_custom.
wasCanceled()))
            if pd_custom.value() >= pd_custom.maximum() or pd_custom.
wasCanceled():
                break
            # print('you can do something  here')
            time.sleep(1)
            # pd_modal.setValue(max)

    def cancel(self, pg):
```

```
        self.statusBar().showMessage(' 你手動取消了進度指示器： "%s"'
%pg.labelText(),3000)


    def valuechange(self,slider):
        size = slider.value()
        self.pd_slider.setValue(size)
        self.label.setText(' 當前進度指示器值： {}\n 最大值： {}\n 是否取消 ( 重置 ) 過
進度指示器： {}'
.format(self.pd_slider.value(), self.pd_slider.maximum(),self.pd_slider.
wasCanceled()))
```

執行腳本，部分程式碼的顯示效果如圖 4-14 所示。

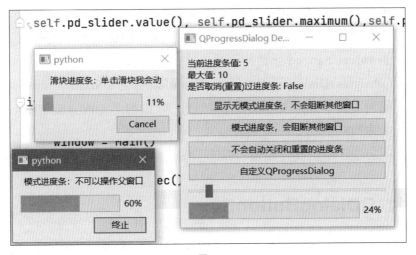

▲ 圖 4-14

【程式碼分析】

　　基礎部分之前已經介紹過，這裡不再贅述；模式和無模式的詳細區別請參考 4.1.1 節和 4.1.2 節的內容，這裡也不再贅述。下面介紹的按鈕 1～按鈕 4 從上到下依次對應。

- 按鈕 1：對應無模式啟動方式，本案例是透過 QTimer 方式在後台啟動的，程式碼看起來相對複雜一些，詳見 show_modeless() 函式。對比按鈕 2 強制回應視窗的啟動方式，這裡更複雜，採用多執行緒方式來避免進度指示器被主視窗阻斷。強制回應視窗直接阻斷主視窗，不需要採用多執行緒方式。

■ 按鈕 2：透過 setWindowModality 方式設定模式按鈕，強制回應對話方塊設計方式比較簡單，並且容易理解，詳見 show_modal() 函式。

■ 按鈕 3：透過設定 setAutoReset() 函式和 setAutoClose() 函式，來修改對話方塊結束時的預設行為，這裡不會自動關閉和重置（詳見 show_auto() 函式和 get_pd_auto() 函式）。但是如果點擊了「取消」按鈕或關閉對話方塊，那麼會自動重置對話方塊。

■ 按鈕 4：透過 setBar() 函式、setLabel() 函式和 setCancelButton() 函式設定自訂的 QProgressDialog，這裡同樣展示了 QProgressBar 的 valueChanged 訊號的使用方法。

■ QProgressDialog 和 QProgressBar 可以結合 QSlider 一起使用。透過滑動滑桿會自動改變它們的值，彈出的是 QProgressDialog，嵌入主視窗的是 QProgressBar。

■ canceled 槽函式在點擊「取消」按鈕或關閉對話方塊時都會觸發。

4.1.11 QDialogButtonBox

上面介紹的幾個對話方塊都是 QDialog 的子類別，QDialogButtonBox 有些特殊，和 QDialog 一樣，也是 QWidget 的子類別。嚴格來說，QDialogButtonBox 並不是一個對話方塊，只是一個管理按鈕的容器，可以根據不同的系統環境匹配對應的版面配置。常見的使用場景是將 QDialogButtonBox 嵌入 QDialog 中，用它管理 QDialog 的按鈕。當然，也可以將 QDialogButtonBox 嵌入主視窗中管理主視窗按鈕。QDialogButtonBox 類別的繼承結構如圖 4-15 所示。

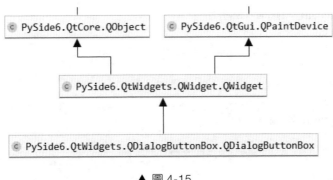

▲ 圖 4-15

Qt 會為不同的系統自動匹配對應的樣式，QDialogButtonBox 會根據系統自動改變回應版面配置，主要的系統版面配置如表 4-10 所示。

表 4-10

系 統 版 面 配 置	值	描　　述
QDialogButtonBox.WinLayout	0	適用於 Windows 中的應用程式的策略
QDialogButtonBox.MacLayout	1	適用於 macOS 中的應用程式的策略
QDialogButtonBox.KdeLayout	2	適用於 KDE 中的應用程式的策略
QDialogButtonBox.GnomeLayout	3	適用於 GNOME 中的應用程式的策略
QDialogButtonBox.AndroidLayout	4	適用於 Android 中的應用程式的策略 這個列舉值是在 Qt 5.10 中增加的

在水平版面配置的情況下，幾大系統版面配置如下。

GnomeLayout 如圖 4-16 所示。

▲ 圖 4-16

KdeLayout 如圖 4-17 所示。

▲ 圖 4-17

MacLayout 如圖 4-18 所示。

▲ 圖 4-18

WinLayout 如圖 4-19 所示。

▲ 圖 4-19

在垂直版面配置情況下，幾大系統版面配置如圖 4-20 所示。

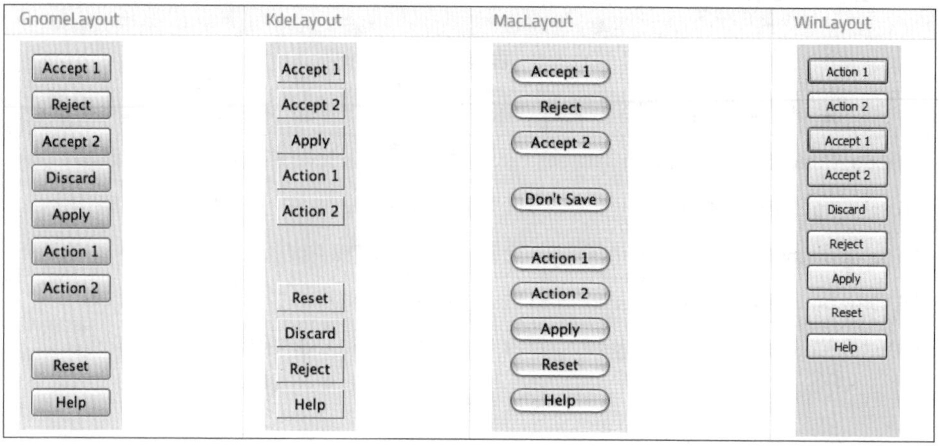

▲ 圖 4-20

使用 QStyleFactory.keys() 函式可以知道當前系統支援哪些樣式，如筆者安裝的 Windows 10 支援 'windowsvista'、'Windows' 和 'Fusion' 這 3 種樣式：

```
from PySide6.QtWidgets import QStyleFactory
QStyleFactory.keys()
# Out[7]: ['windowsvista', 'Windows', 'Fusion']
```

使用 QApplication. setStyle() 函式可以設定樣式，筆者設定的是 'Fusion'：

```
if __name__ == '__main__':
    app = QApplication(sys.argv)
    app.setStyle('Fusion')
    demo = DialogButtonBox()
    demo.show()
    sys.exit(app.exec())
```

QDialogButtonBox 和 QMessageBox 類別似，它們共用一套標準化按鈕（如 Ok、Cancel、Yes 和 No 等）、一套按鈕角色（如 AcceptRole、RejectRole 等），以及槽函式 accepted 和 rejected 的實作方式。如果讀者不明白其中的含義，請參考 4.1.5 節中的內容。除此之外，QDialogButtonBox 多了兩個訊號發射方式。

（1）helpRequested()：當基於 HelpRole 的按鈕點擊時觸發。

（2）clicked(button:QAbstractButton)：當點擊任意按鈕時觸發，攜帶有參數 QAbstractButton 實例。

發射 clicked 訊號可以更方便地知道哪個按鈕被選中，並且要在 accepted、rejected 和 helpRequested 之前發射。

✎ 案例 4-9 QDialogButtonBox 控制項的使用方法

本案例的檔案名稱為 Chapter04/qt_QDialogButtonBox.py，用於演示 QDialogButtonBox 控制項的使用方法，程式碼如下：

```
class DialogButtonBox(QWidget):
    def __init__(self):
        super(DialogButtonBox, self).__init__()
        self.setWindowTitle("QDialogButtonBox 例子 ")
        self.resize(300, 100)
        layout = QVBoxLayout()
        self.setLayout(layout)
        self.label = QLabel(' 顯示資訊 ')
        layout.addWidget(self.label)
```

```python
        buttonBox_dialog = self.create_buttonBox()
        button1 = QPushButton("1. 嵌入對話方塊中 ")
        layout.addWidget(button1)
        button1.clicked.connect(lambda: self.show_dialog(buttonBox_dialog))

        layout.addWidget(QLabel('2. 嵌入視窗中：'))
        layout.addWidget(self.create_buttonBox())

    def show_dialog(self, buttonBox):
        dialog = QDialog(self)
        dialog.setWindowTitle("Dialog + QDialogButtonBox demo")
        layout = QVBoxLayout()
        layout.addWidget(QLabel('QDialogButtonBox 嵌入對話方塊中的實例 '))
        layout.addWidget(buttonBox)
        dialog.setLayout(layout)
        dialog.move(self.geometry().x(), self.geometry().y() + 180)
        # 綁定對應的訊號與槽，用於退出對話方塊
        buttonBox.accepted.connect(dialog.accept)
        buttonBox.rejected.connect(dialog.reject)
        buttonBox.setOrientation(Qt.Vertical)   # 垂直排列
        dialog.exec()

    def create_buttonBox(self):
        buttonBox = QDialogButtonBox()
        buttonBox.setStandardButtons(
            QDialogButtonBox.Cancel | QDialogButtonBox.Ok | QDialogButtonBox.
Reset | QDialogButtonBox.Help | QDialogButtonBox.Yes | QDialogButtonBox.No |
QDialogButtonBox.Apply)
        # 自訂按鈕
        buttonBox.addButton(QPushButton('MyOk-ApplyRole'), buttonBox.
ApplyRole)
        buttonBox.addButton(QPushButton('MyOk-AcceptRole'), buttonBox.
AcceptRole)
        buttonBox.addButton(QPushButton('MyNo-AcceptRole'), buttonBox.
RejectRole)
        # 綁定訊號與槽
        buttonBox.accepted.connect(lambda: self.label.setText(self.label.
text() + '\n 觸發了 accepted'))
        buttonBox.rejected.connect(lambda: self.label.setText(self.label.
text() + '\n 觸發了 rejected'))
```

```
        buttonBox.helpRequested.connect(lambda: self.label.setText(self.
label.text() + '\n 觸發了 helpRequested'))
        buttonBox.clicked.connect(lambda button: self.label.setText(' 點擊了按
鈕：' + button.text()))
        return buttonBox


if __name__ == '__main__':
    app = QApplication(sys.argv)
    app.setStyle('Fusion')
    demo = DialogButtonBox()
    demo.show()
    sys.exit(app.exec())
```

這個案例生成了兩個 QDialogButtonBox：一個嵌入視窗中，水平排列；另一個嵌入對話方塊中，垂直排列。執行效果如圖 4-21 所示。

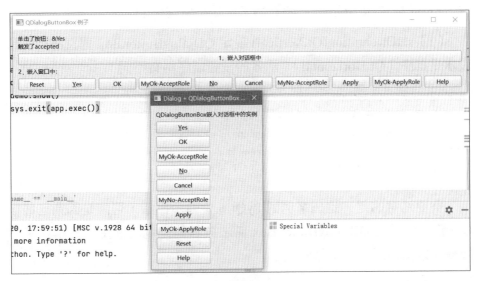

▲ 圖 4-21

create_buttonBox(self) 部分用來生成 QDialogButtonBox 實例，這部分的絕大多數內容在 4.1.5 節中已經介紹過，這裡不再贅述。需要注意的是，當使用者點擊 QDialogButtonBox 中的按鈕時，會觸發 clicked 訊號，並把被點擊的按鈕（QAbstractButton 實例）作為參數：

```
buttonBox.clicked.connect(lambda button: self.label.setText('點擊了按鈕:' +
button.text()))
```

下面重點介紹嵌入對話方塊中的內容，由 show_dialog() 函式生成，主要關注以下 3 點。

（1）對話方塊的起始位置預設在父視窗中心，使用 move() 函式移到父視窗下面。

（2）QDialogButtonBox 的 accepted 訊 號 和 rejected 訊 號 綁 定 了 QDialog 的 accept() 函 式 和 reject() 函 式， 當 QDialogButtonBox 觸 發 accepted 訊號和 rejected 訊號時，對話方塊就會關閉，如果沒有觸發這兩個訊號就不會關閉。也就是說，當點擊 MyOk-ApplyRole 按鈕、Apply 按鈕、Reset 按鈕和 Help 按鈕時對話方塊是不會關閉的。

（3）setOrientation(Qt.Vertical) 設定 QDialogButtonBox 垂直排列，預設水平排序（Qt.Horizontal），兩者的按鈕順序稍有不同：

```
dialog.move(self.geometry().x(), self.geometry().y() + 180)
# 綁定對應的訊號與槽，用於退出對話方塊
buttonBox.accepted.connect(dialog.accept)
buttonBox.rejected.connect(dialog.reject)
buttonBox.setOrientation(Qt.Vertical)  # 垂直排列
```

需要注意的是，這個案例對 PyQt 6 會顯示出錯，可能是因為已經被 QDialog 使用的 QDialogButtonBox 無法被其他控制項使用，要解決這個問題可以採用以下兩種想法。

一是每次新建的彈出對話方塊都新建 QDialogButtonBox：

```
# 錯誤用法
button1.clicked.connect(lambda: self.show_dialog(buttonBox_dialog))
# 正確用法
button1.clicked.connect(lambda:self.show_dialog(self.create_buttonBox()))
```

二是使用之前的彈出對話方塊，不新建 QDialogButtonBox：

```
def show_dialog(self, buttonBox):
    if hasattr(self,'dialog'):
        self.dialog.exec()
        return
    self.dialog = QDialog(self)
    # 下面的程式碼和原來的相同
```

4.2 視窗繪圖類別控制項

本節主要介紹如何實現在視窗中繪圖。在 PySide 6 中，一般可以透過 QPainter 實作繪圖功能，QPen 和 QBrush 可以輔助 QPainter 實作不同的效果，如修改畫筆的形狀、填充圖等。此外，QPixmap 的作用是載入並呈現本地影像，而影像的呈現從本質上來說也是透過繪圖方式實作的，所以把 QPixmap 也放在本節介紹。

4.2.1 QPainter

QPainter 類別在 QWidget（控制項）上執行繪圖操作。QPainter 是一個低級的繪製工具，為大部分圖形介面提供了高度最佳化的函式，所以使用 QPainter 類別可以繪製從簡單的直線到複雜的圓形圖等。繪製操作在 QWidget.paintEvent() 中完成，下面以繪製文字 drawText 為例詳細說明，最簡單的 demo 如下所示：

```
class Winform(QWidget):
    def __init__(self, parent=None):
        super(Winform, self).__init__(parent)
        self.setWindowTitle("QPainter 範例 ")
        self.resize(300, 200)

    def paintEvent(self, event):
        painter = QPainter(self)
```

```
        painter.drawText(40, 40, '這裡會顯示文字')

if __name__ == "__main__":
    app = QApplication(sys.argv)
    form = Winform()
    form.show()
    sys.exit(app.exec())
```

執行效果如圖 4-22 所示。

▲ 圖 4-22

除了 drawText，還可以繪製其他影像，如區域、線段和圓等，一些常用函式如表 4-11 所示。

表 4-11

函式	描　述
begin(device:QPaintDevice)	開始在目標裝置上繪製。需要注意的是，在呼叫 begin() 時，所有繪製程式設定（setPen()、setBrush() 等）都將重置為預設值。在大多數情況下，可以使用其中的建構函式來代替 begin()，並且 end() 會在銷毀時自動完成
drawArc()	在起始角度和最終角度之間繪製弧
drawChord(rectangle:QRectF, startAngle:int,spanAngle: int)	繪製由給定的 rectangle、startAngle 和 spanAngle 定義的弦
drawConvexPolygon()	繪製凸多邊形

函式	描 述
drawEllipse()	在一個矩形內繪製一個橢圓
drawLine(int x1, int y1, int x2, int y2) 和 drawLines()	繪製一條指定了端點座標的線。繪製從 (x1, y1) 到 (x2, y2) 的直線,並且設定當前畫筆的位置為 (x2, y2)
drawPixmap()	從影像檔中提取 Pixmap,並將其顯示在指定的位置
drawPie()	繪製圓形圖
drawPoint() 和 drawPoints()	繪製點
drwaPolygon()	使用座標陣列繪製多邊形
drawPolyline()	繪製折線
drawRect(int x, int y, int w, int h) 和 drawRects()	以給定的寬度 w 和高度 h 從左上角座標 (x, y) 開始繪製一個矩形
drawRoundedRect()	用角度繪製給定的矩形
drawText()	顯示給定座標處的文字
end()	結束繪製,繪製時使用的任何資源都會被釋放。通常不需要呼叫它,由建構函式自動呼叫
fillRect()	使用 QColor 參數填充矩形
setBrush()	設定畫筆的填充形狀
setPen()	設定畫筆的顏色、大小和樣式

有時候需要修改預設字型(setFont)、預設畫筆(setPen)和畫筆填充風格(setBrush),以下這些屬性設定可以滿足上述需求。

- font():定義用於繪製文字的字型。如果 painter isActive(),則可以分別使用 fontInfo() 函式和 fontMetrics() 函式檢索有關當前設定的字型及其度量的資訊。
- Brush():定義用於填充形狀的顏色或圖案。
- pen():定義用於繪製線條或邊界的顏色或點畫。
- backgroundMode():定義是否有背景,即它是 Qt.OpaqueMode 還是 Qt.TransparentMode。

- background()：僅 在 backgroundMode() 是 Qt.OpaqueMode 並 且 pen() 是點畫時適用。在這種情況下，它描述了點畫中背景像素的顏色。
- BrushOrigin()：定義延展畫筆的原點，通常是小元件背景的原點。
- viewport()、window()、worldTransform()：組成了 painter 的座標變換系統。
- hasClipping()：傳回 painter 是否剪輯。如果 painter 剪輯，則剪輯到 clipRegion() 中。
- layoutDirection()：定義了使用者在繪製文字時使用的版面配置方向。
- worldMatrixEnabled()：決定是否啟用變換。
- viewTransformEnabled()：決定是否啟用視圖轉換。

如果需要繪製一個複雜的形狀，尤其是需要重複這樣做，則可以考慮建立一個 QPainterPath() 實例並傳遞給 drawPath()。

如果有繪製像素圖 / 影像的需求，則可以使用函式 drawPixmap()、drawImage() 和 drawTiledPixmap()。 函 式 drawPixmap() 和 drawImage() 的結果一樣，drawPixmap() 函式在螢幕上更快，而 drawImage() 函式在 QPrinter 或其他裝置上可能更快。使用 drawPicture() 函式可以繪製整個 QPicture 的內容。drawPicture() 是唯一一個忽略所有 QPainter 設定的函式，因為 QPicture 有自己的設定。

✎ 案例 4-10 QPainter 的簡單用法

本案例的檔案名稱為 Chapter04/qt_QPainter.py，用於演示 QPainter 的簡單用法，程式碼如下：

```
class Winform(QWidget):
    def __init__(self, parent=None):
        super(Winform, self).__init__(parent)
        self.setWindowTitle("QPainter範例")
        self.resize(400, 300)
```

```python
        self.comboBox = QComboBox(self)
        self.comboBox.addItems(['初始化','drawText', 'drawPoint', 'drawRect',
'drawChord','drawPolygon'])
        self.comboBox.textActivated.connect(self.onDraw)


    def paintEvent(self, event):
        self.paintInit(event)

    def paintInit(self,event):
        painter = QPainter(self)
        painter.setPen(QColor(Qt.red))
        painter.setFont(QFont('Arial', 20))
        painter.drawText(10, 50, "hello Python")
        painter.setPen(QColor(Qt.blue))
        painter.drawLine(10, 100, 100, 100)
        painter.drawRect(10, 150, 150, 100)
        painter.setPen(QColor(Qt.yellow))
        painter.drawEllipse(100, 50, 100, 50)
        painter.drawPixmap(220, 10, QPixmap("./images/python.png"))
        painter.fillRect(200, 175, 150, 100, QBrush(Qt.SolidPattern))

    def paintPoint(self, event):
        painter = QPainter(self)
        painter.setPen(Qt.red)
        size = self.size()
        for i in range(1000):
            # 繪製正弦函式圖形，它的週期是 [-100, 100]
            x = 100 * (-1 + 2.0 * i / 1000) + size.width() / 2.0
            y = -50 * math.sin((x - size.width() / 2.0) * math.pi / 50) + \
size.height() / 2.0
            painter.drawPoint(x, y)

    def paintText(self, event):
        painter = QPainter(self)
        # 設定畫筆的顏色
        painter.setPen(QColor(168, 34, 3))
        # 設定字型
        painter.setFont(QFont('SimSun', 20))
        # 繪製文字
```

```python
            painter.drawText(50, 60, '這裡會顯示文字234')

    def paintRect(self, event):
        painter = QPainter(self)
        rect = QRect(50, 60, 80, 60)
        painter.drawRect(rect)

    def paintChord(self, event):
        start_angle = 30 * 16
        arc_length = 120 * 16
        rect = QRect(50, 60, 80, 60)
        painter = QPainter(self)
        painter.drawChord(rect, start_angle, arc_length)

    def paintPolygon(self, event):
        points = QPolygon([
            QPoint(110, 180),
            QPoint(120, 110),
            QPoint(180, 130),
            QPoint(190, 170),
        ])
        painter = QPainter(self)
        painter.drawPolygon(points)

    def onDraw(self, text):
        if text == '初始化':
            self.paintEvent = self.paintInit
        if text == 'drawText':
            self.paintEvent = self.paintText
        elif text == 'drawPoint':
            self.paintEvent = self.paintPoint
        elif text == 'drawRect':
            self.paintEvent = self.paintRect
        elif text == 'drawChord':
            self.paintEvent = self.paintChord
        elif text == 'drawPolygon':
            self.paintEvent = self.paintPolygon
        self.update()
```

執行腳本，顯示效果如圖 4-23 所示。

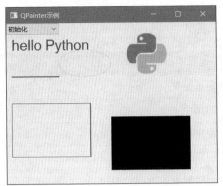
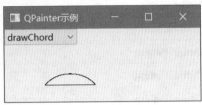

▲ 圖 4-23

【程式碼分析】

在這個案例中，所有的繪圖都要重寫 paintEvent 事件，點擊 comboBox 中的選項會觸發 onDraw() 函式，每個項目都對應一種繪圖方式，最終使用 self.update() 函式更新視圖。

paintInit 對應綜合的繪圖方式，也是本案例預設的繪圖方式，綜合展示幾種常用的繪圖方式；paintText 對應 drawText 方式，用來繪製文字；paintPoint、paintRect 等對應不同的繪製方式。

4.2.2 QBrush

QBrush（筆刷）是一個基本的圖形物件，用於填充矩形、橢圓或多邊形等形狀。QBrush 有樣式、顏色、漸變和紋理這 4 方面內容。

1. 樣式

QBrush.sytle() 傳回 Qt.BrushStyle 列舉，用來定義填充模式，預設值是 Qt.NoBrush，即沒有填充。填充的標準樣式是 Qt.SolidPattern。可以使用合適的建構函式在建立畫筆時設定樣式。此外，setStyle() 函式提供了在構造畫筆後更改樣式的方法。Qt.BrushStyle 列舉包含的樣式類型如表 4-12 所示。

表 4-12

樣 式 類 型	值	描　　述
Qt.NoBrush	0	沒有畫筆圖案
Qt.SolidPattern	1	統一的顏色
Qt.Dense1Pattern	2	極其密集的畫筆圖案
Qt.Dense2Pattern	3	非常密集的畫筆圖案
Qt.Dense3Pattern	4	有點密集的畫筆圖案
Qt.Dense4Pattern	5	半密刷圖案
Qt.Dense5Pattern	6	有點稀疏的畫筆圖案
Qt.Dense6Pattern	7	非常稀疏的畫筆圖案
Qt.Dense7Pattern	8	極稀疏的畫筆圖案
Qt.HorPattern	9	水平線
Qt.VerPattern	10	垂直線
Qt.CrossPattern	11	跨越水平線和垂直線
Qt.BDiagPattern	12	向後的對角線
Qt.FDiagPattern	13	前向對角線
Qt.DiagCrossPattern	14	穿過對角線
Qt.LinearGradientPattern	15	線性漸變（使用專用的 QBrush 建構函式設定）
Qt.ConicalGradientPattern	17	錐形漸變（使用專用的 QBrush 建構函式設定）
Qt.RadialGradientPattern	16	徑向漸變（使用專用的 QBrush 建構函式設定）
Qt.TexturePattern	24	自訂模式（請參考 QBrush.setTexture()）

範例效果如圖 4-24 所示。

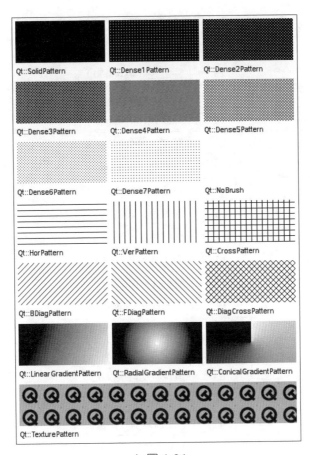

▲ 圖 4-24

2. 顏色

QBrush.color() 用於定義填充圖案的顏色。可以使用 Qt.GlobalColor
或任何其他自訂 QColor 來表示顏色。當前的顏色可以分別使用 color() 函
式和 setColor() 函式來檢索和更改。Qt.GlobalColor 支援的標準顏色如表
4-13 所示。

表 4-13

顏色類型	值	描述
Qt.white	3	白色（#ffffff）
Qt.black	2	黑色（#000000）

顏色類型	值	描　　述
Qt.red	7	紅色（#ff0000）
Qt.darkRed	13	深紅色（#800000）
Qt.green	8	綠色（#00ff00）
Qt.darkGreen	14	深綠色（#008000）
Qt.blue	9	藍色（#0000ff）
Qt.darkBlue	15	深藍色（#000080）
Qt.cyan	10	青色（#00ffff）
Qt.darkCyan	16	深青色（#008080）
Qt.magenta	11	洋紅色（# ff00ff）
Qt.darkMagenta	17	深洋紅色（#800080）
Qt.yellow	12	黃色（#ffff00）
Qt.darkYellow	18	深黃色（#808000）
Qt.gray	5	灰色（#a0a0a4）
Qt.darkGray	4	深灰色（#808080）
Qt.lightGray	6	淺灰色（#c0c0c0）
Qt.transparent	19	一個透明的黑色值（即 QColor（0, 0, 0, 0））
Qt.color0	0	0 個像素值（用於點陣圖）
Qt.color1	1	1 個像素值（用於點陣圖）

3. 漸變

當前樣式為 Qt.LinearGradientPattern、Qt.RadialGradientPattern 或
Qt.ConicalGradientPattern 時會使用漸變填充，填充方式由 gradient() 定
義。在建立 QBrush 時，傳遞 QGradient() 參數來建立漸變畫筆。Qt 中
提供了 3 種不同的漸變，分別為 QLinearGradient、QConicalGradient 和
QRadialGradient，所有這些都繼承自 QGradient。漸變的使用方法如下，
以 QRadialGradient 為例介紹：

```
gradient=QRadialGradient(50, 50, 50, 50, 50)
gradient.setColorAt(0, QColor.fromRgbF(0, 1, 0, 1))
```

```
gradient.setColorAt(1, QColor.fromRgbF(0, 0, 0, 0))
brush=QBrush(gradient)
```

4. 紋理

texture() 定義了當前樣式為 Qt.TexturePattern 時使用的像素圖。可以在建立 brush 時提供像素圖或使用 setTexture() 來建立具有紋理的 brush。需要注意的是，無論以前的樣式如何，使用 setTexture() 都會使 style()==Qt.TexturePattern。此外，如果樣式是漸變的，那麼呼叫 setColor() 也不會產生影響。如果樣式是 Qt.TexturePattern，那麼情況也是如此，除非當前紋理是 QBitmap。

✎ 案例 4-11 QBrush 的使用方法

本案例的檔案名稱為 Chapter04/qt_QBrush.py，用於演示使用 QBrush 在視窗中填充不同背景的矩形。程式碼如下：

```python
class BrushDemo(QWidget):
    def __init__(self):
        super().__init__()
        self.comboBox = QComboBox(self)
        self.comboBox.addItem("Linear Gradient", Qt.LinearGradientPattern)
        self.comboBox.addItem("Radial Gradient", Qt.RadialGradientPattern)
        self.comboBox.addItem("Conical Gradient", Qt.ConicalGradientPattern)
        self.comboBox.addItem("Texture", Qt.TexturePattern)
        self.comboBox.addItem("Solid", Qt.SolidPattern)
        self.comboBox.addItem("Horizontal", Qt.HorPattern)
        self.comboBox.addItem("Vertical", Qt.VerPattern)
        self.comboBox.addItem("Cross", Qt.CrossPattern)
        self.comboBox.addItem("Backward Diagonal", Qt.BDiagPattern)
        self.comboBox.addItem("Forward Diagonal", Qt.FDiagPattern)
        self.comboBox.addItem("Diagonal Cross", Qt.DiagCrossPattern)
        self.comboBox.addItem("Dense 1", Qt.Dense1Pattern)
        self.comboBox.addItem("Dense 2", Qt.Dense2Pattern)
        self.comboBox.addItem("Dense 3", Qt.Dense3Pattern)
        self.comboBox.addItem("Dense 4", Qt.Dense4Pattern)
        self.comboBox.addItem("Dense 5", Qt.Dense5Pattern)
```

```python
        self.comboBox.addItem("Dense 6", Qt.Dense6Pattern)
        self.comboBox.addItem("Dense 7", Qt.Dense7Pattern)
        self.comboBox.addItem("None", Qt.NoBrush)

        label = QLabel("&Brush Style:", self)
        label.setBuddy(self.comboBox)
        self.comboBox.move(100, 0)

        self.comboBox.activated.connect(self.brush_changed)

        self.brush = QBrush()
        self.setGeometry(300, 300, 365, 280)
        self.setWindowTitle(' 筆刷例子 ')

    def paintEvent(self, event):

        rect = QRect(50, 60, 180, 160)
        painter = QPainter(self)
        painter.setBrush(self.brush)
        painter.drawRoundedRect(rect, 50, 40, Qt.RelativeSize)

    def set_brush(self, brush):
        self.brush = brush
        self.update()

    def brush_changed(self):
        style = Qt.BrushStyle(self.comboBox.itemData(self.comboBox.
currentIndex(), Qt.UserRole))

        if style == Qt.LinearGradientPattern:
            linear_gradient = QLinearGradient(0, 0, 100, 100)
            linear_gradient.setColorAt(0.0, Qt.white)
            linear_gradient.setColorAt(0.2, Qt.green)
            linear_gradient.setColorAt(1.0, Qt.black)
            self.set_brush(QBrush(linear_gradient))
        elif style == Qt.RadialGradientPattern:
            radial_gradient = QRadialGradient(50, 50, 50, 70, 70)
            radial_gradient.setColorAt(0.0, Qt.white)
            radial_gradient.setColorAt(0.2, Qt.green)
            radial_gradient.setColorAt(1.0, Qt.black)
```

```
                self.set_brush(QBrush(radial_gradient))
        elif style == Qt.ConicalGradientPattern:
            conical_gradient = QConicalGradient(50, 50, 150)
            conical_gradient.setColorAt(0.0, Qt.white)
            conical_gradient.setColorAt(0.2, Qt.green)
            conical_gradient.setColorAt(1.0, Qt.black)
            self.set_brush(QBrush(conical_gradient))
        elif style == Qt.TexturePattern:
            self.set_brush(QBrush(QPixmap('images/open.png')))
elif style == Qt.VerPattern:
            brush = QBrush(style)
            brush.setColor(Qt.red)
            self.set_brush(brush)
        else:
            self.set_brush(QBrush(Qt.green, style))
```

執行腳本，顯示效果如圖 4-25 所示。

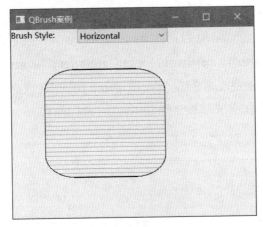

▲ 圖 4-25

【程式碼分析】

在這個案例中，繪製了十幾種不同填充背景的矩形，每次點擊 QComBox 都會觸發 brush_change() 函式，在這個函式中可以對 Gradient 的相關類型和 TexturePattern 的 QBrush 進行特殊設定，其他都可以使用預設設定 QBrush(Qt.green, style)。

GradientPattern 類型用來顯示漸變色，TexturePattern 是自訂填充類型。此外，為了方便對比，對 VerPattern 類型的 QBrush 使用 setColor() 函式設定了紅色。

4.2.3 QPen

QPen（鋼筆）是一個基本的圖形物件，用於繪製直線、曲線，或為輪廓繪製矩形、橢圓、多邊形及其他形狀等。

QPen 的屬性有 style()、width()、brush()、capStyle() 和 joinStyle()。style() 屬性用來決定畫筆的線形，brush() 屬性決定畫筆的填充方式，使用 QBrush 類別來指定填充樣式，這部分內容已經在 4.2.2 節詳細介紹。capStyle() 屬性決定了可以使用 QPainter 繪製的線端帽，而 joinStyle() 屬性描述了兩條線之間連接的繪製方式。筆寬可以以整數（width()）和浮點數（widthF()）指定。線寬為零表示化妝筆，這表示畫筆的寬度始終繪製為 1 個像素值，與繪製器上的 transformation 設定無關。使用函式 setStyle()、setWidth()、setBrush()、setCapStyle() 和 setJoinStyle() 可以修改各種設定（需要注意的是，更改 pen 的屬性之後必須重置 painter 的 pen，可以參考下面程式碼中的 painter.setPen(pen)）。

QPen 常見的使用方法如下：

```
painter=QPainter(self)
pen = QPen(Qt.green, 3, Qt.DashDotLine, Qt.RoundCap, Qt.RoundJoin)
painter.setPen(pen)
```

它等價於以下設定：

```
painter=QPainter(self)
pen = QPen()
pen.setStyle(Qt.DashDotLine)
pen.setWidth(3)
pen.setBrush(Qt.green)
pen.setCapStyle(Qt.RoundCap)
```

```
pen.setJoinStyle(Qt.RoundJoin)
painter.setPen(pen)
```

預設畫筆是純黑色的，寬度為 1，採用方形帽樣式（Qt.SquareCap）和斜角連接樣式（Qt.BevelJoin）。

如果修改預設顏色，則 QPen 提供的 color() 函式和 setColor() 函式分別用來提取和設定筆刷的顏色。此外，QPen 也可以進行大小比較和流式傳輸。

setStyle() 函式用來設定畫筆風格（PenStyle）。PenStyle 是一個列舉類，畫筆風格如表 4-14 所示，效果如圖 4-26 所示。

表 4-14

列舉類型	描述
Qt.NoPen	沒有線，如使用 QPainter.drawRect() 填充，沒有繪製任何邊界線
Qt.SolidLine	一條簡單的線
Qt.DashLine	由一些像素分隔的短線
Qt.DotLine	由一些像素分隔的點
Qt.DashDotLine	輪流交替的點和短線
Qt.DashDotDotLine	一條短線、兩個點
Qt.MPenStyle	畫筆風格的遮罩

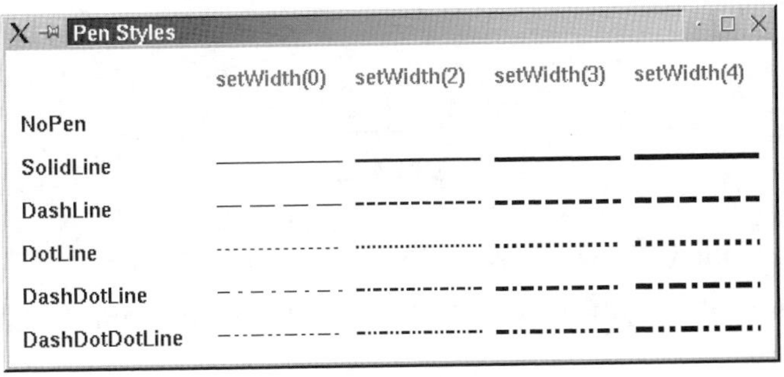

▲ 圖 4-26

capStyle() 用來定義線條的端點形狀，該樣式僅適用於寬線，即線寬需要大於或等於 1。傳回的 Qt.PenCapStyle 列舉提供的樣式如圖 4-27 所示。

▲ 圖 4-27

Qt.SquareCap（預設）樣式是一個方形線端，覆蓋端點並超出端點線寬的一半。Qt.FlatCap 樣式是一個方形線端，不覆蓋線的端點。Qt.RoundCap 樣式是一個圓形線端，覆蓋端點。

joinStyle() 定義了線條連接方式，該樣式僅適用於寬線，即線寬需要大於或等於 1。Qt.PenJoinStyle 列舉提供的樣式如圖 4-28 所示。

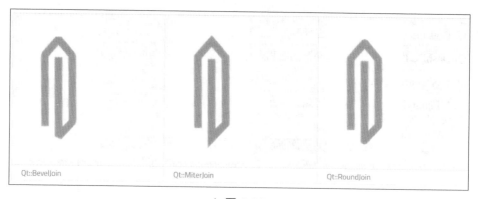

▲ 圖 4-28

Qt.BevelJoin（預設）樣式填充兩條線之間的三角形缺口，Qt.MiterJoin 樣式將線條延伸到某個角度，Qt.RoundJoin 樣式填充了兩條線之間的圓弧。

當使用 Qt.MiterJoin 樣式時，可以使用 setMiterLimit() 函式來指定折線連接角的陰影距離，如圖 4-29 所示。

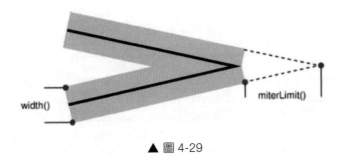

▲ 圖 4-29

📝 案例 **4-12** QPen 的使用方法

本案例的檔案名稱為 Chapter04/qt_QPen.py，用於演示使用 QPen 在視窗中繪製自訂的形狀，程式碼如下：

```python
class QPenDemo(QWidget):
    def __init__(self):
        super().__init__()
        layout = QFormLayout()

        # width
        self.spinBox = QSpinBox(self)
        self.spinBox.setRange(0, 20)
        self.spinBox.setSpecialValueText("0 (cosmetic pen)")
        layout.addRow("Pen &Width:",self.spinBox)

        # style
        self.comboBoxStyle = QComboBox()
        self.comboBoxStyle.addItem("Solid", Qt.SolidLine)
        self.comboBoxStyle.addItem("Dash", Qt.DashLine)
        self.comboBoxStyle.addItem("Dot", Qt.DotLine)
        self.comboBoxStyle.addItem("Dash Dot", Qt.DashDotLine)
        self.comboBoxStyle.addItem("Dash Dot Dot", Qt.DashDotDotLine)
        self.comboBoxStyle.addItem("None", Qt.NoPen)
        layout.addRow("&Pen Style:", self.comboBoxStyle)

        # cap
        self.comboBoxCap = QComboBox()
        self.comboBoxCap.addItem("Flat", Qt.FlatCap)
```

```python
        self.comboBoxCap.addItem("Square", Qt.SquareCap)
        self.comboBoxCap.addItem("Round", Qt.RoundCap)
        layout.addRow("Pen &Cap:",self.comboBoxCap)

        # join
        self.comboBoxJoin = QComboBox()
        self.comboBoxJoin.addItem("Miter", Qt.MiterJoin)
        self.comboBoxJoin.addItem("Bevel", Qt.BevelJoin)
        self.comboBoxJoin.addItem("Round", Qt.RoundJoin)
        layout.addRow("Pen &Join:",self.comboBoxJoin)

        # signal and slot
        self.spinBox.valueChanged.connect(self.pen_changed)
        self.comboBoxStyle.activated.connect(self.pen_changed)
        self.comboBoxCap.activated.connect(self.pen_changed)
        self.comboBoxJoin.activated.connect(self.pen_changed)

        self.setLayout(layout)
        self.pen = QPen()
        self.setGeometry(300, 300, 280, 370)
        self.setWindowTitle('QPen 案例 ')

    def paintEvent(self, e):
        rect = QRect(50, 140, 180, 160)
        painter = QPainter(self)
        painter.setPen(self.pen)
        painter.drawRect(rect)


    def pen_changed(self):
        width = self.spinBox.value()
        style = Qt.PenStyle(self.comboBoxStyle.currentData())
        cap = Qt.PenCapStyle(self.comboBoxCap.currentData())
        join = Qt.PenJoinStyle(self.comboBoxJoin.currentData())
        self.pen = QPen(Qt.blue, width, style, cap, join)
        self.update()


if __name__ == '__main__':
    app = QApplication(sys.argv)
```

```
demo = QPenDemo()
demo.show()
sys.exit(app.exec())
```

執行腳本，顯示效果如圖 4-30 所示。

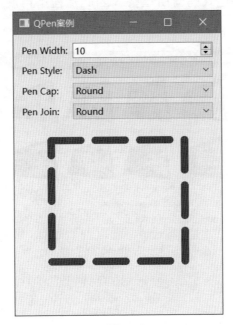

▲ 圖 4-30

【程式碼分析】

　　這是一個比較完整的案例，綜合展示了 QPen 的各種使用方法。使用 SpinBox 對寬度進行設定，使用 QComboBox 對 Style、Cap 和 Join 的樣式進行設定。這些內容在本節都有詳細介紹，這裡不再贅述。

4.2.4 幾個繪圖案例

　　本節介紹幾個繪圖案例，這幾個案例在安裝 PySide 6 之後就能看到，儲存在 site-packages\PySide6\examples 中，下面選取幾個與 QPainter 相關的案例詳細說明。

案例 4-13 綜合使用 QPainter、QBrush 和 QPen 的方法

本案例的檔案名稱為 Chapter04/painting/basicdrawing.py，演示了綜合使用 QPainter、QBrush 和 QPen 的方法。由於本案例的程式碼較多並且和之前的案例的程式碼有所重疊，因此這裡不再展示。執行效果如圖 4-31 所示。

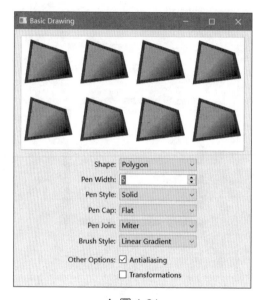

▲ 圖 4-31

本案例是對 QPainter、QBrush 和 QPen 的綜合使用，是案例 4-10 ～案例 4-12 的整合，並加入了一些其他用法，如 QPainterPath、Antialiasing 和 Transformations 等。

案例 4-14 QPainter 的使用方法

本案例的檔案名稱為 Chapter04/painting/painter.py，演示了使用 QPainter 進行繪製的方法。

執行效果如圖 4-32 所示。

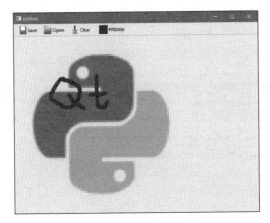

▲ 圖 4-32

本案例關於繪圖的核心程式碼如下：

```python
class PainterWidget(QWidget):
    def __init__(self, parent=None):
        super().__init__(parent)

        self.setFixedSize(680, 480)
        self.pixmap = QPixmap(self.size())
        self.pixmap.fill(Qt.white)

        self.previous_pos = None
        self.painter = QPainter()
        self.pen = QPen()
        self.pen.setWidth(10)
        self.pen.setCapStyle(Qt.RoundCap)
        self.pen.setJoinStyle(Qt.RoundJoin)

    def paintEvent(self, event: QPaintEvent):
        """Override method from QWidget
        Paint the Pixmap into the widget
        """
        painter = QPainter()
        painter.begin(self)
        painter.drawPixmap(0, 0, self.pixmap)
        painter.end()
```

```python
    def mousePressEvent(self, event: QMouseEvent):
        """Override from QWidget
        Called when user clicks on the mouse
        """
        self.previous_pos = event.position().toPoint()
        QWidget.mousePressEvent(self, event)

    def mouseMoveEvent(self, event: QMouseEvent):
        """Override method from QWidget
        Called when user moves and clicks on the mouse
        """
        current_pos = event.position().toPoint()
        self.painter.begin(self.pixmap)
        self.painter.setRenderHints(QPainter.Antialiasing, True)
        self.painter.setPen(self.pen)
        self.painter.drawLine(self.previous_pos, current_pos)
        self.painter.end()

        self.previous_pos = current_pos
        self.update()

        QWidget.mouseMoveEvent(self, event)

    def mouseReleaseEvent(self, event: QMouseEvent):
        """Override method from QWidget
        Called when user releases the mouse
        """
        self.previous_pos = None
        QWidget.mouseReleaseEvent(self, event)

    def save(self, filename: str):
        """ save pixmap to filename """
        self.pixmap.save(filename)

    def load(self, filename: str):
        """ load pixmap from filename """
        self.pixmap.load(filename)
        self.pixmap = self.pixmap.scaled(self.size(), Qt.KeepAspectRatio)
        self.update()
```

```
def clear(self):
    """ Clear the pixmap """
    self.pixmap.fill(Qt.white)
    self.update()
```

　　繪圖功能主要由 paintEvent、mousePressEvent、mouseMoveEvent 和 mouseReleaseEvent 實作，其中值得介紹的是 mouseMoveEvent。如果關閉滑鼠追蹤（MouseTracking），那麼滑鼠移動事件僅在滑鼠移動過程中按下滑鼠按鍵時發生。如果開啟滑鼠追蹤，即使沒有按下滑鼠按鍵，也會發生滑鼠移動事件。這裡預設關閉滑鼠追蹤。

✎ 案例 4-15 QPainter 即時繪圖

　　本案例的檔案名稱為 Chapter04/painting/plot.py，演示了使用 QPainter 進行即時繪圖，程式碼如下：

```
WIDTH = 680
HEIGHT = 480
class PlotWidget(QWidget):
    def __init__(self, parent=None):
        super().__init__(parent)
        self._timer = QTimer(self)
        self._timer.setInterval(20)
        self._timer.timeout.connect(self.shift)

        self._points = QPointList()
        self._x = 0
        self._delta_x = 0.05
        self._half_height = HEIGHT / 2
        self._factor = 0.8 * self._half_height

        for i in range(WIDTH):
            self._points.append(QPoint(i, self.next_point()))

        self.setFixedSize(WIDTH, HEIGHT)

        self._timer.start()
```

```python
def next_point(self):
    result = self._half_height - self._factor * math.sin(self._x)
    self._x += self._delta_x
    return result

def shift(self):
    last_x = self._points[WIDTH - 1].x()
    self._points.pop_front()
    self._points.append(QPoint(last_x + 1, self.next_point()))
    self.update()

def paintEvent(self, event):
    painter = QPainter()
    painter.begin(self)
    rect = QRect(QPoint(0, 0), self.size())
    painter.fillRect(rect, Qt.white)
    painter.translate(-self._points[0].x(), 0)
    painter.drawPolyline(self._points)
    painter.end()
```

執行腳本，顯示效果如圖 4-33 所示。

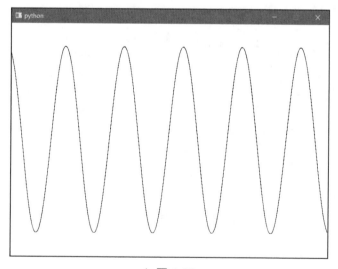

▲ 圖 4-33

✎ 案例 4-16 繪製同心圓

本案例的檔案名稱為 Chapter04/painting/concentriccircles.py，演示了反鋸齒和浮點精度帶來的品質改進，應用程式的主視窗顯示了幾個使用精度和反鋸齒的各種組合繪製的小元件。這裡不再展示程式碼，執行效果如圖 4-34 所示。

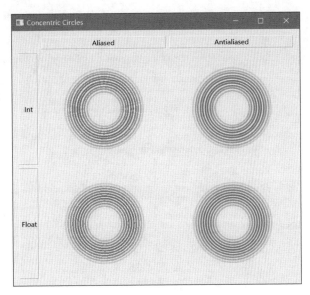

▲ 圖 4-34

4.2.5 QPixmap

本節主要介紹 QPixmap 的用法，4.2.6 節主要介紹 QImage 的用法。QPixmap 和 QImage 的用法有很多相似之處，因此，本節和 4.2.6 節使用同一個案例。

Qt 提供了 4 個類別用來處理圖像資料，這 4 個類別分別為 QImage、QPixmap、QBitmap 和 QPicture。QImage 是為 I/O 和直接像素存取與操作而設計和最佳化的，QPixmap 是為在螢幕上顯示影像而設計和最佳化的。QBitmap 只是一個繼承自 QPixmap 的便利類別，保證深度為 1。如果 QPixmap 物件真的是點陣圖，那麼 isQBitmap() 函式傳回 True，否則傳回 False。QPicture 是繪製裝置，用於記錄和重放 QPainter 命令。上述 4 個類別的繼承結構如圖 4-35 所示。

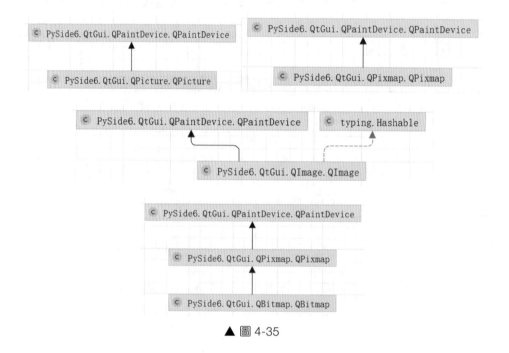

▲ 圖 4-35

1. 基本使用

QPixmap 用於繪圖裝置的影像顯示，既可以作為一個 QPaintDevice 物件（QPainter.drawPixmap() 直接繪製），也可以載入到 QLabel 或 QAbstractButton 的子類別中（如 QPushButton 和 QToolButton），用於在標籤或按鈕上顯示影像。QLabel 有一個 pixmap 屬性，而 QAbstractButton 有一個 icon 屬性。

2. QImage 和 QPixmap

QImage 和 QPixmap 之間有一些函式可以轉換。一般來說 QImage 用於載入影像檔，可以根據需要對圖像資料操作，並將 QImage 物件轉為 QPixmap 物件，從而顯示在螢幕上。如果不需要任何操作，則可以將影像檔直接載入到 QPixmap 中。可以使用 toImage() 函式將 QPixmap 物件轉為 QImage 物件。同樣，可以使 fromImage() 函式將 QImage 物件轉為 QPixmap 物件。如果這種操作非常耗時，則可以使用 QBitmap. fromImage() 函式代替，以提高性能。

3. 讀取與儲存影像

QPixmap 提供了幾種讀取影像檔的方法：既可以在構造 QPixmap 物件時載入檔案，也可以稍後使用 load() 函式或 loadFromData() 函式載入檔案。在載入影像時，可以引用磁碟上的實際檔案或應用程式的嵌入資源。使用 save() 函式可以儲存 QPixmap 物件。支援的檔案格式的完整列表可以透過 QImageReader.supportedImageFormats() 函式和 QImageWriter. supportedImageFormats() 函式獲得。在預設情況下，Qt 支援以下格式，如表 4-15 所示。

表 4-15

檔案格式	描　　述	Qt 支援的格式
BMP	Windows Bitmap	Read / Write
GIF	Graphic Interchange Format (optional)	Read
JPG	Joint Photographic Experts Group	Read / Write
JPEG	Joint Photographic Experts Group	Read / Write
PNG	Portable Network Graphics	Read / Write
PBM	Portable Bitmap	Read
PGM	Portable Graymap	Read
PPM	Portable Pixmap	Read / Write
XBM	X11 Bitmap	Read / Write
XPM	X11 Pixmap	Read / Write

4. 影像資訊

影像資訊如表 4-16 所示。

表 4-16

影像資訊	描　述
幾何資訊	使用 size() 函式、width() 函式和 height() 函式可以提供有關像素圖大小的資訊。使用 rect() 函式可以傳回影像的封閉矩形
alpha 通道	如果像素圖具有 alpha 通道，則 hasAlphaChannel() 傳回 True，否則傳回 False。不要用 hasAlpha() 函式、setMask() 函式和 mask() 函式，它們是遺留函式，可能非常慢。 使用 createHeuristicMask() 函式可以為此像素圖建立並傳回一個 1-bpp 啟發式遮罩（即 QBitmap）。它的工作原理是先從一個角中選擇一種顏色，然後從所有邊緣開始切掉該顏色的像素。使用 createMaskFromColor() 函式可以根據給定的顏色為像素圖建立並傳回一個遮罩（即 QBitmap）
低級資訊	使用 depth() 函式可以傳回像素圖的深度。 使用 defaultDepth() 函式可以傳回預設深度，即應用程式在替定螢幕上使用的深度。 使用 cacheKey() 函式可以傳回 QPixmap 物件內容的唯一標識

5. QPixmap 轉換（Transformations）

QPixmap 有一些轉換函式，如使用 scaled() 函式、scaledToWidth() 函式和 scaledToHeight() 函式傳回的是原始 QPixmap 圖的縮放副本，而使用 copy() 函式可以建立一個原始 QPixmap 圖的副本，使用 transform() 函式可以傳回使用給定變換矩陣和變換模式變換的 QPixmap 圖的副本，使用靜態的 trueMatrix() 函式可以傳回用於轉換像素圖的實際矩陣。

4.2.6　QImage

在一般情況下，QImage 會結合 QPixmap 一起使用。Qt 中提供了 4 個用於處理圖像資料的類別，分別為 QImage、QPixmap、QBitmap 和 QPicture。QImage 是為 I／O 及直接像素存取與操作而設計和最佳化的，QPixmap 是為在螢幕上顯示影像而設計和最佳化的。QBitmap 只是一個繼承 QPixmap 的便利類別，保證深度為 1。如果 QPixmap 物件真的是點陣圖，那麼 isQBitmap() 傳回 True，否則傳回 False。QPicture 是繪製裝置，用於記錄和重放 QPainter 命令。

1. 基本使用

　　因為 QImage 是 QPaintDevice 的子類別，所以 QPainter.drawImage() 可以使用 QImage 直接繪圖。**一般來說 QImage 用於載入影像檔，可以根據需要對圖像資料操作，並將 QImage 物件轉為 QPixmap 物件以顯示在螢幕上。** 可以使用 toImage() 函式將 QPixmap 物件轉為 QImage 物件。同樣，可以使 fromImage() 函式將 QImage 物件轉為 QPixmap 物件。如果這種操作非常耗時，則可以使用 QBitmap.fromImage() 來代替，以提高性能。QImage 物件既可以透過值傳遞，也可以流式傳輸和比較。

2. 支援的格式

　　在 QImage 上使用 QPainter 時，可以在當前 GUI 執行緒之外的另一個執行緒中執行繪畫。QImage 支援由 Format 列舉描述的幾種影像格式，包括單色、8 位元、32 位元和 alpha 混合影像，內容如表 4-17 所示。

表 4-17

項（QImage.Format_XXX）	值	描　述
Format_Invalid	0	圖片無效
Format_Mono	1	位元組首先與最高有效位元（MSB）一起打包
Format_MonoLSB	2	位元組首先與最低有效位元（LSB）一起打包
Format_Indexed8	3	影像使用 8 位元索引儲存到顏色圖中
Format_RGB32	4	影像使用 32 位元 RGB 格式（0xffRRGGBB）儲存
Format_ARGB32	5	影像使用 32 位元 ARGB 格式（0xAARRGGBB）儲存
Format_ARGB32_Premultiplied	6	影像使用預乘的 32 位元 ARGB 格式（0xAARRGGBB）儲存，即紅色、綠色和藍色通道乘以除以 255 的 alpha 分量（如果 RR、GG 或 BB 的值高於 alpha 通道，則結果未定義）。某些操作（如使用 alpha 混合的影像合成）使用預乘 ARGB32 比使用普通 ARGB32 更快
Format_RGB16	7	影像使用 16 位元 RGB 格式（5-6-5）儲存
Format_ARGB8565_Premultiplied	8	影像使用預乘的 24 位元 ARGB 格式（8-5-6-5）儲存

項（QImage.Format_XXX）	值	描　　述
Format_RGB666	9	影像使用 24 位元 RGB 格式（6-6-6）儲存。未使用的最高有效位始終為零
Format_ARGB6666_Premultiplied	10	影像使用預乘的 24 位元 ARGB 格式（6-6-6-6）儲存
Format_RGB555	11	影像使用 16 位元 RGB 格式（5-5-5）儲存。未使用的最高有效位始終為零
Format_ARGB8555_Premultiplied	12	影像使用預乘的 24 位元 ARGB 格式（8-5-5-5）儲存
Format_RGB888	13	影像使用 24 位元 RGB 格式（8-8-8）儲存
Format_RGB444	14	影像使用 16 位元 RGB 格式（4-4-4）儲存。未使用的位始終為零
Format_ARGB4444_Premultiplied	15	影像使用預乘的 16 位元 ARGB 格式（4-4-4-4）儲存
Format_RGBX8888	16	影像使用 32 位元位元組順序 RGBx 格式（8-8-8-8）儲存。這與 Format_ RGBA8888 相同，只是 alpha 必須始終為 255（在 Qt 5.2 中增加）
Format_RGBA8888	17	影像使用 32 位元位元組順序 RGBA 格式（8-8-8-8）儲存。與 ARGB32 不同，這是一種位元組順序格式，表示大端和小端架構之間的 32 位元編碼不同，分別為 0xRRGGBBAA 和 0xAABBGGRR。如果讀取為位元組 0xRR、0xGG、0xBB、0xAA，則顏色的順序在任何架構上都是相同的（在 Qt 5.2 中增加）
Format_RGBA8888_Premultiplied	18	影像使用預乘的 32 位元位元組順序 RGBA 格式（8-8-8-8）儲存（在 Qt 5.2 中增加）
Format_BGR30	19	影像使用 32 位元 BGR 格式（x-10-10-10）儲存（在 Qt 5.4 中增加）
Format_A2BGR30_Premultiplied	20	影像使用預乘的 32 位元 ABGR 格式（2-10-10-10）儲存（在 Qt 5.4 中增加）
Format_RGB30	21	影像使用 32 位元 RGB 格式（x-10-10-10）儲存（在 Qt 5.4 中增加）
Format_A2RGB30_Premultiplied	22	影像使用預乘的 32 位元 ARGB 格式（2-10-10-10）儲存（在 Qt 5.4 中增加）

項（QImage.Format_XXX）	值	描　　　述
Format_Alpha8	23	影像使用僅 8 位元的 alpha 格式儲存（在 Qt 5.5 中增加）
Format_Grayscale8	24	影像使用 8 位元灰度格式儲存（在 Qt 5.5 中增加）
Format_Grayscale16	28	影像使用 16 位元灰度格式儲存（在 Qt 5.13 中增加）
Format_RGBX64	25	影像使用 64 位元半字組排序 RGBx 格式（16-16-16-16）儲存。這與 Format_RGBA64 相同，只是 alpha 必須始終為 65535（在 Qt 5.12 中增加）
Format_RGBA64	26	影像使用 64 位元半字組排序 RGBA 格式（16-16-16-16）儲存（在 Qt 5.12 中增加）
Format_RGBA64_Premultiplied	27	影像使用預乘的 64 位元半字組排序 RGBA 格式（16-16-16-16）儲存（在 Qt 5.12 中增加）
Format_BGR888	29	影像使用 24 位元 BGR 格式儲存（在 Qt 5.14 中增加）
Format_RGBX16FPx4	30	影像使用 4 個 16 位元半字組浮點 RGBx 格式（16FP-16FP-16FP-16FP）儲存。這與 Format_RGBA16FPx4 相同，只是 alpha 必須始終為 1.0（在 Qt 6.2 中增加）
Format_RGBA16FPx4	31	影像使用 4 個 16 位元半字組浮點 RGBA 格式（16FP-16FP-16FP-16FP）儲存（在 Qt 6.2 中增加）
Format_RGBA16FPx4_Premultiplied	32	影像使用預乘的 4 個 16 位元半字組浮點 RGBA 格式（16FP-16FP-16FP-16FP）儲存（在 Qt 6.2 中增加）
Format_RGBX32FPx4	33	影像使用 4 個 32 位元浮點 RGBx 格式（32FP-32FP-32FP-32FP）儲存。這與 Format_RGBA32FPx4 相同，只是 alpha 必須始終為 1.0（在 Qt 6.2 中增加）
Format_RGBA32FPx4	34	影像使用 4 個 32 位元浮點 RGBA 格式（32FP-32FP-32FP-32FP）儲存（在 Qt 6.2 中增加）
Format_RGBA32FPx4_Premultiplied	35	影像使用預乘的 4 個 32 位元浮點 RGBA 格式（32FP-32FP-32FP-32FP）儲存（在 Qt 6.2 中增加）

3. 讀取和寫入影像檔

　　QImage 提供了幾種載入影像檔的方法：既可以在構造 QImage 物件時載入檔案，也可以稍後使用 load() 函式或 loadFromData() 函式載入檔案。QImage 還提供了靜態的 fromData() 函式，根據給定的資料構造一個 QImage。在載入影像時，檔案名稱可以引用磁碟上的實際檔案或應用程式的嵌入資源之一。只需要呼叫 save() 函式就可以儲存一個 QImage 物件。可以透過函式 QImageReader.supportedImageFormats() 和 QImageWriter. supportedImageFormats() 獲得支援的檔案格式。Qt 支援的格式如表 4-18 所示。

表 4-18

檔 案 格 式	描　　述	Qt 支援的格式
Format	Description	Qt's support
BMP	Windows Bitmap	Read / Write
GIF	Graphic Interchange Format (optional)	Read
JPG	Joint Photographic Experts Group	Read / Write
JPEG	Joint Photographic Experts Group	Read / Write
PNG	Portable Network Graphics	Read / Write
PBM	Portable Bitmap	Read
PGM	Portable Graymap	Read
PPM	Portable Pixmap	Read / Write
XBM	X11 Bitmap	Read / Write
XPM	X11 Pixmap	Read / Write

4. 影像資訊

　　QImage 提供了一組函式，用於獲取有關影像的各種資訊，如表 4-19 所示。

表 4-19

影像資訊	描　　述
幾何學	size() 函式、width() 函式、height() 函式、dotsPerMeterX() 函式和 dotsPerMeterY() 函式提供有關影像大小與縱橫比的資訊。 rect() 函式傳回影像的封閉矩形。valid() 函式用來決定給定的座標對是否在這個矩形內。offset() 函式傳回影像在相對於其他影像定位時要偏移的像素數，也可以使用 setOffset() 函式操作

影像資訊	描　述
顏色	可以透過將其座標傳遞給 pixel() 函式來檢索像素的顏色。pixel() 函式以獨立於影像格式的 QRgb 值傳回顏色。 對於單色和 8 位元影像，colorCount() 函式和 colorTable() 函式提供用於儲存圖像資料的顏色分量的資訊：colorTable() 函式傳回影像的整個顏色表。要獲得單一項目，則使用 pixelIndex() 函式檢索給定座標對的像素索引，並使用 color() 函式檢索顏色。需要注意的是，如果手動建立 8 位元影像，則必須在影像上設定有效的顏色表。 hasAlphaChannel() 函式用來決定影像的格式是否支援 alpha 通道。使用 allGray() 函式和 isGrayscale() 函式可以判斷影像的顏色是否都是灰色陰影
文字	使用 text() 函式可以傳回與給定文字鍵連結的影像文字，使用 textKeys() 函式可以檢索影像的文字鍵，使用 setText() 函式可以更改影像的文字
低級資訊	使用 depth() 函式可以傳回影像的深度。支援的深度為 1 位（單色）、8 位元、16 位元、24 位元和 32 位元。使用 bitPlaneCount() 函式可以知道有多少位元被使用。 使用 format() 函式、bytesPerLine() 函式和 sizeInBytes() 函式可以提供儲存在影像中的資料的低級資訊。 使用 cacheKey() 函式可以傳回 QImage 物件的唯一標識

5. 像素（pixel）操作

　　用於處理影像像素的函式取決於影像格式。這是因為單色和 8 位元影像基於索引並使用顏色查閱資料表，而 32 位元影像直接儲存 ARGB 值。

　　對於 32 位元影像，使用 setPixel() 函式可以將給定座標處的像素顏色更改為指定的 ARGB 四元組的任何其他顏色。要生成合適的 QRgb 值，可以使用 qRgb(r: int, g: int, b: int)（將預設的 alpha 分量增加到給定的 RGB 值，即建立不透明顏色）或 qRgba(r: int, g: int, b: int, a: int)。例如：

```
image = QImage(3, 3, QImage.Format_RGB32);

value = qRgb(189, 149, 39); // 0xffbd9527
image.setPixel(1, 1, value);
```

```
value = qRgb(122, 163, 39); // 0xff7aa327
image.setPixel(0, 1, value);
image.setPixel(1, 0, value);

value = qRgb(237, 187, 51); // 0xffedba31
image.setPixel(2, 1, value);
```

執行效果如圖 4-36 所示。

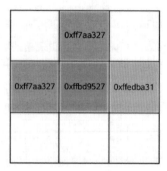

▲ 圖 4-36

對於 8 位元和單色影像，pixel 值只是影像顏色表中的索引，因此，使用 setPixel() 函式只能更改像素的索引值。要更改顏色或將顏色增加到影像的顏色表中，可以使用 setColor() 函式。顏色表中的項目是編碼為 QRgb 值的 ARGB 四元組。使用 qRgb() 函式和 qRgba() 函式可以生成一個合適的 QRgb 值以用於 setColor() 函式。例如：

```
image = QImage(3, 3, QImage.Format_Indexed8);

value = qRgb(122, 163, 39); // 0xff7aa327
image.setColor(0, value);

value = qRgb(237, 187, 51); // 0xffedba31
image.setColor(1, value);

value = qRgb(189, 149, 39); // 0xffbd9527
image.setColor(2, value);

image.setPixel(0, 1, 0);
```

```
image.setPixel(1, 0, 0);
image.setPixel(1, 1, 2);
image.setPixel(2, 1, 1);
```

執行效果如圖 4-37 所示。

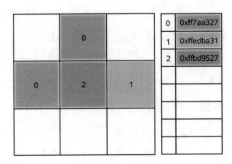

▲ 圖 4-37

對於每個顏色通道超過 8 位元的影像，使用 setPixelColor() 函式和 pixelColor() 函式可以設定和獲取 QColor 值。

6. 影像格式

儲存在 QImage 中的每個像素都用一個整數表示，大小因格式而異。單色影像使用 1 位元索引儲存到顏色表中，且最多具有兩種顏色。有兩種不同類型的單色影像：大端（MSB 優先）順序或小端（LSB 優先）順序。

8 位元影像使用 8 位元索引儲存到顏色表中，即每個像素有一個位元組，顏色表是一個 List[QRgb]。

32 位元影像沒有顏色表，但每個像素都包含一個 QRgb 值。存在 3 種不同類型的 32 位元影像，分別儲存 RGB 值（即 0xffRRGGBB）、ARGB 值和預乘的 ARGB 值。在預乘格式中，紅色、綠色和藍色通道乘以 alpha 分量除以 255。

使用 format() 函式可以檢索影像的格式，使用 convertToFormat() 函式可以將影像轉為另一種格式，使用 allGray() 函式和 isGrayscale() 函式判斷是否可以將彩色影像安全地轉為灰度影像。

7. 影像轉換

　　QImage 有很多函式可以建立新影像，是原始影像的變種：使用 createAlphaMask() 函式可以從該影像中的 alpha 緩衝區建構並傳回一個 1-bpp 遮罩，使用 createHeuristicMask() 函式可以建立並傳回此影像的 1-bpp 啟發式遮罩。後一種功能的工作原理是先從一個角中選擇一種顏色，然後從所有邊緣開始去除該顏色的像素。使用 mirrored() 函式可以傳回影像在其方向（水平或垂直）上的鏡像，使用 scaled() 函式可以傳回特定矩陣大小的縮放副本，使用 rgbSwapped() 函式可以根據 RGB 影像構造 BGR 影像。使用 scaledToWidth() 函式和 scaledToHeight() 函式可以傳回影像的縮放副本。使用 transform() 函式可以將給定變換矩陣和變換模式進行變換並傳回副本：變換矩陣在內部進行調整以補償不需要的平移，即使用 transform() 函式生成的影像是包含原始影像所有變換點的最小影像；使用 trueMatrix() 函式可以傳回用於轉換影像的實際矩陣。

　　還有一些函式可以更改影像的屬性，如表 4-20 所示。

表 4-20

函式	描　述
setDotsPerMeterX()	透過設定水平適合物理儀表的像素數來定義縱橫比
setDotsPerMeterY()	透過設定垂直適合物理儀表的像素數來定義縱橫比
fill()	用給定的像素值填充整個影像
invertPixels()	使用給定的 InvertMode 值反轉影像中的所有像素值
setColorTable()	設定用於轉換色彩索引的顏色表，只有單色和 8 位元格式
setColorCount()	調整顏色表的大小，只有單色和 8 位元格式

✎ 案例 4-17　QPixmap 控制項和 QImage 控制項的使用方法

　　本案例的檔案名稱為 Chapter04/qt_QPixmapQImage.py，用於演示 QPixmap 控制項和 QImage 控制項的用法，這個 demo 是一個簡單的圖片檢視器，程式碼如下：

```python
class ImageViewer(QMainWindow):
    def __init__(self, parent=None):
        super(ImageViewer, self).__init__(parent)

        # 設定視窗標題
        self.setWindowTitle('QPixmap 和 QImage 應用 ')
        # 設定視窗大小
        self.resize(800, 600)

        # 列印
        self.printer = QPrinter()
        # 縮放因數
        self.scaleFactor = 0.0

        # 建立顯示圖片的視窗
        self.imgLabel = QLabel()
        self.imgLabel.setBackgroundRole(QPalette.Base)
        self.imgLabel.setSizePolicy(QSizePolicy.Ignored, QSizePolicy.Ignored)
        self.imgLabel.setScaledContents(True)

        self.scrollArea = QScrollArea()
        self.scrollArea.setBackgroundRole(QPalette.Dark)
        self.scrollArea.setWidget(self.imgLabel)

        self.setCentralWidget(self.scrollArea)

        self.initMenuBar()

    def initMenuBar(self):
        menuBar = self.menuBar()

        # 檔案選單
        menuFile = menuBar.addMenu(' 檔案 (&F)')
        actionOpen = QAction(' 開啟 (&O)...', self, shortcut='Ctrl+O',
triggered=self.onFileOpen)
        self.actionPrint = QAction(' 列印 (&P)...', self, shortcut='Ctrl+P',
enabled=False, triggered=self.onFilePrint)
        actionExit = QAction(' 退出 (&X)', self, shortcut='Ctrl+Q',
triggered=QApplication.instance().quit)
        menuFile.addAction(actionOpen)
```

```
        menuFile.addAction(self.actionPrint)
        menuFile.addSeparator()
        menuFile.addAction(actionExit)

        # 編輯選單
        menuEdit = menuBar.addMenu('編輯(&E)')
        self.actionCopy = QAction('複製(&C)', self, shortcut='Ctrl+C',
enabled=False, triggered=self.onCopy)
        self.actionPaste = QAction('黏貼(&V)', self, shortcut='Ctrl+V',
triggered=self.onPaste)
        menuEdit.addAction(self.actionCopy)
        menuEdit.addAction(self.actionPaste)

        # 視圖選單
        menuView = menuBar.addMenu('視圖(&V)')
        self.actionZoomIn = QAction('放大(25%)(&I)', self, shortcut='Ctrl++',
enabled=False, triggered=self.onViewZoomIn)
        self.actionZoomOut = QAction('縮小(25%)(&O)', self,
shortcut='Ctrl+-', enabled=False,triggered=self.onViewZoomOut)
        self.actionNormalSize = QAction('原始尺寸(&N)', self,
shortcut='Ctrl+S', enabled=False,triggered=self.onViewNormalSize)
        self.actionFitToWindow = QAction('適應視窗(&F)', self,
shortcut='Ctrl+F', enabled=False, checkable=True,triggered=self.
onViewFitToWindow)
        menuView.addAction(self.actionZoomIn)
        menuView.addAction(self.actionZoomOut)
        menuView.addAction(self.actionNormalSize)
        menuView.addSeparator()
        menuView.addAction(self.actionFitToWindow)

    # 開啟檔案
    def onFileOpen(self):
        filename, _ = QFileDialog.getOpenFileName(self, '開啟檔案', QDir.
currentPath())
        if filename:
            image = QImage(filename)
            if image.isNull():
                QMessageBox.information(self, '影像瀏覽器', '不能載入檔案%s.'
% filename)
                return
```

```python
            self.imgLabel.setPixmap(QPixmap.fromImage(image))
            self.scaleFactor = 1.0

            self.actionPrint.setEnabled(True)
            self.actionFitToWindow.setEnabled(True)
            self.actionCopy.setEnabled(True)
            self.updateActions()

            if not self.actionFitToWindow.isChecked():
                self.imgLabel.adjustSize()

    # 列印
    def onFilePrint(self):
        dlg = QPrintDialog(self.printer, self)
        if dlg.exec():
            painter = QPainter(self.printer)
            rect = painter.viewport()
            size = self.imgLabel.pixmap().size()
            size.scale(rect.size(), Qt.KeepAspectRatio)
            painter.setViewport(rect.x(), rect.y(), size.width(), size.
height())
            painter.setWindow(self.imgLabel.pixmap().rect())
            painter.drawPixmap(0, 0, self.imgLabel.pixmap())

    # 複製
    def onCopy(self):
        QGuiApplication.clipboard().setPixmap(self.imgLabel.pixmap())

    # 貼上
    def onPaste(self):
        newPic = QGuiApplication.clipboard().pixmap()
        if newPic.isNull():
            self.statusBar().showMessage("No image in clipboard")
        else:
            self.imgLabel.setPixmap(newPic)
            self.setWindowFilePath('')
            w = newPic.width()
            h = newPic.height()
            d = newPic.depth()
```

```
            message = f"Obtained image from clipboard, {w}x{h}, Depth: {d}"
            self.statusBar().showMessage(message)

    # 放大影像
    def onViewZoomIn(self):
        self.scaleIamge(1.25)

    # 縮小影像
    def onViewZoomOut(self):
        self.scaleIamge(0.8)

    def onViewNormalSize(self):
        self.imgLabel.adjustSize()
        self.scaleFactor = 1.0

    # 自我調整螢幕
    def onViewFitToWindow(self):
        fitToWindow = self.actionFitToWindow.isChecked()
        self.scrollArea.setWidgetResizable(fitToWindow)
        if not fitToWindow:
            self.onViewNormalSize()

        self.updateActions()

    def updateActions(self):
        checked = not self.actionFitToWindow.isChecked()
        self.actionZoomIn.setEnabled(checked)
        self.actionZoomOut.setEnabled(checked)
        self.actionNormalSize.setEnabled(checked)

    def scaleIamge(self, factor):
        self.scaleFactor *= factor
        self.imgLabel.resize(self.scaleFactor * self.imgLabel.pixmap().
size())

        self.adjustScrollBar(self.scrollArea.horizontalScrollBar(), factor)
        self.adjustScrollBar(self.scrollArea.verticalScrollBar(), factor)

        self.actionZoomIn.setEnabled(self.scaleFactor < 4.0)
        self.actionZoomOut.setEnabled(self.scaleFactor > 0.25)
```

```
def adjustScrollBar(self, scrollBar, factor):
    scrollBar.setValue(int(factor * scrollBar.value() + ((factor - 1) *
scrollBar.pageStep() / 2)))
```

【程式碼分析】

在「檔案」選單中實作了開啟、儲存和列印功能，在「編輯」選單中實作了複製、貼上功能，在「視圖」選單中實作了放大、縮小、原始尺寸、適應視窗功能。這些是 QPixmap 和 QImage 中常見的需求，因此對細節的內容不做過多介紹。

4.3 拖曳與剪貼簿

無論是拖曳還是剪貼簿都需要將 QMimeData 作為資料傳輸仲介，因此需要優先介紹 QMimeData。

4.3.1 QMimeData

QMimeData 用於描述可以儲存在剪貼簿中並且可以透過拖放機制傳輸的資訊。QMimeData 不是一個 QWidget 控制項，因此不能直接看到。QMimeData 物件將其擁有的資料與對應的 MIME 類型相連結，以確保資訊可以在應用程式之間安全地傳輸，並且可以在同一應用程式內進行複製。QMimeData 類別的繼承結構如圖 4-38 所示。

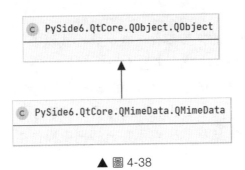

▲ 圖 4-38

QMimeData 物件通常由 QDrag 物件或 QClipboard 物件建立，並作為資料傳輸通道提供給 QDrag 物件或 QClipboard 物件。這樣，Qt 能夠更進一步地管理它們使用的記憶體。

QMimeData 支援一些常見的格式，以便於呼叫，如表 4-21 所示。

表 4-21

判斷函式	獲取函式	設定函式	mimeType
hasText()	text()	setText()	text/plain
hasHtml()	html()	setHtml()	text/html
hasUrls()	urls()	setUrls()	text/uri-list
hasImage()	imageData()	setImageData()	image/*
hasColor()	colorData()	setColorData()	application/x-color

常見的 QMimeData 的使用方式如下：

```
class Button(QPushButton):
    def __init__(self, title, parent):
        super().__init__(title, parent)
        self.setAcceptDrops(True)

    def dragEnterEvent(self, e):
        if e.mimeData().hasFormat("text/plain"):
            e.accept()
        else:
            e.ignore()

    def dropEvent(self, e):
        self.setText(e.mimeData().text())
```

這是一個對按鈕的拖曳事件。在上述程式碼中，dragEnterEvent() 函式中的 e 是 QDragEnterEvent 類型，拖曳動作進入該按鈕時會觸發該事件；dropEvent() 函式中的 e 是 QDropEvent 類型，拖曳動作在按鈕上被釋放時會觸發該事件。兩個 e.mimeData() 函式都是 QMimeData 類型的，儲存拖曳的資料資訊。該程式碼表示在一個拖曳操作中，QMimeData 如果判斷拖曳的是文字就會接受這個拖曳操作，並且在拖曳釋放的時候設定按鈕的 text 為拖曳的文字。

QMimeData 中的常見格式如果無法滿足需求，則可以使用自訂的格式（mimeType）。一個 QMimeData 物件可以同時使用幾種不同的 mimeType 儲存相同的資料；formats() 函式傳回可用的 mimeType 清單；data(mimeType:str) 函式傳回 mimeType 對應的原始資料；如果使用其他 mimeType，則可以透過 setData(mimeType,QByteArray) 函式新增或修改一個 mimeType。新增一個 mimeType 的程式碼如下：

```python
class ButtonMyQMime(QPushButton):
    def __init__(self, title, parent):
        super().__init__(title, parent)
        self.setAcceptDrops(True)
        self.mime = QMimeData()
        qb = QByteArray(bytes('abcd1234', encoding='utf8'))
        self.mime.setData('my_mimetype',qb)

    def dragEnterEvent(self, e):
        if self.mime.hasFormat('my_mimetype'):
            e.accept()
        else:
            e.ignore()

    def dropEvent(self, e):
        self.setText('自訂 format 結果為：'+self.mime.data('my_mimetype').
data().decode('utf8'))
```

上述程式碼新增了一個 mimeType，並把按鈕的 text 修改為 mimeType 對應的資料。實作的效果是只要拖曳到按鈕，按鈕的 text 自動修改為 abcd1234。需要注意的是，setData 接收的參數的類型為 QByteArray，這是 Qt 支援的二進位格式，所以必須把資料轉換成這種格式才可以透過 QMimeData 傳輸，這就增加了額外的工作量。實際上，對於上面的案例，也可以透過 self.mime.setText('abcd1234') 傳遞字串，同時使用 self.mime.text() 函式獲取字串。

在 Windows 中，QMimeData 經常使用自訂 mimeType 儲存資料，使用 x-qt-windows-mime 子類別型指示它們表示非標準格式的資料。舉例如下：

```
application/x-qt-windows-mime;value="FileGroupDescriptor"
application/x-qt-windows-mime;value="FileContents"
```

本節的案例舉出了 Windows 系統中的 txt 檔案完整的 formats 格式，由圖 4-39 可以看到，除了 text/uri-list 是標準的 QMimeData，其他的都是自訂的 mimeType。

▲ 圖 4-39

✎ 案例 **4-18** QMimeData 控制項的使用方法

本案例的檔案名稱為 Chapter04/qt_QMimeData.py，用於演示 QMimeData 控制項的使用方法，程式碼如下：

```
class ButtonQMime(QPushButton):
    def __init__(self, title, parent):
        super().__init__(title, parent)
```

```python
        self.setAcceptDrops(True)

    def dragEnterEvent(self, e):
        if e.mimeData().hasFormat("text/plain"):
            e.accept()
        else:
            e.ignore()

    def dropEvent(self, e):
        self.setText(e.mimeData().text())


class ButtonMyQMime(QPushButton):
    def __init__(self, title, parent):
        super().__init__(title, parent)
        self.setAcceptDrops(True)
        self.mime = QMimeData()
        qb = QByteArray(bytes('abcd1234', encoding='utf8'))
        self.mime.setData('my_mimetype',qb)

    def dragEnterEvent(self, e):
        if self.mime.hasFormat('my_mimetype'):
            e.accept()
        else:
            e.ignore()

    def dropEvent(self, e):
        self.setText('自訂 format 結果為：'+self.mime.data('my_mimetype').
data().decode('utf8'))


class Example(QWidget):
    def __init__(self):
        super().__init__()
        self.setAcceptDrops(True)
        layout =QVBoxLayout()
        self.setLayout(layout)
        # layout.addWidget(QLabel(''))
        self.label = QLabel('拖曳到視窗顯示拖曳 format 資訊',self)
        layout.addWidget(self.label)
```

```python
        edit = QLineEdit(" 我可以被拖曳，你可以用我拖曳，也可以將檔案拖曳到視窗中 ",
 self)
        edit.setMinimumWidth(350)
        edit.setDragEnabled(True)
        layout.addWidget(edit)

        button = ButtonQMime(' 拖曳到此按鈕，修改按鈕 text',self)
        layout.addWidget(button)

        button2 = ButtonMyQMime(" 拖曳到此按鈕，顯示自訂 format", self)
        layout.addWidget(button2)

        self.setWindowTitle("QMimeData 案例：透過拖曳傳輸資料 ")
        self.setGeometry(300, 300, 300, 150)
        self.show()


    def dragEnterEvent(self, e):
        _str = ''
        mime = e.mimeData()

        # 辨識拖曳的檔案
        if mime.hasUrls():
            path_list = e.mimeData().urls()
            _str = '\n'.join(a.path() for a in path_list)
            _str = ' 拖曳的檔案路徑為：\n' + _str + '\n\n'

        # 辨識拖曳的文字
        if mime.hasText():
            _str = ' 拖曳的文字內容為：\n' + mime.text() + '\n\n'

        format_list = mime.formats()
        self.label.setText(_str + ' 拖曳的 formats 為：\n'+'\n'.join(format_
list))

if __name__ == "__main__":
    app = QApplication(sys.argv)
    ex = Example()
    sys.exit(app.exec_())
```

執行腳本，拖曳文字或檔案，顯示效果如圖 4-40 所示。

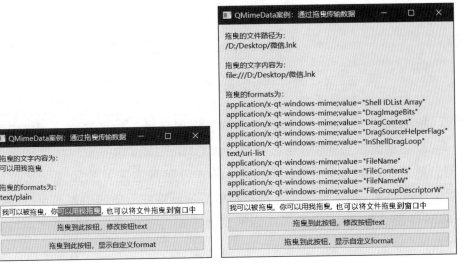

▲ 圖 4-40

【程式碼分析】

雖然本案例介紹的是 QMimeData，但是要透過 Drag 表現出來，QMimeData 在拖曳過程中提供資料交換的通道。需要注意以下幾點。

（1）button 和 button2 分別實作了標準及自訂 QMimeData 的方法，之前已經介紹過。將文字（QLineEdit 或記事本等中的文字）拖曳到按鈕的時候就會觸發拖曳。

（2）dragEnterEvent 針對的是視窗，拖曳到視窗中時會觸發。

4.3.2 Drag 與 Drop

4.3.1 節的案例已經介紹了拖曳的一些基本用法，本節會介紹拖曳的其他細節。QDrag 同樣繼承自 QtCore，結構如圖 4-41 所示。

許多 QWidget 物件都支援拖曳動作，允許拖曳資料的控制項必須設定 QWidget. setDragEnabled() 為 True（如案例 4-18 中的 QLineEdit）。

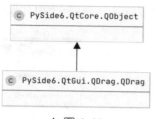

▲ 圖 4-41

拖曳過程中會有一些預設影像隨著滑鼠移動（常見的有一個拖曳的「＋」或透明的捷徑），這些影像會根據 QMimeData 中的資料型態顯示不同的效果，也可以使用 setPixmap() 函式設定其他圖片的效果。可以使用 setHotSpot() 函式設定滑鼠指標相對於控制項左上角的位置。可以使用 source() 函式和 target() 函式找到拖曳來源和目標小元件，方便實作特殊行為。

拖曳操作通常在一些拖曳事件中完成，常用的拖曳事件如表 4-22 所示。

表 4-22

事　件	描　述
QDrag	支援基於 MIME 的拖放資料傳輸
mousePressEvent	按下滑鼠按鍵觸發事件
mouseReleaseEvent	釋放滑鼠按鍵觸發事件
mouseMoveEvent	移動滑鼠觸發事件
DragEnterEvent	當拖曳動作進入該控制項時觸發該事件。在這個事件中可以獲得被操作的視窗控制項，還可以有條件地接受或拒絕該拖曳操作
DragMoveEvent	在拖曳操作進行時會觸發該事件
DragLeaveEvent	當執行拖曳控制項的操作，並且滑鼠指標離開該控制項時，這個事件將被觸發
DropEvent	當拖曳操作在目標控制項上被釋放時，這個事件將被觸發

在本節的案例中，部分事件的觸發順序如下（具體的詳細資訊請參考例 4-19）：

```
w mousePressEvent
w mousePressEvent b2 1
w mousePressEvent b2 2
w dragEnterEvent
w dragMoveEvent
w dropEnvent
w dropEnvent b2 1
w dropEnvent b2 2
w mousePressEvent b2 3
```

案例 4-19 QDrag 的使用方法 1

本案例的檔案名稱為 Chapter04/qt_QDrag.py，用於演示拖曳功能，
程式碼如下：

```python
class Button(QPushButton):
    def __init__(self, title, parent):
        super().__init__(title, parent)

    def mouseMoveEvent(self, e):
        # print('b1 mouseMoveEvent 1')
        if e.buttons() != Qt.RightButton:
            return

        print('b1 mouseMoveEvent 1')
        mimeData = QMimeData()
        drag = QDrag(self)
        drag.setMimeData(mimeData)
        self.hotSpot = e.pos() - self.rect().topLeft()
        drag.setHotSpot(self.hotSpot)
        print('b1 mouseMoveEvent 2')
        dropAcion = drag.exec_(Qt.MoveAction)
        print('b1 mouseMoveEvent 3')
        print(dropAcion)


    def mousePressEvent(self, e):
        QPushButton.mousePressEvent(self, e)
```

```python
        if e.button() == Qt.LeftButton:
            print(" 請使用右鍵滑動 ")


class Example(QWidget):
    def __init__(self):
        super().__init__()
        self.setAcceptDrops(True)

        self.button = Button(" 用滑鼠右鍵滑動 ", self)
        self.button.move(100, 65)

        self.button2 = QPushButton(" 用滑鼠右鍵滑動 2", self)
        self.button2.move(50, 35)

        self.setWindowTitle(" 拖曳應用案例 1")
        self.setGeometry(300, 300, 280, 150)

    def dragEnterEvent(self, event):
        print('w dragEnterEvent')
        if event.mimeData().hasFormat("application/x-MyButton2"):
            if event.source() == self:
                event.setDropAction(Qt.MoveAction)
                event.accept()
            else:
                event.acceptProposedAction()
        else:
            event.accept()

    def dropEvent(self, event):
        print('w dropEnvent')
        if event.mimeData().hasFormat("application/x-MyButton2"):
            print('w dropEnvent b2 1')
            offset = self.offset
            self.child.move(event.position().toPoint() - offset)

            if event.source() == self:
                event.setDropAction(Qt.MoveAction)
                event.accept()
```

```
            else:
                event.acceptProposedAction()
            print('w dropEnvent b2 2')
        else:
            print('w dropEnvent b1 1')
            position = event.pos()
            self.button.move(position-self.button.hotSpot)
            event.setDropAction(Qt.MoveAction)
            event.accept()
            print('w dropEnvent b1 2')
            # event.ignore()

def dragMoveEvent(self, event: PySide6.QtGui.QDragMoveEvent) -> None:
    print('w dragMoveEvent')
    if event.mimeData().hasFormat("application/x-MyButton2"):
        if event.source() == self:
            event.setDropAction(Qt.MoveAction)
            event.accept()
        else:
            event.acceptProposedAction()
    else:
        # self.dragMoveEvent(event)
        event.accept()

def mousePressEvent(self, event: PySide6.QtGui.QMouseEvent) -> None:
    print('w mousePressEvent')
    child = self.childAt(event.position().toPoint())

    if child is not self.button2:
        return
    print('w mousePressEvent b2 1')
    self.offset = QPoint(event.position().toPoint() - child.pos())
    self.child = child
    mimeData = QMimeData()
    mimeData.setData("application/x-MyButton2", QByteArray())

    drag = QDrag(self)
    drag.setMimeData(mimeData)
    # drag.setPixmap(self.pixmap)
    drag.setHotSpot(event.position().toPoint() - child.pos())
```

```
        print('w mousePressEvent b2 2')
        moveAction = drag.exec_(Qt.CopyAction | Qt.MoveAction, Qt.CopyAction)
        print('w mousePressEvent b2 3')
        print(moveAction)

if __name__ == "__main__":
    app = QApplication(sys.argv)
    ex = Example()
    ex.show()
    app.exec()
```

執行腳本，顯示效果如圖 4-42 所示。

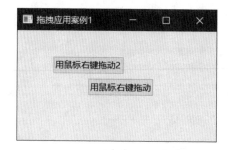

▲ 圖 4-42

【程式碼分析】

本案例實作了兩種對按鈕的拖曳方式，一種是自訂實例化按鈕（button），另一種是基於父視窗（button 2），本案例部分參考了官方的 C++ demo。拖曳操作比較混亂的是事件觸發順序，下面簡要說明。

對於 button1，事件觸發順序如下：

```
w mousePressEvent
b1 mouseMoveEvent 1
b1 mouseMoveEvent 2
w dragEnterEvent
w dragMoveEvent
# 省略若干次觸發
w dragMoveEvent
w dropEnvent
```

```
w dropEnvent b1 1
w dropEnvent b1 2
b1 mouseMoveEvent 3
PySide6.QtCore.Qt.DropAction.MoveAction
```

對於 button2，事件觸發順序如下：

```
w mousePressEvent
w mousePressEvent b2 1
w mousePressEvent b2 2
w dragEnterEvent
w dragMoveEvent
# 省略若干次觸發
w dragMoveEvent
w dropEnvent
w dropEnvent b2 1
w dropEnvent b2 2
w mousePressEvent b2 3
PySide6.QtCore.Qt.DropAction.MoveAction
```

可以看到，drag.exec() 函式會阻斷當前事件執行（不會阻斷主程式），執行拖曳的其他事件，等待拖曳操作完成之後才會繼續執行當前事件。

button 的拖曳操作在自己的 QPushButton.mouseMoveEvent() 函式中完成，button2 的拖曳操作在 QWidget.mousePressEvent() 函式中完成。兩個按鈕的移動操作都在 QWidget. dropEvent() 函式中完成，透過 QMimeData.hasFormat("application/x-MyButton2") 來辨識 button2 按鈕。兩個按鈕實作的功能是一樣的，都可以透過滑鼠右鍵拖曳移動。二者的區別在於：button 的拖曳操作只有按住滑鼠右鍵滑動才能觸發，按滑鼠右鍵 button2 按鈕也能觸發。

✎ 案例 4-20 QDrag 的使用方法 2

本案例的檔案名稱為 Chapter04/qt_QDrag2.py，用於演示拖曳的更多功能。本案例基於官方的 C++ demo 改寫，更全面地演示了拖曳功能及不同表單之間的資料傳遞方式，程式碼如下：

```python
class DragWidget(QWidget):
    def __init__(self):
        super().__init__()
        self.setMinimumSize(400, 400)
        self.setAcceptDrops(True)

        self.icon1 = QLabel('icon1',self)
        self.icon1.setPixmap(QPixmap("./images/save.png"))
        self.icon1.move(10, 10)
        self.icon1.setAttribute(Qt.WA_DeleteOnClose)

        self.icon2 = QLabel('icon2',self)
        self.icon2.setPixmap(QPixmap("./images/new.png"))
        self.icon2.move(100, 10)
        self.icon2.setAttribute(Qt.WA_DeleteOnClose)

        self.icon3 = QLabel('icon3',self)
        self.icon3.setPixmap(QPixmap("./images/open.png"))
        self.icon3.move(10, 80)
        self.icon3.setAttribute(Qt.WA_DeleteOnClose)

    def dragEnterEvent(self, event: PySide6.QtGui.QDragEnterEvent) -> None:
        if event.mimeData().hasFormat("application/x-dnditemdata"):
            if event.source() == self:
                event.setDropAction(Qt.MoveAction)
                event.accept()
            else:
                event.acceptProposedAction()
        else:
            event.ignore()

    def dragMoveEvent(self, event: PySide6.QtGui.QDragMoveEvent) -> None:
        if event.mimeData().hasFormat("application/x-dnditemdata"):
            if event.source() == self:
                event.setDropAction(Qt.MoveAction)
                event.accept()
            else:
                event.acceptProposedAction()
```

```python
        else:
            event.ignore()

def dropEvent(self, event: PySide6.QtGui.QDropEvent) -> None:
    if event.mimeData().hasFormat("application/x-dnditemdata"):

        # 接收 QMimeData 中的 QPixmap 資料
        itemData = event.mimeData().data("application/x-dnditemdata")
        pixmap = self.QByteArray2QPixmap(itemData)
        # pixmap = event.mimeData().imageData()
        # pixmap = self.parent().pixmap

        # 接收父類別中的 QPoint 資料
        offset = self.parent().offset

        # 新建 icon
        newIcon = QLabel(' 哈哈 ',self)
        newIcon.setPixmap(pixmap)
        newIcon.move(event.position().toPoint() - offset)
        newIcon.show()
        newIcon.setAttribute(Qt.WA_DeleteOnClose)

        if event.source() == self:
            event.setDropAction(Qt.MoveAction)
            event.accept()
        else:
            event.acceptProposedAction()
    else:
        event.ignore()

def mousePressEvent(self, event: PySide6.QtGui.QMouseEvent) -> None:

    child = self.childAt(event.position().toPoint())
    if not child:
        return

    # 透過 QMimeData 傳遞 QPixmap 資料
    pixmap = child.pixmap()
    # self.parent().pixmap = pixmap
    itemData = self.QPixmap2QByteArray(pixmap)
```

```python
        mimeData = QMimeData()
        mimeData.setData("application/x-dnditemdata", itemData)
        # mimeData.setImageData(pixmap)

        # 透過共同的父類別傳遞 QPoint 資料
        offset = QPoint(event.position().toPoint() - child.pos())
        self.parent().offset = offset

        drag = QDrag(self)
        drag.setMimeData(mimeData)
        drag.setPixmap(pixmap)
        drag.setHotSpot(event.position().toPoint() - child.pos())

        # 觸發 MoveAction 行為會關閉原來的 icon，否則不關閉
        action = drag.exec_(Qt.CopyAction | Qt.MoveAction, Qt.CopyAction)
        print(action)
        if  action== Qt.MoveAction:
            child.close()
        else:
            child.show()
            # child.setPixmap(pixmap)

    def QPixmap2QByteArray(self, q_image: QImage) -> QByteArray:
        """
            Args:
                q_image: 待轉化為位元組流的 QImage
            Returns:
                q_image 轉化成的 byte array
        """
        # 獲取一個空的位元組陣列
        byte_array = QByteArray()
        # 將位元組陣列綁定到輸出串流上
        buffer = QBuffer(byte_array)
        buffer.open(QIODevice.WriteOnly)
        # 將資料使用 PNG 格式儲存
        q_image.save(buffer, "png", quality=100)
        return byte_array

    def QByteArray2QPixmap(self, byte_array: QByteArray):
            """
```

```
        Args:
            byte_array: 位元組流影像
        Returns:
            byte_array 對應的位元組流陣列
        """
        # 設定位元組流輸入池
        buffer = QBuffer(byte_array)
        buffer.open(QIODevice.ReadOnly)
        # 讀取圖片
        reader = QImageReader(buffer)
        img = QPixmap(reader.read())

        return img

if __name__ == "__main__":
    app = QApplication(sys.argv)
    mainWidget = QWidget()
    horizontalLayout = QHBoxLayout(mainWidget)
    horizontalLayout.addWidget(DragWidget())
    horizontalLayout.addWidget(DragWidget())
    mainWidget.setWindowTitle('實作表單內的拖曳和表單間的複製')
    mainWidget.show()
    sys.exit(app.exec())
```

執行腳本，移動或複製一些控制項，顯示效果如圖 4-43 所示。

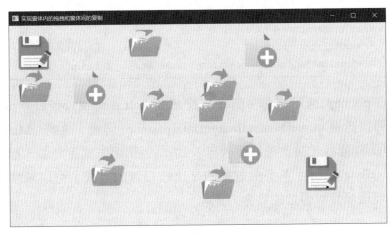

▲ 圖 4-43

【程式碼分析】

本案例實作了控制項在表單內的拖曳和移動，以及不同表單之間的拖曳和複製。mousePressEvent() 函式定義了拖曳操作，dropEvent() 函式定義了移動或複製操作。與案例 4-19 不同，本案例透過關閉原來的控制項，並在目標位置上新建控制項來實作拖曳效果，而非採用移動的方式。本案例的大部分內容都和之前的相同，這裡需要注意以下幾點。

（1）無論是移動還是複製，都需要傳遞兩種資料：一是滑鼠指標相對於控制項左上角的位移 offset；二是控制項填充的背景圖 pixmap。

（2）對於 offset，本案例透過父視窗傳遞，即 self.parent().offset = offset；對於 pixmap，轉換成 QByteArray 透過 QMimeData 傳遞。程式碼如下：

```
itemData = self.QPixmap2QByteArray(pixmap)
mimeData = QMimeData()
mimeData.setData("application/x-dnditemdata", itemData)
# mimeData.setImageData(pixmap)

# 透過共同的父類別傳遞 QPoint 資料
offset = QPoint(event.position().toPoint() - child.pos())
self.parent().offset = offset

drag = QDrag(self)
drag.setMimeData(mimeData)
drag.setPixmap(pixmap)
drag.setHotSpot(event.position().toPoint() - child.pos())
```

（3）pixmap 也可以像 offset 一樣透過 self.parent().offset = offset 傳遞，還可以透過 mimeData.setImageData(pixmap) 傳遞，透過 QMimeData.imageData() 獲取（請參考註釋內容）。這兩種傳遞方式更簡單，都不需要轉換成 QByteArray。本案例選擇的是比較複雜的方式，可以幫助讀者更進一步地理解資料傳遞的實作方式。

4.3.3 QClipboard

如圖 4-44 所示，和 QDrag 一樣，QClipboard 也繼承自 QtCore。QClipboard 提供了對系統剪貼簿的存取，可以在應用程式之間複製和貼上資料。QClipboard 的使用方法和 QDrag 的使用方法類似，同樣使用 QMimeData 傳輸資料。

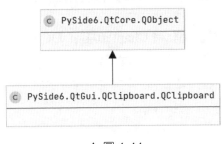

▲ 圖 4-44

剪貼簿常用的呼叫方法如下：

```
clipboard = QApplication.clipboard()
```

這是 QApplication 的靜態方法，傳回 QClipboard。QClipboard 類別中常用的函式如表 4-23 所示。

表 4-23

函式	描 述
clear()	清除剪貼簿中的內容
setImage()	將 QImage 物件複製到剪貼簿中
setMimeData()	將 MIME 資料複製到剪貼簿中
setPixmap()	從剪貼簿中複製 Pixmap 物件
setText()	從剪貼簿中複製文字
text()	從剪貼簿中檢索文字

表 4-23 中的 setImage() 函式及 setText() 函式等實際上是對 QMimeData 中的 setImage() 函式等的便攜封裝，方便傳輸資料。

QClipboard 類別中常用的訊號如表 4-24 所示。

表 4-24

訊號	含　義
dataChanged	當剪貼簿中的內容發生變化時，會發射這個訊號

✎ 案例 **4-21** QClipboard 控制項的使用方法

本 案 例 的 檔 案 名 稱 為 Chapter04/qt_QClipboard.py，用 於 演 示 QClipboard 控制項的使用方法，程式碼如下：

```python
class Demo(QWidget):
    def __init__(self, parent=None):
        super(Demo, self).__init__(parent)
        textCopyButton = QPushButton("&Copy Text")
        PasteButton = QPushButton("&Paste")
        htmlCopyButton = QPushButton("C&opy HTML")
        imageCopyButton = QPushButton("Co&py Image")
        self.textLabel = QLabel("Paste text")

        self.typeLabel = QLabel('type label')
        self.formatLabel = QLabel('format label: for valuechange')
        layout = QGridLayout()
        layout.addWidget(textCopyButton, 0, 0)
        layout.addWidget(imageCopyButton, 0, 1)
        layout.addWidget(htmlCopyButton, 0, 2)
        layout.addWidget(PasteButton, 1, 0, 1, 2)
        layout.addWidget(self.typeLabel, 1, 2)
        layout.addWidget(self.textLabel, 2, 0, 1, 3)
        layout.addWidget(self.formatLabel, 3, 0, 1, 3)
        self.setLayout(layout)
        textCopyButton.clicked.connect(self.copyText)
        htmlCopyButton.clicked.connect(self.copyHtml)
        imageCopyButton.clicked.connect(self.copyImage)

        PasteButton.clicked.connect(self.paste)

        self.clipboard = QApplication.clipboard()
```

```python
        self.clipboard.dataChanged.connect(self.updateClipboard)

        self.setWindowTitle("Clipboard 例子")

    def copyText(self):
        self.clipboard.setText("I've been clipped!")

    def copyImage(self):
        self.clipboard.setPixmap(QPixmap(os.path.join(
            os.path.dirname(__file__), "./images/python.png")))

    def copyHtml(self):
        mimeData = QMimeData()
        mimeData.setHtml("<b>Bold and <font color=red>Red</font></b>")
        self.clipboard.setMimeData(mimeData)

    def paste(self):
        mimeData = self.clipboard.mimeData()
        self.typeLabel.setText('')
        if mimeData.hasImage():
            self.textLabel.setPixmap(mimeData.imageData())
            self.typeLabel.setText(self.typeLabel.text() + '\n' + 'hasImage')
        elif mimeData.hasHtml():
            self.textLabel.setText(mimeData.html())
            self.textLabel.setTextFormat(Qt.RichText)
            self.typeLabel.setText(self.typeLabel.text() + '\n' + 'hasHtml')
        elif mimeData.hasText():
            self.textLabel.setText(mimeData.text())
            self.textLabel.setTextFormat(Qt.PlainText)
            self.typeLabel.setText(self.typeLabel.text() + '\n' + 'hasText')
        else:
            self.textLabel.setText("Cannot display data")

    def updateClipboard(self):
        mimeData = self.clipboard.mimeData()

        formats = mimeData.formats()
        _str = ''

        for format in formats:
```

```
            data = mimeData.data(format)
            _str = _str + '\n' + format + '  :  ' + str(data.data()[:20])
        self.formatLabel.setText(_str)
```

執行腳本，複製一些程式碼，顯示效果如圖 4-45 所示。

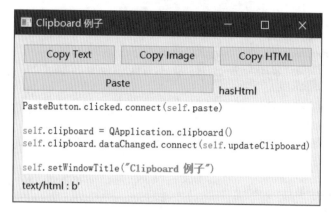

▲ 圖 4-45

【程式碼分析】

這個案例主要使用 QMimeData 傳遞資料，基礎方法請參考 4.3.1 節和 4.3.2 節，這裡不再贅述。可以使用最上方的 3 個按鈕複製一些特定物件，也可以手動複製其他資料。paste() 函式會根據剪貼簿中的資料型態來選擇呈現方式，當剪貼簿中的內容發生變化時觸發 updateClipboard() 函式，用來顯示當前剪貼簿的 format 格式。

4.4 功能表列、工具列、狀態列與快速鍵

功能表列（包括頂部下拉式功能表和右鍵選單）、工具列和狀態列可以放在一起敘述，在案例 3-16 中已經初步介紹了功能表列和工具列的使用方法，本節會對它們進行更系統的介紹。有時需要對功能表列和工具列綁定快速鍵，這就需要了解一些 Qt 中關於快速鍵的資訊。

4.4.1 功能表列 QMenu

功能表列包括兩種，分別為頂部下拉式功能表和右鍵選單。對於頂部下拉式功能表，只有 QMainWindow 才能提供，透過 menuBar() 函式可以獲取功能表列物件 QMenuBar，而 QWidget 則沒有這個函式。對於右鍵選單，可以透過重寫 contextMenuEvent() 函式或 createPopupMenu() 函式實作。

獲取 QMenuBar 物件之後，可以透過 addMenu() 函式將選單增加到功能表列中，並傳回這個選單 QMenu 物件。每個 QMenu 物件都可以包含一個或多個 QAction 物件或串聯的 QMenu 物件。可以透過 addAction() 函式增加 QAction 物件，透過 addMenu() 函式增加 QMenu 物件，這樣就獲得了二級選單。

QMenu 類別常見的函式如表 4-25 所示。

表 4-25

函式	描　述
menuBar()	傳回主視窗的 QMenuBar 物件
addMenu()	在功能表列中增加一個新的 QMenu 物件
addAction()	在 QMenu 中增加一個操作按鈕，其中包含文字或圖示
setEnabled()	將操作按鈕的狀態設定為啟用 / 禁用
addSeperator()	在選單中增加一條分隔線
clear()	刪除選單 / 功能表列中的內容
setShortcut()	將快速鍵連結到操作按鈕（QAction 方法）
setText()	設定選單項的文字
setTitle()	設定 QMenu 的標題
text()	傳回與 QAction 物件連結的文字
title()	傳回 QMenu 的標題

當點擊任何 QAction 按鈕時，QMenu 物件都會發射 triggered 訊號。

✎ 案例 4-22　QMenuBar、QMenu 和 QAction 的使用方法

本案例的檔案名稱為 Chapter04/qt_QMenu.py，用於演示 QMenuBar、QMenu 和 QAction 的使用方法，程式碼如下：

```python
class MenuDemo(QMainWindow):
    def __init__(self, parent=None):
        super(MenuDemo, self).__init__(parent)

        widget = QWidget(self)
        self.setCentralWidget(widget)

        topFiller = QWidget()
        topFiller.setSizePolicy(QSizePolicy.Expanding, QSizePolicy.Expanding)

        self.infoLabel = QLabel("<i>Choose a menu option, or right-click to
invoke a context menu</i>")
        self.infoLabel.setFrameStyle(QFrame.StyledPanel | QFrame.Sunken)
        self.infoLabel.setAlignment(Qt.AlignCenter)

        bottomFiller = QWidget()
        bottomFiller.setSizePolicy(QSizePolicy.Expanding, QSizePolicy.
Expanding)

        layout = QVBoxLayout()
        layout.setContentsMargins(5, 5, 5, 5)
        layout.addWidget(topFiller)
        layout.addWidget(self.infoLabel)
        layout.addWidget(bottomFiller)
        widget.setLayout(layout)

        self.createActions()
        self.createMenus()

        message = "A context menu is available by right-clicking"
        self.statusBar().showMessage(message)

        self.setWindowTitle("Menus")
        self.setMinimumSize(160, 160)
```

```python
        self.resize(480, 320)

    def contextMenuEvent(self, event):
        menu = QMenu(self)
        menu.addAction(self.cutAct)
        menu.addAction(self.copyAct)
        menu.addAction(self.pasteAct)
        menu.exec(event.globalPos())

    def newFile(self):
        self.infoLabel.setText("Invoked <b>File|New</b>")

    def open(self):
        self.infoLabel.setText("Invoked <b>File|Open</b>")

# ============== 此處省略一些程式碼 ==========



    def createActions(self):
        self.newAct = QAction(QIcon("./images/new.png"),"&New")
        self.newAct.setShortcuts(QKeySequence.New)
        self.newAct.setStatusTip("Create a new file")
        self.newAct.triggered.connect(self.newFile)

        self.openAct = QAction(QIcon("./images/open.png"),"&Open...")
        self.openAct.setShortcuts(QKeySequence.Open)
        self.openAct.setStatusTip("Open an existing file")
        self.openAct.triggered.connect(self.open)
# ============== 此處省略一些程式碼 ==========

    def createMenus(self):
        fileMenu = self.menuBar().addMenu("&File")
        fileMenu.addAction(self.newAct)
        fileMenu.addAction(self.openAct)
        fileMenu.addAction(self.saveAct)
        fileMenu.addAction(self.printAct)
        fileMenu.addSeparator()

        fileMenu.addAction(self.exitAct)
        editMenu = self.menuBar().addMenu("&Edit")
```

```
        editMenu.addAction(self.undoAct)
        editMenu.addAction(self.redoAct)
        editMenu.addSeparator()
# ============== 此處省略一些程式碼 =========


if __name__ == '__main__':
    app = QApplication(sys.argv)
    demo = MenuDemo()
    demo.show()
    sys.exit(app.exec())
```

執行腳本，顯示效果如圖 4-46 所示。

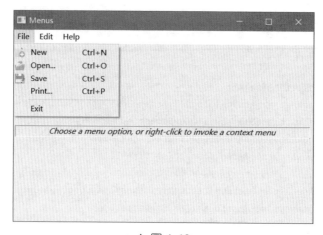

▲ 圖 4-46

【程式碼分析】

在這個案例中，頂層視窗必須是 QMainWindow 物件，這樣才可以引用 QMenuBar 物件。下面以建立 File-New 選單為例詳細說明。

首先，在 createActions() 函式中建立一個 QAction，標題為 New，並綁定槽函式 newFile()。這裡透過 setShortcuts() 函式綁定了 Ctrl+N 快速鍵，關於 QKeySequence 的更多資訊會在 4.4.2 節說明。透過 setStatusTip() 函式設定了當滑鼠指標滑過選單時狀態列要顯示的資訊。程式碼如下：

```
self.newAct = QAction(QIcon("./images/new.png"),"&New")
self.newAct.setShortcuts(QKeySequence.New)
self.newAct.setStatusTip("Create a new file")
self.newAct.triggered.connect(self.newFile)
def newFile(self):
    self.infoLabel.setText("Invoked <b>File|New</b>")
```

其次，在 createMenus() 函式中，addMenu() 函式將 File 選單增加到功能表列中，並對選單增加動作 self.newAct：

```
fileMenu = self.menuBar().addMenu("&File")
fileMenu.addAction(self.newAct)
```

也可以對 QMenu 呼叫 addMenu() 函式增加二級選單，程式碼如下：

```
editMenu = self.menuBar().addMenu("&Edit")
editMenu.addAction(self.undoAct)
editMenu.addAction(self.redoAct)
editMenu.addSeparator()
editMenu.addAction(self.cutAct)
editMenu.addAction(self.copyAct)
editMenu.addAction(self.pasteAct)
editMenu.addSeparator()

formatMenu = editMenu.addMenu("&Format")
formatMenu.addAction(self.boldAct)
formatMenu.addAction(self.italicAct)
formatMenu.addSeparator().setText("Alignment")
formatMenu.addAction(self.leftAlignAct)
formatMenu.addAction(self.rightAlignAct)
formatMenu.addAction(self.justifyAct)
formatMenu.addAction(self.centerAct)
formatMenu.addSeparator()
formatMenu.addAction(self.setLineSpacingAct)
formatMenu.addAction(self.setParagraphSpacingAct)
```

執行效果如圖 4-47 所示。

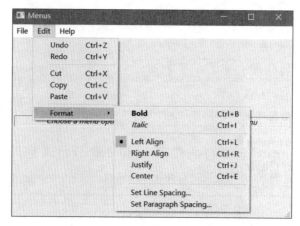

▲ 圖 4-47

重寫 contextMenuEvent() 函式可以修改右鍵選單，程式碼如下：

```python
def contextMenuEvent(self, event):
    menu = QMenu(self)
    menu.addAction(self.cutAct)
    menu.addAction(self.copyAct)
    menu.addAction(self.pasteAct)
    menu.exec(event.globalPos())
```

執行效果如圖 4-48 所示。

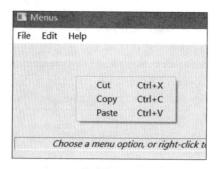

▲ 圖 4-48

這裡透過修改 contextMenuEvent() 函式實作右鍵選單，也可以透過修改 createPopupMenu() 函式實作，4.4.3 節會介紹這種方式。

4.4.2 快速鍵 QKeySequence（Edit）、QShortcut

Qt 中專門為快速鍵設定了 QKeySequence 類別，它封裝了快速鍵使用的按鍵序列。本節主要介紹 3 種快速鍵方式：第 1 種是基於 QAction 的快速鍵，這是設計功能表列和工具列常用的方式；第 2 種是基於 QShortcut，可以對快速鍵直接綁定相關的槽函式；第 3 種是視覺化的快速鍵綁定，Qt 中提供了視覺化快速鍵綁定的類別 QKeySequenceEdit，使用者可以設定自己的快速鍵。這 3 種方式綁定快速鍵都要使用 QKeySequence，從而為不同的場景綁定快速鍵提供便利。從圖 4-49 中可以看出，這 3 種方式之間沒有相關性。

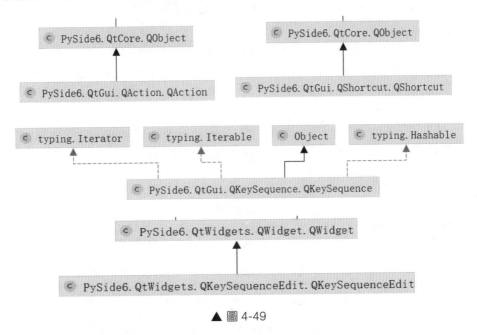

▲ 圖 4-49

1. 基於 QAction 的快速鍵

在 Qt 中，QKeySequence 一般與 QAction 物件一起使用，以指定使用哪些快速鍵來觸發操作。在 Qt 中，支援 3 種綁定快速鍵的方式，下面以 Ctrl+N 為例詳細說明（以下 3 種方式的效果是一樣的）。

（1）標準快速鍵：

```
newAct = QAction(QIcon("./images/new.png"),"&New")
newAct.setShortcuts(QKeySequence.New)
```

（2）自訂快速鍵：

```
newAct = QAction(QIcon("./images/new.png"),"&New")
newAct.setShortcuts(「Ctrl+N」)
```

（3）來自 Qt 的快速鍵：

```
newAct = QAction(QIcon("./images/new.png"),"&New")
newAct.setShortcuts(QKeySequence(Qt.CTRL|Qt.Key_N))
```

這裡使用的是 setShortcuts() 函式，如果這個函式不工作，則可以嘗試使用 setShortcut() 函式，前者傳遞一個快速鍵列表，後者傳遞一個快速鍵，這樣使用也沒有問題。

Qt 中的標準快速鍵與 Windows 平臺和 macOS 平臺下的快速鍵的對應關係如表 4-26 所示，記住這個對應關係可以減少使用者在應用程式中的工作量。

表 4-26

標準快速鍵	Windows	macOS
HelpContents	F1	Ctrl+?
WhatsThis	Shift+F1	Shift+F1
Open	Ctrl+O	Ctrl+O
Close	Ctrl+F4、Ctrl+W	Ctrl+W、Ctrl+F4
Save	Ctrl+S	Ctrl+S
Quit		Ctrl+Q
SaveAs		Ctrl+Shift+S
New	Ctrl+N	Ctrl+N
Delete	Del	Del、Meta+D

標準快速鍵	Windows	macOS
Cut	Ctrl+X、Shift+Del	Ctrl+X、Meta+K
Copy	Ctrl+C、Ctrl+Ins	Ctrl+C
Paste	Ctrl+V、Shift+Ins	Ctrl+V、Meta+Y
Preferences		Ctrl+,
Undo	Ctrl+Z、Alt+Backspace	Ctrl+Z
Redo	Ctrl+Y、Shift+Ctrl+Z、Alt+Shift+Backspace	Ctrl+Shift+Z
Back	Alt+←、Backspace	Ctrl+[
Forward	Alt+→、Shift+Backspace	Ctrl+]
Refresh	F5	F5
ZoomIn	Ctrl+Plus	Ctrl+Plus
ZoomOut	Ctrl+Minus	Ctrl+Minus
FullScreen	F11、Alt+Enter	Ctrl+Meta+F
Print	Ctrl+P	Ctrl+P
AddTab	Ctrl+T	Ctrl+T
NextChild	Ctrl+Tab、Forward、Ctrl+F6	Ctrl+}、Forward、Ctrl+Tab
PreviousChild	Ctrl+Shift+Tab、Back、Ctrl+Shift+F6	Ctrl+{、Back、Ctrl+Shift+Tab
Find	Ctrl+F	Ctrl+F
FindNext	F3、Ctrl+G	Ctrl+G
FindPrevious	Shift+F3、Ctrl+Shift+G	Ctrl+Shift+G
Replace	Ctrl+H	（none）
SelectAll	Ctrl+A	Ctrl+A
Deselect		
Bold	Ctrl+B	Ctrl+B
Italic	Ctrl+I	Ctrl+I
Underline	Ctrl+U	Ctrl+U
MoveToNextChar	→	Right、Meta+F
MoveToPreviousChar	←	Left、Meta+B

標準快速鍵	Windows	macOS
MoveToNextWord	Ctrl+ →	Alt+ →
MoveToPreviousWord	Ctrl+ ←	Alt+ ←
MoveToNextLine	↓	↓、Meta+N
MoveToPreviousLine	↑	↑、Meta+P
MoveToNextPage	PageDown	PageDown、Alt+PageDown、Meta+ ↓、eta+PageDown、Meta+V
MoveToPreviousPage	PageUp	PageUp、Alt+PageUp、Meta+ ↑、Meta+PageUp
MoveToStartOfLine	Home	Ctrl+ ←、Meta+ ←
MoveToEndOfLine	End	Ctrl+ →、Meta+ →
MoveToStartOfBlock	（none）	Alt+ ↑、Meta+A
MoveToEndOfBlock	（none）	Alt+ ↓、Meta+E
MoveToStartOfDocument	Ctrl+Home	Ctrl+ ↑、Home
MoveToEndOfDocument	Ctrl+End	Ctrl+ ↓、End
SelectNextChar	Shift+ →	Shift+ →
SelectPreviousChar	Shift+ ←	Shift+ ←
SelectNextWord	Ctrl+Shift+ →	Alt+Shift+ →
SelectPreviousWord	Ctrl+Shift+ ←	Alt+Shift+ ←
SelectNextLine	Shift+ ↓	Shift+ ↓
SelectPreviousLine	Shift+ ↑	Shift+ ↑
SelectNextPage	Shift+PageDown	Shift+PageDown
SelectPreviousPage	Shift+PageUp	Shift+PageUp
SelectStartOfLine	Shift+Home	Ctrl+Shift+ ←
SelectEndOfLine	Shift+End	Ctrl+Shift+ →
SelectStartOfBlock	（none）	Alt+Shift+ ↑、Meta+Shift+A
SelectEndOfBlock	（none）	Alt+Shift+ ↓、Meta+Shift+E
SelectStartOfDocument	Ctrl+Shift+Home	Ctrl+Shift+ ↑、Shift+Home
SelectEndOfDocument	Ctrl+Shift+End	Ctrl+Shift+ ↓、Shift+End

標準快速鍵	Windows	macOS
DeleteStartOfWord	Ctrl+Backspace	Alt+Backspace
DeleteEndOfWord	Ctrl+Del	（none）
DeleteEndOfLine	（none）	（none）
DeleteCompleteLine	（none）	（none）
InsertParagraphSeparator	Enter	Enter
InsertLineSeparator	Shift+Enter	Meta+Enter、Meta+O
Backspace	（none）	Meta+H
Cancel	Escape	Escape、Ctrl+.

如果讀者不了解表 4-26 中的內容，但想在程式碼中知道 QKeySequence.Copy 對應的按鍵，則可以使用以下方式：

```
QKeySequence.keyBindings(QKeySequence.Copy)
Out[19]: [QKeySequence(Ctrl+C), QKeySequence(Ctrl+Ins)]
```

如上所示，Copy 對應 Windows 系統中的 Ctrl+C 和 Ctrl+Ins 快速鍵。

2. 基於 QShortcut 的快速鍵

如果想透過功能表列、工具列之外的方式設定快速鍵，就可以使用 QShortcut 來實作，程式碼如下（實作了對 Ctrl+E 自訂快速鍵的綁定）：

```
# 自訂快速鍵
custom_shortcut = QShortcut(QKeySequence("Ctrl+E"), self)
custom_shortcut.activated.connect(lambda :self.customShortcut(custom_
shortcut))

def customShortcut(self,key):
    self.label.setText('觸發自訂快速鍵 :%s'%key.keys())
```

✎ 案例 4-23 QShortcut 的使用方法

本案例的檔案名稱為 Chapter04/qt_QShortcut.py，用於演示 QShortcut、QKeySequence 等的使用方法，程式碼如下：

```python
class QShortcutDemo(QMainWindow):
    def __init__(self, parent=None):
        super(QShortcutDemo, self).__init__(parent)
        widget = QWidget(self)
        self.setCentralWidget(widget)
        layout = QVBoxLayout()
        widget.setLayout(layout)
        _label = QLabel(' 既可以觸發選單快速鍵，也可以透過 Ctrl+E 觸發自訂快速鍵 ')
        self.label = QLabel(' 顯示資訊 ')
        layout.addWidget(_label)
        layout.addWidget(self.label)

        bar = self.menuBar()
        file = bar.addMenu("File")
        file.addAction("New")

        # 快速鍵 1
        save = QAction("Save", self)
        save.setShortcut("Ctrl+S")
        file.addAction(save)

        # 快速鍵 2
        copy = QAction('Copy',self)
        copy.setShortcuts(QKeySequence.Copy)
        file.addAction(copy)

        # 快速鍵 3
        paste = QAction('Paste',self)
        # paste.setShortcuts(Qt.CTRL|Qt.Key_P)
        paste.setShortcuts(QKeySequence(Qt.CTRL|Qt.Key_P))
        file.addAction(paste)

        quit = QAction("Quit", self)
        file.addAction(quit)
        file.triggered[QAction].connect(self.action_trigger)

        # 自訂快速鍵
        custom_shortcut = QShortcut(QKeySequence("Ctrl+E"), self)
        custom_shortcut.activated.connect(lambda :self.customShortcut
```

```
(custom_shortcut))

        self.setWindowTitle("QShortcut 例子 ")
        self.resize(450, 200)

    def customShortcut(self,key):
        self.label.setText(' 觸發自訂快速鍵 :%s'%key.keys())

    def action_trigger(self, q):
        self.label.setText(' 觸發選單 :%s；快速鍵 :%s'%(q.text(),q.shortcuts()))
```

執行腳本，顯示效果如圖 4-50 所示。

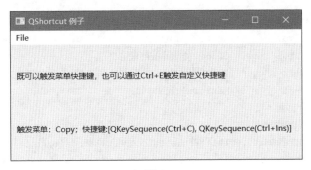

▲ 圖 4-50

該 案 例 比 較 簡 單，Ctrl+S、Ctrl+C 和 Ctrl+P 觸 發 QAction 的 快 速
鍵，Ctrl+E 觸發 QShortcut 的快速鍵。

3. 視覺化快速鍵綁定，基於 QKeySequenceEdit

有時使用者有自己設定快速鍵的需求，如實作 QQ 等軟體自訂快速
鍵功能，這就涉及 QKeySequenceEdit。當小元件獲得焦點時開始錄製使
用者輸入的快速鍵，並在使用者釋放按鍵 1 秒後結束。上面已經介紹了
QKeySequence 及 QAction 的快速鍵，下面直接透過程式碼講解。

✎ 案例 4-24 QKeySequenceEdit 的使用方法

本案例的檔案名稱為 Chapter04/qt_QKeySequenceEdit.py，用於演示
QKeySequenceEdit 的使用方法，程式碼如下：

```python
class KeySequenceEdit(QMainWindow):
    def __init__(self, parent=None):
        super(KeySequenceEdit, self).__init__(parent)

        # 基本框架
        label1 = QLabel('選單 save 快速鍵綁定：')
        self.keyEdit1 = QKeySequenceEdit(self)
        label2 = QLabel('選單 copy 快速鍵綁定：')
        self.keyEdit2 = QKeySequenceEdit(self)
        layout1 = QHBoxLayout()
        layout1.addWidget(label1)
        layout1.addWidget(self.keyEdit1)
        layout2 = QHBoxLayout()
        layout2.addWidget(label2)
        layout2.addWidget(self.keyEdit2)
        self.label_show = QLabel('顯示按鍵資訊')
        self.text_show = QTextBrowser()
        self.text_show.setMaximumHeight(60)

        # 綁定訊號與槽
        # self.keyEdit1.editingFinished.connect(lambda :print('輸入完畢1'))
        # self.keyEdit2.editingFinished.connect(lambda :print('輸入完畢2'))
        self.keyEdit1.keySequenceChanged.connect(lambda key:self.save.
setShortcut(key))
        self.keyEdit2.keySequenceChanged.connect(lambda key:self.copy.
setShortcut(key))
        self.keyEdit1.keySequenceChanged.connect(self.show_key)
        self.keyEdit2.keySequenceChanged.connect(self.show_key)

        # 功能表列
        bar = self.menuBar()
        file = bar.addMenu("File")
        file.addAction("New")
        self.save = QAction("Save", self)
        file.addAction(self.save)
        self.copy = QAction('Copy',self)
        file.addAction(self.copy)
        file.triggered[QAction].connect(lambda q:self.statusBar().
showMessage('觸發選單：%s；快速鍵：%s'%(q.text(),q.shortcuts()),3000))
```

```
    # 版面配置管理
    layout = QVBoxLayout()
    layout.addLayout(layout1)
    layout.addLayout(layout2)
    layout.addWidget(self.label_show)
    layout.addWidget(self.text_show)
    widget = QWidget(self)
    widget.setLayout(layout)
    self.setCentralWidget(widget)

def show_key(self,key:QKeySequence):
    self.statusBar().showMessage('更新快速鍵 '+str(key),2000)
    key1 = self.keyEdit1.keySequence()
    key2 = self.keyEdit2.keySequence()
    _str = f'功能表列快速鍵更新成功；\nsave 綁定：{key1}\ncopy 綁定：{key2}'
    # self.label_show.setText(_str)
    self.text_show.setText(_str)
```

該案例實作了透過 QKeySequenceEdit 對 save 選單和 copy 選單綁定使用者自訂快速鍵的功能。執行程式碼，執行一些操作，結果如下。這部分內容顯示筆者對 save 選單綁定了 Ctrl+S 快速鍵，對 copy 選單綁定了 Ctrl+C 快速鍵，如果使用 Ctrl+C 快速鍵就會觸發 copy 選單，如圖 4-51 所示。

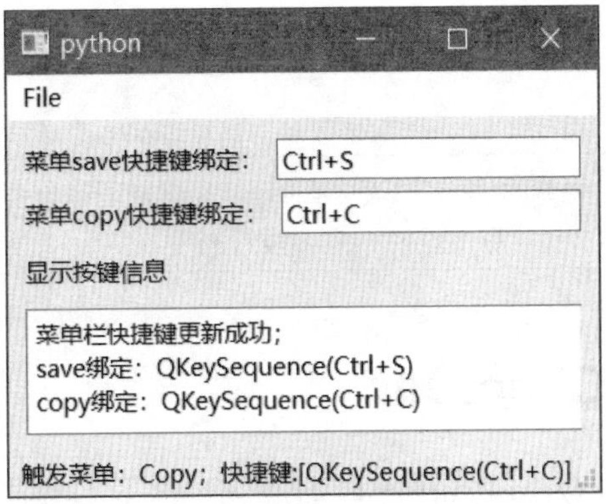

▲ 圖 4-51

主要程式碼如下。當使用者輸入完快速鍵 1 秒後，會觸發 keySequence Changed 訊號，並把使用者輸入的快速鍵 QKeySequence 作為參數發送出去。這裡把使用者輸入的快速鍵與對應選單進行綁定，並行送給 show_key() 函式，更新當前狀態的資訊：

```
self.keyEdit1 = QKeySequenceEdit(self)
self.keyEdit2 = QKeySequenceEdit(self)

self.keyEdit1.keySequenceChanged.connect(lambda key:self.save.setShortcut
(key))
self.keyEdit2.keySequenceChanged.connect(lambda key:self.copy.setShortcut
(key))
self.keyEdit1.keySequenceChanged.connect(self.show_key)
self.keyEdit2.keySequenceChanged.connect(self.show_key)
```

show_key() 函式在狀態列和 text_show(QTextBrowser) 中更新了使用者輸入快速鍵的資訊：

```
def show_key(self,key:QKeySequence):
    self.statusBar().showMessage('更新快速鍵'+str(key),2000)
    key1 = self.keyEdit1.keySequence()
    key2 = self.keyEdit2.keySequence()
    _str = f'功能表列快速鍵更新成功；\nsave 綁定：{key1}\ncopy 綁定：{key2}'
    self.text_show.setText(_str)
```

更新成功後，在 text_show() 函式中觸發綁定的快速鍵會觸發對應的選單，程式碼如下：

```
file.triggered[QAction].connect(lambda q:self.statusBar().showMessage('觸發選
單：%s；快速鍵：%s'%(q.text(),q.shortcuts()),3000))
```

4.4.3 工具列 QToolBar

第 3 章在介紹 QToolButton 時已經介紹了 QToolBar（程式碼詳見 Chapter03/qt_ QToolButton.py），下面對 QToolBar 做進一步總結。

可以使用 addAction() 函式或 insertAction() 函式來增加工具列按鈕，使用 addSeparator() 函式或 insertSeparator() 函式可以分隔按鈕群組。除此之外，如果工具列按鈕不合適，則可以使用 addWidget() 函式或 insertWidget() 函式插入小元件（**需要繼承 QMainWindow 類別才能使用這種方式**），這些小元件可以是 QSpinBox、QDoubleSpinBox、QComboBox 和 QToolButton 等，3.6 節介紹的就是這種方式。在按下工具列按鈕時，它會發射 actionTriggered 訊號。

工具列既可以固定在特定區域（如視窗頂部），也可以在工具列區域移動。如果工具列調整得太小而無法顯示其包含的所有項目，則擴充按鈕將顯示為其最後一項。按下擴充按鈕將彈出一個選單，其中包含工具列中未包含的項目。

QToolBar 類別中常用的函式如表 4-27 所示。

表 4-27

函式	描　　述
addAction()	增加具有文字或圖示的工具按鈕
addSeperator()	分組顯示工具按鈕
addWidget()	增加工具列中按鈕以外的控制項
addToolBar()	使用 QMainWindow 類別的方法增加一個新的工具列
setMovable()	工具列變得可移動
setOrientation()	工具列的方向可以設定為 Qt.Horizontal 或 Qt.Vertical

✎ 案例 4-25 QToolBar 的使用方法

本案例的檔案名稱為 Chapter04/qt_QToolBar.py，用於演示 QToolBar 的使用方法。執行腳本，顯示效果如圖 4-52 所示，其中顯示了 4 個按鈕群組的呈現方式。

▲ 圖 4-52

【程式碼分析】

既可以透過對 addToolBar() 函式傳回的 QToolBar 進行設定，也可以對 addToolBar() 函式傳遞的 QToolBar 參數進行設定，詳細參數如下：

```
addToolBar(self, area: PySide6.QtCore.Qt.ToolBarArea, toolbar: PySide6.
QtWidgets.QToolBar) -> None                              # 見按鈕群組 4
addToolBar(self, title: str) -> PySide6.QtWidgets.QToolBar  # 見按鍵群組 1 和
按鍵群組 3

addToolBar(self, toolbar: PySide6.QtWidgets.QToolBar) ->None # 見按鈕群組 2
```

下面的按鈕群組 1 和按鈕群組 2 對應上面程式碼中的後兩種方式：

```
    # 按鈕群組 1，top1_1
    toolbar1 = self.addToolBar("toolbar1")
    new = QAction(QIcon("./images/new.png"), "new1", self)
    toolbar1.addAction(new)
    open = QAction(QIcon("./images/open.png"), "open1", self)
    open.setShortcut('Ctrl+O')
    toolbar1.addAction(open)
    save = QAction(QIcon("./images/save.png"), "save1", self)
    toolbar1.addAction(save)
toolbar1.actionTriggered[QAction].connect(self.toolbar_pressed)

    # 按鈕群組 2，top1_2
```

```
        toolbar2 = QToolBar('toolbar2')
        toolbar2.addAction(QAction(QIcon("./images/cartoon1.ico"),
"cartoon2", self))
        toolbar2.addAction(QAction(QIcon("./images/printer.png"), "print2",
self))
        toolbar2.addAction(QAction(QIcon("./images/python.png"), "python2",
self))
        toolbar1.addSeparator()
        spinbox = QSpinBox()
        toolbar2.addWidget(spinbox)
toolbar2.actionTriggered[QAction].connect(self.toolbar_pressed)
        spinbox.valueChanged.connect(lambda: self.label.setText("觸發了
:spinbox,
當前值："+str(spinbox.value())))
        self.addToolBar(toolbar2)
```

在 QToolBar 中，增加的 QAction 類別的實例可以透過 QToolBar.
actionTriggered[QAction] 函式觸發訊號，槽函式會接收 QAction 類別的
實例作為參數；其他類別的實例則需要自己手動觸發訊號與槽，就像按
鈕群組 2 中的 spinbox 一樣。

在預設情況下，不同按鈕群組是前後排序的（如按鈕群組 1 和按鈕
群組 2），有時候需要將其左對齊排序，也就是需要多行按鈕群組，這需
要使用 insertToolBarBreak() 函式，如下所示（效果見按鈕群組 3）：

```
        # 按鈕群組 3，top2
        toolbar3 = self.addToolBar("toolbar3")
        toolbar3.addAction(QAction(QIcon("./images/new.png"), "new3", self))
        toolbar3.addAction(QAction(QIcon("./images/open.png"), "open3",
self))
        toolbar3.addAction(QAction(QIcon("./images/save.png"), "save3",
self))
toolbar3.actionTriggered[QAction].connect(self.toolbar_pressed)
        self.insertToolBarBreak(toolbar3)
```

按鈕群組 4 的程式碼來自案例 3-16，這裡不再贅述，下面設定位置
顯示在左側：

```
        # 按鈕群組 4，left
        toolbar4 = QToolBar('toolbar4')
        # 增加工具按鈕 1
        tool_button_bar1 = QToolButton(self)
        tool_button_bar1.setText(" 工具按鈕 -toobar1")
        toolbar4.addWidget(tool_button_bar1)
        # 增加工具按鈕 2
        tool_button_bar2 = QToolButton(self)
        tool_button_bar2.setText(" 工具按鈕 -toobar2")
        tool_button_bar2.setIcon(QIcon("./images/close.ico"))
        toolbar4.addWidget(tool_button_bar2)
        toolbar4.addSeparator()
        # 增加其他的 QAction 按鈕
        new = QAction(QIcon("./images/new.png"), "new4", self)
        toolbar4.addAction(new)
        open = QAction(QIcon("./images/open.png"), "open4", self)
        toolbar4.addAction(open)
toolbar4.actionTriggered[QAction].connect(self.toolbar_pressed)
        tool_button_bar1.clicked.connect(lambda :self.toolbar_pressed (tool_
button_bar1))
        tool_button_bar2.clicked.connect(lambda :self.toolbar_pressed (tool_
button_bar2))

        self.addToolBar(Qt.LeftToolBarArea, toolbar4)
```

主要是下一行程式碼：

```
        self.addToolBar(Qt.LeftToolBarArea, toolbar4)
```

第 1 個參數用於設定 toolbar 在頂部、底部、左側還是右側，如表 4-28 所示，可以使用 setAllowedAreas() 函式來限制它們的可拖曳區域。

表 4-28

屬　　性	值
Qt.LeftToolBarArea	0x1
Qt.RightToolBarArea	0x2
Qt.TopToolBarArea	0x4

屬　性	值
Qt.BottomToolBarArea	0x8
Qt.AllToolBarAreas	ToolBarArea_Mask
Qt.NoToolBarArea	0

createPopupMenu() 函式是實作右鍵選單的另一種方式（第 1 種方式請參考 QMenu 部分的內容），點擊滑鼠右鍵，顯示的資訊如圖 4-53 所示。

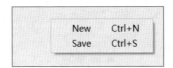

▲ 圖 4-53

對應的程式碼如下：

```python
def createPopupMenu(self):
    menu = QMenu(self)
    new = QAction("New", menu)
    new.setData('NewAction')
    new.setShortcut('Ctrl+N')
    menu.addAction(new)

    save = QAction("Save", self)
    save.setShortcut("Ctrl+S")
    menu.addAction(save)

    menu.triggered[QAction].connect(self.toolbar_pressed)
    return menu
```

實際上，這是一個主視窗函式，如果不重寫，右鍵選單預設彈出工具列按鈕群組的開關選項，可以選擇隱藏部分工具列群組。筆者隱藏了按鈕群組 2 和按鈕群組 3，**需要遮罩（註釋）createPopupMenu() 函式才能出現如圖 4-54 所示的結果。**

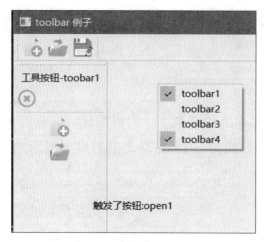

▲ 圖 4-54

4.4.4 QStatusBar

MainWindow 物件在底部保留了一個水平線，作為狀態列（QStatusBar），用於顯示以下 3 種狀態資訊。

- 臨時：短暫佔據大部分狀態列，如用於解釋工具的提示文字或選單項目。
- 正常：佔據狀態列的一部分，可能會被臨時訊息隱藏，如用於在文書處理軟體中顯示頁碼和行號。
- 永久：永遠不會隱藏，用於重要模式的指示，如某些應用程式在狀態列中放置了 Caps Lock 指示器。

透過主視窗的 QMainWindow 的 setStatusBar() 函式設定狀態列，核心程式碼如下：

```
self.statusBar = QStatusBar()
self.setStatusBar(self.statusBar)
```

QStatusBar 類別中常用的函式如表 4-29 所示。

表 4-29

函式	描 述
addWidget()	在狀態列中增加給定的視窗小控制項物件
addPermanentWidget()	在狀態列中永久增加給定的視窗小控制項物件
showMessage()	在狀態列中顯示一條臨時資訊指定時間間隔
clearMessage()	刪除正在顯示的臨時資訊
removeWidget()	從狀態列中刪除指定的小控制項

✎ 案例 4-26 QStatusBar 控制項的使用方法

本案例的檔案名稱為 Chapter04/qt_QStatusBar.py，用於演示 QStatusBar 控制項的使用方法，程式碼如下：

```python
class StatusDemo(QMainWindow):
    def __init__(self, parent=None):
        super(StatusDemo, self).__init__(parent)
        self.resize(300,200)

        bar = self.menuBar()
        file = bar.addMenu("File")
        new = QAction(QIcon("./images/new.png"), "new", self)
        new.setStatusTip('select menu: new')
        open_ = QAction(QIcon("./images/open.png"), "open", self)
        open_.setStatusTip('select menu: open')
        save = QAction(QIcon("./images/save.png"), "save", self)
        save.setStatusTip('select menu: save')
        file.addActions([new,open_,save])
        file.triggered[QAction].connect(self.processTrigger)
        self.init_statusBar()

        self.timer = QTimer(self)
        self.timer.timeout.connect(lambda:self.label.setText(time.strftime
("%Y-%m-%d %a %H:%M:%S")))
        self.timer.start(1000)

    def init_statusBar(self):
```

```
        self.status_bar = QStatusBar()
        self.status_bar2 = QStatusBar()
        self.status_bar2.setMinimumWidth(150)
        self.label = QLabel(' 顯示永久資訊：時間 ')
        self.button = QPushButton(' 清除時間 ')

        self.status_bar.addWidget(self.status_bar2)
        self.status_bar.addWidget(self.label)
        self.status_bar.addWidget(self.button)

        self.setWindowTitle("QStatusBar 例子 ")
        self.setStatusBar(self.status_bar)
        self.button.clicked.connect(lambda :self.status_bar.removeWidget
(self.label))

    def processTrigger(self, q):
        self.status_bar2.showMessage(' 點擊了 menu: '+q.text(), 5000)
```

執行腳本，顯示效果如圖 4-55 所示。

▲ 圖 4-55

【程式碼分析】

在這個案例中，建立了兩個狀態列，其中的 status_bar2 狀態列透過 addWidget() 函式包含 QStatusBar、QLabel 和 QPushButton 這 3 個控制項。第 1 個控制項作為臨時狀態列使用，後兩個控制項可以當作常用狀態列或永久狀態列使用。使用 removeWidget() 函式可以移除對應的控制項：

```
def init_statusBar(self):
        self.status_bar = QStatusBar()
        self.status_bar2 = QStatusBar()
        self.status_bar2.setMinimumWidth(150)
        self.label = QLabel(' 顯示永久資訊：時間 ')
        self.button = QPushButton(' 清除時間 ')

        self.status_bar.addWidget(self.status_bar2)
        self.status_bar.addWidget(self.label)
        self.status_bar.addWidget(self.button)

        self.setWindowTitle("QStatusBar 例子 ")
        self.setStatusBar(self.status_bar)
self.button.clicked.connect(lambda :
self.status_bar.removeWidget(self.label))
```

當點擊 MenuBar 的選單時，將 triggered 訊號與槽函式 processTrigger()
進行綁定，顯示當前選中的選單，5 秒後消失：

```
file.triggered[QAction].connect(self.processTrigger)

def processTrigger(self, q):
        self.status_bar2.showMessage(' 點擊了 menu: '+q.text(), 5000)
```

需要注意的是，部分控制項（如 QAction）也有自己控制狀態列的方
法，這是一種臨時控制狀態列的方法：

```
        open_ = QAction(QIcon("./images/open.png"), "open", self)
        open_.setStatusTip('select menu: open')
```

QLabel 作為永久狀態列使用，動態顯示當前的時間資訊，使用
QTimer() 函式在後台更新：

```
        self.timer = QTimer(self)
        self.timer.timeout.connect(lambda:self.label.setText(
time.strftime("%Y-%m-%d %a %H:%M:%S")))
        self.timer.start(1000)
```

4.5 其他控制項

將一些不太好分類又不是特別重要的控制項劃分到本節進行講解。

4.5.1 QFrame

QFrame 繼承自 QWidget。儘管上面沒有詳細介紹過 QFrame，但讀者可能會有些熟悉，因為它是 QAbstractScrollArea、QLabel、QLCDNumber、QSplitter、QStackedWidget 和 QToolBox 的父類別。QFrame 類別的繼承結構如圖 4-56 所示。

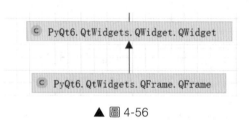

▲ 圖 4-56

在一般情況下，QFrame 有兩種用法。第 1 種是它的子類別，如 QLabel，修改其預設外觀顯示：

```
label = QLabel('test')
label.setFrameStyle(QFrame.Panel | QFrame.Raised)
label.setLineWidth(2)
```

第 2 種是簡單作為預留位置，可以沒有任何內容，這個預留位置可以設定陰影凸起等特性，從而和週邊區分開來。QFrame 樣式由框架樣式和陰影樣式指定，用於在視覺上將框架與周圍的小元件分開。這些特性可以用 setFrameStyle() 函式設定，用 frameStyle() 函式獲取。

框架樣式包括 NoFrame、Box、Panel、StyledPanel、HLine、VLine 和 WinPanel，如表 4-30 所示。

表 4-30

框架樣式	值	描述
QFrame.NoFrame	0	QFrame 什麼都不繪製
QFrame.Box	0x0001	QFrame 在其內容周圍繪製一個框
QFrame.Panel	0x0002	QFrame 繪製一個面板,使內容顯得凸起或凹陷
QFrame.StyledPanel	0x0006	繪製一個矩形面板,其外觀取決於當前的 GUI 樣式。它可以升起或下沉
QFrame.HLine	0x0004	QFrame 繪製一條不包含任何內容的水平線(用作分隔符號)
QFrame.VLine	0x0005	QFrame 繪製一條不包含任何內容的垂直線(用作分隔符號)
QFrame.WinPanel	0x0003	繪製一個可以像 Windows 2000 中那樣凸起或凹陷的矩形面板,指定將線寬設定為 2 像素。另外,提供 WinPanel 是為了相容。對於 GUI 樣式獨立性,筆者建議改用 StyledPanel

陰影樣式包括 Plain、Raised 和 Sunken,如表 4-31 所示。

表 4-31

陰影樣式	值	描述
QFrame.Plain	0x0010	框架和內容與周圍環境保持水平,使用色票面板 QPalette.WindowText 的顏色繪製(沒有任何 3D 效果)
QFrame.Raised	0x0020	框架和內容出現凸起,使用使用中色彩群組的淺色和深色繪製 3D 凸起線
QFrame.Sunken	0x0030	框架和內容出現凹陷,使用使用中色彩群組的明暗顏色繪製 3D 凹陷線

QFrame 邊框包含 3 個屬性,分別為 lineWidth、midLineWidth 和 frameWidth。

- lineWidth:框架邊框的寬度,預設 1。可以對其進行修改以自訂框架的外觀。
- midLineWidth:指定幀中間多出一條線的寬度,預設 0,使用第 3

種顏色來獲得特殊的 3D 效果。需要注意的是，midLineWidth 僅針對陰影樣式為 Raised 或 Sunken 的 Box、HLine 和 VLine 框架有效。

- frameWidth：框架寬度，取決於框架樣式，而不僅是 lineWidth 和 midLineWidth。舉例來說，NoFrame 樣式的邊框的寬度始終為 0，而 Panel 樣式的邊框的寬度等於線寬。frameWidth 屬性用於獲取為所使用的樣式定義的值。

一些樣式和線寬的組合如圖 4-57 所示。

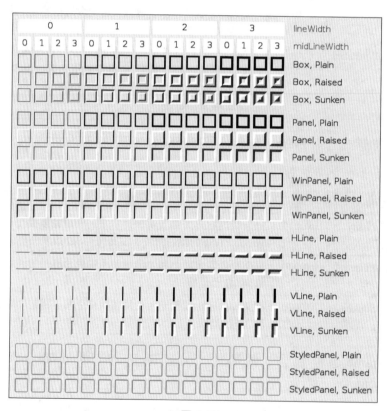

▲ 圖 4-57

另外，可以使用 QWidget.setContentsMargins() 函式自訂框架和框架內容之間的邊距。

案例 4-27　QFrame 的使用方法

本案例的檔案名稱為 Chapter04/qt_QFrame.py，用於演示 QFrame 的使用方法，程式碼如下：

```python
class FrameDemo(QWidget):
    def __init__(self, parent=None):
        super(FrameDemo, self).__init__(parent)
        self.resize(350,500)
        layout = QVBoxLayout()

        self.label = QLabel("1.QLabel 使用 QFrame 的效果 ")
        self.label.setMaximumHeight(50)
        self.label.setFrameStyle(QFrame.Shape.Panel | QFrame.Shadow.Raised)
        self.label.setLineWidth(2)
        layout.addWidget(self.label,stretch=0)

        self.frame = QFrame()
        label = QLabel('2.QFrame 自身的效果 ', self.frame)
        self.frame.setMinimumHeight(200)
        layout.addWidget(self.frame)

        formLayout = QFormLayout()
        self.comboBoxShape = QComboBox()
        self.comboBoxShape.addItems(['NoFrame','Box','Panel','StyledPanel',
'HLine','VLine','WinPanel'])
        self.comboBoxShape.setCurrentText('Box')
        self.comboBoxShape.currentIndexChanged.connect(self.updateFrame)
        formLayout.addRow(' 框架樣式：',self.comboBoxShape)

        self.comboBoxShadow = QComboBox()
        self.comboBoxShadow.addItems(['Plain','Raised','Sunken'])
        self.comboBoxShadow.setCurrentText('Raised')
        formLayout.addRow(' 陰影樣式：',self.comboBoxShadow)
        self.comboBoxShadow.currentIndexChanged.connect(self.updateFrame)

        spinBoxLineWidth = QSpinBox()
        spinBoxLineWidth.setMinimum(0)
        spinBoxLineWidth.setValue(5)
```

```
       spinBoxLineWidth.valueChanged.connect(lambda x:self.frame.
setLineWidth(x))
       formLayout.addRow('線寬：',spinBoxLineWidth)

       spinBoxMidLineWidth = QSpinBox()
       spinBoxMidLineWidth.setMinimum(0)
       spinBoxMidLineWidth.setValue(3)
       spinBoxMidLineWidth.valueChanged.connect(lambda x:self.frame.
setMidLineWidth(x))
       formLayout.addRow('中線寬：',spinBoxMidLineWidth)

       labelFrameWidth = QLabel('frameWidth:xx')
       buttonFrameWidth = QPushButton('獲取 frameWidth')
       formLayout.addRow(labelFrameWidth,buttonFrameWidth)
       buttonFrameWidth.clicked.connect(lambda :labelFrameWidth.setText
('frameWidth:%s'%self.frame.frameWidth()))

       layout.addLayout(formLayout)

       self.updateFrame()
       self.frame.setLineWidth(spinBoxLineWidth.value())
       self.frame.setMidLineWidth(spinBoxMidLineWidth.value())

       self.setLayout(layout)
       self.setWindowTitle("QFrame 例子")

   def updateFrame(self):
       shape = getattr(QFrame.Shape,self.comboBoxShape.currentText())
       shadow = getattr(QFrame.Shadow, self.comboBoxShadow.currentText())
       self.frame.setFrameStyle(shape|shadow)
```

執行腳本，顯示效果如圖 4-58 所示。

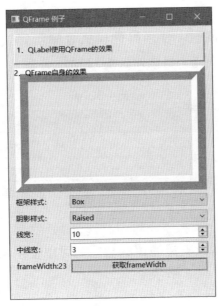

▲ 圖 4-58

4.5.2 QLCDNumber

QLCDNumber 是 Qt 中最古老的部分，其根源可以追溯到 Sinclair Spectrum 上的 Basic 程式。它可以顯示任何大小的數字，也可以顯示十進位數字、十六進位數、八進位數或二進位數字。使用 display() 函式更新資料時能顯示的數字和符號包括 0 / O、1、2、3、4、5 / S、6、7、8、9 / g、-、.、A、B、C、D、E、F、h、H、L、o、P、r、u、U、Y、:、' 和空格。如果有其他字元，則會被視為非法字元，被空格替換。QLCDNumber 類別的繼承結構如圖 4-59 所示。

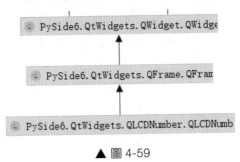

▲ 圖 4-59

如果要顯示數字，那麼 QLCDNumber 預設是十進位數字（Dec），但也可以是其他進制數，使用其他模式會顯示等效的整數。可以使用 setMode() 函式修改模式，參數如表 4-32 所示。

表 4-32

參 數	值	描 述
QLCDNumber.Hex	0	十六進位數
QLCDNumber.Dec	1	十進位數字
QLCDNumber.Oct	2	八進位數
QLCDNumber.Bin	3	二進位數字

QLCDNumber 同樣支援簡單的樣式，可以使用 setSegmentStyle() 函式來設定，參數如表 4-33 所示。

表 4-33

參 數	效 果
Outline	生成填充背景顏色的凸起段
Filled（預設）	生成填充前景顏色的凸起段
Flat	生成填充前景顏色的平面段

✎ 案例 4-28 QLCDNumber 的使用方法

本案例的檔案名稱為 Chapter04/qt_QLCDNumber.py，用於演示 QLCDNumber 的使用方法，程式碼如下：

```
class LCDNumberDemo(QWidget):
    def __init__(self, parent=None):
        super(LCDNumberDemo, self).__init__(parent)
        layout = QFormLayout()
        self.setLayout(layout)

        # 標準 lcd
        self.lcd = QLCDNumber(self)
        self.lcd.display(time.strftime('%Y/%m-%d', time.localtime()))
```

```
        layout.addRow('標準 lcd：', self.lcd)

        # 修改可顯示數字長度
        self.lcd_count = QLCDNumber(self)
        self.lcd_count.setDigitCount(10)
        self.lcd_count.display(time.strftime('%Y/%m-%d', time.localtime()))
        layout.addRow('修改顯示長度：', self.lcd_count)

        # 修改可顯示類型
        self.lcd_style = QLCDNumber(self)
        self.lcd_style.setDigitCount(8)
        self.lcd_style.setSegmentStyle(self.lcd_style.Flat)
        layout.addRow('修改顯示類型：', self.lcd_style)

        # 修改可顯示模式
        self.lcd_mode = QLCDNumber(self)
        self.lcd_mode.setMode(QLCDNumber.Mode.Bin)
        self.lcd_mode.setDigitCount(8)
        self.lcd_mode.display(18)
        layout.addRow('18 以二進位形式顯示：', self.lcd_mode)

        # 計時器
        timer = QTimer(self)
        timer.timeout.connect(self.showTime)
        timer.start(1000)

        self.showTime()

        self.setWindowTitle("QLCDNumber demo")
        self.resize(150, 60)

    def showTime(self):
        text = time.strftime('%H:%M:%S', time.localtime())
        self.lcd_style.display(text)
```

執行腳本，顯示效果如圖 4-60 所示。

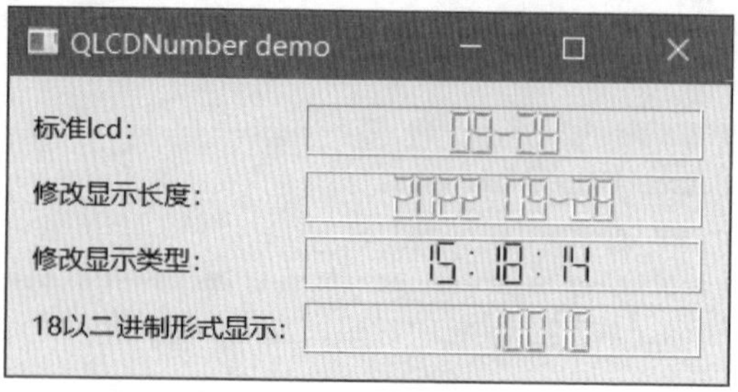

▲ 圖 4-60

上述內容比較簡單，下面進行簡要說明。

（1）標準 lcd：在預設情況下，只能顯示 5 個字元，所以不會顯示全部內容，但使用 digitCount() 函式可以查看能顯示的字元長度。

（2）修改顯示長度：使用 setDigitCount() 函式可以修改能顯示的字元長度，這裡的「/」被視為非法字元，所以用空格代替。

（3）修改顯示類型：使用 setSegmentStyle() 函式可以設定類型，這裡會用計時器動態更新時間。

（4）18 以二進位形式顯示：使用 setMode(QLCDNumber.Mode.Bin) 可以把十進位數字 18 顯示為二進位形式。

表格與樹

從本章開始會介紹一些進階控制項，雖然本書把它們歸為進階控制項，但是入門相對比較容易。

本章會圍繞表格與樹詳細說明，在 Qt 中非常重要的模型 / 視圖 / 委託框架也會基於本章展開，最終以資料庫的相關內容收尾。使用表格與樹可以解決如何在一個控制項中有規律地呈現更多資料的問題。PySide 6 / PyQt 6 中提供了兩種控制項用於解決該問題：一種是表格結構的控制項，另一種是樹形結構的控制項。

5.1 QListWidget

QListWidget 是一個用於顯示清單的類別，可以增加和刪除清單中的每個項目。項目（Item）是組成清單的基本單位，每個項目都是 QListWidgetItem 類別的實例。QListWidget 包含內部模型，並透過內部模型管理 QListWidgetItem。QListWidget 適用於顯示簡單的清單，如果想要更強大的清單顯示功能，則使用 QListView。QListView 可以使用自訂模型，而 QListWidget 只能使用內部模型。從圖 5-1 中可以看出，QListWidget 是 QListView 的子類別，可以看作 QListView 的簡單化操作子類別，整合了內部模型，並透過 QListWidgetItem 來管理項目。

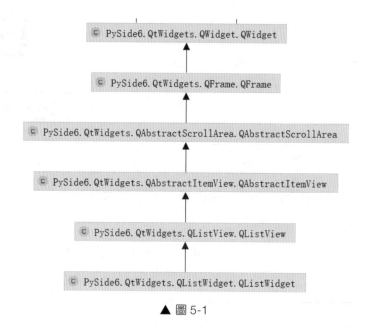

▲ 圖 5-1

　　QListWidget 是傳統意義上的基於項目的清單顯示，下面會重點介紹它的項目 QListWidgetItem。

5.1.1 增 / 刪項目

　　可以使用以下兩種方法將項目增加到清單中：一是使用 QListWidget.addItem() 函式將子項增加到清單中，二是在實例化 QListWidgetItem 時傳遞父類別建立項目。以下方法的效果是一樣的：

```
listWidget = QListWidget()
listWidget.addItem('item1')
listWidget.addItem(QListWidgetItem('item2'))
QListWidgetItem('item3', listWidget)
```

　　如果需要在清單的特定位置插入一個新項目，則應該使用 QListWidget.insertItem (row,item) 函式。使用 QListWidgetItem('item3', listWidget) 函式只能增加到尾端，因此這時不能使用這種方法。以下方法的效果是一樣的：

```
listWidget.insertItem(2,'item_insert')
listWidget.insertItem(2, QListWidgetItem('item_insert'))
```

使用 QListWidget.takeItem(row) 函式可以刪除項目，使用 count() 函式可以查詢項目的總數。

5.1.2 選擇

需要先弄清楚兩個概念，即 select 和 check。select 是基於 QListWidget 的，check 是基於 QListWidgetItem 的。select 和 check 的定位不同，select 是選取多個項目的概念；check 是單一項目是否被選中的概念，其左側有一個核取方塊標識。需要注意的是，select 的選擇和 check 的選中兩者是獨立的，是兩套系統，具體如圖 5-2 所示。

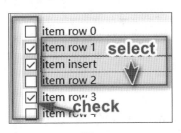

▲ 圖 5-2

select 包含函式 selectionMode() 和 selectionBehavior()，check 包含 checkState() 函式。此外，也離不開 QListWidgetItem.flag() 函式，因為它決定了使用者能否對項目進行選擇、編輯及互動等。

QListWidget.selectionMode() 函式決定了在清單中可以同時選擇多少個項目，以及是否可以建立複雜的項目選擇，這可以透過 setSelectionMode() 函式進行設定。setSelectionMode() 函式支援的參數如表 5-1 所示，其中最常用的參數是 SingleSelection 和 ExtendedSelection。

表 5-1

參數（QAbstractItemView.）	值	描　　述
SingleSelection	1	當使用者選擇一個項目時，任何已選擇的項目都將變為未選擇狀態。使用者可以透過在點擊所選項目時按 Ctrl 鍵來取消所選項目
ContiguousSelection	4	當使用者以通常的方式選擇一個項目時，選擇被清除並被重新選中。如果使用者在點擊項目的同時按下 Shift 鍵，當前項目和點擊項目之間的所有項目都被選中或取消選中（取決於點擊項目的狀態）
ExtendedSelection	3	當使用者以通常的方式選擇一個項目時，選擇被清除並被重新選中。如果使用者在點擊某個項目時按下 Ctrl 鍵，則點擊的項目被切換且所有其他項目保持不變。如果使用者在點擊項目時按下 Shift 鍵，當前項目和點擊項目之間的所有項目都被選中或被取消選中（具體取決於點擊項目的狀態）。可以透過使用滑鼠拖到多個項目上來選擇它們
MultiSelection	2	當使用者以通常的方式選擇一個項目時，該項目的選擇狀態會被切換，而其他項目則保持不變。可以透過使用滑鼠拖到多個項目上來切換它們
NoSelection	0	無法選擇項目

　　QListWidget.selectionBehavior() 函式決定了使用者的選擇行為，同時決定使用者選擇單一項目、行還是列，可以透過 setSelectionBehavior() 修改函式值。setSelectionBehavior() 函式支援的參數如表 5-2 所示。

表 5-2

參　　數	值	描　　述
QAbstractItemView.SelectItems	0	選擇單一項目
QAbstractItemView.SelectRows	1	僅選擇行
QAbstractItemView.SelectColumns	2	僅選擇列

　　QListWidgetItem.CheckState() 函式決定了 item 的 check 狀態，可以使用 setCheckState() 函式修改該值。setCheckState() 函式支援的參數如表 5-3 所示。

表 5-3

參　數	值	描　述
Qt.Unchecked	0	該項目未選中
Qt.PartiallyChecked	1	該項目已部分檢查。如果檢查了部分（但不是全部）子項，則分層模型中的項可能會被部分檢查
Qt.Checked	2	該項目已檢查

　　QListWidgetItem.flags() 函式決定了 item 是否可以被選擇、編輯及互動等，可以使用 setFlags() 函式修改該值。setFlags() 函式支援的參數如表 5-4 所示。如果對項目設定了 Qt.NoItemFlags，那麼該項目將無法被選擇（select）、編輯和滑動等。

表 5-4

參　數	值	描　述
Qt.NoItemFlags	0	沒有設定任何屬性
Qt.ItemIsSelectable	1	可以選擇
Qt.ItemIsEditable	2	可以被編輯
Qt.ItemIsDragEnabled	4	可以被滑動
Qt.ItemIsDropEnabled	8	可以用作放置目標
Qt.ItemIsUserCheckable	16	使用者可以選中或取消選中
Qt.ItemIsEnabled	32	使用者可以與項目進行互動
Qt.ItemIsAutoTristate	64	項目的狀態取決於其子項的狀態。可以自動管理 QTreeWidget 中父項的狀態（如果所有子項都被選中，則選中；如果所有子項都未被選中，則取消選中；如果只選中一些子項，則部分選中）
Qt.ItemNeverHasChildren	128	該項目永遠不會有子項目，僅用於最佳化目的
Qt.ItemIsUserTristate	256	使用者可以在 3 個不同的狀態之間循環。 這個值是在 Qt 5.5 中增加的

5.1.3 外觀

接下來使用常規操作修改項目的外觀，以下都是 QListWidgetItem 的函式：使用 setText() 函式和 setIcon() 函式可以修改顯示的文字和圖片，可以透過 setFont() 函式、setForeground() 函式和 setBackground() 函式定義字型、前景顏色和背景顏色，可以使用 setTextAlignment() 函式對齊清單項中的文字。在預設情況下，項目是可用的（enabled）、可選擇的（selectable）、可檢查的（checkable），並且可以被拖放。使用 setHidden() 函式可以隱藏項目。

5.1.4 工具、狀態、幫助提示

使用 setToolTip() 函式、setStatusTip() 函式和 setWhatsThis() 函式可以設定工具提示、狀態提示和「這是什麼？」説明。

5.1.5 訊號與槽

使用 currentItem() 函式可以獲取清單中的當前項目，使用 setCurrentItem() 函式可以改變當前項目。使用者還可以透過使用鍵盤導覽或滑鼠點擊來更改當前項目。當當前項目改變時，會發射 currentItemChanged(current:QListWidgetItem, previous:QListWidgetItem) 訊號，current 和 previous 分別表示當前項目和以前的項目。其他訊號與槽舉例如下。

- currentRowChanged(currentRow:int)：當當前項目改變時觸發該訊號，currentRow 是當前行的行號，如果沒有當前項目則傳回 -1。
- currentTextChanged(currentText:str)：當當前項目改變時觸發該訊號，currentText 是當前行的 text，如果沒有當前項目則傳回 None。
- itemActivated(item:QListWidgetItem)：當項目被啟動時觸發該訊號。根據系統群組態，當使用者點擊或按兩下該項目時會啟動該

項目。當使用者按下啟動鍵時該項目也會被啟動（在 Windows 和 X11 上這是傳回鍵，在 macOS X 上是 Command+O）。

- itemChanged(item:QListWidgetItem)：當項目的 data 發生變化時觸發該訊號。

- itemClicked(item:QListWidgetItem)：當滑鼠點擊項目時觸發該訊號。

- itemDoubleClicked(item:QListWidgetItem)：當滑鼠按兩下項目時觸發該訊號。

- itemEntered(item:QListWidgetItem)：當滑鼠指標進入一個項目時會觸發該訊號。該訊號僅在開啟 mouseTracking（使用 setMouseTracking 設定）或移到項目中按下滑鼠按鍵時發射。

- itemPressed(item:QListWidgetItem)：當在項目上按下滑鼠按鍵時觸發該訊號。

- itemSelectionChanged()：當選擇發生變化時觸發該訊號。

5.1.6 右鍵選單

第 4 章已經介紹了兩種增加右鍵選單的用法，即重寫 contextMenu Event() 函式或 createPopupMenu() 函式。這兩個函式對於一般的視窗可用，但是對於一些特殊的控制項不可用，如 QLineEdit、QTextEdit 等，這些控制項有其特殊的右鍵選單環境。可以使用 setContextMenuPolicy() 函式和 customContextMenuRequested 訊號來改寫預設設定，具體的用法可參考案例 5-1。

✎ 案例 5-1 QListWidget 控制項的使用方法

本案例的檔案名稱為 Chapter05/qt_QListWidget.py，用於演示 QListWidget 控制項的使用方法，程式碼如下：

```
class QListWidgetDemo(QMainWindow):
    addCount = 0
```

```
    insertCount = 0

    def __init__(self, parent=None):
        super(QListWidgetDemo, self).__init__(parent)
        self.setWindowTitle("QListWidget 案例 ")
        self.text = QPlainTextEdit(' 用來顯示 QListWidget 的相關資訊：')
        self.listWidget = QListWidget()

        # 增 / 刪
        self.buttonDelete = QPushButton(' 刪除 ')
        self.buttonAdd = QPushButton(' 增加 ')
        self.buttonInsert = QPushButton(' 插入 ')
        layoutH = QHBoxLayout()
        layoutH.addWidget(self.buttonAdd)
        layoutH.addWidget(self.buttonInsert)
        layoutH.addWidget(self.buttonDelete)

        self.buttonAdd.clicked.connect(self.onAdd)
        self.buttonInsert.clicked.connect(self.onInsert)
        self.buttonDelete.clicked.connect(self.onDelete)

        # 選擇
        self.buttonCheckAll = QPushButton(' 全選 ')
        self.buttonCheckInverse = QPushButton(' 反選 ')
        self.buttonCheckNone = QPushButton(' 全不選 ')
        layoutH2 = QHBoxLayout()
        layoutH2.addWidget(self.buttonCheckAll)
        layoutH2.addWidget(self.buttonCheckInverse)
        layoutH2.addWidget(self.buttonCheckNone)
        self.buttonCheckAll.clicked.connect(self.onCheckAll)
        self.buttonCheckInverse.clicked.connect(self.onCheckInverse)
        self.buttonCheckNone.clicked.connect(self.onCheckNone)

        layout = QVBoxLayout(self)
        layout.addWidget(self.listWidget)
        layout.addLayout(layoutH)
        layout.addLayout(layoutH2)
        layout.addWidget(self.text)

        widget = QWidget()
```

```
        self.setCentralWidget(widget)
        widget.setLayout(layout)

        # 增加項目
        for n in range(3):
            _str = 'item row {0}'.format(n)
            self.listWidget.addItem(_str)
        self.listWidget.addItem(QListWidgetItem('haha'))
        QListWidgetItem('haha2', self.listWidget)

        self.listWidget.insertItem(2, 'item insert')

        # flag 和 check
        for i in range(self.listWidget.count()):
            item = self.listWidget.item(i)
            item.setFlags(Qt.ItemIsSelectable | Qt.ItemIsEditable |
Qt.ItemIsEnabled)
            # item.setFlags(Qt.NoItemFlags)
            item.setCheckState(Qt.Unchecked)
        # setText
        item.setText('setText-右對齊')
        item.setTextAlignment(Qt.AlignRight)
        item.setCheckState(Qt.Checked)

        # selection
        # self.listWidget.setSelectionMode(QAbstractItemView. SingleSelection)
        self.listWidget.setSelectionMode(QAbstractItemView. ExtendedSelection)
        self.listWidget.setSelectionBehavior(QAbstractItemView.SelectRows)

        # setIcon
        item = QListWidgetItem('setIcon')
        item.setIcon(QIcon('images/music.png'))
        self.listWidget.addItem(item)

        # setFont、setFore(Back)ground
        item = QListWidgetItem('setFont、Fore(Back)ground')
        item.setFont(QFont('宋體'))
        item.setForeground(QBrush(QColor(255, 0, 0)))
        item.setBackground(QBrush(QColor(0, 255, 0)))
        item.setWhatsThis('whatsThis 提示 1-setFont、Fore(Back)ground')
```

```
        self.listWidget.addItem(item)

        # setToolTip、StatusTip 和 WhatsThis
        item = QListWidgetItem('set 提示 -ToolTip,StatusTip,WhatsThis')
        item.setToolTip('toolTip 提示 ')
        item.setStatusTip('statusTip 提示 ')
        item.setWhatsThis('whatsThis 提示 2')
        self.listWidget.setMouseTracking(True)
        self.listWidget.addItem(item)
        # 開啟 statusbar
        statusBar = self.statusBar()
        statusBar.show()

        # 開啟 whatsThis 功能
        whatsThis = QWhatsThis(self)
        toolbar = self.addToolBar('help')
        # 方式 1：QAction
        self.actionHelp = whatsThis.createAction(self)
        self.actionHelp.setText(' 顯示 whatsThis-help')
        # self.actionHelp.setShortcuts(QKeySequence(Qt.CTRL | Qt.Key_H))
        self.actionHelp.setShortcuts(QKeySequence(Qt.CTRL + Qt.Key_H))
        toolbar.addAction(self.actionHelp)
        # 方式 2：工具按鈕
        tool_button = QToolButton(self)
        tool_button.setToolTip(" 顯示 whatsThis2-help")
        tool_button.setIcon(QIcon("images/help.jpg"))
        toolbar.addWidget(tool_button)
        tool_button.clicked.connect(lambda: whatsThis.enterWhatsThisMode())

        # 右鍵選單
        self.menu = self.generateMenu()
        ###### 允許右鍵產生子功能表
        self.listWidget.setContextMenuPolicy(Qt.CustomContextMenu)
        #### 右鍵選單
        self.listWidget.customContextMenuRequested.connect(self.showMenu)

        # 訊號與槽
        self.listWidget.currentItemChanged[QListWidgetItem, QListWidgetItem].
connect(self.onCurrentItemChanged)
        self.listWidget.currentRowChanged[int].connect(
```

```
            lambda x: self.text.appendPlainText(f'"row:{x}"觸發
currentRowChanged訊號：'))
        self.listWidget.currentTextChanged[str].connect(
            lambda x: self.text.appendPlainText(f'"text:{x}"觸發
currentTextChanged訊號：'))
        self.listWidget.itemActivated[QListWidgetItem].connect(self.
onItemActivated)
        self.listWidget.itemClicked[QListWidgetItem]. connect(self.
onItemClicked)
        self.listWidget.itemDoubleClicked[QListWidgetItem].connect(
            lambda item: self.text.appendPlainText(f'"{item.text()}"觸發
itemDoubleClicked訊號：'))
        self.listWidget.itemChanged[QListWidgetItem].connect(
            lambda item: self.text.appendPlainText(f'"{item.text()}"觸發
itemChanged訊號：'))
        self.listWidget.itemEntered[QListWidgetItem].connect(
            lambda item: self.text.appendPlainText(f'"{item.text()}"觸發
itemEntered訊號：'))
        self.listWidget.itemPressed[QListWidgetItem].connect(
            lambda item: self.text.appendPlainText(f'"{item.text()}"觸發
itemPressed訊號：'))
        self.listWidget.itemSelectionChanged.connect(lambda: self.text.
appendPlainText(f'觸發itemSelectionChanged訊號：'))

    def generateMenu(self):
        menu = QMenu(self)
        menu.addAction('增加',self.onAdd,QKeySequence(Qt.CTRL|Qt.Key_N))
        menu.addAction('插入',self.onInsert,QKeySequence(Qt.CTRL|Qt.Key_I))
        menu.addAction(QIcon("images/close.png"),'刪除',self.onDelete,
QKeySequence(Qt.CTRL|Qt.Key_D))
        menu.addSeparator()
        menu.addAction('全選',self.onCheckAll,QKeySequence(Qt.CTRL|Qt. Key_A))
        menu.addAction('反選',self.onCheckInverse,QKeySequence(Qt.CTRL|Qt.
Key_R))
        menu.addAction('全不選',self.onCheckInverse)
        menu.addSeparator()
        menu.addAction(self.actionHelp)
        return menu

    def showMenu(self, pos):
```

```python
        self.menu.exec(QCursor.pos())   # 顯示選單

    def contextMenuEvent(self, event):
        menu = QMenu(self)
        menu.addAction(' 選項 1')
        menu.addAction(' 選項 2')
        menu.addAction(' 選項 3')
        menu.exec(event.globalPos())

    def onCurrentItemChanged(self, current: QListWidgetItem, previous:
QListWidgetItem):
        if previous == None:
            _str = f' 觸發 currentItemChanged 訊號，當前項 :"{current.text()}",
之前項 :None'
        else:
            _str = f' 觸發 currentItemChanged 訊號，當前項 :"{current.text()}",
之前項 :"{previous.text()}"'
        self.text.appendPlainText(_str)

    def onItemClicked(self, item: QListWidgetItem):
        self.listWidget.currentRow()
        row = self.listWidget.row(item)
        if row == 0:
            _str1 = f' 當前點擊 :"{item.text()}", 上一個 :None, 下一個 :"{self.
listWidget.item(row + 1).text()}"'
        elif row == self.listWidget.count() - 1:
            _str1 = f' 當前點擊 :"{item.text()}", 上一個 :"{self.listWidget.
item(row - 1).text()}", 下一個 :None'
        else:
            _str1 = f' 當前點擊 :"{item.text()}", 上一個 :"{self.listWidget.
item(row - 1).text()}", 下一個 :"{self.listWidget.item(row + 1).text()}"'

        if item.checkState() == Qt.Unchecked:
            item.setCheckState(Qt.Checked)
            _str2 = f'"{item.text()}" 被選中 '
        else:
            item.setCheckState(Qt.Unchecked)
            _str2 = f'"{item.text()}" 被取消選中 '

        self.text.appendPlainText(f'"{item.text()}" 觸發 itemClicked 訊號 :')
```

```python
        self.text.appendPlainText(_str1)
        self.text.appendPlainText(_str2)
        return

    def onItemActivated(self, item: QListWidgetItem):
        self.text.appendPlainText(f'"{item.text()}"觸發 itemActivated 訊號：')
        return

    def onAdd(self):
        self.addCount += 1
        text = f'新增-{self.addCount}'
        self.listWidget.addItem(text)
        self.text.appendPlainText(f'新增 item:"{text}"')

    def onInsert(self):
        self.insertCount += 1
        row = self.listWidget.currentRow()
        text = f'插入-{self.insertCount}'
        self.listWidget.insertItem(row, text)
        self.text.appendPlainText(f'row:{row},新增 item:"{text}"')

    def onDelete(self):
        row = self.listWidget.currentRow()
        item = self.listWidget.item(row)
        self.listWidget.takeItem(row)
        self.text.appendPlainText(f'row:{row},刪除 item:"{item.text()}"')

    def onCheckAll(self):
        self.text.appendPlainText('點擊了"全選"')
        count = self.listWidget.count()
        for i in range(count):
            item = self.listWidget.item(i)
            item.setCheckState(Qt.Checked)

    def onCheckInverse(self):
        self.text.appendPlainText('點擊了"反選"')
        count = self.listWidget.count()
        for i in range(count):
            item = self.listWidget.item(i)
            if item.checkState() == Qt.Unchecked:
```

```
            item.setCheckState(Qt.Checked)
        else:
            item.setCheckState(Qt.Unchecked)

def onCheckNone(self):
    self.text.appendPlainText('點擊了"全不選"')
    count = self.listWidget.count()
    for i in range(count):
        item = self.listWidget.item(i)
        item.setCheckState(Qt.Unchecked)
```

雖然程式碼比較多，但是並不複雜，執行效果如圖 5-3 所示。

▲ 圖 5-3

【程式碼分析】

（1）「增加」按鈕、「插入」按鈕、「刪除」按鈕和右鍵選單對應 5.1.1 節的基礎知識。

（2）「全選」按鈕、「反選」按鈕、「全不選」按鈕和右鍵選單對應 5.1.2 節的基礎知識。

（3）對項目的一些操作，如字型、對齊、前景顏色、背景顏色等內容對應 5.1.3 節的基礎知識。

（4）「set 提示 -ToolTip,StatusTip,WhatsThis」對應 5.1.4 節的基礎知識，使用方法如下：

```
# setToolTip、StatusTip 和 WhatsThis
item = QListWidgetItem('set 提示 -ToolTip,StatusTip,WhatsThis')
item.setToolTip('toolTip 提示 ')
item.setStatusTip('statusTip 提示 ')
item.setWhatsThis('whatsThis 提示 2')
self.listWidget.setMouseTracking(True)
self.listWidget.addItem(item)
```

這裡用 setMouseTracking() 函式開啟了滑鼠追蹤（預設關閉），否則只有點擊滑鼠按鍵後才能追蹤到滑鼠位置，但是無法獲取滑鼠的即時行動資訊。

需要注意的是，預設 StatusTip 和 WhatsThis 都是關閉的，因此需要把它們開啟。開啟 StatusTip 的方式很簡單：

```
# 開啟 statusbar
statusBar = self.statusBar()
statusBar.show()
```

開啟 WhatsThis 則有些複雜，這裡提供兩種開啟方式，一種是 QAction，另一種是 QToolButton，兩者都在工具列中顯示，並且效果是一樣的。前者透過 QWhatsThis. createAction() 函式傳回一個 QAction，當這個 QAction 被觸發時會自動進入「What's This?」模式，並且這種方式可以直接整合到右鍵選單中；後者先新建 QToolButton 按鈕，再點擊主動觸發 QWhatsThis. enterWhatsThisMode() 函式進入「What's This?」模式。程式碼如下：

```
# 開啟 whatsThis 功能
whatsThis = QWhatsThis(self)
toolbar = self.addToolBar('help')
# 方式 1：QAction
self.actionHelp = whatsThis.createAction(self)
self.actionHelp.setText(' 顯示 whatsThis-help')
self.actionHelp.setShortcuts(QKeySequence(Qt.CTRL | Qt.Key_H))
toolbar.addAction(self.actionHelp)
# 方式 2：工具按鈕
tool_button = QToolButton(self)
tool_button.setToolTip(" 顯示 whatsThis2-help")
tool_button.setIcon(QIcon("images/help.jpg"))
toolbar.addWidget(tool_button)
tool_button.clicked.connect(lambda: whatsThis.enterWhatsThisMode())
```

使用者既可以透過點擊或按 Esc 鍵退出「What's This?」模式，也可以透過 QWhatsThis. leaveWhatsThisMode() 函式用程式退出「What's This?」模式。

這裡只對「set 提示 -ToolTip,StatusTip,WhatsThis」和「setFont、Fore(Back)ground」在「What's This?」模式下提供了説明資訊。

需要注意的是，關於 WhatsThis 提示，PySide 6 使用的是類別實例方法 whatsThis. createAction(self)，而 PyQt 6 只能使用靜態方法，也就是 QWhatsThis.createAction(self)；對於 whatsThis.enterWhatsThisMode() 也一樣。

（5）下面列舉了一些常用的訊號與槽的使用方法，每個訊號的觸發都會在 QPlainTextEdit 中顯示對應的資訊，對應 5.1.5 節的基礎知識。使用方法如下（槽函式 onItemActivated()、onItemClicked() 等都比較簡單，這裡不再贅述）：

```
# 訊號與槽
self.listWidget.currentItemChanged[QListWidgetItem, QListWidgetItem].
connect(self.onCurrentItemChanged)
self.listWidget.currentRowChanged[int].connect(
    lambda x: self.text.appendPlainText(f'"row:{x}" 觸發 currentRowChanged 訊號：'))
```

```
self.listWidget.currentTextChanged[str].connect(
    lambda x: self.text.appendPlainText(f'"text:{x}" 觸發 currentTextChanged 訊
號:'))
self.listWidget.itemActivated[QListWidgetItem].connect(self.onItemActivated)
self.listWidget.itemClicked[QListWidgetItem].connect(self.onItemClicked)
self.listWidget.itemDoubleClicked[QListWidgetItem].connect(
    lambda item: self.text.appendPlainText(f'"{item.text()}" 觸發
itemDoubleClicked 訊號:'))
self.listWidget.itemChanged[QListWidgetItem].connect(
    lambda item: self.text.appendPlainText(f'"{item.text()}" 觸發 itemChanged
訊號:'))
self.listWidget.itemEntered[QListWidgetItem].connect(
    lambda item: self.text.appendPlainText(f'"{item.text()}" 觸發 itemEntered
訊號:'))
self.listWidget.itemPressed[QListWidgetItem].connect(
    lambda item: self.text.appendPlainText(f'"{item.text()}" 觸發 itemPressed
訊號:'))
self.listWidget.itemSelectionChanged.connect(lambda: self.text.
appendPlainText(f' 觸發 itemSelectionChanged 訊號:'))
```

（6）右鍵選單的使用方法如下（這裡使用捷徑設定選項的文字、槽
函式和快速鍵，但是對「刪除」選項額外增加了圖片，對「全不選」選
項沒有設定快速鍵）：

```
# 右鍵選單
self.menu = self.generateMenu()
###### 允許右鍵產生子功能表
self.listWidget.setContextMenuPolicy(Qt.CustomContextMenu)
#### 右鍵選單
self.listWidget.customContextMenuRequested.connect(self.showMenu)

def generateMenu(self):
    menu = QMenu(self)
    menu.addAction(' 增加 ',self.onAdd,QKeySequence(Qt.CTRL|Qt.Key_N))
    menu.addAction(' 插入 ',self.onInsert,QKeySequence(Qt.CTRL|Qt.Key_I))
    menu.addAction(QIcon("images/close.png"),' 刪除 ',self.onDelete,
QKeySequence(Qt.CTRL|Qt.Key_D))
    menu.addSeparator()
    menu.addAction(' 全選 ',self.onCheckAll,QKeySequence(Qt.CTRL|Qt.Key_A))
```

```
    menu.addAction(' 反選 ',self.onCheckInverse,QKeySequence
(Qt.CTRL|Qt.Key_R))
    menu.addAction(' 全不選 ',self.onCheckInverse)
    menu.addSeparator()
    menu.addAction(self.actionHelp)
    return menu

def showMenu(self, pos):
    self.menu.exec(QCursor.pos())  # 顯示選單
```

5.2 QTableWidget

　　QTableWidget 是一個用來顯示表格的類別，表格中的每個儲存格
（item）由 QTableWidgetItem 提供。5.1 節介紹的 QListWidget 用來描述清
單，它和 QTableWidget 有很多相似之處：前者繼承自 QListView，後者繼
承自 QTableView；兩者都有自己的內部模型，如果想要使用自訂模型，則
應該使用 QListView 或 QTableView；前者的每個項目由 QListWidgetItem
提供，後者的每個項目由 QTableWidgetItem 提供。QTableWidget 類別的繼
承結構如圖 5-4 所示。

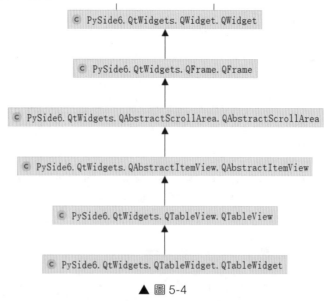

▲ 圖 5-4

QTableWidget 與 QListWidget 的很多內容一樣，下面重點介紹兩者不一樣的內容。

5.2.1 建立

建立 QTableWidget 一般有兩種方法，如下所示：

```
# 方法 1：在實例化類別時傳遞行列參數
self.tableWidget = QTableWidget(5,4)

# 方法 2：先實例化類別，再調整表格的大小
self.tableWidget = QTableWidget()
self.tableWidget.setRowCount(5)
self.tableWidget.setColumnCount(4)
```

5.2.2 基於 item 的操作

對 item 的常規操作可以使用函式 setText()、setIcon()、setFont()、setForeground() 和 setBackground() 等，讀者可以參考 QListWidget 的相關內容。

想要增 / 刪 item，可以使用 setItem(row,column,item) 將 item 插入資料表中，使用 takeitem (row,column) 刪除 item。增加 item 的程式碼如下：

```
item = QTableWidgetItem('testItem')
self.tableWidget.setItem(row,column,item)
```

有時需要合併儲存格，這就需要使用 setSpan() 函式，其用法和舉例如下：

```
""" setSpan(self, row: int, column: int, rowSpan: int, columnSpan: int) ->
None """

# 合併儲存格
```

```
self.tableWidget.setSpan(1, 0, 1, 2)
item = QTableWidgetItem(' 合併儲存格 ')
item.setTextAlignment(Qt.AlignCenter)
self.tableWidget.setItem(1,0,item)
```

5.2.3 基於行列的操作

使用 rowHeight(row:int) 可以獲取行的高度，使用 columnWidth (col:int) 可以獲取列的寬度。使用 hideRow(row:int)、hideColumn(col:int)、showRow(row:int) 和 showColumn(col:int) 可以隱藏和顯示行 / 列。使用 selectRow(row:int) 和 selectColumn(col:int) 可以選擇行 / 列。使用 showGrid() 函式的結果可以判斷是否顯示網格。使用函式 insertRow()、insertColumn()、removeRow() 和 removeColumn() 可以增加和刪除行 / 列。使用 rowCount() 函式可以獲取表格的行數，使用 columnCount() 函式可以獲取表格的列數，使用 clear() 函式可以清空白資料表格。

如果要對儲存格進行排序，則使用 sortItems() 函式，作用是基於 column 和 order 對所有行進行排序，預設是昇冪排列，也可以傳遞 Qt.DescendingOrder，實作降冪排列。程式碼如下：

```
""" sortItems(self, column: int, order: PySide6.QtCore.Qt.SortOrder =
PySide6.QtCore.Qt.SortOrder.AscendingOrder) -> None """
```

5.2.4 導覽

導覽功能繼承自 QAbstractItemView，它提供了一個標準介面，用於透過訊號 / 槽機制與模型進行互動，使子類別能夠隨著模型更改而保持最新狀態。QAbstractItemView 為鍵盤和滑鼠導覽、視埠捲動、項目編輯與選擇提供標準支援。鍵盤導覽可以實作的功能如表 5-5 所示。

表 5-5

按　　鍵	功　　能
Arrow keys	更改當前項目並選擇它
Ctrl+Arrow keys	更改當前項目但不選擇它
Shift+Arrow keys	更改當前項目並選擇它。先前選擇的項目不會取消選擇
Ctrl+Space	切換當前項目的選擇
Tab / Backtab	將當前項目更改為下一個 / 上一個項目
Home / End	選擇模型中的第一個 / 最後一個項目
PageUp / PageDown	按視圖中的可見行數向上 / 向下捲動顯示的行
Ctrl+A	選擇模型中的所有項目

5.2.5 標頭（標題）

　　標頭（標題）的相關操作繼承自 QTableView，使用 verticalHeader() 函式可以獲取表格的垂直標頭，使用 horizontalHeader() 函式可以獲取表格的水平標頭。兩者都傳回 QHeaderView，並且 QHeaderView 是 QAbstractItemView 的子類別，為 QTableWidget (QTableView) 函式提供了標頭視圖。如果不想看到行或列，則可以使用 hide() 函式進行隱藏。

　　建立標頭最簡單的方法是使用 setHorizontalHeaderLabels() 函式和 setVerticalHeaderLabels() 函式，兩者都將字串清單作為參數，為表格的列和行提供簡單的文字標題。下面舉例說明：

```
rowCount = self.tableWidget.rowCount()
self.tableWidget.setVerticalHeaderLabels([f'row{i}' for i in
range(rowCount)])
```

　　當然，也可以基於 QTableWidgetItem 建立更複雜的標頭標題，如下所示：

```
cusHeaderItem = QTableWidgetItem("cusHeader")
cusHeaderItem.setIcon(QIcon("images/android.png"))
cusHeaderItem.setTextAlignment(Qt.AlignVCenter)
```

```
cusHeaderItem.setForeground(QBrush(QColor(255, 0, 0)))
self.tableWidget.setHorizontalHeaderItem(2,cusHeaderItem)
```

5.2.6 自訂小元件

　　清單視圖中顯示的項目預設使用標準委託進行繪製和編輯。但是有些任務需要在表格中插入自訂小元件，而使用 setIndexWidget() 函式可以解決這個問題。使用 indexWidget() 函式可以查詢自訂小元件，如果不存在則傳回空。程式碼如下：

```
""" setIndexWidget(self, index: PySide6.QtCore.QModelIndex, widget: PySide6.
QtWidgets.QWidget) -> None """
```

　　需要注意的是，傳遞的 index 是一個模型的索引，關於模型的詳細資訊會在 5.6 節介紹。這裡只介紹使用方式：

```
# 自訂控制項
model = self.tableWidget.model()
self.tableWidget.setIndexWidget(model.index(4,2),QLineEdit(' 自訂控制項 '))
self.tableWidget.setIndexWidget(model.index(4,3),QSpinBox())
```

　　上面是基於 index 的方法，也可以透過 setCellWidget() 函式實作一樣的效果，如下所示：

```
self.tableWidget.setCellWidget(4,1, QPushButton("cellWidget"))
```

5.2.7 調整行 / 列的大小

　　可以透過 QHeaderView 來調整表格中的行 / 列，每個 QHeaderView 包含 1 個方向 orientation() 和 N 個 section（透過 count() 函式獲取 N），section 表示行 / 列的基本單元，QHeaderView 的很多方法都和 section 相關。可以使用 moveSection(from: int, to: int) 和 resizeSection(logicalIndex: int, size: int) 移動和調整行 / 列的大小。QHeaderView 提供了一些方法來控

制標題移動、點擊、大小調節行為：使用 setSectionsMovable(movable:bool) 可以開啟移動行為，使用 setSectionsClickable(clickable: bool) 使其可以點擊，使用 setSectionResizeMode() 可以設定大小。

以上幾種行為會觸發以下槽函式：移動觸發 sectionMoved()，調整大小觸發 sectionResized()，點擊滑鼠觸發 sectionClicked() 及 sectionHandleDoubleClicked()。此外，當增加或刪除 section 時，觸發 sectionCountChanged()。

setSectionResizeMode() 支援兩種調節方式，即全域設定和局部設定，參數如下：

```
setSectionResizeMode(self, logicalIndex: int, mode:QHeaderView.ResizeMode) ->
None
    setSectionResizeMode(self, mode: QHeaderView.ResizeMode) -> None
```

QHeaderView.ResizeMode 支援的參數如表 5-6 所示。

表 5-6

參 數	值	描 述
QHeaderView.Interactive	0	使用者可以調整該部分的大小。也可以使用 resizeSection() 函式以程式設計方式調整節的大小，節的大小預設為 defaultSectionSize
QHeaderView.Fixed	2	使用者無法調整該部分的大小。該部分只能使用 resizeSection() 函式以程式設計方式調整節的大小，節的大小預設為 defaultSectionSize
QHeaderView.Stretch	1	QHeaderView 將自動調整該部分的大小以填充可用空間，使用者以程式設計方式無法更改節的大小
QHeaderView.ResizeToContents	3	QHeaderView 將根據整列或整行的內容自動將節調整為最佳大小，使用者以程式設計方式無法更改節的大小（該參數在 Qt 4.2 中引入）

可以用 hideSection(logicalIndex: int) 和 showSection(logicalIndex: int) 隱藏和顯示行 / 列。

上面介紹的是根據 QHeaderView 的方法來調整表格中的行 /
列，也可以透過 QTableView 的相關方法達到相同的目的。使用
QTableWidget(QTableView).resizeColumnsToContents() 或 resizeRowsTo
Contents()，根據每列或每行的空間需求分配可用的空間，同時根據每個
項目的委託大小提示調整給定行 / 列的大小。上面的方法針對的是所有
行 / 列，也可以透過 resizeRowToContents(int) 和 resizeColumnToContents
(int) 指定某個行 / 列。關於委託，會在 5.4 節和 5.9 節詳細介紹。

5.2.8 伸展填充剩餘空間

在預設情況下，表格中的儲存格不會自動擴充以填充剩餘空
間，但可以透過伸展最後一個標題（行 / 列）填充剩餘空間。使用
horizontalHeader() 函式或 verticalHeader() 函式可以獲取 QHeaderView 並
透過 setStretchLastSection(True) 啟用伸展剩餘空間的功能。

5.2.9 座標系

有時需要對行 / 列的索引和小元件座標進行轉換，rowAt(y:int) 函
式傳回視圖中 y 座標對應的行，rowViewportPosition(row:int) 函式
傳回行數 row 對應的 y 座標。對於列，可以使用 columnAt() 函式和
columnViewportPosition() 函式獲取 x 座標與列索引之間的關係。範例如
下：

```
row = self.tableWidget.currentRow()
rowPositon = self.tableWidget.rowViewportPosition(row)
rowAt = self.tableWidget.rowAt(rowPositon)
```

5.2.10 訊號與槽

QTableWidget 支援以下訊號（其中 item 部分在 QListWidget 中已經
介紹過，除此之外，QTableWidget 還提供了 Cell 相關訊號，其使用方法

和 item 的使用方法類似）：

```
cellActivated(row:int, column:int)
cellChanged(row:int, column:int)
cellClicked(row:int, column:int)
cellDoubleClicked(row:int, column:int)
cellEntered(row:int, column:int)
cellPressed(row:int, column:int)
currentCellChanged(currentRow:int, currentColumn:int, previousRow:int,
previousColumn:int)
currentItemChanged(current:QTableWidgetItem, previous:QTableWidgetItem)
itemActivated(item:QTableWidgetItem)
itemChanged(item:QTableWidgetItem)
itemClicked(item:QTableWidgetItem)
itemDoubleClicked(item:QTableWidgetItem)
itemEntered(item:QTableWidgetItem)
itemPressed(item:QTableWidgetItem)
itemSelectionChanged()
```

5.2.11 右鍵選單

QTableWidget 的用法和 QListWidget 的用法一樣，因此這裡不再贅述。

✎ 案例 5-2 QTableWidget 控制項的使用方法

本案例的檔案名稱為 Chapter05/qt_QTableWidget.py，用於演示 QTableWidget 控制項的使用方法，程式碼如下：

```
class QTableWidgetDemo(QMainWindow):
    addCount = 0
    insertCount = 0

    def __init__(self, parent=None):
        super(QTableWidgetDemo, self).__init__(parent)
        self.setWindowTitle("QTableWidget 案例 ")
        self.resize(500, 600)
```

```python
        self.text = QPlainTextEdit('用來顯示 QTableWidget 的相關資訊：')
        self.tableWidget = QTableWidget(5, 4)


        # 增 / 刪行
        self.buttonDeleteRow = QPushButton('刪除行')
        self.buttonAddRow = QPushButton('增加行')
        self.buttonInsertRow = QPushButton('插入行')
        layoutH = QHBoxLayout()
        layoutH.addWidget(self.buttonAddRow)
        layoutH.addWidget(self.buttonInsertRow)
        layoutH.addWidget(self.buttonDeleteRow)
        self.buttonAddRow.clicked.connect(lambda: self.onAdd('row'))
        self.buttonInsertRow.clicked.connect(lambda: self.onInsert('row'))
        self.buttonDeleteRow.clicked.connect(lambda: self.onDelete('row'))
        # 增 / 刪列
        self.buttonDeleteColumn = QPushButton('刪除列')
        self.buttonAddColumn = QPushButton('增加列')
        self.buttonInsertColumn = QPushButton('插入列')
        layoutH2 = QHBoxLayout()
        layoutH2.addWidget(self.buttonAddColumn)
        layoutH2.addWidget(self.buttonInsertColumn)
        layoutH2.addWidget(self.buttonDeleteColumn)
        self.buttonAddColumn.clicked.connect(lambda: self.onAdd('column'))
        self.buttonInsertColumn.clicked.connect(lambda: self.onInsert
('column'))
        self.buttonDeleteColumn.clicked.connect(lambda: self.onDelete
('column'))

        # 選擇
        self.buttonSelectAll = QPushButton('全選')
        self.buttonSelectRow = QPushButton('選擇行')
        self.buttonSelectColumn = QPushButton('選擇列')
        self.buttonSelectOutput = QPushButton('輸出選擇')
        layoutH3 = QHBoxLayout()
        layoutH3.addWidget(self.buttonSelectAll)
        layoutH3.addWidget(self.buttonSelectRow)
        layoutH3.addWidget(self.buttonSelectColumn)
        layoutH3.addWidget(self.buttonSelectOutput)
        self.buttonSelectAll.clicked.connect(lambda: self.tableWidget.
```

```
selectAll())
        # self.buttonSelectAll.clicked.connect(self.onSelectAll)
        self.buttonSelectRow.clicked.connect(lambda: self.tableWidget.
selectRow(self.tableWidget.currentRow()))
        self.buttonSelectColumn.clicked.connect(lambda: self.tableWidget.
selectColumn(self.tableWidget.currentColumn()))
        self.buttonSelectOutput.clicked.connect(self.onButtonSelectOutput)
        # self.buttonSelectColumn.clicked.connect(self.onCheckNone)

        layout = QVBoxLayout(self)
        layout.addWidget(self.tableWidget)
        # layout.addWidget(self.tableWidget2)
        layout.addLayout(layoutH)
        layout.addLayout(layoutH2)
        layout.addLayout(layoutH3)
        layout.addWidget(self.text)

        widget = QWidget()
        self.setCentralWidget(widget)
        widget.setLayout(layout)

        self.initItem()


        # selection
        # self.listWidget.setSelectionMode(QAbstractItemView. SingleSelection)
        self.tableWidget.setSelectionMode(QAbstractItemView. ExtendedSelection)
        # self.tableWidget.setSelectionBehavior(QAbstractItemView. SelectRows)
        self.tableWidget.setSelectionBehavior(QAbstractItemView. SelectItems)

        # 行 / 列標題
        rowCount = self.tableWidget.rowCount()
        columnCount = self.tableWidget.columnCount()
        self.tableWidget.setHorizontalHeaderLabels([f'col{i}' for i in
range(columnCount)])
        self.tableWidget.setVerticalHeaderLabels([f'row{i}' for i in
range(rowCount)])
        cusHeaderItem = QTableWidgetItem("cusHeader")
        cusHeaderItem.setIcon(QIcon("images/android.png"))
        cusHeaderItem.setTextAlignment(Qt.AlignVCenter)
```

```
        cusHeaderItem.setForeground(QBrush(QColor(255, 0, 0)))
        self.tableWidget.setHorizontalHeaderItem(2,cusHeaderItem)

        # 自訂控制項
        model = self.tableWidget.model()
        self.tableWidget.setIndexWidget(model.index(4,3),QLineEdit(' 自訂控制項
-'*3))
        self.tableWidget.setIndexWidget(model.index(4,2),QSpinBox())
        self.tableWidget.setCellWidget(4,1,QPushButton("cellWidget"))


        # 調整行 / 列的大小
        header = self.tableWidget.horizontalHeader()
        # # header.setStretchLastSection(True)
        # # header.setSectionResizeMode(QHeaderView.Stretch)
        # header.setSectionResizeMode(QHeaderView.Interactive)
        # header.resizeSection(3,120)
        # header.moveSection(0,2)
        # # self.tableView.resizeColumnsToContents()

        # header.setStretchLastSection(True)

        self.tableWidget.resizeColumnsToContents()
        self.tableWidget.resizeRowsToContents()
        # headerH = self.tableWidget.horizontalHeader()

        # 對儲存格進行排序
        # self.tableWidget.sortItems(1,order=Qt.DescendingOrder)

        # 合併儲存格
        self.tableWidget.setSpan(1, 0, 1, 2)
        item = QTableWidgetItem(' 合併儲存格 ')
        item.setTextAlignment(Qt.AlignCenter)
        self.tableWidget.setItem(1,0,item)


        # 顯示座標
        buttonShowPosition = QToolButton(self)
        buttonShowPosition.setText(' 顯示當前位置 ')
        self.toolbar.addWidget(buttonShowPosition)
```

```
        buttonShowPosition.clicked.connect(self.onButtonShowPosition)


        # 右鍵選單
        self.menu = self.generateMenu()
        ###### 允許右鍵產生子功能表
        self.tableWidget.setContextMenuPolicy(Qt.CustomContextMenu)
        #### 右鍵選單
        self.tableWidget.customContextMenuRequested.connect(self.showMenu)

        # 訊號與槽
        self.tableWidget.currentItemChanged[QTableWidgetItem,
QTableWidgetItem].connect(self.onCurrentItemChanged)
        self.tableWidget.itemActivated[QTableWidgetItem].connect(self.
onItemActivated)
        self.tableWidget.itemClicked[QTableWidgetItem].connect(self.
onItemClicked)
        self.tableWidget.itemDoubleClicked[QTableWidgetItem].connect(
            lambda item: self.text.appendPlainText(f'"{item.text()}"觸發
itemDoubleClicked訊號：'))
        self.tableWidget.itemChanged[QTableWidgetItem].connect(
            lambda item: self.text.appendPlainText(f'"{item.text()}"觸發
itemChanged訊號：'))
        self.tableWidget.itemEntered[QTableWidgetItem].connect(
            lambda item: self.text.appendPlainText(f'"{item.text()}"觸發
itemEntered訊號：'))
        self.tableWidget.itemPressed[QTableWidgetItem].connect(
            lambda item: self.text.appendPlainText(f'"{item.text()}"觸發
itemPressed訊號：'))
        self.tableWidget.itemSelectionChanged.connect(lambda: self.text.
appendPlainText(f'觸發itemSelectionChanged訊號：'))
        self.tableWidget.cellActivated[int,int].connect(lambda row,
column:self.onCellSignal(row,column,'cellActivated'))
        self.tableWidget.cellChanged[int,int].connect(lambda row,column:self.
onCellSignal(row,column,'cellChanged'))
        self.tableWidget.cellClicked[int,int].connect(lambda row,column:self.
onCellSignal(row,column,'cellClicked'))
        self.tableWidget.cellDoubleClicked[int,int].connect(lambda row,
column:self.onCellSignal(row,column,'cellDoubleClicked'))
        self.tableWidget.cellEntered[int,int].connect(lambda row,column:self.
```

```
onCellSignal(row,column,'cellEntered'))
        self.tableWidget.cellPressed[int,int].connect(lambda row,column:self.
onCellSignal(row,column,'cellPressed'))
        self.tableWidget.currentCellChanged[int,int,int,int].connect(lambda
currentRow,currentColumn,previousRow,previousColumn:self.text.appendPlainText
(f'row:{currentRow},column:{currentColumn}, 觸發訊號:currentCellChanged, preRo
w:{previousRow},preColumn:{columnCount}'))

    def initItem(self):
        ###item 的方法和 QlistWidget 的大致相同,此處省略 ###
        # 初始化表格
        for row in range(self.tableWidget.rowCount()):
            for col in range(self.tableWidget.columnCount()):
                item = self.tableWidget.item(row, col)
                if item is None:
                    _item = QTableWidgetItem(f'row:{row},col:{col}')
                    self.tableWidget.setItem(row, col, _item)


    def generateMenu(self):
        menu = QMenu(self)
        menu.addAction(' 增加行 ', lambda: self.onAdd('row'), QKeySequence(Qt.
CTRL | Qt.Key_N))
        menu.addAction(' 插入行 ', lambda: self.onInsert('row'),
QKeySequence(Qt.CTRL | Qt.Key_I))
        menu.addAction(QIcon("images/close.png"), ' 刪除行 ', lambda: self.
onDelete('row'), QKeySequence(Qt.CTRL | Qt.Key_D))
        ### 為節省篇幅,此處省略上下文相關內容 ###
        return menu

    def showMenu(self, pos):
        self.menu.exec(QCursor.pos())   # 顯示選單

    def contextMenuEvent(self, event):
        menu = QMenu(self)
        menu.addAction(' 選項 1')
        menu.addAction(' 選項 2')
        menu.addAction(' 選項 3')
        menu.exec(event.globalPos())
```

```python
    def onButtonSelectOutput(self):
        indexList = self.tableWidget.selectedIndexes()
        itemList = self.tableWidget.selectedItems()
        _row =indexList[0].row()
        text = ''
        for index,item in zip(indexList,itemList):
            row = index.row()
            if _row == row:
                text = text  +item.text()+ '  '
            else:
                text =text + '\n'+ item.text()+ '  '
                _row=row
        self.text.appendPlainText(text)


    def onCurrentItemChanged(self, current: QTableWidgetItem, previous:
QTableWidgetItem):
        if previous == None:
            _str = f' 觸發 currentItemChanged 訊號，當前項:"{current.text()}", 之
前項:None'
        else:
            _str = f' 觸發 currentItemChanged 訊號，當前項:"{current.text()}", 之
前項:"{previous.text()}"'
        self.text.appendPlainText(_str)

    def onItemClicked(self, item: QTableWidgetItem):
        self.tableWidget.currentRow()

        _str1 = f' 當前點擊:"{item.text()}"'

        if item.checkState() == Qt.Unchecked:
            item.setCheckState(Qt.Checked)
            _str2 = f'"{item.text()}" 被選中 '
        else:
            item.setCheckState(Qt.Unchecked)
            _str2 = f'"{item.text()}" 被取消選中 '

        self.text.appendPlainText(f'"{item.text()}" 觸發 itemClicked 訊號:')
        self.text.appendPlainText(_str1)
        self.text.appendPlainText(_str2)
```

```python
        return

    def onItemActivated(self, item: QTableWidgetItem):
        self.text.appendPlainText(f'"{item.text()}" 觸發 itemActivated 訊號：')
        return

    def onCellSignal(self, row, column, type):
        _str = f'row:{row},column:{column}, 觸發訊號:{type}'
        self.text.appendPlainText(_str)

    def onAdd(self, type='row'):
        if type == 'row':
            rowCount = self.tableWidget.rowCount()
            self.tableWidget.insertRow(rowCount)
            self.text.appendPlainText(f'row:{rowCount}, 新增一行 ')
        elif type == 'column':
            columnCount = self.tableWidget.columnCount()
            self.tableWidget.insertColumn(columnCount)
            self.text.appendPlainText(f'column:{columnCount}, 新增一列 ')

    def onInsert(self, type='row'):
        if type == 'row':
            row = self.tableWidget.currentRow()
            self.tableWidget.insertRow(row)
            self.text.appendPlainText(f'row:{row}, 插入一行 ')
        elif type == 'column':
            column = self.tableWidget.currentColumn()
            self.tableWidget.insertColumn(column)
            self.text.appendPlainText(f'column:{column}, 新增一列 ')

    def onDelete(self, type='row'):
        if type == 'row':
            row = self.tableWidget.currentRow()
            self.tableWidget.removeRow(row)
            self.text.appendPlainText(f'row:{row}, 被刪除 ')
        elif type == 'column':
            column = self.tableWidget.currentColumn()
            self.tableWidget.removeColumn(column)
            self.text.appendPlainText(f'column:{column}, 被刪除 ')
```

```python
    def onCheckAll(self):
        self.text.appendPlainText('點擊了"全選"')
        count = self.tableWidget.count()
        for i in range(count):
            item = self.tableWidget.item(i)
            item.setCheckState(Qt.Checked)

    def onCheckInverse(self):
        self.text.appendPlainText('點擊了"反選"')
        count = self.tableWidget.count()
        for i in range(count):
            item = self.tableWidget.item(i)
            if item.checkState() == Qt.Unchecked:
                item.setCheckState(Qt.Checked)
            else:
                item.setCheckState(Qt.Unchecked)

    def onCheckNone(self):
        self.text.appendPlainText('點擊了"全不選"')
        count = self.tableWidget.count()
        for i in range(count):
            item = self.tableWidget.item(i)
            item.setCheckState(Qt.Unchecked)

    def onButtonShowPosition(self):
        row = self.tableWidget.currentRow()
        rowPositon = self.tableWidget.rowViewportPosition(row)
        rowAt = self.tableWidget.rowAt(rowPositon)
        column = self.tableWidget.currentColumn()
        columnPositon = self.tableWidget.columnViewportPosition(column)
        columnAt = self.tableWidget.columnAt(columnPositon)
        _str = f'當前row:{row},rowPosition:{rowPositon},rowAt:{rowAt}'+ \
            f'\n當前column:{column},columnPosition:{columnPositon},columnAt:{columnAt}'
        self.text.appendPlainText(_str)
```

執行腳本，顯示效果如圖 5-5 所示。

▲ 圖 5-5

　　本案例的細節比較多，在 QListWidget 的基礎上又增加了一些內容，主要基礎知識都已經列出並在程式碼中實作，讀者可以根據需要查看相關內容並獲取所需資訊。

5.3 QTreeWidget

　　5.1 節和 5.2 節介紹的 QListWidget 和 QTableWidget 分別用來描述清單和表格。本節介紹的 QTreeWidget 用來描述樹。QTreeWidget 繼承自QTreeView，並且有自己內建的模型，每個項目都由 QTreeWidgetItem 構造。如果想建構更複雜的樹，或使用自訂模型，則需要使用 QTreeView。QTreeWidget 類別的繼承結構如圖 5-6 所示。

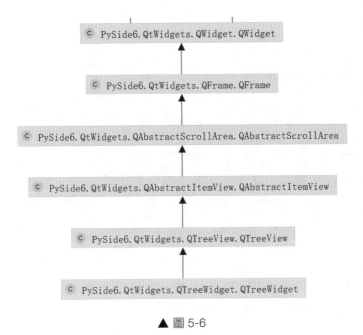

▲ 圖 5-6

5.1 節和 5.2 節對 QListWidget 和 QTableWidget 的介紹非常詳細。本節對 QTreeWidget 的介紹相對簡單一些，只提供一些用來顯示資料的基本操作，因為 QTreeWidget 僅用來顯示資料。當然，讀者也可以參考 QListWidget 和 QTableWidget 的內容增加更複雜的操作。

建構一個 QTreeWidget 實例之後，首先要使用 setColumnCount() 函式設定樹有幾列，然後透過 columnCount() 函式獲取這個數字。程式碼如下：

```
self.treeWidget = QTreeWidget()
self.treeWidget.setColumnCount(3)
```

樹可以設定標題，既可以使用 setHeaderLabels() 函式快速設定，也可以使用 QTreeWidgetItem 構造自訂標題並增加到 setHeaderItem() 函式中構造更複雜的標題，如下所示：

```
# 方式1
self.treeWidget.setHeaderLabels(['學科', '姓名', '分數'])
```

```
# 方式 2
item = QTreeWidgetItem()
item.setText(0, '學科')
item.setText(1, '姓名')
item.setText(2, '分數')
item.setIcon(0, QIcon('./images/root.png'))
self.treeWidget.setHeaderItem(item)
```

建立 item 也有另一種捷徑，效果是一樣的：

```
item = QTreeWidgetItem(['學科', '姓名', '分數'])
item.setIcon(0, QIcon('./images/root.png'))
self.treeWidget.setHeaderItem(item)
```

初始化樹實例，定義了樹的列數，並且設定了標題之後，接下來就是建立樹的內容，相關內容和程式碼如下：

```
def initItem(self):
    # 設定列數
    self.treeWidget.setColumnCount(3)
    # 設定樹形控制項頭部的標題
    self.treeWidget.setHeaderLabels(['學科', '姓名', '分數'])

    # 設定根節點
    root = QTreeWidgetItem(self.treeWidget)
    root.setText(0, '學科')
    root.setText(1, '姓名')
    root.setText(2, '分數')
    root.setIcon(0, QIcon('./images/root.png'))

    # 設定根節點的背景顏色
    root.setBackground(0, QBrush(Qt.blue))
    root.setBackground(1, QBrush(Qt.yellow))
    root.setBackground(2, QBrush(Qt.red))

    # 設定樹形控制項的列的寬度
    self.treeWidget.setColumnWidth(0, 150)
```

```
        # 設定子節點 1
        for subject in ['語文', '數學', '外語', '綜合']:
            child1 = QTreeWidgetItem([subject, '', ''])
            root.addChild(child1)
            # 設定子節點 2
            for name in ['張三', '李四', '王五', '趙六']:
                child2 = QTreeWidgetItem()
                child2.setFlags(Qt.ItemIsSelectable | Qt.ItemIsEditable |
Qt.ItemIsEnabled | Qt.ItemIsUserCheckable)
                child2.setText(1, name)
                score = random.random() * 40 + 60
                child2.setText(2, str(score)[:5])
                if score >= 90:
                    child2.setBackground(2, QBrush(Qt.red))
                elif 80 <= score < 90:
                    child2.setBackground(2, QBrush(Qt.darkYellow))
                child1.addChild(child2)

        # 載入根節點的所有屬性與子控制項
        self.treeWidget.addTopLevelItem(root)

        # 展開全部節點
        self.treeWidget.expandAll()

        # 啟用排序
        self.treeWidget.setSortingEnabled(True)
```

訊號與槽和之前的基本一樣，程式碼如下：

```
currentItemChanged(current:QTreeWidgetItem, previous:QTreeWidgetItem)
itemActivated(item:QTreeWidgetItem , column:int)
itemChanged(item:QTreeWidgetItem , column:int)
itemClicked(item:QTreeWidgetItem , column:int)
itemCollapsed(item:QTreeWidgetItem )
itemDoubleClicked(item:QTreeWidgetItem , column:int)
itemEntered(item:QTreeWidgetItem , column:int)
itemExpanded(item:QTreeWidgetItem )
itemPressed(item:QTreeWidgetItem , column:int)
itemSelectionChanged()
```

✎ 案例 **5-3** QTreeWidget 控制項的使用方法

本案例的檔案名稱為 Chapter05/qt_QTreeWidget.py，用於演示 QTreeWidget 控制項的使用方法。執行腳本，顯示效果如圖 5-7 所示。

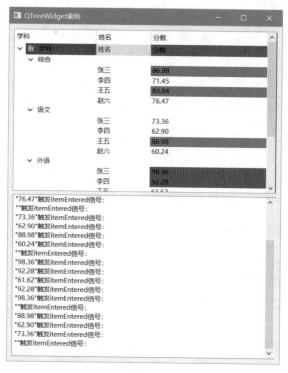

▲ 圖 5-7

本案例相對簡單，所以不再贅述。

5.4 模型 / 視圖 / 委託框架

5.1 ～ 5.3 節介紹的 QListWidget、QTableWidget 和 QTreeWidget 都包含預設的模型，接下來介紹純視圖的類別，即 QListView、QTableView 和 QTreeView。*View 是 *Widget 的父類別，需要結合模型一起使用，這就要涉及 Qt 中的模型 / 視圖框架方面的內容。

Qt 中的模型／視圖框架是一種資料與視覺化相互分離的技術，這種技術起源於 Smalltalk 的設計模式——Model／View／Controller（MVC，模型／視圖／控制器），通常在建構使用者介面時使用。

MVC 由 3 部分組成。Model 是應用程式物件，View 是它的介面展示，Controller 定義了介面對使用者輸入的反應方式。在 MVC 之前，使用者介面設計傾向於將這些物件混為一談，MVC 將它們解耦，從而使介面設計更靈活和方便重複利用。

Qt 提供的技術方法和 MVC 稍有不同，稱為 Model／View／Delegate（模型／視圖／委託），可以提供與 MVC 相同的全部功能，如圖 5-8 所示。需要注意的是，MVC 中的控制器的部分功能既可以透過委託實作，也可以透過模型實作。

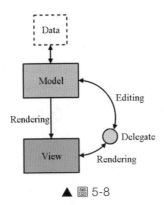

▲ 圖 5-8

一般來說，模型從資料來源中讀／寫資料，視圖從模型的索引中獲取需要呈現的資料並透過委託繪製。對於使用者的編輯操作，視圖會要求委託提供一個編輯器，並把編輯後的結果傳遞給模型。模型、視圖和委託使用訊號／槽機制相互通訊。

- 來自模型的訊號將資料來源的變更資訊通知視圖。
- 來自視圖的訊號提供使用者與當前項目的互動資訊。
- 來自委託的訊號在編輯的時候告訴模型和視圖編輯器的狀態。

下面是對模型／視圖／委託更詳細的介紹。

5.4.1 模型

模型中資料儲存的基本單元是 item，每個 item 都對應唯一的索引值（QModelIndex），每個索引值都有 3 個屬性，分別為行、列和父物件。

對於一維模型，如串列（List），只會用到行。
對於二維模型，如表格（Table），會用到行和列。
對於三維模型，如樹（Tree），行、列和父物件都能用到。

所有模型都基於 QAbstractItemModel 類別，它定義了一個介面，視圖和委託使用該介面來存取資料。透過該介面資料不一定要儲存在模型中，可以儲存在由單獨的類別、檔案、資料庫或某些其他應用程式元件提供的資料結構或儲存庫中。

QAbstractItemModel 是處理表格、串列和樹的基礎類別，在此基礎上，QAbstractListModel 和 QAbstractTableModel 提供了處理串列或表格的更好的選擇，因為它們提供了一些常用函式的預設實作。需要注意的是，這 3 個 Model 都是抽象模型，必須子類別化並且要重新實作部分方法才能使用。如果不想這麼麻煩，那麼 Qt 中也可以提供一些標準的現有模型，直接實例化處理資料。

- QStringListModel 用 於 儲存 QString 項 的 簡 單 清 單，一 般 和 QListView 或 QComboBox 一起使用。

- QStandardItemModel 管理更複雜的項目樹結構，可以用於表示串列、表格和樹狀檢視所需的各種不同的資料結構，該模型還包含資料項目，每個項可以包含任意資料。QStandardItemModel 可以與 QListView、QTableView 和 QTreeView 一起使用。

- QFileSystemModel 是一個用於維護有關目錄內容的資訊的模型。它本身不儲存任何資料項目，只是表示本地檔案系統上的檔案和 目 錄。QFileSystemModel 可 以 與 QListView、QTableView 和 QTreeView 一起使用。

QSqlQueryModel、QSqlTableModel 和 QSqlRelationalTableModel 用於使用模型 / 視圖約定存取資料庫,一般和 QTableView 一起使用。

如果這些標準模型無法滿足需求,則可以繼承 QAbstractItemModel、QAbstractListModel 或 QAbstractTableModel 來建立自訂模型,從而實作複雜的功能。

接下來介紹模型中的最後一個概念,**即模型角色**。模型中的項目可以為其他元件執行各種角色,允許為不同的情況提供不同類型的資料。如果讀者不理解這句話,可以認為函式 setText()、setIcon()、setForeground() 等的底層設定了不同的角色。舉例來說,在視圖中正常顯示字串,需要設定 Qt.DisplayRole 角色,這一般是項目的預設角色;為項目增加 toolip 提示功能,需要設定 Qt.ToolTipRole 角色;設定項目的文字顏色,需要設定 Qt.ForegroundRole 角色。一個項目可以包含多個不同角色的資料,也就是説,可以同時擁有這些角色,標準角色由 Qt.ItemDataRole 定義,一些簡單的角色的效果如圖 5-9 所示。

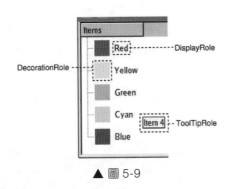

▲ 圖 5-9

Qt 中對 Qt.ItemDataRole 定義的角色如下。

通用角色(和相關類型)如表 5-7 所示。

表 5-7

角　色	值	描　述
Qt.DisplayRole	0	以文字形式呈現的資料(QString)

角　色	值	描　述
Qt.DecorationRole	1	以圖示形式呈現的資料（QColor、QIcon 或 QPixmap）
Qt.EditRole	2	適合在編輯器中編輯的資料（QString）
Qt.ToolTipRole	3	項目工具提示中顯示的資料（QString）
Qt.StatusTipRole	4	狀態列中顯示的資料（QString）
Qt.WhatsThisRole	5	為「這是什麼？」中的項目顯示的資料模式（QString）
Qt.SizeHintRole	13	為視圖的項目提供大小提示（QSize）

描述外觀和中繼資料的角色（帶有連結類型）如表 5-8 所示。

表 5-8

角　色	值	描　述
Qt.FontRole	6	使用預設委託呈現的項目字型（QFont）
Qt.TextAlignmentRole	7	使用預設委託呈現的項目文字對齊方式（Qt.Alignment）
Qt.BackgroundRole	8	使用預設委託繪製的項目的背景畫筆（QBrush）
Qt.ForegroundRole	9	使用預設委託繪製的項目的前景畫筆（通常是文字顏色）（QBrush）
Qt.CheckStateRole	10	用於獲取項目的選中狀態（Qt.CheckState）
Qt.InitialSortOrderRole	14	用於獲取標題視圖部分的初始排序順序（Qt.SortOrder）。這個角色是在 Qt 4.8 中引入的

協助工具角色（具有連結類型）如表 5-9 所示。

表 5-9

角　色	值	描　述
Qt.AccessibleTextRole	11	協助工具擴充和外掛程式（如螢幕閱讀器）要使用的文字（QString）
Qt.AccessibleDescriptionRole	12	出於可存取性的目的對項目進行描述（QString）

使用者角色如表 5-10 所示。

表 5-10

角　色	值	描　述
Qt.UserRole	0x0100	第 1 個可用於特定應用目的的角色

模型透過索引（QModelIndex）定位角色，使用 setData() 函式可以設定角色，使用 data() 函式可以獲取角色，如下所示：

```
""" setData(self, index: PySide6.QtCore.QModelIndex, value: typing.Any, role:
int = PySide6.QtCore.Qt.ItemDataRole.EditRole) -> bool """

""" data(self, index: PySide6.QtCore.QModelIndex, role: int = PySide6.QtCore.
Qt.ItemDataRole.DisplayRole) -> typing.Any """
```

需要注意的是，有些模型（如 QStringListModel）只支援字串，不支援顏色、圖片等角色；有些模型（如 QStandardItemModel）支援顏色、圖片等多種角色。讀者可以自訂模型對角色進行更複雜的設計。

5.4.2 視圖

視圖從模型中獲取資料並在介面上呈現。5.1 ～ 5.3 節介紹的 QListWidget、QTableWidget 和 QTreeWidget 都包含預設的模型，接下來介紹純視圖的類別，即 QListView、QTableView 和 QTreeView。*View 是 *Widget 的父類別，需要結合模型一起使用，它們有共同的父類別 QAbstractItemView。

- QListView：在串列中顯示模型的資料，一般和 QStringListModel 一起使用，也可以使用 QStandardItemModel。使用 QFileSystemModel 可以顯示檔案目錄。
- QTableView：在表格中顯示模型的資料，一般和 QStandard Item Model 一起使用。如果要顯示資料庫資料，則可以使用 QSql QueryModel、QSqlTableModel 和 QSqlRelationalTable Model。使用 QFileSystemModel 可以顯示檔案目錄。
- QTreeView：在樹中顯示模型的資料，一般和 QStandardItem Model 一起使用。使用 QFileSystemModel 可以顯示檔案目錄。

5.4.3 委託

Delegate（代理或委託）的作用包括以下兩個方面。

- 繪製視圖中來自模型的資料，委託會參考項目的角色和資料進行繪製，不同的角色和資料有不同的繪製效果。
- 在視圖與模型之間互動操作時提供臨時編輯元件的功能，該編輯器位於視圖的頂層。

QAbstractItemDelegate 是 委 託 的 抽 象 基 礎 類 別，它 的 子 類 別 QStyledItemDelegate 是所有 Qt 項目視圖的預設委託，並在建立視圖時自動安裝。QStyledItemDelegate 是 QListView、QTableView 和 QTreeView 的預設委託，如果要編輯 QTableView，那麼其預設委託（QStyledItem Delegate ）會提供 QLineEdit 作為編輯器；對於子類別 QListWidget、QTableWidget 和 QTreeWidget 也一樣。如果想使用其他編輯器，如 QTableView 使用 QSpinBox 作為委託編輯器，就需要透過自訂委託實作。

模型的項目可以為每個角色儲存一個資料，委託會根據項目的角色和資料進行繪製，表 5-11 描述了委託可以為每個項目處理的角色和資料型態。

表 5-11

角　色	資 料 類 別 型
Qt.BackgroundRole	QBrush
Qt.CheckStateRole	Qt.CheckState
Qt.DecorationRole	QIcon、QPixmap、QImage 和 QColor
Qt.DisplayRole	QString and types with a string representation
Qt.EditRole	See QItemEditorFactory for details
Qt.FontRole	QFont
Qt.SizeHintRole	QSize
Qt.TextAlignmentRole	Qt.Alignment
Qt.ForegroundRole	QBrush

從 Qt 4.4 開始,有兩個委託類別,即 QItemDelegate 和 QStyledItem Delegate,預設委託是 QStyledItemDelegate。這兩個類別都可以用來繪圖,以及為視圖中的項目提供編輯器,它們之間的區別在於,QStyledItemDelegate 使用當前樣式來繪製其項目。因此,在實作自訂委託或使用 Qt 樣式表時建議將 QStyledItemDelegate 作為基礎類別。

介紹了模型 / 視圖 / 委託的概念之後,接下來透過一些純視圖的模組 QListView、QTableView 和 QTreeView 結合模型與委託詳細說明實際的應用情況。

5.5 QListView

QListView 是 Qt 中用來儲存列表的純視圖類別。在此之前,清單視圖和圖示視圖由 QListBox 和 QIconView 提供,QListView 基於 Qt 的模型 / 視圖架構提供更靈活的方法。

QListView 實作了 QAbstractItemView 定義的介面,可以顯示從 QAbstractItemModel 衍生的模型提供的資料。QListView 一般可以使用 QStringListModel 管理資料,本節把它們放在一起介紹。QListView 類別和 QStringListModel 類別的繼承結構如圖 5-10 所示。

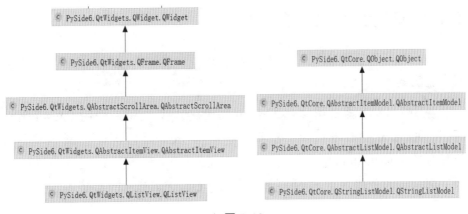

▲ 圖 5-10

此視圖不顯示水平標題或垂直標題，要顯示帶有水平標題的項目列表，可以使用 QTreeView。

5.5.1 綁定模型和初始化資料

QListView 需要綁定模型，這裡使用 QStringListModel。QStringListModel 是一個可編輯模型，提供了可編輯模型的所有標準功能，可以用於在視圖小元件中顯示多個字串的簡單情況，如 QListView 或 QComboBox。

模型既可以在實例化時傳遞字串列表初始化資料，也可以使用 setStringList() 函式設定字串，而綁定模型使用 setModel() 函式。範例如下：

```python
self.listView = QListView()
self.model = QStringListModel()
self.model.setStringList(['row'+str(i) for i in range(6)])
self.listView.setModel(self.model)
```

當然，模型在實例化時傳遞字串列表也是可以的。範例如下：

```python
self.model = QStringListModel(['row'+str(i) for i in range(6)])
```

5.5.2 增、刪、改、查、移

關於資料的操作要透過模型來完成，這裡介紹的是 QStringListModel 的相關函式。

使用 index() 函式可以獲取 item 對應的模型索引；使用 flags() 函式可以獲取 item 的 flag 資訊，該資訊決定了 item 是否可以被選擇、編輯及互動等。如果 item 的 flag 為 Qt.NoItemFlags，那麼該 item 將無法被選擇、編輯、滑動等，更詳細的資訊請參考 QListWidget 的相關內容。

data() 函式用於獲取項目資料，setData() 函式用於設定資料，insertRows() 函式用於插入行，removeRows() 函式用於刪除行，rowCount() 函式用於獲取串列的長度，stringList() 函式用於獲取字串串列的內容，moveRow() 函式用於移動行。

5.5.3 清單視圖版面配置

視圖版面配置功能由 QListView 提供，這裡介紹 QListView 的相關函式。

viewMode 屬性決定了清單視圖的顯示模式，有兩種模式：在 ListMode（預設）中，項目以簡單清單的形式顯示；在 IconMode 中，視圖採用圖示視圖的形式，其中項目與檔案管理員中的檔案等圖示一起顯示。可以使用 setViewMode() 函式修改視圖模式，該函式的參數如表 5-12 所示。

表 5-12

參　數	值	描　述
QListView.ListMode	0	使用 TopToBottom 流版面配置，尺寸小，靜態移動
QListView.IconMode	1	使用 LeftToRight 流版面配置，尺寸大，自由移動

不同的版面配置模式對應不同的版面配置流，這個屬性可以使用 flow() 函式獲取，也可以使用 setFlow() 函式手動版面配置，如表 5-13 所示。

表 5-13

參　數	值	描　述
QListView.LeftToRight	0	項目在視圖中從左到右排列。如果 isWrapping 的屬性為 True（預設為 False），則版面配置將在到達可見區域的右側時換行
QListView.TopToBottom	1	項目在視圖中從上到下排列。如果 isWrapping 的屬性為 True（預設為 False），則版面配置將在到達可見區域的底部時進行環繞

　　resizeMode 屬性決定了調整視圖大小時是否需要重新佈置項目。如果此屬性為 Adjust，則在調整視圖大小時將重新佈置項目。如果此屬性為 Fixed，則只會在第 1 次調整視圖大小時佈置項目，後續不會重複佈置。在預設情況下，resizeMode 屬性設定為 Fixed。可以用 setResizeMode() 函式修改預設設定，該函式的參數如表 5-14 所示。

表 5-14

參　數	值	描　述
QListView.Fixed	0	這些項目只會在第 1 次顯示視圖時佈置
QListView.Adjust	1	每次調整視圖大小時都會佈置項目

　　layoutMode 屬性儲存了項目的版面配置模式。當模式為 SinglePass（預設）時，項目將一次性全部版面配置。當模式為 Batched 時，項目以 batchSize 的批次版面配置，同時處理事件。可以使用 setLayoutMode() 函式修改預設設定，該函式的參數如表 5-15 所示。

表 5-15

參　數	值	描　述
QListView.SinglePass	0	所有項目一次性展示出來
QListView.Batched	1	項目分批展示

　　movement 屬性決定了項目是否可以自由移動、對齊到網格或根本不能移動。此屬性確定使用者如何移動視圖中的項目。如果值為 Static（預設）則表示使用者不能移動項目。如果值為 Free 則表示使用者可以將項目拖到視圖中的任何位置。如果值為 Snap 則表示使用者可以拖放項目，但只能拖到由 gridSize 屬性工作表示的名義網格中的位置。可以使用 setMovement() 函式修改預設設定，該函式的參數如表 5-16 所示。

表 5-16

參　數	值	描　述
QListView.Static	0	使用者不能移動項目

參　　數	值	描　　述
QListView.Free	1	項目可以由使用者自由移動
QListView.Snap	2	項目在移動時對齊到指定的網格，可以參考 setGridSize()

spacing 屬性決定了版面配置中項目周圍的空間大小，在預設情況下，此屬性的值為 0，可以使用 setSpacing() 函式修改預設設定。

gridSize 屬性決定了項目所在的網格大小，預設值為 None，表示沒有網格並且版面配置不是在網格中完成的。修改預設值會開啟網格版面配置功能（當開啟網格版面配置功能時，spacing 屬性將被忽略）。可以使用 setGridSize(size:QSize) 修改預設設定。

iconSize 屬性決定了項目的圖示大小，使用 setIconSize() 函式可以修改預設值。

uniformItemSizes 屬性決定了清單視圖中的項目是否具有相同的大小，預設為 False。可以透過 setUniformItemSizes() 函式設定為 True，在這種情況下對性能有一定的最佳化，適用於顯示大量資料。

selectedIndexes() 函式傳回選中的項目 index，selectAll 表示全選，clearSelection 表示取消選擇。

5.5.4 其他要點

關於右鍵選單和 selectionMode（選擇模式），請參考 QListWidget 的相關內容，此處不再贅述。

這裡沒有介紹文字對齊、設定圖示顏色等功能，這是因為 QStringListModel 針對的是字串模型，支援的角色比較有限。如果想實作這些功能，就需要了解更多角色（Qt.ItemDataRole）的資訊，可以參考 5.6 節的相關內容。

✎ 案例 **5-4** QListView 結合 QStringListModel 的使用方法

本案例的檔案名稱為 Chapter05/qt_QlistView.py，用於演示 QListView 結合 QStringListModel 的使用方法，程式碼如下：

```
class QListViewDemo(QWidget):
    addCount = 0
    insertCount = 0

    def __init__(self, parent=None):
        super(QListViewDemo, self).__init__(parent)
        self.setWindowTitle("QListView 案例 ")
        self.text = QPlainTextEdit(' 用來顯示 QListView 的相關資訊：')
        self.listView = QListView()
        self.model = QStringListModel(['row'+str(i) for i in range(6)])
        # self.model.setStringList(['row'+str(i) for i in range(6)])
        self.listView.setModel(self.model)

        # 作為對照組
        self.listView2 = QListView()
        self.listView2.setModel(self.model)
        self.listView2.setMaximumHeight(80)

        # 增 / 刪
        self.buttonDelete = QPushButton(' 刪除 ')
        self.buttonAdd = QPushButton(' 增加 ')
        self.buttonUp = QPushButton(' 上移 ')
        self.buttonDown = QPushButton(' 下移 ')
        self.buttonInsert = QPushButton(' 插入 ')
        layoutH = QHBoxLayout()
        layoutH.addWidget(self.buttonAdd)
        layoutH.addWidget(self.buttonInsert)
        layoutH.addWidget(self.buttonUp)
        layoutH.addWidget(self.buttonDown)
        layoutH.addWidget(self.buttonDelete)

        self.buttonAdd.clicked.connect(self.onAdd)
        self.buttonInsert.clicked.connect(self.onInsert)
        self.buttonUp.clicked.connect(self.onUp)
```

```python
self.buttonDown.clicked.connect(self.onDown)
self.buttonDelete.clicked.connect(self.onDelete)

# 選擇
self.buttonSelectAll = QPushButton('全選')
self.buttonSelectClear = QPushButton('清除選擇')
self.buttonSelectOutput = QPushButton('輸出選擇')
layoutH2 = QHBoxLayout()
layoutH2.addWidget(self.buttonSelectAll)
layoutH2.addWidget(self.buttonSelectClear)
layoutH2.addWidget(self.buttonSelectOutput)
self.buttonSelectAll.clicked.connect(self.onSelectAll)
self.buttonSelectClear.clicked.connect(self.onSelectClear)
self.buttonSelectOutput.clicked.connect(self.onSelectOutput)

layout = QVBoxLayout(self)
layout.addWidget(self.listView)
layout.addLayout(layoutH)
layout.addLayout(layoutH2)
layout.addWidget(self.text)
layout.addWidget(self.listView2)
self.setLayout(layout)

# selection
# self.listWidget.setSelectionMode(QAbstractItemView. SingleSelection)
self.listView.setSelectionMode(QAbstractItemView.ExtendedSelection)
self.listView.setSelectionBehavior(QAbstractItemView.SelectRows)

# 右鍵選單
self.menu = self.generateMenu()
###### 允許右鍵產生子功能表
self.listView.setContextMenuPolicy(Qt.CustomContextMenu)
#### 右鍵選單
self.listView.customContextMenuRequested.connect(self.showMenu)

# 清單視圖版面配置
self.listView.setResizeMode(self.listView.Adjust)
self.listView.setLayoutMode(self.listView.Batched)
self.listView.setMovement(self.listView.Snap)
self.listView.setUniformItemSizes(True)
```

```python
        self.listView.setGridSize(QSize(10,20))

        self.listView2.setViewMode(self.listView.IconMode)
        self.listView2.setSpacing(1)
        self.listView2.setFlow(self.listView2.LeftToRight)
        self.listView2.setIconSize(QSize(2,3))


    def generateMenu(self):
        menu = QMenu(self)
        menu.addAction(' 增加 ',self.onAdd,QKeySequence(Qt.CTRL|Qt.Key_N))
        menu.addAction(' 插入 ',self.onInsert,QKeySequence(Qt.CTRL|Qt.Key_I))
        menu.addAction(QIcon("images/close.png"),' 刪除 ',self.onDelete,
QKeySequence(Qt.CTRL|Qt.Key_D))
        menu.addSeparator()
        menu.addAction(' 全選 ',self.onSelectAll,QKeySequence(Qt.CTRL|Qt.Key_A))
        menu.addAction(' 清空選擇 ',self.onSelectClear, QKeySequence(Qt.
CTRL|Qt.Key_R))
        menu.addAction(' 輸出選擇 ',self.onSelectOutput)
        menu.addSeparator()
        # menu.addAction(self.actionHelp)
        return menu

    def showMenu(self, pos):
        self.menu.exec(QCursor.pos())   # 顯示選單

    def contextMenuEvent(self, event):
        menu = QMenu(self)
        menu.addAction(' 選項 1')
        menu.addAction(' 選項 2')
        menu.addAction(' 選項 3')
        menu.exec(event.globalPos())

    def onAdd(self):
        self.addCount += 1
        text = f' 新增 -{self.addCount}'
        num = self.model.rowCount()
        self.model.insertRow(num)
        index = self.model.index(num)
        self.model.setData(index,text)
```

```python
        self.text.appendPlainText(f'新增 item:"{text}"')

    def onInsert(self):
        self.insertCount += 1
        index = self.listView.currentIndex()
        row = index.row()
        text = f'插入-{self.insertCount}'
        self.model.insertRow(row)
        self.model.setData(index,text)
        self.text.appendPlainText(f'row:{row}, 新增 item:"{text}"')

    def onUp(self):
        index = self.listView.currentIndex()
        row = index.row()
        if row>0:
            self.model.moveRow(QModelIndex(),row,QModelIndex(),row-1)

    def onDown(self):
        index = self.listView.currentIndex()
        row = index.row()
        if row<=self.model.rowCount()-1:
            self.model.moveRow(QModelIndex(),row+1,QModelIndex(),row)


    def onDelete(self):
        index = self.listView.currentIndex()
        text = self.model.data(index)
        row = index.row()
        self.model.removeRow(row)
        self.text.appendPlainText(f'row:{row}, 刪除 item:"{text}"')

    def onSelectAll(self):
        self.listView.selectAll()

    def onSelectClear(self):
        self.listView.clearSelection()

    def onSelectOutput(self):
        indexList = self.listView.selectedIndexes()
        for index in indexList:
```

```
row = index.row()
data = self.model.data(index)
self.text.appendPlainText(f'row:{row},data:{data}')
```

執行腳本，顯示效果如圖 5-11 所示。

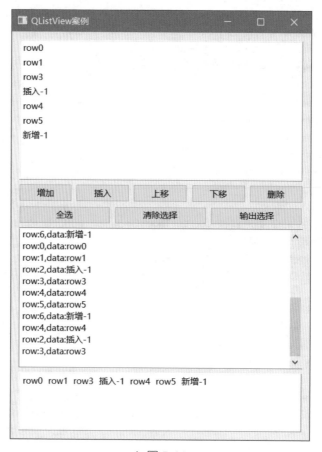

▲ 圖 5-11

　　這個案例建立了兩個 QListView，上面是預設的 ListMode 顯示，下面是 IconMode 顯示。絕大部分操作都基於前者，後者作為對照組，當前者發生變化時後者會自動改變，這也表現了使用模型 / 視圖框架的優越性，不用維護兩套數據。

5.6 QTableView

QTableView 實作了一個清單視圖,用於顯示模型中的項目(item)。QTableView 在早期基於 QTable 類別提供視圖,現在基於 Qt 的模型 / 視圖框架提供更靈活的視圖。QTableView 是模型 / 視圖類別之一,也是 Qt 中模型 / 視圖框架的一部分。

QTableView 實作了 QAbstractItemView 定義的介面,以允許它顯示從 QAbstractItemModel 衍生的模型提供的資料。QTableView 一般和 QStandardItemModel 結合使用,所以筆者把它們放在一起介紹。QTableView 類別和 QStandardItemModel 類別的繼承結構如圖 5-12 所示。

▲ 圖 5-12

QStandardItemModel 提供了一種基於項目(item)的方法來處理模型。QStandardItemModel 中的 item 由 QStandardItem 提供。這種方式和 QTableWidget 一樣,基本元素都是 item,QTableWidget 的 item 由 QTableWidgetItem 提供。

QTableView 和 QTableWidget 的使用非常相似,所以兩者有非常多的共同點,但也有不同之處。

5.6.1 綁定模型和初始化資料

QTableView 透過 setModel() 函式增加模型，如下所示：

```
self.tableView = QTableView()
self.model = QStandardItemModel(5, 4)
self.tableView.setModel(self.model)
```

除了 QStandardItemModel，QTableView 還經常和 QItemSelectionModel 一起使用，用來支援選擇功能：

```
self.selectModel = QItemSelectionModel()
self.tableView.setSelectionModel(self.selectModel)
```

可 以 把 QTableView、QStandardItemModel 和 QItemSelectionModel 的合體當作一個 QTableWidget。與 QTableWidget 不同，QTableView 的很大一部分功能（如資料管理）要相依 QStandardItemModel，所以要把它們分開介紹。

5.6.2 模型（**QStandardItemModel**）的相關函式

1. 基於 item 的操作

針對 item 的常規操作可以使用函式 setText()、setIcon()、setFont()、setForeground() 和 setBackground() 等，可以參考 QListWidget 的相關內容。

可 以 使 用 setItem(row,column,item) 將 item 插 入 資 料 表 中，使 用 takeitem(row, column) 可以刪除 item。程式碼如下：

```
item = QStandardItem('testItem')
self.model.setItem(row,column,item)
```

有時候需要合併儲存格，這就需要使用 setSpan() 函式，用法和舉例如下：

```
""" setSpan(self, row: int, column: int, rowSpan: int, columnSpan: int) ->
None """
# 合併儲存格
self.tableView.setSpan(1, 0, 1, 2)
item = QStandardItem(' 合併儲存格 ')
item.setTextAlignment(Qt.AlignCenter)
self.model.setItem(1,0,item)
```

2. 角色

一個項目可以有多重角色，對於 item，可以使用函式 setText()、setIcon()、setForeground() 等 設 定 DisplayRole、DecorationRole、ForegroundRole 等角色，關於角色的詳細內容請參考 5.4 節。這些 item 的函式使用角色也能實作，舉例如下：

```
item = QStandardItem(value)
item.setData(QColor(155, 14, 0), role=Qt.ForegroundRole)
item.setData(value+'-toolTip', role=Qt.ToolTipRole)
item.setData(QIcon("images/open.png"), role=Qt.DecorationRole)
self.model.setItem(row, column, item)
```

model 也有 setData() 函式，可以實作相同的功能，舉例如下：

```
self.model.setData(self.model.index(4,0),QColor(215, 214, 220),role=Qt.
BackgroundRole)
```

3. 行 / 列操作

使用函式 insertRow()、insertColumn()、removeRow() 和 removeColumn() 可以增加或刪除行 / 列。使用 rowCount() 函式可以獲取表格的行數，使用 columnCount() 函式可以獲取表格的列數，使用 clear() 函式可以清空白資料表格。使用 findItems() 函式可以搜尋模型中的項目，使用 sort() 函式可以對模型進行排序。

5.6.3 視圖（QTableView）的相關函式

QTableView 的相關函式與視圖有關。

1. 導覽

導覽功能繼承自 QAbstractItemView，QAbstractItemView 提供了一個標準介面，用於透過訊號／槽機制與模型進行互動，使子類別能夠隨著模型的更改而保持最新狀態。QAbstractItemView 為鍵盤和滑鼠導覽、視埠捲動、項目編輯和選擇提供標準支援。鍵盤導覽實作的功能如表 5-17 所示。

表 5-17

按　鍵	功　能
Arrow keys	更改當前項目並選擇它
Ctrl+Arrow keys	更改當前項目但不選擇它
Shift+Arrow keys	更改當前項目並選擇它，先前選擇的項目不會取消選擇
Ctrl+Space	切換當前項目的選擇
Tab / Backtab	將當前項目更改為下一個／上一個項目
Home / End	選擇模型中的第一個／最後一個項目
Page up / Page down	按視圖中的可見行數向上／向下捲動顯示的行
Ctrl+A	選擇模型中的所有項目

2. 基於行／列讀取

使用 rowHeight(row:int) 可以獲取每行的高度，使用 columnWidth (col:int) 可以獲取每列的寬度。使用 hideRow(row:int)、hideColumn (col:int)、showRow(row:int) 和 showColumn (col:int) 可以隱藏和顯示行／列。使用 selectRow(row:int) 和 selectColumn(col:int) 可以選擇行／列。使用 showGrid() 函式的結果可以判斷是否顯示網格。

3. 自訂小元件

表格視圖中顯示的項目（item）預設使用標準委託進行繪製和編輯。但是有些任務需要在表格中插入自訂小元件，使用 setIndexWidget() 函式可以解決這個問題（使用 indexWidget() 函式可以查詢自訂小元件，如果不存在則傳回空）：

```
""" setIndexWidget(self, index: PySide6.QtCore.QModelIndex, widget: PySide6.
QtWidgets.QWidget) -> None """
```

需要注意的是，這裡傳遞的 index 是一個模型的索引，使用方式如下：

```
# 自訂控制項
self.tableView.setIndexWidget(self.model.index(4,3),QLineEdit(' 自訂控制項 -'*3))
self.tableView.setIndexWidget(self.model.index(4,2),QSpinBox())
```

這是視圖方法，所以儘管自訂小元件的資料發生了變化，但是模型中的資料不會改變，也就是説，基於模型的其他視圖的資料也不會改變。

4. 座標系

有時需要對行 / 列的索引和小元件座標進行轉換，rowAt(y:int) 傳回視圖中 y 座標對應的行，rowViewportPosition(row:int) 傳回行數 row 對應的 y 座標。對於列，可以使用 columnAt() 函式和 columnViewportPosition() 函式獲取 x 座標和列索引之間的關係。範例如下：

```
row = self.tableView.currentIndex().row()
rowPositon = self.tableView.rowViewportPosition(row)
rowAt = self.tableView.rowAt(rowPositon)
```

5.6.4 標頭（標題，**QHeaderView**）的相關函式

1. 建立標頭（標題）

使用 verticalHeader() 函式可以獲取表格的垂直標頭，使用 horizontal Header() 函式可以獲取表格的水平標頭，兩者都傳回 QHeaderView。QHeaderView 也是 QAbstractItemView 的子類別，並且為 QTableWidget（QTableView）提供了標頭視圖。如果不想看到行或列，則可以使用 hide() 函式隱藏。

建立標頭最簡單的方法是使用 setHorizontalHeaderLabels() 函式和 setVerticalHeaderLabels() 函式，兩者都將字串清單作為參數，為表格的列和行提供簡單的文字標題。範例如下：

```
rowCount = self.model.rowCount()
self.model.setVerticalHeaderLabels([f'row{i}' for i in range(rowCount)])
```

當然，也可以基於 QStandardItem 建立更複雜的標頭標題。範例如下：

```
cusHeaderItem = QStandardItem("cusHeader")
cusHeaderItem.setIcon(QIcon("images/android.png"))
cusHeaderItem.setTextAlignment(Qt.AlignVCenter)
cusHeaderItem.setForeground(QBrush(QColor(255, 0, 0)))
self.model.setHorizontalHeaderItem(2,cusHeaderItem)
```

2. 調整行 / 列的大小

可以透過 QHeaderView 來調整表格中的行 / 列行為，每個 QHeader View 包含一個方向 orientation() 和 N 個 section（透過 count() 函式獲取 N），section 表示行 / 列的基本單元，QHeaderView 的很多函式都和 section 相關。可以使用 moveSection(from: int, to: int) 和 resizeSection (logicalIndex: int, size: int) 移動和調整行 / 列的大小。QHeaderView 提供了一些函式用來控制標題移動、點擊、大小調節行為：使用 setSectionsMovable(movable:

bool) 可以開啟移動行為，使用 setSectionsClickable(clickable: bool) 使其可以點擊，使用 setSectionResizeMode() 函式可以設定大小調整行為。

與之對應的，以上幾種行為會觸發以下槽函式：移動觸發 section Moved()，調整大小觸發 sectionResized()，滑鼠點擊觸發 sectionClicked() 及 sectionHandleDoubleClicked()。此外，當增加或刪除 section 時，觸發 sectionCountChanged()。

setSectionResizeMode 支援兩種調節方式，即全域設定和局部設定，參數如下：

```
setSectionResizeMode(self, logicalIndex: int, mode:QHeaderView.ResizeMode) ->
None
    setSectionResizeMode(self, mode: QHeaderView.ResizeMode) -> None
```

QHeaderView.ResizeMode 支援的參數如表 5-18 所示。

表 5-18

參　數	值	描　述
QHeaderView.Interactive	0	使用者可以調整該部分的大小。也可以使用 resizeSection() 函式以程式設計方式調整節的大小，節的大小預設為 defaultSectionSize
QHeaderView.Fixed	2	使用者無法調整該部分的大小。該部分只能使用 resizeSection() 函式以程式設計方式調整節的大小，節的大小預設為 defaultSectionSize
QHeaderView.Stretch	1	QHeaderView 將自動調整該部分的大小以填充可用空間，使用者以程式設計方式無法更改節的大小
QHeaderView.ResizeToContents	3	QHeaderView 將根據整列或整行的內容自動將節調整為最佳大小，使用者以程式設計方式無法更改節的大小

最後，可以使用 hideSection(logicalIndex: int) 和 showSection (logical Index: int) 隱藏和顯示行 / 列。

也可以透過 QTableView 的相關函式操作。使用函式 QTableWidget
(QTableView)、resizeColumnsToContents() 或 resizeRowsToContents()，
根據每列或每行的空間需求分配可用空間，它們會根據每個項目的委託大
小提示調整給定行 / 列的大小，也可以透過函式 resizeRowToContents(int)
和 resizeColumnToContents(int) 指定某個行 / 列。

3. 伸展填充剩餘空間

在預設情況下，表格中的儲存格不會自動擴充以填充剩餘空
間，可以透過伸展最後一個標題（行 / 列）填充剩餘空間。使用函式
horizontalHeader() 或 verticalHeader() 可以獲取 QHeaderView，並透過
setStretchLastSection(True) 函式啟用該功能。

5.6.5　右鍵選單

右鍵選單的用法和 QListWidget 的用法一樣，請參考 5.1 節的內容，
此處不再贅述。

✎ 案例 5-5　QTableView 結合 QStandardItemModel 的使用方法

本案例的檔案名稱為 Chapter05/qt_QTableView.py，用於演示
QTableView 結合 QStandardItemModel 的使用方法，程式碼如下：

```python
class QTableViewDemo(QMainWindow):
    addCount = 0
    insertCount = 0

    def __init__(self, parent=None):
        super(QTableViewDemo, self).__init__(parent)
        self.setWindowTitle("QTableView 案例 ")
        self.resize(600, 800)
        self.text = QPlainTextEdit(' 用來顯示 QTableView 的相關資訊 :')
        self.tableView = QTableView()
        self.model = QStandardItemModel(5, 4)
        self.tableView.setModel(self.model)
```

```
        self.selectModel = QItemSelectionModel()
        self.tableView.setSelectionModel(self.selectModel)
        # 設定行 / 列標題
        self.model.setHorizontalHeaderLabels(['標題 1', '標題 2', '標題 3', '標
題 4'])

        for i in range(4):
            item = QStandardItem(f'行 {i + 1}')
            self.model.setVerticalHeaderItem(i, item)

        # 對照組
        self.tableView2 = QTableView()
        self.tableView2.setModel(self.model)

        # 增 / 刪行
        self.buttonDeleteRow = QPushButton('刪除行')
        self.buttonAddRow = QPushButton('增加行')
        self.buttonInsertRow = QPushButton('插入行')
        layoutH = QHBoxLayout()
        layoutH.addWidget(self.buttonAddRow)
        layoutH.addWidget(self.buttonInsertRow)
        layoutH.addWidget(self.buttonDeleteRow)
        self.buttonAddRow.clicked.connect(lambda: self.onAdd('row'))
        self.buttonInsertRow.clicked.connect(lambda: self.onInsert('row'))
        self.buttonDeleteRow.clicked.connect(lambda: self.onDelete('row'))
        # 增 / 刪列
        self.buttonDeleteColumn = QPushButton('刪除列')
        self.buttonAddColumn = QPushButton('增加列')
        self.buttonInsertColumn = QPushButton('插入列')
        layoutH2 = QHBoxLayout()
        layoutH2.addWidget(self.buttonAddColumn)
        layoutH2.addWidget(self.buttonInsertColumn)
        layoutH2.addWidget(self.buttonDeleteColumn)
        self.buttonAddColumn.clicked.connect(lambda: self.onAdd('column'))
        self.buttonInsertColumn.clicked.connect(lambda: self.onInsert
('column'))
        self.buttonDeleteColumn.clicked.connect(lambda: self.onDelete
('column'))

        # 選擇
        self.buttonSelectAll = QPushButton('全選')
```

```
        self.buttonSelectRow = QPushButton(' 選擇行 ')
        self.buttonSelectColumn = QPushButton(' 選擇列 ')
        self.buttonSelectOutput = QPushButton(' 輸出選擇 ')
        layoutH3 = QHBoxLayout()
        layoutH3.addWidget(self.buttonSelectAll)
        layoutH3.addWidget(self.buttonSelectRow)
        layoutH3.addWidget(self.buttonSelectColumn)
        layoutH3.addWidget(self.buttonSelectOutput)
        self.buttonSelectAll.clicked.connect(lambda: self.tableView.
selectAll())
        self.buttonSelectRow.clicked.connect(lambda: self.tableView.
selectRow(self.tableView.currentIndex().row()))
        self.buttonSelectColumn.clicked.connect(
            lambda: self.tableView.selectColumn(self.tableView.
currentIndex().column()))
        self.buttonSelectOutput.clicked.connect(self.onButtonSelectOutput)

        layout = QVBoxLayout(self)
        layout.addWidget(self.tableView)
        # layout.addWidget(self.tableView2)
        layout.addLayout(layoutH)
        layout.addLayout(layoutH2)
        layout.addLayout(layoutH3)
        layout.addWidget(self.text)
        layout.addWidget(self.tableView2)

        widget = QWidget()
        self.setCentralWidget(widget)
        widget.setLayout(layout)

        self.initItem()

        # selection
        # self.listWidget.setSelectionMode(QAbstractItemView. SingleSelection)
        self.tableView.setSelectionMode(QAbstractItemView. ExtendedSelection)
        # self.tableView.setSelectionBehavior(QAbstractItemView.SelectRows)
        self.tableView.setSelectionBehavior(QAbstractItemView.SelectItems)

        # 行 / 列標題
        rowCount = self.model.rowCount()
```

```
        columnCount = self.model.columnCount()
        self.model.setHorizontalHeaderLabels([f'col{i}' for i in
range(columnCount)])
        self.model.setVerticalHeaderLabels([f'row{i}' for i in
range(rowCount)])
        cusHeaderItem = QStandardItem("cusHeader")
        cusHeaderItem.setIcon(QIcon("images/android.png"))
        cusHeaderItem.setTextAlignment(Qt.AlignVCenter)
        cusHeaderItem.setForeground(QColor(255, 0, 0))
        self.model.setHorizontalHeaderItem(2, cusHeaderItem)

        # 自訂控制項
        self.tableView.setIndexWidget(self.model.index(4, 3), QLineEdit('自訂
控制項-' * 3))
        self.tableView.setIndexWidget(self.model.index(4, 2), QSpinBox())

        # 調整行/列的大小
        header = self.tableView.horizontalHeader()
        # # header.setStretchLastSection(True)
        # # header.setSectionResizeMode(QHeaderView.Stretch)
        # header.setSectionResizeMode(QHeaderView.Interactive)
        # header.resizeSection(3,120)
        # header.moveSection(0,2)

        # header.setStretchLastSection(True)
        self.tableView.resizeColumnsToContents()
        self.tableView.resizeRowsToContents()

        # 對儲存格進行排序
        # self.model.sort(1,order=Qt.DescendingOrder)

        # 合併儲存格
        self.tableView.setSpan(1, 0, 1, 2)
        item = QStandardItem('合併儲存格')
        item.setTextAlignment(Qt.AlignCenter)
        self.model.setItem(1, 0, item)

        # 顯示座標
        buttonShowPosition = QToolButton(self)
        buttonShowPosition.setText('顯示當前位置')
```

```
        self.toolbar.addWidget(buttonShowPosition)
        buttonShowPosition.clicked.connect(self.onButtonShowPosition)

        # 右鍵選單
        self.menu = self.generateMenu()
        ###### 允許右鍵產生子功能表
        self.tableView.setContextMenuPolicy(Qt.CustomContextMenu)
        #### 右鍵選單
        self.tableView.customContextMenuRequested.connect(self.showMenu)

    def initItem(self):

        # 初始化資料
        for row in range(self.model.rowCount()):
            for column in range(self.model.columnCount()):
                value = "row %s, column %s" % (row, column)
                item = QStandardItem(value)
                item.setData(QColor(155, 14, 0), role=Qt.ForegroundRole)
                item.setData(value + '-toolTip', role=Qt.ToolTipRole)
                item.setData(value + '-statusTip', role=Qt.StatusTipRole)
                item.setData(QIcon("images/open.png"), role=Qt.DecorationRole)
                self.model.setItem(row, column, item)

        # flag+check
        item = QStandardItem('flag+check1')
        item.setFlags(Qt.ItemIsSelectable | Qt.ItemIsEditable | Qt.ItemIsEnabled
 | Qt.ItemIsUserCheckable)
        item.setCheckState(Qt.Unchecked)
        self.model.setItem(2, 0, item)
        item = QStandardItem('flag+check2')
        item.setFlags(Qt.NoItemFlags)
        item.setCheckState(Qt.Unchecked)
        self.model.setItem(2, 1, item)
        # setText
        item = QStandardItem()
        item.setText(' 右對齊 +check')
        item.setTextAlignment(Qt.AlignRight)
        item.setCheckState(Qt.Checked)
        self.model.setItem(3, 0, item)
        # setIcon
```

```python
        item = QStandardItem(f'setIcon')
        item.setIcon(QIcon('images/music.png'))
        item.setWhatsThis('whatsThis 提示 1')
        self.model.setItem(3, 1, item)
        # setFont、setFore(Back)ground
        item = QStandardItem(f'setFont、setFore(Back)ground')
        item.setFont(QFont('宋體'))
        item.setForeground(QBrush(QColor(255, 0, 0)))
        item.setBackground(QBrush(QColor(0, 255, 0)))
        self.model.setItem(3, 2, item)
        # setToolTip,StatusTip,WhatsThis
        item = QStandardItem(f' 提示幫助 ')
        item.setToolTip('toolTip 提示 ')
        item.setStatusTip('statusTip 提示 ')
        item.setWhatsThis('whatsThis 提示 2')
        self.model.setItem(3, 3, item)

        # 開啟 statusbar
        statusBar = self.statusBar()
        statusBar.show()
        self.tableView.setMouseTracking(True)

        # 開啟 whatsThis 功能
        whatsThis = QWhatsThis(self)
        self.toolbar = self.addToolBar('help')
        # 方式 1：QAction
        self.actionHelp = whatsThis.createAction(self)
        self.actionHelp.setText(' 顯示 whatsThis-help')
        self.actionHelp.setShortcuts(QKeySequence(Qt.CTRL | Qt.Key_H))
        self.toolbar.addAction(self.actionHelp)
        # 方式 2：工具按鈕
        tool_button = QToolButton(self)
        tool_button.setToolTip(" 顯示 whatsThis2-help")
        tool_button.setIcon(QIcon("images/help.jpg"))
        self.toolbar.addWidget(tool_button)
        tool_button.clicked.connect(lambda: whatsThis.enterWhatsThisMode())

        self.model.setData(self.model.index(4, 0), QColor(215, 214, 220),
role=Qt.BackgroundRole)
```

```python
    def generateMenu(self):
        menu = QMenu(self)
        menu.addAction('增加行', lambda: self.onAdd('row'), QKeySequence(Qt.
CTRL | Qt.Key_N))
        menu.addAction('插入行', lambda: self.onInsert('row'), QKeySequence
(Qt.CTRL | Qt.Key_I))
        menu.addAction(QIcon("images/close.png"), '刪除行', lambda: self.
onDelete('row'), QKeySequence(Qt.CTRL | Qt.Key_D))
        ### 此處省略一些右鍵選單程式碼 ###
        return menu

    def showMenu(self, pos):
        self.menu.exec(QCursor.pos())   # 顯示選單

    def contextMenuEvent(self, event):
        menu = QMenu(self)
        menu.addAction('選項1')
        menu.addAction('選項2')
        menu.addAction('選項3')
        menu.exec(event.globalPos())

    def onButtonSelectOutput(self):

        indexList = self.tableView.selectedIndexes()
        _row = indexList[0].row()
        text = ''
        for index in indexList:
            row = index.row()
            column = index.column()
            item = self.model.item(row, column)
            if _row == row:
                text = text + item.text() + ' '
            else:
                text = text + '\n' + item.text() + ' '
                _row = row
        self.text.appendPlainText(text)

    def onAdd(self, type='row'):
        if type == 'row':
            rowCount = self.model.rowCount()
```

```
            self.model.insertRow(rowCount)
            # self.tableView.insertRow(rowCount)
            self.text.appendPlainText(f'row:{rowCount},新增一行')
        elif type == 'column':
            columnCount = self.model.columnCount()
            self.model.insertColumn(columnCount)
            self.text.appendPlainText(f'column:{columnCount},新增一列')

    def onInsert(self, type='row'):
        index = self.tableView.currentIndex()
        if type == 'row':
            row = index.row()
            self.model.insertRow(row)
            self.text.appendPlainText(f'row:{row},插入一行')
        elif type == 'column':
            column = index.column()
            self.model.insertColumn(column)
            self.text.appendPlainText(f'column:{column},新增一列')

    def onDelete(self, type='row'):
        index = self.tableView.currentIndex()
        if type == 'row':
            row = index.row()
            self.model.removeRow(row)
            self.text.appendPlainText(f'row:{row},被刪除')
        elif type == 'column':
            column = index.column()
            self.model.removeColumn(column)
            self.text.appendPlainText(f'column:{column},被刪除')

    def onButtonShowPosition(self):
        index = self.tableView.currentIndex()
        row = index.row()
        rowPositon = self.tableView.rowViewportPosition(row)
        rowAt = self.tableView.rowAt(rowPositon)
        column = index.column()
        columnPositon = self.tableView.columnViewportPosition(column)
        columnAt = self.tableView.columnAt(columnPositon)
        _str = f'當前 row:{row},rowPosition:{rowPositon},rowAt:{rowAt}' + \
               f'\n當前 column:{column},columnPosition:{columnPositon},
```

```
columnAt:{columnAt}'
        self.text.appendPlainText(_str)
```

執行腳本，顯示效果如圖 5-13 所示。

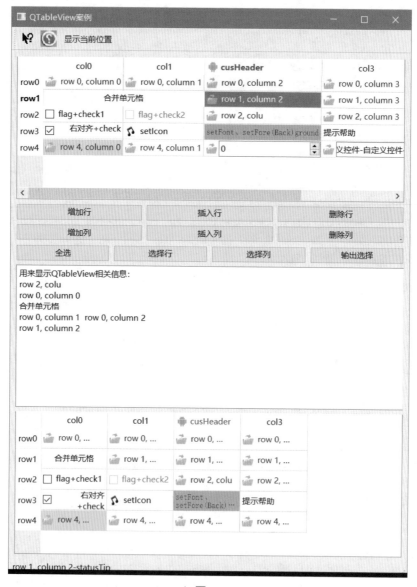

▲ 圖 5-13

5.7 QTreeView

5.3 節介紹的 QTreeWidget 包含內建模型，可以建立簡單的樹。本節介紹純視圖的 QTreeView，可以建立更複雜的樹。

本節先介紹 QTreeView 結合 QStandardItemModel 的使用方法，並且會複製 5.3 節的案例；然後結合 QFileSystemModel 來説明 QTreeView 顯示檔案目錄結構的使用方法，該模型會也會結合 QListView 和 QTableView 一起使用。QTreeView 實作了 QAbstractItemView 定義的介面，以允許它顯示從 QAbstractItemModel 衍生的模型提供的資料。QTreeView 類別的繼承結構如圖 5-14 所示。

對 QTreeView 的定位僅用來顯示資料，這裡只提供一些用來顯示資料的基本操作。當然，也可以參考 QListView 和 QTableView 的相關內容增加更複雜的操作。

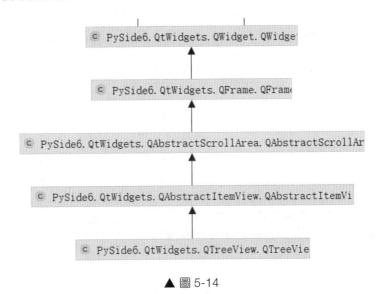

▲ 圖 5-14

和 QTableView 一樣，使用 QTreeView 需要綁定模型，這裡綁定了標準模型 QStandardItemModel 和選擇模型 QItemSelectionModel：

```
self.treeView = QTreeView()
self.model = QStandardItemModel()
self.treeView.setModel(self.model)
self.selectModel = QItemSelectionModel()
self.treeView.setSelectionModel(self.selectModel)
```

接下來設定樹的列數，並快速設定標題：

```
# 設定列數
self.model.setColumnCount(3)
# 設定樹形控制項頭部的標題
self.model.setHorizontalHeaderLabels(['學科', '姓名', '分數'])
```

開始增加第 1 個根節點：

```
# 增加根節點
root = QStandardItem('學科')
rootList = [root, QStandardItem('姓名'), QStandardItem('分數')]
self.model.appendRow(rootList)
```

對於每個節點，都可以透過函式 setIcon()、setBackground() 等修改外觀：

```
# 設定圖示
root.setIcon(QIcon('./images/root.png'))

# 設定根節點的背景顏色
root.setBackground(QBrush(Qt.blue))
rootList[1].setBackground(QBrush(Qt.yellow))
rootList[2].setBackground(QBrush(Qt.red))
```

增加子節點，相關內容和程式碼如下：

```
# 一級節點
for subject in ['語文', '數學', '外語', '綜合']:
    itemSubject = QStandardItem(subject)
    root.appendRow([itemSubject, QStandardItem(), QStandardItem()])
```

```
    # 二級節點
    for name in ['張三', '李四', '王五', '趙六']:
        itemName = QStandardItem(name)
        itemName.setFlags(Qt.ItemIsSelectable | Qt.ItemIsEditable |
Qt.ItemIsEnabled | Qt.ItemIsUserCheckable)
        score = random.random() * 40 + 60
        itemScore = QStandardItem(str(score)[:5])
        if score >= 90:
            itemScore.setBackground(QBrush(Qt.red))
        elif 80 <= score < 90:
            itemScore.setBackground(QBrush(Qt.darkYellow))
        itemSubject.appendRow([QStandardItem(subject), itemName, itemScore])
```

其他的設定如下：

```
# 設定樹形控制項的列的寬度
self.treeView.setColumnWidth(0, 150)

# 展開全部節點
self.treeView.expandAll()

# 啟用排序
self.treeView.setSortingEnabled(True)
```

QTreeView 的訊號與槽比較少，這裡實作了 3 個，分別是 clicked、expanded 和 collapsed。當樹展開 / 收縮時觸發 expanded 訊號和 collapsed 訊號，用法如下：

```
# 訊號與槽
self.treeView.clicked.connect(self.onClicked)
self.treeView.collapsed[QModelIndex].connect(lambda index :self.text.
appendPlainText(f'{self.model.data(index)}: 觸發了 collapsed 訊號'))
self.treeView.expanded[QModelIndex].connect(lambda index :self.text.
appendPlainText(f'{self.model.data(index)}: expanded 訊號'))

def onClicked(self, index):
    text = self.model.data(index)
    self.text.appendPlainText(f' 觸發 clicked 訊號，點擊了："{text}"')
```

✎ **案例 5-6** QTreeView 控制項結合 QStandardItemModel 模型的使用方法

本案例的檔案名稱為 Chapter05/qt_QTreeView.py，用於演示 QTreeView 控制項結合 QStandardItemModel 模型的使用方法。執行效果如圖 5-15 所示。

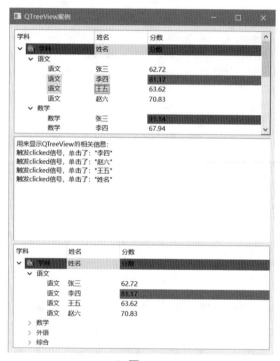

▲ 圖 5-15

如圖 5-15 所示，本案例建立了上、下兩個 QTreeView 實例，絕大部分操作都是基於上面的實例，下面的作為對照組，當上面的實例發生變化時下面的實例會自動改變，這也表現了使用模型 / 視圖框架的優越性，即不用維護兩套數據。

本案例的內容之前已經介紹過，此處不再贅述。

QFileSystemModel 提供對本地檔案系統的存取，同時提供重新命名、刪除檔案和目錄、建立新目錄的功能。在最簡單的情況下，

QFileSystemModel 可 以 與 合 適 的 小 控 制 項（ 一 般 是 QTreeView、QListView 和 QTableView）一起使用，作為瀏覽器或篩檢程式的一部分。

QFileSystemModel 可 以 使 用 QAbstractItemModel 提 供 的 標 準 介 面存取，但它也提供了一些管理目錄的特色方法，如使用函式 fileInfo()、isDir()、fileName() 和 filePath() 可以提供底層檔案和目錄資訊；使用函式 mkdir() 和 rmdir() 可以建立和刪除目錄，其簡單案例如下。

✎ 案例 5-7 QTreeView 和 QFileSystemModel 的使用方法

本案例的檔案名稱為 Chapter05/qt_QTreeView2.py，用於演示 QTreeView 控制項、QListView 控制項和 QTableView 控制項結合 QFileSystemModel 模型的使用方法，程式碼如下：

```python
class QTreeViewDemo(QMainWindow):
    def __init__(self, parent=None):
        super(QTreeViewDemo, self).__init__(parent)
        self.setWindowTitle("QTreeView2 案例 ")
        self.resize(700, 900)
        self.text = QPlainTextEdit(' 用來顯示 QTreeView2 的相關資訊：')
        self.treeView = QTreeView()
        self.model = QFileSystemModel()
        self.treeView.setModel(self.model)
        self.selectModel = QItemSelectionModel()
        self.model.setRootPath(QDir.currentPath())
        self.treeView.setSelectionModel(self.selectModel)

        self.listView = QListView()
        self.tableView = QTableView()
        self.listView.setModel(self.model)
        self.tableView.setModel(self.model)

        layoutV = QVBoxLayout(self)
        layoutV.addWidget(self.listView)
        layoutV.addWidget(self.tableView)

        layout = QHBoxLayout(self)
```

```
        layout.addWidget(self.treeView)
        layout.addLayout(layoutV)

        widget = QWidget()
        self.setCentralWidget(widget)
        widget.setLayout(layout)

        # 訊號與槽
        self.treeView.clicked.connect(self.onClicked)

    def onClicked(self, index):
        self.listView.setRootIndex(index)
        self.tableView.setRootIndex(index)
```

執行腳本，顯示效果如圖 5-16 所示。

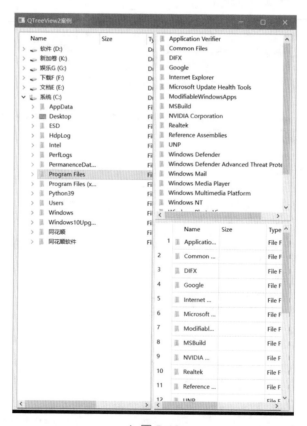

▲ 圖 5-16

點擊左側的 QTreeView 相關樹或右側的 QListView 和 QTableView 會呈現對應的子目錄，內容很簡單，讀者可以自行查看程式碼。

5.8 自訂模型

一般來説，透過上面介紹的一些標準模型（如 QStringListModel、QFileSystemModel 和 QStandardItemModel 等）結合 QListView、QTableView 和 QTreeView 就夠用了。但有時需要更複雜的模型，這就需要使用者自己定義。

可以透過子類別化 QAbstractTableModel 實作自訂模型，這需要注意以下幾點。

首先，必須實作函式 rowCount()、columnCount() 和 data()。除非是子類別化 QAbstractTableModel，否則函式 index() 和 parent() 也要重新實作。這些功能用於唯讀模型，並且組成可編輯模型的基礎。需要注意的是，在實作 data() 函式時不需要支援 Qt.ItemDataRole 中的所有角色，可以選擇一些常用角色傳回即可。大多數模型至少為 Qt.DisplayRole 提供文字支援，有些模型會使用 Qt.ToolTipRole 和 Qt.WhatsThisRole 提供更多的資訊。

其次，要在模型中啟用編輯，還必須實作 setData() 函式，並重新實作 flags() 函式確保傳回 ItemIsEditable。還可以重新實作函式 headerData() 和 setHeaderData() 來控制模型標題的呈現方式。在分別重新實作函式 setData() 和 setHeaderData() 時，必須顯性發射 dataChanged 訊號和 headerDataChanged 訊號。

最後，如果模型結構可以調整，則可以重新實作函式 insertRows()、removeRows()、insertColumns() 和 removeColumns()。在實作這些函式時，重要的是要把模型結構上的變化通知連接模型的視圖。

- 實作 insertRows() 函式需要在新行插入資料結構之前先呼叫 beginInsertRows() 函式，然後立即呼叫 endInsertRows() 函式。
- 實作 insertColumns() 函式需要在新列插入資料結構之前先呼叫 beginInsertColumns() 函式，然後立即呼叫 endInsertColumns() 函式。
- 實作 removeRows() 函式需要在從資料結構中刪除行之前先呼叫 beginRemoveRows() 函式，然後立即呼叫 endRemoveRows() 函式。
- 實作 removeColumns() 函式需要在從資料結構中刪除列之前先呼叫 beginRemoveColumns() 函式，然後立即呼叫 endRemoveColumns() 函式。

如果資料比較大，則可以考慮建立增量填充的模型，重新實作函式 fetchMore() 和 canFetchMore()。如果透過 fetchMore() 函式將行增加到模型中，則必須呼叫函式 beginInsertRows() 和 endInsertRows()。

✎ 案例 5-8 QTableView 控制項結合自訂模型的使用方法

本案例的檔案名稱為 Chapter05/qt_QTableModel.py，用於演示 QTableView 控制項結合自訂模型的使用方法，程式碼如下。

一是建立資料結構 Student，主要包括科目、姓名、分數這 3 個屬性：

```python
SUBJECT, NAME, SCORE, DESCRIPTION = range(4)
class Student(object):
    def __init__(self, subject, name, score=0, description=""):
        self.subject = subject
        self.name = name
        self.score = score
        self.description = description

    def __hash__(self):
        return super(Student, self).__hash__()

    def __lt__(self, other):
        if self.name < other.name:
```

```
            return True
        if self.subject < other.subject:
            return True
        return id(self) < id(other)

    def __eq__(self, other):
        if self.name == other.name:
            return True
        if self.subject == other.subject:
            return True
        return id(self) == id(other)
```

二是自訂模型，該模型使用 QAbstractTableModel 作為基礎範本，重新實作了最基礎的函式 data()、headerData()、rowCount() 和 columnCount()，支援編輯的函式 flags() 和 setData()，以及結構調整的函式 insertRows() 和 removeRows()。在 data() 函式中可以根據列的名稱和角色設定不同的顏色，具體如下：

```
class StudentTableModel(QAbstractTableModel):
    def __init__(self, filename=""):
        super(StudentTableModel, self).__init__()
        self.students = []

    def initData(self):
        for subject in ['語文', '數學', '外語', '綜合']:
            for name in ['張三', '李四', '王五', '趙六']:
                score = random.random() * 40 + 60
                if score>=80:
                    _str = f'{name}的{subject}成績是：優秀'
                else:
                    _str = f'{name}的{subject}成績是：良好'
                student = Student(subject, name, score, _str)
                self.students.append(student)
        self.sortBySubject()

    def sortByName(self):

        self.students = sorted(self.students,key=lambda x:(x.name,x.subject))
```

```python
        self.endResetModel()

    def sortBySubject(self):
        self.students = sorted(self.students, key=lambda x: (x.subject,
x.name))
        self.endResetModel()

    def flags(self, index):
        if not index.isValid():
            return Qt.ItemIsEnabled
        return Qt.ItemFlags(QAbstractTableModel.flags(self, index) |
Qt.ItemIsEditable)

    def data(self, index, role=Qt.DisplayRole):
        if not index.isValid() or not (0 <= index.row() < len(self.
students)):
            return None
        student = self.students[index.row()]
        column = index.column()
        if role == Qt.DisplayRole:
            if column == SUBJECT:
                return student.subject
            elif column == NAME:
                return student.name
            elif column == DESCRIPTION:
                return student.description
            elif column == SCORE:
                return "{:.2f}".format(student.score)
        elif role == Qt.TextAlignmentRole:
            if column == SCORE:
                return int(Qt.AlignRight | Qt.AlignVCenter)
            return int(Qt.AlignLeft | Qt.AlignVCenter)
        elif role == Qt.ForegroundRole and column == SCORE:
            if student.score < 80:
                return QColor(Qt.black)
            elif student.score < 90:
                return QColor(Qt.darkGreen)
            elif student.score < 100:
                return QColor(Qt.red)
        elif role == Qt.BackgroundRole:
```

```
            if student.subject in ("數學", "語文"):
                return QColor(250, 230, 250)
            elif student.subject in ("外語",):
                return QColor(250, 250, 230)
            elif student.subject in ("綜合"):
                return QColor(230, 250, 250)
            else:
                return QColor(210, 230, 230)
        return None

    def headerData(self, section, orientation, role=Qt.DisplayRole):
        if role == Qt.TextAlignmentRole:
            if orientation == Qt.Horizontal:
                return int(Qt.AlignLeft | Qt.AlignVCenter)
            return int(Qt.AlignRight | Qt.AlignVCenter)
        if role != Qt.DisplayRole:
            return None
        if orientation == Qt.Horizontal:
            if section == SUBJECT:
                return "科目"
            elif section == NAME:
                return "姓名"
            elif section == SCORE:
                return "分數"
            elif section == DESCRIPTION:
                return "說明"
        return int(section + 1)

    def rowCount(self, index=QModelIndex()):
        return len(self.students)

    def columnCount(self, index=QModelIndex()):
        return 4

    def setData(self, index, value, role=Qt.EditRole):
        if index.isValid() and 0 <= index.row() < len(self.students) and role==Qt.EditRole:
            student = self.students[index.row()]
            column = index.column()
            if column == SUBJECT:
```

```
                    student.subject = value
            elif column == NAME:
                    student.name = value
            elif column == DESCRIPTION:
                    student.description = value
            elif column == SCORE:
                try:
                        student.score = int(value)
                except:
                        print(' 輸入錯誤，請輸入數字 ')

            self.emit(SIGNAL("dataChanged(QModelIndex,QModelIndex)"), index,
index)
            return True
        return False

    def insertRows(self, position, rows=1, index=QModelIndex()):
        self.beginInsertRows(QModelIndex(), position, position + rows - 1)
        for row in range(rows):
            self.students.insert(position + row, Student("test", "test",
0,''))
        self.endInsertRows()
        return True

    def removeRows(self, position, rows=1, index=QModelIndex()):
        self.beginRemoveRows(QModelIndex(), position, position + rows - 1)
        self.students = (self.students[:position] + self.students[position +
rows:])
        self.endRemoveRows()
        return True
```

　　三是將 QTableView 和自訂模型結合，這裡僅實作了增 / 刪行的功能，只提供了 setData() 函式用於編輯模型，並且只支援 EditRole 一個角色，程式碼如下：

```
class QTableViewDemo(QMainWindow):
    def __init__(self, parent=None):
        super(QTableViewDemo, self).__init__(parent)
        self.setWindowTitle("QTableModel 案例 ")
```

```python
        self.resize(500, 600)
        self.tableView = QTableView()
        self.model = StudentTableModel()
        self.model.initData()

        self.tableView.setModel(self.model)
        self.selectModel = QItemSelectionModel()
        self.tableView.setSelectionModel(self.selectModel)
        self.tableView.horizontalHeader().setStretchLastSection(True)

        self.buttonAddRow = QPushButton(' 增加行 ')
        self.buttonInsertRow = QPushButton(' 插入行 ')
        self.buttonDeleteRow = QPushButton(' 刪除行 ')
        self.buttonAddRow.clicked.connect(self.onAdd)
        self.buttonInsertRow.clicked.connect(self.onInsert)
        self.buttonDeleteRow.clicked.connect(self.onDelete)


        self.model.setData(self.model.index(3, 1), 'Python', role=Qt.EditRole)

        layout = QVBoxLayout(self)
        layout.addWidget(self.tableView)
        layoutH = QHBoxLayout()
        layoutH.addWidget(self.buttonAddRow)
        layoutH.addWidget(self.buttonInsertRow)
        layoutH.addWidget(self.buttonDeleteRow)
        layout.addLayout(layoutH)



        widget = QWidget()
        self.setCentralWidget(widget)
        widget.setLayout(layout)

    def onAdd(self):
        rowCount = self.model.rowCount()
        self.model.insertRow(rowCount)


    def onInsert(self):
```

```
        index = self.tableView.currentIndex()
        row = index.row()
        self.model.insertRow(row)



    def onDelete(self):
        index = self.tableView.currentIndex()
        row = index.row()
        self.model.removeRow(row)



if __name__ == "__main__":
    app = QApplication(sys.argv)
    demo = QTableViewDemo()
    demo.show()
    sys.exit(app.exec())
```

執行腳本，顯示效果如圖 5-17 所示。

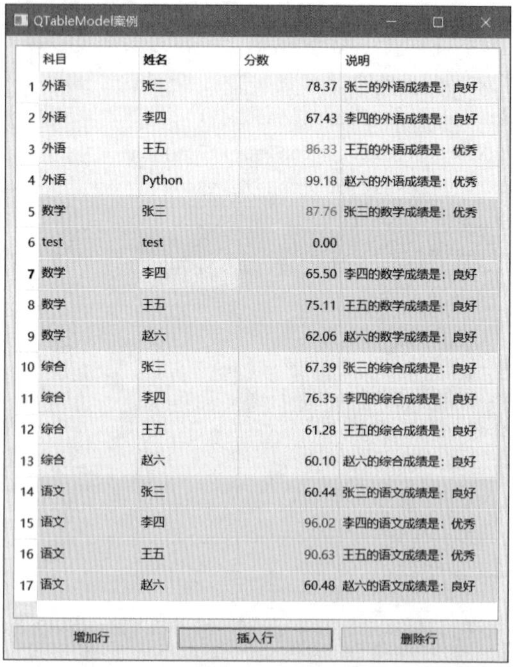

▲ 圖 5-17

5.9 自訂委託

Delegate（代理或委託）的作用如下。

- 繪製視圖中來自模型的資料，委託會參考項目的角色和資料進行繪製，不同的角色和資料有不同的展示效果。
- 在視圖與模型之間互動操作時提供臨時編輯元件的功能，該編輯器會位於視圖的頂層。

當預設委託（QStyledItemDelegate）提供的這兩方面作用無法滿足需求時就可以考慮自訂委託。舉例來說，如果要呈現更複雜的視覺化，或使用 QComBox 來編輯整數，預設的 QLineEdit 無法滿足需求，那麼需要使用自訂委託。

本書會提供兩種委託方式：一種是結合自訂模型的自訂委託，另一種是適用於通用模型的泛型委託。這兩種委託都需要重新實作 QStyledItemDelegate 的一些方法。

對於第 1 種委託，唯一必須重寫的函式是 paint()。如果要支援可編輯，則必須重寫函式 createEditor()、setEditorDate() 和 setModelData()。如果在編輯過程中要使用 QLineEdit 或 QTextEdit，通常也會重寫 commitAndCloseEditor() 函式。可以根據需要重寫 sizeHint() 函式。

對於第 2 種委託，只需要重寫函式 createEditor()、setEditorDate() 和 setModelData() 即可，其他函式可以根據情況重寫。這種委託相對簡單，適用於多個模型，程式碼可以重複使用，是比較推薦的方式。

✎ 案例 5-9　QTableView 控制項結合自訂委託的使用方法

本案例的檔案名稱為 Chapter05/qt_QTableDelegate.py，用於演示 QTableView 控制項結合自訂委託的使用方法，程式碼如下。

　　一是建立自訂委託類別 StudentTableDelegate，這個類別只適用於
5.8 節建立的自訂模型 StudentTableModel，不適合用於其他模型。在這
個類別中，重寫了常用的函式 paint()、createEditor()、setEditorDate() 和
setModelData()，以及函式 commitAndCloseEditor() 和 sizeHint()。

　　在 paint() 函式中，對 DESCRIPTION 列進行了重新繪製，修改了關
鍵字「優秀」和「良好」的顯示方式。使用 createEditor() 函式可以為不
同的列提供不同的編輯器，使用 setEditorData() 函式可以設定編輯器的顯
示資料，在使用者提交編輯操作之後，會使用 setModelData() 函式修改模
型的資料：

```python
SUBJECT, NAME, SCORE, DESCRIPTION = range(4)

class StudentTableDelegate(QStyledItemDelegate):
    def __init__(self, parent=None):
        super(StudentTableDelegate, self).__init__(parent)

    def paint(self, painter, option, index):
        if index.column() == DESCRIPTION:
            text = index.model().data(index)
            if text[-2:] == '優秀':
                text = f'{text[:-2]}<font color=red><b>優秀</b></font>'
                index.model().setData(index, value=text)
            elif text[-2:] == '良好':
                text = f'{text[:-2]}<font color=green><b>良好</b></font>'
                index.model().setData(index, value=text)
            palette = QApplication.palette()
            document = QTextDocument()
            document.setDefaultFont(option.font)
            if option.state & QStyle.State_Selected:
                document.setHtml("<font color={}>{}</font>".format(
                    palette.highlightedText().color().name(), text))
            else:
                document.setHtml(text)
            color = (palette.highlight().color()
                     if option.state & QStyle.State_Selected
                     else QColor(index.model().data(index, Qt.BackgroundRole)))
```

```
            painter.save()
            painter.fillRect(option.rect, color)
            painter.translate(option.rect.x(), option.rect.y())
            document.drawContents(painter)
            painter.restore()
        else:
            QStyledItemDelegate.paint(self, painter, option, index)

    def sizeHint(self, option, index):
        fm = option.fontMetrics
        if index.column() == SCORE:
            return QSize(fm.averageCharWidth(), fm.height())
        if index.column() == DESCRIPTION:
            text = index.model().data(index)
            document = QTextDocument()
            document.setDefaultFont(option.font)
            document.setHtml(text)
            return QSize(document.idealWidth() + 5, fm.height())
        return QStyledItemDelegate.sizeHint(self, option, index)

    def createEditor(self, parent, option, index):
        if index.column() == SCORE:
            spinbox = QSpinBox(parent)
            spinbox.setRange(0, 100)
            spinbox.setAlignment(Qt.AlignRight | Qt.AlignVCenter)
            return spinbox
        elif index.column() in (NAME, SUBJECT):
            editor = QLineEdit(parent)
            self.connect(editor, SIGNAL("returnPressed()"), self.
commitAndCloseEditor)
            return editor
        elif index.column() == DESCRIPTION:
            editor = QTextEdit()
            self.connect(editor, SIGNAL("returnPressed()"), self.
commitAndCloseEditor)
            return editor
        else:
            return QStyledItemDelegate.createEditor(self, parent, option,
index)
```

```python
    def commitAndCloseEditor(self):
        editor = self.sender()
        if isinstance(editor, (QTextEdit, QLineEdit)):
            self.emit(SIGNAL("commitData(QWidget*)"), editor)
            self.emit(SIGNAL("closeEditor(QWidget*)"), editor)


    def setEditorData(self, editor, index):
        text = index.model().data(index, Qt.DisplayRole)
        if index.column() == SCORE:
            try:
                value = int(float(text) + 0.5)
            except:
                value = 0
            editor.setValue(value)
        elif index.column() in (NAME, SUBJECT):
            editor.setText(text)
        elif index.column() == DESCRIPTION:
            editor.setHtml(text)
        else:
            QStyledItemDelegate.setEditorData(self, editor, index)


    def setModelData(self, editor, model, index):
        if index.column() == SCORE:
            model.setData(index, editor.value())
        elif index.column() in (NAME, SUBJECT):
            model.setData(index, editor.text())
        elif index.column() == DESCRIPTION:
            model.setData(index, editor.toHtml())
        else:
            QStyledItemDelegate.setModelData(self, editor, model, index)
```

當建立好自訂委託之後，就可以透過 setItemDelegate() 函式直接綁定視圖，如下所示：

```python
# 方式 1：基於自訂模型的自訂委託
self.tableView = QTableView()
self.model = StudentTableModel()
self.delegate = StudentTableDelegate()
self.model.initData()
```

```
self.tableView.setModel(self.model)
self.selectModel = QItemSelectionModel()
self.tableView.setSelectionModel(self.selectModel)
self.tableView.setItemDelegate(self.delegate)
self.tableView.horizontalHeader().setStretchLastSection(True)
```

二是建立日期和整數兩列的自訂委託，這兩種委託也可以用於其他模型，方便重複。這也是第 2 種委託，即泛型委託，是比較推薦的一種方式。筆者追求的效果比較簡單，每種委託只重寫了 createEditor()、setEditorData() 和 setModelData() 這 3 個函式，如下所示：

```
class DateColumnDelegate(QStyledItemDelegate):
    def __init__(self, minimum=QDate(),
                 maximum=QDate.currentDate(),
                 format="yyyy-MM-dd", parent=None):
        super(DateColumnDelegate, self).__init__(parent)
        self.minimum = minimum
        self.maximum = maximum
        self.format = format

    def createEditor(self, parent, option, index):
        dateedit = QDateEdit(parent)
        dateedit.setDateRange(self.minimum, self.maximum)
        dateedit.setAlignment(Qt.AlignRight | Qt.AlignVCenter)
        dateedit.setDisplayFormat(self.format)
        dateedit.setCalendarPopup(True)
        return dateedit

    def setEditorData(self, editor, index):
        value = index.model().data(index, Qt.DisplayRole)
        try:
            date = datetime.datetime.strptime(value, '%Y-%m-%d').date()
            editor.setDate(QDate(date.year, date.month, date.day))
        except:
            print(value, index)
            editor.setDate(QDate())
```

```
    def setModelData(self, editor, model, index):
        model.setData(index, editor.date().toString('yyyy-MM-dd'))

class IntegerColumnDelegate(QStyledItemDelegate):

    def __init__(self, minimum=0, maximum=100, parent=None):
        super(IntegerColumnDelegate, self).__init__(parent)
        self.minimum = minimum
        self.maximum = maximum

    def createEditor(self, parent, option, index):
        spinbox = QSpinBox(parent)
        spinbox.setRange(self.minimum, self.maximum)
        spinbox.setAlignment(Qt.AlignRight | Qt.AlignVCenter)
        return spinbox

    def setEditorData(self, editor, index):
        value = int(index.model().data(index, Qt.DisplayRole))
        editor.setValue(value)

    def setModelData(self, editor, model, index):
        editor.interpretText()
        model.setData(index, editor.value())
```

使用方法也很簡單，可透過 setItemDelegateForColumn() 函式將委託綁定到特定列：

```
# 方式 2：通用模型的通用委託
self.tableView2 = QTableView()
self.model2 = QStandardItemModel(5, 4)
self.init_model2()
self.tableView2.setModel(self.model2)
self.tableView2.setItemDelegateForColumn(2, IntegerColumnDelegate())
self.tableView2.setItemDelegateForColumn(3, DateColumnDelegate())
```

三是程式啟動主體，本案例建立了 tableView 和 tableView2 兩個表格，前者對應第 1 種委託，後者對應第 2 種委託，方便對照。在 init_model2 中對 tableView2 的不同列設定了不同的資料，從而與自訂委託進行匹配：

```
class QTableViewDemo(QMainWindow):
    def __init__(self, parent=None):
        super(QTableViewDemo, self).__init__(parent)
        self.setWindowTitle("QTableDelegate 案例 ")
        self.resize(550, 600)

        # 方式 1：基於自訂模型的自訂委託
        self.tableView = QTableView()
        self.model = StudentTableModel()
        self.delegate = StudentTableDelegate()
        self.model.initData()

        self.tableView.setModel(self.model)
        self.selectModel = QItemSelectionModel()
        self.tableView.setSelectionModel(self.selectModel)
        self.tableView.setItemDelegate(self.delegate)
        self.tableView.horizontalHeader().setStretchLastSection(True)

        # 方式 2：通用模型的通用委託
        self.tableView2 = QTableView()
        self.model2 = QStandardItemModel(5, 4)
        self.init_model2()
        self.tableView2.setModel(self.model2)
        self.delegate2 = IntegerColumnDelegate()
        self.tableView2.setItemDelegateForColumn(2, self.delegate2)
        self.tableView2.setItemDelegateForColumn(3, DateColumnDelegate())

        self.buttonAddRow = QPushButton(' 增加行 ')
        self.buttonInsertRow = QPushButton(' 插入行 ')
        self.buttonDeleteRow = QPushButton(' 刪除行 ')
        self.buttonAddRow.clicked.connect(self.onAdd)
        self.buttonInsertRow.clicked.connect(self.onInsert)
        self.buttonDeleteRow.clicked.connect(self.onDelete)

        self.model.setData(self.model.index(3, 1), 'Python', role=Qt.EditRole)

        layout = QVBoxLayout(self)
        layout.addWidget(self.tableView)
```

```
        layoutH = QHBoxLayout()
        layoutH.addWidget(self.buttonAddRow)
        layoutH.addWidget(self.buttonInsertRow)
        layoutH.addWidget(self.buttonDeleteRow)
        layout.addLayout(layoutH)
        layout.addWidget(self.tableView2)

        widget = QWidget()
        self.setCentralWidget(widget)
        widget.setLayout(layout)

    def init_model2(self):
        for row in range(self.model2.rowCount()):
            for column in range(self.model2.columnCount()):
                if column == 2:
                    value = column + row
                elif column == 3:
                    date = datetime.datetime.strptime('2022-01-01', '%Y-%m-%d') + datetime.timedelta(days=column * row)
                    value = datetime.datetime.strftime(date, '%Y-%m-%d')
                else:
                    value = "row %s, col %s" % (row, column)
                item = QStandardItem(str(value))
                self.model2.setItem(row, column, item)

    def onAdd(self):
        rowCount = self.model.rowCount()
        self.model.insertRow(rowCount)

    def onInsert(self):
        index = self.tableView.currentIndex()
        row = index.row()
        self.model.insertRow(row)

    def onDelete(self):
        index = self.tableView.currentIndex()
        row = index.row()
        self.model.removeRow(row)

if __name__ == "__main__":
```

```
app = QApplication(sys.argv)
demo = QTableViewDemo()
demo.show()
sys.exit(app.exec())
```

執行腳本，顯示效果如圖 5-18 所示。

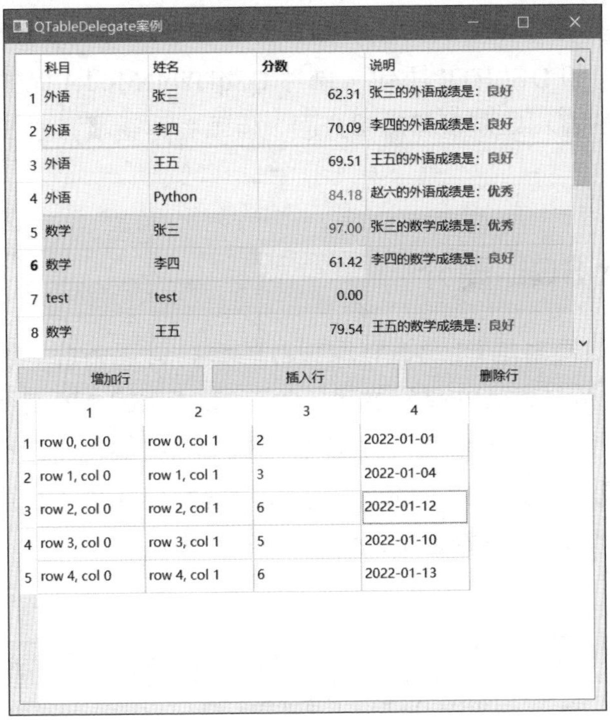

▲ 圖 5-18

如圖 5-18 所示，對於上面的 tableView，「科目」和「姓名」使用 QLineEdit 委託，「分數」使用 QSpinBox 委託，「説明」使用 QTextEdit 委託，用來顯示 HTML。中間的幾個按鈕的行為也都基於 tableView。

對於下面的 tableView2，前兩列使用預設委託（QLineEdit），第 3 列使用 QSpinBox 委託，第 4 列使用 QDateEdit 委託。QSpinBox 委託和 QDateEdit 委託也可以結合其他模型使用。

5.10 Qt 資料庫

本節主要介紹 Qt 資料庫的相關內容,因為資料庫以表格的形式呈現比較合適,需要使用模型 / 視圖 / 委託方面的知識,所以在學習本節內容之前讀者需要對前幾章的內容有所了解。此外,本節假設讀者至少具有 SQL 的基礎知識,能夠理解簡單的 SELECT 語句、INSERT 語句、UPDATE 語句和 DELETE 語句。雖然 QSqlTableModel 提供了一個不需要 SQL 知識的資料庫瀏覽和編輯介面,但筆者建議讀者對 SQL 有基本的了解。

5.10.1 Qt SQL 簡介

Qt SQL 的模組是 Qt 為資料庫設計的資料管理系統,使用驅動外掛程式與不同的資料庫 API 進行通訊。Qt SQL 模組的 API 是獨立於資料庫的。Qt 為一些常見的資料庫提供驅動程式,並提供了原始程式碼,使用者也可自行編譯驅動程式。Qt 提供了多個驅動程式,並且可以增加其他的驅動程式。預設支援的驅動類型如表 5-19 所示。

表 5-19

資料庫驅動類型	描　　述
QDB2	IBM DB2(7.1 及以上版本)
QMYSQL / MARIADB	MySQL 或 MariaDB(5.6 及以上版本)
QOCI	Oracle 呼叫介面驅動程式(12.1 及以上版本)
QODBC	開放式資料庫連接(ODBC):Microsoft SQL Server 和其他相容 ODBC 的資料庫
QPSQL	PostgreSQL(7.3 及以上版本)
QSQLITE	SQLite 3

SQLite 是在所有平臺上具有最佳測試覆蓋率和支援的資料庫系統。在 Windows 和 Linux 平臺上,Oracle 使用 OCI, 以 及 PostgreSQL 和

MySQL 使用 ODBC 或本機驅動程式測試良好。對其他系統支援的完整程度取決於使用者端函式庫的品質與可用性。

Qt SQL 為支援資料庫提供了如表 5-20 所示的模組，包含資料庫處理的各個環節。

表 5-20

模組	描　述
QSql	包含在整個 Qt SQL 模組中使用的各種識別字
QSqlDatabase	處理與資料庫的連接
QSqlDriver	用於存取特定 SQL 資料庫的抽象基礎類別
QSqlDriverCreator	為特定驅動程式類型提供 SQL 驅動程式工廠的範本類
QSqlDriverCreatorBase	SQL 驅動程式工廠的基礎類別
QSqlError	SQL 資料庫錯誤資訊
QSqlField	操作 SQL 資料庫資料表和視圖中的欄位
QSqlIndex	操作和描述資料庫索引的函式
QSqlQuery	執行和操作 SQL 語句的方法
QSqlQueryModel	SQL 結果集的只讀取資料模型
QSqlRecord	封裝資料庫記錄
QSqlRelationalTableModel	單一資料庫資料表的可編輯資料模型，支援外鍵
QSqlResult	用於從特定 SQL 資料庫存取資料的抽象介面
QSqlTableModel	單一資料庫資料表的可編輯資料模型

在 Qt 中，上面的 SQL 類別又可以分為驅動層、SQL API 層和使用者介面層，本節主要介紹 SQL API 層和使用者介面層，其中使用者介面層是本節的重點。

1. 驅動層

驅動層包括 QSqlDriver、QSqlDriverCreator、QSqlDriverCreatorBase、QSqlDriverPlugin 和 QSqlResult。該層提供了特定資料庫和 SQL API 層之間的低級橋樑。

2. SQL API 層

SQL API 層提供對資料庫的存取。可以使用 QSqlDatabase 連接資料庫，使用 QSqlQuery 與資料庫互動。除了 QSqlDatabase 和 QSqlQuery，QSqlError、QSqlField、QSqlIndex 和 QSqlRecord 也是 SQL API 的一部分，為資料庫提供支援。

3. 使用者介面層

使用者介面層將資料庫中的資料連結到資料感知小元件，包括 QSqlQueryModel、QSqlTableModel 和 QSqlRelationalTableModel，這些類別旨在與 Qt 中的模型 / 視圖框架一起工作。

5.10.2 連接資料庫

首先需要使用 QSqlDatabase 連接資料庫，然後才能使用 QSqlQuery 或 QSqlQueryModel 存取資料庫。可以使用 QSqlDatabase 建立並開啟一個或多個資料庫，如果要開啟多個連接就需要設定 connectionName 參數，Qt 會透過 connectionName 參數定位資料庫，同一個資料庫也可以建立多個連接。QSqlDatabase 還支援預設連接，即不設定 connectionName 參數。當呼叫 QSqlQuery 或 QSqlQueryModel 的成員函式時，如果不傳遞 connectionName 參數，則使用預設連接。當應用程式只需要一個資料庫連接時，建立預設連接很方便。

QSqlDatabase 中常用的函式如表 5-21 所示。

表 5-21

函式	描述
addDatabase()	設定連接資料庫的資料庫驅動類型
setDatabaseName()	設定所連接的資料庫名稱
setHostName()	設定安裝資料庫的主機名稱
setUserName()	指定連接的使用者名稱

函式	描　述
setPassword()	設定連線物件的密碼（如果有）
close()	關閉資料庫連接
tables()	傳回資料表的清單
primaryIndex()	傳回資料表的主索引
record()	傳回有關資料表欄位的詮譯資訊
transaction()	開始交易
commit()	提交事務（儲存並完成交易），如果執行成功則傳回 True
rollback()	導回資料庫事務（取消交易）
hasFeature()	檢查驅動程式是否支援事務
lastError()	傳回有關最後一個錯誤的資訊
drivers()	傳回可用 SQL 驅動程式的名稱
isDriverAvailable()	檢查特定驅動程式是否可用
registerSqlDriver()	註冊一個訂製的驅動程式

使用靜態函式 addDatabase() 可以建立一個資料庫連接（也就是 QSqlDatabase 實例）。若要建立預設連接，那麼在呼叫 addDatabase() 函式時不傳遞 connectionName 參數即可。如果預設連接，那麼後續呼叫不附帶連接名稱參數的 database() 函式將傳回預設連接。如果此處提供了 connectionName 參數，那麼使用 database(connectionName) 檢索連接。因此，如果只需要一個資料庫連接，那麼建立預設連接很方便。addDatabase() 函式的範例如下：

```
"""
addDatabase(driver: PySide6.QtSql.QSqlDriver, connectionName: str = 'qt_sql_
default_connection') -> PySide6.QtSql.QSqlDatabase
addDatabase(type: str, connectionName: str = 'qt_sql_default_connection') ->
PySide6.QtSql.QSqlDatabase
"""
```

本節的程式碼只使用單一資料庫，所以只使用預設連接方式。使用 QSqlDatabase 連接資料庫最簡單的方式如下（以連接不需要使用者名稱和密碼的 SQLite 資料庫為例）：

```
from PySide6.QtCore import QCoreApplication
from PySide6.QtSql import QSqlDatabase
import sys


app = QCoreApplication(sys.argv)
db = QSqlDatabase.addDatabase('QSQLITE')
db.setDatabaseName('./db/sports.db')
# 開啟資料庫
dbConn = db.open() #return True if it is OK else False
```

需要注意的是，在使用資料庫類別之前，必須先實例化 QCoreApplication，所以這裡的 app = QCoreApplication() 必不可少。如果已經執行過這個步驟，如執行過 app = QApplication(sys.argv)（註：QCoreApplication 和 QApplication 的功能相同，但前者不支援 GUI，後者支援 GUI），則需要註釋起來這行程式碼。使用 open() 函式可以啟動資料庫連接，如果連接成功則傳回 True，否則無法使用資料庫。

同理，對於其他資料庫，如 MySQL，也可以這樣連接：

```
from PyQt6.QtSql import QSqlDatabase
from PyQt6.QtCore import QCoreApplication
import sys

app = QCoreApplication(sys.argv)

db = QSqlDatabase.addDatabase("QMYSQL")
db.setHostName("localhost")
db.setDatabaseName("testSql")
db.setPort(3307)        # 預設 3306
db.setUserName("root")
db.setPassword("123456")
dbConn = db.open()      # return True if it is OK else False
```

在正常情況下，這種連接會失敗，其中存在兩個問題，本書也會提供解決想法，但是並不確定可以百分之百解決問題。

（1）沒有 mysql 動態函式庫，解決方法很簡單。將已經安裝的動態函式庫（參考筆者電腦位置為 F:\Data\MySQL\mysql-8.0.11-winx64\lib\libmysql.dll）複製到 site-packages\PySide6 中，如果是 PyQt 6 則對應 site-packages\PyQt6\Qt6\bin。

（2）Qt 沒有 mysql 驅動。這就需要讀者下載 Qt 完整的安裝套件，從原始程式碼編譯，編譯檔案 qsqlmysql.dll 並放到 site-packages\PySide6\plugins\sqldrivers 中，PyQt 6 對應的路徑為 site-packages\PyQt6\Qt6\plugins\sqldrivers。可以看到，這個資料夾包含 qsqlite.dll、qsqlodbc.dll 和 qsqlpsql.dll 這 3 個檔案，也就是 Qt 6 預設提供 sqlite、odbc 和 psql（PostgreSQL）這 3 個驅動。

PyQt 5 的部分版本，如 5.9.1，官方是預設提供 qsqlmysql.dll 檔案的，所以如果使用這個版本的 PyQt 5 測試上面的程式碼只需要解決第 1 個問題即可。PyQt 5 後期的版本及 PyQt 6 / PySide 6 的版本都沒有提供這個檔案。

除此之外，還有一個更好的解決方法。如前所述：「在 Windows 平臺和 Linux 平臺上，Oracle 使用 OCI，以及 PostgreSQL 和 MySQL 使用 ODBC 或本機驅動程式測試良好。」除了**透過本機驅動程式，還可以透過 ODBC 連接資料庫**，這是比較推薦的方法，具體步驟如下。

（1）從官網下載 mysql-connector-odbc，根據實際情況選擇 32 位元或 64 位元的下載，筆者的 Python 與 PySide 6 都是 64 位元的。

（2）安裝好之後，在「開始」選單中選擇「ODBC 資料來源（64 位元）」命令，具體的設定方式如圖 5-19 所示。

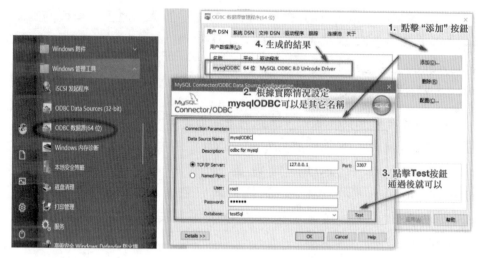

▲ 圖 5-19

（3）啟動測試。設定完成之後，在 Qt 中需要使用的是 Data Source Name 參數，也就是圖 5-19 中的 mysqlODBC，使用方式如下：

```
from PySide6.QtCore import QCoreApplication
from PySide6.QtSql import QSqlDatabase
import sys

app = QCoreApplication(sys.argv)
db = QSqlDatabase.addDatabase("QODBC")
db.setDatabaseName("mysqlODBC")
print(db.open())
```

可以看到，db.open() 函式傳回 True，表示已經連接成功。如果使用這種方式，那麼函式 setUserName()、setPassword()、setHostName()、setPort() 和 setConnectOptions() 的連接參數都不用設定，因為已經在 ODBC 資料來源程式視窗中設定了。

這是比較簡單的連接方式，也是比較推薦的方式。這種方式不用使用 Qt 編譯原始程式碼，編譯原始程式碼對 Python 開發人員來説門檻還是挺高的。此外，其他支援 ODBC 接管的資料庫也可以透過這種方式連接，不用編譯原始程式碼。

如果此處連接失敗，則可以使用 db.lastError() 函式來獲取出錯資訊。

要刪除資料庫連接，首先使用 db.close() 函式關閉資料庫，然後使用靜態函式 QSqlDatabase.removeDatabase() 將其刪除。

> ⧗ **注意：**
>
> 如果不打算把資料儲存到本地，則可以使用以下方式把資料儲存到記憶體中，這個資料庫在程式的整個生命週期都可用：
>
> ```
> db = QSqlDatabase.addDatabase("QSQLITE")
> db.setDatabaseName(":memory:")
> ```

5.10.3 執行 SQL 語句

QSqlQuery 具有執行和操作 SQL 語句的功能，可以執行 DDL 類型和 DML 類型的 SQL 查詢。如果使用 Python 處理資料庫則有更好的選擇，沒有必要使用 Qt，因此本節對 QSqlQuery 僅進行有限的介紹。5.10.4 節的 QSqlQueryModel 和 QSqlTableModel 為存取資料庫提供了更高級別的介面，如果讀者不熟悉 SQL，則可以直接學習 5.10.4 節。

QSqlQuery 類別中最重要的函式是 exec()，它將一個包含要執行的 SQL 語句的字串作為參數。讀者可以像正常使用 SQL 語句一樣進行查詢：

```
query = QSqlQuery()
query.exec("SELECT name, salary FROM employee WHERE salary > 50000")
```

也可以執行建立命令：

```
query = QSqlQuery()
query.exec("create table people(id int primary key, name varchar(20),
address varchar(30))")
```

> **⌛ 注意：**
>
> QSqlDatabase 也有 exec() 函式，同樣會執行 SQL 語句並傳回一個
> QSqlQuery 物件，但是不建議使用，筆者建議使用 QSqlQuery.exec()。

QSqlQuery 建構函式接受一個可選的 QSqlDatabase 物件，該物件指定要使用的資料庫連接。在上面的例子中，沒有指定任何連接，所以使用預設連接。

如果發生錯誤，則 exec() 函式傳回 False，可以使用 QSqlQuery.lastError() 查看錯誤詳情。

一個活動（active）的 QSqlQuery 是一個已經成功執行但尚未完成的 QSqlQuery。當要完成一個活動查詢時，可以透過呼叫函式 finish() 或 clear() 使查詢不活動，也可以刪除 QSqlQuery 實例。成功執行的 SQL 語句將查詢設定為活動狀態，isActive() 函式傳回 True，否則傳回 False。無論出現哪種情況，在執行新的 SQL 語句時，查詢都會定位在無效記錄（Invalid Record）上。在檢索值之前，必須將活動查詢導覽到有效記錄（Valid Record，此時 isValid() 函式傳回 True）上。

可以使用函式 next()、previous()、first()、last() 和 seek() 執行導覽記錄。這些函式允許程式設計師在查詢傳回的記錄中向前、向後或任意移動。如果只需要讓結果向前移動（如使用 next() 函式），可以設定 setForwardOnly() 函式，則將節省大量的記憶體消耗並提高某些資料庫的性能。一旦活動查詢定位在有效記錄上，就可以使用 value() 函式檢索資料。

> **⌛ 注意：**
>
> 對於某些支援事務的資料庫，作為 SELECT 語句的活動查詢可能會導致
> 函式 commit() 或 rollback() 失敗，因此在函式 commit() 或 rollback()
> 之前，應該使用上面列出的方式之一使語句查詢處於不活動狀態。

✎ 案例 5-10　資料庫的建立

本案例的檔案名稱為 Chapter05/qt_creatSql.py，用於演示使用 QSqlQuery 及 Python 相關模組建立資料庫的方法。本案例主要包括兩部分。第 1 部分舉出使用 Python 的生態建立資料庫的方法，這裡使用的是 pandas，它是 Python 中處理資料的主力軍。程式碼如下：

```python
def createDataPandas():
    import pandas as pd
    import random
    import sqlite3

    _list = []
    id = 0
    for name in ['張三', '李四', '王五', '趙六']:
        for namePlus in range(1,9):
            for subject in ['語文', '數學', '外語', '綜合']:
                for sex in ['男','女']:
                    name2 = name+str(namePlus)
                    id+=1
                    age = random.randint(20,30)
                    score = round(random.random() * 40 + 60,2)
                    if score >= 80:
                        describe = f'{name2} 的 {subject} 成績是：優秀'
                    else:
                        describe = f'{name2} 的 {subject} 成績是：良好'
                    _list.append([id,name2,subject,sex,age,score,describe])
    df = pd.DataFrame(_list, columns=['id','name','subject','sex','age',
'score','describe'])
    df.set_index('id',inplace=True)

    connect = sqlite3.connect('.\db\database.db')
    df.to_sql('student',connect, if_exists='replace')
    return
```

pandas 是對資料處理的進階封裝模組，提供了非常多的便捷方法，資料庫儲存只是其中很小的一部分，使用這些方法可以極大地降低工作量，提升效率，但是前期需要花費一定的學習成本。關於 pandas 的更多內容這裡不再介紹，因為這不是本書的重點，感興趣的讀者可以自行學習。基於 pandas 建立的表格如圖 5-20 所示。

id	name	subject	sex	age	score	describe
1	张三1	语文	男	20	66.94	张三1的语文成绩是：良好
2	张三1	语文	女	23	81.99	张三1的语文成绩是：优秀
3	张三1	数学	男	20	66.59	张三1的数学成绩是：良好
4	张三1	数学	女	21	93.29	张三1的数学成绩是：优秀
5	张三1	外语	男	26	62.03	张三1的外语成绩是：良好
6	张三1	外语	女	26	88.29	张三1的外语成绩是：优秀
7	张三1	综合	男	30	86.42	张三1的综合成绩是：优秀
8	张三1	综合	女	24	95.7	张三1的综合成绩是：优秀
9	张三2	语文	男	27	66.5	张三2的语文成绩是：良好
10	张三2	语文	女	26	70.87	张三2的语文成绩是：良好

▲ 圖 5-20

第 2 部分是使用 QSqlQuery 建立資料庫，詳見 createRelationalTables() 函式。在這個函式中建立關聯式資料庫，student2、sex 和 subject 是 3 個有關係的表格。程式碼如下：

```python
def createRelationalTables():
    query = QSqlQuery()

    query.exec('drop table student2')
    query.exec("create table student2(id int primary key, name varchar(20),
sex int, subject int, score float )")

    id = 0
    for name in ['張三','李四','王五','趙六']:
        sex = id %2
        print(sex)
        for subject in range(3):
            id += 1
            score = random.randint(70,100)
            query.exec(f"insert into student2 values({id}, '{name}', {sex},
{subject}, {score})")

    query.exec('drop table sex')
```

```
query.exec("create table sex(id int, name varchar(20))")
query.exec("insert into sex values(1, '男')")
query.exec("insert into sex values(0, '女')")

query.exec('drop table subject')
query.exec("create table subject(id int, name varchar(20))")
query.exec("insert into subject values(0, '電腦科學與技術')")
query.exec("insert into subject values(1, '生物工程')")
query.exec("insert into subject values(2, '物理學')")
```

使用 QSqlQuery 建立的表格如圖 5-21 所示，student2 資料表中的 sex
列和 subject 列是外鍵，和 sex 資料表與 subject 資料表中的 id 對應。

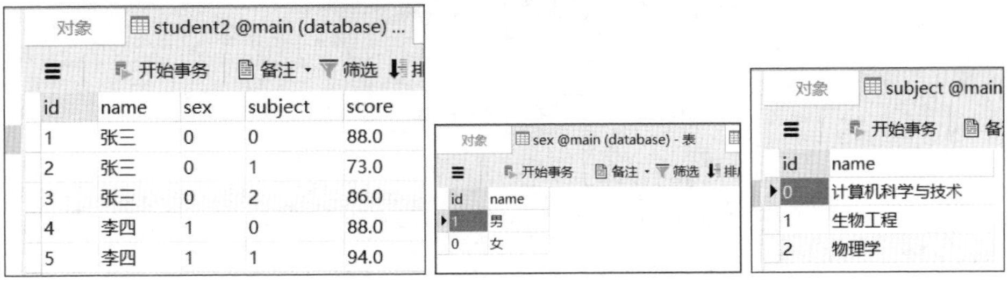

▲ 圖 5-21

上面程式碼的執行程式如下：

```
if __name__ == "__main__":
    app = QApplication(sys.argv)
    db = QSqlDatabase.addDatabase('QSQLITE')
    db.setDatabaseName('./db/database.db')
    # db.setDatabaseName(':memory:')
    if db.open() is not True:
        QMessageBox.critical(QWidget(), "警告", "資料連接失敗，程式即將退出")
        exit()

    createDataPandas()
    createRelationalTables()
```

5.10.4 資料庫模型

除了 QSqlQuery，Qt 中還提供了 3 個用於存取資料庫的更高級別的
類別，分別為 QSqlQueryModel、QSqlTableModel 和 QSqlRelationalTable
Model。這 3 個類別的結構關係如圖 5-22 所示，作用如表 5-22 所示。

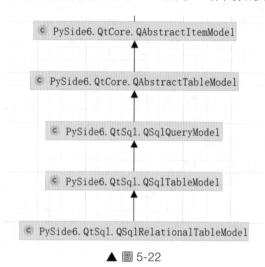

▲ 圖 5-22

表 5-22

類別	描　述
QSqlQueryModel	基於任意 SQL 查詢的唯讀模型
QSqlTableModel	適用於單一資料表的讀 / 寫模型
QSqlRelationalTableModel	具有外鍵支援的 QSqlTableModel 子類別

這些類別衍生自 QAbstractTableModel（QAbstractTableModel 又繼承
自 QAbstractItemModel），可以輕鬆地在項目視圖類別（如 QListView 和
QTableView）中呈現來自資料庫的資料。本章之前介紹的關於模型的很
多用法在這裡都可以直接使用。

使用這些類別可以使程式碼更容易適應其他資料來源。舉例來說，
如果使用 QSqlTableModel 並且後來決定使用 XML 檔案而非資料庫來儲
存資料，那麼從本質上來說只是將一個資料模型替換為另一個資料模型。

下面對這幾個模型介紹。

1. 查詢模型 QSqlQueryModel

QSqlQueryModel 的查詢函式 setQuery() 用來實作資料庫查詢功能，具體如下：

```
"""
setQuery(self, query: PySide6.QtSql.QSqlQuery) -> None
setQuery(self, query: str, db: PySide6.QtSql.QSqlDatabase =
Default(QSqlDatabase)) -> None
"""
```

使用 setQuery() 函式設定查詢後，可以使用 record(int) 存取單筆記錄，具體如下：

```
model = QSqlQueryModel()
model.setQuery("SELECT * FROM person")

for i in range(model.rowCount()):
    id = model.record(i).value("id")
    name = model.record(i).value("firstName")
print(id,name)

# out put
"""
101 Danny
102 Christine
103 Lars
104 Roberto
105 Maria
"""
```

上面介紹的是 str 方式的使用方法，如前所示，setQuery() 函式還有一種多載方式，它接收一個 QSqlQuery 物件並結果集操作，可以借助 QSqlQuery 的功能來實作更強大的查詢。

此外，也可以使用 QSqlQueryModel.data() 函式和從 QAbstractItem
Model 繼承的任何其他函式。如圖 5-23 所示，這兩種方式的執行效果是
一樣的。所以，也可以使用 QAbstractItemModel.data() 函式等來獲取與操
作資料。

```
In  [6]:  model.record(4).value("firstName")
Out[6]:  'Maria'

In  [7]:  model.data(model.index(4,1))
Out[7]:  'Maria'
```

▲ 圖 5-23

QSqlQueryModel 預設為唯讀。要使其讀取 / 寫，則必須對其進
行子類別化並重新實作函式 setData() 和 flags()。另一種選擇是使用
QSqlTableModel，它提供基於單一資料庫資料表的讀 / 寫模型。

2. 單資料表讀 / 寫模型 QSqlTableModel

QSqlTableModel 提供了一個讀 / 寫模型，一次只在一個 SQL 資
料表上工作。QSqlTableModel 是 QSqlQueryModel 的子類別，所以
QSqlQueryModel 的所有函式都適用於 QSqlTableModel。QSqlTableModel
特有的一些用法如下所示：

```python
model = QSqlTableModel()
model.setTable("person")
model.setFilter("id > 103")
model.setSort(1, Qt.DescendingOrder)
model.select()

for i in range(model.rowCount()):
    id = model.record(i).value("id")
    name = model.record(i).value("firstName")
print(id,name)
# out put
#104 Roberto
#105 Maria
```

上述程式碼中的 setTable() 函式用於切換要操作的資料庫資料表，setFilter() 函式用於設定篩檢程式，setSort() 函式用於修改排序順序。最後必須使用 select() 函式用資料填充模型，從功能上來說是把 setTable / setFilter / setSort 轉化成 SQL 語句並執行 select 操作。

QSqlTableModel 是 QSqlQuery 的進階替代方案，用於導覽和修改單一 SQL 資料表。這裡並沒有使用 SQL 的語法知識，這種進階封裝會減少很多程式碼數量，用起來非常方便。

使用 QSqlTableModel.record() 函式可以檢索資料表中的一行，使用 setRecord() 函式可以修改該行。舉例來說，以下程式碼將使每位員工的薪水增加 10%：

```
for i in range(model.rowCount()):
    record = model.record(i)
    salary = record.value("salary")
    record.setValue("salary", salary*1.1)
    model.setRecord(i, record)
model.submitAll()
```

同樣，還可以使用繼承自 QAbstractItemModel 的函式 data() 和 setData() 來存取與操作資料。舉例來說，data() 函式的用法如圖 5-24 所示，其效果和 record() 函式的效果相同。

```
In  [15]:  model.record(1).value("firstName")
 Out[15]:  'Maria'

In  [17]:  model.data(model.index(1, 1))
 Out[17]:  'Maria'
```

▲ 圖 5-24

下面使用 setData() 函式更新記錄，結果和 setRecord() 函式的結果相同：

```
salary = model.data(model.index(row,column))
model.setData(model.index(row, column), salary*1.1)
model.submitAll()
```

也可以使用其他方法（如 insertRows() 函式）插入一行並填充：

```
model.insertRows(row, 1)
model.setData(model.index(row, 0), 107)
model.setData(model.index(row, 1), "Peter")
model.setData(model.index(row, 2),「Gordon」)
model.setData(model.index(row, 2), 8080)
model.submitAll()
```

使用 removeRows() 函式刪除 5 個連續行，第 1 個參數是要刪除的第 1 行的索引：

```
model.removeRows(row, 5)
model.submitAll()
```

當完成更改記錄時，需要呼叫 submitAll() 函式確保將更改寫入資料庫中。何時及是否真正需要呼叫 submitAll() 函式取決於資料表的編輯策略。

預設策略是 QSqlTableModel.OnRowChange（指定當使用者選擇其他行時，將暫停的更改應用於資料庫）。其他可選策略包括是 OnManualSubmit（所有更改都快取在模型中，直到呼叫 submitAll() 函式）和 OnFieldChange（不快取更改）。當 QSqlTableModel 與視圖一起使用時，可以有選擇性地使用這些策略。

OnFieldChange 策略雖然可以不用呼叫 submitAll() 函式，但是其有以下兩個缺點。

- 如果沒有任何快取，則性能可能會顯著下降。
- 如果修改主鍵，則在嘗試填充記錄時，該記錄可能會遺失。

3. 關聯式資料庫模型 QSqlRelationalTableModel

QSqlRelationalTableModel 擴充 QSqlTableModel 以提供對外鍵的支援。因為 QSqlRelationalTableModel 是 QSqlTableModel 的子類別，是 QSqlQueryModel 的孫類別，所以 QSqlTableModel 和 QSqlQueryModel 的所有內容都適用於 QSqlRelationalTableModel。接下來重點介紹 QSqlRelationalTableModel 特有的外鍵。外鍵是一個資料表中的欄位與另一個資料表的主鍵欄位之間的一對一映射。舉例來說，如果 book 資料表的 authorid 欄位引用了 author 資料表的 id 欄位，則把 authorid 看作外鍵。

如圖 5-25 所示，左側的截圖顯示了 QTableView 中普通的 QSqlTableModel。外鍵不會解析為人類讀取的值。右側的截圖顯示了一個 QSqlRelationalTableModel，City 和 Country 這兩個外鍵被解析為人類讀取的文字字串。

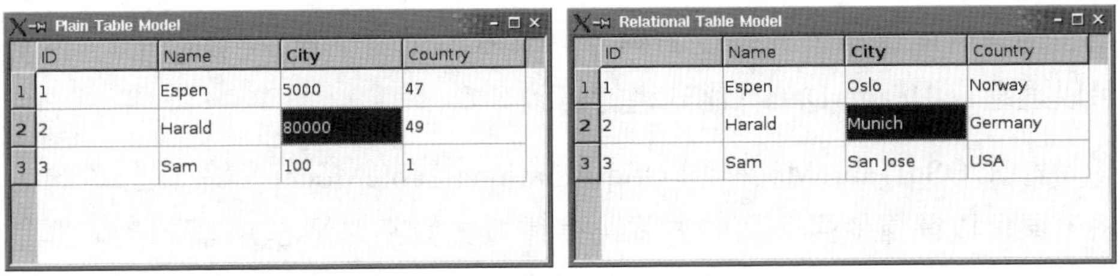

▲ 圖 5-25

外鍵的使用方法如下：

```
model = QSqlRelationalTableModel()
model.setTable("employee")
model.setRelation(2, QSqlRelation("city", "id", "name"))
model.setRelation(3, QSqlRelation("country", "id", "name"))
```

5.10.5 資料庫模型與視圖的結合

QSqlQueryModel、QSqlTableModel 和 QSqlRelationalTableModel 可以用作 Qt 的視圖類別（如 QListView、QTableView 和 QTreeView）的資

料來源。在實踐中，使用最多的是 QTableView，因為 SQL 結果集從本質上來説是一個二維資料結構。接下來介紹 QTableView 與資料庫模型結合的使用方法。

使用 QSqlQueryModel 的一般方法如下：

```
model = QSqlQueryModel()
model.setQuery("SELECT firstName, lastName, salary FROM person")
model.setHeaderData(0, Qt.Horizontal, "姓氏")
model.setHeaderData(1, Qt.Horizontal, "名字")
model.setHeaderData(2, Qt.Horizontal, "薪酬")

view = QTableView()
view.setModel(model)
view.show()
```

在上述程式碼中，只有 setHeaderData() 函式還沒有介紹，表格標題預設為資料庫資料表的欄位名稱，這個名稱可能不是我們想要的，但是可以透過 setHeaderData() 函式進行修改。

對於 QSqlTableModel 和 QSqlRelationalTableModel，除了上面的方法，還可以選擇使用下面的方式，這種方式對不熟悉 SQL 語句的人非常友善，以 QSqlTableModel 為例詳細説明：

```
model = QSqlTableModel()
model.setTable("person")
model.setEditStrategy(QSqlTableModel.OnManualSubmit)
model.select()
model.setHeaderData(0, Qt.Horizontal, "firstName")
model.setHeaderData(1, Qt.Horizontal, "lastName")
model.setHeaderData(2, Qt.Horizontal, "Salary")

view = QTableView()
view.setModel(model)
view.hideColumn(0) # don't show the ID
view.show()
```

QSqlTableModel 和 QSqlRelationalTableModel 預設支援讀 / 寫，視圖允許使用者編輯欄位，可以透過以下程式碼禁用此功能：

```
view.setEditTriggers(QAbstractItemView.NoEditTriggers)
```

就像對 QTableView 綁定的其他模型一樣，可以將資料庫模型用作多個視圖的資料來源。如果使用者透過其中一個視圖完成了編輯變更，那麼其他視圖會立刻反映並更改。

QTableView 在左側還有一個垂直標題，用數字識別碼行。如果使用 QSqlTableModel. insertRows() 以程式設計方式插入行，那麼新行將用星號（*）標記，直到使用 submitAll() 函式提交或在使用者移到另一筆記錄時自動提交（假設編輯策略為 QSqlTableModel. OnRowChange），如圖 5-26 所示。

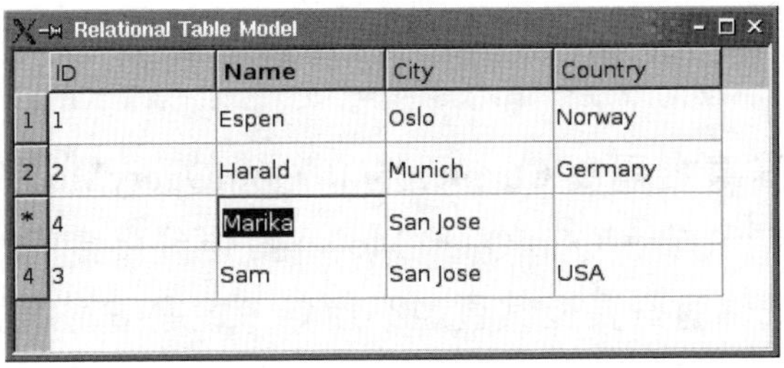

▲ 圖 5-26

同樣，如果使用 removeRows() 函式刪除行，那麼這些行將用驚嘆號（!）標記，直到提交更改。

QTableView 視圖使用預設委託 QStyledItemDelegate，這種委託在 5.3 節和 5.9 節中已經介紹過。使用 QStyledItemDelegate 可以處理並顯示最常見的資料型態（int、str、QImage 等），並對編輯提供一些標準化的控制項。如果需要更高的顯示效果及更複雜的編輯器需求，則可以考慮使用自訂委託。關於委託及自訂委託的詳細內容，請參考本章之前的相關內容。

QSqlTableModel 被最佳化為一次對單一資料表操作。如果需要一個支援多資料表操作的讀 / 寫模型，則可以繼承 QSqlQueryModel 並重新實作函式 flags() 和 setData()，以開啟它的讀 / 寫功能。關於這部分內容可以參考 5.8 節。

使用 QSqlRelationalTableModel 可以將外鍵解析為更人性化的字串，為了獲得最佳效果，還應該結合使用 QSqlRelationalDelegate，這個委託為編輯外鍵提供了下拉式方塊，如圖 5-27 所示。

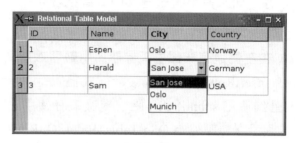

▲ 圖 5-27

✎ 案例 **5-11** QSqlQueryModel 分頁視圖查詢

本案例的檔案名稱為 Chapter05/qt_QSqlQueryModel.py，用於演示 QTableView 控制項結合 QSqlQueryModel 實作分頁查詢的使用方法。雖然本案例的程式碼有些長但其實並不複雜，這裡僅對重點部分介紹。執行效果如圖 5-28 所示。

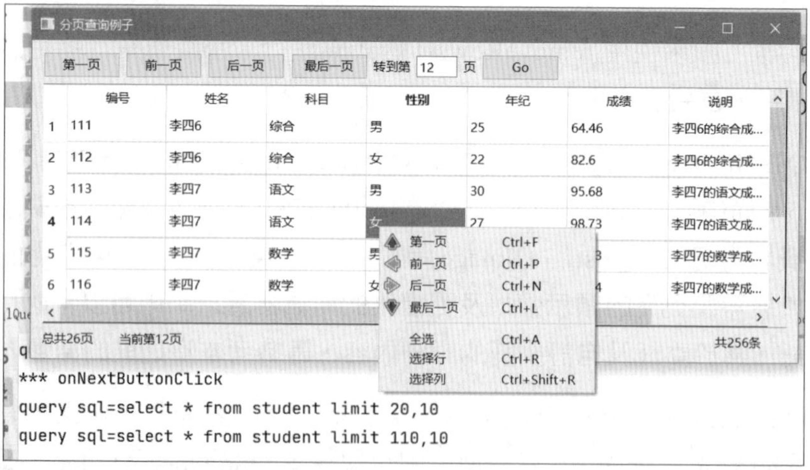

▲ 圖 5-28

本案例使用的資料庫檔案位於 Chapter05/db/database.db 中，該檔案由 Chapter05/qt_ creatSql.py 中的 createDataPandas() 函式建立，如果這個資料庫檔案不存在，則重新執行 qt_creatSql.py 檔案。

首先獲取資料庫中 student 資料表的總行數，最終 rowCount 傳回的數字在圖 5-28 的右下角的「共 256 筆」中顯示。獲取方法如下：

```
# 得到總記錄數
self.totalRecrodCount = self.getTotalRecordCount()

# 得到記錄數
def getTotalRecordCount(self):
    self.queryModel.setQuery('select count(*) from student')
    rowCount = self.queryModel.record(0).value(0)
    print('rowCount=' + str(rowCount))
    return rowCount
```

然後根據總行數獲取總頁數，本案例的 self.PageRecordCount 預設為 10，此處 self.totalPage 對應的值是 26：

```
# 得到總頁數
self.totalPage = int(self.totalRecrodCount / self.PageRecordCount + 0.5)
```

頁數與行數有嚴格的對應關係，我們看到的是哪一頁的資料，但是 SQL 看到的是有多少行資料。因此，當點擊「後一頁」按鈕之後，需要把當前頁的頁數轉為行數，透過 recordQuery() 函式執行資料庫：

```
# 點擊「後一頁」按鈕
def onNextButtonClick(self):
    print('*** onNextButtonClick ')
    limitIndex = self.currentPage * self.PageRecordCount
    self.recordQuery(limitIndex)
    self.currentPage += 1
    self.updateStatus()
```

recordQuery() 函式執行的是一些資料庫語句，szQuery 的其中一個範例為 query sql=select * from student limit 20,10，這是標準的 SQL 語句。

透過 setQuery(szQuery) 函式執行查詢，查詢結果透過模型 / 資料功能自動呈現在表格上，這就是其中一頁的工作原理。程式碼如下：

```
# 記錄查詢
def recordQuery(self, limitIndex):
    szQuery = ("select * from student limit %d,%d" % (limitIndex, self.
PageRecordCount))
    print('query sql=' + szQuery)
    self.queryModel.setQuery(szQuery)
```

每次執行查詢之後都要更新當前狀態，這些狀態包括當前的頁面資訊、部分按鈕控制項的可用性等。舉例來説，如果當前頁面是第 1 頁，那麼「上一頁」按鈕和「第一頁」按鈕應該不可使用，這樣才符合邏輯。程式碼如下：

```
# 更新狀態
def updateStatus(self):
    szCurrentText = ("當前第 %d 頁" % self.currentPage)
    self.currentPageLabel.setText(szCurrentText)

    # 設定按鈕是否可用
    if self.currentPage == 1:
        self.firstButton.setEnabled(False)
        self.prevButton.setEnabled(False)
        self.nextButton.setEnabled(True)
        self.lastButton.setEnabled(True)
    elif self.currentPage >= self.totalPage - 1:
        self.firstButton.setEnabled(True)
        self.prevButton.setEnabled(True)
        self.nextButton.setEnabled(False)
        self.lastButton.setEnabled(False)
    else:
        self.firstButton.setEnabled(True)
        self.prevButton.setEnabled(True)
        self.nextButton.setEnabled(True)
        self.lastButton.setEnabled(True)
```

需要注意其他按鈕，如「上一頁」按鈕、「第一頁」按鈕、「最後一頁」按鈕和 Go 按鈕，這些按鈕的作用和之前的一樣，透過目標頁數計算目標行數，並呼叫函式 recordQuery() 和 updateStatus()。

最後建立右鍵選單，可以參考 5.1.6 節的部分內容，程式碼如下：

```python
# 右鍵選單
self.menu = self.generateMenu()
###### 允許右鍵產生子功能表
self.tableView.setContextMenuPolicy(Qt.CustomContextMenu)
self.tableView.customContextMenuRequested.connect(self.showMenu) #### 右鍵選單

# 設定右鍵選單
def generateMenu(self):
    menu = QMenu(self)
    menu.addAction(QIcon("images/up.png"), '第一頁', self.onFirstButtonClick,
QKeySequence(Qt.CTRL | Qt.Key_F))
    menu.addAction(QIcon("images/left.png"), '前一頁', self.onPrevButtonClick,
QKeySequence(Qt.CTRL | Qt.Key_P))
    menu.addAction(QIcon("images/right.png"), '後一頁', self.onNextButtonClick,
QKeySequence(Qt.CTRL | Qt.Key_N))
    menu.addAction(QIcon("images/down.png"), '最後一頁', self.onLastButtonClick,
QKeySequence(Qt.CTRL | Qt.Key_L))
    menu.addSeparator()
    menu.addAction('全選', lambda: self.tableView.selectAll(), QKeySequence
(Qt.CTRL | Qt.Key_A))
    menu.addAction('選擇行', lambda: self.tableView.selectRow(self.tableView.
currentIndex().row()),
                   QKeySequence(Qt.CTRL | Qt.Key_R))
    menu.addAction('選擇列', lambda: self.tableView.selectColumn(self.
tableView.currentIndex().column()),
                   QKeySequence(Qt.CTRL | Qt.SHIFT | Qt.Key_R))
    return menu

def showMenu(self, pos):
    self.menu.exec(QCursor.pos())    # 顯示選單
```

如果要為這個 demo 提供編輯功能，最簡單的方法是把 QSqlQuery Model 替換成 QSqlTableModel，並把所有與 setQuery() 函式有關的語句替換成類似以下形式：

```
# setQuery('select count(*) from student')          # 原來的方法
setQuery(QSqlQuery('select count(*) from student'))  # 現在的方法
```

　　詳見檔案 Chapter05/qt_QSqlTableModelError.py。執行該檔案，可以
看到它確實實作了編輯功能，所見即所得。但是，實際上這個程式是有
問題的：首先，這個檔案的編輯功能只能使用一次，提交之後就不能再
使用；其次，觸發編輯功能之後，觸發編輯的行永遠不會消失，會引起
視圖結構混亂。如圖 5-29 所示，對第 1 行實作編輯之後，其在後面就不
會消失，其他行顯示正常。

▲ 圖 5-29

　　為什麼會存在這個問題呢？這實際上是因為 QSqlTableModel 的用法
是錯誤的，下面對比兩者的用法：

```
# QSqlQueryModel 的用法
model = QSqlQueryModel()
model.setQuery("SELECT firstName, lastName, salary FROM person")

# QSqlTableModel 的用法
model = QSqlTableModel()
model.setTable("person")
model.select()

# 模型綁定視圖
view = QTableView()
```

```
view.setModel(model)
view.show()
```

可以看到，對 QSqlTableModel 來說，它只有一個資料表的概念，沒有頁的概念，也就是說，它一次只能顯示一個資料表，雖然可以對這個資料表增加過濾及排序行為，但是沒有辦法分頁顯示。

如何為案例 5-11 增加編輯功能呢？這就需要使用自訂模型，可以繼承 QSqlQueryModel 並增加編輯功能。案例 5-12 介紹 QSqlTableModel 的用法。

✎ 案例 5-12 QSqlTableModel 排序過濾資料表

本案例的檔案名稱為 Chapter05/qt_QSqlTableModel.py，用於演示 QTableView 控制項結合 QSqlTableModel 實作整個表格的排序與過濾篩選的功能。雖然本案例的程式碼有些長但其實並不複雜，這裡僅對重點部分介紹。執行效果如圖 5-30 所示。

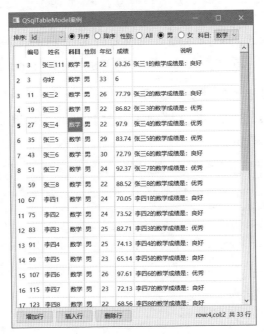

▲ 圖 5-30

如圖 5-30 所示，最上面的按鈕用於實作表格的排序與過濾功能，中間部分是 QTableView 主題，最下面的按鈕用於實作表格行的編輯行為。

和案例 5-11 一樣，本案例使用的資料庫同樣來自 Chapter05/qt_creatSql.py 檔案中的 createDataPandas() 函式，其檔案放在 Chapter05/db/database.db 中，如果這個檔案不存在，則重新執行 qt_creatSql.py 檔案。

一是選取表格，這裡使用的是 student 資料表，設定中文標頭和編輯策略，程式碼如下：

```
self.model = QSqlTableModel()
self.model.setTable('student')
self.model.setHeaderData(0, Qt.Horizontal, "編號")
self.model.setHeaderData(1, Qt.Horizontal, "姓名")
self.model.setHeaderData(2, Qt.Horizontal, "科目")
self.model.setHeaderData(3, Qt.Horizontal, "性別")
self.model.setHeaderData(4, Qt.Horizontal, "年紀")
self.model.setHeaderData(5, Qt.Horizontal, "成績")
self.model.setHeaderData(6, Qt.Horizontal, "說明")
self.model.setEditStrategy(QSqlTableModel.OnRowChange)
```

這裡使用預設的編輯策略，也就是行發生變化就確認修改，關於編輯策略的更多內容請參考 5.10.4 節中的 QSqlTableModel 部分。

這個程式最核心的是表格的更新，這裡只是透過最上面的按鈕對函式 setFilter() 和 setSort() 進行稍微複雜的封裝，並透過 select() 函式獲取表格資料，程式碼如下：

```
def onUpdate(self):
    if self.filterSex == '' and self.filterSubject == '':
        textFilter = ''
    elif self.filterSex != '' and self.filterSubject != '':
        textFilter = self.filterSex + ' and ' + self.filterSubject
    else:
        textFilter = self.filterSex + self.filterSubject
    self.model.setFilter(textFilter)
```

```
if self.sortType == '昇冪':
    self.model.setSort(self.comboBoxSort.currentIndex(), Qt.AscendingOrder)
else:
    self.model.setSort(self.comboBoxSort.currentIndex(), Qt.DescendingOrder)
self.model.select()

self.labelCount.setText(f'共 {self.model.rowCount()} 行')
```

最上面的按鈕由以下控制群組組成：

```
# 排序：欄位排序
labelSort = QLabel('排序:')
self.comboBoxSort = QComboBox()
self.comboBoxSort.addItems(self.fieldList)
self.comboBoxSort.setCurrentText(self.fieldList[0])
layoutSort = QHBoxLayout()
layoutSort.addWidget(labelSort)
layoutSort.addWidget(self.comboBoxSort)
self.comboBoxSort.currentIndexChanged.connect(lambda :self.onSort(self.
sortType))

# 排序：昇冪或降冪
buttonGroupSort = QButtonGroup(self)
radioAsecend = QRadioButton("昇冪")
radioAsecend.setChecked(True)
buttonGroupSort.addButton(radioAsecend)
radioDescend = QRadioButton("降冪")
buttonGroupSort.addButton(radioDescend)
layoutSort.addWidget(radioAsecend)
layoutSort.addWidget(radioDescend)
buttonGroupSort.buttonClicked.connect(lambda button: self.onSort(button.
text()))

# 性別篩選按鈕
buttonGroupSex = QButtonGroup(self)
layoutSexButton = QHBoxLayout()
layoutSexButton.addWidget(QLabel('性別:'))
radioAll = QRadioButton("All")
radioAll.setChecked(True)
buttonGroupSex.addButton(radioAll)
```

```
layoutSexButton.addWidget(radioAll)
radioMen = QRadioButton("男")
buttonGroupSex.addButton(radioMen)
layoutSexButton.addWidget(radioMen)
radioWomen = QRadioButton("女")
buttonGroupSex.addButton(radioWomen)
layoutSexButton.addWidget(radioWomen)
buttonGroupSex.buttonClicked.connect(self.onFilterSex)

# 科目過濾
labelSubject = QLabel('科目:')
self.comboBoxSubject = QComboBox()
self.comboBoxSubject.addItems(['All', '語文', '數學', '外語', '綜合'])
self.comboBoxSubject.setCurrentText('All')
self.comboBoxSubject.currentTextChanged.connect(self.onSubjectChange)
layoutSubject = QHBoxLayout()
layoutSubject.addWidget(labelSubject)
layoutSubject.addWidget(self.comboBoxSubject)

# 最上面按鈕的管理
layoutOne = QHBoxLayout()
layoutOne.addLayout(layoutSort)
layoutOne.addLayout(layoutSexButton)
layoutOne.addLayout(layoutSubject)
layoutOne.addStretch(1)
```

它們分別透過觸發槽函式 onSort()、onFilterSex() 和 onSubjectChange()，以及 onUpdate() 函式更新表格，程式碼如下：

```
def onSort(self, sortType='昇冪'):
    self.sortType = sortType
    self.onUpdate()

def onFilterSex(self, button: QRadioButton):
    text = button.text()
    if text != 'All':
        self.filterSex = f'sex="{button.text()}"'
    else:
        self.filterSex = ''
```

```
        self.onUpdate()

def onSubjectChange(self, text):
    if text != 'All':
        self.filterSubject = f'subject="{text}"'
    else:
        self.filterSubject = ''
    self.onUpdate()
```

需要注意的是，如果要實作排序，則需要獲取標頭名稱，可以透過 self.model.record() 函式獲取，這裡不傳遞參數即可獲取資料表標頭資訊，程式碼如下：

```
fileRecord = self.model.record()
self.fieldList = []
for i in range(fileRecord.count()):
    name = fileRecord.fieldName(i)
    self.fieldList.append(name)
```

二是最後一行的行編輯功能，這些功能和使用其他模型沒有區別。需要注意的是，因為這個表格比較長，所以如果想在尾部增加新行，則需要導覽到尾部，這裡使用的是 scrollToBottom() 函式（其實這樣做沒有什麼意義，無論是在尾部增加還是在中間位置插入，在資料庫中都是新增到最後一行，只是這裡看到的暫時不一樣），程式碼如下：

```
# 增 / 刪按鈕管理
self.buttonAddRow = QPushButton('增加行')
self.buttonInsertRow = QPushButton('插入行')
self.buttonDeleteRow = QPushButton('刪除行')
self.buttonAddRow.clicked.connect(self.onAdd)
self.buttonInsertRow.clicked.connect(self.onInsert)
self.buttonDeleteRow.clicked.connect(self.onDelete)
layoutEdit = QHBoxLayout()
layoutEdit.addWidget(self.buttonAddRow)
layoutEdit.addWidget(self.buttonInsertRow)
layoutEdit.addWidget(self.buttonDeleteRow)
```

```
def onAdd(self):
    self.tableView.scrollToBottom()
    rowCount = self.model.rowCount()
    self.model.insertRow(rowCount)

def onInsert(self):
    index = self.tableView.currentIndex()
    row = index.row()
    self.model.insertRow(row)

def onDelete(self):
    index = self.tableView.currentIndex()
    row = index.row()
    self.model.removeRow(row)
```

三是右下角的行 / 列明細標籤，使用 selectModel.currentChanged 訊號可以觸發 item 的行 / 列變更情況，程式碼如下：

```
# 明細標籤
self.labelCount = QLabel('共 xxx 行 ')
self.labelCurrent = QLabel('row:,col:')
layoutEdit.addWidget(self.labelCurrent)
layoutEdit.addWidget(self.labelCount)
selectModel = self.tableView.selectionModel()
selectModel.currentChanged.connect(self.onCurrentChange)

def onCurrentChange(self, current: QModelIndex, previous: QModelIndex):
    self.labelCurrent.setText(
f'row:{current.row()},col:{current.column()}')
```

至此，圖 5-30 中的所有控制項及其功能就介紹完畢。

✎ 案例 5-13 QSqlRelationalTableModel 關係表單

本案例的檔案名稱為 Chapter05/qt_QSqlRelationalTableModel.py，用於演示 QTableView 控制項結合 QSqlRelationalTableModel 實作關聯式資料庫外鍵的使用方法，程式碼如下：

```
class SqlRelationalTableDemo(QMainWindow):
    def __init__(self, parent=None):
        super(SqlRelationalTableDemo, self).__init__(parent)
        self.setWindowTitle("QSqlRelationalTableModel 案例")
        self.resize(550, 600)
        self.initModel()
        self.createWindow()

    def initModel(self):
        self.model = QSqlRelationalTableModel()
        self.model.setTable("student2")
        self.model.setRelation(2, QSqlRelation("sex", "id", "name"))
        self.model.setRelation(3, QSqlRelation("subject", "id", "name"))
        self.model.setHeaderData(0, Qt.Horizontal, "編號")

        self.model.setHeaderData(1, Qt.Horizontal, "姓名")
        self.model.setHeaderData(2, Qt.Horizontal, "性別")
        self.model.setHeaderData(3, Qt.Horizontal, "科目")
        self.model.setHeaderData(4, Qt.Horizontal, "成績")
        self.model.select()

    def createWindow(self):
        self.tableView = QTableView()
        self.tableView.setModel(self.model)
        self.tableView.setItemDelegate(QSqlRelationalDelegate(self.tableView))
        self.tableView.horizontalHeader().setSectionResizeMode
(QHeaderView.Stretch)

        self.tableView2 = QTableView()
        self.tableView2.setModel(self.model)
        self.tableView2.horizontalHeader().setSectionResizeMode
(QHeaderView.Stretch)

        self.tableView3 = QTableView()
        model3 = QSqlRelationalTableModel()
        model3.setTable('student2')
        model3.select()
        self.tableView3.setModel(model3)
```

```
            self.tableView3.horizontalHeader().setSectionResizeMode
    (QHeaderView.Stretch)

        layout = QVBoxLayout()
        layout.addWidget(self.tableView)
        layout.addSpacing(10)
        layout.addWidget(self.tableView2)
        layout.addSpacing(10)
        layout.addWidget(self.tableView3)
        widget = QWidget()
        self.setCentralWidget(widget)
        widget.setLayout(layout)


if __name__ == "__main__":
    app = QApplication(sys.argv)
    db = QSqlDatabase.addDatabase('QSQLITE')
    db.setDatabaseName('./db/database.db')
    if db.open() is not True:
        QMessageBox.critical(QWidget(), "警告", "資料連接失敗，程式即將退出")
        exit()
    demo = SqlRelationalTableDemo()
    demo.show()
    sys.exit(app.exec())
```

執行腳本，顯示效果如圖 5-31 所示。

如圖 5-31 所示，本案例建立了 3 個資料表，第 1 個資料表包含本案例想要展示的所有內容，其他兩個資料表都是用來對比的。下面對本案例的程式碼進行簡介。

本案例使用的資料庫來自 Chapter05/qt_creatSql.py 檔案中的 createRelationalTables() 函式，涉及 student2、sex 和 subject 這 3 個資料表的內容。其檔案放在 Chapter05/db/database.db 中，如果這個檔案或相關資料表不存在，則重新執行 qt_creatSql.py 檔案。

	編號	姓名	性別	科目	成績	
1	1	张三	男	計算機科學與...	90	
2	2	张三	男	生物工程	71	
3	3	张三	男	生物工程	93	
4	4	李四	男	計算機科學與...	94	
5	5	李四	男	生物工程	96	

	編號	姓名	性別	科目	成績	
1	1	张三	男	計算機科學與...	90	
2	2	张三	男	生物工程	71	
3	3	张三	男	生物工程	93	
4	4	李四	男	計算機科學與...	94	
5	5	李四	男	生物工程	96	

	id	name	sex	subject	score	
1	1	张三	1	0	90	
2	2	张三	1	1	71	
3	3	张三	1	1	93	
4	4	李四	1	0	94	
5	5	李四	1	1	96	

▲ 圖 5-31

　　第 1 個資料表和第 2 個資料表使用同一個模型實例，所以它們的變化完全同步。第 1 個資料表和第 2 個資料表的不同之處是，第 1 個資料表使用 QSqlRelationalDelegate 委託，並為視圖建立了良好的編輯體驗。這個委託的使用方式如下：

```
self.tableView.setItemDelegate(QSqlRelationalDelegate(self.tableView))
```

　　兩者之間的編輯效果的差異如圖 5-32 所示。

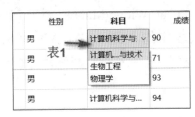

▲ 圖 5-32

第 1 個資料表和第 3 個資料表使用同一個模型的不同實例物件,所以資料變化不會同步;因為第 3 個資料表的模型沒有設定外鍵,所以該資料表就是一個普通表格,是第 1 個資料表原始的樣子。第 1 個資料表的外鍵的使用方式如下:

```
self.model.setTable("student2")
self.model.setRelation(2, QSqlRelation("sex", "id", "name"))
self.model.setRelation(3, QSqlRelation("subject", "id", "name"))
```

下面對上述程式碼進行解釋:以第 2 行為例,setRelation() 函式指定第 3 列(列編號從 0 開始)作為 student2 資料表的外鍵,QSqlRelation 將這個外鍵與 sex 資料表的 id 對應,但是它會顯示為 sex 資料表的 name,也就是會顯示為「男」或「女」。

綜上,對資料庫模型的基礎部分就介紹完畢,下面會介紹有關這方面的兩個要點,即表單和自訂資料庫模型,從而完成本章的收尾工作。

5.10.6 資料感知表單

5.10.5 節介紹了資料庫模型與視圖的結合,對某些應用程式來説,使用標準項目視圖(如 QTableView)顯示資料就已經足夠。但是,有些應用程式呈現的是一筆筆記錄,通常需要一個表單(這裡稱為資料感知表單)來實作編輯功能,這個表單呈現與編輯的是資料庫資料表中的一行或一列。

這種資料感知表單可以使用 QDataWidgetMapper 建立。QDataWidget Mapper 是一個通用的模型 / 視圖元件,可以實作將模型的部分資料映射到使用者介面的特定小元件上。QDataWidgetMapper 對特定的資料庫資料表操作,逐行或逐列映射資料表中的項目。QDataWidgetMapper 結合資料庫模型的用法和其他資料表模型一樣。資料感知表單的效果如圖 5-33 所示。

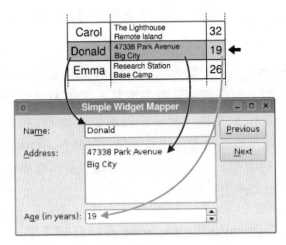

▲ 圖 5-33

當更改索引時，表單會根據模型中的資料進行對應的更新；當使用者編輯表單的內容時，QDataWidgetMapper 會即時把更改寫入模型中。使用 addMapping() 函式可以在小元件和模型中的部分資料之間增加映射，預設映射是一行，可以使用 setOrientation() 函式設定成一列。QDataWidgetMapper 的基本用法如下：

```
mapper = QDataWidgetMapper()
mapper.setModel(model)
mapper.addMapping(mySpinBox, 0)
mapper.addMapping(myLineEdit, 1)
mapper.toFirst()
```

如上所示，為 QDataWidgetMapper 綁定模型，這裡的第 3 行表示把模型中的第 1 列資料映射到控制項 mySpinBox，這樣模型和控制項就會產生相互感應的對應關係。

toFirst() 函式表示使用模型中的第 1 行資料填充感知表單，其他類似的函式還有 toNext()、toPrevious()、toLast() 和 setCurrentIndex()。

需要注意的是，這種功能和委託有些相似，都可以提供給使用者更好的編輯體驗。委託實作的是在清單視圖內部提供自訂控制項，而感知表單在表格之外提供自訂控制項。兩者修改資料都基於模型，所以可以基於同一個模型相互影響。

　　QDataWidgetMapper 支 援 兩 種 提 交 策 略，分 別 為 AutoSubmit 和 ManualSubmit：如果當前控制項失去焦點，那麼 AutoSubmit 會立即更新模型；ManualSubmit 則相反，需要主動觸發 submit() 函式之後才會更新模型，這種策略適用於使用者可以取消修改的情況。QDataWidgetMapper 會時刻追蹤模型的變化，如果其他程式修改了資料導致模型發生變化，那麼其映射的控制項也會更新。

✎ 案例 **5-14** QDataWidgetMapper 資料感知表單

　　本 案 例 的 檔 案 名 稱 為 Chapter05/qt_ QDataWidgetMapper.py，並 且建立在案例 5-13 的基礎之上。案例 5-13 舉出了 QTableView 控制項結合 QSqlRelationalTableModel 實作關聯式資料庫外鍵使用的方法。本案例在此基礎之上增加了資料感知表單，這種表單對使用者非常友善。執行效果如圖 5-34 所示。

▲ 圖 5-34

可以看到，左側的表格實作了外鍵顯示，並且左側表格的變化會導致右側表單的變化，反之則一樣。

QDataWidgetMapper 的使用本來是非常簡單的，但是這個案例因為涉及外鍵，所以需要提前說明以下幾點。

一是要在設定外鍵之前儲存外鍵的索引，因為透過 setRelation() 函式設定外鍵之後，其 fieldName 會發生變化，在本案例中由 sex 變成 sex_name_3，所以提前設定了 self.sexIndex 和 self.subjectIndex，程式碼如下：

```python
def initModel(self):
    self.model = QSqlRelationalTableModel()
    self.model.setTable("student2")
    self.sexIndex = self.model.fieldIndex('sex')
    self.subjectIndex = self.model.fieldIndex('subject')

    self.model.setRelation(self.sexIndex, QSqlRelation("sex", "id", "name"))
    self.model.setRelation(self.subjectIndex, QSqlRelation("subject", "id",
"name"))
    self.model.setHeaderData(0, Qt.Horizontal, "編號")
    self.model.setHeaderData(1, Qt.Horizontal, "姓名")
    self.model.setHeaderData(2, Qt.Horizontal, "性別")
    self.model.setHeaderData(3, Qt.Horizontal, "科目")
    self.model.setHeaderData(4, Qt.Horizontal, "成績")
    self.model.select()
```

二是使用 QDataWidgetMapper 建立模型與控制項之間的映射，除了 self.sexIndex 和 self.subjectIndex，還可以使用 model.fieldIndex() 函式獲取索引，程式碼如下：

```python
self.mapper = QDataWidgetMapper(self)
self.mapper.setModel(self.model)
self.mapper.setItemDelegate(self.delegate)
self.mapper.addMapping(self.idSpinBox, self.model.fieldIndex('id'))
self.mapper.addMapping(self.nameEdite, self.model.fieldIndex('name'))
self.mapper.addMapping(self.sexComboBox, self.sexIndex)
self.mapper.addMapping(self.subjectComboBox, self.subjectIndex)
```

```
self.mapper.addMapping(self.scoreSpinBox, self.model.fieldIndex('score'))
self.mapper.toFirst()
```

需要注意的是，對 QTableView 使用了 QSqlRelationalDelegate 委託，這裡也要使用委託，否則會影響模型態資料的雙向傳輸，所以這裡使用了同一個委託。

對於沒有外鍵對應的控制項，不需要特別設定。對於有外鍵的控制項，以 sexComboBox 為例，其設定的模型要使用外鍵對應的模型，這裡對應的是 relationModelSex。這個模型有多列資料，sexComboBox.setModelColumn 所在行的程式碼表示使用 name 列，程式碼如下：

```
self.nameEdite = QLineEdit()
formLayout.addRow('姓名',self.nameEdite)

self.sexComboBox = QComboBox()
relationModelSex = self.model.relationModel(self.sexIndex)
self.sexComboBox.setModel(relationModelSex)
self.sexComboBox.setModelColumn(relationModelSex.fieldIndex("name"))
formLayout.addRow('性別',self.sexComboBox)
```

三是訊號與槽的連接，使用 selectModel.currentRowChanged 訊號，當訊號發射後表單會自動更新，程式碼如下：

```
selectModel = self.tableView.selectionModel()
selectModel.currentRowChanged.connect(self.mapper.setCurrentModelIndex)
```

5.10.7 自訂模型與委託

上面介紹了資料庫模型結合視圖的標準用法，在一般情況下，使用這些工具就夠了。如果想要實作更複雜的功能，就需要自訂模型。回顧案例 5-11，如果要對這個案例增加編輯功能，那麼最佳方案是基於 QSqlQueryModel 實作自訂模型。此外，如果想要實作更好的編輯效果及視圖效果，就會涉及自訂委託功能。案例 5-15 會解決這兩個問題。

✎ 案例 5-15 資料庫自訂模型 + 委託案例

本案例的檔案名稱為 Chapter05/qt_QSqlCustomModelDelegate.py，
並且建立在案例 5-11 的基礎之上，對其增加編輯功能，同時提供更豐富
的視覺化效果和更好用的編輯控制項。執行效果如圖 5-35 所示。

▲ 圖 5-35

如圖 5-35 所示，實作了更好的視覺化與編輯效果。與案例 5-11 相
比，本案例只是多了自訂模型和自訂委託相關的程式碼。關於自訂模型
與委託的詳細內容請參考 5.8 節和 5.9 節，這裡只進行簡單的介紹。

關於自訂模型，筆者只是希望對 QSqlQueryModel 增加編輯功
能，因此只需要重寫 setData() 函式並在 flags() 函式中確保能傳回
Qt.ItemIsEditable，這裡開啟了「姓名」列、「科目」列、「年紀」列和
「成績」列的編輯功能。此外，如果希望能夠有更豐富的色彩顯示，就需
要改寫 data() 函式。這裡實作了對「編號」列增加首碼「#」，對「成績」
列四捨五入取整數，對「姓名」列和「成績」列顯示彩色文字。程式碼
如下：

```python
ID, NAME, SUBJECT, SEX, AGE, SCORE, DESCRIBE = range(7)

class CustomSqlModel(QSqlQueryModel):
    editSignal = Signal()
```

```python
    def __init__(self):
        super(CustomSqlModel, self).__init__()

    def data(self, index: QModelIndex, role=Qt.DisplayRole):
        value = QSqlQueryModel.data(self, index, role)

        # 調整資料顯示內容
        if value is not None and role == Qt.DisplayRole:
            if index.column() == ID:
                return '#' + str(value)
            elif index.column() == SCORE:
                return int(value + 0.5)

        # 設定前景顏色
        if role == Qt.ForegroundRole:
            if index.column() == NAME:
                return QColor(Qt.blue)
            elif index.column() == SUBJECT:
                return QColor(Qt.darkYellow)
            elif index.column() == SCORE:
                score = QSqlQueryModel.data(self, index, Qt.DisplayRole)
                if score < 80:
                    return QColor(Qt.black)
                elif score < 90:
                    return QColor(Qt.darkGreen)
                elif score < 100:
                    return QColor(Qt.red)
        return value

    def flags(self, index: QModelIndex):
        # 設定允許編輯的行
        flags = QSqlQueryModel.flags(self, index)
        if index.column() in [NAME, SUBJECT, AGE, SCORE]:
            flags |= Qt.ItemIsEditable
        return flags

    def setData(self, index: QModelIndex, value, role=Qt.EditRole):

        # 限制特定列才能編輯
```

```python
        if index.column() not in [NAME, SUBJECT, AGE, SCORE]:
            return False

        # 數值發生變化才可以編輯
        valueOld = self.data(index, Qt.DisplayRole)
        if valueOld == value:
            return False

        # 獲取目標行 / 列值
        primaryKeyIndex = QSqlQueryModel.index(self, index.row(), ID)
        id = self.data(primaryKeyIndex, role)
        fieldName = self.record().fieldName(index.column())

        # 修改行 / 列
        ok = self.setSqlData(id, fieldName, value)

        # 更新視圖
        self.editSignal.emit()
        return ok

def setSqlData(self, id: int, fieldName: str, value: str):
        query = QSqlQuery()
        _str = f"update student set {fieldName} = '{value}' where id = {id}"
        return query.exec(_str)
```

　　所有的編輯行為都要透過 setSqlData() 函式來實作，這個函式接收 id（索引值）、fieldName（欄位名稱）和 value（值），實作對欄位的特定索引賦值。需要注意的是，這裡沒有處理索引唯一性的問題，也就是說，如果 id 存在重複，那麼當其中一個 id 對應的欄位發生變化時，其他 id 對應的欄位也會發生變化，它們的值相同。

　　這裡使用 setSqlData() 函式對資料庫進行更新，但是視圖使用的依然是之前的資料，因此需要通知視圖更新資料。這裡使用自訂訊號，也就是程式碼中的 self.editSignal.emit()，它會發射一個資料更新完畢的訊號。

　　這個訊號會連接到程式的 onEditSignal() 函式，在這個函式中，可以透過 recordQuery() 函式從資料庫中獲取最新的資料來更新表格，並透過

updateStatus() 函式更新當前的視窗狀態，程式碼如下：

```
self.editModel.editSignal.connect(self.onEditSignal)
def onEditSignal(self):
    print('*** onEditSignal ')
    limitIndex = (self.currentPage - 1) * self.PageRecordCount
    self.recordQuery(limitIndex)
    self.updateStatus()
```

5.9 節介紹了兩種委託方式：一種是結合自訂模型的自訂委託，另一種是適用於通用模型的泛型委託。這裡使用第 2 種委託方式，透過 QSpinBox 提供範圍限制的整數編輯功能，程式碼如下：

```
# QSpinBox 自訂委託，適用於整數
class IntegerColumnDelegate(QStyledItemDelegate):
    def __init__(self, minimum=0, maximum=100, parent=None):
        super(IntegerColumnDelegate, self).__init__(parent)
        self.minimum = minimum
        self.maximum = maximum

    def createEditor(self, parent: QWidget, option: QStyleOptionViewItem,
index: QModelIndex):
        spinbox = QSpinBox(parent)
        spinbox.setRange(self.minimum, self.maximum)
        spinbox.setAlignment(Qt.AlignRight | Qt.AlignVCenter)
        return spinbox

    def setEditorData(self, editor: QSpinBox, index: QModelIndex):
        value = int(index.model().data(index, Qt.DisplayRole))
        editor.setValue(value)

    def setModelData(self, editor: QSpinBox, model: QAbstractItemModel,
index: QModelIndex):
        editor.interpretText()
        model.setData(index, editor.value())
```

自訂委託的使用方式以下（對使用者輸入的整數範圍進行限制，年齡為 16 ～ 40 歲，分數為 60 ～ 100 分）：

```
# 設定委託
self.ageDelegate = IntegerColumnDelegate(16,40)
self.tableView.setItemDelegateForColumn(AGE, self.ageDelegate)
self.scoreDelegate = IntegerColumnDelegate(60,100)
self.tableView.setItemDelegateForColumn(SCORE, self.scoreDelegate)
```

本案例的其他內容和案例 5-11 的大致相同，此處不再介紹。

進階視窗控制項

本章介紹一些進階視窗控制項，這也是介紹控制項的最後一章。本章會介紹 Qt Designer 的最後兩大類控制項，即版面配置管理與多視窗控制項（容器），同時介紹視窗風格、多執行緒、網頁互動、QSS 等，最後以 Qt 的程式開發技術 QML 收尾。

6.1 視窗風格

使用 Qt 實作的視窗樣式，預設使用的就是當前系統的原生視窗樣式。在不同的系統中，原生視窗樣式的顯示效果是不一樣的。雖然應用程式關心的是業務和功能，但是也需要實作一些個性化的介面，如 QQ、微信和 360 等軟體的介面不僅美觀還非常有特色。總而言之，軟體介面的設計，直接決定了使用者對該軟體的第一印象，同時決定了是否可以得到使用者的青睞，所以需要訂製視窗樣式，以實作統一的視窗風格，並美化視窗介面。

6.1.1 設定視窗風格

每個 Widget 都可以設定風格，程式碼如下：

```
QWidget.setStyle(style:QStyle)
```

可以獲得當前平臺支援的所有 QStyle 樣式，程式碼如下：

```
QStyleFactory.keys()
# 本機 output ['windowsvista', 'Windows', 'Fusion']
```

也可以對 QApplication 設定 QStyle 樣式，如果其他 Widget 沒有設定 QStyle 樣式，則預設使用 QApplication 設定的 QStyle 樣式，程式碼如下：

```
QApplication.setStyle(QStyleFactory.create("WindowsXP"))
```

6.1.2 設定視窗樣式

Qt 使用 setWindowFlags(Qt.WindowFlags) 函式設定視窗樣式，該函式的具體參數如下。

（1）Qt 有以下幾種基本的視窗類型。

- Qt.Widget：預設視窗，有「最小化」按鈕、「最大化」按鈕和「關閉」按鈕。
- Qt.Window：普通視窗，有「最小化」按鈕、「最大化」按鈕和「關閉」按鈕。
- Qt.Dialog：對話方塊視窗，有「問號」按鈕和「關閉」按鈕。
- Qt.Popup：快顯視窗，視窗無邊框。
- Qt.ToolTip：提示視窗，視窗無邊框，也無工作列。
- Qt.SplashScreen：閃爍，視窗無邊框，也無工作列。
- Qt.SubWindow：子視窗，視窗無按鈕，但有標題。

（2）每種視窗類型都可以有自己的自訂外觀（CustomizeWindow Hint），包括以下內容：

```
Qt.MSWindowsFixedSizeDialogHint    # 視窗無法調整大小
Qt.FramelessWindowHint             # 視窗無邊框
Qt.CustomizeWindowHint             # 視窗有邊框但無標題列和按鈕，不能移動和滑動
Qt.WindowTitleHint                 # 增加標題列和一個「關閉」按鈕
Qt.WindowSystemMenuHint            # 增加系統目錄和一個「關閉」按鈕
Qt.WindowMaximizeButtonHint    # 啟動「最大化」按鈕和「關閉」按鈕，禁止「最小化」按鈕
```

```
Qt.WindowMinimizeButtonHint      # 啟動「最小化」按鈕和「關閉」按鈕，禁止「最大化」按鈕
Qt.WindowMinMaxButtonsHint       # 啟動「最小化」按鈕和「最大化」按鈕，相當於
                 Qt.WindowMaximizeButtonHint| Qt.WindowMinimizeButtonHint
Qt.WindowCloseButtonHint         # 增加一個「關閉」按鈕
Qt.WindowContextHelpButtonHint   # 增加「問號」按鈕和「關閉」按鈕，像對話方塊一樣
Qt.WindowStaysOnTopHint          # 視窗始終處於頂層位置
Qt.WindowStaysOnBottomHint       # 視窗始終處於底層位置
```

設定視窗樣式，最一般的方法如下：

```
class MainWindow(QMainWindow):
    def __init__(self,parent=None):
        super(MainWindow,self).__init__(parent)
        # 設定無邊框視窗樣式
        self.setWindowFlag( Qt.FramelessWindowHint )
```

需要注意的是，基本樣式只能使用一個，但是自訂樣式可以同時使用多個，它們可以一起使用，但是要使用另一個函式 setWindowFlags()（注意有 s)，程式碼如下：

```
class MainWindow(QMainWindow):
    def __init__(self,parent=None):
        super(MainWindow,self).__init__(parent)
        # 使用一個基本樣式和兩個自訂樣式
        flag = Qt.Window
        flag |= Qt.FramelessWindowHint
        flag |= Qt.WindowTitleHint
        self.setWindowFlags(flag)
```

6.1.3 設定視窗背景

視窗背景主要包括背景顏色和背景圖片。設定視窗背景主要有 3 種方法。

- 使用 QSS 設定視窗背景。
- 使用 QPalette 設定視窗背景。
- 使用 paintEvent 設定視窗背景。

1. 使用 QSS 設定視窗背景

對於 QSS 的詳細內容，6.6 節會介紹，這裡直接簡單使用。在 QSS 中，可以使用 background 方式或 background-color 方式設定背景顏色（或背景圖片）。設定視窗的背景顏色之後，子控制項預設會繼承父視窗的背景顏色，如果要為控制項單獨設定背景圖片或圖示，既可以對控制項單獨使用 QSS，也可以對控制項使用函式 setPixmap() 或 setIcon() 來實作。

假設視窗名為 MainWindow，可以使用 setStyleSheet() 函式來增加背景圖片，範例程式碼如下：

```
win = QMainWindow()
# 設定視窗名稱
win.setObjectName("MainWindow")
# 設定背景圖片的相對路徑
win.setStyleSheet("#MainWindow{border-image:url(images/python.jpg);}")
```

也可以指定圖片的絕對路徑：

```
win.setStyleSheet("#MainWindow{border-image:url(e:/images/python.jpg);}")
```

執行效果如圖 6-1 所示。

▲ 圖 6-1

也可以使用 setStyleSheet() 函式設定視窗的背景顏色，範例程式碼如下：

```
win = QMainWindow()
# 設定視窗名稱
```

```
win.setObjectName("MainWindow")
win.setStyleSheet("#MainWindow{background-color: yellow}")
```

執行效果如圖 6-2 所示。

▲ 圖 6-2

2. 使用 QPalette 設定視窗背景

（1）使用 QPalette 設定視窗的背景顏色，程式碼如下：

```
win = QMainWindow()
palette= QPalette()
palette.setColor(QPalette.Background , Qt.red )
win.setPalette(palette)
```

（2）使用 QPalette 設定視窗的背景圖片。

當使用 QPalette 設定背景圖片時，需要考慮背景圖片的尺寸。當背景圖片的寬度和高度大於視窗的寬度和高度時，背景圖片會延展整個背景；當背景圖片的寬度和高度小於視窗的寬度和高度時，則載入多張背景圖片。使用的圖片素材為 python.jpg，解析度為 478 ×260，表示寬度為 478 像素，高度為 260 像素，如圖 6-3 所示。

▲ 圖 6-3

① 當背景圖片的寬度和高度大於視窗的寬度和高度時，使用 setPalette() 函式增加背景圖片，程式碼如下：

```
win = QMainWindow()
palette= QPalette()
palette.setBrush(QPalette.Background,QBrush(QPixmap("./images/python.jpg")))
win.setPalette(palette)
win.resize(460,  255 )
```

執行效果如圖 6-4 所示。

▲ 圖 6-4

② 當背景圖片的寬度和高度小於視窗的寬度和高度時，程式碼如下：

```
palette= QPalette()
palette.setBrush(QPalette.Background,QBrush(QPixmap("./images/python.jpg")))
win.setPalette(palette)
win.resize(800,  600 )
```

執行效果如圖 6-5 所示。

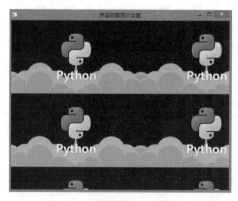

▲ 圖 6-5

3. 使用 paintEvent 設定視窗背景

（1）使用 paintEvent 設定視窗的背景顏色，程式碼如下：

```
class Winform(QWidget):
    def __init__(self,parent=None):
        super(Winform,self).__init__(parent)
        self.setWindowTitle("paintEvent 設定背景顏色 ")

    def paintEvent(self,event):
        painter = QPainter(self)
        painter.setBrush(Qt.black );
        # 設定背景顏色
        painter.drawRect( self.rect());
```

執行效果如圖 6-6 所示。

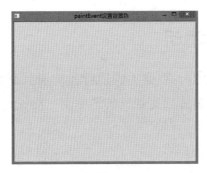

▲ 圖 6-6

（2）使用 paintEvent 設定視窗的背景圖片，程式碼如下：

```
class Winform(QWidget):
    def __init__(self,parent=None):
        super(Winform,self).__init__(parent)
        self.setWindowTitle("paintEvent 設定背景圖片 ")

    def paintEvent(self,event):
        painter = QPainter(self)
        pixmap = QPixmap("./images/screen1.jpg")
        # 設定視窗的背景圖片，延展整個視窗，隨著視窗的改變而改變
        painter.drawPixmap(self.rect(),pixmap)
```

執行效果如圖 6-7 所示。

▲ 圖 6-7

6.1.4 設定視窗透明

如果視窗是透明的，那麼透過視窗就能看到桌面的背景。要想實作視窗的透明效果，就需要設定視窗的透明度，程式碼如下：

```
win = QMainWindow()
win.setWindowOpacity(0.5);
```

透明度的設定值範圍為 0.0（全透明）～ 1.0（不透明），預設值為 1.0。

✎ 案例 6-1 WinStyle 案例

本案例的檔案名稱為 Chapter06/qt_WinStyleDemo.py，用於演示修改視窗風格、樣式、背景、透明度的方法，部分程式碼的執行效果如圖 6-8 所示。

本案例直觀地展示了修改 Qt 風格、樣式、背景、透明度之後的效果，為了節約篇幅，這裡不再展示程式碼。

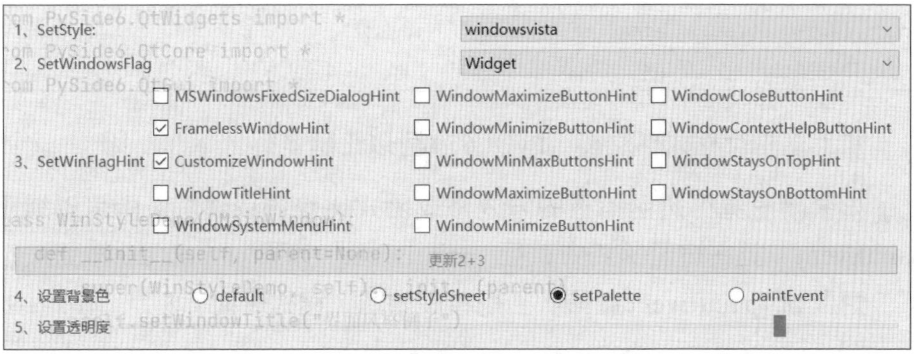

▲ 圖 6-8

需要注意的是，對 PyQt 6 來說，無法在實例化之後修改其從父類別繼承的一些函式，也就是說，在下面的程式碼中，倒數第 2 行是無效的，paintEvent 是 QWidget 內建的函式，這裡使用 PyQt 6 無法修改，但是使用 PySide 6 可以修改：

```python
def updateBackColor(self, button: QRadioButton):
    text = button.text()
    self.initBackColor()
    if text == 'setStyleSheet':
        self.setStyleSheet('color: green; background-color: yellow;')
        self.update()
    elif text == 'setPalette':
        # QPalette 設定
        palette = QPalette()
        palette.setColor(QPalette.ButtonText, Qt.darkCyan)
        palette.setColor(QPalette.WindowText, Qt.red)
        self.setPalette(palette)
        self.update()
    elif text == 'paintEvent':
        self.paintEvent = self._paintEvent
        self.update()
```

解決方法是，雖然不可以修改父類別的函式，但是可以修改自己的函式。最簡單的方法是繼承這個函式，再新增一個 paintEvent 空函式即可：

```
def paintEvent(self, event):
    return
```

加上這兩行程式碼之後，PyQt 6 就可以正確執行。

如果讀者覺得透過指標的方式修改函式比較難以理解，則可以繼承 paintEvent，並在這個函式中執行 _paintEvent。如果 paintEvent 按鈕被按下，則啟動 _paintEvent 繪圖，否則預設繪圖，程式碼如下：

```
def paintEvent(self, event):
    button = self.buttonGroup.buttons()[-1]
    if button.isChecked() and button.text() == 'paintEvent':
        self._paintEvent(event)
    super(WinStyleDemo,self).paintEvent(event)
```

這樣，其他地方不需要修改 paintEvent 對應的指標。

6.2 版面配置管理

6.2.1 版面配置管理的基礎知識

1. 版面配置管理的作用

Qt 包含一組版面配置管理類別，用於描述小元件在應用程式中的版面配置方式。當小元件的可用空間發生變化時，這些版面配置會自動定位和調整小元件的大小，確保它們的排列一致，並且使用者介面作為一個整體仍然可用。

所有 QWidget 子類別都可以使用版面配置來管理它們的子類別，使用 QWidget.setLayout() 函式可以把版面配置應用到小元件。當以這種方式在 Widget 上設定版面配置時，它負責以下任務。

- 子元件的定位。
- 合理化視窗的預設尺寸。

- 合理化視窗的最小尺寸。
- 調整視窗大小。
- 內容更改時自動更新。
  - 子元件的字型大小、文字或其他內容。
  - 隱藏或顯示子小元件。
  - 刪除子小元件。

2. Qt 中的版面配置類別

Qt 為版面配置管理設計了很多版面配置類別，這些版面配置類別是為撰寫 C++ 程式碼設計的，允許以像素為單位指定測量值，並且很多都支援 Qt Designer，使用起來非常方便。這些版面配置類別如表 6-1 所示，有的已經使用過，本章主要說明基於 QLayout 的版面配置類別。

表 6-1

版面配置類別	作　　用
QBoxLayout	水平或垂直排列子小元件
QButtonGroup	用於組織按鈕小元件群組的容器
QFormLayout	管理輸入小元件及其相關標籤的形式
QGraphicsAnchor	表示 QGraphicsAnchorLayout 中兩個項目之間的錨點
QGraphicsAnchorLayout	可以在圖形視圖中將小元件錨定在一起版面配置
QGridLayout	在網格中佈置小元件
QGroupBox	帶有標題的群組方塊
QHBoxLayout	水平排列小元件
QLayout	版面配置管理器的基礎類別
QLayoutItem	QLayout 操作的抽象項
QSizePolicy	描述水平方向和垂直方向調整策略的版面配置屬性
QSpacerItem	版面配置中的空白
QStackedLayout	一堆小元件，一次只能看到一個小元件
QStackedWidget	一堆小元件，一次只能看到一個小元件
QVBoxLayout	垂直排列小元件
QWidgetItem	代表小元件的版面配置項

3. QLayout 及其子類別

Qt 中設計了版面配置管理的基礎類別 QLayout，它一般不會單獨使用，是由具體類別 QBoxLayout、QGridLayout、QFormLayout 和 QStacked Layout 繼承的抽象基礎類別。這些版面配置方式對應以下版面配置類別。

- 水平/垂直版面配置類別（QBoxLayout）：可以把所增加的控制項在水平/垂直方向上依次排列。它有兩個子類別，即 QHBox Layout 和 QVBoxLayout，分別表示水平/垂直版面配置的捷徑。
- 網格版面配置類別（QGridLayout）：可以把所增加的控制項以網格的形式排列。
- 表單版面配置類別（QFormLayout）：可以把所增加的控制項以兩列的形式排列。
- 堆疊版面配置類別（QStackedLayout）：可以用於建立類似於 QTabWidget 提供的使用者介面。

QHBoxLayout 類別的繼承結構如圖 6-9 所示。

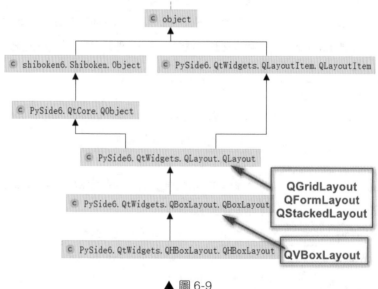

▲ 圖 6-9

在使用版面配置管理器時，構造子小元件不需要傳遞父小元件，版面配置管理器將自動重新設定小元件的父級（使用 QWidget.setParent() 函式）。需要注意的是，這時候需要弄清楚它們之間的父子關係，如有一個 QWidget 實例 F 安裝了一個版面配置管理器 L，該版面配置管理器又增加了小元件 C，那麼小元件 C 是 F 的子代，而非 L 的子代。

4. 版面配置的整個過程

向版面配置管理器增加小元件時，版面配置過程如下。

（1）所有小元件最初將根據它們的函式 QWidget.sizePolicy() 和 QWidget.sizeHint() 分配一定數量的空間。

（2）如果存在小元件設定了伸展因數 stretch>0，那麼它們將按照其伸展因數的比例分配空間。

（3）如果所有小元件的伸展因數設定為 0，那麼它們只會在沒有其他小元件需要空間的情況下獲得更多的空間。其中，空間首先分配給具有擴充大小策略（Expanding Size Policy）的小元件。

（4）如果小元件分配的空間小於其最小尺寸（最小尺寸如果未指定 minimum size 則由 minimum size hint 提供），那麼小元件會被分配到它所需的最小尺寸（若小元件沒有設定 minimum size 或 minimum size hint，則其大小由伸展因數決定）。

（5）任何分配的空間大於其最大尺寸的小元件都將分配到它們所需的最大尺寸（若小元件沒有設定 maximum size，在這種情況下，伸展因數起決定作用）。

5. sizePolicy 和 sizeHint

sizeHint 儲存小元件的推薦大小，如果該值無效，則沒有尺寸建議。如果此小元件沒有版面配置，則 sizeHint() 預設傳回無效大小，否則傳回版面配置的首選大小。

sizePolicy 儲存小元件的預設版面配置行為，如果有一個 QLayout 管理這個小元件的子元件，則使用該版面配置指定的 sizePolicy。如果沒有 QLayout 管理，則使用 sizePolicy 的結果。sizePolicy 的預設策略是 Preferred / Preferred，這表示 Widget 可以自由調整大小，但更傾向於 sizeHint() 傳回的大小。類似按鈕的小元件設定大小策略可以指定它們水平伸展，但垂直固定。這同樣適用於 LineEdit 控制項（如 QLineEdit、QSpinBox 或 QComboBox）和其他水平方向的小元件（如 QProgressBar）。QToolButton 通常是方形的，因此它們允許在兩個方向上增長。支援不同方向的小元件（如 QSlider、QScrollBar 或 QHeader）僅指定在對應方向上的伸展。可以提供捲軸的小元件（通常是 QScrollArea 的子類別）傾向於指定它們可以使用額外的空間，並且它們可以使用小於 sizeHint() 的空間。sizePolicy 支援的參數如表 6-2 所示。

表 6-2

參　數	值	描　述
QSizePolicy.Fixed	0	控制項具有其 sizeHint 所提示的尺寸且尺寸不會再改變
QSizePolicy.Minimum	GrowFlag	控制項的 sizeHint 所提示的尺寸就是它的最小尺寸；該控制項不能比這個值小；可以擴充得更大，但是沒有優勢
QSizePolicy.Maximum	ShrinkFlag	控制項的 sizeHint 所提示的尺寸就是它的最大尺寸；該控制項不能變得比這個值大，如果其他控制項需要空間（如分隔線 separator line），那麼該控制項可以隨意縮小
QSizePolicy.Preferred	GrowFlag|ShrinkFlag	控制項的 sizeHint 所提示的尺寸就是它的期望尺寸；控制項可以縮小；也可以變大，但是和其他控制項的 sizeHint()（預設 QWidget 的策略）相比沒有優勢
QSizePolicy.Expanding	GrowFlag|ShrinkFlag|ExpandFlag	控制項可以縮小尺寸，也可以變得比 sizeHint 所提示的尺寸大，但它希望能夠變得更大

參　　數	值	描　　述
QSizePolicy.MinimumExpanding	GrowFlag|ExpandFlag	控制項的 sizeHint 所提示的尺寸就是它的最小尺寸，並且足夠使用；該控制項不比這個值小，它希望能夠變得更大
QSizePolicy.Ignored	ShrinkFlag|GrowFlag|IgnoreFlag	無視控制項的 sizeHint，控制項將獲得盡可能多的空間

6.2.2 Q（V / H）BoxLayout

採用 QBoxLayout 可以在水平和垂直方向上排列控制項，它的兩個子類別為 QHBoxLayout 和 QVBoxLayout，分別是水平 / 垂直版面配置的捷徑。

使用 QBoxLayout 需要在初始化過程中傳遞方向參數，參數的相關資訊如下：

```
""" QBoxLayout(self, arg__1: PySide6.QtWidgets.QBoxLayout.Direction, parent:
typing.Union[PySide6.QtWidgets.QWidget, NoneType] = None) -> None """
```

QBoxLayout 的屬性如表 6-3 所示。

表 6-3

屬　　性	值	描　　述
QBoxLayout.LeftToRight	0	從左到右，水平排列
QBoxLayout.RightToLeft	1	從右到左，水平排列
QBoxLayout.TopToBottom	2	從上到下，垂直排列
QBoxLayout.BottomToTop	3	從下到上，垂直排列

當然，更簡單的方法是使用 QBoxLayout 的子類別 QHBoxLayout 和 QVBoxLayout，這樣更方便，初始化過程中可以不用傳遞參數。

如果 QBoxLayout 不是頂級版面配置，則必須先將其增加到其父版面配置中，然後才能對其操作。增加版面配置的常規方式是呼叫 parentLayout.addLayout() 函式。

完成此操作後，可以使用以下 4 個函式中的向 QBoxLayout 增加框
（box）。

（1）addWidget(arg__1:QWidget, stretch:int=0, alignment:Qt.
Alignment= Default(Qt. Alignment))：將小元件增加到 QBoxLayout 中，
並且可以根據需要設定伸展因數和對齊方式。stretch 參數是伸展因數，
只在 QBoxLayout 中的方向上有效，並且是在 QBoxLayout 中相對於其
他控制項的伸展。stretch 的預設值為 0，如果增加的所有元件的 stretch
的設定值都是 0，則 Qt 會根據每個小元件的 QWidget.sizePolicy() 函式
分配空間。stretch 的設定值較大的元件會有更大的比例進行伸展。參數
alignment 用於控制元件的對齊方式，一次最多可以使用一個水平標識和
一個垂直標識，如 alignment=Qt.AlignLeft | Qt.AlignTop 表示水平方向上
左對齊和垂直方向上靠上對齊，詳細的對齊方式如表 6-4 所示。

表 6-4

參　數	值	描　述
Qt.AlignLeft	0x0001	水平方向靠左對齊
Qt.AlignRight	0x0002	水平方向靠右對齊
Qt.AlignHCenter	0x0004	水平方向置中對齊
Qt.AlignJustify	0x0008	水平方向兩端對齊
Qt.AlignTop	0x0020	垂直方向靠上對齊
Qt.AlignBottom	0x0040	垂直方向靠下對齊
Qt.AlignBaseline	0x0100	垂直方向與基準線對齊
Qt.AlignVCenter	0x0080	垂直方向置中對齊
Qt.AlignCenter	AlignVCenter| AlignHCenter	水平 / 垂直方向置中對齊

（2）addSpacing(size: int)：建立一個空框，這個框不可以隨著視窗的
大小而改變。

（3）addStretch(stretch: int = 0)：建立一個空框，可以根據視窗的大
小自動伸縮，伸縮比例由伸展因數 stretch 決定。

（4）addLayout(layout:QtWidgets.QLayout, stretch: int = 0)：將包含另一個 QLayout 的框增加到 QBoxLayout 中，並且可以根據需要設定伸展因數 stretch。

如果不想按順序而是在指定位置插入一個框，則可以使用函式 insertWidget()、insertSpacing()、insertStretch() 或 insertLayout()

邊距預設值由樣式提供，小元件的預設邊距是 9 像素，視窗的預設邊距是 11 像素。間距預設與頂級版面配置的邊距寬度相同，或與父版面配置相同。QBoxLayout 提供了以下兩種函式用來修改邊距。

（1）setContentsMargins()：用於設定 QBoxLayout 每側的外邊框的寬度，這是沿 QBoxLayout 的 4 個邊上的保留空間的寬度。

程式碼如下：

```
"""
setContentsMargins(self, left: int, top: int, right: int, bottom: int) -> None
setContentsMargins(self, margins: PySide6.QtCore.QMargins) -> None
"""
```

（2）setSpacing()：用於設定 QBoxLayout 內相鄰框之間的寬度（可以使用 addSpacing 或 insertSpacing 在特定位置設定更多的空間）。

要從版面配置中刪除小元件，可以呼叫 removeWidget() 函式。在小元件上呼叫 QWidget.hide() 函式也會從版面配置中隱藏小元件，呼叫 QWidget.show() 函式則可以取消隱藏。

✎ 案例 6-2 QBoxLayout 的使用方法

本案例的檔案名稱為 Chapter06/qt_QBoxLayout.py，用於演示 QBoxLayout 的使用方法。本案例同樣適用於 QHBoxLayout 和 QVBoxLayout，程式碼如下：

```
class BoxLayoutDemo(QWidget):
    def __init__(self, parent=None):
```

```
super(BoxLayoutDemo, self).__init__(parent)
self.setWindowTitle("Q(H/V)BoxLayout 版面配置管理例子 ")
self.resize(800, 200)

# 水平版面配置按照從左到右的順序增加按鈕元件
# layout = QBoxLayout(QBoxLayout.LeftToRight)
# layout = QBoxLayout(QBoxLayout.RightToLeft)
# layout = QVBoxLayout()
layout = QHBoxLayout()

# addWidget
layout.addWidget(QPushButton(str(1)), stretch=1, alignment=Qt.
AlignLeft | Qt.AlignTop)
layout.addWidget(QPushButton(str(2)), stretch=1)
layout.addWidget(QPushButton(str(3)), alignment=Qt.AlignRight |
Qt.AlignBottom)

# addStretch
layout.addStretch(2)
layout.addWidget(QPushButton('addStretch1'), stretch=1, alignment=
Qt.AlignTop)
layout.addStretch(1)
layout.addWidget(QPushButton('addStretch2'), stretch=2)

# addSpacing
layout.addSpacing(10)
layout.addWidget(QPushButton('addSpacing'))

# addLayout
vlayout = QVBoxLayout()
for i in range(3):
    vlayout.addWidget(QPushButton('addLayout%s' % (i + 1)))

# 設定邊距
vlayout.setContentsMargins(10, 20, 40, 60)
vlayout.setSpacing(10)

layout.addLayout(vlayout)
self.setLayout(layout)
```

```
        # 顯示 sizePolice 和 sizeHint 資訊：基於 QWidget
        _str = ''
        for w in self.findChildren(QPushButton):
            # if hasattr(w,'text'):
            vPolicy = w.sizePolicy().verticalPolicy().name.decode('utf8')
            hPolicy = w.sizePolicy().horizontalPolicy().name.decode('utf8')
            sizeHint = w.sizeHint().toTuple()
            _str = _str + f' 按鈕：{w.text()},sizeHint:{sizeHint},
sizePolicy:{vPolicy}/{hPolicy}' + '\n'
        self.label = QLabel()
        self.label.setText(_str)
        self.label.setWindowTitle(' 顯示 sizePolice 和 sizeHint 資訊：基於
QWidget')
        self.label.show()

        # 顯示 stretch、sizePolice、sizeHint 資訊：基於 Layout
        _str2 = ''
        for i in range(layout.count()):
            item = layout.itemAt(i)
            stretch = layout.stretch(i)
            if isinstance(item.widget(), QPushButton):
                w = item.widget()
                vPolicy = w.sizePolicy().verticalPolicy().name.decode('utf8')
                hPolicy = w.sizePolicy().horizontalPolicy().name.decode('utf8')
                sizeHint = item.sizeHint().toTuple()
                _str2 = _str2 + f'num:{i}, 按鈕：{w.text()},
stretch:{stretch},sizeHint:{sizeHint},sizePolicy:{vPolicy}/{hPolicy}' + '\n'
            elif isinstance(item, QSpacerItem):
                vPolicy = item.sizePolicy().verticalPolicy().name.decode
('utf8')
                hPolicy = item.sizePolicy().horizontalPolicy().name.decode
('utf8')
                sizeHint = item.sizeHint().toTuple()
                _str2 = _str2 + f'num:{i},QSpacerItem，stretch:{stretch},
sizeHint:{sizeHint},sizePolicy:{vPolicy}/{hPolicy}' + '\n'
            else:  # 處理巢狀結構 Layout
                for j in range(vlayout.count()):
                    w = vlayout.itemAt(j).widget()
                    _str2 = _str2 + f'num:{i}-{j}，按鈕：{w.text()}，stretch:
{stretch},sizeHint:{sizeHint},sizePolicy:{vPolicy}/{hPolicy}' + '\n'
```

```
        self.label2 = QLabel()
        self.label2.setWindowTitle(' 顯示 stretch、sizePolice、sizeHint 資訊：基
於 Layout')
        self.label2.setText(_str2)
        self.label2.show()
```

執行腳本，顯示效果如圖 6-10 所示。

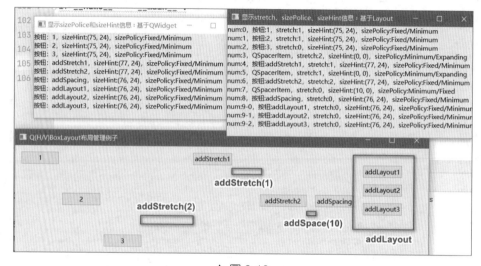

▲ 圖 6-10

下面對上述程式碼進行解讀。

（1）預設案例使用的是 QHBoxLayout，也可以使用 QBoxLayout，效果是一樣的（使用 QVBoxLayout 也可以執行，但是效果一般），程式碼如下：

```
    # layout = QBoxLayout(QBoxLayout.LeftToRight)
    # layout = QBoxLayout(QBoxLayout.RightToLeft)
    # layout = QVBoxLayout()
    layout = QHBoxLayout()
```

（2）addStretch、addSpacing 和 addLayout 的使用效果如圖 6-10 中的粗框及對應文字所示，addWidget 的使用效果如圖 6-10 中的所有控制項所示。

（3）setContentsMargins(10,20,40,60) 和 setSpacing(10) 的使用效果如圖 6-11 中的粗框及對應文字所示，這兩個函式定義的是最小邊距，可以根據視窗需要放大。

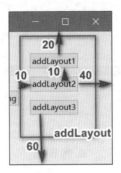

▲ 圖 6-11

（4）第 1 個 label（左上角）以 QWidget 角度查看子控制項的 sizePolicy 策略，第 2 個 label（右上角）以 QLayout 角度查看其版面配置策略，後者比前者多提供了伸展因數 stretch。兩者對應的 sizeHint 是相同的，儘管 sizeHint 屬於不同的主體。

（5）如果增加的所有元件的 stretch 都是 0，則 Qt 會根據每個小元件的 QWidget.sizePolicy() 函式分配空間。不巧的是，這裡存在小元件 stretch>0，所以 stretch 參數在伸展過程中具有決定性作用。當視窗很小時，沒有剩餘空間可以分配，stretch 參數沒有什麼作用。addStretch 填充的空間水平方向上的 sizePolicy 為 Expanding，可以根據需求伸縮，如圖 6-12 所示，addStretch 填充的空間被壓縮到最低。

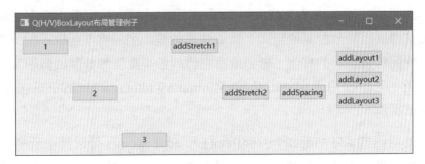

▲ 圖 6-12

（6）伸展視窗時，當 addStretch 的填充空間增加到一定程度後，各個控制項將按其伸展因數 stretch 的大小分配剩餘空間。如圖 6-13 所示，最終 stretch=2 的小元件獲得的剩餘空間是 stretch=1 的小元件獲得的剩餘空間的 2 倍，stretch=0 的所有控制項不分配剩餘空間。需要注意的是，按鈕 1 看起來沒有變化是因為它有左對齊，但是其佔據的空間並不小。

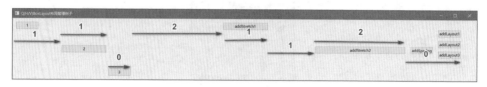

▲ 圖 6-13

6.2.3 QGridLayout

學完 QBoxLayout 的相關內容之後，讀者學習這部分內容就相對簡單很多，重複內容不再贅述，這裡僅介紹 QGridLayout 的不同之處。

QGridLayout 先從父版面配置或 parentWidget() 函式中獲取可用空間，然後將這些空間劃分為行和列，由此會產生很多儲存格，最後將它管理的小元件放入正確的儲存格中。列和行的行為是相同的，因此這裡僅介紹列的行為，行也有等價的函式。

每列都有一個最小寬度和一個伸展因數。在這個列中，使用 setColumnMinimumWidth() 函式可以設定一個寬度值，所有小元件的 minimum width 也是寬度值，該列的最小寬度是這些寬度值的最大值。伸展因數可以使用 setColumnStretch() 函式設定，列分配完最小寬度之後，會根據伸展因數分配剩餘空間。需要注意的是，列的寬度可以不同，如果希望兩列具有相同的寬度，則必須將它們的最小寬度和伸展因數設定為相同的值。可以使用函式 setColumnMinimumWidth() 和 setColumnStretch() 執行此操作。

使用函式 addWidget()、addItem() 和 addLayout() 可以將小元件及其他版面配置放入儲存格中。可以佔據多個儲存格，QGridLayout 將猜測如

何在列 / 行上分配大小（基於伸展因數），程式碼如下：

```
addWidget(self, arg__1: PySide6.QtWidgets.QWidget, row: int, column: int,
alignment: PySide6.QtCore.Qt.Alignment = Default(Qt.Alignment)) -> None
addWidget(self, arg__1: PySide6.QtWidgets.QWidget, row: int, column: int,
rowSpan: int, columnSpan: int, alignment: PySide6.QtCore.Qt.Alignment =
Default(Qt.Alignment)) -> None
addWidget(self, w: PySide6.QtWidgets.QWidget) -> None
addItem(self, arg__1: PySide6.QtWidgets.QLayoutItem) -> None
addItem(self, item: PySide6.QtWidgets.QLayoutItem, row: int, column: int,
rowSpan: int = 1, columnSpan: int = 1, alignment: PySide6.QtCore.Qt.Alignment
= Default(Qt.Alignment)) -> None
addLayout(self, arg__1: PySide6.QtWidgets.QLayout, row: int, column: int,
alignment: PySide6.QtCore.Qt.Alignment = Default(Qt.Alignment)) -> None
addLayout(self, arg__1: PySide6.QtWidgets.QLayout, row: int, column: int,
rowSpan: int, columnSpan: int, alignment: PySide6.QtCore.Qt.Alignment =
Default(Qt.Alignment)) -> None
```

由於 QGridLayout 有行列之分，因此比 QBoxLayout 多了以下參數。

- row：控制項的行數，預設從 0 開始。
- column：控制項的列數，預設從 0 開始。
- rowSpan：控制項跨越的行數。
- columnSpan：控制項跨越的列數。

addItem() 函式傳遞的參數 QLayoutItem 是 QSpacerItem（QLayoutItem 的子類別）的實例，所以這個函式的作用是填充空格。

✎ 案例 6-3 QGridLayout 的使用方法

本案例的檔案名稱為 Chapter06/qt_ QGridLayout.py，用於演示 QGridLayout 的使用方法，程式碼如下：

```
class GridLayoutDemo(QWidget):
    def __init__(self, parent=None):
        super(GridLayoutDemo, self).__init__(parent)
        grid = QGridLayout()
```

```python
        self.setLayout(grid)

        # 增加行 / 列標識
        for i in range(1, 8):
            rowEdit = QLineEdit('row%d' % (i))
            rowEdit.setReadOnly(True)
            grid.addWidget(rowEdit, i, 0)
            colEdit = QLineEdit('col%d' % (i))
            colEdit.setReadOnly(True)
            grid.addWidget(colEdit, 0, i)
        col_rol_Edit = QLineEdit('rol0_col0')
        col_rol_Edit.setReadOnly(True)
        grid.addWidget(col_rol_Edit, 0, 0, 1, 1)

        # 開始表演
        spacer = QSpacerItem(100, 70, QSizePolicy.Maximum)
        grid.addItem(spacer,0,0,1,1)
        grid.addWidget(QPushButton('row1_col2_1_1'), 1, 2, 1, 1)
        grid.addWidget(QPushButton('row1_col3_1_1'), 1, 3, 1, 1)
        grid.addWidget(QPlainTextEdit('row2_col4_2_2'), 2, 4, 2, 2)
        grid.addWidget(QPlainTextEdit('row3_col2_2_2'), 3, 2, 2, 2)
        grid.addWidget(QPushButton('row5_col5_1_1'), 5, 5, 1, 1)
        spacer2 = QSpacerItem(100, 100, QSizePolicy.Maximum)
        grid.addItem(spacer2, 6, 5, 1, 2)
        grid.addWidget(QPushButton('row7_col6_1_1'), 7, 6, 1, 1)


        hlayout = QHBoxLayout()
        hlayout.addWidget(QPushButton('button_h1'))
        hlayout.addWidget(QPushButton('button_h2'))
        grid.addLayout(hlayout, 7, 1, 1, 2)

        grid.setColumnStretch(5, 1)
        grid.setColumnStretch(2, 1)
        grid.setColumnMinimumWidth(0, 80)

        self.move(300, 150)
        self.setWindowTitle('QGridLayout 例子 ')
```

執行腳本,顯示效果如圖 6-14 所示,除了 addWidget 控制項是可見的,也標出了不可見的 addItem 控制項和 addLayout 控制項的用法。

QGridLayout 的其他用法如下:改變了 col2 和 col5 的伸展因數,在水平伸展時只有這兩列分配剩餘空間;將第 1 列的最小寬度修改為 80 像素。

程式碼如下:

```
grid.setColumnStretch(5, 1)
grid.setColumnStretch(2, 1)
grid.setColumnMinimumWidth(0, 80)
```

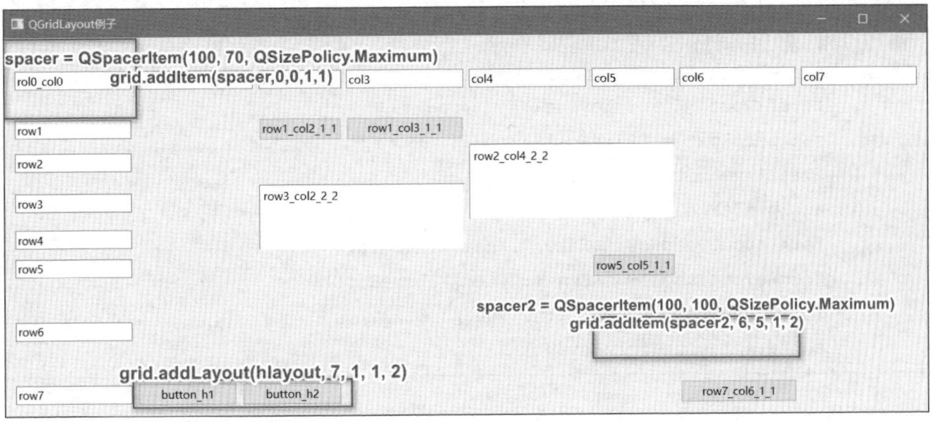

▲ 圖 6-14

6.2.4 QFormLayout

QFormLayout 是一個使用非常方便的版面配置類別,以兩列的形式佈置其子項。左列由標籤組成,右列由「欄位」小元件(line editors、spin boxes 等)組成。實際上,也可以透過 QGridLayout 實作同樣效果的兩列版面配置,而 QFormLayout 是一種更高級別的替代方案。QForm Layout 具有以下幾點優點。

1. 遵守不同平臺的外觀和感覺準則

舉例來說，macOS Aqua 和 KDE 中的標籤通常使用右對齊，而 Windows 和 GNOME 中的應用程式通常使用左對齊。

2. 支援包裝長行

對於顯示器為小螢幕的裝置，QFormLayout 可以設定為包裹長行，甚至包裹所有行。

3. 快速建立標籤欄位

使用 addRow(self, labelText: str, field: QWidget) 會在後台根據 labelText 內容建立 QLabel 實例（標籤），並自動設定和 QWidget 實例（欄位）的夥伴關係。程式碼如下：

```
formLayout = QFormLayout()
nameLineEdit = QLineEdit()
emailLineEdit = QLineEdit()
ageSpinBox = QSpinBox()
formLayout.addRow("&Name:", nameLineEdit)
formLayout.addRow("&Email:", emailLineEdit)
formLayout.addRow("&Age:", ageSpinBox)
self.setLayout(formLayout)
```

如果使用 QGridLayout 實作同樣的效果，就需要撰寫更多的程式碼：

```
nameLineEdit = QLineEdit()
emailLineEdit = QLineEdit()
ageSpinBox = QSpinBox()

nameLabel = QLabel("&Name:")
nameLabel.setBuddy(nameLineEdit)
emailLabel = QLabel("&Email:")
emailLabel.setBuddy(emailLineEdit)
ageLabel = QLabel("&Age:")
ageLabel.setBuddy(ageSpinBox)

gridLayout = QGridLayout()
```

```
gridLayout.addWidget(nameLabel, 0, 0)
gridLayout.addWidget(nameLineEdit, 0, 1)
gridLayout.addWidget(emailLabel, 1, 0)
gridLayout.addWidget(emailLineEdit, 1, 1)
gridLayout.addWidget(ageLabel, 2, 0)
gridLayout.addWidget(ageSpinBox, 2, 1)
self.setLayout(gridLayout)
```

QFormLayout 在不同系統中有不同的預設外觀，如圖 6-15 所示。

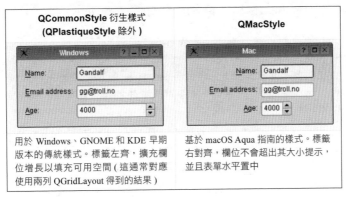

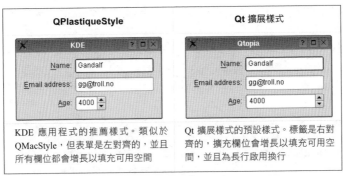

▲ 圖 6-15

還可以透過呼叫函式 setLabelAlignment()、setFormAlignment()、setFieldGrowthPolicy() 和 setRowWrapPolicy() 來單獨覆蓋表單樣式。舉例來說，要在所有平臺上模擬 QMacStyle 的表單版面配置外觀，但使用左對齊的標籤，可以撰寫以下程式碼：

```
# 模擬 QMacStyle 表單版面配置外觀，但使用左對齊的標籤
formLayout.setRowWrapPolicy(QFormLayout.DontWrapRows)
formLayout.setFieldGrowthPolicy(QFormLayout.FieldsStayAtSizeHint)
formLayout.setFormAlignment(Qt.AlignHCenter | Qt.AlignTop)
formLayout.setLabelAlignment(Qt.AlignLeft)
```

使用這些樣式需要注意以下幾點。

（1）FieldGrowthPolicy：用於儲存表單欄位增長的方式，預設值取決於小元件或應用程式的樣式，詳細內容如表 6-5 所示。

表 6-5

屬　性	值	描　述
QFormLayout.FieldsStayAtSizeHint	0	欄位永遠不會超出其有效大小提示，這是 QMacStyle 的預設設定
QFormLayout.ExpandingFieldsGrow	1	水平 sizePolicy 為 Expanding 或 MinimumExpanding 的欄位將增長以填充可用空間，其他欄位不會超出其有效大小提示，這是 QPlastiqueStyle 的預設策略
QFormLayout.AllNonFixedFieldsGrow	2	所有具有允許它們增長的 sizePolicy 欄位都將增長以填充可用空間，這是 Qt 擴充樣式及大多數樣式的預設策略

（2）RowWrapPolicy：用於儲存表單行的換行方式，預設值取決於小元件或應用程式的樣式，詳細內容如表 6-6 所示。

表 6-6

屬　性	值	描　述
QFormLayout.DontWrapRows	0	欄位總是排列在標籤旁邊，這是除 Qt 擴充樣式之外的所有樣式的預設策略
QFormLayout.WrapLongRows	1	給標籤足夠多的水平空間適應最大寬度，其餘的空間分配給欄位。如果欄位對的 minimum size 大於可用空間，則該欄位將換行到下一行。這是 Qt 擴充樣式的預設策略
QFormLayout.WrapAllRows	2	欄位始終位於其標籤下方

（3）對齊（Alignment）的相關資訊請參考 6.2.2 節。

✎ 案例 6-4 QFormLayout 的使用方法

本案例的檔案名稱為 Chapter06/qt_QFormLayout.py，用於演示 QFormLayout 的使用方法，程式碼如下：

```python
class FormLayoutDemo(QWidget):
    def __init__(self, parent=None):
        super(FormLayoutDemo, self).__init__(parent)
        self.setWindowTitle("QFormLayout 版面配置管理例子 ")
        self.resize(400, 100)

        formLayout = QFormLayout()

        nameLineEdit = QLineEdit()
        emailLineEdit = QLineEdit()
        ageSpinBox = QSpinBox()
        formLayout.addRow("&Name:", nameLineEdit)
        formLayout.addRow("&Email:", emailLineEdit)
        formLayout.addRow("&Age:", ageSpinBox)

        # 模擬 QMacStyle 表單版面配置外觀，但使用左對齊的標籤
        formLayout.setRowWrapPolicy(QFormLayout.DontWrapRows)
        formLayout.setFieldGrowthPolicy(QFormLayout.FieldsStayAtSizeHint)
        formLayout.setFormAlignment(Qt.AlignHCenter | Qt.AlignTop)
        formLayout.setLabelAlignment(Qt.AlignLeft)

        formLayout.addItem(QSpacerItem(30,30))
        formLayout.addRow(QPushButton(' 確認 '),QPushButton(' 取消 '))

        self.setLayout(formLayout)
```

執行腳本，顯示效果如圖 6-16 所示。

▲ 圖 6-16

6.2.5 QStackedLayout

QStackedLayout 可以用於建立類似於 QTabWidget 提供的使用者介面。QStackedWidget 建構在 QStackedLayout 之上，用於提供類似的功能。6.3.2 節會介紹 QStackedWidget 的使用方法。

QStackedLayout 沒有提供給使用者切換頁面的內在方法。要實作頁面切換，通常可以透過儲存 QStackedLayout 頁面標題的 QComboBox 或 QListWidget 來完成，程式碼如下：

```
pageComboBox = QComboBox()
pageComboBox.addItem("Page 1")
pageComboBox.addItem("Page 2")
pageComboBox.addItem("Page 3")
pageComboBox.activated.connect(stackedLayout.setCurrentIndex)
```

上面使用 setCurrentIndex(int index) 切換頁面，其實也可以使用 setCurrentWidget (QWidget w) 來切換指定的頁面，但傳遞的參數 w 必須是 QStackedLayout 已經包含的控制項。

每當版面配置中的當前小元件更改或從版面配置中刪除小元件時，都會分別發射 currentChanged (int index) 訊號和 widgetRemoved(int index) 訊號。

✎ 案例 6-5 QStackedLayout 的使用方法

本案例的檔案名稱為 Chapter06/qt_QStackedLayout.py，用於演示 QStackedLayout 的使用方法，程式碼如下：

```
class StackedLayoutDemo(QWidget):
    def __init__(self, parent=None):
        super(StackedLayoutDemo, self).__init__(parent)
        self.setWindowTitle("QStackedLayout 版面配置管理例子 ")
        self.resize(400, 100)
        layout = QVBoxLayout()
```

```
self.setLayout(layout)

# 增加頁面導覽
pageComboBox = QComboBox()
pageComboBox.addItem("Page 1")
pageComboBox.addItem("Page 2")
pageComboBox.addItem("Page 3")
layout.addWidget(pageComboBox)

# 增加 QStackedLayout
stackedLayout = QStackedLayout()
layout.addLayout(stackedLayout)

# 增加頁面 1 ～ 3
pageWidget1 = QWidget()
layout1 = QHBoxLayout()
pageWidget1.setLayout(layout1)
stackedLayout.addWidget(pageWidget1)
pageWidget2 = QWidget()
layout2 = QVBoxLayout()
pageWidget2.setLayout(layout2)
stackedLayout.addWidget(pageWidget2)
pageWidget3 = QWidget()
layout3 = QFormLayout()
pageWidget3.setLayout(layout3)
stackedLayout.addWidget(pageWidget3)

# 設定頁面 1 ～ 3
for i in range(5):
    layout1.addWidget(QPushButton('button%d' % i))
    layout2.addWidget(QPushButton('button%d' % i))
    layout3.addRow('row%d' % i, QPushButton('button%d' % i))

# 導覽與頁面連結
pageComboBox.activated.connect(stackedLayout.setCurrentIndex)

# 增加按鈕切換導覽頁 1 ～ 3
buttonLayout = QHBoxLayout()
layout.addLayout(buttonLayout)
button1 = QPushButton('頁面1')
```

```
    button2 = QPushButton('頁面2')
    button3 = QPushButton('頁面3')
    buttonLayout.addWidget(button1)
    buttonLayout.addWidget(button2)
    buttonLayout.addWidget(button3)
    button1.clicked.connect(lambda: stackedLayout.setCurrentIndex(0))
    button2.clicked.connect(lambda: stackedLayout.setCurrentWidget
(pageWidget2))
    button3.clicked.connect(lambda: stackedLayout.setCurrentIndex(2))

    label = QLabel('顯示資訊')
    layout.addWidget(label)
    stackedLayout.currentChanged.connect(lambda x: label.setText('切換到頁
面%d' % (x + 1)))
```

執行腳本，顯示效果如圖 6-17 所示。

▲ 圖 6-17

上述程式碼比較簡單，點擊最上面的 **QComboBox** 和最下面的頁面按鈕都可以切換頁面顯示的內容，主要內容前面已有敘述，這裡不再重複介紹。

✎ 案例 6-6 QLayout 版面配置管理的使用方法

本案例的檔案名稱為 Chapter06/qt_QLayout.py，用於演示 QLayout 版面配置管理的使用方法，程式碼如下：

```
class LayoutDemo(QDialog):
    def __init__(self, parent=None):
        super(LayoutDemo, self).__init__(parent)

        self.NumGridRows = 3
        self.NumButtons = 4

        self.createMenu()
        self.createHorizontalGroupBox()
        self.createGridGroupBox()
        self.createFormGroupBox()

        # ! [1]
        bigEditor = QTextEdit()
        bigEditor.setPlainText("This widget takes up all the remaining space
in the top-level layout.")

        buttonBox = QDialogButtonBox(QDialogButtonBox.Ok | QDialogButtonBox.
Cancel)
        buttonBox.accepted.connect(self.accept)
        buttonBox.rejected.connect(self.reject)
        # ! [1]

        # ! [2]
        mainLayout = QVBoxLayout()
        # ! [2] #! [3]
        mainLayout.setMenuBar(self.menuBar)
        # ! [3] #! [4]
        mainLayout.addWidget(self.horizontalGroupBox)
        mainLayout.addWidget(self.gridGroupBox)
        mainLayout.addWidget(self.formGroupBox)
        mainLayout.addWidget(bigEditor)
        mainLayout.addWidget(buttonBox)
        # ! [4] #! [5]
        self.setLayout(mainLayout)

        self.setWindowTitle("Basic Layouts")

    # ! [6]
    def createMenu(self):
```

```python
        self.menuBar = QMenuBar()

        fileMenu = QMenu("&File", self)
        exitAction = fileMenu.addAction("E&xit")
        self.menuBar.addMenu(fileMenu)
        exitAction.triggered.connect(self.accept)


    # ! [6]

    # ! [7]
    def createHorizontalGroupBox(self):
        self.horizontalGroupBox = QGroupBox("Horizontal layout")
        layout = QHBoxLayout()
        for i in range(0, self.NumButtons):
            button = QPushButton("Button %d" % (i + 1))
            layout.addWidget(button)
        self.horizontalGroupBox.setLayout(layout)

    # ! [7]

    # ! [8]
    def createGridGroupBox(self):
        self.gridGroupBox = QGroupBox("Grid layout")
        # ! [8]
        layout = QGridLayout()

        # ! [9]
        for i in range(0, self.NumGridRows):
            label = QLabel("Line %d:" % (i + 1))
            lineEdit = QLineEdit()
            layout.addWidget(label, i + 1, 0)
            layout.addWidget(lineEdit, i + 1, 1)

        # ! [9] #! [10]
        smallEditor = QTextEdit()
        smallEditor.setPlainText("This widget takes up about two thirds of
the grid layout.")
        layout.addWidget(smallEditor, 0, 2, 4, 1)
        # ! [10]
```

```
    # ! [11]
    layout.setColumnStretch(1, 10)
    layout.setColumnStretch(2, 20)
    self.gridGroupBox.setLayout(layout)

# ! [12]
def createFormGroupBox(self):
    self.formGroupBox = QGroupBox("Form layout")
    layout = QFormLayout()
    layout.addRow(QLabel("Line 1:"), QLineEdit())
    layout.addRow(QLabel("Line 2, long text:"), QComboBox())
    layout.addRow(QLabel("Line 3:"), QSpinBox())
    self.formGroupBox.setLayout(layout)
    # ! [12]
```

執行腳本，顯示效果如圖 6-18 所示。

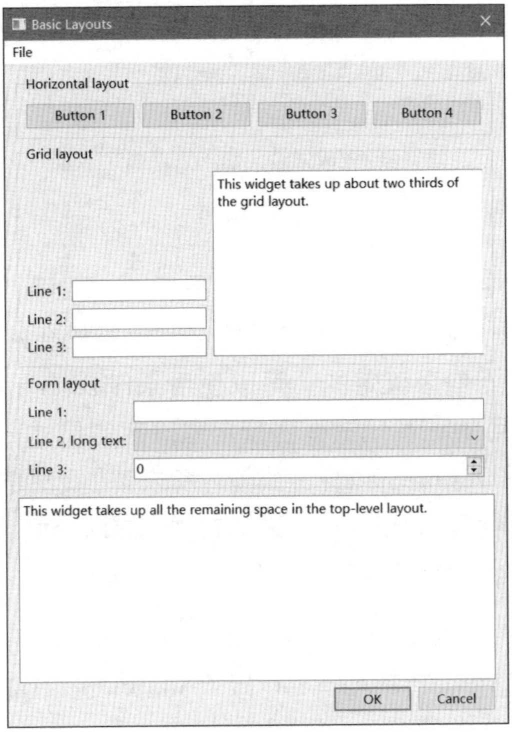

▲ 圖 6-18

本 案 例 建 立 的 3 個 QGroupBox 實 例 分 別 使 用 QHBoxLayout、
QGridLayout 和 QFormLayout 版面配置，並用 QVBoxLayout 接管這 3 個
QGroupBox 實例。

6.2.6 QSplitter

除了上面介紹的 QLayout 版面配置管理，Qt 中還提供了一個特殊
的版面配置管理器 QSplitter。使用 QSplitter 可以動態地滑動子控制項之
間的邊界，它算是一個動態的版面配置管理器。QSplitter 允許使用者透
過滑動子控制項的邊界來控制子控制項的大小，並提供了一個處理拖曳
子控制項的控制器。從圖 6-19 中可以看出，QSplitter 是 QFrame 的子類
別，和 QLayout 不相關。

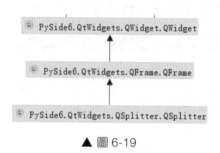

▲ 圖 6-19

在 QSplitter 中，各子控制項預設是橫向版面配置的，可以使用
Qt.Vertical 進行垂直版面配置。小元件之間大小的初始分佈是透過將初
始大小乘以伸展因數來確定的。可以使用 setSizes() 函式來設定所有小
元件的大小，使用 sizes() 函式傳回使用者設定的尺寸。也可以分別使用
saveState() 函式和 restoreState() 函式儲存和恢復小元件的大小狀態。如果
使用 hide() 函式隱藏一個小元件，那麼它的空間將分配給其他控制項。當
再次使用 show() 函式顯示這個小元件時，它將被恢復。

需要注意的是，QSplitter 不支援呼叫 addLayout() 函式，也就是説，
它和之前的版面配置管理不相容，可以用 addWidget 代替。

QSplitter 類別中常用的函式如表 6-7 所示。

表 6-7

函式	描　述
addWidget()	將小控制項增加到 QSplitter 管理器的版面配置中
indexOf()	傳回小控制項在 QSplitter 管理器中的索引
insertWidget()	根據指定的索引將一個控制項插入 QSplitter 管理器中
setOrientation()	設定版面配置方向：Qt.Horizontal，水平方向；Qt.Vertical，垂直方向
setSizes()	設定控制項的初始大小
count()	傳回小控制項在 QSplitter 管理器中的數量
saveState()	儲存拆分器版面配置的狀態
restoreState()	將拆分器的版面配置恢復到指定的狀態。如果狀態恢復則傳回 True，否則傳回 False

✎ 案例 6-7　QSplitter 控制項的使用方法

本案例的檔案名稱為 Chapter06/qt_QSplitter.py，用於演示 QSplitter 控制項的使用方法，程式碼如下：

```python
class SplitterExample(QWidget):
    def __init__(self):
        super(SplitterExample, self).__init__()
        self.setting = {}

        layout = QVBoxLayout(self)
        self.setWindowTitle('QSplitter 版面配置管理例子 ')

        self.splitter1 = QSplitter()
        self.lineEdit = QLineEdit('lineEdit')
        self.splitter1.addWidget(self.lineEdit)
        self.splitter1.addWidget(QLabel('Label'))
        buttonShow = QPushButton(' 顯 / 隱 lineEdit')
        buttonShow.setCheckable(True)
        buttonShow.toggle()
        buttonShow.clicked.connect(lambda: self.buttonShowClick(buttonShow))
        self.splitter1.addWidget(buttonShow)
        layout.addWidget(self.splitter1)
```

```python
        fram1 = QFrame()
        fram1.setFrameShape(QFrame.StyledPanel)
        self.splitter2 = QSplitter(Qt.Vertical)
        self.splitter2.addWidget(fram1)
        self.splitter2.addWidget(QTextEdit())
        self.splitter2.setSizes([50, 100])
        layout.addWidget(self.splitter2)

        self.splitter3 = QSplitter(Qt.Horizontal)
        self.splitter3.addWidget(QListView())
        self.splitter3.addWidget(QTreeView())
        self.splitter3.addWidget(QTextEdit())
        self.splitter3.setSizes([50, 100, 150])
        layout.addWidget(self.splitter3)

        buttonSave = QPushButton('SaveState')
        buttonSave.clicked.connect(self.saveSetting)
        buttonRestore = QPushButton('restoreState')
        buttonRestore.clicked.connect(self.restoreSetting)
        layout.addWidget(buttonSave)
        layout.addWidget(buttonRestore)

        self.setLayout(layout)

    def saveSetting(self):
        self.setting.update({"splitter1": self.splitter1.saveState()})
        self.setting.update({"splitter2": self.splitter2.saveState()})
        self.setting.update({"splitter3": self.splitter3.saveState()})

    def restoreSetting(self):
        self.splitter1.restoreState(self.setting["splitter1"])
        self.splitter2.restoreState(self.setting["splitter2"])
        self.splitter3.restoreState(self.setting["splitter3"])

    def buttonShowClick(self, button):
        if button.isChecked():
            self.lineEdit.show()
        else:
            self.lineEdit.hide()
```

執行腳本，顯示效果如圖 6-20 所示。

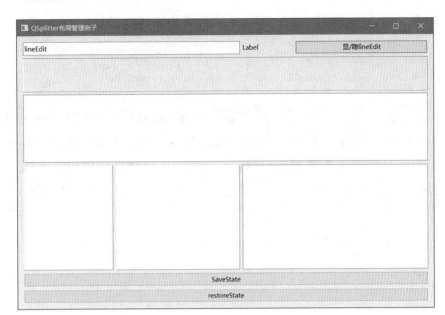

▲ 圖 6-20

本案例從上到下增加了 3 個 QSplitter 控制項。

- splitter1：預設的使用方式，使用按鈕控制 QLineEdit 的顯示狀態和隱藏狀態。
- splitter2：使用垂直方式版面配置，並使用 setSizes([50, 100]) 分割區間。
- splitter3：使用水平方式版面配置（預設），並使用 setSizes([50, 100, 150]) 分割區間。

這裡用字典 setting 儲存版面配置的設定，最後兩個按鈕分別用於儲存設定與恢復設定，分別觸發以下兩個函式，此時可以隨便修改版面配置並儲存，程式碼如下：

```
def saveSetting(self):
    self.setting.update({"splitter1": self.splitter1.saveState()})
    self.setting.update({"splitter2": self.splitter2.saveState()})
```

```
        self.setting.update({"splitter3": self.splitter3.saveState()})

def restoreSetting(self):
    self.splitter1.restoreState(self.setting["splitter1"])
    self.splitter2.restoreState(self.setting["splitter2"])
    self.splitter3.restoreState(self.setting["splitter3"])
```

需要注意的是，初始化時需要觸發 saveSetting() 函式，並且在主視窗中的 show() 函式之後觸發，用於確保儲存的版面配置和看到的一致。如果在 show() 函式之前觸發 saveSetting() 函式，那麼結果會稍有不同，這可能是因為使用 show() 函式可以對版面配置進行微調。程式碼如下：

```
if __name__ == '__main__':
    app = QApplication(sys.argv)
    demo = SplitterExample()
    demo.show()
    demo.saveSetting()
    sys.exit(app.exec())
```

6.3 容器：加載更多的控制項

有時可能會出現這樣的情況：所開發的套裝程式含太多的控制項，導致一個視窗中加載不下或加載的控制項太多而不美觀。本節就來解決這個問題，即如何在現有的視窗中加載更多的控制項。在之前的章節中已經介紹了一些容器，如 QFrame、QWidget、QGroupBox、QScrollArea 等，它們都是單一頁面的容器，下面介紹多個頁面的容器。

6.3.1 QTabWidget

標籤小元件提供了一個標籤欄（QTabBar，用來切換頁面）和一個頁面區域（QWidget，用於顯示與標籤相關的頁面）。每個標籤都匹配了相關頁面，頁面區域只顯示當前頁面，隱藏其他頁面。使用者可以透過點擊標籤或按快速鍵 Alt+ 字母（如果有設定）來顯示不同的頁面。
QTabWidget 類別的繼承結構如圖 6-21 所示。

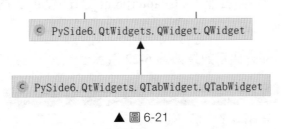

▲ 圖 6-21

使用 QTabWidget 的常用方法是執行以下操作。

（1）建立一個 QTabWidget。

（2）為標籤對話方塊中的每個頁面建立一個 QWidget，但不要為它
們指定父類別。

（3）將子小元件插入 QWidget 頁面中，並用版面配置管理器接管。

（4）呼叫 addTab() 函式或 insertTab() 函式將 QWidget 頁面放入標籤
小元件中。如果需要，則可以為每個標籤提供一個帶有鍵盤快速鍵的合
適標籤。

程式碼如下：

```
self.tabWidget = QTabWidget(self)
self.tab1 = QWidget()
self.tab2 = QWidget()
self.tab3 = QWidget()
self.tabWidget.addTab(self.tab1, "&Page 0")
self.tabWidget.addTab(self.tab2, "Page 1")
self.tabWidget.addTab(self.tab3, "Page 2")
```

上面是 QTabWidget 的最簡單的使用方法，下面根據案例介紹
QTabWidget 的其他使用方法。

✎ 案例 6-8 QTabWidget 的使用方法

本案例的檔案名稱為 Chapter06/qt_QTabWidget.py，用於演示 QTabWidget 的使用方法。

執行腳本，部分顯示效果如圖 6-22 所示。

▲ 圖 6-22

【程式碼分析】

1）標籤 QTabBar 的相關操作

每個標籤都有一個 tabText() 函式、一個可選的 tabIcon() 函式、一個可選的 tabToolTip() 函式、一個可選的 tabWhatsThis() 函式和一個可選的 tabData() 函式。標籤的屬性可以透過函式 setTabText()、setTabIcon()、setTabToolTip()、setTabWhatsThis() 和 setTabData() 改變。可以使用 setTabEnabled() 函式單獨啟用或禁用每個標籤。每個標籤都可以用不同的顏色顯示文字。使用 tabTextColor() 函式可以找到標籤當前的文字顏色。使用 setTabTextColor() 函式可以設定特定標籤的文字顏色。

標籤的位置由 tabPosition 定義，形狀由 tabShape 定義：在預設情況下，標籤欄顯示在頁面區域的上方，可以使用 setTabPosition() 函式設定不同的設定。setTabPosition() 函式的可選參數如表 6-8 所示。

表 6-8

參　數	值	描　述
QTabWidget.North	0	標籤繪製在頁面的上方
QTabWidget.South	1	標籤繪製在頁面的下方
QTabWidget.West	2	標籤繪製在頁面的左側
QTabWidget.East	3	標籤繪製在頁面的右側

在預設情況下，標籤的形狀是圓形外觀，可以使用 setTabShape() 函式設定為其他形狀。setTabShape() 函式的可選參數如表 6-9 所示。

表 6-9

參　數	值	描　述
QTabWidget.Rounded	0	標籤以圓形外觀繪製，這是預設形狀
QTabWidget.Triangular	1	標籤以三角形外觀繪製

涉及的程式碼如下：

```
# 修改標籤的預設資訊
self.tabWidget.setTabShape(self.tabWidget.Triangular)
self.tabWidget.setTabPosition(self.tabWidget.South)

def tab3Init(self):
    layout = QHBoxLayout()
    check1 = QCheckBox(' 一等獎 ')
    check2 = QCheckBox(' 二等獎 ')
    check3 = QCheckBox(' 三等獎 ')
    layout.addWidget(check1)
    layout.addWidget(check2)
    layout.addWidget(check3)
    self.tab3.setLayout(layout)
    self.tabWidget.setTabText(2, " 獲獎情況 ")
    self.tabWidget.setTabToolTip(2,' 更新：獲獎情況 ')
    self.tabWidget.setTabIcon(2,QIcon(r'images/bao13.png'))
    self.tabWidget.tabBar().setTabTextColor(2, 'red')

_dict = {0:False,2:True,1:True}
```

```
check1.stateChanged.connect(lambda x:self.label.setText(f'page2，更新了「一等
獎」獲取情況：{_dict[x]}'))
check2.stateChanged.connect(lambda x: self.label.setText(f'page2，更新了「二等
獎」獲取情況：{_dict[x]}'))
check3.stateChanged.connect(lambda x: self.label.setText(f'page2，更新了「三等
獎」獲取情況：{_dict[x]}'))
```

2）頁面管理

可以使用 addTab() 函式將 QWidget 頁面增加到尾端，或使用 insertTab() 函式在特定位置插入頁面，使用 removeTab() 函式刪除頁面，使用 count() 函式傳回標籤（頁面）總數。結合使用 removeTab() 函式與 insertTab() 函式可以將標籤移到指定位置。

當前頁面索引可以使用 currentIndex() 函式表示，當前 widget 頁面使用 currentWidget() 函式表示。widget(index:int) 傳回特定索引的頁面，indexOf(widget:QWidget) 傳回特定頁面的索引位置。使用 setCurrentWidget() 函式或 setCurrentIndex() 函式可以顯示特定頁面。

這裡提供了兩種翻頁方式：一是附帶的方式 QTabBar，二是使用 QComboBox。需要注意的是，由於程式在後面修改了 TabText，因此實際顯示的不是 Page n，程式碼如下：

```
self.tab1 = QWidget()
self.tab2 = QWidget()
self.tab3 = QWidget()
self.tabWidget.addTab(self.tab1, "Page 0")
self.tabWidget.insertTab(1,self.tab2, "Page 1")
self.tabWidget.addTab(self.tab3, "Page 2")

pageComboBox = QComboBox()
pageComboBox.addItem("Goto Page 0")
pageComboBox.addItem("Goto Page 1")
pageComboBox.addItem("Goto Page 2")
# 導覽與頁面連結
pageComboBox.activated.connect(self.tabWidget.setCurrentIndex)
```

3）訊號與槽

當使用者選擇一個頁面時發射 currentChanged 訊號，程式碼如下：

```
self.tabWidget.currentChanged.connect(self.tabChanged)

def tabChanged(self,index:int):
    a = self.tabWidget.currentWidget()
    text = self.tabWidget.tabBar().tabText(index)
    self.label.setText(f' 切換到頁面 {index},{text}')
```

QTabWidget 是拆分複雜對話方塊的一種很好的方法，另一種常見的方法是使用 QStackedWidget，兩者的功能類似。前者整合 QTabBar 可以很方便地增加頁面；後者可以透過 QToolBar、QListWidget、QComboBox 等增加頁面導覽，自訂程度更高一些。

6.3.2 QStackedWidget

QStackedWidget 是一個堆疊視窗控制項，有多個視窗可以顯示，但同一時間只有一個視窗可以顯示。QStackedWidget 可以用於建立類似於 QTabWidget 提供的使用者介面，是一個建構在 QStackedLayout 之上的便捷版面配置小元件。關於 QTabWidget 的相關內容請參考 6.3.1 節，關於 QStackedLayout 的相關內容請參考 6.2.5 節。QTabWidget 繼承自 QWidget，而 QStackedWidget 繼承自 QFrame，兩者沒有直接的繼承關係。QStackedWidget 類別的繼承結構如圖 6-23 所示。

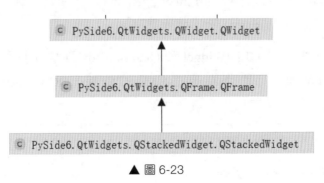

▲ 圖 6-23

案例 6-9　QStackedWidget 控制項的使用方法

本案例的檔案名稱為 Chapter06/qt_QStackedWidget.py，用於演示 QStackedWidget 控制項的使用方法。

執行腳本，顯示效果如圖 6-24 所示。

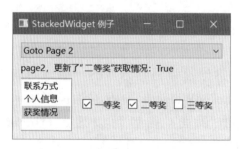

▲ 圖 6-24

【程式碼分析】

1）頁面切換方法

與 QStackedLayout 一樣，QStackedWidget 沒有提供給使用者切換頁面的內在方法。這一點沒有使用 QTabWidget 方便，需要手動完成，通常透過儲存 QStackedWidget 頁面標題中的 QComboBox 或 QListWidget 來完成。

widget() 函式傳回給定索引位置的小元件。顯示在螢幕上的小元件的索引由 currentIndex() 函式舉出，並且可以使用 setCurrentIndex() 函式進行更改。同樣，可以使用 currentWidget() 函式檢索當前顯示的小元件，並使用 setCurrentWidget() 函式進行更改。

本案例提供了 QListWidget 和 QComboBox 兩種切換頁面的方法，並以 QListWidget 行數作為頁面切換的依據，QComboBox 透過改變 QListWidget 行數來間接實作頁面切換：

```
self.stackWidget = QStackedWidget(self)

self.listWidget = QListWidget()
```

```
self.listWidget.insertItem(0, '聯繫方式')
self.listWidget.insertItem(1, '個人資訊')
self.listWidget.insertItem(2, '獲獎情況')
self.listWidget.currentRowChanged.connect(self.stackWidget.setCurrentIndex)

pageComboBox = QComboBox()
pageComboBox.addItem("Goto Page 0")
pageComboBox.addItem("Goto Page 1")
pageComboBox.addItem("Goto Page 2")
# pageComboBox.activated.connect(self.stackWidget.setCurrentIndex)
pageComboBox.activated.connect(self.listWidget.setCurrentRow)
```

下面使用 QListWidget 完成翻頁動作：

```
        self.listWidget = QListWidget()
        self.listWidget.insertItem(0, '聯繫方式')
        self.listWidget.insertItem(1, '個人資訊')
        self.listWidget.insertItem(2, '獲獎情況')
        self.stack1 = QWidget()
        self.stack2 = QWidget()
        self.stack3 = QWidget()
        self.stackWidget = QStackedWidget(self)
        self.stackWidget.addWidget(self.stack1)
        self.stackWidget.addWidget(self.stack2)
        self.stackWidget.addWidget(self.stack3)
        vlayout = QVBoxLayout(self)
        self.label = QLabel('用來顯示資訊')

        self.listWidget.currentRowChanged.connect(
 self.stackWidget.setCurrentIndex)
```

2）增加元件的方法

向 QStackedWidget 增加頁面時，QWidget 頁面將增加到內部清單中，indexOf() 函式傳回該清單中控制項的索引，addWidget() 函式把 QWidget 增加到使用清單的尾端，insertWidget() 函式把 QWidget 插入給定的索引處，使用 removeWidget() 函式可以刪除 QWidget，使用 count() 函式可以傳回 QStackedWidget 視窗中包含的頁面數量，程式碼如下：

```
self.stack1 = QWidget()
self.stack2 = QWidget()
self.stack3 = QWidget()
self.stackWidget = QStackedWidget(self)
self.stackWidget.addWidget(self.stack1)
self.stackWidget.insertWidget(1,self.stack2)
self.stackWidget.addWidget(self.stack3)
```

每個頁面增加內容的方法和之前的用法相同，這裡以第 3 頁為例：

```
self.stack3Init()
    def stack3Init(self):
        layout = QHBoxLayout()
        check1 = QCheckBox('一等獎')
        check2 = QCheckBox('二等獎')
        check3 = QCheckBox('三等獎')
        layout.addWidget(check1)
        layout.addWidget(check2)
        layout.addWidget(check3)
        self.stack3.setLayout(layout)
        _dict = {0:False,2:True,1:True}
        check1.stateChanged.connect(lambda x:self.label.setText(f'page2，更新
了「一等獎」獲取情況：{_dict[x]}'))
        check2.stateChanged.connect(lambda x: self.label.setText(f'page2，更新
了「二等獎」獲取情況：{_dict[x]}'))
        check3.stateChanged.connect(lambda x: self.label.setText(f'page2，更新
了「三等獎」獲取情況：{_dict[x]}'))
```

3）訊號與槽

當 QStackedWidget 中的當前頁面發生變化或被移除時，分別發射 currentChanged 訊號或 widgetRemoved 訊號。

本案例使用 currentChanged 訊號，當頁面切換時在 label 中提示，程式碼如下：

```
self.stackWidget.currentChanged.connect(self.stackChanged)
def stackChanged(self,index:int):
        text = self.listWidget.currentItem().text()
        self.label.setText(f'切換到頁面 {index},{text}')
```

6.3.3 QToolBox

QToolBox 和 QStackedWidget 都繼承自 QFrame，而 QTabWidget 繼承自 QWidget。QToolBox 顯示一列標籤（tabs），當前項目（item）顯示在當前標籤的下方，其他項目隱藏。每個標籤（tab）都對應一個項目（item，QWidget 頁面），並在標籤列中有一個索引。QToolBox 類別的繼承結構如圖 6-25 所示。

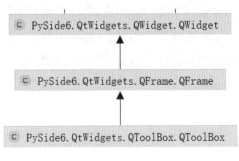

▲ 圖 6-25

1）標籤相關操作

QToolBox 和 QTabWidget 的 用 法 非 常 相 似，同 樣 整 合 了 自 己 的標籤。QToolBox 透過 item 對標籤操作，其用法都和 item 有關：每個 QToolBox 都有一個 itemText() 函式、一個可選的 itemIcon() 函式、一個可選的 itemToolTip() 函式和一個 widget() 函式。可以使用 setItemText() 函式、setItemIcon() 函式和 setItemToolTip() 函式更改項目的屬性。可以使用 setItemEnabled() 函式單獨啟用或禁用每個項目。

程式碼如下：

```python
def tool1Init(self):
    layout = QFormLayout()
    line1 = QLineEdit()
    line2 = QLineEdit()
    layout.addRow("姓名", line1)
    layout.addRow("電話", line2)
    self.tool1.setLayout(layout)
```

```
        self.toolBox.setItemText(0, "聯繫方式")
        self.toolBox.setItemToolTip(0, '更新：聯繫方式')
        self.toolBox.setItemIcon(0, QIcon(r'images/android.png'))
        line1.editingFinished.connect(lambda :self.label.setText(f'page0，更新
了姓名：{line1.text()}'))
        line2.editingFinished.connect(lambda :self.label.setText(f'page0，更新
了電話：{line2.text()}'))
```

2）頁面管理

使用 addItem() 函式可以將 item 頁面增加到尾端，使用 insertItem() 函式可以將頁面插入特定位置，使用 count() 函式可以傳回頁面總數。item 既可以用 delete 刪除，也可以用 removeItem() 函式刪除。結合 removeItem() 函式和 insertItem() 函式可以將 item 移到需要的位置。

程式碼如下：

```
self.toolBox = QToolBox(self)
    self.tool1 = QWidget()
    self.tool2 = QWidget()
    self.tool3 = QWidget()
    self.toolBox.addItem(self.tool1, "Page 0")
    self.toolBox.insertItem(1, self.tool2, "Page 1")
    self.toolBox.addItem(self.tool3, "Page 2")
```

使用 currentIndex() 函式可以傳回當前 QWidget 的索引，使用 setCurrentIndex() 函式可以設定當前索引。使用 indexOf() 函式可以傳回特定項的索引，使用 item() 函式可以傳回給定索引處的項。

程式碼如下：

```
    pageComboBox = QComboBox()
    pageComboBox.addItem("Goto Page 0")
    pageComboBox.addItem("Goto Page 1")
    pageComboBox.addItem("Goto Page 2")
    # 導覽與頁面連結
    pageComboBox.activated.connect(self.toolBox.setCurrentIndex)
```

3）訊號與槽

當當前項改變時發射 currentChanged 訊號，程式碼如下：

```
self.toolBox.currentChanged.connect(self.tabChanged)

def tabChanged(self, index:int):
        a = self.toolBox.currentWidget()
        text = self.toolBox.itemText(index)
        self.label.setText(f' 切換到頁面 {index},{text}')
```

✎ **案例 6-10** QToolBox 的使用方法

本案例的檔案名稱為 Chapter06/qt_QToolBox.py，用於演示 QToolBox 的使用方法。

執行腳本，部分顯示效果如圖 6-26 所示。

▲ 圖 6-26

QToolBox 的使用方法和 QTabWidget 的使用方法非常相似，為了節約篇幅，這裡不再詳細說明。

6.3.4 QDockWidget

QDockWidget 是一個可以停靠在 QMainWindow 內的視窗控制項，可以保持浮動狀態或在指定位置作為子視窗附加到主視窗中。QDockWidget

類別的繼承結構如圖 6-27 所示。QMainWindow 主視窗中保留了一個用於停靠視窗的區域，這個區域在控制項的中央區域，如圖 6-28 所示。

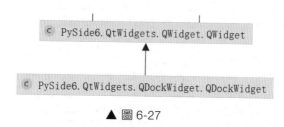

▲ 圖 6-27

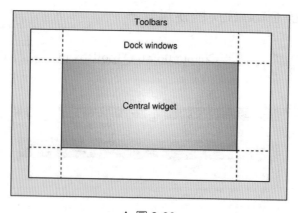

▲ 圖 6-28

QDockWidget 由標題列和內容區域組成。標題列顯示停靠 QWidget 標題、浮動按鈕和關閉按鈕。根據 QDockWidget 的狀態，浮動按鈕和關閉按鈕可能被禁用或根本不顯示。

停靠視窗可以在其當前區域內移動或移到新區域，也可以浮動（如取消停靠）。使用 QDockWidget 的相關函式可以限制停靠視窗移動、浮動和關閉的能力，以及允許放置的區域。

標題列和按鈕的視覺外觀取決於使用的樣式，各系統有其預設的樣式。

QDockWidget 使用 setWidget() 函式增加子視窗。作為子視窗的包裝器，請在子視窗上自訂 size hints、minimum、maximum sizes 和 size policies，QDockWidget 會尊重子視窗的這些設定，調整自己的約束以包含框架和標題。不應該在 QDockWidget 上設定大小約束，因為它們會根據懸浮狀態而改變。

QDockWidget 控制項在主視窗內可以移到新的區域。QDockWidget 類別中常用的函式如表 6-10 所示。

表 6-10

函式	描　述
setWidget()	在 Dock 視窗區域設定 QWidget
setFloating()	設定 Dock 視窗是否可以浮動，如果設定為 True，則表示可以浮動
setAllowedAreas()	設定視窗可以停靠的區域，以下是 Qt 屬性：Qt.LeftDockWidget Area，左側停靠區域；Qt.RightDock WidgetArea，右側停靠區域；Qt.TopDockWidgetArea，頂部停靠區域；Qt.BottomDockWidget Area，底部停靠區域；Qt.AllDockWidget Areas，所有停靠區域；Qt.NoDockWidgetArea，不顯示 Widget
setFeatures()	設定停靠視窗的功能屬性，以下是 QDockWidget 屬性：Dock WidgetClosable，可關閉；DockWidgetMovable，可移動；Dock WidgetFloatable，可漂浮；DockWidgetVerticalTitleBar，在左邊顯示垂直的標籤欄；NoDockWidgetFeatures，無法關閉，不能移動，不能漂浮

✎ 案例 6-11　QDockWidget 控制項的使用方法 1

本案例的檔案名稱為 Chapter06/qt_QDockWidget.py，用於演示 QDockWidget 控制項的使用方法，程式碼如下：

```
class DockWidgetDemo(QMainWindow):
    def __init__(self, parent=None):
        super(DockWidgetDemo, self).__init__(parent)
        layout = QHBoxLayout()
        bar = self.menuBar()
        file = bar.addMenu("&File")
        file.addAction("&New")
        file.addAction("&Save")
        file.addAction("&Quit")
```

```
        self.textEdit = QTextEdit()
        self.setCentralWidget(self.textEdit)
        self.setLayout(layout)
        self.setWindowTitle("QDockWidget 例子 ")

        self.createDock1Window()
        self.createDock2Window()
        self.createDock3Window()
        self.createDock4Window()
        self.createDock5Window()

        file.triggered.connect(lambda x:self.textEdit.insertPlainText(f'\n點
擊了選單：{x.text()}'))
        self.textEdit.clear()
### 此處省略一些重複程式碼，下面會進行展示 ###
```

執行腳本，部分顯示效果如圖 6-29 所示。

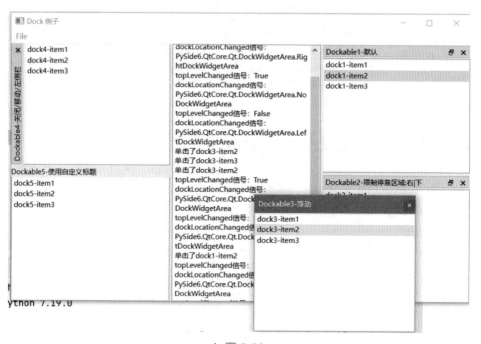

▲ 圖 6-29

【程式碼分析】

本案例建立了 5 個 dock 視窗，下面分別介紹。

1）標準 dock 視窗＋訊號與槽

QDockWidget 作為一個容器，使用 setWidget() 函式增加子視窗。當 dock 視窗的位置發生變化時會觸發 dockLocationChanged 訊號，feature 發生變化時會觸發 featuresChanged 訊號，浮動狀態發生變化時會觸發 topLevelChanged 訊號。使用 addDockWidget() 函式可以新增 dock 視窗，這裡預設增加到右側。預設視窗可關閉、可移動、可懸浮，非常靈活，可以透過一些設定限制預設視窗的行為。程式碼如下：

```python
def createDockWidget(self, title='', n=1):
    dockWidget = QDockWidget(title, self)
    listWidget = QListWidget()
    listWidget.addItem(f"dock{n}-item1")
    listWidget.addItem(f"dock{n}-item2")
    listWidget.addItem(f"dock{n}-item3")
    listWidget.currentTextChanged.connect(lambda x: self.textEdit.
insertPlainText(f'\n點擊了{x}'))
    dockWidget.setWidget(listWidget)
    dockWidget.dockLocationChanged.connect(lambda x: self.textEdit.
insertPlainText(f'\ndockLocationChanged 訊號：{x}'))
    dockWidget.featuresChanged.connect(lambda x: self.textEdit.
insertPlainText(f'\nfeaturesChanged 訊號：{x}'))
    dockWidget.topLevelChanged.connect(lambda x: self.textEdit.
insertPlainText(f'\ntopLevelChanged 訊號：{x}'))
    return dockWidget

def createDock1Window(self):
    dockWidget1 = self.createDockWidget(title="Dockable1- 預設 ", n=1)
        self.addDockWidget(Qt.RightDockWidgetArea, dockWidget1)
```

2）dock 限制停靠區域

使用 setAllowedAreas() 函式可以限制停靠區域，用法如前所述，這裡限制停靠為右側和底部，程式碼如下：

```
def createDock2Window(self):
    dockWidget2 = self.createDockWidget(title="Dockable2- 限制停靠區域：右 | 下 ",
n=2)
    dockWidget2.setAllowedAreas(Qt.RightDockWidgetArea |
Qt.BottomDockWidgetArea)
    self.addDockWidget(Qt.RightDockWidgetArea, dockWidget2)
```

3）dock 預設浮動

預設是停靠主視窗的，可以透過 setFloating() 函式修改為浮動，程式碼如下：

```
def createDock3Window(self):
    dockWidget3 = self.createDockWidget(title="Dockable3- 浮動 ", n=3)
    dockWidget3.setFloating(True)
    self.addDockWidget(Qt.RightDockWidgetArea, dockWidget3)
```

4）dock 特徵限制

使用 setFeatures() 函式可以修改 dock 特徵，方法如前所述，這裡僅允許關閉、移動並開啟左側欄，不允許懸浮，程式碼如下：

```
def createDock4Window(self):
    dockWidget4 = self.createDockWidget(title="Dockable4- 關閉 / 移動 / 左側欄 ",
n=4)
    self.addDockWidget(Qt.LeftDockWidgetArea, dockWidget4)
    dockWidget4.setFeatures(QDockWidget.DockWidgetClosable | QDockWidget.
DockWidgetMovable|QDockWidget.DockWidgetVerticalTitleBar)
```

5）dock 修改自訂標題

如果對預設標題不滿意，則可以透過 setTitleBarWidget() 函式修改自訂標題，但是這樣預設標題會故障。當自訂標題時，標題小元件必須有一個有效的 QWidget.sizeHint() 函式和 QWidget.minimumSizeHint() 函式。程式碼如下：

```
def createDock5Window(self):
    dockWidget5 = self.createDockWidget(title="Dockable5- 修改自訂標題 ", n=5)
    self.addDockWidget(Qt.LeftDockWidgetArea, dockWidget5)
    dockWidget5.setTitleBarWidget(QLabel('Dockable5- 使用自訂標題 ',self))
```

✎ **案例 6-12** QDockWidget 控制項的使用方法 2

本案例的檔案名稱為 Chapter06/qt_QDockWidget2.py，用於演示 QDockWidget 控制項的使用方法。QDockWidget 的相關內容上面已經介紹過，這裡不再敘述。本案例的程式碼比較長，為了節約篇幅，這裡不再列出程式碼。

執行腳本，顯示效果如圖 6-30 所示。

▲ 圖 6-30

6.3.5 多重文件介面 QMdiArea 和 QMdiSubWindow

一個典型的 GUI 應用程式可能有多個視窗，上面介紹的 QTabWidget、QStackedWidget 和 QToolBox 一次只能使用其中的視窗，其他視窗需要隱藏。有時需要同時顯示多個視窗，這就需要使用 MDI（Multiple Document Interface，多重文件介面）的功能，Qt 中透過 QMdiArea 實作 MDI。QMdiArea 通常用作 QMainWindow 中的中心小元件來建立 MDI 應

用程式，但也可以將其放置在任何版面配置中。向主視窗中增加一個區
域的程式碼如下：

```
mainWindow = QMainWindow()
mdiArea = QMdiArea()
mainWindow.setCentralWidget(mdiArea)
```

QMdiArea 是 QAbstractScrollArea 的子類別，但其預設捲軸屬性
是 Qt.ScrollBarAlwaysOff。同樣是 QAbstractScrollArea 的子類別的還
有 QAbstractItemView、QGraphicsView、QScrollArea、QPlainTextEdit
和 QTextEdit，它們都有適合自己的捲動視圖功能，可以加載更多的控制
項。QMdiArea 類別的繼承結構如圖 6-31 所示。

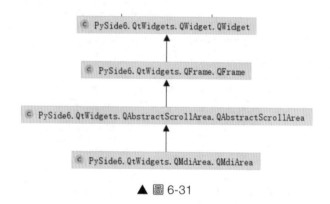

▲ 圖 6-31

建立 QMdiArea 之後就可以增加子視窗，並以串聯模式或
延展模式對子視窗進行排列。增加子視窗可以使用 QMdiArea.
addSubWindow(QWidget)，傳遞的參數既可以是 QWidget 實例，也可以
是 QMdiSubWindow 實例，因為 QMdiSubWindow 也是 QWidget 的子類
別，如圖 6-32 所示。

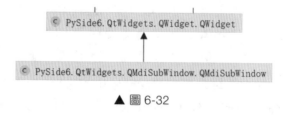

▲ 圖 6-32

但是無論是哪個參數，addSubWindow() 函式都會傳回 QMdiSub Window 實例，所以讀者不用糾結這一點，這是建立 QMdiSubWindow 實例的常見方法，程式碼如下：

```
""" addSubWindow(self, widget: PySide6.QtWidgets.QWidget, flags: PySide6.
QtCore.Qt.WindowFlags = Default(Qt.WindowFlags))
-> PySide6.QtWidgets.QMdiSubWindow """
```

QMdiSubWindow 是 QMdiArea 中 的 子 視窗，也可以是頂層視窗，並且有自己的版面配置。QMdiSubWindow 由標題列（Title Bar）和中心區域（Internal Widget）組成，如圖 6-33 所示。

▲ 圖 6-33

和 QWidget 不 同，QMdiSubWindow 增 加 了 setWidget() 函 式， 可以把 QWidget 增加到中心區域中。作為頂層視窗，QMdiSubWindow 可以使用與常規頂層視窗程式設計相同的 API（如可以呼叫函式 show()、hide()、showMaximized() 和 setWindowTitle() 等）。

QMdiSubWindow 還支援特定於 MDI 區域中的子視窗的行為，QMdiSubWindow 和 QMdiArea 一般要放在一起介紹，相關基礎知識如下。

1）移動和大小調整行為

使用 setOption() 函式可以修改視窗移動和大小調整行為，程式碼如下：

```
def setOption(self, option, on=True):
    """ setOption(self, option: PySide6.QtWidgets.QMdiSubWindow.
SubWindowOption, on: bool = True) -> None """
    pass
```

option 參數支援的選項如表 6-11 所示。

表 6-11

選　項	值	描　述
QMdiSubWindow.RubberBandResize	0x4	如果啟用此選項，則在調整視窗大小時用陰影帶來表示視窗輪廓的變化情況，保持視窗原始大小不變，直到操作完成才調整視窗大小，此時它將接收單一 QResizeEvent。預設此選項處於禁用狀態
QMdiSubWindow.RubberBandMove	0x8	如果啟用此選項，則在移動視窗時用陰影帶來表示視窗輪廓的移動情況，保持位置不變，直到移動操作完成才移動視窗，此時它將接收單一 QMoveEvent。預設此選項處於禁用狀態

2）視窗遮蔽

isShaded() 函式用於檢測子視窗是否被遮蔽（中心區域被遮蔽，只有標題列可見）。使用 showShaded() 函式可以進入 shaded 模式。

3）視窗啟動、訊號與槽

每當視窗狀態發生變化（如視窗最小化或恢復）時，QMdiSubWindow 都會發射 windowStateChanged 訊號。在啟動視窗之前，QMdiSubWindow 會發射 aboutToActivate 訊號，啟動之後 QMdiArea 會發射 subWindowActivated 訊號，QMdiArea.activeSubWindow() 函式傳回活動子視窗。當視窗獲取使用者鍵盤或滑鼠焦點的時候就會處於啟動狀態，也可以透過 setFocus() 函式手動啟動。

4）視窗排序

subWindowList(order=None) 傳回所有子視窗的清單，其排序規則相依於當前傳遞的參數 order（WindowOrder 類型），預設 None 是按照建立順序排序的。也可以選擇其他參數，如表 6-12 所示。這種規則同樣適用於函式 activateNextSubWindow() 和 activatePreviousSubWindow()，以及函式 cascadeSubWindows() 和 tileSubWindows()。對鍵盤快速鍵來說，同時按下 Ctrl+Tab 鍵等效於 activateNextSubWindow() 函式，同時按下 Ctrl+Shift+Tab 鍵等效於 activatePreviousSubWindow() 函式（這

兩個函式同樣適用於上述規則）。使用 activationOrder() 函式可以傳回當前 WindowOrder，使用 setActivationOrder (order) 可以修改當前 WindowOrder。

表 6-12

參　　數	值	描　　述
QMdiArea.CreationOrder	0	視窗按照它們的建立順序傳回
QMdiArea.StackingOrder	1	視窗按照它們的堆疊順序傳回，最頂部的視窗是清單中的最後一個
QMdiArea.ActivationHistoryOrder	2	視窗按照它們被啟動的順序傳回

5）視圖模式

在預設情況下，視圖是常見的子視窗圖，也可以切換 tab 標籤視圖。使用 setViewMode() 函式可以修改預設視圖，該函式支援的參數如表 6-13 所示。

表 6-13

參　　數	值	描　　述
QMdiArea.SubWindowView	0	顯示帶有視窗框架的子視窗（預設）
QMdiArea.TabbedView	1	在標籤欄中顯示帶有標籤的子視窗

既然使用了 tab 標籤，那麼 QTabWidget 關於標籤的部分設定也同樣支援，如 tabPosition 用於設定 tab 標籤的位置，tabShape 用於設定 tab 標籤的形狀，詳細內容請參考 QTabWidget 的相關內容。

6）視窗版面配置

QMdiArea 為子視窗提供了兩種內建的版面配置策略，即 cascadeSubWindows() 和 tileSubWindows()，效果如圖 6-34 所示。兩者都是槽函式，很容易連接選單項。

7）鍵盤互動

子視窗可以進入鍵盤互動模式，方法是在子視窗的標題列上按滑鼠右鍵，在彈出的快顯功能表中選擇 Move 命令或 Size 命令，進行移動或大小調整操作。在該模式下，可以使用方向鍵和翻頁鍵來移動或調整視窗的大小：keyboardSingleStep 用於控制方向鍵調整的步進值，keyboardPageStep 用於控制翻頁鍵調整的步進值。可以使用函式 keyboardSingleStep() 和 setKeyboardPageStep() 修改預設設定。當按下 Shift 鍵時使用 setKeyboard PageStep() 函式，否則使用 keyboardSingleStep() 函式。

▲ 圖 6-34

✎ 案例 6-13
QMdiArea 控制項和 QMdiSubWindow 控制項的使用方法 1

本案例的檔案名稱為 Chapter06/qt_QMdiAreaQMdiSubWindow.py，用於演示 QMdiArea 控制項和 QMdiSubWindow 控制項的使用方法，程式碼如下：

```
class MdiAreaDemo(QMainWindow):
    def __init__(self, parent=None):
        super(MdiAreaDemo, self).__init__(parent)
        self.count = 0
        self.mdi = QMdiArea()
        self.setCentralWidget(self.mdi)
        self.setWindowTitle("QMdiArea+QMdiSubWindow demo")

        bar = self.menuBar()
        file = bar.addMenu("File")
```

```python
file.addAction("New")
file.addAction("ShowSubList")
file.addSeparator()
file.addAction("cascade")
file.addAction("Tiled")
file.addSeparator()
self.nextAct = QAction('Next')
self.nextAct.setShortcuts(QKeySequence.New)
self.nextAct.triggered.connect(self.mdi.activateNextSubWindow)
file.addAction(self.nextAct)
self.preAct = QAction('Pre')
self.preAct.setShortcuts(QKeySequence(Qt.CTRL | Qt.Key_P))
self.preAct.triggered.connect(self.mdi.activatePreviousSubWindow)
file.addAction(self.preAct)
file.triggered[QAction].connect(self.windowaction)
file.addSeparator()
order = file.addMenu('setOrder')
order.addAction('create')
order.addAction('stack')
order.addAction('activateHistory')
order.triggered[QAction].connect(self.orderAction)
file.addSeparator()
view = file.addMenu('setViewMode')
view.addAction('subWindow')
view.addAction('tabWindow')
view.triggered[QAction].connect(self.viewAction)

self.text = QPlainTextEdit()
self.text.setWindowTitle('顯示資訊')
self.text.resize(400, 600)
self.text.move(100, 200)
self.text.show()

# 增加 QWidget 視窗
widget = QWidget()
textEdit = QTextEdit(widget)
layout1 = QHBoxLayout()
layout1.addWidget(textEdit)
widget.setLayout(layout1)
widget.setWindowTitle('QWidget 視窗')
```

```python
        widget.resize(300, 400)
        self.mdi.addSubWindow(widget)

        # 增加 QWidget 視窗 2
        widget2 = QWidget()
        textEdit2 = QTextEdit()
        mdiWidget = self.mdi.addSubWindow(widget2)
        mdiWidget.setWidget(textEdit2)
        mdiWidget.setWindowTitle('QWidget 視窗 2')

        # 增加 QWidget 視窗 3
        mdiWidget2 = self.mdi.addSubWindow(QTextEdit())
        mdiWidget2.setWindowTitle('QWidget 視窗 3')

        # 增加 QMdiSubWindow 視窗
        mdiSub = self.getMdiSubWindow(title='QMdiSubWindow 視窗 ')
        self.mdi.addSubWindow(mdiSub)

        # 增加視窗 shaded
        mdiSub2 = self.getMdiSubWindow(title='shaded 視窗 ')
        self.mdi.addSubWindow(mdiSub2)
        mdiSub2.showShaded()

        # 增加視窗 Option
        mdiSub3 = self.getMdiSubWindow(title='Option 視窗 ')
        mdiSub3.setOption(mdiSub3.RubberBandMove, on=True)
        mdiSub3.setOption(mdiSub3.RubberBandResize, on=True)
        self.mdi.addSubWindow(mdiSub3)

        self.mdi.subWindowActivated.connect(lambda x: self.text.
insertPlainText(f'\n 觸發 subWindowActivated 訊號 ,title:
{x.windowTitle() if x !=None else x}'))
        self.showInfo()


    def getMdiSubWindow(self, title=''):
        mdiSub = QMdiSubWindow()
        mdiSub.setWidget(QTextEdit())
        mdiSub.setWindowTitle(title)
        mdiSub.aboutToActivate.connect(lambda : self.text.insertPlainText(f'
```

```
\n 觸發 aboutToActivate 訊號,title:{title}'))
        mdiSub.windowStateChanged.connect(lambda old,new:self.text.
insertPlainText(f'\n 觸發 windowStateChanged 訊號,title:
{title},old:{self.getState(old)},new:{self.getState(new)}'))
        return mdiSub

    def getState(self,status):
        if status ==  Qt.WindowState.WindowNoState:
            return 'WindowNoState'
        elif status ==  Qt.WindowState.WindowMinimized:
            return 'WindowMinimized'
        elif status ==  Qt.WindowState.WindowMaximized:
            return 'WindowMaximized'
        elif status ==  Qt.WindowState.WindowMaximized:
            return 'WindowMaximized'
        elif status ==  Qt.WindowState.WindowActive:
            return 'WindowActive'
        else:
            return 'None'

    def windowaction(self, q):
        if q.text() == "New":
            self.count = self.count + 1
            sub = self.getMdiSubWindow(title="NewWindow" + str(self.count))
            self.mdi.addSubWindow(sub)
            sub.show()
        elif q.text() == "cascade":
            self.mdi.cascadeSubWindows()
        elif q.text() == "Tiled":
            self.mdi.tileSubWindows()
        elif q.text() == 'ShowSubList':
            self.showInfo()

    def orderAction(self, q):
        if q.text() == 'create':
            self.mdi.setActivationOrder(self.mdi.CreationOrder)
        elif q.text() == 'stack':
            self.mdi.setActivationOrder(self.mdi.StackingOrder)
        elif q.text() == 'activateHistory':
            self.mdi.setActivationOrder(self.mdi.ActivationHistoryOrder)
```

```
        self.showInfo()

    def viewAction(self, q):
        if q.text() == 'subWindow':
            self.mdi.setViewMode(self.mdi.SubWindowView)
        elif q.text() == 'tabWindow':
            self.mdi.setViewMode(self.mdi.TabbedView)

    def showInfo(self):
        orderList = self.mdi.subWindowList(order=self.mdi.activationOrder())

        self.text.insertPlainText(f'\n當前排序方式：{self.mdi.
activationOrder().name}，最新 subWindowList:')

        count = 1
        for subWindow in orderList:
            title = subWindow.windowTitle()
            title = title.split('--')[1] if '--' in title else title
            subWindow.setWindowTitle(f'{count}--{title}')
            print(f'\nnum:{count},title:{subWindow.windowTitle()},shaded:
{subWindow.isShaded()}')
            self.text.insertPlainText(f'\nnum:{count},title:
{subWindow.windowTitle()},shaded:{subWindow.isShaded()}')
            count += 1
```

執行腳本，部分顯示效果如圖 6-35 所示。

▲ 圖 6-35

【程式碼分析】

QWidget 視窗 1 ～ 3 顯示的是增加 QWidget 實例作為中心區域的 3 種方式。QMdiSubWindow 視窗增加 QMdiSubWindow 實例作為中心區域，和樣以這種方式建立的視窗還有 NewWindow(Num)，其是透過 New 選單增加的視窗實例（Num 指的是編號）。這些視窗之間沒有太大的差別，隨便使用一種方式就可以。

Option 視窗移動和大小調整的方式和預設的不同，詳細內容請參考前面介紹的基礎知識「1）移動和大小調整行為」。

當程式剛執行時期，shaded 視窗會啟動遮蔽狀態，對應基礎知識「2）視窗遮蔽」。

功能表列中的 cascade 和 Tiled 這兩項會觸發兩種版面配置方式，對應基礎知識「6）視窗版面配置」。

功能表列中的 Next 和 Pre 這兩項可以按照順序或反向啟動視窗；透過 setOption 子功能表可以修改視窗的排序方式；透過功能表列 showSubList 可以顯示當前排序方式，並對每個視窗的標題列增加編號。上述這些對應基礎知識「4）視窗排序」。需要注意的是，當 setOption 為 stack 或 activateHistory 時，觸發 Pre 選單（或 Ctrl+P）會修改 subWindow List() 函式，結果是指標只會在最近的兩個視窗來回切換，使用快速鍵 Ctrl+Shift+Tab 不存在這個問題。

透過 setViewMode 子功能表可以修改視窗的視圖模式，對應基礎知識「5）視圖模式」。

透過 getMdiSubWindow() 函式建立的子視窗會綁定 MdiSubWindow 的 windowStateChanged 訊號和 aboutToActivate 訊號，在視窗初始化的時候也會綁定 QMdiArea.subWindowActivated 訊號。這些訊號都可以在彈出的視窗 self.text 中查看，對應基礎知識「3）視窗啟動、訊號與槽」。

關於基礎知識「7）鍵盤互動」，在任意一個子視窗的標題列上按滑鼠右鍵，在彈出的選單中選擇 Move 命令或 Size 命令就可以進入。

✎ 案例 6-14
QMdiArea 控制項和 QMdiSubWindow 控制項的使用方法 2

本案例的檔案名稱為 Chapter06/qt_QMdiAreaQMdiSubWindow2.py，用於演示在 PySide 6 的視窗中 QMdiArea 控制項和 QMdiSubWindow 控制項的使用方法。這是一個官方提供的比較綜合的案例，相關內容在案例 6-13 中已經有所說明，這裡不再敘述，感興趣的讀者可以自行研究。

執行腳本，顯示效果如圖 6-36 所示。

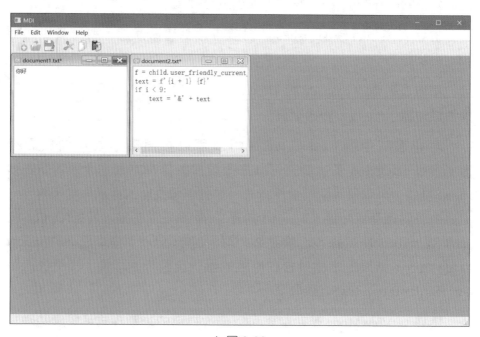

▲ 圖 6-36

6.3.6 QAxWidget

和前面介紹的多頁面容器不同，QAxWidget 是一個單頁面容器。QAxWidget 的使用比較複雜，並且很少有人使用，所以筆者放在最後面介紹。QAxWidget 是 Qt 中用來存取 ActiveX 控制項的類別。QAxWidget 有一個基礎類別 QAxBase。QAxBase 是一個不能直接使用的抽象類別，提供了一個 API 來初始化和存取 COM 物件，需要透過子類別 QAxWidget 實例化才能使用。QAxBase 透過其 IUnknown 提供 API 實作直接存取 COM 物件，如果 COM 物件實作了 IDispatch 介面，則該物件的屬性和函式可以用作 Qt 屬性和插槽。QAxWidget 從 QAxBase 繼承了大部分與 ActiveX 相關的功能，特別是函式 dynamicCall() 和 querySubObject()。QAxWidget 類別的繼承結構如圖 6-37 所示。

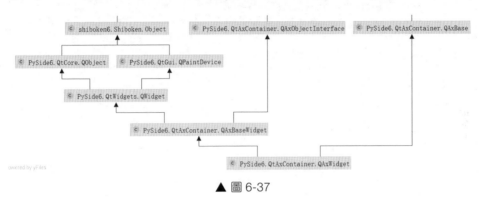

▲ 圖 6-37

ActiveX 是一種很老的技術，只有 IE 瀏覽器對其提供支援，其他瀏覽器已經不再支援。如果是開發瀏覽器，那麼 Qt 有其基於 Chromium 核心的 QWebEngine，使用體驗會更好。

✎ 案例 6-15 QAxWidget 的使用方法

本案例的檔案名稱為 Chapter06/qt_QAxWidget.py，用於演示 QAxWidget 的使用方法，程式碼如下：

```
class AxWidget(QMainWindow):
    def __init__(self, *args, **kwargs):
        super(AxWidget, self).__init__(*args, **kwargs)
        w = QWidget()
        self.setCentralWidget(w)
        layout = QVBoxLayout(self)
        w.setLayout(layout)
        self.resize(800, 600)
self.setWindowTitle('QAxWidget 案例 ')
```

```python
        bar = self.menuBar()
        file = bar.addMenu("&File")
        file.addAction(QIcon('images/open.png'), "&Open")
        file.addAction("&Browser")
        file.addAction("&Exit")
        file.triggered[QAction].connect(self.fileAction)

        self.axWidget = QAxWidget(self)
        layout.addWidget(self.axWidget)


    def fileAction(self, q):
        if q.text() == "&Open":
            self.openFile()
        elif q.text() == "&Browser":
            self.browser()
        elif q.text() == '&Exit':
            QApplication.instance().quit()


    def browser(self):
        print(' 開啟 IE 瀏覽器 ')
        # 設定 ActiveX 控制項為 IE Microsoft Web Browser
        # 設定 ActiveX 控制項的 ID，最有效的方式就是使用 UUID
        # 此處的 {8856f961-340a-11d0-a96b-00c04fd705a2} 就是 Microsoft Web
Browser 控制項的 UUID
        self.axWidget.clear()
        self.axWidget.setControl("{8856f961-340a-11d0-a96b-00c04fd705a2}")
        self.axWidget.setObjectName("webWidget")            # 設定控制的名稱
        # 設定控制項接收鍵盤焦點的方式：點擊、按 Tab 鍵
        self.axWidget.setFocusPolicy(Qt.StrongFocus)
        self.axWidget.setProperty("DisplayAlerts", False) # 不顯示任何警告資訊
        self.axWidget.setProperty("DisplayScrollBars", True) # 顯示捲軸
        self.axWidget.setProperty("Silent", True)

        # sUrl = "www.baidu.com"
        # self.axWidget.dynamicCall(f"Navigate({sUrl})")
        self.axWidget.dynamicCall('GoHome()')


    def openFile(self):
```

```
        path, _ = QFileDialog.getOpenFileName(
            self, '請選擇檔案', '', 'excel(*.xlsx *.xls);;word(*.docx
*.doc);;pdf(*.pdf)')
        print('openFile', path)
        if not path:
            return
        if _.find('*.doc'):
            return self.openOffice(path, 'Word.Application')
        elif _.find('*.xls'):
            return self.openOffice(path, 'Excel.Application')
        elif _.find('*.pdf'):
            return self.openPdf(path)
        else:
            self.axWidget.clear()
            # 不顯示表單
            self.axWidget.dynamicCall('SetVisible (bool Visible)', 'false')
            self.axWidget.setControl(path)


    def openOffice(self, path, app):
        self.axWidget.clear()
        if not self.axWidget.setControl(app):
            return QMessageBox.critical(self, '錯誤', '沒有安裝  %s' % app)
        # 不顯示表單
        self.axWidget.dynamicCall('SetVisible (bool Visible)', 'false')
        self.axWidget.setProperty('DisplayAlerts', False)
        self.axWidget.setControl(path)

    def openPdf(self, path):
        self.axWidget.clear()
        if not self.axWidget.setControl('Adobe PDF Reader'):
            return QMessageBox.critical(self, '錯誤', '沒有安裝 Adobe PDF
Reader')
        self.axWidget.dynamicCall('LoadFile(const QString&)', path)

    def closeEvent(self, event):
        self.axWidget.close()
        self.axWidget.clear()
        self.layout().removeWidget(self.axWidget)
```

```
        del self.axWidget
        super(AxWidget, self).closeEvent(event)
```

開啟 Excel 程式，執行腳本，顯示效果如圖 6-38 所示。

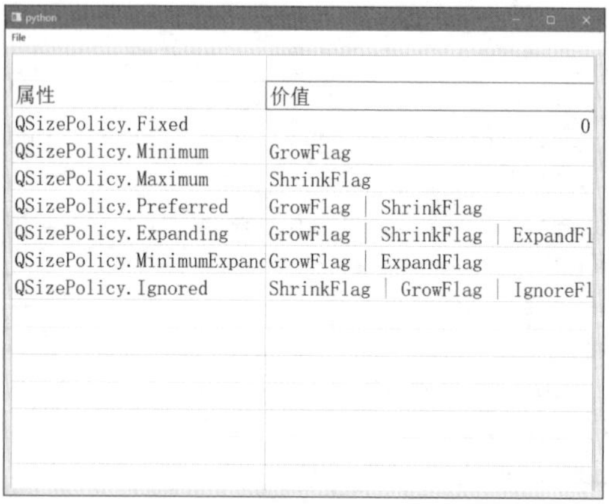

▲ 圖 6-38

功能表列 File-Open 支援開啟 Word 檔案、Excel 檔案（需要安裝 Office）和 PDF 檔案（需要安裝 Adobe PDF Reader）。

功能表列 File-Browser 會呼叫 IE 瀏覽器。

本案例主要介紹下面 3 點。

（1）初始化方法：使用 setControl() 函式初始化 COM 物件，之前設定的所有 COM 物件都將關閉。

使用 setControl() 函式最簡單的方式是使用註冊元件的 UUID，程式碼如下：

```
ui.setControl("{8E27C92B-1264-101C-8A2F-040224009C02}")
```

也可以使用註冊控制項的類別名稱（附帶版本編號或不附帶版本編號），程式碼如下：

```
ui.setControl( "MSCal.Calendar")
```

最慢但最簡單的方式是使用控制項的全名，程式碼如下：

```
ui.setControl( "日曆控制項 9.0" )
```

也可以從檔案初始化物件，程式碼如下：

```
ui.setControl("c:/files/file.doc")
```

（2）呼叫 COM 物件可以使用 dynamicCall() 函式，傳遞參數 var1、var1、var2、var3、var4、var5、var6、var7 和 var8，傳回 COM 物件的傳回值，如果 COM 物件沒有傳回值或呼叫失敗則傳回 None。

程式碼如下：

```
def dynamicCall(self, name, v1=None, *args, **kwargs): # real signature
unknown; NOTE: unreliably restored from __doc__
    """
    dynamicCall(self, name: bytes, v1: Any = Invalid(typing.Any), v2: Any =
Invalid(typing.Any), v3: Any = Invalid(typing.Any), v4: Any = Invalid(typing.
Any), v5: Any = Invalid(typing.Any), v6: Any = Invalid(typing.Any), v7: Any =
Invalid(typing.Any), v8: Any = Invalid(typing.Any)) -> Any
    dynamicCall(self, name: bytes, vars: Sequence[Any]) -> Any
    """
    pass
```

如果 COM 物件是函式，則傳遞的字串必須是最初的原型，程式碼如下：

```
activeX.dynamicCall("Navigate(const QString&)" , "www.qt-project.org")
```

上面的程式碼是 Qt 版本，在 PySide 6 中的執行不成功，官方也舉出了另一種呼叫物件的方法，呼叫的物件直接包含參數，程式碼如下：

```
activeX.dynamicCall("Navigate(\"www.qt-project.org\")")
```

上面的程式碼同樣是 Qt 版本，對 Python 來説，也可以直接使用以下形式：

```
activeX.dynamicCall("Navigate(www.qt-project.org)")
```

只能透過 dynamicCall() 呼叫這樣的函式，它的參數或傳回值是 QVariant 支援的資料型態，詳細情況如表 6-14 所示。如果要呼叫的函式的參數清單中具有不受支援的資料型態，則可以使用 queryInterface() 函式檢索對應的 COM 介面，並直接使用該函式。

表 6-14

COM 類型	Qt 屬性	in 參數	輸出參數
VARIANT_BOOL	bool	bool	bool&
BSTR	QString	const QString&	QString&
char、short、int、long	int	int	int&
uchar、ushort、uint、ulong	uint	uint	uint&
float、double	double	double	double&
DATE	QDateTime	const QDateTime&	QDateTime&
CY	qlonglong	qlonglong	qlonglong&
OLE_COLOR	QColor	const QColor&	QColor&
SAFEARRAY(VARIANT)	QList<QVariant>	const QList<QVariant>&	QList<QVariant>&
SAFEARRAY(int) SAFEARRAY(double) SAFEARRAY(Date)	QList<QVariant>	const QList<QVariant>&	QList<QVariant>&
SAFEARRAY(BYTE)	QByteArray	const QByteArray&	QByteArray&
SAFEARRAY(BSTR)	QStringList	const QStringList&	QStringList&
VARIANT	type-dependent	const QVariant&	QVariant&
IFontDisp*	QFont	const QFont&	QFont&
IPictureDisp*	QPixmap	const QPixmap&	QPixmap&
IDispatch*	QAxObject*	QAxBase::asVariant()	QAxObject* (return value)
IUnknown*	QAxObject*	QAxBase::asVariant()	QAxObject* (return value)

COM 類型	Qt 屬性	in 參數	輸 出 參 數
SCODE, DECIMAL	unsupported	unsupported	unsupported
VARIANT* (Since Qt 4.5)	unsupported	QVariant&	QVariant&

這裡所有的參數都以字串形式傳遞,這裡的控制項可以正確解釋它們,這種方式比傳遞正確的參數類型慢。

(3)屬性設定:既可以使用 dynamicCall() 函式,也可以使用 property() 函式。如果使用 dynamicCall() 函式,那麼傳遞的字串必須是屬性的名稱。當 var1 是有效的 QVariant 時,呼叫 property setter,否則呼叫 property getter。

程式碼如下:

```
activeX.dynamicCall("Value" , 5 );
text = activeX.dynamicCall("Text").toString()
```

對屬性設定來說,使用 property() 函式和 setProperty() 函式獲取和設定屬性會更快,程式碼如下:

```
activeX.setProperty("Silent", True)
```

6.4 多執行緒

在一般情況下,應用程式都是單執行緒執行的,但是對 GUI 程式來說,單執行緒有時滿足不了需求。舉例來說,如果需要執行一個特別耗時的操作,在執行過程中整個程式就會卡頓,此時使用者可能以為程式出錯,所以就把程式關閉了;或 Windows 系統也認為程式出錯,自動關閉程式。要解決這種問題就涉及多執行緒的知識。一般來說,多執行緒技術涉及 3 種方法:一是使用計時器模組 QTimer,二是使用多執行緒模組 QThread,三是使用事件處理功能。

6.4.1 QTimer

如果要在應用程式中週期性地執行某個操作,如週期性地檢測主機的 CPU 值,則需要使用 QTimer(計時器),QTimer 類別提供了重複的和單次的計時器。要使用計時器,需要先建立一個 QTimer 實例,將其 timeout 訊號連接到對應的槽,並呼叫 start() 函式。然後計時器會以恒定的間隔發射 timeout 訊號。start(2000) 表示設定時間間隔為 2 秒並啟動計時器,程式碼如下:

```
from PySide6.QtCore import QTimer
# 初始化一個計時器
self.timer = QTimer(self)
# 計時結束並呼叫 operate()
# 設定時間間隔並啟動計時器
self.timer.timeout.connect(self.operate)
self.timer.start(2000)
```

在預設情況下,isSingleShot() 傳回 False,如果傳回 True,則計時器訊號只會觸發一次,可以透過 setSingleShot(True) 修改預設值。

計時器的另一種使用方法是延遲計時,這種方法要使用 singleShot 訊號(前者是 timeout 訊號),如 singleShot(5000,receiver) 表示 5 秒之後會觸發 receiver 訊號。

QTimer 類別中常用的函式如表 6-15 所示。

表 6-15

函式	描述
start(milliseconds)	啟動或重新啟動計時器,時間間隔的單位為毫秒。如果計時器已經執行,那麼它將被停止並重新啟動。如果 isSingleShot() 為 True,那麼計時器將僅被啟動一次
stop()	停止計時器

QTimer 類別中常用的訊號如表 6-16 所示。

表 6-16

訊號	描　述
singleShot	給定時間間隔後，在呼叫一個槽函式時發射此訊號
timeout	當計時器逾時時發射此訊號

案例 6-16 QTimer 的使用方法

本案例的檔案名稱為 Chapter06/qt_QTimer.py，用於演示 QTimer 的使用方法，程式碼如下：

```python
class WinForm(QWidget):
    def __init__(self, parent=None):
        super(WinForm, self).__init__(parent)
        self.setWindowTitle("QTimer demo")
        self.listFile = QListWidget()
        self.label = QLabel(' 顯示當前時間 ')
        self.startBtn = QPushButton(' 開始 ')
        self.endBtn = QPushButton(' 結束 ')
        self.autoButon = QPushButton(' 延遲計時 ')
        layout = QGridLayout(self)

        # 初始化計時器
        self.timer = QTimer(self)
        self.timer2 = QTimer()
        self.timer2.setSingleShot(True)

        # showTime()
        self.timer.timeout.connect(self.showTime)

        self.checkBox = QCheckBox(" 單次計時 ")
        self.checkBox.stateChanged.connect(self.timer.setSingleShot)

        layout.addWidget(self.label, 0, 0, 1, 2)
        layout.addWidget(self.startBtn, 1, 0)
        layout.addWidget(self.endBtn, 1, 1)
        layout.addWidget(self.checkBox, 1, 2)
        layout.addWidget(self.autoButon, 2, 0, 1, 2)
```

```python
        self.startBtn.clicked.connect(self.startTimer)
        self.endBtn.clicked.connect(self.endTimer)
        self.autoButon.clicked.connect(self.laterTimer)

        self.setLayout(layout)

    def showTime(self):
        # 獲取系統現在的時間
        time = QDateTime.currentDateTime()
        # 設定系統時間的顯示格式
        timeDisplay = time.toString("yyyy-MM-dd hh:mm:ss dddd")
        # 在標籤上顯示時間
        self.label.setText(timeDisplay)

    def startTimer(self):
        # 設定計時間隔並啟動
        self.timer.start(1000)
        self.startBtn.setEnabled(False)
        self.endBtn.setEnabled(True)

    def endTimer(self):
        self.timer.stop()
        self.startBtn.setEnabled(True)
        self.endBtn.setEnabled(False)

    def laterTimer(self):
        self.label.setText("<font color=red size=12><b>延遲任務會在 5 秒後啟動！
</b></font>")
        self.timer2.singleShot(5000, lambda: QMessageBox.information(self,
'延遲任務標題', '執行延遲任務'))
```

執行腳本，顯示效果如圖 6-39 所示。

▲ 圖 6-39

如圖 6-40 所示，兩張圖對應兩個 QTimer。「開始」按鈕、「結束」按鈕和「單次計時」按鈕對應第 1 個 QTimer（第 1 張圖），觸發 timeout 訊號。「單次計時」按鈕對應 setSingleShot() 函式，用來決定計時器計時 1 次還是多次。「延遲計時」按鈕對應第 2 個 QTimer（第 2 張圖），在 5 秒之後會彈出延遲任務視窗。

▲ 圖 6-40

6.4.2 QThread

Qt 中多執行緒最常用的方法是 QThread，QThread 是 Qt 中所有執行緒控制的基礎，每個 QThread 實例代表並控制一個執行緒。QThread 有兩種使用方式，即子類別化或實例化。子類別化 QThread 需要重寫 run() 函式並在該函式中進行多執行緒運算，這種方式相對簡單一些；實例化 QThread 需要透過 QObject.moveToThread(targetThread:QThread) 函式接管多執行緒類別。

子類別化的使用方式如下：

```python
class WorkThread(QThread):
    count = int(0)
    countSignal = Signal(int)

    def __init__(self):
        super(WorkThread, self).__init__()

    def run(self):
        self.flag = True
```

```
        while self.flag:
            self.count += 1
            self.countSignal.emit(self.count)
            time.sleep(1)
```

上述程式碼的啟動方式如下：

```
self.thread = WorkThread()
self.thread.countSignal.connect(self.flush)
self.label = QLabel('0')
self.thread.start()
def flush(self, count):
    self.label.setText(str(count))
```

實例化程式碼也需要新建一個類別，實例化之後需要透過 moveToThread() 函式讓 QThread 接管，標準範本如下：

```
class Work(QObject):
    count = int(0)
    countSignal = Signal(int)

    def __init__(self):
        super(Work, self).__init__()

    def work(self):
        self.flag = True
        while self.flag:
            self.count += 1
            self.countSignal.emit(self.count)
            time.sleep(1)
```

上述程式碼的啟動方式如下：

```
self.worker = Work()
self.thread = QThread()
self.worker.moveToThread(self.thread)
self.worker.countSignal.connect(self.flush)
self.thread.started.connect(self.worker.work)
self.label = QLabel('0')
```

```
self.thread.start()
def flush(self, count):
    self.label.setText(str(count))
```

上面是 QThread 的最基礎的用法。

QThread 會在執行緒啟動和結束時發射 started 訊號和 finished 訊號，也可以使用函式 isFinished() 和 isRunning() 查詢執行緒的狀態。從 Qt 4.8 開始，可以透過將 finished 訊號連接到 QObject.deleteLater() 函式來釋放剛剛結束的執行緒中的物件。如果要終止執行緒，則可以使用函式 exit() 或 quit()。在極端情況下，要使用 terminate() 函式強制終止正在執行的執行緒非常危險（並不鼓勵這樣做），同時要確保在 terminate() 函式之後使用 wait() 函式。

使用 wait() 函式可以阻塞呼叫執行緒，直到另一個執行緒完成執行（或直到經過指定的時間）。從 Qt 5.0 開始，QThread 還提供了靜態的、與平臺無關的睡眠函式，如 sleep()、msleep() 和 usleep()，分別允許整秒、毫秒和微秒計時。需要注意的是，一般不使用函式 wait() 和 sleep()，因為 Qt 是一個事件驅動的框架。可以使用 finished 訊號代替 wait() 函式，使用 QTimer 代替 sleep() 函式。

使用靜態函式 currentThreadId() 和 currentThread() 可以傳回當前執行執行緒的識別字，前者傳回執行緒的平臺特定 ID，後者傳回一個 QThread 指標。

QThread 類別中常用的函式如表 6-17 所示。

表 6-17

函式	描　　述
start()	啟動執行緒
wait()	阻止執行緒，直到滿足以下條件之一。 • 與此 QThread 物件連結的執行緒已經完成執行（即從 run() 函式傳回時）。如果執行緒完成執行，則此函式將傳回 True；如果執行緒尚未啟動，則此函式也傳回 True。

函式	描　述
	• 等待時間的單位是毫秒。如果時間是 ULONG_MAX（預設值），則等待，永遠不會逾時（執行緒必須從 run() 函式傳回）；如果等待逾時，則此函式將傳回 False
sleep(secs)	強制當前執行緒睡眠 secs 秒

QThread 類別中常用的訊號如表 6-18 所示。

表 6-18

訊號	描　述
started	在開始執行 run() 函式之前，從相關執行緒發射此訊號
finished	當程式完成業務邏輯時，從相關執行緒發射此訊號

✎ 案例 6-17　QThread 的使用方法

本案例涉及兩個檔案，分別為 Chapter06/qt_QThread.py 和 qt_QThread2.py。兩個腳本的功能是一樣的，只是實作方法稍微不同，前者採用子類別化的方式，後者採用實例化的方式，內容稍微不同，讀者可以自行對比。qt_QThread.py 用於演示 QThread 子類別化的使用方法，程式碼如下：

```
class WorkThread(QThread):
    count = int(0)
    countSignal = Signal(int)

    def __init__(self):
        super(WorkThread, self).__init__()

    def run(self):
        self.flag = True
        while self.flag:
            self.count += 1
            self.countSignal.emit(self.count)
            time.sleep(1)
```

```python
class MainWindow(QMainWindow):

    def __init__(self):
        super(MainWindow, self).__init__()
        self.setWindowTitle('QThread demo')
        self.resize(515, 208)
        self.widget = QWidget()
        self.buttonStart = QPushButton('開始')
        self.buttonStop = QPushButton('結束')
        self.label = QLabel('0')
        self.label.setFont(QFont("Adobe Arabic", 28))
        self.label.setAlignment(Qt.AlignCenter)

        layout = QHBoxLayout()
        layout.addWidget(self.label)
        layout.addWidget(self.buttonStart)
        layout.addWidget(self.buttonStop)
        self.widget.setLayout(layout)
        self.setCentralWidget(self.widget)

        self.buttonStart.clicked.connect(self.onStart)
        self.buttonStop.clicked.connect(self.onStop)

        self.thread = WorkThread()
        self.thread.countSignal.connect(self.flush)

        self.thread.started.connect(lambda: self.statusBar().showMessage('
多執行緒 started 訊號'))
        self.thread.finished.connect(self.finished)

    def flush(self, count):
        self.label.setText(str(count))

    def onStart(self):
        self.statusBar().showMessage('button start.')
        print('button start.')
        self.buttonStart.setEnabled(False)
        self.thread.start()
```

```python
    def onStop(self):
        self.statusBar().showMessage('button stop.')
        self.thread.flag = False
        self.thread.quit()

    def finished(self):
        self.statusBar().showMessage('多執行緒 finished 訊號')
        self.buttonStart.setEnabled(True)


if __name__ == "__main__":
    app = QApplication(sys.argv)
    demo = MainWindow()
    demo.show()
    sys.exit(app.exec())
```

qt_QThread2.py 用於演示 QThread 實例化的使用方法，程式碼如下：

```python
class Work(QObject):
    count = int(0)
    countSignal = Signal(int)

    def __init__(self):
        super(Work, self).__init__()

    def work(self):
        self.flag = True
        while self.flag:
            self.count += 1
            self.countSignal.emit(self.count)
            time.sleep(1)


class MainWindow(QMainWindow):

    def __init__(self):
        super(MainWindow, self).__init__()
        self.setWindowTitle('QThread demo')
        self.resize(515, 208)
        self.widget = QWidget()
```

```
        self.buttonStart = QPushButton('開始')
        self.buttonStop = QPushButton('結束')
        self.label = QLabel('0')
        self.label.setFont(QFont("Adobe Arabic", 28))
        self.label.setAlignment(Qt.AlignCenter)

        layout = QHBoxLayout()
        layout.addWidget(self.label)
        layout.addWidget(self.buttonStart)
        layout.addWidget(self.buttonStop)
        self.widget.setLayout(layout)
        self.setCentralWidget(self.widget)

        self.buttonStart.clicked.connect(self.onStart)
        self.buttonStop.clicked.connect(self.onStop)

        self.thread = QThread()
        self.worker = Work()
        self.worker.countSignal.connect(self.flush)

        self.worker.moveToThread(self.thread)
        self.thread.started.connect(self.worker.work)
        self.thread.finished.connect(self.finished)

    def flush(self, count):
        self.label.setText(str(count))

    def onStart(self):
        self.statusBar().showMessage('button start.')
        self.buttonStart.setEnabled(False)
        self.thread.start()

    def onStop(self):
        self.statusBar().showMessage('button stop.')
        self.worker.flag = False
        self.thread.quit()

    def finished(self):
        self.statusBar().showMessage('多執行緒 finish.')
        self.buttonStart.setEnabled(True)
```

```
if __name__ == "__main__":
    app = QApplication(sys.argv)
    demo = MainWindow()
    demo.show()
    sys.exit(app.exec())
```

兩個腳本的執行效果相同，如圖 6-41 所示。

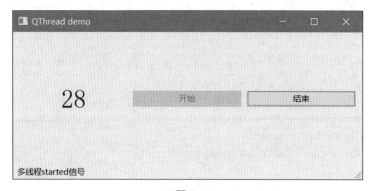

▲ 圖 6-41

6.4.3 事件處理

Qt 為事件處理提供了兩種機制：高級的訊號 / 槽機制，低級的事件處理機制。本節只介紹事件處理機制的 processEvents() 函式的使用方法，因為這個函式能夠實作即時更新，表現形式就像多執行緒一樣。第 7 章會詳細介紹訊號 / 槽機制和事件處理機制的具體用法。雖然使用 processEvents() 函式可以更新頁面，但是一般不建議這樣操作，而是把耗時的操作放到子執行緒中。

對執行很耗時的程式來説，PySide 6 需要等待程式執行完畢才能進行下一步，這個過程表現在介面上就是卡頓；如果在執行這個耗時的程式時不斷執行 QApplication. processEvents() 函式，那麼就可以實作一邊執行耗時的程式，一邊更新頁面的功能，給人的感覺就是程式執行很流暢。因此，QApplication.processEvents() 函式的使用方法就是，在主函式執行耗時操作的地方加入 QApplication.processEvents() 函式。

　　本案例的檔案名稱為 Chapter06/qt_processEvents .py，用於演示即時更新頁面，程式碼如下：

```
class WinForm(QWidget):
    def __init__(self,parent=None):
        super(WinForm,self).__init__(parent)
        self.setWindowTitle(" 即時更新頁面例子 ")
        self.listFile= QListWidget()
        self.btnStart = QPushButton(' 開始 ')
        layout = QGridLayout(self)
        layout.addWidget(self.listFile,0,0,1,2)
        layout.addWidget(self.btnStart,1,1)
        self.btnStart.clicked.connect( self.slotAdd)
        self.setLayout(layout)

    def slotAdd(self):
        for n in range(10):
            str_n='File index {0}'.format(n)
            self.listFile.addItem(str_n)
            QApplication.processEvents()
            time.sleep(1)
```

　　執行腳本，顯示效果如圖 6-42 所示。

▲ 圖 6-42

6.5 網頁互動

Qt 使用 QWebEngineView 控制項來展示 HTML 頁面，並且不再維護舊版本中的 QWebView 類別，因為 QWebEngineView 使用 Chromium 核心可以為使用者帶來更好的體驗。Qt 慢慢淘汰了 WebKit，取而代之的是使用 WebEngine 框架。WebEngine 框架是基於 Google 的 Chromium 引擎開發的，也就是內部整合了 Google 的 Chromium 引擎。WebEngine 框架基於 Chromium 上的 Content API 進行封裝，投入成本比較小，可以極佳地支援 HTML 5。

可以透過 PySide6.QtWebEngineWidgets.QWebEngineView 類別來使用網頁控制項，該類別的繼承結構如圖 6-43 所示。

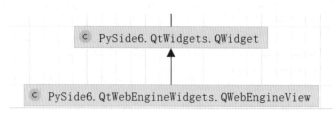

▲ 圖 6-43

需要注意的是，如果使用 PyQt 6，則需要額外安裝 PyQt6-WebEngine 模組才能支援 QtWebEngineWidgets。對 PyQt 6 來說，PyQt6-WebEngine 模組是需要單獨安裝的，安裝方式如下：

```
pip install PyQt6-WebEngine
```

6.5.1 載入內容

可以使用 load() 函式將網站載入到 Web 視圖中，它實際上使用 GET 方法載入 URL。也可以使用 setUrl() 函式載入網站，如果想繪製 HTML 程式碼，則可以使用 setHtml() 函式。

載入內容會發射一些訊號，如 loadStarted 訊號在視圖開始載入時發射，loadProgress 訊號在 Web 視圖的元素完成載入時發射（如嵌入的影像或腳本）。當視圖載入完成時，會發射 loadFinished 訊號，它的參數是 True 或 False，表示載入成功或失敗。

6.5.2 標題和圖示

可以使用 title() 函式造訪 HTML 檔案的標題。此外，網站可以指定一個圖示，使用 icon() 函式或 iconUrl() 函式的 URL 可以存取該圖示。如果標題或圖示發生變化，則會發射對應的 titleChanged 訊號、iconChanged 訊號和 iconUrlChanged 訊號。使用 zoomFactor() 函式可以按比例因數縮放網頁中的內容。

6.5.3 QWebEnginePage 的相關方法

Web 另一個非常重要的內容是 QWebEnginePage，它在 Web 引擎頁面中包含 HTML 檔案的內容、導覽連結的歷史記錄和操作等功能。可以使用 QWebEngineView.page() 函式獲取 QWebEnginePage。QWebEnginePage 的 API 與 QWebEngineView 非常相似，這裡主要使用它的導覽功能，如 QWebEnginePage.Back 表示傳回操作。QWebEnginePage 的更多操作方法如表 6-19 所示，這些方法屬於 QWebEnginePage.WebAction，用來定義網頁上執行的操作類型。

表 6-19

操作方法	值	描　　述
QWebEnginePage.NoWebAction	-1	不會觸發任何操作
QWebEnginePage.Back	0	在導覽連結的歷史記錄中向後導覽
QWebEnginePage.Forward	1	在導覽連結的歷史記錄中向前導覽
QWebEnginePage.Stop	2	停止載入當前頁面

操作方法	值	描　述
QWebEnginePage.Reload	3	重新載入當前頁面
QWebEnginePage.ReloadAndBypassCache	10	重新載入當前頁面，但不要使用任何本地快取
QWebEnginePage.Cut	4	將當前選中的內容剪下到剪貼簿中
QWebEnginePage.Copy	5	將當前選擇的內容複製到剪貼簿中
QWebEnginePage.Paste	6	從剪貼簿中貼上內容
QWebEnginePage.Undo	7	撤銷上一個編輯操作
QWebEnginePage.Redo	8	重做最後的編輯動作
QWebEnginePage.SelectAll	9	選擇所有內容。此操作僅在頁面內容獲得焦點時啟用。可以透過呼叫 JavaScriptwindow.focus() 函式來獲取焦點，或啟用 FocusOnNavigation Enabled 設定以自動獲取焦點
QWebEnginePage.PasteAndMatchStyle	11	使用當前樣式貼上剪貼簿中的內容
QWebEnginePage.OpenLinkInThisWindow	12	在當前視窗中開啟當前連結（在 Qt 5.6 中增加）
QWebEnginePage.OpenLinkInNewWindow	13	在新視窗中開啟當前連結，需要實作 createWindow() 函式或 newWindowRequested() 函式（Qt 5.6 中增加）
QWebEnginePage.OpenLinkInNewTab	14	在新標籤中開啟當前連結，需要實作 createWindow() 函式或 newWindowRequested() 函式（在 Qt 5.6 中增加）
QWebEnginePage.OpenLinkInNewBackgroundTab	31	在新的背景標籤中開啟當前連結，需要實作 createWindow() 函式或 newWindowRequested () 函式（在 Qt 5.7 中增加）
QWebEnginePage.CopyLinkToClipboard	15	將當前連結複製到剪貼簿中（在 Qt 5.6 中增加）
QWebEnginePage.CopyImageToClipboard	17	將點擊的影像複製到剪貼簿中（在 Qt 5.6 中增加）
QWebEnginePage.CopyImageUrlToClipboard	18	將點擊的影像的 URL 複製到剪貼簿中（在 Qt 5.6 中增加）

操 作 方 法	值	描　述
QWebEnginePage.CopyMediaUrlToClipboard	20	將懸停的音訊或視訊的 URL 複製到剪貼簿中（在 Qt 5.6 中增加）
QWebEnginePage.ToggleMediaControls	21	在顯示和隱藏懸停的音訊或視訊元素的控制項之間切換（在 Qt 5.6 中增加）
QWebEnginePage.ToggleMediaLoop	22	切換懸停的音訊或視訊是否應在完成時循環播放（在 Qt 5.6 中增加）
QWebEnginePage.ToggleMediaPlayPause	23	切換懸停的音訊或視訊元素的播放 / 暫停狀態（在 Qt 5.6 中增加）
QWebEnginePage.ToggleMediaMute	24	將懸停的音訊或視訊元素靜音或取消靜音（在 Qt 5.6 中增加）
QWebEnginePage.DownloadLinkToDisk	16	將當前連結下載到磁碟中，需要一個用於函式 downloadRequested() 的插槽（在 Qt 5.6 中增加）
QWebEnginePage.DownloadImageToDisk	19	將突出顯示的影像下載到磁碟中，需要一個用於函式 downloadRequested() 的插槽（在 Qt 5.6 中增加）
QWebEnginePage.DownloadMediaToDisk	25	將懸停的音訊或視訊下載到磁碟中，需要一個用於函式 downloadRequested() 的插槽（在 Qt 5.6 中增加）
QWebEnginePage.InspectElement	26	觸發任何附加的 Web Inspector 以檢查突出顯示的元素（在 Qt 5.6 中增加）
QWebEnginePage.ExitFullScreen	27	退出全螢幕模式（在 Qt 5.6 中增加）
QWebEnginePage.RequestClose	28	請求關閉網頁。如果已定義，則 window.onbeforeunload 執行處理常式，並且使用者可以確認或拒絕關閉頁面。如果關閉請求被確認，則發出 windowCloseRequested（在 Qt 5.6 中增加）
QWebEnginePage.Unselect	29	清除當前選擇（在 Qt 5.7 中增加）
QWebEnginePage.SavePage	30	將當前頁面儲存到磁碟中。MHTML 是將網頁儲存在磁碟中的預設格式。需要一個用於函式 downloadRequested() 的插槽（在 Qt 5.7 中增加）
QWebEnginePage.ViewSource	32	在新標籤中顯示當前頁面的來源，需要實作函式 createWindow() 或 newWindowRequested()（在 Qt 5.8 中增加）

操 作 方 法	值	描　　述
QWebEnginePage.ToggleBold	33	切換所選內容或指標位置的粗體，需要 contenteditable="true"（在 Qt 5.10 中增加）
QWebEnginePage.ToggleItalic	34	在選擇的位置或指標位置切換斜體，需要 contenteditable= "true"（在 Qt 5.10 中增加）
QWebEnginePage.ToggleUnderline	35	切換選擇的底線或指標位置，需要 contenteditable="true"（在 Qt 5.10 中增加）
QWebEnginePage.ToggleStrikethrough	36	在選擇的位置或指標位置切換，需要 contenteditable="true"（在 Qt 5.10 中增加）
QWebEnginePage.AlignLeft	37	將包含所選內容或指標位置的行向左對齊，需要 contenteditable="true"（在 Qt 5.10 中增加）
QWebEnginePage.AlignCenter	38	將包含所選內容或指標位置的行置中對齊，需要 contenteditable= "true"（在 Qt 5.10 中增加）
QWebEnginePage.AlignRight	39	將包含所選內容或指標位置的行向右對齊，需要 contenteditable= "true"（在 Qt 5.10 中增加）
QWebEnginePage.AlignJustified	40	伸展包含所選內容或指標位置的行，使每行的寬度相等，需要 contenteditable="true"（在 Qt 5.10 中增加）
QWebEnginePage.Indent	41	縮排包含選擇或指標位置的行，需要 contenteditable="true"（在 Qt 5.10 中增加）
QWebEnginePage.Outdent	42	使包含選擇或指標位置的行縮排，需要 contenteditable="true"（在 Qt 5.10 中增加）
QWebEnginePage.InsertOrderedList	43	在當前指標位置插入一個有序清單，刪除當前選擇，需要 contenteditable="true"（在 Qt 5.10 中增加）
QWebEnginePage.InsertUnorderedList	44	在當前指標位置插入一個無序清單，刪除當前選擇，需要 contenteditable="true"（在 Qt 5.10 中增加）

使用 QWebEnginePage.action() 函式可以獲取操作對應的 action（QWebEngineView.pageAction() 函式可以提供相同的功能），使用 QWebEnginePage.isEnabled() 函式可以確定操作的可用性。使用 QWebEngineView.triggerPageAction() 函式或 QWebEnginePage.triggerAction() 函式可以觸發這些操作，程式碼如下：

```
self.webEngineView.triggerPageAction(QWebEnginePage.Back)
self.webEngineView.page().triggerAction(QWebEnginePage.Forward)
```

　　QWebEngineView 針對不同的元素有其預設的右鍵選單，這些選單包括一些常用的功能，如剪下、複製、貼上、開啟新視窗等。如果要在自訂右鍵選單、功能表列或工具列中嵌入這些操作（也可以是 WebAction 的其他操作），則可以先透過 pageAction() 函式獲得各個操作的 QAction，然後嵌入。需要注意的是，如果想實作「新視窗開啟連結」功能，則需要繼承 QWebEngineView 並重新實作 createWindow() 函式。

6.5.4 執行 JavaScript 函式

　　QWebEnginePage.runJavaScript() 函式對執行 JavaScript 程式碼提供支援，如支援回呼函式，有兩種使用方式，如下所示：

```
"""
runJavaScript(self, arg__1: str, arg__2: int, arg__3: object) -> None
runJavaScript(self, scriptSource: str, worldId: int = 0) -> None
"""
```

　　第 1 種方式支援回呼函式（arg_3），會把 JavaScript 程式碼傳回的結果傳遞給回呼函式。前兩個參數（arg1 和（arg2）分別是 scriptSource 和 worldId，和第 2 種方法的參數相同。scriptSource 是腳本原始檔案，worldId 定義了腳本的執行範圍。worldId 支援的項目如表 6-20 所示，如果要求不高則使用預設 0 即可。

表 6-20

項　目	值	描　述
QWebEngineScript.MainWorld	0	頁面的 Web 內容使用的世界。在某些情況下，它可以用於向 Web 內容公開自訂功能
QWebEngineScript.ApplicationWorld	1	用於在 JavaScript 中實作的應用程式級功能的預設隔離世界

項　目	值	描　述
QWebEngineScript.UserWorld	2	如果應用程式不使用更多的世界，則使用者設定的腳本將使用第一個孤立世界。一般來說，如果該功能向應用程式的使用者公開，則每個單獨的腳本都應該有自己的獨立世界

✎ 案例 6-18
基於 QWebEngineView 實作基本的 Web 瀏覽功能

本案例的檔案名稱為 Chapter06/qt_QWebEngineView.py，用於演示基於 QWebEngineView 實作基本的 Web 瀏覽功能，程式碼如下：

```
class WebEngineView(QWebEngineView):
    # 建立一個容器儲存每個視窗，否則會崩潰，因為它是 createWindow() 函式中的臨時變數
    windowList = []

    def createWindow(self, QWebEnginePage_WebWindowType):
        newWin = MainWindow()
        availableGeometry = mainWin.screen().availableGeometry()
        newWin.resize(availableGeometry.width() * 2 / 3, availableGeometry.
height() * 2 / 3)
        newWin.show()
        self.windowList.append(newWin)
        return newWin.webEngineView


class MainWindow(QMainWindow):

    def __init__(self, homeUrl='http://www.baidu.com'):
        super().__init__()

        self.setWindowTitle('PySide6 QWebEngineView Example')
        self.inintToolBar(homeUrl)
        self.initWeb(homeUrl)

    def inintToolBar(self, homeUrl):
        self.toolBar = QToolBar()
```

```
        self.addToolBar(self.toolBar)
        self.backButton = QPushButton()
        self.backButton.setIcon(QIcon('images/go-previous.png'))
        self.backButton.clicked.connect(self.back)
        self.toolBar.addWidget(self.backButton)
        self.homeButton = QPushButton()
        self.homeButton.setIcon(QIcon('images/go-home.png'))
        self.homeButton.clicked.connect(lambda: self.webEngineView.
load(homeUrl))
        self.toolBar.addWidget(self.homeButton)
        self.forwardButton = QPushButton()
        self.forwardButton.setIcon(QIcon('images/go-next.png'))
        self.forwardButton.clicked.connect(self.forward)
        self.toolBar.addWidget(self.forwardButton)
        self.refreshButton = QPushButton()
        self.refreshButton.setIcon(QIcon('images/view-refresh.png'))
        self.refreshButton.clicked.connect(self.load)
        self.toolBar.addWidget(self.refreshButton)

        self.jsButton = QToolButton()
        self.jsButton.setText('runJS1')
        self.jsButton.clicked.connect(self.runJS1)
        self.toolBar.addWidget(self.jsButton)

        self.jsButton2 = QToolButton()
        self.jsButton2.setText('runJS2')
        self.jsButton2.clicked.connect(self.runJS2)
        self.toolBar.addWidget(self.jsButton2)

        self.addressLineEdit = QLineEdit()
        self.addressLineEdit.returnPressed.connect(self.load)
        self.toolBar.addWidget(self.addressLineEdit)

    def initWeb(self, homeUrl):
        self.webEngineView = WebEngineView()
        self.setCentralWidget(self.webEngineView)
        self.addressLineEdit.setText(homeUrl)
        self.webEngineView.load(QUrl(homeUrl))
        self.webEngineView.titleChanged.connect(self.setWindowTitle)
        self.webEngineView.iconChanged.connect(self.setWindowIcon)
```

```python
        self.webEngineView.urlChanged.connect(self.urlChanged)

        self.webEngineView.loadStarted.connect(lambda: self.statusBar().
showMessage(f' 觸發 loadStarted 訊號 '))
        self.webEngineView.loadProgress.connect(lambda x: self.statusBar().
showMessage(f' 觸發 loadProgress 訊號 , 結果 {x}'))
        self.webEngineView.loadFinished.connect(lambda x: self.statusBar().
showMessage(f' 觸發 loadFinished 訊號 , 結果 {x}'))

    def load(self):
        url = QUrl.fromUserInput(self.addressLineEdit.text())
        if url.isValid():
            self.webEngineView.load(url)

    def back(self):
        self.webEngineView.triggerPageAction(QWebEnginePage.Back)

    def forward(self):
        self.webEngineView.page().triggerAction(QWebEnginePage.Forward)

    def urlChanged(self, url):
        self.addressLineEdit.setText(url.toString())

    def runJS1(self):
        title = self.webEngineView.title()
        string = f'alert(" 當前標題是 : {title}");'
        self.webEngineView.page().runJavaScript(string)

    def runJS2(self):
        string = '''
        function myFunction()
        {
            return document.title;
        }
        myFunction();
        '''
        def jsCallback(result):
            QMessageBox.information(self, " 當前 title", str(result))

        self.webEngineView.page().runJavaScript(string, 0, jsCallback)
```

```
if __name__ == '__main__':
    app = QApplication(sys.argv)
    mainWin = MainWindow()
    availableGeometry = mainWin.screen().availableGeometry()
    mainWin.resize(availableGeometry.width() * 2 / 3, availableGeometry.
height() * 2 / 3)
    mainWin.show()
    sys.exit(app.exec())
```

執行腳本，顯示效果如圖 6-44 所示。

▲ 圖 6-44

上述程式碼很簡單，左上角的「上一頁」按鈕和「下一頁」按鈕觸發了 WebAction 的相關操作，「首頁」按鈕和「重新整理」按鈕使用了 load() 函式。runJS1 按鈕和 runJS2 按鈕實作了呼叫 javascript 方法，後者使用了回呼函式。此外，本案例重寫了 QWebEngineView. createWindow() 函式，以支援多視窗瀏覽。對於訊號與槽，本案例提供了 titleChanged、iconChanged、urlChanged、loadStarted、loadProgress、loadFinished 的使用方法。

這是一個單視窗的簡單案例，官方提供了一個更複雜的案例，使用 QTabWidget 可以支援多視窗，儲存在 Chapter06\tabbedbrowser\main. py 下。實際上，安裝好 PySide 6 之後就可以找到它，該檔案在 Lib\

site-packages\PySide6\examples\webenginewidgets\tabbedbrowser 下。
這個案例基於 QTabWidget 實作了多標籤，並重寫了 QWebEngineView.
createWindow() 函式，以支援多視窗跳躍。

6.6 QSS 的 UI 美化

QSS（Qt Style Sheets）即 Qt 樣式表，是用來自定義控制項外觀的
一種機制。QSS 參考了大量 CSS 的內容，但 QSS 的功能比 CSS 的功能
弱得多，表現為選取器比較少，可以使用的 QSS 屬性也較少，並且不是
所有的屬性都可以應用在 Qt 的控制項上。QSS 使頁面美化與程式碼層分
開，有利於維護。

如果讀者學習了本節所有內容之後想要了解更多的資訊，如哪些控
制項可以使用 QSS，可以透過 QSS 設定對應的屬性，有多少子控制項和
偽狀態類型，以及控制項使用 QSS 的更多案例等，請自行查閱官方網站。

6.6.1 QSS 的基本語法規則

QSS 的語法規則與 CSS 的語法規則幾乎相同。QSS 樣式由兩部分組
成：一部分是選取器（Selector），指定哪些控制項會受到影響；另一部
分是宣告（Declaration），指定哪些屬性應該在控制項上進行設定。宣告
部分是一系列的「屬性：值」對，使用分號（;）分隔各個不同的「屬性：
值」對，使用大括號（{}）將所有的宣告包括在內。舉例來說，以下樣式
表指定所有的 QPushButton 應使用黃色作為背景顏色，所有 QCheckBox
應使用紅色作為文字顏色：

```
QPushButton { background: yellow }
QCheckBox { color: red }
```

以 QPushButton 為例（QCheckBox 是一樣的），QPushButton 表示選
取器，指定所有的 QPushButton 類別及其子類別都會受到影響。需要注

意的是，凡是繼承自 **QPushButton** 的子類別都會受到影響，這是與 CSS 不同的地方，因為 CSS 應用的都是一些標籤，沒有類別的層次結構，更沒有子類別的概念。{background:yellow} 則是規則的定義，表示指定背景顏色是黃色。

如果想要對多個選取器進行相同的設定，則可以使用逗點（,）將各個選取器分離，例如：

```
QPushButton, QLineEdit, QComboBox { color: red }
```

它相當於：

```
QPushButton { color: red }
QLineEdit { color: red }
QComboBox { color: red }
```

QSS 可以是文字字串，既可以使用 QApplication.setStyleSheet (qss:str) 在整個應用程式上設定，也可以使用 QWidget.setStyleSheet() 函式在特定小元件（及其子級）上設定。基本案例如下：

```python
class WindowDemo(QWidget):
    def __init__(self):
        super().__init__()

        btn1 = QPushButton(self)
        btn1.setText('按鈕 1')

        btn2 = QPushButton(self)
        btn2.setText('按鈕 2')

        vbox=QVBoxLayout()
        vbox.addWidget(btn1)
        vbox.addWidget(btn2)
        self.setLayout(vbox)
        self.setWindowTitle("QSS 樣式")

if __name__ == "__main__":
```

```
app = QApplication(sys.argv)
win = WindowDemo()
qssStyle = '''
        QPushButton {
            background-color: red
        }

    '''
win.setStyleSheet( qssStyle )
win.show()
sys.exit(app.exec_())
```

在這個案例中，使用 win.setStyleSheet() 函式對整個視窗載入了自訂的 QSS 樣式，視窗中的 QPushButton 控制項的背景顏色都為紅色。執行效果如圖 6-45 所示。

▲ 圖 6-45

這種使用 setStyleSheet() 函式設計的樣式在功能上比 QPalette 強大得多。舉例來說，使用 QPalette 將 QPalette.Button 角色設定為紅色，這樣 QPushButton 按鈕會顯示為紅色。但是，在不同的平臺上的表現會有所不同，並且在 Windows 平臺和 macOS 平臺上還會受到本地主機主題引擎的限制，而 setStyleSheet() 函式則沒有這個限制。

樣式表可以和 QPalette 結合使用，如可以用樣式表設定全域設定，在此基礎之上針對特定小元件單獨使用 QPalette 實作自訂設定，修改特定小元件的顏色。

6.6.2 QSS 選取器的類型

到目前為止，所有案例都使用了最簡單的選取器類型，即類型選取器。Qt 樣式表支援 CSS2 中定義的所有選取器。最有用的選取器類型如下。

（1）通配選取器：*，匹配所有的控制項。

（2）類型選取器：QPushButton，匹配所有的 QPushButton 類別及其子類別的實例。

（3）屬性選取器：QPushButton[name="myBtn"]，匹配所有的 name 屬性是 myBtn 的 QPushButton 實例。需要注意的是，該屬性可以是自訂的，不一定非得是類別本身具有的屬性。需要使用 setProperty() 函式設定屬性名稱和 value。其核心程式碼如下：

```
button2 = QPushButton(self )
button2.setProperty( 'name' , 'myBtn' )
button2.setText('按鈕2')
```

將所使用的 QSS 修改為屬性名稱為 myBtn 的 QPushButton，並改變背景顏色，程式碼如下：

```
win = WindowDemo()
qssStyle = '''
        QPushButton[name="myBtn"] {
                background-color: red
        }
    '''
win.setStyleSheet( qssStyle )
win.show()
```

執行效果如圖 6-46 所示，可以看到，只有「按鈕2」的背景顏色發生變化。

▲ 圖 6-46

（4）類別選取器：.QPushButton，匹配所有的 QPushButton 實例，但是並不匹配其子類別。需要注意的是，前面有一個點號，這是與 CSS 中的類別選取器不一樣的地方。

（5）ID 選取器：#myButton，匹配所有的 ID 為 myButton 的控制項，這裡的 ID 實際上就是 objectName 指定的值。和屬性選取器一樣，這裡需要設定 objectName，可以使用 setObjectName() 函式。

（6）後代選取器：QDialog QPushButton，匹配所有的 QDialog 容器中包含的 QPushButton，不管是直接的還是間接的。

（7）子選取器：QDialog > QPushButton，匹配所有的 QDialog 容器中包含的 QPushButton，其中要求 QPushButton 的直接父容器是 QDialog。

另外，上面所有的選取器可以聯合使用，並且支援一次設定多種選取器類型，用逗點隔開。舉例來說，#frameCut,#frameInterrupt,#frameJoin 表示這些 ID 使用相同的規則，#mytable QPushButton 表示選擇所有 ID 為 mytable 的容器中包含的 QPushButton 控制項。

6.6.3 QSS 子控制項

QSS 子控制項實際上也是一種選取器，並且應用在一些複合控制項上，典型的如 QComboBox，該控制項的外觀是，有一個矩形的外邊框，右邊有一個下拉箭頭，點擊之後會彈出下拉清單。例如：

```
QComboBox::drop-down { image: url(dropdown.png) }
```

上面的樣式指定所有 QComboBox 的下拉箭頭的圖片是自訂的，圖片檔案為 dropdown.png。

::drop-down 子控制項選取器可以與上面提到的選取器聯合使用。例如：

```
QComboBox#myQComboBox::drop-down { image: url(dropdown.png) }
```

　　上述程式碼表示為指定 ID 為 myQComboBox 的 QComboBox 控制項的下拉箭頭自訂圖片。需要注意的是，子控制項選取器實際上是選擇複合控制項的一部分，也就是對複合控制項的一部分應用樣式，如為 QComboBox 控制項的下拉箭頭指定圖片，而非為 QComboBox 控制項本身指定圖片。上面的程式碼的顯示效果如圖 6-47 所示。

▲ 圖 6-47

6.6.4 QSS 偽狀態

　　QSS 偽狀態選取器是以冒號開頭的選擇運算式，如 :hover，表示當滑鼠指標經過時的狀態。偽狀態選取器限制了當控制項處於某種狀態時才可以使用 QSS 規則，偽狀態只能描述一個控制項或一個複合控制項的子控制項的狀態，所以它只能放在選取器的最後面。以下程式碼表示當滑鼠指標經過 QComboBox 時，其背景顏色指定為紅色，該偽狀態 :hover 描述的是滑鼠指標經過時的狀態：

```
QComboBox:hover{background-color:red;}
```

　　偽狀態除了可以描述選取器所選擇的控制項，還可以描述子控制項選取器的狀態。以下程式碼表示當滑鼠指標經過 QComboBox 的下拉箭頭時，該下拉箭頭的背景顏色變成紅色：

```
QComboBox::drop-down:hover{background-color:red;}
```

　　此外，偽狀態還可以用一個嘆號來表示狀態，如 :hover 表示滑鼠指標經過的狀態，而 :!hover 表示滑鼠指標沒有經過的狀態。以下程式碼表示滑鼠指標沒有懸停在 QRadioButton 上：

```
QRadioButton:!hover { color: red }
```

多種偽狀態可以同時使用，以下程式碼表示當滑鼠指標經過一個選中的 QCheckBox 時，設定其文字的前景顏色為白色：

```
QCheckBox:hover:checked { color: white }
```

要實作偽狀態的 or 功能，可以用「,」聯合起來，程式碼如下：

```
QCheckBox:hover, QCheckBox:checked { color: white }
```

偽狀態可以和子控制項一起出現，程式碼如下：

```
QComboBox::drop-down:hover { image: url(dropdown_bright.png) }
```

QSS 提供了很多偽狀態，一些偽狀態只能用在特定的控制項上。在 Qt 的說明文件中有關於偽狀態的詳細清單。

6.6.5 顏色衝突與解決方法

當多個樣式規則指定相同屬性的不同值時，就會出現衝突。可以考慮使用以下樣式表：

```
QPushButton#okButton { color: gray }
QPushButton { color: red }
```

兩個規則都匹配 QPushButton，並且使用不同的顏色。要解決這個問題，必須考慮選取器的特殊性。在上面的範例中，QPushButton#okButton 被認為比 QPushButton 更特殊，因為它指定單一物件，而非類別的所有實例。因此，當發生衝突時，要以 QPushButton#okButton 為準。

同理，具有偽狀態的選取器比不指定偽狀態的選取器更具體。因此，以下樣式表指定當滑鼠指標懸停在 QPushButton 上時呈現白色文字，否則呈現紅色文字：

```
QPushButton:hover { color: white }
QPushButton { color: red }
```

對於無法區分特殊性的選取器，通常以最後一個為準。以下程式碼表示 QPushButton 呈現紅色文字：

```
QPushButton:hover { color: white }
QPushButton:enabled { color: red }
```

如果想呈現白色文字，則改變它們的順序，或增加更具體的規則，程式碼如下：

```
QPushButton:hover:enabled { color: white }
QPushButton:enabled { color: red }
```

考慮以下衝突：

```
QPushButton { color: red }
QAbstractButton { color: gray }
```

因 為 QPushButton 繼 承 了 QAbstractButton，所 以 很 容 易 認 為 QPushButton 比 QAbstractButton 更具體。但是，對於樣式表的計算，所有類型選取器都具有相同的特性，並且最後出現的規則優先。因此，這裡所有 QAbstractButton（包括子類別 QPushButton）的顏色都設定為 gray。如果希望 QPushButton 有紅色文字，既可以重新排序，也可以使用 .QAbstractButton 不讓其匹配子類別。

Qt 樣式表的特殊性遵循 CSS2 標準，選取器的特殊性計算範例如下。

- 計算選取器中 ID 屬性的數量（= a）。
- 計算選取器中其他屬性和偽類別的數量（= b）。
- 計算選取器中元素名稱的數量（= c）。
- 忽略虛擬元素 [即子控制項]。

連接 a、b 和 c 這 3 個數字會得到一個特殊值,例如:

```
*               {}   /* a=0 b=0 c=0 -> specificity =   0 */
LI              {}   /* a=0 b=0 c=1 -> specificity =   1 */
UL LI           {}   /* a=0 b=0 c=2 -> specificity =   2 */
UL OL+LI        {}   /* a=0 b=0 c=3 -> specificity =   3 */
H1 + *[REL=up]{}     /* a=0 b=1 c=1 -> specificity =  11 */
UL OL LI.red    {}   /* a=0 b=1 c=3 -> specificity =  13 */
LI.red.level    {}   /* a=0 b=2 c=1 -> specificity =  21 */
#x34y           {}   /* a=1 b=0 c=0 -> specificity = 100 */
```

6.6.6 繼承與多樣

1. 顏色的繼承

在經典 CSS 中,如果項目的字型和顏色沒有明確設定,則自動從父項繼承。但是,使用 Qt 樣式表,在預設情況下小元件不會自動從其父小元件繼承其字型和顏色設定。

舉例來說,考慮 QGroupBox 內的 QPushButton:

```
qApp.setStyleSheet("QGroupBox { color: red; } ");
```

QPushButton 沒有明確的顏色集,因此,它沒有繼承其父項 QGroupBox 的顏色,而是具有系統色彩。如果想為 QGroupBox 及其子物件設定顏色,則可以使用以下程式碼:

```
qApp.setStyleSheet("QGroupBox, QGroupBox * { color: red; }");
```

如果希望將字型和色票面板傳播到子小元件,則可以設定 Qt.AA_ UseStyleSheetPropagationInWidgetStyles 標識,如下所示:

```
QCoreApplication.setAttribute(Qt.AA_UseStyleSheetPropagationInWidgetStyles,
  True);
```

這種方式的原理如下:使用 QWidget.setFont() 函式和 QWidget.

setPalette() 函式設定字型和色票面板會傳播到子小元件。在正常情況下，樣式表、QWidget.setFont() 函式和 QWidget.setPalette() 函式的聯繫是斷開的，但是當開啟這個標識的時候它們就開啟了。所以，表現形式是當樣式表的字型和顏色改變時，Qt 會自動觸發 QWidget.setPalette() 函式和 QWidget.setFont() 函式的對應值改變對應的顏色，反之亦然。

2. 多樣性

　　樣式表可以在 QApplication、父視窗小元件和子視窗小元件上設定。Qt 會透過合併小元件（包括其所有祖先）和 QApplication 的樣式表來獲得最終的樣式表。當發生衝突時，無論衝突規則的特殊性如何，小元件自己的樣式表總是優先於任何繼承的樣式表和 QApplication 樣式表。同樣，父小元件的樣式表優先於祖父母的樣式表和 QApplication 樣式表。

　　先在 QApplication 上設定樣式表：

```
qApp.setStyleSheet("QPushButton { color: white }");
```

　　然後在 QPushButton 上設定樣式表：

```
myPushButton.setStyleSheet("* { color: blue }");
```

　　那麼，QPushButton 上的樣式表強制 QPushButton（和任何子視窗小元件）具有藍色文字，儘管 QApplication 樣式表提供了更具體的規則集。

6.6.7 Qt Designer 與樣式表

　　Qt Designer 是預覽樣式表的絕佳工具。按滑鼠右鍵 Qt Designer 中的任意小元件並選擇「改變樣式表」命令可以設定樣式表。

　　在 Qt 4.2 及更新版本中，Qt Designer 還包括樣式表語法突顯器和驗證器。驗證器在「編輯樣式表」對話方塊的左下方指示語法是有效的還是無效的，如圖 6-48 所示。

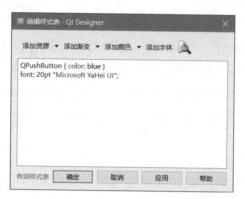

▲ 圖 6-48

當點擊「確定」按鈕或「應用」按鈕時,Qt Designer 對小元件自動顯示新樣式。

✎ 案例 **6-19** QSS 的使用方法

本案例的檔案名稱為 Chapter06/qt_QssDemo.py,用於演示使用 QSS 修改應用程式外觀的方法,程式碼如下:

```
class MainWindow(QMainWindow):
    def __init__(self, parent=None):
        super(MainWindow, self).__init__(parent)
        self.resize(477, 258)
        self.setWindowTitle("QssDemo")
        layout = QFormLayout()

        button1 = QPushButton('button1')
        button1.setToolTip('類型選取器,最一般的使用方式')
        layout.addRow('類型選取器',button1)

        buttonProperty = QPushButton('buttonProperty')
        buttonProperty.setProperty('name','btnProperty')
        buttonProperty.setToolTip('屬性選取器,根據屬性定位')
        layout.addRow('屬性選取器',buttonProperty)

        buttonID = QPushButton('buttonID')
        # button1.setMaximumSize(64, 64)
```

```python
        buttonID.setMinimumSize(64, 64)
        buttonID.setObjectName('btnID')
        buttonID.setToolTip('ID 選取器，點擊會觸發偽狀態 ')
        layout.addRow('ID 選取器 + 偽狀態 ',buttonID)

        comboBox = QComboBox()
        comboBox.addItems([' 張三 ',' 李四 ',' 王五 ',' 趙六 '])
        layout.addRow(' 子控制項 ',comboBox)

        buttonOwn = QPushButton(' 控制項自訂 QSS')
        buttonOwn.setStyleSheet('''* {
            border: 2px solid #8f8f91;
            border-radius: 6px;
            background-color: gray;
            color: yellow }''')
        buttonOwn.setToolTip(' 子控制項的 QSS 會覆蓋父控制項的設定 ')
        layout.addRow(' 控制項自訂 QSS',buttonOwn)

        # 後代選取器
        glayout = QHBoxLayout()
        group = QGroupBox()
        group.setTitle('groupBox')
        group.setLayout(glayout)
        glayout.addWidget(QPushButton('button'))
        glayout.addWidget(QCheckBox('check'))
        checkBox2 = QCheckBox('check2')
        checkBox2.setObjectName('btnID')
        checkBox2.setMinimumSize(40,40)
        glayout.addWidget(checkBox2)
        layout.addRow(' 後代選取器 ',group)

        widget = QWidget()
        self.setCentralWidget(widget)
        widget.setLayout(layout)


if __name__ == "__main__":
    app = QApplication(sys.argv)
    win = MainWindow()
```

```
    styleFile = './style.qss'
    with open(styleFile, 'r') as f:
        qssStyle = f.read()
    win.setStyleSheet(qssStyle)
    win.show()

    sys.exit(app.exec())
```

本案例呼叫了 style.qss 檔案，這個檔案定義了控制項的外觀規則，
詳細內容如下：

```
QMainWindow{
    background-color: yellow
}

QToolTip{
    border: 1px solid rgb(45, 45, 45);
    background: white;
    color: red;
}

QPushButton#btnID{
    border-radius: 30px;
    background-image: url('./images/left.png');
    }

#btnID:hover{
    border-radius: 30px;
    background-image: url('./images/leftHover.png');
    }

QPushButton#btnID:Pressed{
    border-radius: 30px;
    background-image: url('./images/leftPressed.png');
    }

QPushButton {
    background-color: red
}
```

```
QPushButton[name="btnProperty"] {
    background-color: blue
}

QGroupBox {
    background-color: qlineargradient(x1: 0, y1: 0, x2: 0, y2: 1,stop: 0
#E0E0E0, stop: 1 #FFFFFF);
    border: 2px solid gray;
    border-radius: 5px;
    margin-top: 1ex; /* leave space at the top for the title */
}

QGroupBox::title {
    subcontrol-origin: margin;
    subcontrol-position: top center; /* position at the top center */
    padding: 0 3px;
    background-color: qlineargradient(x1: 0, y1: 0, x2: 0, y2: 1,stop: 0
#FF0ECE, stop: 1 #FFFFFF);
}
QGroupBox>QCheckBox{
    background-color: yellow
}
QGroupBox>QPushButton{
    border: 2px solid #8f8f91;
    border-radius: 6px;
    background-color: qlineargradient(x1: 0, y1: 0, x2: 0, y2: 1,
                                      stop: 0 #f6f7fa, stop: 1 #dadbde);
    min-width: 80px;
}

QGroupBox>QPushButton:pressed {
    background-color: qlineargradient(x1: 0, y1: 0, x2: 0, y2: 1,
                                      stop: 0 #dadbde, stop: 1 #f6f7fa);
}

QGroupBox>QPushButton:flat {
    border: none; /* no border for a flat push button */
}
```

```
QGroupBox>QPushButton:default {
    border-color: navy; /* make the default button prominent */
}

QComboBox {
    border: 1px solid gray;
    border-radius: 3px;
    padding: 1px 18px 1px 3px;
    min-width: 6em;
}

QComboBox::drop-down {
    subcontrol-origin: padding;
    subcontrol-position: top right;
    width: 25px;
    background: red;
    border-left-width: 1px;
    border-left-color: darkgray;
    border-left-style: solid; /* just a single line */
    border-top-right-radius: 3px; /* same radius as the QComboBox */
    border-bottom-right-radius: 3px;
}

QComboBox::down-arrow {
    image: url(./images/dropdown.png);
}
```

執行腳本，顯示效果如圖 6-49 所示。

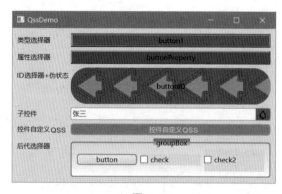

▲ 圖 6-49

6.6.8 QDarkStyleSheet

除了自己撰寫的 QSS 樣式表，網上還有很多品質很好的 QSS 樣式表，如 QDarkStyleSheet，它是一個用於 PyQt 應用程式的深黑色樣式表。可以從 GitHub 官網上下載 QDarkStyleSheet 的安裝套件。

1. 安裝 QDarkStyleSheet

可以使用 pip 命令安裝 QDarkStyleSheet：

```
pip install qdarkstyle
```

2. 使用 QDarkStyleSheet

QDarkStyle 支援 Qt 4 和 Qt 5 的 Python 版本，目前官方沒有提供 Qt 6 的 Python 版本，但是這不影響使用，這裡使用 PySide 2 的 QSS 也能執行成功。QDarkStyle 提供的樣式表的使用方法如下：

```
import qdarkstyle

# PySide
dark_stylesheet = qdarkstyle.load_stylesheet_pyside()
# PySide 2
dark_stylesheet = qdarkstyle.load_stylesheet_pyside2()
# PyQt 4
dark_stylesheet = qdarkstyle.load_stylesheet_pyqt()
# PyQt 5
dark_stylesheet = qdarkstyle.load_stylesheet_pyqt5()
```

或使用 QtPy、PyQtGraph、Qt.Py 提供的環境變數：

```
# QtPy
dark_stylesheet = qdarkstyle.load_stylesheet()
# PyQtGraph
dark_stylesheet = qdarkstyle.load_stylesheet(qt_api=os.environ ('PYQTGRAPH_
QT_LIB'))
# Qt.Py
dark_stylesheet = qdarkstyle.load_stylesheet(qt_api=Qt.__binding__)
```

可以使用 app.setStyleSheet(dark_stylesheet) 開啟 dark 模式：

```
app.setStyleSheet(dark_stylesheet )
```

✎ 案例 **6-20** QDarkStyle 的使用方法

本案例的檔案名稱為 Chapter06/darkstyleDemoRun.py，用於演示 QDarkStyle 的使用方法，這裡不再展示程式碼。

基本上只需要一行程式碼就可以使用 dark 主題，使用 PySide 2 或基於 QtPy 的 QSS 都可以執行成功：

```
# app.setStyleSheet(qdarkstyle.load_stylesheet_pyside2())
app.setStyleSheet(qdarkstyle.load_stylesheet())
```

需要注意的是，由於 PyQt 6 放棄了對資源檔的支援，而 qdarkstyle 是透過資源檔的方式載入 QSS 的，因此 PyQt 6 不支援這個模組，這個案例對 PyQt 6 來說無法使用。

6.7 QML 淺議

本節的案例來自 PySide 6 官方，部分案例對 PyQt 6 不相容。筆者沒有深入研究 QML，所以也不知道如何解決相容性問題，因為從理論上來說不應該出現這種情況，筆者猜測可能是兩者對 QML 解析的差異導致的。

6.7.1 QML 的基本概念

前面介紹的所有內容都是傳統的 Qt 知識，本節介紹 Qt 的另一種實作方式，即 QML，這也是 Qt 為適應現代程式設計而推出的新技術。QML 本身是一種可以看作 HTML 的語言，QPushButton、QLabel 和 QTableView 等絕大部分控制項在 QML 中都有對應的標記。關於 QML 的內容非常多，本書只介紹 Python 呼叫 QML 的方式。QML 是 Qt Quick 技術的子集，Qt Quick 是 Qt 6 中使用使用者介面技術的總稱。Qt Quick 在 Qt 5 中引入，現在已擴充到 Qt 6 中。Qt Quick 本身是多種技術的集合。

- QML：使用者介面的標記語言。
- JavaScript：動態指令碼語言。
- Qt C++：高度可移植的增強型 C++ 函式庫。

如果讀者了解網頁開發，就很容易理解這些技術。可以把 QML 看作 HTML，它們都是標記語言，JavaScript 在這裡的作用和網頁開發一樣，這兩者共同組成前端；C++ 作為後端的運算，用於系統互動和處理繁重的運算，與 Python+Flask 的作用類似。這樣做的好處是前端和後端的開發人員可以分離，從而提高開發效率。

6.7.2 QML 與 JavaScript

JavaScript 是 Web 使用者端開發的通用語言，非常適合身為命令式語言增加到宣告性語言 QML 中。JavaScript 和 QML 的基本語法超出了本書的範圍，所以這裡不會介紹太多，感興趣的讀者可以自行查閱相關文件。下面是在 QML 中使用 JavaScript 的簡單範例：

```
Button {
  width: 200
  height: 300
  property bool checked: false
  text: "Click to toggle"

  // JS function
  function doToggle() {
    checked = !checked
  }

  onTriggered: {
    // this is also JavaScript
    doToggle();
    console.log('checked: ' + checked)
```

```
    }
}
```

Qt 社區中有一個關於在 Qt 現代應用程式中正確混合 QML / JavaScript / Qt C++ 的問題。得到普遍認可的觀點是將應用程式的 JavaScript 部分限制在最低限度，並在 Qt C++ 中執行業務邏輯，在 QML / JavaScript 中執行 UI 邏輯。在實際業務中，應該寫多少 JavaScript 程式碼比較合適呢？這取決於自己的風格，以及對 JavaScript 開發的熟悉程度。

6.7.3 在 Python 中呼叫 QML

在 Qt 中，C++ 和 QML 互動一般有以下 3 種方法。

- 內容屬性：setContextProperty() 函式。
- 向引擎註冊類型：呼叫 qmlRegisterType() 函式。
- QML 擴充外掛程式：雖然有最大的靈活性，但是使用 Python 建立 QML 外掛程式比較麻煩，所以這種方法不適合用於 Python。

下面結合幾個案例介紹前兩種方法，第 3 種方法不再詳細介紹。

✎ **案例 6-21** 在 Python 中呼叫 QML

本案例的程式碼位於 Chapter06/qmlDemo/basic 下，用於演示在 Python 中呼叫 QML，包含兩個檔案，即 basic.py 和 main.qml。main.qml 檔案中的程式碼如下：

```
import QtQuick
import QtQuick.Window
import QtQuick.Controls

Window {
    width: 640
    height: 480
    visible: true
    title: qsTr("Hello Python World!")
```

```
    Column {
        Button {
            text: qsTr(" 我是 QButton")
            onClicked: console.log('you clicked a button: ' + text)
        }
        Label {
            id: numberLabel
            text: qsTr(" 我是 QLable")
        }
    }
}
```

Python 呼叫的 basic.py 檔案中的程式碼如下：

```python
import sys
from PySide6.QtGui import QGuiApplication
from PySide6.QtQml import QQmlApplicationEngine
from PySide6.QtCore import QUrl

if __name__ == '__main__':
    app = QGuiApplication(sys.argv)
    engine = QQmlApplicationEngine()
    engine.load(QUrl("main.qml"))

    if not engine.rootObjects():
        sys.exit(-1)

    sys.exit(app.exec())
```

執行腳本，顯示效果如圖 6-50 所示，點擊按鈕會觸發 JavaScript 函式 console.log()，在主控台中輸出一些資訊。

▲ 圖 6-50

✎ 案例 **6-22** 將 Python 物件曝露給 QML：內容屬性

本案例的程式碼位於 Chapter06/qmlDemo/class-context-property 下，用於演示透過內容屬性的方式把 Python 物件曝露給 QML，包含兩個檔案，即 class.py 和 main.qml。main.qml 檔案中的程式碼如下：

```
import QtQuick
import QtQuick.Window
import QtQuick.Controls

Window {
    id: root

    width: 640
    height: 480
    visible: true
    title: qsTr("Hello Python World!")

    Flow {
        Button {
            text: qsTr("Give me a number!")
            onClicked: numberGenerator.giveNumber()
        }
        Label {
            id: numberLabel
            text: qsTr("no number")
        }
    }

    Connections {
        target: numberGenerator
        function onNextNumber(number) {
            numberLabel.text = number
        }
    }
}
```

上述程式碼要結合 Python 檔案 class.py 進行理解，onClicked（發射 clicked 訊號）會觸發槽函式 numberGenerator.giveNumber()，該函式會發射 numberGenerator.nextNumber 訊號，這個訊號又被 QML 中的 onNextNumber 捕捉，並修改 label 的顯示結果。

class.py 檔案使用 setContextProperty() 函式把 Python 物件 number_generator 曝露給 QML（對應 QML 中的 numberGenerator），這種方式會直接增加到 QML 的上下文環境中，在 QML 中可以直接使用，不需要重新匯入，使用方便，但容易導致命名衝突。在 Python 中呼叫 class.py 檔案的程式碼如下：

```python
import random
import sys
from PySide6.QtGui import QGuiApplication
from PySide6.QtQml import QQmlApplicationEngine
from PySide6.QtCore import QUrl, QObject, Signal, Slot

class NumberGenerator(QObject):
    def __init__(self):
        QObject.__init__(self)

    nextNumber = Signal(int, arguments=['number'])

    @Slot()
    def giveNumber(self):
        self.nextNumber.emit(random.randint(0, 99))

if __name__ == '__main__':
    app = QGuiApplication(sys.argv)
    engine = QQmlApplicationEngine()

    number_generator = NumberGenerator()
    engine.rootContext().setContextProperty("numberGenerator",
number_generator)

    engine.load(QUrl("main.qml"))
```

```
if not engine.rootObjects():
    sys.exit(-1)

sys.exit(app.exec())
```

需要注意的是，這裡對 giveNumber() 函式使用 Slot 裝飾符號將其變成槽函式，否則在 QML 中無法使用這個函式，在 QML 中所有可以呼叫的函式都應該是槽函式。

執行腳本，顯示效果如圖 6-51 所示。

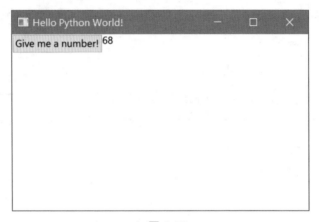

▲ 圖 6-51

✎ 案例 6-23 將 Python 物件曝露給 QML：註冊類型

本案例的程式碼位於 Chapter06/qmlDemo/class-registered-type 下，用於演示透過向 QML 註冊類型的方式將 Python 物件曝露給 QML，包含兩個檔案，即 class.py 和 main.qml。main.qml 檔案中的程式碼如下（在這個檔案中需要匯入 Python 註冊的模組 Generators，並將類別實例化為 NumberGenerator{...}，該實例就可以像任何其他 QML 元素一樣工作）：

```
import QtQuick
import QtQuick.Window
import QtQuick.Controls
```

```
import Generators

Window {
    id: root

    width: 640
    height: 480
    visible: true
    title: qsTr("Hello Python World!")

    Flow {
        Button {
            text: qsTr("Give me a number!")
            onClicked: numberGenerator.giveNumber()
        }
        Label {
            id: numberLabel
            text: qsTr("no number")
        }
    }

    NumberGenerator {
        id: numberGenerator
    }

    Connections {
        target: numberGenerator
        function onNextNumber(number) {
            numberLabel.text = number
        }
    }
}
```

　　這個案例把 Python 物件曝露給 QML，主要使用 qmlRegisterType() 函式。qmlRegisterType() 函式來自 PySide6.QtQml 模組並接收 5 個參數：

```
qmlRegisterType(url: Union[PySide6.QtCore.QUrl, str], uri: bytes,
versionMajor: int, versionMinor: int, qmlName: bytes) -> int
```

- url，表示對類別的引用，如本案例的 NumberGenerator。
- QML 匯入模組的名稱，如本案例的 'Generators'。
- 主要編號和次要編號，本案例表示版本 1.0。
- QML 的類別名稱，本案例的 'NumberGenerator'。

在 Python 中呼叫 class.py 的程式碼如下：

```python
import random
import sys

from PySide6.QtGui import QGuiApplication
from PySide6.QtQml import QQmlApplicationEngine, qmlRegisterType
from PySide6.QtCore import QUrl, QObject, Signal, Slot

class NumberGenerator(QObject):
    def __init__(self):
        QObject.__init__(self)

    nextNumber = Signal(int, arguments=['number'])

    @Slot()
    def giveNumber(self):
        self.nextNumber.emit(random.randint(0, 99))

if __name__ == '__main__':
    app = QGuiApplication(sys.argv)
    engine = QQmlApplicationEngine()

    qmlRegisterType(NumberGenerator, 'Generators', 1, 0, 'NumberGenerator')

    engine.load(QUrl("main.qml"))

    if not engine.rootObjects():
        sys.exit(-1)

    sys.exit(app.exec())
```

執行腳本，顯示效果如圖 6-50 所示。

✎ 案例 6-24 QML 呼叫 Python 模型

使用 QML 時，在有些情況下需要使用模型視圖結構顯示一些清單等控制項，比較好的方式是用 Python 接管資料模型部分，方便處理資料；QML 和 JavaScript 負責前端部分，實作前端和後端分離。本案例的程式碼位於 Chapter06/qmlDemo/model 下，用於演示 QML 呼叫 Python 模型的方法。本案例透過向 QML 註冊類型的方式把 Python 模型曝露給 QML 使用，也可以透過設定內容屬性的方式使用。本案例包含兩個檔案，即 model.py 和 main.qml。在 main.qml 檔案中需要匯入 Python 註冊的模組 PsUtils，將類別實例化為 CpuLoadModel{...}，並綁定給 ListView. model。main.qml 檔案中的程式碼如下：

```
import QtQuick
import QtQuick.Window

import PsUtils

Window {
    id: root

    width: 640
    height: 480
    visible: true
    title: qsTr("CPU Load")

    ListView {
        anchors.fill: parent
        model: CpuLoadModel { }
        delegate: Rectangle {
            id: delegate

            required property int display

            width: parent.width
            height: 30
            color: "white"
```

```
            Rectangle {
                id: bar
                width: parent.width * delegate.display / 100.0
                height: 30
                color: "green"
            }

            Text {
                anchors.verticalCenter: parent.verticalCenter
                x: Math.min(bar.x + bar.width + 5, parent.width-width)
                text: delegate.display + "%"
            }
        }
    }
}
```

　　這個案例需要額外安裝 psutil 模組，用來獲取系統 CPU 的狀態。CpuLoadModel 是自訂模型方法，上面已經介紹過模型的用法，這裡不再贅述。psutil.cpu_percent (percpu= True) 傳回當前 CPU 的使用情況，由於筆者使用的電腦是 4 核心處理器，因此會傳回 4 個元素的清單，每個元素表示 CPU 的使用率。model.py 檔案中的程式碼如下：

```
import psutil
import sys

from PySide6.QtGui import QGuiApplication
from PySide6.QtQml import QQmlApplicationEngine, qmlRegisterType
from PySide6.QtCore import Qt, QUrl, QTimer, QAbstractListModel

class CpuLoadModel(QAbstractListModel):
    def __init__(self):
        QAbstractListModel.__init__(self)

        self.__cpu_count = psutil.cpu_count()
        self.__cpu_load = [0] * self.__cpu_count

        self.__update_timer = QTimer(self)
```

```python
        self.__update_timer.setInterval(1000)
        self.__update_timer.timeout.connect(self.__update)
        self.__update_timer.start()

        # The first call returns invalid data
        psutil.cpu_percent(percpu=True)

    def __update(self):
        self.__cpu_load = psutil.cpu_percent(percpu=True)
        self.dataChanged.emit(self.index(0,0), self.index(self.__cpu_count-1,
0))

    def rowCount(self, parent):
        return self.__cpu_count

    def data(self, index, role):
        if (role == Qt.DisplayRole and index.row() >= 0 and
                index.row() < len(self.__cpu_load) and index.column() == 0):
            return self.__cpu_load[index.row()]
        else:
            return None

if __name__ == '__main__':
    app = QGuiApplication(sys.argv)
    engine = QQmlApplicationEngine()

    qmlRegisterType(CpuLoadModel, 'PsUtils', 1, 0, 'CpuLoadModel')

    engine.load(QUrl("main.qml"))

    if not engine.rootObjects():
        sys.exit(-1)

    sys.exit(app.exec())
```

執行腳本，顯示效果如圖 6-52 所示，表示筆者電腦 CPU 的使用情況。

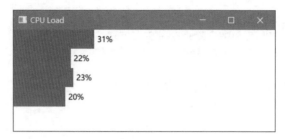

▲ 圖 6-52

✎ 案例 **6-25** 在 QML 中呼叫 Python 屬性的方法

本案例介紹在 QML 中呼叫 Python 屬性的方法，這是非常常見的一種方法。下面先簡單介紹 Python 中的 property() 函式，其參數如下：

```
property([fget[, fset[, fdel[, doc]]]])
```

- fget：獲取屬性值。
- fset：設定屬性值。
- fdel：刪除屬性值。
- doc：屬性描述資訊。

舉例如下：

```
class C(object):
    def __init__(self):
        self._x = None

    def getx(self):
        return self._x

    def setx(self, value):
        self._x = value

    def delx(self):
        del self._x

    x = property(getx, setx, delx, "I'm the 'x' property.")
```

如果 c=C()，則 c.x 將觸發 getter 訊號，c.x=value 將觸發 setter 訊號，del c.x 將觸發 deleter 訊號。

參照 Python 中的 property() 函式，Qt 中不僅提供了自己的屬性，還提供了訊號與槽的支援。由此可以理解，以下程式碼的幾個參數分別表示類型，以及 getter 訊號、setter 訊號和通知訊號（當屬性改變時需要發出該訊號，通知屬性的變化）：

```python
from PySide6.QtCore import Property
maxNumber = Property(int, get_max_number, set_max_number,
notify=maxNumberChanged)
```

為什麼要繞一圈進行修改呢？這是因為在 QML 中直接透過 JavaScript 更改屬性會破壞與屬性的綁定，而透過顯性使用 setter() 函式可以避免這種情況。

本案例的程式碼位於 Chapter06/qmlDemo/property 下，用於演示在 QML 中獲取與修改 Python 屬性的方法。本案例透過設定內容屬性的方式把類別的實例 number_generator 提供給 QML。本案例包含兩個檔案，即 property.py 和 main.qml。main.qml 檔案中的程式碼如下：

```qml
import QtQuick
import QtQuick.Window
import QtQuick.Controls

Window {
    id: root

    width: 640
    height: 480
    visible: true
    title: qsTr("Hello Python World!")

    Column {
        Flow {
            spacing:22
```

```
        Button {
            text: qsTr("update 當前值 ")
            onClicked: numberGenerator.updateNumber()
        }
        Label {
            id: numberLabel
            text: ' 當前值：'+numberGenerator.number
        }
        Label {
            id: numberMaxLabel
            text: ' 最大值：'+numberGenerator.maxNumber
        }
    }
    Flow {
        Slider {
            from: 0
            to: 99
            value: numberGenerator.maxNumber
            onValueChanged: numberGenerator.setMaxNumber(value)
        }
    }
}
}
```

上述程式碼中的 onClicked 訊號會觸發槽函式 numberGenerator.
updateNumber()，同時會觸發 numberChanged 訊號通知當前值的改變。
onValueChanged 訊號會觸發槽函式 numberGenerator.setMaxNumber()，
該函式會發射 numberChanged 和 maxNumberChanged 這兩個訊號通知當
前值和最大值的改變。

property.py 檔案中的程式碼如下（這裡需要注意兩點，maxNumber
Changed 使用 @Signal 裝飾符號作為訊號，numberChanged 使用 Signal
實例化作為訊號，兩者的效果是相同的。setMaxNumber() 函式和 set_
max_number() 函式的功能相同，只是為了適應 Qt 的駝峰命名規則，創造
了 setMaxNumber() 函式，它們兩個可以合併成 1 個）：

```python
import random
import sys

from PySide6.QtGui import QGuiApplication
from PySide6.QtQml import QQmlApplicationEngine
from PySide6.QtCore import QUrl, QObject, Signal, Slot, Property

#region number-generator
class NumberGenerator(QObject):
    def __init__(self):
        QObject.__init__(self)
        self.__number = 42
        self.__max_number = 99

    # number
    numberChanged = Signal(int)

    @Slot()
    def updateNumber(self):
        self.__set_number(random.randint(0, self.__max_number))

    def __set_number(self, val):
        if self.__number != val:
            self.__number = val
            self.numberChanged.emit(self.__number)

    def get_number(self):
        return self.__number

    number = Property(int, get_number, notify=numberChanged)

    # maxNumber
    @Signal
    def maxNumberChanged(self):
        pass

    @Slot(int)
    def setMaxNumber(self, val):
        self.set_max_number(val)
```

```python
    def set_max_number(self, val):
        if val < 0:
            val = 0

        if self.__max_number != val:
            self.__max_number = val
            self.maxNumberChanged.emit()

        if self.__number > self.__max_number:
            self.__set_number(self.__max_number)

    def get_max_number(self):
        return self.__max_number


    maxNumber = Property(int, get_max_number, set_max_number,
notify=maxNumberChanged)

#endregion number-generator

#region main
if __name__ == '__main__':
    app = QGuiApplication(sys.argv)
    engine = QQmlApplicationEngine()

    number_generator = NumberGenerator()
    engine.rootContext().setContextProperty("numberGenerator",
number_generator)

    engine.load(QUrl("main.qml"))

    if not engine.rootObjects():
        sys.exit(-1)

    sys.exit(app.exec())
#endregion main
```

執行腳本，顯示效果如圖 6-53 所示，按下按鈕會修改當前值，滑動下面的滑桿會修改當前值和最大值。

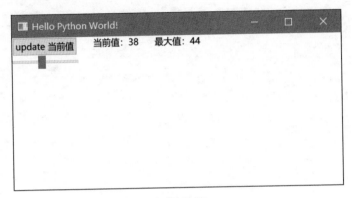

▲ 圖 6-53

訊號 / 槽和事件

本章介紹兩方面內容：一是訊號與槽，二是事件。本章對 PySide / PyQt 的進階內容進行收尾，介紹 PySide / PyQt 框架的最後一部分內容，在之後的章節中會介紹 PySide / PyQt 的 Python 擴充內容及應用，從這些內容中能夠看到 Python 生態的強大之處。本章主要是對 Qt 的核心機制訊號 / 槽和事件進行詳細的介紹，希望能讓讀者對它們有清晰的認識。

7.1 訊號與槽的簡介

7.1.1 基本介紹

1. GUI 之間的通訊

在 GUI 程式設計中，經常涉及控制項之間通訊的情況，如控制項 B 相依於控制項 A，當控制項 A 的參數發生變化時，通常希望控制項 B 能夠立刻知道這個情況，並做出對應的變化，這就是控制項之間的相互通訊。一般的 GUI 框架使用回呼實作這種通訊。回呼是指向函式的指標，因此，如果希望某個 func 可以即時通知某個事件，則可以在 func 中呼叫回呼，這個回呼指向另一個函式的指標。儘管確實存在使用此方法的成功框架，但回呼可能不直觀，並且在確保回呼參數的類型正確性（type-correctness）方面可能會遇到問題。

2. 訊號 / 槽機制

　　Qt 使用了一種代替回呼技術的方法，即訊號 / 槽機制。訊號 / 槽機制的基本原理是當特定事件發生時發出訊號，並傳遞給槽函式。Qt 的小元件有許多預先定義的訊號，可以將小元件子類別化並增加自訂訊號。槽是回應特定訊號而呼叫的函式，Qt 的小元件有許多預先定義的插槽，但通常會對小元件子類別化並增加自己的槽，以方便靈活處理感興趣的訊號。訊號 / 槽機制是類型安全的，Qt 的訊號 / 槽機制可以確保如果將訊號連接到槽，那麼槽將在正確的時間接收訊號的參數並且進行呼叫。訊號 / 槽機制可以接收任意數量的任意類型的參數。

　　訊號 / 槽是 Qt 中的核心機制，也是在 PySide / PyQt 程式設計中物件之間進行通訊的機制，從 QObject 或其子類別之一（如 QWidget）繼承的所有類別都可以包含訊號與槽。當物件更改狀態時，它會根據需要發射訊號，而這個訊號會被綁定的槽函式捕捉並執行結果，這就是 Qt 中的通訊機制。訊號只負責發射，不關心是否有槽函式接收。同樣，槽函式只用來接收訊號，不知道是否有連結到它的訊號發射，這表現了 Qt 通訊機制的靈活性和獨立性。訊號 / 槽機制的示意圖如圖 7-1 所示。

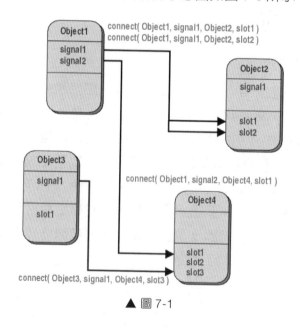

▲ 圖 7-1

3. 訊號 / 槽機制的特點

　　PySide / PyQt 的視窗控制項中有很多內建訊號，也可以增加自訂訊號。訊號 / 槽機制具有以下特點。

- 一個訊號可以連接多個槽，在發射訊號時，插槽將按照它們連接的順序一個接一個地執行。
- 一個訊號可以連接另一個訊號（在發射第一個訊號時立即發射第二個訊號）。
- 訊號的參數可以是任意 Python 類型。
- 訊號永遠不能有傳回類型。
- 一個槽可以監聽多個訊號。
- 訊號 / 槽機制完全獨立於任何 GUI 事件迴圈。
- 訊號與槽的連接方式既可以是同步的，也可以是非同步的。
- 訊號與槽的連接可能會跨執行緒。
- 訊號可能會斷開。

4. 兩種通訊機制之間的差別

　　與回呼相比，訊號 / 槽機制稍微慢一些，因為它提供了更高的靈活性，但是在實際的應用程式中兩種機制的差異微不足道。一般來説，發送連接到某些插槽的訊號比直接呼叫接收器的性能差 10 倍。這是定位連線物件、安全迭代所有連接（即檢查後續接收器在發射期間沒有被破壞），以及以通用方式編組任何參數所需的消耗。但是，考慮到字串、向量、串列操作、新建實例或刪除實例等操作，訊號 / 槽機制的消耗只佔完整函式呼叫的很小一部分。訊號 / 槽機制的簡單性和靈活性非常值得這部分消耗，這些消耗甚至不會被注意到。

7.1.2 建立訊號

　　Qt 提供了很多內建訊號，如 QPushButton 的 clicked 訊號、toggled 訊號等，這些訊號系統已經定義好，可以滿足絕大多數需求。如果需要其他訊號，則可以自己定義訊號。使用 QtCore.Signal() 函式可以建立訊號，也可以為 QObject 及其子類別（包括 QWidget 等）建立訊號。

　　使用 Signal() 函式可以建立一個或多個多載的未綁定的訊號作為類別的屬性。訊號必須在建立類別時定義，不能在建立類別以後作為類別的屬性動態增加進來。types 表示定義訊號時參數的類型；name 表示訊號的名字，該項在預設情況下使用類別的屬性的名字。訊號可以傳遞多個參數，並指定訊號傳遞參數的類型，參數類型是標準的 Python 資料型態（如字串、日期、布林類型、數字、串列、元組和字典）。一般的建立方式如下〔這是一個可以傳遞 4 種參數（str、int、list 和 dict）的訊號〕：

```
from PySide6.QtCore import Signal
from PySide6.QtWidgets import  QWidget

class WinForm(QWidget):
        # Signal(*types: type, name: Union[str, NoneType] = None, arguments:
Union[str, NoneType] = None)
      btnClickedSignal = Signal(str,int,list,dict)
```

> ⧗ **注意：**
>
> PySide 6 和 PyQt 6 對訊號與槽的命名稍有不同，PySide 6 命名為 Signal 與 Slot，而在 PyQt 6 中對應為 pyqtSignal 與 pyqtSlot，它們只是名字不同而已，使用方式沒有區別。
>
> 因此，可以將 PyQt 6 程式碼和 PySide 6 程式碼儘量統一起來，減少後面的麻煩，對 PyQt 6 程式碼可以嘗試做以下修改：
>
> ```
> from PyQt6.QtCore import pyqtSignal as Signal
> from PyQt6.QtCore import pyqtSlot as Slot
> ```
>
> 當然，對 PySide 6 程式碼的修改也是一樣的。

7.1.3 操作訊號

使用 connect() 函式可以把訊號綁定到槽函式上。connect() 函式的資訊如圖 7-2 所示。

connect(*slot*[, *type=PyQt5.QtCore.Qt.AutoConnection*[, *no_receiver_check=False*]])
Connect a signal to a slot. An exception will be raised if the connection failed.

Parameters: • **slot** – the slot to connect to, either a Python callable or another bound signal.
• **type** – the type of the connection to make.
• **no_receiver_check** – suppress the check that the underlying C++ receiver instance still exists and deliver the signal anyway.

▲ 圖 7-2

使用 disconnect() 函式可以解除訊號與槽函式的綁定。disconnect() 函式的資訊如圖 7-3 所示。

disconnect([*slot*])
Disconnect one or more slots from a signal. An exception will be raised if the slot is not connected to the signal or if the signal has no connections at all.

Parameters: **slot** – the optional slot to disconnect from, either a Python callable or another bound signal. If it is omitted then all slots connected to the signal are disconnected.

▲ 圖 7-3

使用 emit() 函式可以發射訊號。當使用自訂訊號時，不僅需要手動觸發訊號，還需要用 emit() 函式。使用內建訊號會自動觸發，不需要執行 emit() 函式。emit() 函式的資訊如圖 7-4 所示。

emit(**args*)
Emit a signal.

Parameters: **args** – the optional sequence of arguments to pass to any connected slots.

▲ 圖 7-4

7.1.4 槽函式

槽函式用來接收訊號並執行對應的操作。槽函式可以是任何函式，也包括 lambda 運算式，主要作用是執行一些與訊號匹配的操作。簡單的訊號與槽的連接方法如下（這裡的 clicked 是 QPushButton 的內建訊號）：

```
button2 = QPushButton("訊號+槽")
button2.clicked.connect(self.button2Click)
def button2Click(self):
# do something
```

7.2 訊號與槽的案例

本節會全面介紹訊號與槽的實際使用方法。先把訊號簡單地分為內建訊號和自訂訊號，把槽函式分為內建槽和自訂槽，然後介紹它們之間的用法，同時介紹訊號與槽的斷開方式和連接方式。本節還介紹了 eric 中常用的裝飾器訊號與槽的用法，以及多執行緒訊號與槽的用法。

✎ 案例 7-1 訊號與槽的使用方法

本案例的檔案名稱為 Chapter07/qt_SignalSlot.py，用於演示訊號與槽的使用方法。

執行腳本，顯示效果如圖 7-5 所示。

▲ 圖 7-5

下面分為 8 個方面介紹訊號與槽的應用。

7.2.1 內建訊號 + 內建槽函式

這是使用 Qt Designer 的常用方法，無論是訊號還是槽函式都使用 Qt 的內建函式，詳見按鈕 1，程式碼如下：

```
button1 = QPushButton("1-內建訊號+內建槽", self)
layout.addWidget(button1)
button1.clicked.connect(self.checkBox.toggle)
```

button1.clicked 和 checkBox.toggle 都是內建方法，當點擊按鈕 1 時，會切換 checkbox 的選中狀態，效果如圖 7-6 所示。

▲ 圖 7-6

> ⌛ **注意：**
>
> 如果讀者想知道一個控制項到底有哪些內建訊號與內建槽，請參考 2.4.2 節，其中提供了 4 種方法，後期開發使用的是第 3 種方法和第 4 種方法。
>
> 下面使用第 4 種方法以 QPushButton 為例介紹。透過 Qt 官方文件查看，QPushButton 有槽函式 showMenu()，如圖 7-7 所示。
>
> **Reimplemented Public Functions**
>
> virtual QSize minimumSizeHint() const override
> virtual QSize sizeHint() const override
>
> **Public Slots**
>
> void showMenu()
>
> **Protected Functions**
>
> virtual void initStyleOption(QStyleOptionButton *option) const
>
> ▲ 圖 7-7

QPushButton 是 QAbstractButton 的子類別，有如圖 7-8 所示的幾個訊號與槽，QPushButton 的內建訊號與內建槽是兩者的聯集。

QAbstractButton 的父類別 QWidget 有如圖 7-9 所示的內建訊號與內建槽。

Public Slots

bool	close()
void	hide()
void	lower()
void	raise()
void	repaint()
void	setDisabled(bool *disable*)
void	setEnabled(bool)
void	setFocus()
void	setHidden(bool *hidden*)
void	setStyleSheet(const QString &*styleSheet*)
virtual void	setVisible(bool *visible*)
void	setWindowModified(bool)
void	setWindowTitle(const QString &)
void	show()
void	showFullScreen()
void	showMaximized()
void	showMinimized()
void	showNormal()
void	update()

Public Slots

void	animateClick()
void	click()
void	setChecked(bool)
void	setIconSize(const QSize &*size*)
void	toggle()

Signals

void	clicked(bool *checked* = false)
void	pressed()
void	released()
void	toggled(bool *checked*)

Signals

void	customContextMenuRequested(const QPoint &*pos*)
void	windowIconChanged(const QIcon &*icon*)
void	windowTitleChanged(const QString &*title*)

▲ 圖 7-8   ▲ 圖 7-9

7.2.2 內建訊號 + 自訂槽函式

雖然 Qt 提供的內建訊號與內建槽足夠豐富，但是訊號要實作的往往不是單一的功能，所以需要使用多行程式碼，也就是說，一個槽函式搞不定，這就需要使用自訂槽函式。自訂槽函式也可以視為自訂函式，在自訂函式中可以實作複雜的功能。相關程式碼如下：

```
self.button2 = QPushButton("2- 內建訊號 + 自訂槽 ", self)
layout.addWidget(self.button2)
self.connect1 = self.button2.clicked.connect(self.button2Click)
def button2Click(self):
    self.checkBox.toggle()
    sender = self.sender()
    self.label.setText('time:%s, 觸發了 %s'%
(time.strftime('%H:%M:%S'),sender.text()))
```

點擊按鈕 2 會觸發 checkbox 的選中狀態，並在 label 中顯示訊號觸發的資訊，如圖 7-10 所示。self.sender() 表示訊號的發送者，傳回 self. button2。connect() 函式有一個傳回值，可以捕捉這個值（這裡賦值為 self.connect1），後面可以用來斷開連接；connect() 函式也可以不傳回值。

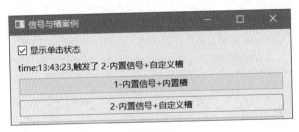

▲ 圖 7-10

7.2.3 自訂訊號 + 內建槽函式

本案例要使用兩個自訂訊號，並且把它們放在 __init__() 之前定義，如下所示：

```
class SignalSlotDemo(QWidget):
    signal1 = Signal()
    signal2 = Signal(str)

    def __init__(self, *args, **kwargs):
        super(SignalSlotDemo, self).__init__(*args, **kwargs)
```

在實際使用時，自訂訊號和內建訊號沒有太大的區別，只是自訂訊

號需要透過 emit() 函式手動發射。可以透過 button.clicked 訊號觸發自訂
訊號的 emit() 函式，程式碼如下：

```
button3 = QPushButton("3- 自訂訊號 + 內建槽 ", self)
self.signal1.connect(self.checkBox.toggle)
layout.addWidget(button3)
button3.clicked.connect(lambda: self.signal1.emit())
```

按鈕 2 和按鈕 1 的執行效果相同。

7.2.4 自訂訊號 + 自訂槽函式

和按鈕 2 一樣，如果需要槽函式實作更多的功能，就需要自訂函
式，程式碼如下：

```
button4 = QPushButton("4- 自訂訊號 + 自訂槽 ", self)
self.signal2[str].connect(self.button4Click)
layout.addWidget(button4)
button4.clicked.connect(lambda: self.signal2.emit(' 我是參數 '))

def button4Click(self, _str):
    self.checkBox.toggle()
    self.label.setText('time:%s, 觸發了 4- 內建訊號 + 自訂槽 , 並傳遞了一個參數 : "%s"'
%(time.strftime('%H:%M:%S'),_str))
```

執行腳本，顯示效果如圖 7-11 所示，為了方便說明問題，這裡為自
訂訊號傳遞一個參數。

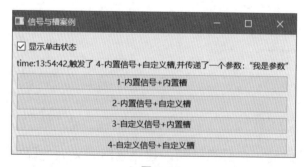

▲ 圖 7-11

需要注意的是，這裡的 self.signal2[str].connect() 是標準的寫法，也可以去掉 [str]，效果是一樣的，如下所示：

```
self.signal2.connect(self.button4Click)
```

7.2.5 斷開訊號與槽連接

有時需要斷開部分連接，這就需要使用 disconnect() 函式，見按鈕 5，程式碼資訊如下：

```
self.button2 = QPushButton("2-內建訊號 + 自訂槽 ", self)
layout.addWidget(self.button2)
self.connect1 = self.button2.clicked.connect(self.button2Click)

button5 = QPushButton("5-斷開連接 '2-內建訊號 + 自訂槽 '", self)
layout.addWidget(button5)
button5.clicked.connect(self.button5Click)

def button5Click(self):
    try:
        self.button2.clicked.disconnect()
        self.label.setText("time:%s,斷開連接：'2-內建訊號 + 自訂槽 '" % time.
strftime('%H:%M:%S'))
    except:
        self.label.setText("time:%s,'2-內建訊號 + 自訂槽 ' 已經斷開連接，不用重複斷開
" % time.strftime('%H:%M:%S'))
```

這裡使用 self.button2.clicked.disconnect() 表示斷開 button2（即按鈕 2）中 clicked 訊號的所有連接。也可以指定特定連接，就本案例而言，以下程式碼的效果是相同的：

```
self.button2.clicked.disconnect()                      # 斷開所有連接
self.button2.disconnect(self.connect1)                 # 斷開特定連接
self.button2.clicked.disconnect(self.button2Click)     # 斷開特定連接
```

第一次點擊按鈕 5 會斷開按鈕 2 的連接，導致按鈕 2 連接故障。再次點擊按鈕 5 會產生異常，因為連接已經斷開，這裡透過 try 語句來捕

捉,結果如圖 7-12 所示。

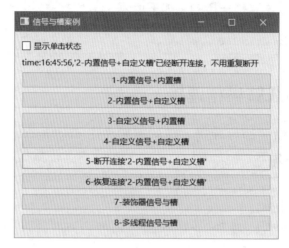

▲ 圖 7-12

7.2.6 恢復訊號與槽連接

恢復連接使用 connect() 函式,也就是新建連接,程式碼如下:

```
button6 = QPushButton("6- 恢復連接 '2- 內建訊號 + 自訂槽 '", self)
layout.addWidget(button6)
button6.clicked.connect(self.button6Click)

def button6Click(self):
    if self.isSignalConnect_(self.button2,'clicked()'):
        self.button2.clicked.disconnect(self.button2Click)
    self.button2.clicked.connect(self.button2Click)
    self.label.setText("time:%s, 重新連接了: '2- 內建訊號 + 自訂槽 '"%time.
strftime('%H:%M:%S'))


def isSignalConnect_(self, obj, name):
    """ 判斷訊號是否連接
    :param obj:        物件
    :param name:       訊號名稱,如 clicked()
    """
    index = obj.metaObject().indexOfMethod(name)
```

```
    if index > -1:
        method = obj.metaObject().method(index)
        if method:
            return obj.isSignalConnected(method)
    return False
```

想要恢復連接，需要確保連接已經斷開，否則會出現其他問題。和按鈕 5 的斷開連接不同，這裡使用 isSignalConnect_() 函式檢測某個訊號是否有連接，這樣做更智慧一些。當然，也可以像按鈕 5 一樣，直接用 try 語句斷開連接，效果是一樣的：

```
try:
    self.button2.clicked.disconnect(self.button2Click)
except:
    pass
```

⧗ **注意 1：**

使用程式碼可以知道控制項包含哪些訊號與槽，這就涉及 Qt 的元物件 metaObject，元物件包含關於繼承 QObject 類別的資訊，如類別名稱、超類別名稱、屬性、訊號與槽。透過以下程式碼可以獲取 self.button2 包含哪些訊號與槽：

```
metaobject = self.button2.metaObject()
for i in range(metaobject.methodCount()):
    print(metaobject.method(i).methodSignature())
================================================>》》
輸出結果如下：
================================================>》》
b'destroyed(QObject*)'
b'destroyed()'
b'objectNameChanged(QString)'
b'deleteLater()'
### 此處省略一些輸出 ###
b'setChecked(bool)'
b'showMenu()'
b'_q_popupPressed()'。
```

> ⌛ **注意 2：**
>
> 此外，透過 receivers() 函式可以獲取某個訊號連接了多少槽函式。舉例來說，下面的程式碼表示 self.button1.clicked 訊號連接了幾個槽函式（但是此處的程式碼只能在 PyQt 6 中執行，不能在 PySide 6 中執行，筆者猜測可能是因為 PySide 6 還不夠成熟，在正常情況下兩者的使用方式應該是一樣的）：
>
> ```
> self.button1.receivers(self.button1.clicked) #return int
> ```
>
> 上面介紹了某個控制項包含哪些訊號、某個訊號連接幾個槽函式、某個訊號是否連接槽函式、訊號與槽連接的斷開和恢復的方法，這些方法可以應對訊號與槽斷開和連接的大多數問題。

7.2.7 裝飾器訊號與槽連接

所謂的裝飾器訊號與槽，就是透過裝飾器的方法來定義訊號與槽函式，具體的使用方法如下：

```
from PySide6.QtCore import Signal,Slot, QMetaObject
@Slot( 參數 )
def on_ 發送者物件名稱 _ 發射訊號名稱 (self, 參數 )：
        pass
```

這種方法有效的前提是已經執行了下面的函式：

```
QMetaObject.connectSlotsByName(QObject)
```

在上面的程式碼中，「發送者物件名稱」就是使用 setObjectName() 函式設定的名稱，因此，自訂槽函式的命名規則也可以看成「on + 使用 setObjectName() 函式設定的名稱 + 訊號名稱」，這種方法在 eric IDE 中經常可以見到。接下來介紹具體的使用方法，程式碼如下：

```
self.button7 = QPushButton("7-裝飾器訊號與槽 ", self)
self.button7.setObjectName("button7Slot")
layout.addWidget(self.button7)
QMetaObject.connectSlotsByName(self)

@Slot()
def on_button7Slot_clicked(self):
    self.checkBox.toggle()
    self.label.setText('time:%s,觸發了 7-裝飾器訊號與槽 ' %time.strftime
('%H:%M:%S'))
```

上面的程式碼等於以下程式碼：

```
self.button7 = QPushButton("7-裝飾器訊號與槽 ", self)
layout.addWidget(self.button7)
self.button7.clicked.connect(self.button7Click)

def button7Clicked(self):
    self.checkBox.toggle()
    self.label.setText('time:%s,觸發了 7-裝飾器訊號與槽 ' %time.strftime
('%H:%M:%S'))
```

點擊按鈕 7，執行效果如圖 7-13 所示。

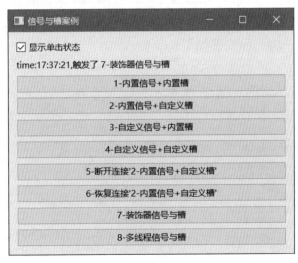

▲ 圖 7-13

7.2.8 多執行緒訊號與槽連接

　　有時在開發程式時經常會執行一些非常耗時的操作，這樣就會導致介面卡頓。為了解決這個問題，可以建立多執行緒，使用主執行緒更新介面，使用子執行緒即時處理資料，並將結果顯示到介面上。

　　本案例定義了一個後台執行緒類別 BackendThread 來模擬後台耗時的操作，在這個執行緒類別中定義了訊號 update_date，每秒發射一次自訂訊號 update_date，程式碼如下：

```python
class BackendThread(QThread):
    # 透過類別成員物件定義訊號物件
    update_date = Signal(str)

    # 處理要做的業務邏輯
    def run(self):
        while True:
            self.update_date.emit(time.strftime('%H:%M:%S'))
            time.sleep(1)
```

　　把 update_date 訊號連接到槽函式 display_time()，這樣後台執行緒每發射一次訊號，就可以把最新的時間即時顯示在前臺的控制項 self. button8 上。為了避免多次連接，可以透過 hasattr(self,'backend') 函式確保執行緒只執行一次，程式碼如下：

```python
self.button8 = QPushButton("8-多執行緒訊號與槽", self)
layout.addWidget(self.button8)
self.button8.clicked.connect(self.button8Click)

def button8Click(self):
    self.checkBox.toggle()
    if hasattr(self,'backend'):
        self.label.setText(f"time:{time.strftime('%H:%M:%S')},已經開啟執行緒,
不用重複開啟")
    else:
        # 建立執行緒
        self.backend = BackendThread()
```

```
        # 連接訊號
        self.backend.update_date.connect(self.display_time)
        # 開始執行緒
        self.backend.start()

def display_time(self,tim):
    self.button8.setText(f'8-多執行緒,time：{tim}')
```

點擊按鈕 8，執行效果如圖 7-14 所示。

▲ 圖 7-14

7.3 訊號與槽的參數

　　7.2 節介紹了訊號與槽的基本使用方法，本節介紹其參數傳遞的情況。透過為槽函式傳遞特定的參數，可以實作更複雜的功能。既可以傳遞 Qt 的內建參數，也可以傳遞自訂參數，當然，內建參數和自訂參數也可以放在一起傳遞。自訂參數既可以透過 lambda 運算式傳遞，也可以透過 partial() 函式傳遞，這些都會在本節介紹。

✎ 案例 7-2 訊號與槽的參數

本案例的檔案名稱為 Chapter07/qt_SignalSlotParam.py，用於演示 Signal 和 Slot 的使用方法，此處不再贅述程式碼。

執行腳本，顯示效果如圖 7-15 所示。

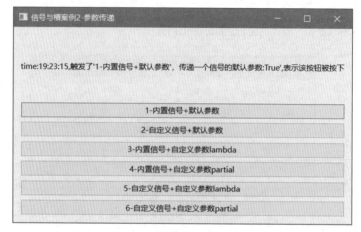

▲ 圖 7-15

7.3.1 內建訊號 + 預設參數

這部分內容在 7.2 節已經介紹了，此處不再贅述，程式碼如下：

```
self.button1 = QPushButton("1- 內建訊號 + 預設參數 ", self)
self.button1.setCheckable(True)
layout.addWidget(self.button1)
self.button1.clicked[bool].connect(self.button1Click)

def button1Click(self,bool1):
    if bool1 == True:
        self.label.setText("time:%s, 觸發了 '1- 內建訊號 + 預設參數 ', 傳遞一個訊號的預
設參數:%s', 表示該按鈕被按下 "%(time.strftime('%H:%M:%S'),bool1))
    else:
        self.label.setText("time:%s, 觸發了 '1- 內建訊號 + 預設參數 ', 傳遞一個訊號的預
設參數:%s', 表示該按鈕沒有被按下 "%(time.strftime('%H:%M:%S'),bool1))
```

點擊按鈕 1，self.button1 的按鈕狀態會切換，self.label 會顯示訊號觸發情況，結果如圖 7-15 所示。

7.3.2 自訂訊號 + 預設參數

這部分內容在 7.2 節已經介紹了，沒有什麼難度，此處不再贅述，程式碼如下：

```
button2 = QPushButton("2- 自訂訊號 + 預設參數 ", self)
button2.setCheckable(True)
self.signal2[str].connect(self.button2Click)
layout.addWidget(button2)
button2.clicked.connect(lambda: self.signal2.emit(' 我是參數 '))

def button2Click(self, _str):
    self.label.setText("time:%s, 觸發了 '2- 自訂訊號 + 預設參數 '，傳遞一個訊號的預設參
數 :%s'"%(time.strftime('%H:%M:%S'), _str))
```

執行腳本，顯示效果如圖 7-16 所示。

▲ 圖 7-16

7.3.3 內建訊號 + 自訂參數 lambda

在 PySide / PyQt 程式設計過程中，經常會遇到為槽函式傳遞自訂參數的情況，如有一個訊號與槽函式的連接如下：

```
button1.clicked.connect(show_page)
```

對 clicked 訊號來説，它不能發出參數；對 show_page() 槽函式來説，它需要接收參數，如 show_page() 函式可以是這樣的：

```
def show_page(self, name):
print(name," 點擊啦")
```

於是產生一個問題——訊號發出的參數個數為 0，槽函式接收的參數個數為 1，由於 0<1，因此執行之後一定會顯示出錯（這是因為訊號發出的參數個數必須大於或等於槽函式接收的參數個數）。

本節透過 lambda 運算式來解決這個問題，下面的章節會介紹透過 functools 中的 partial() 函式來解決這個問題，筆者通常使用 lambda 運算式。詳見按鈕 3，程式碼如下：

```
self.button3 = QPushButton("3- 內建訊號 + 自訂參數 lambda", self)
self.button3.setCheckable(True)
layout.addWidget(self.button3)
self.button3.clicked[bool].connect(lambda bool1:self.button3Click
(bool1,button=self.button3,a=5,b='botton3'))

def button3Click(self,bool1,button,a,b):
    if bool1 == True:
        _str = f"time:{time.strftime('%H:%M:%S')}, 觸發了 '{button.text()}'，傳
遞一個訊號的預設參數:{bool1}', 表示該按鈕被按下。\n 三個自訂參數 button='{button}',
a={a},b='{b}'"
    else:
        _str = f"time:{time.strftime('%H:%M:%S')}, 觸發了 '{button.text()}'，
傳遞一個訊號的預設參數:{bool1}', 表示該按鈕沒有被按下。\n 三個自訂參數 button=
'{button}',a={a},b='{b}'"
    self.label.setText(_str)
```

如上述程式碼所示，可以透過 lambda 運算式對 button3Click() 函式進行封裝，這個函式傳遞 4 個參數，分別是內建參數 bool1，以及自訂的 3 個參數 button、a、b。內建參數表示按鈕按下狀態，自訂參數傳遞額外的資訊。

點擊按鈕 3，執行效果如圖 7-17 所示。

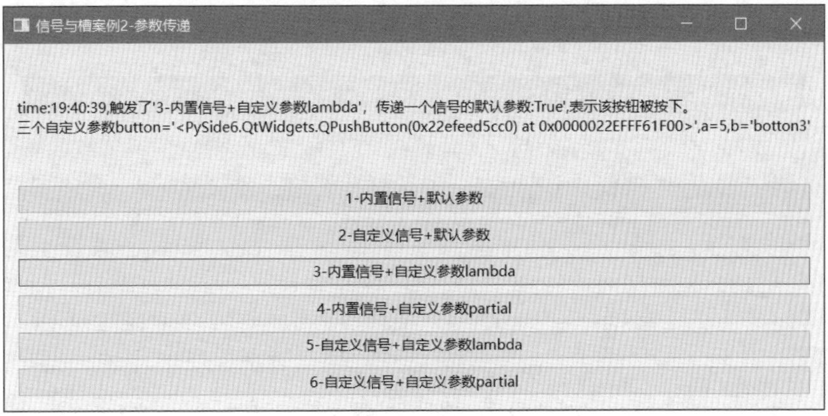

time:19:40:39,觸发了'3-內置信号+自定义参数lambda'，传递一个信号的默认参数:True',表示该按钮被下。
三个自定义参数button='<PySide6.QtWidgets.QPushButton(0x22efeed5cc0) at 0x0000022EFFF61F00>',a=5,b='botton3'

1-內置信号+默认参数

2-自定义信号+默认参数

3-內置信号+自定义参数lambda

4-內置信号+自定义参数partial

5-自定义信号+自定义参数lambda

6-自定义信号+自定义参数partial

▲ 圖 7-17

7.3.4 內建訊號 + 自訂參數 partial

使用 partial() 函式的效果和使用 lambda 運算式的效果是一樣的，這裡透過 *args 捕捉內建參數 bool，程式碼如下：

```python
from functools import partial

self.button4 = QPushButton("4- 內建訊號 + 自訂參數 partial", self)
self.button4.setCheckable(True)
layout.addWidget(self.button4)
self.button4.clicked[bool].connect(partial(self.button4Click,*args,
button=self.button4,a=7,b='button4'))

def button4Click(self,bool1,button,a,b):
    if bool1 == True:
        _str = f"time:{time.strftime('%H:%M:%S')}, 觸發了 '{button.text()}'', 傳
```

```
遞一個訊號的預設參數:{bool1}', 表示該按鈕被按下。\n 三個自訂參數 button='{button}',
a={a},b='{b}'"
    else:
        _str = f"time:{time.strftime('%H:%M:%S')}, 觸發了 '{button.text()}'，傳
遞一個訊號的預設參數:{bool1}', 表示該按鈕沒有被按下。\n 三個自訂參數 button='{button}',
a={a},b='{b}'"
    self.label.setText(_str)
```

點擊按鈕 4，執行效果如圖 7-18 所示。

▲ 圖 7-18

7.3.5 自訂訊號 + 自訂參數 lambda

為了更進一步地介紹自訂訊號的問題，本節定義了比較複雜的訊號，即 signal3 = Signal (str,int,list,dict)，使用它可以傳遞多個不同類型的參數，使用方法如下：

```
signal3 = Signal(str,int,list,dict)
def __init__(self, *args, **kwargs):
    super(SignalSlotDemo, self).__init__(*args, **kwargs)
self.button5 = QPushButton("5- 自訂訊號 + 自訂參數 lambda", self)
self.signal3[str,int,list,dict].connect(lambda a1,a2,a3,a4:self.button5Click
(a1,a2,a3,a4,button=self.button5,a=7,b='button5'))
layout.addWidget(self.button5)
```

```
self.button5.clicked.connect(lambda: self.signal3.emit('參數1',2,[1,2,3,4],
{'a':1,'b':2}))

def button5Click(self,*args,button,a,b):
    _str = f"time:{time.strftime('%H:%M:%S')}, 觸發了 '{button.text()}', 傳遞訊
號的預設參數:{args}',\n 三個自訂參數button='{button}',a={a},b='{b}'"
    self.label.setText(_str)
```

從上面的程式碼中可以看出，其使用方法和單一參數的使用方法沒有什麼不同。點擊按鈕 5，執行效果如圖 7-19 所示。

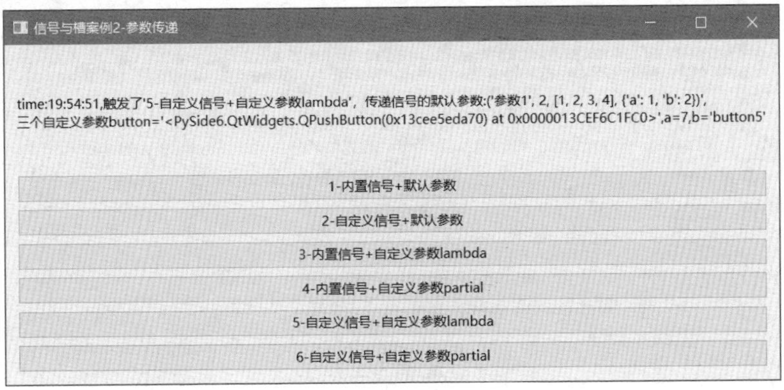

▲ 圖 7-19

7.3.6 自訂訊號 + 自訂參數 partial

使用 partial() 函式傳遞多個參數和單一參數沒有什麼不同，這一點和 lambda 運算式一樣。partial() 函式可以使用 *args 捕捉自訂訊號的參數，程式碼如下：

```
signal4 = Signal(str,int,list,dict)
def __init__(self, *args, **kwargs):
    super(SignalSlotDemo, self).__init__(*args, **kwargs)
self.button6 = QPushButton("6- 自訂訊號 + 自訂參數 partial", self)
self.signal4[str,int,list,dict].connect(partial(self.button6Click,
*args,button=self.button6,a=7,b='button6'))
layout.addWidget(self.button6)
```

```
self.button6.clicked.connect(lambda: self.signal4.emit(' 參數 1',2,
[1,2,3,4],{'a':1,'b':2}))

def button6Click(self,*args,button,a,b):
    _str = f"time:{time.strftime('%H:%M:%S')}, 觸發了 '{button.text()}'', 傳遞訊
號的預設參數:{args}',\n 三個自訂參數 button='{button}',a={a},b='{b}'"
    self.label.setText(_str)
```

點擊按鈕 6，執行效果如圖 7-20 所示。

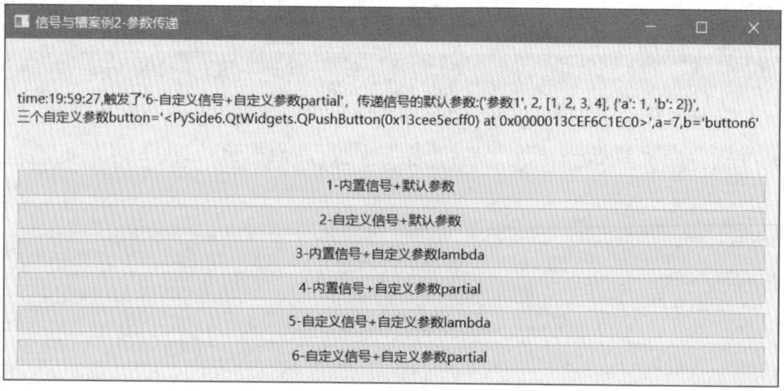

▲ 圖 7-20

7.4 基於 Qt Designer 的訊號與槽

　　7.2 節和 7.3 節透過手寫程式碼的方式來介紹訊號與槽的用法，這種介紹方式比較直觀和具體。也可以使用 Qt Designer 建立訊號與槽，這種方式的好處是可以視覺化建立資料頁檢視，少寫很多程式碼，只需要關注邏輯部分就可以。

　　本節案例要實作的功能如下：透過一個模擬列印的介面來詳細說明訊號的使用，在列印時可以設定列印的份數、紙張類型，觸發「列印」按鈕後，將執行結果顯示在右側；透過 QCheckBox（「全螢幕預覽」核取方塊）來選擇是否透過全螢幕模式進行預覽，並將執行結果顯示在右側。

按 F1 鍵可以顯示 helpMessage 資訊。

使用 Qt Designer 新建一個範本名為 Widget 的簡單視窗,該視窗的檔案名稱為 MainWinSignalSlog.ui。將 Widget Box 面板的控制項拖曳到視窗中,實作的介面效果如圖 7-21 所示。

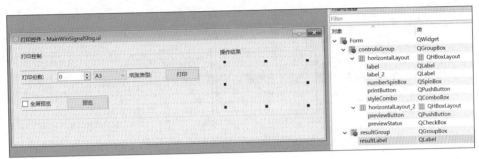

▲ 圖 7-21

下面對視窗中的控制項進行簡要說明,如表 7-1 所示。

表 7-1

控制項類型	控制項名稱	作用
QSpinBox	numberSpinBox	顯示列印的份數
QComboBox	styleCombo	顯示列印的紙張類型,包括 A3、A4 和 A5
QPushButton	printButton	連接 emitPrintSignal() 函式的綁定,觸發自訂訊號 printSignal 的發射
QCheckBox	previewStatus	是否全螢幕預覽
QPushButton	previewButton	連接 emitPreviewSignal() 函式的綁定,觸發自訂訊號 previewSignal 的發射
QLabel	resultLabel	顯示執行結果

將介面檔案轉為 Python 檔案,需要輸入以下命令把 MainWinSignalSlog.ui 檔案轉為 MainWinSignalSlog.py 檔案(如果命令執行成功,那麼在 MainWinSignalSlog.ui 檔案的同級目錄下會生成一個名稱相同的 .py 檔案):

```
pysidey-uic.exe -o MainWinSignalSlog.py MainWinSignalSlog.ui
```

✎ 案例 7-3 基於 Qt Designer 的訊號與槽的使用方法

為了使視窗的顯示和業務邏輯分離，需要新建一個呼叫視窗顯示的檔案 MainWinSignalSlogRun.py，在呼叫類別中增加多個自訂訊號，並與槽函式進行綁定，程式碼如下：

```
class MyMainWindow(QMainWindow, Ui_Form):
    helpSignal = Signal(str)
    printSignal = Signal(list)
    # 宣告一個多多載版本的訊號，包括一個附帶 int 類型和 str 類型的參數的訊號，以及一個附帶
str 類型的參數的訊號
    previewSignal = Signal([int, str], [str])

    def __init__(self, parent=None):
        super(MyMainWindow, self).__init__(parent)
        self.setupUi(self)
        self.initUI()

    def initUI(self):
        self.helpSignal.connect(self.showHelpMessage)
        self.printSignal.connect(self.printPaper)
        self.previewSignal[str].connect(self.previewPaper)
        self.previewSignal[int, str].connect(self.previewPaperWithArgs)

        self.printButton.clicked.connect(self.emitPrintSignal)
        # self.previewButton.clicked.connect(self.emitPreviewSignal)

    # 發射預覽訊號
    def emitPreviewSignal(self):
        if self.previewStatus.isChecked() == True:
            self.previewSignal[int, str].emit(1080, " Full Screen")
        elif self.previewStatus.isChecked() == False:
            self.previewSignal[str].emit("Preview")

    # 發射列印訊號
    def emitPrintSignal(self):
        pList = []
        pList.append(self.numberSpinBox.value())
        pList.append(self.styleCombo.currentText())
```

```
        self.printSignal.emit(pList)

    def printPaper(self, list):
        self.resultLabel.setText("列印：" + "份數：" + str(list[0]) + " 紙張：
" + str(list[1]))

    def previewPaperWithArgs(self, style, text):
        self.resultLabel.setText(str(style) + text)

    def previewPaper(self, text):
        self.resultLabel.setText(text)

    # 多載點擊鍵盤事件
    def keyPressEvent(self, event):
        if event.key() == Qt.Key_F1:
            self.helpSignal.emit("help message")

    # 顯示幫助訊息
    def showHelpMessage(self, message):
        self.resultLabel.setText(message)
        self.statusBar().showMessage(message)
```

執行腳本，顯示效果如圖 7-22 所示。

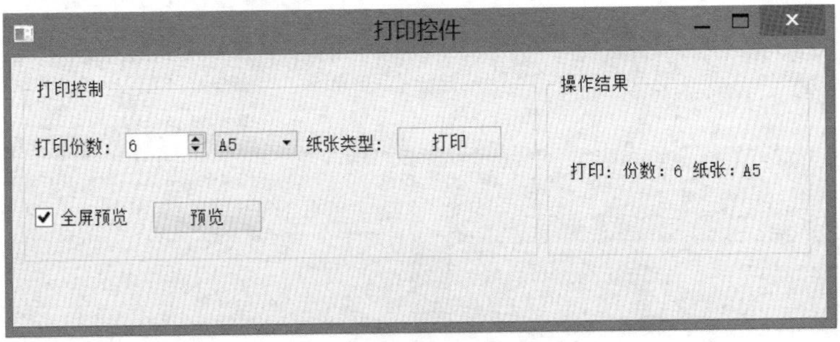

▲ 圖 7-22

　　上述程式碼中的絕大多數內容在 7.2 節和 7.3 節已經有所介紹，需要
注意的是，previewSignal 訊號可以傳遞兩種類型的參數，分別是兩個參
數的 [int,str] 及一個參數的 [str]，涉及的程式碼如下：

```
    # 宣告一個多多載版本的訊號，包括一個附帶 int 類型和 str 類型的參數的訊號，以及一個附帶
str 類型的參數的訊號
    previewSignal = Signal([int, str], [str])
def initUI(self):
        self.helpSignal.connect(self.showHelpMessage)
        self.printSignal.connect(self.printPaper)
        self.previewSignal[str].connect(self.previewPaper)
        self.previewSignal[int, str].connect(self.previewPaperWithArgs)
        self.printButton.clicked.connect(self.emitPrintSignal)
        self.previewButton.clicked.connect(self.emitPreviewSignal)

    # 發射預覽訊號
    def emitPreviewSignal(self):
        if self.previewStatus.isChecked() == True:
            self.previewSignal[int, str].emit(1080, " Full Screen")
        elif self.previewStatus.isChecked() == False:
            self.previewSignal[str].emit("Preview")
```

在 MainWinSignalSlogRun.py 檔案中，並沒有把 previewButton 按鈕和 emitPreviewSignal() 槽函式連接起來，實際上它們卻連接成功，這是怎麼回事呢？這主要是因為使用 Qt Designer 增加了自訂訊號與槽，具體的增加方法如圖 7-23 所示。

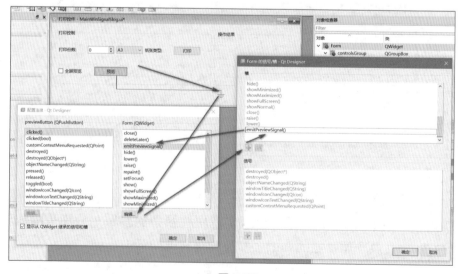

▲ 圖 7-23

需要注意的是，當這裡的目標控制項為主視窗時才可以使用自訂槽函式，這一點在 2.4 節已經介紹過。先透過這種方式增加自訂槽函式，然後透過 pyside6-uic 轉換成 MainWinSignalSlog.py 檔案，在這個檔案中可以看到以下程式碼：

```
self.previewButton.clicked.connect(Form.emitPreviewSignal)
```

可以看到，在 MainWinSignalSlog.py 檔案中已經定義了 clicked 訊號與槽函式 emitPreviewSignal() 的綁定，因此在 MainWinSignalSlogRun.py 檔案中可以執行。

這種方式的邏輯比較麻煩，因為 Form.emitPreviewSignal 呼叫的實際上是子類別的方法，而這個方法對 Form 本身來說是不存在的。也就是說，它呼叫了一個不存在的方法，邏輯不通。對這行程式碼，在 MainWinSignalSlogRun.py 檔案中定義也是一樣的，邏輯上會更順暢一些。整體來說，不太推薦使用 Qt Designer 來增加自訂訊號與槽函式，建議在它的啟動檔案中增加。

7.5 事件處理機制

Qt 為事件處理提供了兩種機制：高級的訊號／槽機制，以及低級的事件處理機制。使用訊號／槽機制只能解決視窗控制項的某些特定行為，如果要對視窗控制項做更深層次的研究，如自訂視窗等，則需要使用低級的事件處理機制。

一般來說，正常的訊號／槽機制就夠用了，如果有更高層次的需求，如修改滑鼠移動和點擊、鍵盤觸發機制等，就需要使用事件處理機制。可以認為事件處理機制是訊號／槽機制的補充，因此本書把事件處理機制放在本章介紹。

7.5.1 事件處理機制和訊號 / 槽機制的區別

　　訊號 / 槽機制可以說是對事件處理機制的進階封裝，如果說事件是用來建立視窗控制項的，那麼訊號與槽就是用來對這個視窗控制項進行使用的。舉例來說，在使用一個按鈕時，只需要關注 clicked 訊號，不必關注這個按鈕如何接收並處理滑鼠點擊事件，以及發射這個訊號。但是如果要多載一個按鈕，就需要關注這個問題。如果要改變它的行為，則在按下滑鼠按鍵時觸發 clicked 訊號，而非在釋放時觸發 clicked 訊號。

7.5.2 常見事件類型

　　PySide / PyQt 是對 Qt 的封裝，Qt 程式是事件驅動的，它的每個動作都由幕後的某個事件觸發。有些事件類型類別支援多種動作觸發方式，如 QMouseEvent 支援滑鼠按鍵按下、按兩下、移動等相關操作。事件來源比較廣泛，一些事件來自視窗系統（如 QMouseEvent 和 QKeyEvent），一些事件來自其他來源（如 QTimerEvent），有些事件來自應用程式本身。常見的 Qt 事件如下。

- 鍵盤事件：按鍵按下和鬆開。
- 滑鼠事件：滑鼠指標移動、滑鼠按鍵按下和鬆開。
- 拖放事件：用滑鼠進行拖放。
- 滾輪事件：用滑鼠滾輪捲動。
- 繪製螢幕事件：重繪螢幕的某些部分。
- 定時事件：計時器到時。
- 焦點事件：鍵盤焦點移動。
- 進入事件和離開事件：滑鼠指標移入 Widget 內，或移出。
- 移動事件：Widget 的位置改變。
- 大小改變事件：Widget 的大小改變。
- 顯示事件和隱藏事件：Widget 的顯示和隱藏。
- 視窗事件：視窗是否為當前視窗。

還有一些常見的 Qt 事件，如 Socket 事件、剪貼簿事件、字型改變事件、版面配置改變事件等。

Qt 中所有的事件類型如表 7-2 所示。

表 7-2

事 件 類 型	描　　述
QtCore.QAbstractEventDispatcher	QAbstractEventDispatcher 類別提供了一個介面來管理 Qt 的事件佇列
QtCore.QBasicTimer	QBasicTimer 類別為物件提供計時器事件
QtCore.QEvent	QEvent 類別是所有事件類別的基礎類別。事件物件包含參數
QtCore.QTimerEvent	QTimerEvent 類別包含描述計時器事件的參數
QtCore.QChildEvent	QChildEvent 類別包含子物件事件的參數
QtCore.QDynamicPropertyChangeEvent	QDynamicPropertyChangeEvent 類別包含動態屬性更改事件的參數
QtCore.QTimer	QTimer 類別提供重複和單次計時器
QtGui.QEnterEvent	QEnterEvent 類別包含描述輸入事件的參數
QtGui.QInputEvent	QInputEvent 類別是描述使用者輸入的事件的基礎類別
QtGui.QMouseEvent	QMouseEvent 類別包含描述滑鼠事件的參數
QtGui.QHoverEvent	QHoverEvent 類別包含描述滑鼠事件的參數
QtGui.QWheelEvent	QWheelEvent 類別包含描述滑鼠滾輪事件的參數
QtGui.QKeyEvent	QKeyEvent 類別描述了一個按鍵事件
QtGui.QFocusEvent	QFocusEvent 類別包含小元件焦點事件的參數
QtGui.QPaintEvent	QPaintEvent 類別包含繪製事件的參數
QtGui.QMoveEvent	QMoveEvent 類別包含移動事件的參數
QtGui.QExposeEvent	QExposeEvent 類別包含用於公開事件的參數
QtGui.QPlatformSurfaceEvent	QPlatformSurfaceEvent 類別用於通知本機 platform surface 相關事件
QtGui.QResizeEvent	QResizeEvent 類別包含調整大小事件的參數
QtGui.QCloseEvent	QCloseEvent 類別包含描述關閉事件的參數
QtGui.QIconDragEvent	QIconDragEvent 類別指示主圖示滑動已開始

事 件 類 型	描 　 述
QtGui.QContextMenuEvent	QContextMenuEvent 類別包含描述右鍵選單事件的參數
QtGui.QInputMethodEvent	QInputMethodEvent 類別為輸入法事件提供參數
QtGui.QTabletEvent	QTabletEvent 類別包含描述平板電腦事件的參數
QtGui.QNativeGestureEvent	QNativeGestureEvent 類別包含描述手勢事件的參數
QtGui.QDropEvent	QDropEvent 類別提供了一個在拖放操作完成時發送的事件
QtGui.QDragEnterEvent	QDragEnterEvent 類別提供了一個事件，當拖放操作進入小元件時，該事件被發送到小元件
QtGui.QDragMoveEvent	QDragMoveEvent 類別提供了一個在拖放操作正在進行時發送的事件
QtGui.QDragLeaveEvent	QDragLeaveEvent 類別提供了一個事件，當拖放操作離開小元件時，該事件被發送到小元件
QtGui.QHelpEvent	QHelpEvent 類別提供了一個事件，用於請求有關小元件中特定點的有用資訊
QtGui.QStatusTipEvent	QStatusTipEvent 類別提供了一個用於在狀態列中顯示訊息的事件
QtGui.QWhatsThisClickedEvent	QWhatsThisClickedEvent 類別提供了一個事件，可以用於處理「這是什麼？」中的超連結、文字
QtGui.QActionEvent	QActionEvent 類別提供了在增加、刪除或更改 QAction 時生成的事件
QtGui.QHideEvent	QHideEvent 類別提供了一個在小元件隱藏後發送的事件
QtGui.QShowEvent	QShowEvent 類別提供了在顯示小元件時發送的事件
QtGui.QFileOpenEvent	QFileOpenEvent 類別提供了一個事件，當請求開啟檔案或 URL 時將發送該事件
QtGui.QShortcutEvent	QShortcutEvent 類別提供了一個在使用者按下複合鍵時生成的事件
QtGui. QWindowStateChangeEvent	QWindowStateChangeEvent 類別在視窗狀態更改之前提供視窗狀態
QtGui.QTouchEvent	QTouchEvent 類別包含描述觸控事件的參數
QtGui.QScrollPrepareEvent	發送 QScrollPrepareEvent 類別以準備捲動
QtGui.QScrollEvent	捲動時發送 QScrollEvent 類別

事 件 類 型	描　述
QtGui.QPointingDevice	QPointingDevice 類別描述了滑鼠、觸控或平板電腦事件來源自的裝置
QtGui.QPointingDeviceUniqueId	QPointingDeviceUniqueId 標識一個唯一的物件，如標記的權杖或手寫筆，它與定點裝置（PointingDevice）一起使用
QtGui.QShortcut	QShortcut 類別用於建立鍵盤快速鍵
QtWidgets.QGestureEvent	QGestureEvent 類別提供觸發手勢的描述

　　以 QWidget 為例，所有滑鼠事件（如 mouseDoubleClickEvent(QMouse Event *event)、mouseMoveEvent(QMouseEvent *event)、mousePressEvent (QMouseEvent *event)、mouseReleaseEvent(QMouse Event *event)）傳遞的參數 event 都是 QMouseEvent 類別的實例。想要修改滑鼠的預設行為，就需要重寫這些事件函式，並對 QMouseEvent 類別的實例操作。QWidget 的其他事件如圖 7-24 所示，由此可以知道要修改特定事件的類型時需要重寫哪些事件方法。

Protected Functions

virtual void	actionEvent(QActionEvent *event)
virtual void	changeEvent(QEvent *event)
virtual void	closeEvent(QCloseEvent *event)
virtual void	contextMenuEvent(QContextMenuEvent *event)
void	create(WId window = 0, bool initializeWindow = true, bool destroyOldWindow = true)
void	destroy(bool destroyWindow = true, bool destroySubWindows = true)
virtual void	dragEnterEvent(QDragEnterEvent *event)
virtual void	dragLeaveEvent(QDragLeaveEvent *event)
virtual void	dragMoveEvent(QDragMoveEvent *event)
virtual void	dropEvent(QDropEvent *event)
virtual void	enterEvent(QEnterEvent *event)
virtual void	focusInEvent(QFocusEvent *event)
bool	focusNextChild()
virtual bool	focusNextPrevChild(bool next)
virtual void	focusOutEvent(QFocusEvent *event)
bool	focusPreviousChild()

▲ 圖 7-24

virtual void	hideEvent(QHideEvent *event)
virtual void	inputMethodEvent(QInputMethodEvent *event)
virtual void	keyPressEvent(QKeyEvent *event)
virtual void	keyReleaseEvent(QKeyEvent *event)
virtual void	leaveEvent(QEvent *event)
virtual void	mouseDoubleClickEvent(QMouseEvent *event)
virtual void	mouseMoveEvent(QMouseEvent *event)
virtual void	mousePressEvent(QMouseEvent *event)
virtual void	mouseReleaseEvent(QMouseEvent *event)
virtual void	moveEvent(QMoveEvent *event)
virtual bool	nativeEvent(const QByteArray &eventType, void *message, qintptr *result)
virtual void	paintEvent(QPaintEvent *event)
virtual void	resizeEvent(QResizeEvent *event)
virtual void	showEvent(QShowEvent *event)
virtual void	tabletEvent(QTabletEvent *event)
virtual void	wheelEvent(QWheelEvent *event)

▲ 圖 7-24（續）

7.5.3 使用事件處理的方法

PySide／PyQt 提供了以下 5 種事件處理和過濾的方法（由弱到強），其中前兩種方法使用得比較頻繁。在一般情況下，應儘量避免使用第 3 ～ 5 種方法，因為使用這 3 種方法不僅會增加程式碼的複雜性，還會降低程式性能。

1）重新實作事件函式

mousePressEvent()、keyPressEvent() 和 paintEvent() 是常規的事件處理方法。

2）重新實作 QObject.event() 函式

該方法一般用在 PySide／PyQt 沒有提供事件處理函式的情況下，使用這種方法可以新增事件。

3）安裝事件篩檢程式

如果對 QObject 呼叫 installEventFilter，則相當於為這個 QObject 安裝了一個事件篩檢程式。QObject 的全部事件都會先傳遞到事件過濾函式 eventFilter() 中，在這個函式中可以拋棄或修改這些事件，如可以對自己感興趣的事件使用自訂的事件處理機制，對其他事件使用預設的事件處理機制。由於這種方法會對呼叫 installEventFilter 的所有 QObject 的事件進行過濾，因此如果要過濾的事件比較多，就會降低程式的性能。

4）在 QApplication 中安裝事件篩檢程式

這種方法比上一種方法更強大：QApplication 的事件篩檢程式將捕捉 QObject 的全部事件，並且先獲得該事件。也就是說，在將事件發送給其他任何一個事件篩檢程式之前（就是在第 3 種方法之前），都會先發送給 QApplication 的事件篩檢程式。

5）重新實作 QApplication 的 notify() 函式

PySide / PyQt 使用 notify() 函式來分發事件。要想在任何事件處理器之前捕捉事件，唯一的方法就是重新實作 QApplication 的 notify() 函式。在實踐中，只有偵錯時才會使用這種方法。

7.5.4 經典案例分析

對於第 1 種方法（重新實作事件函式），在前面的案例中已經涉及（可以參考 MainWinSignalSlogRun.py 檔案的 keyPressEvent() 函式的多載），雖然事件的多載看起來很進階，但使用起來很簡單。其他事件的多載與下面的函式差不多：

```
# 多載按鍵事件
def keyPressEvent(self, event):
    if event.key() == Qt.Key_F1:
        self.helpSignal.emit("help message")
```

✎ 案例 7-4 事件處理機制的方法 1 和方法 2

本案例的檔案名稱為 Chapter07/event.py，參考了 GUI_Rapid GUI Programming with Python and Qt 中第 10 章的例子，原始程式碼是 PyQt 4 版本的，現在筆者把程式碼修改為 PySide 6 / PyQt 6 版本。這個例子比較經典，涉及 7.5.3 節提到的前兩種方法，並且內容很豐富，基本上包含對事件處理的絕大部分需求。

筆者對本案例的大部分困難都做了註釋，有經驗的讀者直接看程式碼也可以理解。下面對本案例的幾個關鍵點說明。

一是類別的建立。建立 text 和 message 兩個變數，使用 paintEvent() 函式把它們輸出到視窗中。

update() 函式的作用是更新視窗。由於在視窗更新過程中會觸發一次 paintEvent() 函式（paintEvent() 是視窗基礎類別 QWidget 的內建函式），因此在本案例中 update() 函式的作用等於 paintEvent() 函式的作用。程式碼如下：

```python
class Widget(QWidget):
    def __init__(self, parent=None):
        super(Widget, self).__init__(parent)
        self.justDoubleClicked = False
        self.key = ""
        self.text = ""
        self.message = ""
        self.resize(400, 300)
        self.move(100, 100)
        self.setWindowTitle("Events")
        QTimer.singleShot(0, self.giveHelp)   # 避免視窗大小重繪事件的影響，可以先把
參數 0 變為 3000（3 秒），然後執行，這樣讀者就可以明白這行程式碼的意思

    def giveHelp(self):
        self.text = " 請點擊這裡觸發追蹤滑鼠功能 "
        self.update()   # 重繪事件，也就是觸發 paintEvent() 函式
```

初始化的執行效果如圖 7-25 所示。

▲ 圖 7-25

　　二是重新實作視窗關閉事件與右鍵選單事件。右鍵選單事件主要影響 message 變數的結果，paintEvent() 函式負責把這個變數在視窗底部輸出。程式碼如下：

```python
# 重新實作視窗關閉事件
def closeEvent(self, event):
    print("Closed")


# 重新實作右鍵選單事件
def contextMenuEvent(self, event):
    menu = QMenu(self)
    oneAction = menu.addAction("&One")
    twoAction = menu.addAction("&Two")
    oneAction.triggered.connect(self.one)
    twoAction.triggered.connect(self.two)
    if not self.message:
        menu.addSeparator()
        threeAction = menu.addAction("Thre&e")
        threeAction.triggered.connect(self.three)
    menu.exec(event.globalPos())


# 右鍵選單槽函式
def one(self):
```

```
        self.message = "Menu option One"
        self.update()

def two(self):
        self.message = "Menu option Two"
        self.update()

def three(self):
        self.message = "Menu option Three"
        self.update()
```

執行效果如圖 7-26 和圖 7-27 所示。

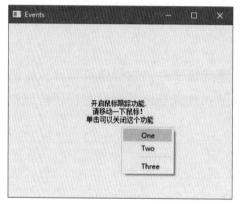

▲ 圖 7-26

▲ 圖 7-27

　　繪製事件是程式碼的核心事件，它的主要作用是時刻追蹤 text 與 message 這兩個變數，並把 text 變數的內容繪製到視窗的中部，把 message 變數的內容繪製到視窗的底部（保持 5 秒後就會被清空）。程式碼如下：

```
# 重新實作繪製事件
def paintEvent(self, event):
        text = self.text
        i = text.find("\n\n")
        if i >= 0:
            text = text[0:i]
        if self.key:    # 若觸發了鍵盤按鈕，則在文字資訊中記錄這個按鈕的資訊
```

```
        text += "\n\n 你按下了：{0}".format(self.key)
    painter = QPainter(self)
    painter.setRenderHint(QPainter.TextAntialiasing)
    painter.drawText(self.rect(), Qt.AlignCenter, text)   # 繪製文字資訊的內容
    if self.message:   # 若文字資訊存在則在底部置中繪製資訊，5 秒後清空文字資訊並重繪
        painter.drawText(self.rect(), Qt.AlignBottom | Qt.AlignHCenter,
                         self.message)
        QTimer.singleShot(5000, self.clearMessage)
        QTimer.singleShot(5000, self.update)

# 清空文字資訊的槽函式
def clearMessage(self):
    self.message = ""
```

三是重新實作調整視窗大小事件，程式碼如下：

```
# 重新實作調整視窗大小事件
def resizeEvent(self, event):
    self.text = " 調整視窗大小為：QSize({0}, {1})".format(
        event.size().width(), event.size().height())
    self.update()
```

執行效果如圖 7-28 所示。

▲ 圖 7-28

　　重新實作滑鼠釋放事件。若為按兩下釋放，則不追蹤滑鼠移動；若為點擊釋放，則需要改變追蹤功能的狀態，如果開啟追蹤功能就追蹤，否則不追蹤。程式碼如下：

```
# 重新實作滑鼠釋放事件
def mouseReleaseEvent(self, event):
    # 若為按兩下釋放，則不追蹤滑鼠移動
    # 若為點擊釋放，則需要改變追蹤功能的狀態，如果開啟追蹤功能就追蹤，否則不追蹤
```

```
if self.justDoubleClicked:
    self.justDoubleClicked = False
else:
    self.setMouseTracking(not self.hasMouseTracking())  # 點擊
    if self.hasMouseTracking():
        self.text = " 開啟滑鼠追蹤功能 .\n" + \
                    " 請移動一下滑鼠！\n" + \
                    " 點擊可以關閉這個功能 "
    else:
        self.text = " 關閉滑鼠追蹤功能 .\n" + \
                    " 點擊可以開啟這個功能 "
    self.update()
```

執行效果如圖 7-29 ～圖 7-31 所示。

▲ 圖 7-29

▲ 圖 7-30

▲ 圖 7-31

重新實作滑鼠移動事件與滑鼠按兩下事件，程式碼如下：

```python
# 重新實作滑鼠移動事件
def mouseMoveEvent(self, event):
    if not self.justDoubleClicked:
        globalPos = self.mapToGlobal(event.position())   # 視窗座標轉為螢幕座標
        self.text = """滑鼠位置：
視窗座標為：QPoint({0}, {1})
螢幕座標為：QPoint({2}, {3}) """.format(event.position().x(),
event.position().y(), globalPos.x(), globalPos.y())
        self.update()

# 重新實作滑鼠按兩下事件
def mouseDoubleClickEvent(self, event):
    self.justDoubleClicked = True
    self.text = " 你按兩下了滑鼠 "
    self.update()
```

執行效果如圖 7-32 和圖 7-33 所示。

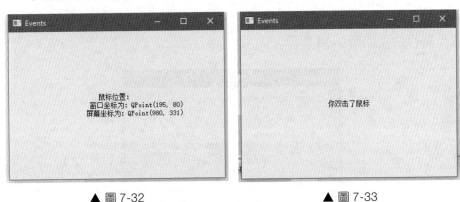

▲ 圖 7-32　　　　　　　　　　　▲ 圖 7-33

重新實作鍵盤按下事件，程式碼如下：

```python
# 重新實作鍵盤按下事件
def keyPressEvent(self, event):
    self.key = ""
    if event.key() == Qt.Key_Home:
        self.key = "Home"
    elif event.key() == Qt.Key_End:
```

```
        self.key = "End"
    elif event.key() == Qt.Key_PageUp:
        if event.modifiers() & Qt.ControlModifier:
            self.key = "Ctrl+PageUp"
        else:
            self.key = "PageUp"
    elif event.key() == Qt.Key_PageDown:
        if event.modifiers() & Qt.ControlModifier:
            self.key = "Ctrl+PageDown"
        else:
            self.key = "PageDown"
    elif Qt.Key_A <= event.key() <= Qt.Key_Z:
        if event.modifiers() & Qt.ShiftModifier:
            self.key = "Shift+"
        self.key += event.text()
    if self.key:
        self.key = self.key
        self.update()
    else:
        QWidget.keyPressEvent(self, event)
```

執行效果如圖 7-34 所示。

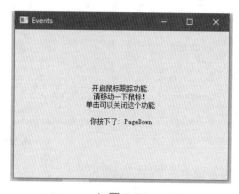

▲ 圖 7-34

　　第 2 種事件處理方法是多載 event() 函式。對視窗來説，所有的事件都會傳遞給 event() 函式，該函式會根據事件的類型把事件分配給不同的函式進行處理。舉例來説，繪圖事件會交給 paintEvent() 函式處理，滑鼠移動事件會交給 mouseMoveEvent() 函式處理，鍵盤按下事件會交給 keyPressEvent() 函式處理。有一種特殊情況是對 Tab 鍵的觸發行為，event() 函式對 Tab 鍵的處理機制是把焦點從當前視窗控制項的位置切換到 Tab 鍵次序中下一個視窗控制項的位置，並傳回 True，而非交給 keyPressEvent() 函式處理。因此，這裡需要在 event() 函式中重新改寫按下 Tab 鍵的處理邏輯，使它與鍵盤上普通的鍵沒有什麼不同。程式碼如下：

```python
# 重新實作其他事件，適用於 PyQt 沒有提供該事件的處理函式的情況，Tab 鍵由於涉及焦點切換，不
會傳遞給 keyPressEvent() 函式，因此需要在這裡重新定義
def event(self, event):
    if (event.type() == QEvent.KeyPress and
            event.key() == Qt.Key_Tab):
        self.key = "在 event() 中捕捉 Tab 鍵 "
        self.update()
        return True
    return QWidget.event(self, event)
```

執行效果如圖 7-35 所示。

▲ 圖 7-35

案例 7-5 事件處理機制的方法 3

7.5.3 節提到的第 3 種方法的使用也很簡單，本案例的檔案名稱為 Chapter07/event_filter.py，程式碼如下：

```python
class EventFilter(QDialog):
    def __init__(self, parent=None):
        super(EventFilter, self).__init__(parent)
        self.setWindowTitle(" 事件篩檢程式 ")

        self.label1 = QLabel(" 請點擊 ")
        self.label2 = QLabel(" 請點擊 ")
        self.label3 = QLabel(" 請點擊 ")
        self.LabelState = QLabel("test")

        self.image1 = QImage("images/cartoon1.ico")
        self.image2 = QImage("images/cartoon1.ico")
        self.image3 = QImage("images/cartoon1.ico")

        self.width = 600
        self.height = 300

        self.resize(self.width, self.height)

        self.label1.installEventFilter(self)
        self.label2.installEventFilter(self)
        self.label3.installEventFilter(self)

        mainLayout = QGridLayout(self)
        mainLayout.addWidget(self.label1, 500, 0)
        mainLayout.addWidget(self.label2, 500, 1)
        mainLayout.addWidget(self.label3, 500, 2)
        mainLayout.addWidget(self.LabelState, 600, 1)
        self.setLayout(mainLayout)

    def eventFilter(self, watched, event):
        ### 此處省略一些程式碼，下面會進行展示 ###
```

執行腳本，顯示效果如圖 7-36 和圖 7-37 所示。

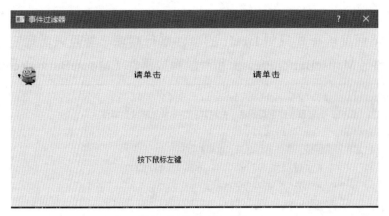

▲ 圖 7-36

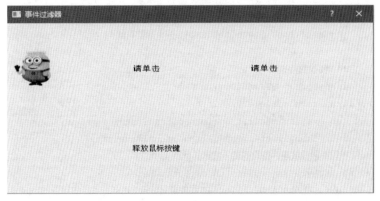

▲ 圖 7-37

如果使用事件篩檢程式，那麼關鍵是做好兩步。

一是對要過濾的控制項設定 installEventFilter，這些控制項的所有事件都會被 eventFilter() 函式接收並處理。installEventFilter 的使用方法如下：

```
self.label1.installEventFilter(self)
self.label2.installEventFilter(self)
self.label3.installEventFilter(self)
```

二是在 eventFilter() 函式中處理這些控制項的事件資訊。下面的程式碼表示這個篩檢程式只對 label1 的事件進行處理，並且只處理它的滑鼠按下事件（MouseButtonPress）和滑鼠釋放事件（MouseButtonRelease）：

```python
def eventFilter(self, watched, event):
    # 只對 label1 的點擊事件進行過濾，重寫其行為，會忽略其他事件
    if watched == self.label1:
        # 這裡對滑鼠按下事件進行過濾，重寫其行為
        if event.type() == QEvent.MouseButtonPress:
            mouseEvent = QMouseEvent(event)
            if mouseEvent.buttons() == Qt.LeftButton:
                self.LabelState.setText("按下滑鼠左鍵")
            elif mouseEvent.buttons() == Qt.MiddleButton:
                self.LabelState.setText("按下滑鼠中間鍵")
            elif mouseEvent.buttons() == Qt.RightButton:
                self.LabelState.setText("按下滑鼠右鍵")

            ''' 轉換圖片大小 '''
            transform = QTransform()
            transform.scale(0.5, 0.5)
            tmp = self.image1.transformed(transform)
            self.label1.setPixmap(QPixmap.fromImage(tmp))
        # 這裡對滑鼠釋放事件進行過濾，重寫其行為
        if event.type() == QEvent.MouseButtonRelease:
            self.LabelState.setText("釋放滑鼠按鍵")
            self.label1.setPixmap(QPixmap.fromImage(self.image1))
    # 其他情況會傳回系統預設的事件處理方法
    return QDialog.eventFilter(self, watched, event)
```

需要注意以下 4 行程式碼：

```python
''' 轉換圖片大小 '''
transform = QTransform()
transform.scale(0.5, 0.5)
tmp = self.image1.transformed(transform)
self.label1.setPixmap(QPixmap.fromImage(tmp))
```

這 4 行程式碼表示如果按下滑鼠按鍵，就會對 label1 加載的圖片進行縮放（長和寬各縮放為原來的一半）。

✎ 案例 7-6 事件處理機制的方法 4

7.5.3 節提到的第 4 種事件處理方法（在 QApplication 中安裝事件篩檢程式）的使用也非常簡單，與第 3 種事件處理方法相比，只需要簡單地修改兩處程式碼即可。

遮罩 3 個 label 標籤控制項的 installEventFilter 的程式碼如下：

```
# self.label1.installEventFilter(self)
# self.label2.installEventFilter(self)
# self.label3.installEventFilter(self)
```

對於在 QApplication 中安裝 installEventFilter，下面的程式碼表示 dialog 的所有事件都要經過 EventFilter() 函式的處理，而不僅是 3 個標籤控制項的事件：

```
if __name__ == '__main__':
    app = QApplication(sys.argv)
    dialog = EventFilter()
    app.installEventFilter(dialog)
    dialog.show()
    app.exec_()
```

本案例的檔案名稱為 Chapter07/event_filter2.py，由於與前面的程式碼非常相似，因此這裡就不再展示。執行效果如圖 7-36 和圖 7-37 所示。

為了更進一步地展示第 4 種方法與第 3 種方法的區別，這裡在 eventFilter() 函式中增加了以下程式碼：

```
def eventFilter(self, watched, event):
    print(type(watched))
```

cmd 視窗的輸出結果如下：

```
<class 'PySide6.QtGui.QWindow'>
<class 'PySide6.QtGui.QWindow'>
<class 'PySide6.QtGui.QWindow'>
<class '__main__.EventFilter'>
<class 'PySide6.QtGui.QWindow'>
<class '__main__.EventFilter'>
<class '__main__.EventFilter'>
<class 'PySide6.QtGui.QWindow'>
<class '__main__.EventFilter'>
<class '__main__.EventFilter'>
<class 'PySide6.QtWidgets.QLabel'>
<class '__main__.EventFilter'>
<class 'PySide6.QtWidgets.QLabel'>
<class '__main__.EventFilter'>
```

由此可見，第 4 種方法確實過濾了所有事件，不像第 3 種方法那樣只過濾 3 個標籤控制項的事件。

7.5.3 節提到的第 5 種方法（重寫 QApplication 的 notify() 函式）在實際中基本上用不到，所以這裡不再介紹。

Python 的擴充應用

前面已經整體介紹了 PySide / PyQt 的用法，但是這只是侷限在 Qt 的範圍之內。PySide / PyQt 相對於 Qt 的優勢不僅在於 Python 的通俗易懂的語法標準，還在於其可以整合利用 Python 的強大生態 PyInstaller、Pandas、Matplotlib、PyQtGraph、Plotly 等。本章主要介紹這些非常流行又好用的模組函式庫在 Qt for Python 中的應用。利用這些模組函式庫，可以大大減少開發程式的工作量，真正達到快速開發 GUI 的目的。

8.1 使用 PyInstaller 打包專案生成 .exe 檔案

我們開發的 GUI 程式並不一定是給自己用，也可能是給使用者或朋友用，使用者可能並不知道如何執行 .py 檔案，這就有了把 .py 檔案編譯成 .exe 檔案的需求。本節主要介紹如何透過 PyInstaller 對 PySide / PyQt 項目進行打包，生成可執行的 .exe 檔案。

PyInstaller 將 Python 應用程式及其所有相依項綁定到一個套件中（在 Windows 中，這是 .exe 檔案），使用者無須安裝 Python 解譯器或任何模組即可執行打包的應用程式。PyInstaller 支援 Python 3.6 或更新的版本，並且正確綁定了主要的 Python 套件，如 NumPy、PyQt / PySide、Django、wxPython 等。PyInstaller 支援 Windows、Linux、macOS，並且支援 32 位元和 64 位元的系統。官方説明文件的位址是 pyinstaller.readthedocs.io。本節主要介紹如何透過 PyInstaller 對 PySide 6 / PyQt 6 項目進行打包，生成可執行的 .exe 檔案。

8.1.1 安裝 PyInstaller

安裝 PyInstaller 最簡單的方法是使用 pip 命令，程式碼如下：

```
pip install PyInstaller
```

筆者在電腦中的安裝位置為 D:\Anaconda3\Scripts\pyinstaller.exe，按照之前的系統組態，安裝完成之後就可以在環境變數中找到，可以查看 PyInstaller 的使用方法，如圖 8-1 所示。

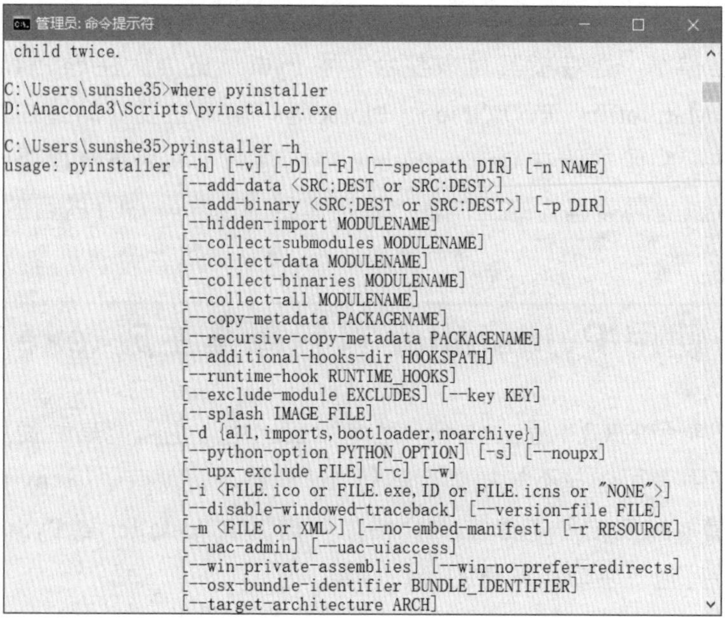

▲ 圖 8-1

8.1.2 PyInstaller 的用法與參數

對絕大多數程式來說，可以透過一個簡短的命令來完成：

```
pyinstaller myscript.py
```

或增加一些選項，如作為可執行的單檔案（.exe）的視窗應用程式：

```
pyinstaller --onefile --windowed myscript.py
```

把打包好的檔案分享給其他人,他們可以直接執行這個程式,不需要安裝任何特定版本的 Python 和模組,或説他們不需要安裝 Python。

PyInstaller 支援的其他參數如表 8-1 所示。

表 8-1

參　數	作　用
-h、--help	查看該模組的説明資訊
-F、-onefile	產生單一的可執行檔
-D、--onedir	產生一個目錄(包含多個檔案)作為可執行程式
-a、--ascii	不包含 Unicode 字元集的支援
--add-data	要增加到可執行檔的其他非二進位檔案或資料夾中,可以多次使用
--add-binary	要增加到可執行檔的附加二進位檔案中,可以多次使用
-d、--debug	產生 debug 版本的可執行檔
-w、--windowed、--noconsolc	指定程式執行時期不顯示命令列視窗(僅對 Windows 有效)
-c、--nowindowed、--console	指定使用命令列視窗執行程式(僅對 Windows 有效)
-o DIR、--out=DIR	指定 spec 檔案的生成目錄。如果沒有指定,則預設使用目前的目錄來生成 spec 檔案
-p DIR、--path=DIR	設定 Python 匯入模組的路徑(和設定 PYTHONPATH 環境變數的作用相似)。也可以使用路徑分隔符號(Windows 使用分號,Linux 使用冒號)來分隔多筆路徑
-n NAME、--name=NAME	指定專案(產生的 spec)的名字。如果省略該選項,那麼第一個腳本的主檔案名稱將作為 spec 的名字

由於參數非常多,因此完整的 pyinstaller 命令可能會變得很長。在開發腳本時,重複執行相同的命令會非常繁瑣。可以將命令放在 shell 腳本或批次檔中,以增加可讀性。舉例來說,在 Windows 中,可以使用 bat 檔案執行:

```
pyinstaller --noconfirm --log-level=WARN ^
    --onefile --nowindow ^
    --add-data="README;." ^
    --add-data="image1.png;img" ^
    --add-binary="libfoo.so;lib" ^
    --hidden-import=secret1 ^
    --hidden-import=secret2 ^
    --icon=..\MLNMFLCN.ICO ^
        myscript.spec
```

myscript.spec 是 PyInstaller 的標準檔案，當執行打包命令時，PyInstaller 做的第一件事是建構一個標準檔案。該檔案儲存在 --specpath 目錄下，預設為目前的目錄。標準檔案告訴 PyInstaller 如何處理腳本，並將腳本的名稱和提供給 pyinstaller 命令的大多數選項進行編碼。標準檔案實際上是可執行的 Python 程式碼，PyInstaller 透過執行標準檔案的內容來建構應用程式。

在正常情況下，不需要檢查或修改標準檔案，通常將需要的額外資訊（如隱藏匯入模組）作為選項提供給 pyinstaller 命令並讓它執行就足夠了。

在以下 4 種情況下修改標準檔案很有用。

- 想將資料檔案與應用程式綁定在一起。
- 想要包含從其他來源並且沒有被 PyInstaller 發現的執行時期函式庫（.dll 檔案或 .so 檔案）。
- 想將 Python 執行時期選項增加到可執行檔中。
- 想建立一個包含合併的公共模組的多套裝程式。

在 PyInstaller 建立一個標準檔案之後，pyinstaller 命令預設將標準檔案作為程式執行。打包應用程式是透過執行標準檔案建立的，最小的單資料夾應用程式的標準檔案的簡短範例如下：

```
block_cipher = None
a = Analysis(['minimal.py'],
```

```
    pathex=['/Developer/PItests/minimal'],
    binaries=None,
    datas=None,
    hiddenimports=[],
    hookspath=None,
    runtime_hooks=None,
    excludes=None,
    cipher=block_cipher)
pyz = PYZ(a.pure, a.zipped_data,
    cipher=block_cipher)
exe = EXE(pyz,... )
coll = COLLECT(...)
```

標準檔案中的語句建立了 4 個類別的實例，分別為 Analysis、PYZ、EXE 和 COLLECT。

（1）Analysis 實例：將腳本名稱的清單作為輸入，分析所有匯入和其他相依項。生成的物件（分配給 a）包含相依項清單。

- scripts：命令列命名的 Python 腳本。
- pure：腳本所需的純 Python 模組。
- pathex：搜尋匯入的路徑清單（如使用 PYTHONPATH），包括選項的路徑參數 --paths。
- binaries：腳本需要的非 Python 模組，包括 --add-binary 選項舉出的名稱。
- datas：應用程式中包含的非二進位檔案，包括 --add-data 選項舉出的名稱。

（2）PYZ 實例：是一個 .pyz 存檔，包含來自 a.pure 的所有 Python 模組。

（3）EXE 實例：從分析的腳本和 PYZ 存檔中建構。該物件建立可執行檔。

（4）COLLECT 實例：從所有其他部分建立輸出資料夾。

在單檔案模式下，如果不會呼叫 COLLECT 實例，EXE 實例就會接收所有腳本、模組和二進位檔案。如果要修改標準檔案，則可以為 Analysis 實例和 EXE 實例增加一些參數。如果讀者想了解標準檔案的更詳細的用法，請參考官方文件。

8.1.3 PyInstaller 案例

本案例的檔案名稱為 Chapter08/install/colorDialog.py，程式碼如下：

```python
class ColorDialog ( QWidget):
    def __init__(self ):
        super().__init__()
        color = QColor(0, 0, 0)
        self.setGeometry(300, 300, 350, 280)
        self.setWindowTitle(' 顏色選擇 ')
        self.button = QPushButton(' 點擊選擇顏色 ', self)
        self.button.setFocusPolicy(Qt.NoFocus)
        self.button.move(20, 20)
        self.button.clicked.connect(self.showDialog)
        self.setFocus()
        self.widget = QWidget(self)
        self.widget.setStyleSheet('QWidget{background-color:%s} '%color.name())
        self.widget.setGeometry(130, 22, 100, 100)

    def showDialog(self):
        col = QColorDialog.getColor()
        if col.isValid():
            self.widget.setStyleSheet('QWidget {background-color:%s}'%col.name())

if __name__ == "__main__":
    app = QApplication(sys.argv)
    qb = ColorDialog()
    qb.show()
    sys.exit(app.exec())
```

撰寫完 colorDialog.py 檔案後，按兩下該檔案即可執行，因為 Python 解譯器會執行這個 .py 檔案（當安裝好 Python 後，就會獲得一個官方版本的解譯器 CPython，這個解譯器是使用 C 語言開發的，在命令列下執行 Python 就是啟動 CPython 解譯器）。按兩下 colorDialog.py 檔案可以得到如圖 8-2 所示的視窗。

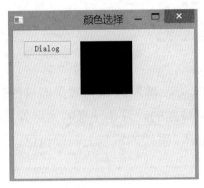

▲ 圖 8-2

開啟命令列視窗，進入 colorDialog.py 檔案所在的目錄下，執行下面的命令：

```
pyinstaller -F -w colorDialog.py
```

PyInstaller 自動執行一系列的專案打包過程，最後生成 .exe 檔案，並且在同目錄下的 dist 子資料夾中生成了 colorDialog.exe 檔案，如圖 8-3 和圖 8-4 所示。

▲ 圖 8-3

▲ 圖 8-4

按兩下 colorDialog.exe 檔案的執行效果與前面直接使用 Python 解譯器執行 colorDialog.py 檔案的效果是一樣的。另外,把 colorDialog.exe 檔案放到其他安裝 Windows 系統的電腦上執行也可以實現相同的效果。

📢 說明:

colorDialog.exe 檔案可以在未安裝 Python 環境的 Windows 系統中執行。但是由於使用的是 64 位元的 Python 環境,因此它只能在 64 位元的 Windows 系統中執行。如果讀者使用 32 位元的 Python 環境進行打包,則其結果既可以在 32 位元的 Windows 系統中執行,也可以在 64 位元的 Windows 系統中執行。所以,如果讀者想要打包程式,建議使用 32 位元的 Python 環境。

8.2 Pandas 在 PySide / PyQt 中的應用

Pandas 是 Python 的資料分析套件,是由 AQR Capital Management 於 2008 年 4 月開發的,並於 2009 年年底開放原始碼,目前由專注於 Python 資料封包開發的 PyData 開發小組繼續開發和維護,屬於 PyData 專案的一部分。Pandas 最初是作為金融資料分析工具而開發的,並為時間序列分析提供了很好的支援。從 Pandas 這個名稱就可以看出,它是面板資料(Panel Data)和 Python 資料分析(Data Analysis)的結合。在

Pandas 出現之前，Python 資料分析的主力軍只有 NumPy 比較好用；在 Pandas 出現之後，它基本上佔據了 Python 資料分析的霸主地位，在處理基礎資料尤其是金融時間序列資料方面非常高效。

使 Pandas 與 PySide / PyQt 相 結 合，最 方 便 的 方 法 就 是 安 裝 qtpandas 模組函式庫。使用這個模組函式庫可以把 Pandas 的資料顯示在 QTableWidget 上，並自動實作各種 QTableWidget 的功能，如增加、刪除、修改、儲存、排序等。這些功能實作起來比較麻煩，但是利用 qtpandas 模組函式庫，就可以毫不費力地手動重新實作。

本節內容適合想要簡單使用 PySide / PyQt 展示 Pandas 資料，又不想深入了解模型 / 視圖 / 委託框架的讀者學習。如果讀者有更高的需求，那麼還是需要基於這個框架來開發程式。

8.2.1 qtpandas 模組函式庫的安裝

首先安裝 Pandas，最簡單的方式就是使用 pip 命令：

```
pip install pandas
```

然後安裝 qtpandas 模組函式庫，它是 Pandas 的相依函式庫，這個函式庫已經很久不更新了，官方的安裝方式只支援到 qtpandas 1.03，這個版本只支援到 PyQt 4。GitHub 上最新的 qtpandas 支援到 1.04 版本，並支援 PyQt 5，需要手動下載，不能使用 pip 命令安裝。按照官方的意思，這個項目使用 PyQt 4 和 Python 2 已經可以極佳地滿足專案的需求，沒有提升到新版本的動力。但是這兩個版本的 qtpandas 都不符合我們的要求，本書將其稍微改寫一下，使其能夠稍微支援 PySide 6 / PyQt 6。

本書提供的程式碼中已經包含修改後的 qtpandas，從理論上來說可以無須安裝直接使用。如果無法使用，則嘗試把 Chapter08\pandasDemo\qtpandas.zip 解壓縮到 site-packages 檔案路徑下即可，把它當作一個正常的模組使用。

8.2.2 官方案例解讀

```python
import pandas
import numpy

from PySide6 import QtWidgets
from qtpandas.models.DataFrameModel import DataFrameModel
from qtpandas.views.DataTableView import DataTableWidget


# sys.excepthook = excepthook # 設定 PyQt 的異常鉤子，在本案例中基本上沒有什麼作用

# 建立一個空的模型，該模型用於儲存與處理資料
model = DataFrameModel()

# 建立一個應用，用於顯示表格
app = QtWidgets.QApplication([])
widget = DataTableWidget()              # 建立一個空的表格，主要用來呈現資料
widget.resize(500, 300)               # 調整 Widget 的大小
widget.show()
# 讓表格綁定模型，也就是讓表格呈現模型的內容
widget.setViewModel(model)

# 建立測試資料
data = {
    'A': [10, 11, 12],
    'B': [20, 21, 22],
    'C': ['Peter Pan', 'Cpt. Hook', 'Tinkerbell']
}
df = pandas.DataFrame(data)

# 下面兩列用來測試委託是否成立
df['A'] = df['A'].astype(numpy.int8)     # A 列資料的格式變成整數
df['B'] = df['B'].astype(numpy.float16)   # B 列資料的格式變成浮點數

# 在模型中填入資料 df
model.setDataFrame(df)

# 啟動程式
app.exec()
```

　　這是來自官方案例的 BasicExample.py 檔案的內容，其執行效果如圖 8-5 所示。

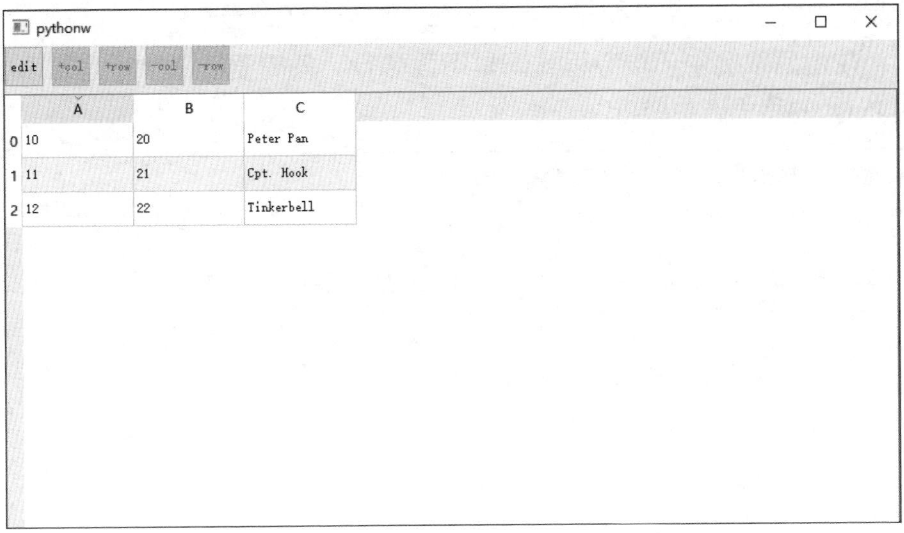

▲ 圖 8-5

　　這個案例用到了 Qt 的委託概念，關於委託的詳細內容請參考第 5 章。點擊新增列的按鈕，可以選擇不同的資料型態，對應不同的委託，從而顯示不同的外觀和編輯操作，如圖 8-6 所示。

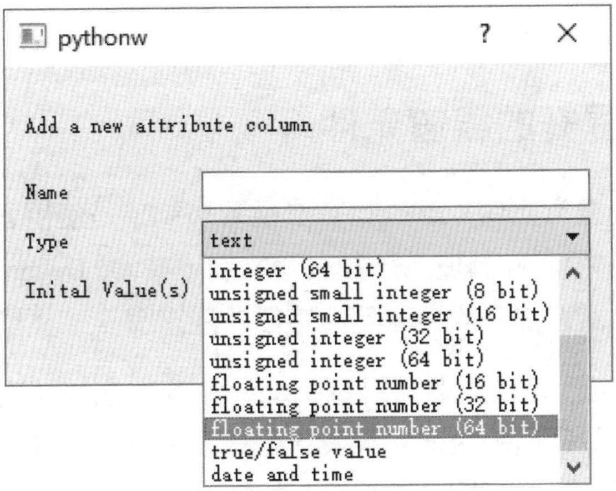

▲ 圖 8-6

由此可知，qtpandas 基本上完成了 Pandas 與 PyQt 結合的所有事情，剩下的就是呼叫。那麼，如何把 qtpandas 嵌入 PyQt 的主視窗中，而非像現在這樣成為一個獨立的視窗？這就是本節要介紹的主要內容。

在這個案例中，核心程式碼是下面幾行，只需要把這幾行程式碼放入 PyQt 的程式碼中即可：

```
# 建立一個空的模型，該模型用於儲存與處理資料
model = DataFrameModel()

widget = DataTableWidget()      # 建立一個空的表格，主要用來呈現資料
widget.resize(500, 300)         # 調整 Widget 的大小
widget.show()
# 讓表格綁定模型，也就是讓表格呈現模型的內容
widget.setViewModel(model)

# 在模型中填入資料 df
model.setDataFrame(df)
```

初學者更關心如何使用 Qt Designer 來實作 Pandas 與 PySide / PyQt 的結合，這時就會產生一個問題：在 Qt Designer 中並沒有 DataTableWidget 和 DataFrameModel 這兩個類別對應的視窗控制項，那麼應該如何把它們嵌入 Qt Designer 中呢？這就引出了本章要介紹的另一項內容：提升的視窗元件。

8.2.3 設定提升的視窗元件

所謂提升的視窗元件，就是指有些視窗控制項是使用者基於 PySide / PyQt 定義的衍生視窗控制項，這些視窗控制項在 Qt Designer 中沒有直接提供，但是可以透過提升的視窗元件這個功能來實作。具體的方法如下。

先從 Container 導覽列中找到 QWidget 並拖入主視窗中，然後按滑鼠右鍵 QWidget，在彈出的快顯功能表中選擇「提升」命令，開啟「提升的視窗元件」對話方塊，如圖 8-7 所示，並輸入對應的內容。

▲ 圖 8-7

點擊「增加」按鈕，發現在「提升的類別」選項群組中多了一項，如圖 8-8 所示。

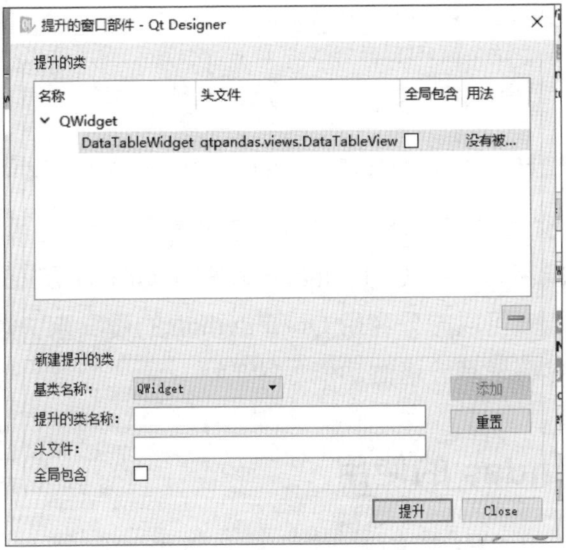

▲ 圖 8-8

先選中多出的項，然後點擊「提升」按鈕，在「物件檢視器」面板中可以看到如圖 8-9 所示的內容，這說明已經成功地在 Qt Designer 中引入了 DataTableWidget 類別。

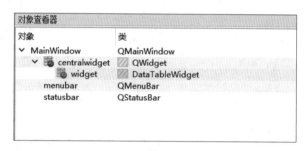

▲ 圖 8-9

　　將 Widget 重新命名為 pandastablewidget，這樣就基本完成了對提升的視窗元件的操作，核心程式碼如下（對應的 .ui 檔案為 Chapter08/pandasDemo/pandas_pyqt.ui）：

```
from qtpandas.views.DataTableView import DataTableWidget

self.pandastablewidget = DataTableWidget(self.centralWidget)
self.pandastablewidget.setGeometry(QtCore.QRect(10, 30, 591, 331))
self.pandastablewidget.setStyleSheet("")
self.pandastablewidget.setObjectName("pandastablewidget")
```

　　至此，已經實作了 DataTableWidget 類別在 Qt Designer 中的應用。

　　提升的視窗元件是 PySide / PyQt 中非常簡單、實用而又強大的功能，利用該功能可以透過 Qt Designer 來實作 Qt 與 Python 兩個強大生態之間的互動功能，可以充分利用 Qt 和 Python 的優點來快速開發程式。接下來介紹的內容都是基於這個功能展開的。

8.2.4 qtpandas 的使用

　　在 8.2.2 節和 8.2.3 節的基礎上，下面再增加兩個按鈕，並設定 clicked 訊號的槽，如圖 8-10 所示。

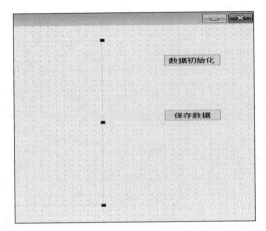

▲ 圖 8-10

具體的程式碼如下（對應的檔案為 Chapter08/pandasDemo/pandas_
pyqt.ui）：

```python
from PySide6.QtCore import Slot
from PySide6.QtWidgets import QMainWindow, QApplication

from Ui_pandas_pyqt import Ui_MainWindow

from qtpandas.models.DataFrameModel import DataFrameModel
import pandas as pd

class MainWindow(QMainWindow, Ui_MainWindow):
    def __init__(self, parent=None):
        super(MainWindow, self).__init__(parent)
        self.setupUi(self)

        '''初始化 pandasqt'''
        widget = self.pandastablewidget
        widget.resize(600, 500)       # 如果對元件的尺寸不滿意也可以在這裡設定
        self.model = DataFrameModel()     # 設定新的模型
        widget.setViewModel(self.model)

        self.df = pd.read_excel(r'./data/fund_data.xlsx')
        self.df_original = self.df.copy() # 備份原始資料
        self.model.setDataFrame(self.df)
```

```
    @Slot()
    def on_pushButton_clicked(self):
        self.model.setDataFrame(self.df_original)

    @Slot()
    def on_pushButton_2_clicked(self):
        self.df.to_excel(r'./data/fund_data_new.xlsx')


if __name__ == "__main__":
    import sys
    app = QApplication(sys.argv)
    ui = MainWindow()
    ui.show()
    sys.exit(app.exec())
```

執行腳本，顯示效果如圖 8-11 所示。

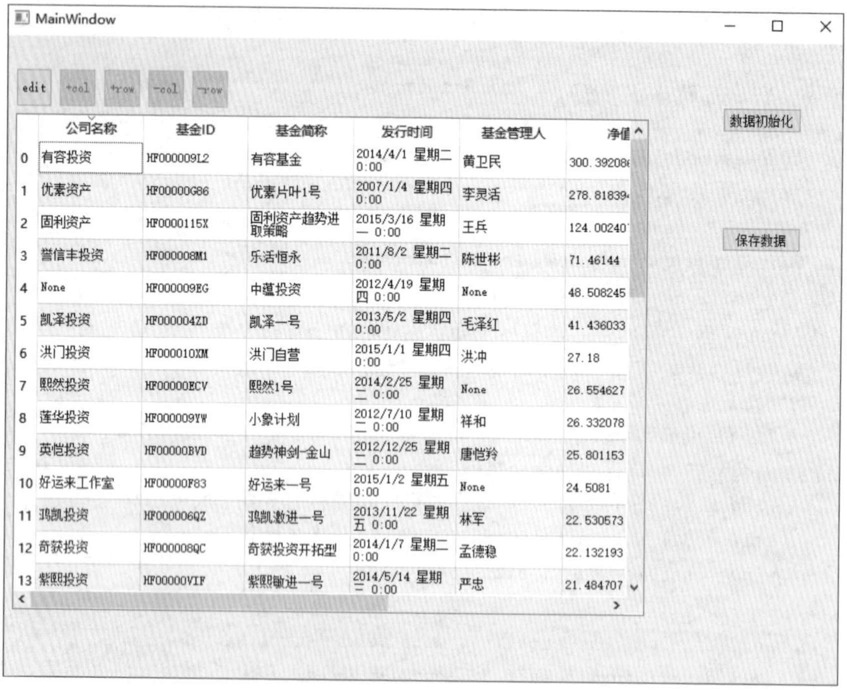

▲ 圖 8-11

　　基本上可以實作對表格的絕大部分操作，如增加、刪除、修改和儲存等，讀者可以自行嘗試。

　　對於 qtpandas，筆者只改寫了 DataFrameModel 和 DataTableWidget 這兩個模組及其相關相依檔案，沒有精力兼顧更多。如果讀者對 qtpandas 有更高的需求也可以自行修改。

　　有的讀者不喜歡使用 Qt Designer 這種方式，對這種小 demo 來說一個檔案就可以搞定，而使用 Qt Designer 要生成 3 個檔案，所以手寫程式碼相對來說更方便一些。本書同樣提供了手寫程式碼的使用方式，檔案路徑為 Chapter08/pandasDemo/qtpandasDemo.py。主要內容和之前的相同，為了節約篇幅，這裡不再列出。執行腳本，顯示效果如圖 8-12 所示。

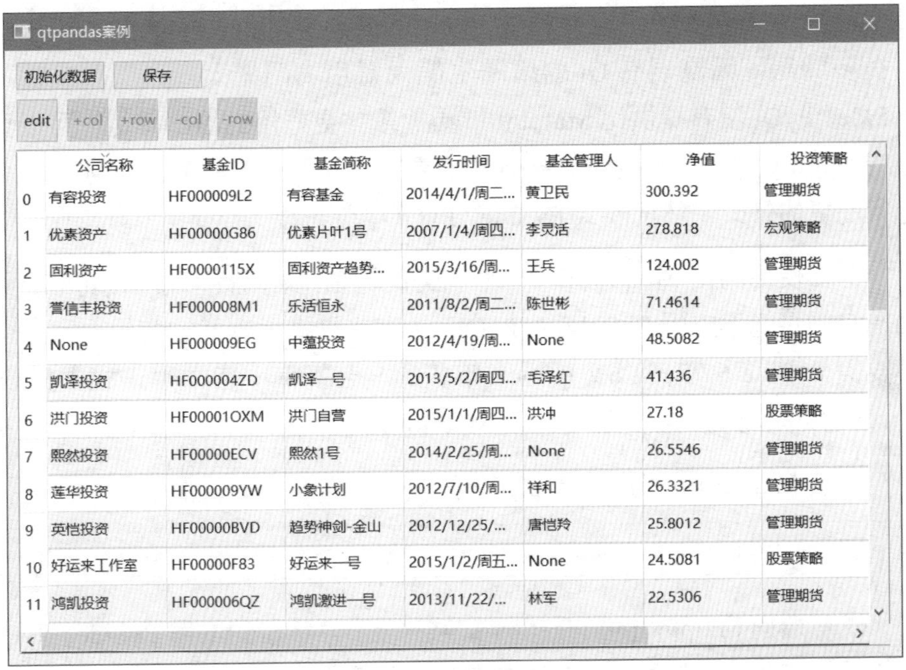

▲ 圖 8-12

8.3 Matplotlib 在 PyQt 中的應用

說起 Python 的繪圖模組，就不得不提 Matplotlib，基本上每個學習 Python 繪圖的人都會接觸到 Matplotlib，並且應該是接觸的第一個繪圖模組。

Matplotlib 是 Python 中的繪圖函式庫，提供了一整套和 MATLAB 相似的命令 API，十分適合互動式地製圖。也可以非常方便地將 Matplotlib 作為繪圖控制項，嵌入 GUI 應用程式中。

Matplotlib 的文件相當完備，並且其 Gallery 頁面中有上百張縮圖，開啟之後就能看到繪圖的原始程式碼。這些縮圖基本上可以滿足使用者日常的繪圖需求，如果能夠把 Matplotlib 嵌入 PySide / PyQt 中，可以解決很多問題，因為現有 Qt 的繪圖生態太難用，門檻太高。簡單來說，PySide / PyQt 沒有提供比 Matplotlib 更簡單、更好用的繪圖模組。可以直接在 Gallery 頁面中找到符合要求的影像，先獲取該影像的原始程式碼，進行簡單的修改，然後嵌入 PySide / PyQt 中就可以。

本書使用的是 Matplotlib 3.5.1，但不要使用太低版本的 Matplotlib，因為它們可能不支援 PySide 6 / PyQt 6，在本書準備籌備的時候，官方還不支援 PySide 6 / PyQt 6，經過一年多的辛苦籌備，官方也正式支援 Qt 6，這也算是巧合，至少不用修改 Matplotlib。

安裝 Matplotlib 可以使用 pip 命令：

```
pip install matplotlib
```

本章透過 MatplotlibWidget.py 檔案來實作 Matplotlib 與 PySide / PyQt 的結合，這個檔案是實作該功能的最簡單的案例。

8.3.1 對 MatplotlibWidget 的解讀

1. 設定繪圖類別

本案例的檔案名稱為 Chapter08/matplotlibDemo/MatplotlibWidget. py。建立 FigureCanvas，在其初始化過程中建立一個空白的影像。需要注意的是，下面程式碼的開頭兩行是用來解決中文和負號顯示問題的，也可以把它應用到使用 Matplotlib 進行的日常繪圖中：

```python
class MyMplCanvas(FigureCanvas):
    """FigureCanvas 最終的父類別其實是 QWidget"""

    def __init__(self, parent=None, width=5, height=4, dpi=100):

        # 設定中文顯示
        plt.rcParams['font.family'] = ['SimHei']          # 用來正常顯示中文標籤
        plt.rcParams['axes.unicode_minus'] = False        # 用來正常顯示負號

        self.fig = Figure(figsize=(width, height), dpi=dpi)  # 新建一個視圖
        # 建立一個子圖，如果要建立複合圖，則可以在這裡修改
        self.axes = self.fig.add_subplot(111)

        # 3.0 版本之後已經移除，用 self.axes.clear() 代替，後面會介紹
        # self.axes.hold(False)  # 每次繪圖時不保留上一次繪圖的結果

        FigureCanvas.__init__(self, self.fig)
        self.setParent(parent)

        ''' 定義 FigureCanvas 的尺寸策略，這部分的意思是設定 FigureCanvas，使之盡可能向
外填充空間 '''
        FigureCanvas.setSizePolicy(self,
                                   QSizePolicy.Expanding,
                                   QSizePolicy.Expanding)
        FigureCanvas.updateGeometry(self)
```

定義繪製靜態圖的函式，呼叫這個函式可以在上一步所建立的空白的影像中繪圖。需要注意的是，這部分內容可以隨意定義，可以在

Gallery 頁面中找到自己需要的影像，獲取其原始程式碼，並對靜態函式（start_static_plot()）中的相關程式碼進行替換即可，程式碼如下：

```
''' 繪製靜態圖，可以在這裡定義自己的繪圖邏輯 '''
def start_static_plot(self):
    self.fig.suptitle(' 測試靜態圖 ')
    t = arange(0.0, 3.0, 0.01)
    s = sin(2 * pi * t)
    self.axes.plot(t, s)
    self.axes.set_ylabel(' 靜態圖：Y 軸 ')
    self.axes.set_xlabel(' 靜態圖：X 軸 ')
    self.axes.grid(True)
```

定義繪製動態圖的函式，設定每隔 1 秒就會重新繪製一次影像（需要注意的是，update_figure() 函式也可以隨意定義），程式碼如下：

```
''' 啟動繪製動態圖 '''
def start_dynamic_plot(self, *args, **kwargs):
        timer = QtCore.QTimer(self)
        # 每隔一段時間就會觸發一次 update_figure() 函式
        timer.timeout.connect(self.update_figure)
        timer.start(1000)   # 觸發的時間間隔為 1 秒

''' 可以在這裡修改動態圖的繪圖邏輯 '''
def update_figure(self):
        self.fig.suptitle(' 測試動態圖 ')
        l = [random.randint(0, 10) for i in range(4)]
        self.axes.plot([0, 1, 2, 3], l, 'r')
        self.axes.set_ylabel(' 動態圖：Y 軸 ')
        self.axes.set_xlabel(' 動態圖：X 軸 ')
        self.axes.grid(True)
        self.draw()
```

如果讀者不熟悉 axes.plot()、axes.set_ylabel() 等函式的作用，則可以參考圖 8-13，這個圖舉出了 Matplotlib 繪圖的常用方法與效果。

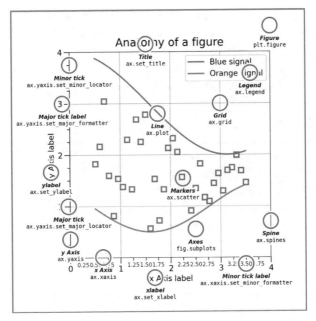

▲ 圖 8-13

2. 封裝繪圖類別

這部分主要是使用 QWidget 把上面的繪圖類別和工具列封裝到 MatplotlibWidget 中，只需要呼叫 MatplotlibWidget 就可以實作繪圖功能。

這個案例保留了初始化時就載入影像的介面，把下面註釋起來的程式碼取消註釋，那麼在載入 MatplotlibWidget 時就會實作繪圖功能（其主要適用於那些不需要使用按鈕來觸發繪圖功能的場景），程式碼如下：

```python
class MatplotlibWidget(QWidget):
    def __init__(self, parent=None):
        super(MatplotlibWidget, self).__init__(parent)
        self.initUi()

    def initUi(self):
        self.layout = QVBoxLayout(self)
        self.mpl = MyMplCanvas(self, width=5, height=4, dpi=100, title=
'Title 1')
        # self.mpl.start_static_plot()      # 如果在初始化時呈現靜態圖，則取消這行註釋
```

```
        # self.mpl.start_dynamic_plot()   # 如果在初始化時呈現動態圖，則取消這行註釋
        self.mpl_ntb = NavigationToolbar(self.mpl, self)      # 增加完整的工具列

        self.layout.addWidget(self.mpl)
        self.layout.addWidget(self.mpl_ntb)
```

測試程式如下：

```
if __name__ == '__main__':
    app = QApplication(sys.argv)
    ui = MatplotlibWidget()
    ui.mpl.start_static_plot()             # 測試靜態圖的效果
    # ui.mpl.start_dynamic_plot()          # 測試動態圖的效果
    ui.show()
    sys.exit(app.exec())
```

執行效果如圖 8-14 所示，可以看到結果符合預期。

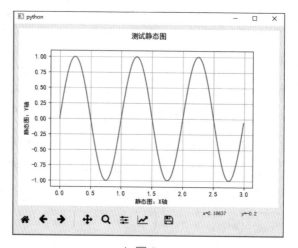

▲ 圖 8-14

8.3.2 設定提升的視窗元件

本節透過 Qt Designer 來實作 Matplotlib 與 PySide / PyQt 的結合。本案例使用 Qt Designer 生成的視窗檔案的位置為 Chapter08/matplotlibDemo/matplotlib_pyqt.ui。

首先，新建一個 QWidget 類別，設定提升的視窗元件，如圖 8-15 所示。

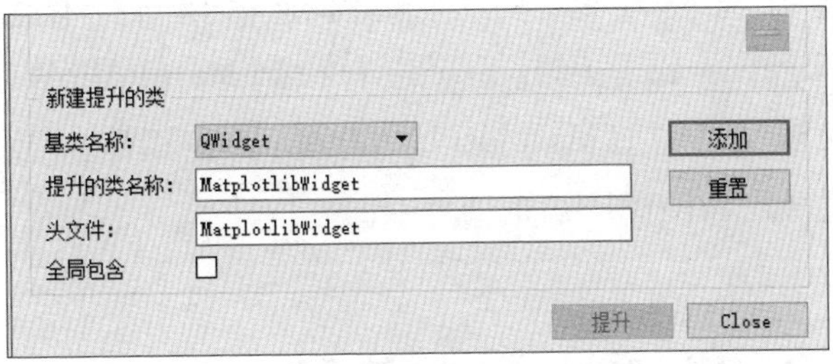

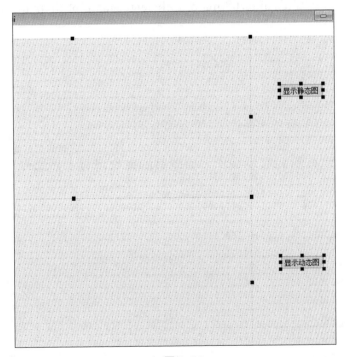

▲ 圖 8-15

然後，對視窗進行版面配置與設定，如圖 8-16 所示。需要注意的是，這兩個 QWidget 都是提升的視窗元件。

▲ 圖 8-16

最後，使用 Eric 編譯視窗，並設定生成 button.click 的對話方塊程式碼（或透過其他方式設定對應的訊號與槽）。

> ⏳ **注意：**
>
> 在生成對話方塊程式碼時，可能會提示錯誤「模型物件沒有 MatplotlibWidget」。這是因為 Eric 沒有找到 MatplotlibWidget.py 所在的目錄，解決辦法是先把 MatplotlibWidget.py 檔案所在的目錄增加到環境變數中，然後重新啟動即可。

8.3.3 MatplotlibWidget 的使用

一是初始化模型。需要注意的是，在初始化過程中隱藏了兩個影像，如果想讓它們在初始化時就呈現，則把下面程式碼中的最後兩行註釋起來就可以（見 Chapter08/matplotlibDemo/ matplotlib_pyqt.py 檔案）：

```python
class MainWindow(QMainWindow, Ui_MainWindow):
    def __init__(self, parent=None):
        super(MainWindow, self).__init__(parent)
        self.setupUi(self)
        self.matplotlibwidget_dynamic.setVisible(False)
        self.matplotlibwidget_static.setVisible(False)
```

二是設定按鈕的觸發操作，使隱藏的影像可見，並觸發對應的繪圖函式：

```python
@pyqtSlot()
def on_pushButton_clicked(self):
        self.matplotlibwidget_static.setVisible(True)
        self.matplotlibwidget_static.mpl.start_static_plot()

@pyqtSlot()
def on_pushButton_2_clicked(self):
        self.matplotlibwidget_dynamic.setVisible(True)
        self.matplotlibwidget_dynamic.mpl.start_dynamic_plot()
```

測試程式，執行效果如圖 8-17 所示，可以看到，一個是靜態圖，一個是動態圖，和預期一致。

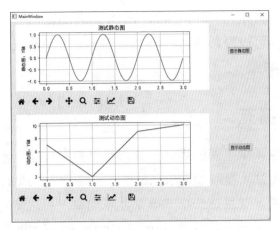

▲ 圖 8-17

對於這個案例，筆者同樣提供了純程式碼方式使用 Matplotlib。如果不考慮 Qt Designer 因素，那麼選擇會有很多，不需要建立 Matplotlib Widget.py 檔案，可以直接引用 FigureCanvas。這種程式碼看起來更簡單直觀一些，檔案路徑為 Chapter08/matplotlibDemo/matplotlibDemo.py，主要內容和之前的相同，為了節約篇幅，這裡不再單獨列出。執行效果如圖 8-18 所示。

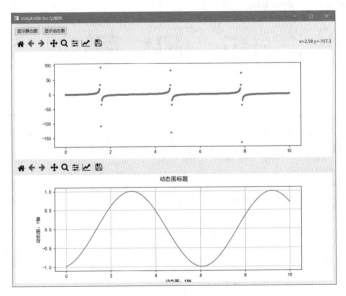

▲ 圖 8-18

至此，對 Matplotlib 和 PySide / PyQt 結合的使用方法就介紹完畢。透過上述方法，可以輕鬆地利用 Python 生態進行影像繪製，而不必使用不太成熟的 Qt 繪圖。

8.3.4 更多擴充

上面只介紹了兩張圖的用法，如果想獲取其他類型圖片的用法，則可以參考官方網站，獲取 Matplotlib 的更多案例（見圖 8-19）。每張圖都有對應的程式碼，並且這些程式碼都非常簡單，可以參考本書案例稍微修改就可以應用成功，實作 PySide / PyQt 與 Matplotlib 更多種類的繪圖互動，這是為 PySide / PyQt 增加繪圖功能的最簡單的方式。

▲ 圖 8-19

8.4 PyQtGraph 在 PyQt 中的應用

PyQtGraph 是一個高性能的 Python 圖形 GUI 函式庫，充分利用了 PyQt 和 PySide 的高品質的圖形表現水準及 NumPy 的快速的科學計算與處理能力，在數學、科學和工程領域都有廣泛的應用。PyQtGraph 是免費的，並且是在 MIT 的開放原始碼許可下發佈的。PyQtGraph 的主要目標如下。

- 為資料、繪圖和視訊等提供快速、可互動的圖形顯示。
- 提供快速開發應用的工具。

要使用 PyQtGraph 就不得不提到 Matplotlib。Matplotlib 基本上是 Python 繪圖的標準模組，功能強大，繪圖介面也很美觀，並且有很多基於 Matplotlib 的繪圖函式庫（如 seaborn、ggplot 等）可以在特定領域（如統計等方面）更方便地繪圖。因此，如果讀者剛開始學習 Python 繪圖，並且不需要 PyQtGraph 的特殊功能，則建議使用 Matplotlib。如果讀者有下列幾點的考慮，則可以使用 PyQtGraph。

（1）性能。如果有高性能繪圖、視訊或即時互動等方面的需求，則可以使用 PyQtGraph，Matplotlib 不是最佳選擇，這算是 Matplotlib 最大的弱點。

（2）便攜性 / 易於安裝。PyQtGraph 是一個純 Python 模組，這表示它幾乎可以在 NumPy 和 PyQt 支援的所有平臺上執行，無須編譯。如果需要應用程式的可攜性，則可以考慮使用 PyQtGraph。

（3）許多其他功能。PyQtGraph 不僅是一個繪圖函式庫，它嘗試涵蓋科學 / 工程應用程式開發的許多方面，具有更進階的功能，如 ImageView 和 ScatterPlotWidget 分析工具、基於 ROI 的資料切片、參數樹、流程圖、多處理等。

8.4.1 PyQtGraph 的安裝

安裝 PyQtGraph 最簡單的方法就是使用 pip 命令（在本書完稿時，使用的版本為 0.12.4，這個模組比較穩定，使用最新版本也不影響程式執行）：

```
pip install pyqtgraph
```

8.4.2 官方案例解讀

PyQtGraph 同時支援 PyQt 和 PySide。在第一次匯入 PyQtGraph 時，PyQtGraph 會透過填充檢查來自動確定要使用哪個函式庫。

- 如果已經匯入 PyQt 5，則使用 PyQt 5。
- 如果已經匯入 PySide 2，則使用 PyQt 5。
- 如果已經匯入 PySide 6，則使用 PyQt 5。
- 如果已經匯入 PyQt 6，則使用 PyQt 5。
- 不然嘗試按該順序匯入 PyQt 5、PySide 2、PySide 6 和 PyQt 6。

如果安裝了多個函式庫，並且想讓 PyQtGraph 使用指定的函式庫，如指定使用 PySide 6，則只需要確保在 PyQtGraph 之前匯入 PySide 6：

```
import PySide6  ## this will force pyqtgraph to use PySide6 instead of PyQt5
import pyqtgraph as pg
```

接下來介紹 PyQtGraph 的案例，官方提供了一個所有案例的程式碼集合，透過以下兩行程式碼就可以查到：

```
import pyqtgraph.examples
pyqtgraph.examples.run()
```

執行這兩行程式碼就可以彈出一個視窗，視窗左側顯示的是案例標題，右側顯示的是對應的程式碼，非常直觀，如圖 8-20 所示。

▲ 圖 8-20

舉例來說,先點擊 Basic Plotting 按鈕,然後點擊 Run Example 按鈕,就會看到一系列優美影像的集合,如圖 8-21 所示。

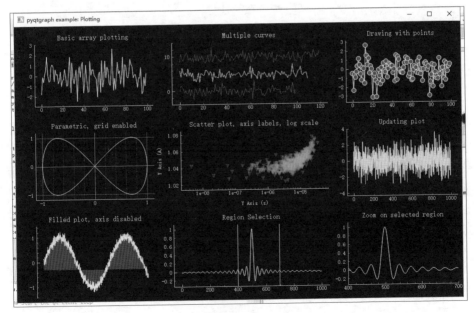

▲ 圖 8-21

第 1 個圖的核心程式碼如下：

```
import pyqtgraph as pg
Import numpy as np
win = pg.GraphicsWindow(title="Basic plotting examples")
p1 = win.addPlot(title="Basic array plotting", y=np.random.normal(size=100))
```

繪圖語句既簡潔，又通俗易懂。接下來介紹如何結合 Qt Designer 來實作這些程式碼。

8.4.3 設定提升的視窗元件

和前面介紹的一樣，將兩個 QWidget 視窗控制項拖到主視窗中，並對提升的視窗元件進行設定，如圖 8-22 所示。

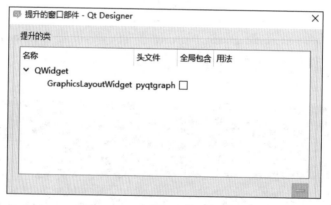

▲ 圖 8-22

將它們分別重新命名為 pyqtgraph1 和 pyqtgraph2，並對視窗進行版面配置，.ui 檔案的路徑為 Chapter08/pyqtgraphDemo/pyqtgraph_pyqt.ui。和之前一樣，也要將 .ui 檔案編譯成 .py 檔案並寫一個啟動檔案，這裡直接舉出執行結果，如圖 8-23 所示。

可以看到，圖片背景和視窗背景顏色是一樣的。8.4.4 節會詳細講解其中的設定。

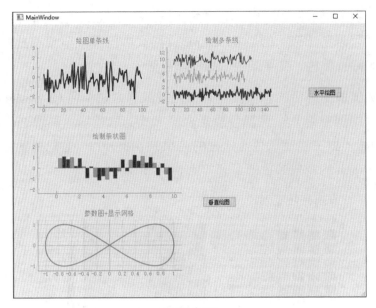

▲ 圖 8-23

8.4.4 PyQtGraph 的使用

首先對程式進行初始化設定（檔案的儲存路徑為 Chapter08/pyqtgraphDemo/pyqtgraph_ pyqt.py）：

```
import pyqtgraph as pg
class MainWindow(QMainWindow, Ui_MainWindow):
def __init__(self, parent=None):
super(MainWindow, self).__init__(parent)
    pg.setConfigOption('background', '#f0f0f0') # 設定背景顏色為灰色
    # 設定前景顏色（包括座標軸、線條、文字等）為黑色
    pg.setConfigOption('foreground', 'd')
    pg.setConfigOptions(antialias=True)        # 使曲線看起來更光滑，而非呈鋸齒狀
    # pg.setConfigOption('antialias',True)      # 等價於上一筆語句，不同之處在於
setConfigOptions 可以傳遞多個參數進行多項設定，而 setConfigOption 一次只能接收一個參數
進行一項設定
    self.setupUi(self)
```

這裡需要詳細說明以下兩點。

（1）對 pg 的設定要放在主程式初始化設定 self.setupUi(self) 之前，否則效果呈現不出來，因為在 setupUi() 函式中已經按照預設方式設定好了繪圖的背景顏色、文字顏色、線條顏色等。

（2）獲取主視窗的背景顏色有一個簡單的方法：在 Qt Designer 的樣式編輯器中隨意進入一個顏色設定介面，找到取色器，點擊 Pick Screen Color 按鈕，對主視窗取色（這裡的結果為 #f0f0f0），並把這個結果設定為 PyQtGraph 的背景顏色即可，如圖 8-24 所示。

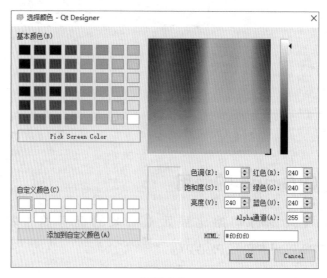

▲ 圖 8-24

接下來對繪圖部分介紹：

```
@pyqtSlot()
def on_pushButton_clicked(self):
        self.pyqtgraph1.clear() # 清空裡面的內容，否則會發生重複繪圖的結果

        '''第 1 種繪圖方式'''
        self.pyqtgraph1.addPlot(title=" 繪製單筆線 ", y=np.random.normal
(size=100), pen=pg.mkPen(color='b', width=2))

        '''第 2 種繪圖方式'''
        plt2 = self.pyqtgraph1.addPlot(title=' 繪製多筆線 ')
```

```
        plt2.plot(np.random.normal(size=150), pen=pg.mkPen(color='r',
width=2), name="Red curve") # pg.mkPen 的使用方法，設定線條顏色為紅色，寬度為 2
        plt2.plot(np.random.normal(size=110) + 5, pen=(0, 255, 0),
name="Green curve")
        plt2.plot(np.random.normal(size=120) + 10, pen=(0, 0, 255),
name="Blue curve")
```

第 1 個按鈕要處理的是如何在一行顯示兩張圖。可以看到，PyQtGraph 的繪圖方法是非常通俗易懂的，透過 addPlot() 函式可以在水平方向上增加一張圖。

值得說明的是，pg.mkPen() 函式是對 Qt 的 QPen 類別的簡化封裝，呼叫時只需要傳遞幾個字典參數就可以（它的具體使用方法可以參考官方的說明文件）：

```
@Slot()
def on_pushButton_2_clicked(self):
    '''如果沒有進行第一次繪圖，則先開始繪圖，然後做繪圖標記，否則就什麼都不做'''
    self.pyqtgraph2.clear()
    plt = self.pyqtgraph2.addPlot(title=' 繪製條狀圖 ')
    x = np.random.randint(1,10,10)
    y1 = np.sin(x)
    y2 = 1.1 * np.sin(x + 1)
    y3 = 1.2 * np.sin(x + 2)

    bg1 = pg.BarGraphItem(x=x, height=y1, width=0.3, brush='r')
    bg2 = pg.BarGraphItem(x=x + 0.33, height=y2, width=0.3, brush='g')
    bg3 = pg.BarGraphItem(x=x + 0.66, height=y3, width=0.3, brush='b')

    plt.addItem(bg1)
    plt.addItem(bg2)
    plt.addItem(bg3)

    self.pyqtgraph2.nextRow()

    p4 = self.pyqtgraph2.addPlot(title=" 參數圖 + 顯示網格 ")
    x = np.cos(np.linspace(0, 2 * np.pi, 1000))
```

```
y = np.sin(np.linspace(0, 4 * np.pi, 1000))
p4.plot(x, y, pen=pg.mkPen(color='d', width=2))
p4.showGrid(x=True, y=True)  # 顯示網格
```

第 2 個按鈕要處理的是如何在一列繪製兩張圖，關鍵程式碼如下：

```
self.pyqtgraph2.nextRow()
```

上述程式碼表示從下一行開始繪圖，這在邏輯上是很容易理解的。

同時可以看到，PyQtGraph 繪圖所使用的資料絕大部分是用 NumPy 生成的，這也從側面說明了 PyQtGraph 的確是基於 PyQt 和 NumPy 開發的，這樣做有利於提高繪圖的性能。

和之前一樣，對於這個案例，筆者同樣提供了純程式碼的使用方法。這種程式碼看起來更簡單、直觀，檔案的儲存路徑為 Chapter08/matplotlibDemo/matplotlibDemo.py，主要內容和之前的完全相同，這裡不再單獨列出。執行效果如圖 8-25 所示。

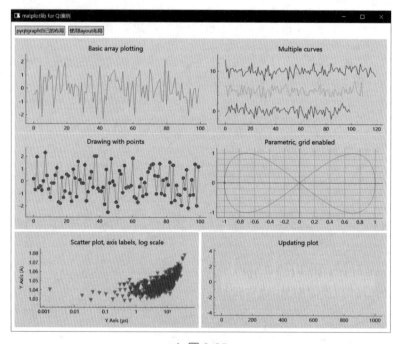

▲ 圖 8-25

如圖 8-25 所示,「pyqtgraph 自己的版面配置」按鈕對應上面的 4 張圖(self.plot1),透過 addPlot() 函式和 nextRow() 函式版面配置,這是 PyQtGraph 繪圖的版面配置方式。「使用 Layout 版面配置」按鈕對應下面的兩張圖(self.plot21 和 self.plot22),這兩張圖使用 Qt 的 QHBoxLayout 版面配置。需要注意的是,plot1 的高度是 plot21 和 plot22 的兩倍,這是因為在版面配置的時候設定 plot1 的 stretch 為 2,plot21 和 plot22 的 stretch 為 1,使它們保持 2:1 的比例伸展。

8.4.5 更多擴充

可以使用 PyQtGraph 提供的哪些工具嵌入 PySide / PyQt 中呢?因為 PyQtGraph 是基於 PySide / PyQt 寫的,所以其所有繪圖模組都可以嵌入 PySide / PyQt 中使用,也就是說,以下案例展示的所有 demo 都可以使用:

```
import pyqtgraph.examples
pyqtgraph.examples.run()
```

這些便利模組包含但是不限於如表 8-2 所示的內容。表 8-2 中包含 MatplotlibWidget 便利模組,這個模組和在 Matplotlib 繪圖中介紹的 MatplotlibWidget 的功能是一樣的,用法也類似。這些模組官方基本上都有 demo,讀者直接參考本書案例進行修改即可應用到自己的程式中,這裡不再介紹。至此,本書對使用 PyQtGraph 嵌入 PySide / PyQt 的方法就介紹完畢。

表 8-2

序號	模組	序號	模組	序號	模組
1	PlotWidget	11	TableWidget	21	RemoteGraphicsView
2	ImageView	12	TreeWidget	22	MatplotlibWidget
3	SpinBox	13	CheckTable	23	FeedbackButton
4	GradientWidget	14	ColorButton	24	ComboBox

序號	模組	序號	模組	序號	模組
5	HistogramLUTWidget	15	GraphicsLayoutWidget	25	LayoutWidget
6	ConsoleWidget	16	ProgressDialog	26	PathButton
7	ColorMapWidget	17	FileDialog	27	ValueLabel
8	ScatterPlotWidget	18	JoystickButton	28	BusyCursor
9	GraphicsView	19	MultiPlotWidget		
10	DataTreeWidget	20	VerticalLabel		

8.5 Plotly 在 PyQt 中的應用

從本質上來說，Plotly 是基於 JavaScript 的圖表函式庫，支援不同類型的圖表，如地圖、箱形圖、密度圖，以及比較常見的條狀圖和線形圖等。從 2015 年 11 月 17 日開始，Plotly 個人版本可以免費使用。

Plotly 一經問世就獲得了快速發展，特別是開放原始碼之後，導致其伺服器的發展跟不上使用者數量的增長，因此，使用線上版本的 Plotly 繪圖有些卡。幸運的是，plotly.js 已經開放原始碼，可以使用離線版本的 Plotly，不但繪圖速度快，而且效果和線上版本的沒什麼不同。因此，本節將以離線版本的 Plotly 為例介紹。

除了 Python，Plotly 還可以極佳地支援 JavaScript、R、MATLAB，並且繪圖效果一樣。也就是說，Plotly 的跨平臺性非常強，這也是 Plotly 的優勢之一。

本節主要介紹 Plotly 在 PySide / PyQt 中的應用，因此不會對 Plotly 的基礎知識做過多的介紹，但是會舉出一些經典的案例。

8.5.1 Plotly 的安裝

安裝 Plotly 最簡單的方法就是使用 pip 命令：

```
pip install plotly
```

8.5.2 案例解讀

在打算把 Plotly 嵌入 GUI 開發中之前，筆者一直想在 Plotly 官網中找到相關的線索，遺憾的是，在 Plotly 的說明文件中並沒有找到與 PyQt 結合使用的具體方法。經過筆者的實踐，發現可以透過 PyQt 的 QWebEngineView 類別封裝 Plotly 生成的繪圖結果，從而實作 Plotly 與 PyQt 的互動。

這裡使用了 QWebEngineView 類別，該類別從 PyQt 5.7 才開始引入。引入 QWebEngineView 類別的最主要的原因是在 PyQt 5.6 及以前版本中使用的是 QWebView 類別，QWebView 類別使用的是 WebKit 核心，這個核心比較陳舊，對 JavaScript 的一些新生事物（如 Plotly）的支援性不好。而 QWebEngineView 類別使用的是 Chromium 核心，利用 Chrome 瀏覽器的優勢可以完美地解決其相容性問題。但是，QWebEngineView 類別有一個比較大的缺點，就是啟動速度比較慢，相信在日後的發展中，PyQt 團隊會慢慢解決這個問題。

QWebEngineView 與 Plotly 互動非常簡單。本案例的檔案名稱為 Chapter08/demo_ plotly_pyqt.py，程式碼如下：

```
from PySide6.QtWebEngineWidgets import QWebEngineView
class Window(QWidget):
    def __init__(self):
        QWidget.__init__(self)
        self.qwebengine = QWebEngineView(self)
        self.qwebengine.setGeometry(QRect(50, 20, 1200, 600))
        self.qwebengine.load(
QUrl.fromLocalFile('\plotly_html\if_hs300_bais.html'))
```

其核心程式碼是最後兩行，表示新建一個 QWebEngineView，以及在 QWebEngineView 中載入檔案。

需要注意的是，if_hs300_bais.html 是用 Plotly 生成的 HTML 本地檔案。8.5.4 節會介紹如何利用程式碼生成 if_hs300_bais.html 檔案。程式的執行效果如圖 8-26 所示。

▲ 圖 8-26

可以看到，這個圖非常漂亮，可以動態顯示當前時間點的價格。在 Plotly 的繪圖結果中也可以找到一些其他方法，依次點擊右上角的幾個按鈕就可以發現這些方法。此外，若想查看區間圖，則可以按住滑鼠左鍵向右滑動，如圖 8-27 所示。

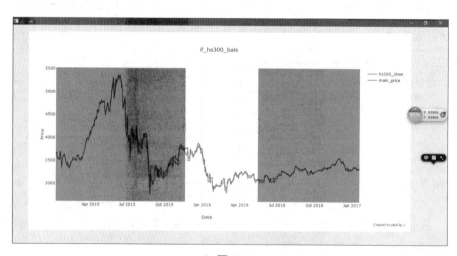

▲ 圖 8-27

如果要恢復為初始圖的樣子，則點擊圖 8-26 中右上角的 autoscale 按鈕即可。

8.5.3 設定提升的視窗元件

由於 Qt Designer 沒有直接提供 QWebEngineView 類別，因此需要透過提升的視窗元件來間接提供這個類別。

和前面介紹的一樣，將兩個 QWidget 視窗控制項拖到主視窗中，對提升的視窗元件進行設定，如圖 8-28 所示，該 .ui 檔案的儲存路徑為 Chapter08/plotlyDemo/plotly_pyqt.ui。

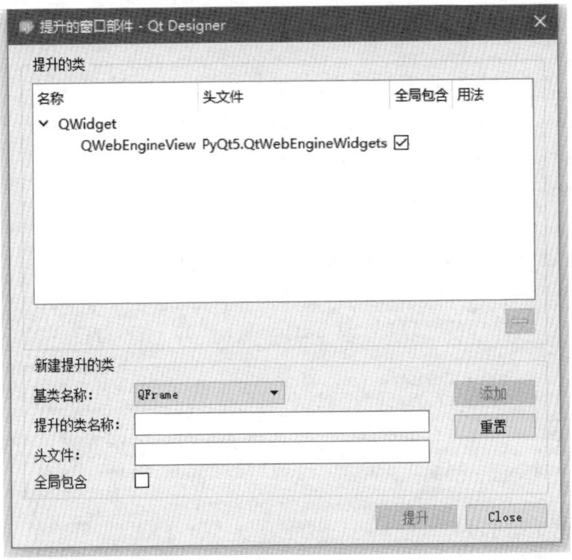

▲ 圖 8-28

8.5.4 Plotly 的使用

QWebEngineView 只需接收 Plotly 生成的 HTML 檔案路徑就可以實作繪製 Plotly 的結果，因此，啟動檔案需要基於 Plotly 生成 HTML 檔案，並傳回給 QWebEngineView 繪製（程式碼見 Chapter08/plotlyDemo/plotly_pyqt.py 檔案）：

```python
from Ui_plotly_pyqt import Ui_MainWindow
from PySide6.QtCore import *
from PySide6.QtGui import *
from PySide6.QtWidgets import *
import sys
import plotly.offline as pyof
import plotly.graph_objs as go
import pandas as pd
import os

class MainWindow(QMainWindow, Ui_MainWindow):

    def __init__(self, parent=None):
        super(MainWindow, self).__init__(parent)
        self.setupUi(self)

        plotly_dir = 'plotly_html'
        if not os.path.isdir(plotly_dir):
            os.mkdir(plotly_dir)
        self.path_dir_plotly_html = os.getcwd() + os.sep + plotly_dir

        self.qwebengine.setGeometry(QRect(50, 20, 1200, 600))
        self.qwebengine.load(
QUrl.fromLocalFile(self.get_plotly_path_if_hs300_bais()))

    def get_plotly_path_if_hs300_bais(self,file_name='if_hs300_bais.html'):
        path_plotly = self.path_dir_plotly_html + os.sep + file_name
        df = pd.read_excel(r'plotly_html\if_index_bais.xlsx')

        '''繪製散點圖'''
        line_main_price = go.Scatter(
            x=df.index,
            y=df['main_price'],
            name='main_price',
            connectgaps=True,    # 這個參數表示允許連接資料缺口
        )

        line_hs300_close = go.Scatter(
            x=df.index,
```

```
            y=df['hs300_close'],
            name='hs300_close',
            connectgaps=True,
        )
        data = [line_hs300_close, line_main_price]

        layout = dict(title='if_hs300_bais',
                        xaxis=dict(title='Date'),
                        yaxis=dict(title='Price'),
                        )

        fig = go.Figure(data=data, layout=layout)
        pyof.plot(fig, filename=path_plotly, auto_open=False)
        return path_plotly

app = QApplication(sys.argv)
win = MainWindow()
win.showMaximized()
app.exec()
```

對於這個案例，get_plotly_path_if_hs300_bais() 函式是 Plotly 繪圖的主體，需要注意以下 3 點。

（1）檔案繪圖使用的是離線繪圖模式，而非線上繪圖模式。因為離線繪圖模式的速度非常快，線上繪圖模式由於對方伺服器的原因會比較卡。程式碼如下：

```
import plotly.offline as pyof
```

（2）禁止自動在瀏覽器中開啟，設定 auto_open 參數為 False：

```
pyof.plot(fig, filename=path_plotly, auto_open=False)
```

（3）繪圖完成後將繪圖結果儲存在本地，透過函式傳回儲存的路徑，並讓 QWebEngineView 呼叫這條路徑實作 PyQt 與 Plotly 的互動：

```
return path_plotly
```

qwebengine.load 會載入 HTML 路徑，並且進行繪製：

```
self.qwebengine.setGeometry(QRect(50, 20, 1200, 600))
self.qwebengine.load(QUrl.fromLocalFile(self.get_plotly_path_if_hs300_bais()))
```

這幾行程式碼的作用類似於前面提到的程式碼：

```
self.qwebengine.load(QUrl.fromLocalFile('\if_hs300_bais.html'))
```

執行效果如圖 8-29 所示。

▲ 圖 8-29

> ⧗ **注意**：
>
> 這裡首先從 Plotly 中繪圖，並把結果儲存到本地，然後透過
> QWebEngineView 載入這個本地檔案。這樣就產生了以硬碟寫入與讀取
> 的問題，顯然會拖慢程式的執行速度。
>
> 針對這個問題，另一種想法是使用 QWebEngineView.setHtml() 函式（詳
> 見 Chapter08/plotlyDemo/PyQt_plotly_setHtml.py），但是這種想法存在
> 問題，案例無法成功執行。這是因為 setHtml() 函式無法顯示超過 2MB
> 的內容，否則會觸發 loadFinished 訊號 success=false。所以，本章提供
> 的解決方案雖然不是最完美的，但是目前筆者所知道的比較好的方案。

同樣，筆者提供了純程式碼的使用方式，檔案的儲存路徑為 Chapter08/plotlyDemo/plotlyDemo.py，程式碼的主要內容和之前的一樣，為了節約篇幅，這裡不再列出。執行效果如圖 8-30 所示。

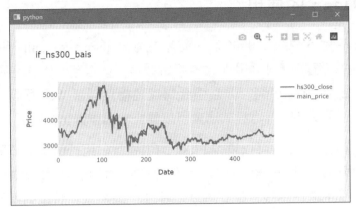

▲ 圖 8-30

8.5.5 Plotly 的更多擴充

這裡僅展示了 Plotly 的案例，如果讀者需要了解更多的案例，則可以自行查閱官方網站，如圖 8-31 所示。

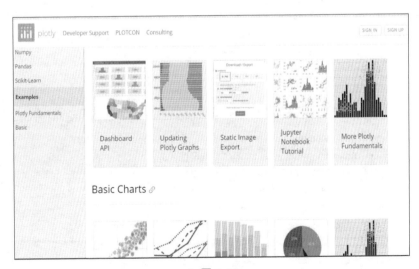

▲ 圖 8-31

讀者需要做的僅是對相關案例的程式碼進行修改，並修改 get_plotly_path_if_ hs300_bais() 函式，使之支援需要實作的繪圖結果。

8.5.6 Dash 的使用

Dash 每月下載約 600000 次，是用於在 Python、R、Julia 和 F#（實驗性）中快速建構資料應用程式的原始低程式碼框架。Dash 基於 Plotly.js、React.js 及 Flask 撰寫，非常適合快速建構與部署 Web 互動式資料應用程式。使用 Dash，幾行程式碼就可以建立一個視覺化的網頁。

Dash 基於 Flask，可以看作 Flask 的增強版，用於簡化網頁開發的步驟，最重要的是利用其強大的 Plotly 生態，簡化網頁視覺化繪圖的門檻。使用 Dash，可以使用幾行程式碼就能建立一個視覺化繪圖的網頁，透過這種網頁地址和 QWebEngineView 結合。當然，也可以透過本地瀏覽器（如 Chrome）進行存取。

這裡使用純程式碼的方式和 Dash 互動，可以參考 8.5.3 節把 Dash 嵌入 Qt Designer 中使用。本案例的儲存路徑為 Chapter08/plotlyDemo/dashDemo.py，主視窗程式碼如下：

```python
class MainWindow(QWidget):
    def __init__(self, parent=None):
        super(MainWindow, self).__init__(parent)

        layout = QVBoxLayout()
        self.setLayout(layout)

        layoutH = QHBoxLayout()
        buttonReLoad1 = QPushButton('載入網頁 1')
        buttonReLoad2 = QPushButton('載入網頁 2')
        layoutH.addWidget(buttonReLoad1)
        layoutH.addWidget(buttonReLoad2)
        layoutH.addStretch(1)
        layout.addLayout(layoutH)
        buttonReLoad1.clicked.connect(self.onButtonReload1)
        buttonReLoad2.clicked.connect(self.onButtonReload2)
```

```
        self.qwebengine = QWebEngineView(self)
        layout.addWidget(self.qwebengine)

    def onButtonReload1(self):
        if hasattr(self, 'thread1'):
            self.qwebengine.load(QUrl(f'http://127.0.0.1:{self.thread1.port}/'))
            return
        self.thread1 = WorkThread()
        self.thread1.start()
        self.qwebengine.load(QUrl(f'http://127.0.0.1:{self.thread1.port}/'))

    def onButtonReload2(self):
        if hasattr(self, 'thread2'):
            self.qwebengine.load(QUrl(f'http://127.0.0.1:{self.thread2.port}/'))
            return
        self.thread2 = WorkThread2()
        self.thread2.start()
        self.qwebengine.load(QUrl(f'http://127.0.0.1:{self.thread2.port}/'))


if __name__ == '__main__':
    app = QApplication(sys.argv)
    win = MainWindow()
    win.showMaximized()
    app.exec()
```

執行腳本，顯示效果如圖 8-32 和圖 8-33 所示。

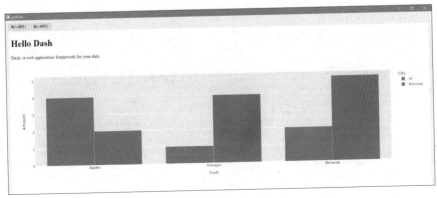

▲ 圖 8-32

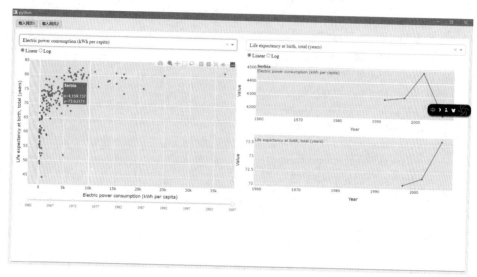

▲ 圖 8-33

第 2 個按鈕對應的第 2 張圖的功能比較強大，實作了非常炫酷的動態互動，但是程式碼過於複雜，感興趣的讀者可以自行研究，這裡只介紹第 1 張圖（對應第 1 個按鈕）的程式碼。把 Dash 放在子執行緒中啟動，程式碼如下：

```
def onButtonReload1(self):
    if hasattr(self, 'thread1'):
        self.qwebengine.load(
QUrl(f'http://127.0.0.1:{self.thread1.port}/'))
        return
    self.thread1 = WorkThread()
    self.thread1.start()
    self.qwebengine.load(QUrl(f'http://127.0.0.1:{self.thread1.port}/'))
```

WorkThread 程式碼如下（Dash 主體在 run() 函式中啟動）：

```
class WorkThread(QThread):
    port = 8800

    def __init__(self):
        super(WorkThread, self).__init__()
```

```python
    def run(self):
        app = Dash(__name__)
        # assume you have a "long-form" data frame
        # see https://plotly.com/python/px-arguments/ for more options
        df = pd.DataFrame({
            "Fruit": ["Apples", "Oranges", "Bananas", "Apples", "Oranges",
"Bananas"],
            "Amount": [4, 1, 2, 2, 4, 5],
            "City": ["SF", "SF", "SF", "Montreal", "Montreal", "Montreal"]
        })

        fig = px.bar(df, x="Fruit", y="Amount", color="City", barmode="group")

        app.layout = html.Div(children=[
            html.H1(children='Hello Dash'),

            html.Div(children='''
                    Dash: A web application framework for your data.
                '''),

            dcc.Graph(
                id='example-graph',
                figure=fig
            )
        ])
        app.run_server(debug=False, port=self.port)
```

程式碼中的 html.H1 對應網頁中的標題 1，html.Div 對應網頁中的 div 段。dcc.Graph 對應使用 Plotly 生成的繪圖。app.run_server 啟動本地網頁介面，這時候可以在視窗中看到第 1 張圖。事實上，如果能看到第 1 張圖，那麼在瀏覽器中開啟 127.0.0.1:8800 也可以看到相同的效果；如果能看到第 2 張圖，那麼在瀏覽器中開啟 127.0.0.1:8801 也可以看到相同的效果。

8.5.7 Dash 的更多擴充

　　Dash 官方舉出了很多整合案例，讀者可以自行登入官方網站查看，這些案例的效果如圖 8-34 所示。

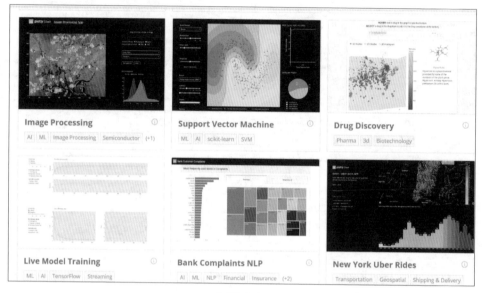

▲ 圖 8-34

　　實際上，其他 Web 開發框架（如 Flask、Django 等）也可以透過這種方式整合，這裡只是在介紹 Plotly 的時候順帶介紹了 Dash，並且這個框架的門檻非常低，用起來非常簡單。

實戰應用

前面介紹了 PySide / PyQt 的基本用法與擴充應用，接下來介紹其實踐應用。

從理論上來說，使用 Qt 能做的事情，使用 PySide / PyQt 也能做，但是大多數人不會使用 PySide / PyQt 開發 WPS Office、Photoshop 等這樣的大型軟體，只是利用 PySide / PyQt 相對於 Qt 的便捷性快速開發一些小型軟體。

因為筆者是金融從業人員，所以本章主要介紹 PySide / PyQt 在金融領域的應用。在金融領域中，懂得 IT 技術的人具有相對優勢，因為金融離不開資料分析與處理，資料分析與處理離不開程式設計。那麼使用 PySide / PyQt 能做什麼呢？不太熟悉程式設計的金融從業人員有資料處理方面的需求，但是又沒有精力學習資料分析的技能，因此非常需要一些 GUI 工具來解決資料處理方面的問題。相對於直接提供原始程式碼讓他們執行，提供一個 GUI 視窗他們更容易接受。

本章提供的案例開發時間比較早，因此使用 Qt Designer 多一些，現在可能更傾向於使用純程式碼的方式寫程式碼，因為筆者對 Qt 的各種控制項都已經非常熟悉，寫起來得心應手。由於本書的基礎部分已經介紹得非常詳細，並且內容足夠多，案例也非常豐富。為了減輕讀者的負擔，筆者刪減了一些內容，只保留兩個案例。

9.1 在量化投資中的應用

　　量化投資，簡單來説，就是指透過電腦程式設計的方法從歷史資料中找到可以營利的規律，並把它應用到未來資料上，在未來資料上實現營利。與傳統投資相比，量化投資最大的特點是在投資策略中廣泛地應用程式化思想。

　　雖然量化投資的核心營利策略與 PySide / PyQt 沒有什麼關係，但是這並不表示 PyQt 就不能應用於量化投資中。實際上，任何投資策略的最終結果都需要一個 GUI 來呈現，這就是 PySide / PyQt 在量化投資中的意義。根據筆者的經驗，投資策略結果的 GUI 呈現只適合作為回測平臺的擴充，如果讀者沒有開放原始碼的或自己寫的回測平臺，那麼就沒有必要為每個投資策略的結果單獨呈現一份 GUI，那樣做無異於浪費時間。

　　本節的目的是給現有的回測平臺調配基於 PySide / PyQt 的 GUI 輸出結果。本節使用的回測平臺是筆者自用的簡易回測框架，並且該框架已經使用幾年了。該框架雖然簡單好用，但是其底層基於 Pandas 向量化運算，性能非常強大，從理論上來説其運算性能相比純 Python 框架有幾十倍的提升。整個回測框架由幾個檔案組成，非常簡單。回測框架的儲存路徑為 Chapter09/myQuant/quant。如圖 9-1 所示，只有以下幾個檔案：rhQuant.py 是回測框架主體；rhPlot 資料夾是視覺化繪圖系統，提供了 Plotly 和 PyQt 兩套視覺化系統；my_talib.py 檔案中是一些技術指標的原始程式碼，本節用不到。

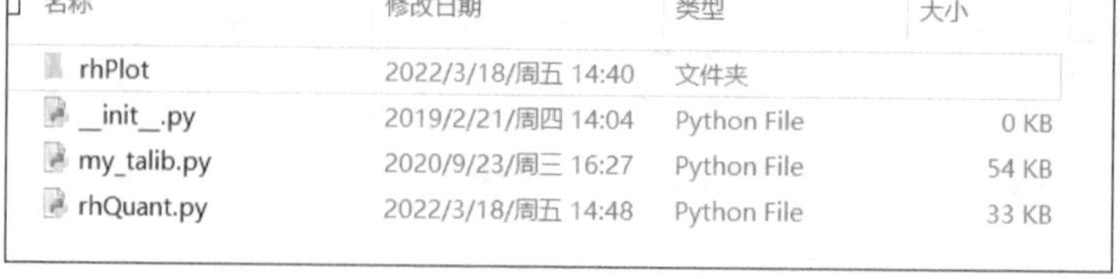

▲ 圖 9-1

　　執行 Chapter09/myQuant/runDemo.py 檔案，效果如圖 9-2 所示。

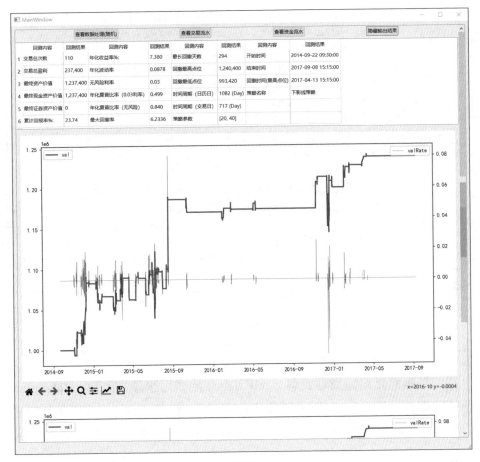

▲ 圖 9-2

這是 PyQt 的視覺化系統效果，下面對這個介面進行解讀。

這裡僅對如何使用回測框架介紹，也就是對 runDemo.py 檔案進行簡單的解讀，畢竟不是所有人都對量化投資感興趣。

一是策略的初始化設定，如策略名稱、起止時間、資金量等都需要在這裡設定，程式碼如下：

```
def __init__(self):
    super().__init__()
    '''necessary，以下變數必須重寫'''
```

```
    # self.start_time = '2017-01-01'    # str 回測的初始時間
    self.start_time = '2014-09-01'     # str 回測的初始時間
    self.end_time = '2017-09-1'        # str 回測的初始時間
    # self.end_time = '2021-01-23'     # str 回測的終止時間
    self.capitalStart = 1e6                 # 初始化資金量
    self.strategyName = '下影線策略'    # 策略名稱
    # self.timeEndFlag = '15:00:00'
    # 記錄高頻資料每天最後一個交易時刻的標記,若資料為日度數據,可設定為 ''
    self.timeEndFlag = ''

    '''options,以下變數可以根據實際情況進行重寫'''
    self.plotMode = 'pyqt'                    # 支援 Plotly 與 PyQt 兩種輸出模式

    # self.code_tup = ('000001.XSHG',"000016.XSHG")
    self.code_tup = ("000001.XSHG",)  # 000016.XSHG 上證 50
    self.colDropList: list = ['high', 'low', 'open', 'day_t', 'pubdate_t',
 'net_profit_t']   # 設定在 tradeFlow 中要刪除的一些清單

    '''custom,以下變數為策略自訂的變數'''
    # self.strategyName = self.strategyName + self.base_code
```

二是讀取資料與處理資料,init_data() 函式用來讀取資料,data_pre()
函式用來處理資料。trade_flag 表示如果當前時刻(bar)的成交量比過去
5 根 bar 成交量的平均值大 2 倍,則賦值為 1,否則為 0;ser_low_shadow
表示超過 0.1 的下影線長度,ser_high_shadow 表示超過 0.1 的上影線長
度,shadow_sum 表示兩者之和,會相互抵消。程式碼如下:

```
def init_data(self):
    df = pd.read_csv(r'data/TF.CFE_15.csv')
    df['code'] = 'TF.CFE'
    self.df_data = df

def data_pre(self, df):
    """
    資料前置處理函式,定義 groupby('code').apply(func) 中的 func,需要被子類別繼承
    :param df: DataFrame,單一證券的歷史資料,以索引為時間
    :return:
    """
```

```
# 前向填充價格與成交量，因為高頻資料在有些時刻是空值
df['close'] = df['close'].fillna(method='ffill')
df['volume'] = df['volume'].fillna(method='ffill')
df['volume_avg'] = df['volume'].rolling(5).mean()
df['trade_flag'] = np.where(df['volume'] > 2 * df['volume_avg'], 1, 0)

OC_max = df.loc[:, ['close', 'open']].max(1)
OC_min = df.loc[:, ['close', 'open']].min(1)
ser_low_shadow = np.where(OC_min - df['low'] > 0.1, 1, 0)
ser_high_shadow = np.where(df['high'] - OC_max > 0.1, -1, 0)
df['shadow_sum'] = ser_high_shadow + ser_low_shadow
return df
```

三是每個時刻（bar）都會觸發 on_bar() 函式，在這個函式中需要驗證自己的開倉 / 平倉 / 清倉 / 止損等各種邏輯，這裡驗證了開倉、平倉、清倉的邏輯，程式碼如下：

```
def on_bar(self, tim, df_now):
    """
    行情推送的主函式，在該函式中可以觸發 on_open()、on_close() 等函式，需要被子類別繼承
    :param tim: 日期格式，當前 bar 對應的時間
    :param df_now: DataFrame，當前時刻所有證券的行情資料，索引是程式碼
    :return:
    """

    ''' 檢測清倉 '''
    # if str(tim).split(' ')[-1] == '15:15:00':
    if tim.strftime('%H-%M') == '15:15':
        print(tim)
        ''' 檢測並處理清倉資訊 '''
        self.on_clear(tim, df_now)
    else:
        ''' 檢測平倉 '''
        self.on_close(tim, df_now)

        ''' 檢測開倉 '''
        self.on_open(tim, df_now)
```

對於開倉函式 on_open()，當 trade_flag == 1 且 shadow_sum != 0 時開倉。shadow_sum!=0 表示有上影線和下影線；shadow_sum!>0 表示下影線比上影線長，開多倉；shadow_sum!<0 表示上影線比下影線長，開空倉。trade_volume 表示開倉數量，這裡的 self.contractUnit 表示合約乘數，國債期貨預設是 10000，開 5 手大概是 500 萬元持倉市值，如果有 100 萬元本金，則大概有 5 倍槓桿。這個槓桿很低，因為國債期貨可以有 50 倍以上的槓桿，在這個策略中可以透過縮減本金或擴大成交數量來提高收益率，這裡不再演示。on_open() 函式的程式碼如下：

```python
def on_open(self, tim, df_now):

    """
    開倉的邏輯，該函式可以觸發 on_trade() 函式進行交易，參數與 self.on_bar() 保持一致，
需要被子類別繼承
    """
    # 只允許一次開倉
    if len(self.posFullDict) > 0:
        return

    code = df_now.index[0]
    close = df_now.at[code, 'close']

    trade_flag = df_now.at[code, 'trade_flag']
    shadow_sum = df_now.at[code, 'shadow_sum']
    if trade_flag == 1 and shadow_sum != 0:
        cash = self.posValSer['cash']
        if shadow_sum > 0:
            trade_volume = 5 * self.contractUnit * 1
        else:
            trade_volume = 5 * self.contractUnit * -1
        ''' 記錄這次交易資訊的組合資訊 '''
        self.posDict = {}
        self.posDict['stock'] = {code: trade_volume}
        self.posDict['trade_time'] = tim
        # self.posDict['macd'] = macd
        self.posDict['open_num'] = self.countOpen
        self.posDict['pos_num'] = len(self.posFullDict) + 1
```

```
        self.posDict['trade_day'] = tim.strftime('%Y-%m-%d')
        self.posDict['trade_way'] = '多開'
        self.posDict['code'] = code
        self.posDict['trade_price'] = close
        self.posDict['loss_price'] = close
        self.posDict['left_day'] = 2
        self.posDict['contractUnit'] = self.contractUnit
        self.posFullDict[self.countOpen] = self.posDict   # 增加持有資訊

        self.countOpen += 1
        logging.info('開<---, 開:{}-平:{}-清:{}'.format(self.countOpen,
self.countClose, self.countClear))

        fee = 5 * 4 * 2
        self.on_trade(tim, code, trade_volume, df_now, fee=fee,
dealType='close')
        logging.info('開倉<---{}'.format(code))
```

當開倉完畢之後，持有 3 根 bar 就平倉，這是 on_close() 函式的邏輯，程式碼如下：

```
def on_close(self, tim, df_now):
    """ 平倉邏輯，該函式可以觸發 on_trade() 函式進行交易，參數與 self.on_bar() 保持一
致，需要被子類別繼承 """
    _posFullDict = copy.deepcopy(self.posFullDict)
    # df = df_now.copy()
    for open_num in _posFullDict:
        self.posDict = _posFullDict[open_num]
        trade_stock = self.posDict['stock']
        trade_way = self.posDict['trade_way']

        # 開倉當天不可以平倉
        trade_time = self.posDict['trade_time']
        if trade_time.date() == tim.date():
            return None

        left_day = self.posDict['left_day']

        if left_day == 0:
```

```
            ''' 觸發平倉訊號 '''
            del self.posFullDict[open_num]   # 刪除組合持倉記錄
            self.countClose += 1
            logging.info('平 <---, 開:{}-平:{}-清:{}'.format(self.countOpen,
self.countClose, self.countClear))
            for code in trade_stock:
                trade_volume = trade_stock[code]
                self.posDict['trade_way'] = '多平' if trade_way == '多開'
else '空平'
                self.on_trade(tim, code, trade_volume * -1, df_now,
dealType='close')
                logging.info('平倉 <---{}'.format(code))
        else:
            self.posFullDict[open_num]['left_day'] -= 1
```

只要時間達到 15:15 就會觸發清倉，on_clear() 函式會平掉所有持倉
倉位，程式碼如下：

```
def on_clear(self, tim, df_now):
    """ 清倉邏輯，該函式可以觸發 on_trade() 函式進行交易，參數與 self.on_bar() 保持一
致，需要被子類別繼承 """

    _posFullDict = copy.deepcopy(self.posFullDict)
    # df = df_now.copy()
    for open_num in _posFullDict:
        self.posDict = _posFullDict[open_num]
        trade_stock = self.posDict['stock']
        code = self.posDict['code']

        ''' 觸發平倉訊號 '''
        del self.posFullDict[open_num]   # 刪除組合持倉記錄
        self.countClear += 1
        logging.info('平 <---, 開:{}-平:{}-清:{}'.format(self.countOpen,
self.countClose, self.countClear))
        for code in trade_stock:
            trade_volume = trade_stock[code]
            self.posDict['trade_way'] = '清'
            self.on_trade(tim, code, trade_volume * -1, df_now,
dealType='close')
            logging.info('清倉 <---{}'.format(code))
```

這個策略回測框架使用起來非常簡單，按照上面的方式寫好之後，可以用下面的方式啟動，其他情況都由回測框架解決：

```
if __name__ == '__main__':
    ''' 執行回溯測試 '''
    qt = StrategyDemo()         # 初始化參數
    qt.init_log()               # 初始化日誌
    qt.init_data()              # 初始化資料
    qt.init_run()               # 回溯測試之前的處理
    qt.run()                    # 回溯測試
```

當策略回測完畢之後，會對策略的回測結果進行計算與顯示輸出，以便於查看執行效果，這就用到了 GUI 知識。這部分內容涉及 Chapter09/myQuant/quant/rhPlot/rhQuant_ matplotlib_show.py 檔案，這是 .ui 啟動檔案，執行該檔案會顯示 Qt 介面。

回測結果如圖 9-3 所示。

	回測內容	回測結果	回測內容	回測結果	回測內容	回測結果	回測內容	回測結果
	查看數據處理(隨机)			查看交易流水		查看資金流水		隱藏輸出結果
1	交易總次數	110	年化收益率%:	7.380	最長回撤天數	294	开始时间	2014-09-22 09:30:00
2	交易總盈利	237,400	年化波動率	0.0878	回撤最高點位	1,240,400	結束时间	2017-09-08 15:15:00
3	最終資產價值	1,237,400	无风险利率	0.03	回撤最低點位	993,420	回撤时间(最高点位)	2017-04-13 15:15:00
4	最终现金资产价值	1,237,400	年化夏普比率 (0.03利率)	0.499	時間周期 (日历日)	1082 (Day)	策略名稱	下影线策略
5	最终证券资产价值	0	年化夏普比率 (无风险)	0.840	時間周期 (交易日)	717 (Day)	策略參數	[20, 40]
6	累计回报率%:	23.74	最大回撤率	6.2336				

▲ 圖 9-3

可以使用 QTableWidget 建構表格來呈現回測結果，其資料填充方法在 show_plot() 函式中，程式碼如下：

```
def show_plot(self, qt=None):

    if qt is not None:
        list_result = qt.plotDataList
        pickle_file = open('plotDataList.pkl', 'wb') # 以 wb 方式寫入
        pickle.dump(list_result, pickle_file)        # 向 pickle_file 中寫入
plotDataList
        pickle_file.close()
```

```
    else:
        pickle_file = open('plotDataList.pkl', 'rb') # 以 rb 方式讀取
        # 讀取以 pickle 方式寫入的檔案 pickle_file
        list_result = pickle.load(pickle_file)
        pickle_file.close()
    list_result.append(['', ''])  # 為了能夠湊夠 24*2（原來為 22*2）
    list_result.append(['', ''])  # 為了能夠湊夠 24*2（原來為 22*2）
    len_index = 6
    len_col = 8
    list0, list1, list2, list3 = [list_result[6 * i:6 * i + 6] for i in
range(0, 4)]
    arr_result = np.concatenate([list0, list1, list2, list3], axis=1)
    self.tableWidget.setRowCount(len_index)
    self.tableWidget.setColumnCount(len_col)
    self.tableWidget.setHorizontalHeaderLabels(['回測內容', '回測結果'] * 4)
    self.tableWidget.setVerticalHeaderLabels([str(i) for i in range(1,
len_index + 1)])
    # self.setMinimumHeight(200)
    # self.tableWidget.setMinimumWidth(40)

    for index in range(len_index):
        for col in range(len_col):
            self.tableWidget.setItem(index, col, QTableWidgetItem(arr_
result[index, col]))
    self.tableWidget.resizeColumnsToContents()
```

　　四是使用 Matplotlib 繪圖，這裡使用第 8 章的成果，Chapter09/
myQuant/quant/rhPlot/rhMatplotlibWidget.py 檔案中存放了嵌入 Qt Designer
的類別，需要設定提升的視窗，具體如何設定及如何使用請參考第 8 章
的內容。

　　這裡提供兩張淨值圖（見圖 9-2），上面是資料的原始頻率，如 15 分
鐘頻率的淨值曲線，下面是日頻的淨值曲線，因為很多產品只看日頻的
淨值曲線，並且淨值圖中的所有計算指標都是基於日頻的淨值曲線的頻
率淨值資料計算得到的，程式碼如下：

```
class MainWindow(QMainWindow, Ui_MainWindow):
    """
    RhQuant 是基於 PyQt 的繪圖類別
    """
    def __init__(self, qt=None, parent=None):
        super(MainWindow, self).__init__(parent)
        self.setupUi(self)
        self.matplotlibwidget_day.setMinimumHeight(650)
        self.matplotlibwidget_static.setMinimumHeight(650)
        if qt is not None:
            self.qt = qt
            # self.matplotlibwidget_dynamic.setVisible(False)
            # self.matplotlibwidget_static.setVisible(False)
            self.show_plot(self.qt)
            self.matplotlibwidget_static.mpl.start_static_plot(self.qt)
            self.matplotlibwidget_day.mpl.start_day_plot(self.qt)
        else:
            self.show_plot()
            self.matplotlibwidget_static.mpl.start_static_plot()
            self.matplotlibwidget_day.mpl.start_day_plot()
```

兩張圖的效果基本一樣，如圖 9-4 所示。

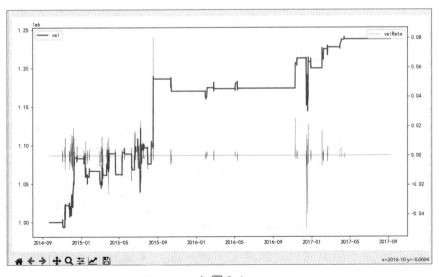

▲ 圖 9-4

最後需要說明的是，這個框架提供了兩種視圖，一種是之前展示的 PyQt 視圖，另一種是 Plotly 視圖，在 runDemo.py 檔案的 __init__() 函式中。進行以下修改即可啟動 Plotly 視圖：

```
self.plotMode = 'plotly'              # 支援 Plotly 與 PyQt 兩種輸出模式
```

修改完之後，執行 runDemo.py 檔案會輸出一個 HTML 檔案（Chapter09/myQuant/out/ 下影線策略 .html）並自動開啟，效果如圖 9-5 所示，這個結果和 PyQt 輸出模式類似，只不過方便分享與儲存，這也是筆者非常喜歡與常用的模式。

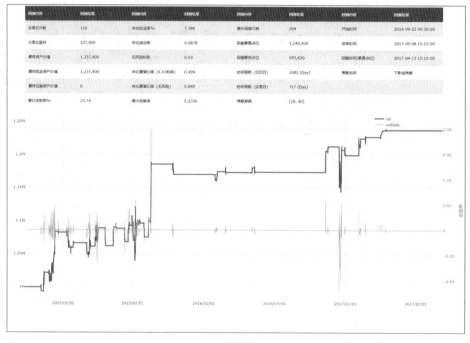

▲ 圖 9-5

綜上所述，本節簡單介紹了使用量化投資框架的整個流程，這是筆者自用的簡易框架，能夠發揮很多作用，筆者用它測試了很多策略，雖然不能上實盤，但是回測起來非常方便，能上實盤的框架遠沒有這麼簡單。如果讀者對這個框架感興趣，可以自行研究。

9.2 在券商投資研發中的應用

金融行業之所以能夠獲利，最根本的原因是它是一個資金融通的仲介，把資金從創造價值增值能力低的主體轉移到創造價值增值能力高的主體上。主體又可以分為國家、行業、公司和個人投資者。由於個人投資者的資金增值容量有限，並且很難獲取資訊，因此筆者分析的基本單位是公司。對個人投資者來說，從公開信息中獲取公司基本情況的途徑有免費的新浪財經網頁、同花順、大智慧等，也有付費的 Wind 金融終端；而對機構這樣的專業投資者，在分析公司基本情況時還需要從公司發佈的各種報告中挖掘出隱藏的資訊。因此，如何快速、高效率地獲取各種報告中的資訊對機構投資者來說是一個難題，下面介紹如何解決這個難題。

雖然可以從金融終端獲取公司報告，但是這些報告需要一個個地獲取，效率比較低。

本節舉出的做法是用 PySide / PyQt 抓取並模擬某網站來實現各種功能。為什麼要設計一個 GUI 而不直接使用現成的網頁搜尋呢？這是因為網站的公告資訊同樣需要一個個地點擊獲取，不夠智慧，實現不了我們想要的功能。

這個案例主要介紹筆者在一家大型的證券公司工作期間開發的快速獲取公司公告的工具，該工具一經問世就受到了業界的好評。這個案例具有完整性和實戰性，無須修改就可以使用。軟體雖然很簡單，但是背後的邏輯卻很繁瑣。下面介紹具體的細節部分。

9.2.1 從爬蟲說起

這個 GUI 案例主要用來模擬網站的行為，因此最低層呼叫的一定是網路爬蟲，GUI 僅是對爬取的結果封裝一個殼而已。本節不會對爬蟲知識進行深入講解，只介紹如何呼叫已經寫好的爬蟲程式。

在 Chapter09/juchao/craw.py 檔案中，只能看到一個簡單的函式：

```python
import requests

def get_one_page_data(key, date_start='', date_end='', fulltext_str_flag=
'false', page_num=1, pageSize=30,sortName='nothing',sortType='desc'):
    '''
    :param key：搜尋的關鍵字
    :param date_start：起始時間
    :param date_end：終止時間
    :param fulltext_str_flag：是否是內容搜尋，預設為 false，即標題搜尋
    :param page_num：要搜尋的頁碼
    :param pageSize：每頁顯示的數量
    :param sortName：排序名稱。對應關係如下：' 相關度 ': 'nothing', ' 時間 ':
'pubdate', ' 程式 ': 'stockcode_cat'，預設為相關度
    :param sortType：排序類型。對應關係如下：' 昇冪 ': 'asc', ' 降冪 ': 'desc'，預設
為降冪
    :return：總頁碼和當前頁碼的資訊
    '''
    params = {'searchkey': key,
              'sdate': date_start,
              'edate': date_end,
              'isfulltext': fulltext_str_flag,
              'sortName': sortName,
              'sortType': sortType,
              'pageNum': str(page_num),
              'pageSize': str(pageSize)}
    key_encode = requests.models.urlencode({'a': key}).split('=')[1]

    url = 'http://www.xxx.com.cn/new/fulltextSearch/full'
    headers = {'Accept': 'application/json, text/javascript, */*; q=0.01',
               'Accept-Encoding': 'gzip, deflate',
               'Accept-Language': 'en-US,en;q=0.9,zh-CN;q=0.8,zh;q=0.7',
               'Connection': 'keep-alive',
               'Cookie': "JSESSIONID=23E2CC3023E06C05019FD45FE1BFFFFE;
insert_cookie=37836164; routeId=.uc2; _sp_ses.2141=*; SID=57e23463-a251-
4611-a9ca-a852461cedff; xxx_user_browse=688981,gshk0000981,%s; _sp_id.2141=
85f1158d-08ae-4474-9644-377d28341141.1610205512.2.1610253491.1610205652.
de893c50-a907-4359-b834-904524a6a37f"%key_encode,
               'Host': 'www.xxx.com.cn',
```

```
                    'Referer': 'http://www.xxx.com.cn/new/fulltextSearch?
notautosubmit=&keyWord=%s' % key_encode,
                    'User-Agent': 'Mozilla/5.0 (Windows NT 10.0; WOW64)
AppleWebKit/537.36 (KHTML, like Gecko) Chrome/87.0.4280.88 Safari/537.36',
                    'X-Requested-With': 'XMLHttpRequest'}
    try:
        r = requests.get(url, headers=headers, params=params, timeout=20)
        # r.encoding = 'utf-8'
        page_content = r.json()
        page_value = page_content['announcements']
        total_page_num = page_content['totalpages']
        if total_page_num==0:
            return 0,[]
        else:
            return total_page_num, page_value
    except:
        return None, []


if __name__ == '__main__':
    total_num, page_value = get_one_page_data('中國中車', date_start=
'2015-01-05', date_end='2015-07-03')
    print(total_num, page_value)
```

可以看到，這個函式傳遞的參數很詳細，這些參數可以模擬從網頁中獲取的全部資訊（模擬的網頁為 http://www.xxx.com.cn/xxx-new/fulltextSearch? code=&notautosubmit= &keyWord）。唯一不同的是，這裡傳回的是每頁顯示 30 筆資訊（pageSize=30），而官方網站每頁只能顯示 10 筆資訊。

9.2.2 程式解讀

1. Qt Designer 介面

本節的案例使用的 UI 介面檔案是 Chapter09/juchao/run.ui。上面爬取的所有參數在這個介面中都有相對應的控制項，如圖 9-6 所示。

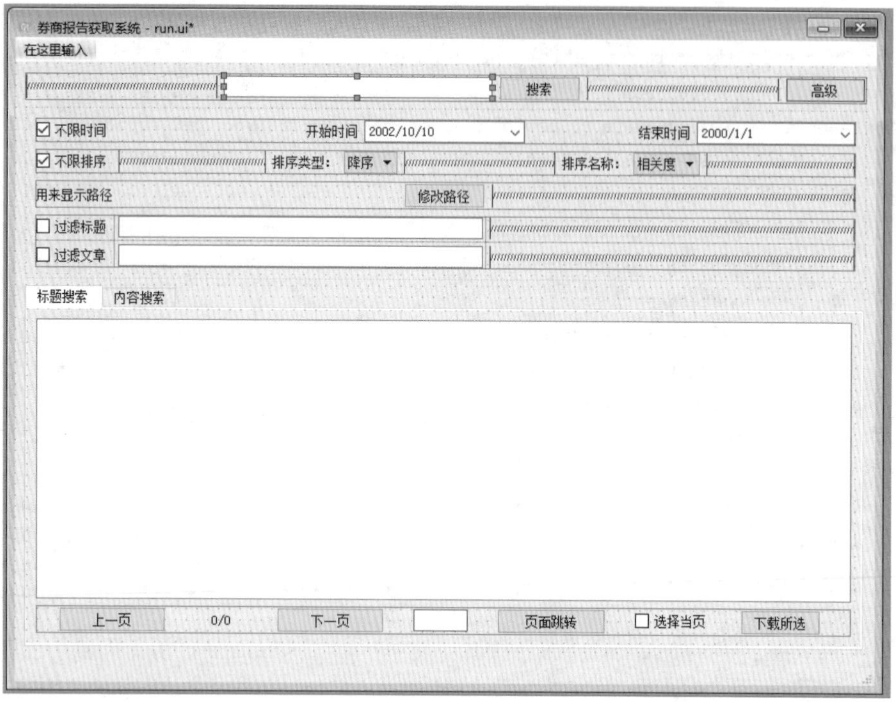

▲ 圖 9-6

2. 軟體的初始化

軟體的初始化包括 3 個部分：設定屬性、連接訊號與槽、初始化下載目錄。

對於屬性的設定，需要注意的是 self.frame_advanced.hide()，表示預設隱藏進階選項的內容，因為這些進階選項已經放在一個 frame 控制項中。

對於訊號與槽的連接，這部分內容比較難理解，會在本節後續部分進行講解。

本案例對應的檔案的路徑為 Chapter09/juchao/run.py，下面是軟體初始化的一些資訊，部分資訊稍後會用到：

```
signal_status = Signal(str, list)    # 自訂的訊號，用來顯示狀態列


def __init__(self, parent=None):
    """
    Constructor

    @param parent reference to the parent widget
    @type QWidget
    """
    super(MainWindow, self).__init__(parent)
    self.setupUi(self)
    self.total_pages_content = 1
    self.total_pages_title = 1
    self.current_page_num_title = 1
    self.current_page_num_content = 1
    self.sort_type = 'desc'
    self.sort_name = 'nothing'
    self.comboBox_dict = {'相關度': 'nothing', '時間': 'pubdate', '程式碼':
'stockcode_cat', '昇冪': 'asc', '降冪': 'desc'}
    self.frame_advanced.hide()    # 預設隱藏 frame 控制項
    # 儲存要下載的資訊，每個元素是字典形式，儲存要下載的標題、URL 等資訊
    self.download_info_list = []
    self.download_path = os.path.abspath(r'./下載')
    self.label_show_path.setText('當前儲存目錄為：' + self.download_path)
    # 設定 tableWidget 的預設選擇方式
    self.tableWidget_title_checked = Qt.Unchecked
    self.tableWidget_content_checked = Qt.Unchecked
    self.select_title_page_info = set()    # 記錄 checkBox_select 選擇的頁面資訊
    self.select_content_page_info = set()  # 記錄 checkBox_select 選擇的頁面資訊
    self.filter_title_list = []            # 用來顯示過濾 title 的 list
    self.filter_content_list = []          # 用來顯示過濾 content 的 list

    '''下面 4 行程式碼一定要按照循序執行，否則 self.start_time 與 self.end_time 這兩行
程式碼會無效'''
    self.dateEdit.setDateTime(datetime.datetime.now())
    self.dateEdit_2.setDateTime(datetime.datetime.now())
    self.start_time = ''
    self.end_time = ''
```

```
    self.dateEdit.setEnabled(False)
    self.dateEdit_2.setEnabled(False)
    self.comboBox_type.setEnabled(False)
    self.comboBox_name.setEnabled(False)
    self.lineEdit_filter_content.setEnabled(False)
    self.lineEdit_filter_title.setEnabled(False)

    ''' 連接訊號與槽 '''
    ' 顯示或隱藏進階選項 '
    self.pushButton_setting_advanced.toggled['bool'].connect (self.frame_
advanced.setHidden)
    ' 下載 '
    self.pushButton_download_select_title.clicked.connect (self.download_pdf)
    self.pushButton_download_select_content.clicked.connect (self.download_
pdf)
    download_thread.signal.connect(self.show_status) # 子執行緒的訊號連接主執行緒
的槽
    ' 修改儲存路徑 '
    self.pushButton_change_save_path.clicked.connect(self.change_save_path)
    'tableWidget 相關 '
    self.tableWidget_title.itemChanged.connect(self.select_item)
    self.tableWidget_content.itemChanged.connect(self.select_item)
    self.tableWidget_title.cellClicked.connect(self.view_one_new)
    self.tableWidget_content.cellClicked.connect(self.view_one_new)
    ' 狀態條顯示 '
    self.signal_status.connect(self.show_status)    # 狀態列訊號綁定槽
    ' 在 lineEdit 控制項上按 Enter 鍵就可以觸發搜尋或跳躍到頁碼 '
    self.lineEdit.returnPressed.connect(self.on_pushButton_search_clicked)
    self.lineEdit_filter_title.returnPressed.connect (self.on_pushButton_
search_clicked)
    self.lineEdit_filter_content.returnPressed.connect (self.on_pushButton_
search_clicked)
    self.lineEdit_content_page.returnPressed.connect (self.pushButton_
content_jump_to.click)
    self.lineEdit_title_page.returnPressed.connect(lambda: self.page_
go('title_jump_to'))
    ' 頁碼跳躍函式 '
    self.pushButton_title_down.clicked.connect(lambda: self.page_go('title_
down'))
    self.pushButton_content_down.clicked.connect(lambda: self.page_
```

```
go('content_down'))
    self.pushButton_title_up.clicked.connect(lambda: self.page_go('title_up'))
    self.pushButton_content_up.clicked.connect(lambda: self.page_go
('content_up'))
    self.pushButton_title_jump_to.clicked.connect(lambda: self.page_go
('title_jump_to'))
    self.pushButton_content_jump_to.clicked.connect(lambda: self.page_go
('content_jump_to'))
    ' 選擇標題或內容 '
    self.checkBox_select_title.clicked['bool'].connect (self.select_checkBox)
    self.checkBox_select_content.clicked['bool'].connect (self.select_
checkBox)
    ' 顯示 / 下載過濾操作 '
    self.checkBox_filter_title.clicked['bool'].connect (self.filter_enable)
    self.checkBox_filter_content.clicked['bool'].connect (self.filter_enable)

    ' 初始化下載目錄 '
    if not os.path.isdir(self.download_path):
        os.mkdir(self.download_path)
```

3. 開始搜尋

開啟軟體，先在文字標籤中輸入關鍵字，然後點擊「搜尋」按鈕，觸發訊號 / 槽機制，程式碼如下：

```
@Slot()
def on_pushButton_search_clicked(self):
    """
    Slot documentation goes here.
    """

    # 處理日期輸入錯誤的情況
    if self.end_time < self.start_time:
        reply = QMessageBox.information(self, " 日期出錯 ", " 開始日期 %s> 截止日期
%s，請重新選擇 " % (self.start_time, self.end_time),
                                        QMessageBox.Yes, QMessageBox.Yes)
        # self.start_time = ''
        # self.end_time = ''
        return
```

```
self.download_info_list = []          # 每次重新搜尋都要清空下載購物車
self.current_page_num_title = 1       # 初始化搜尋，預設當前頁碼為 1
self.current_page_num_content = 1
self.update_tablewidget_title()       # 更新標題搜尋
self.update_tablewidget_content()     # 更新內容搜尋
```

其實不僅點擊按鈕時需要觸發這個槽函式（on_pushButton_search_clicked()），在文字標籤中按 Enter 鍵時也需要觸發這個槽函式，於是就生成了以下程式碼（在 __init__() 函式中）：

```
在 lineEdit 控制項上按 Enter 鍵就可以觸發搜尋或跳躍到頁碼'
self.lineEdit.returnPressed.connect(self.on_pushButton_search_clicked)
self.lineEdit_filter_title.returnPressed.connect ) (self.on_pushButton_
search_clicked)
self.lineEdit_filter_content.returnPressed.connect (self.on_pushButton_
search_clicked)
```

上面的程式碼表示無論是在搜尋的 lineEdit 控制項中還是過濾的 lineEdit 控制項中，只要按 Enter 鍵，就會觸發這個槽函式。這裡使用了兩種方法來連接訊號與槽，其中一種方法很常見，就是用 Eric 生成的訊號與槽連接，另一種方法則是用自訂的訊號與槽連接。下面還會介紹更多的連接方法，如傳遞參數。

接下來分析這個槽函式，可以看到，初始化按鈕除了更新一些初始化參數，下面兩行程式碼起到關鍵作用：

```
self.update_tablewidget_title()       # 更新標題搜尋
self.update_tablewidget_content()     # 更新內容搜尋
```

update_tablewidget_title() 函式和 update_tablewidget_content() 函式的功能從本質上來說是一樣的，下面以 update_tablewidget_title() 函式為例詳細說明：

```
def update_tablewidget_title(self, page_num=1):
    '''更新 tablewidget_title'''
```

```
    key_word = self.lineEdit.text()
    ''' 從網路爬蟲中獲取資料 '''
    total_pages_title, dict_data_title = get_one_page_data(key_word,
fulltext_str_flag='false', page_num=page_num, date_start=self.start_time,
date_end=self.end_time,sortName=self.sort_name, sortType=self.sort_type)
    ''' 把資料顯示到表格上 '''
    if total_pages_title != None:
        self.total_pages_title = total_pages_title
        self.show_tablewidget(dict_data_title, self.tableWidget_title,
clear_fore=False)
        self.label_page_info_title.setText(
            '%d/%d' % (self.current_page_num_title, self.total_pages_title))
# 更新當前頁碼資訊
```

可以看到，update_tablewidget_title() 函式主要包括兩部分：一是從
網頁中抓取資訊；二是把從網頁中抓取的資訊顯示到表格上，主要使用
show_tablewidget() 函式，而 self.label_page_info_title.setText() 函式則用
來顯示當前頁碼資訊。show_tablewidget() 是本節最重要的函式，下面拆
分成幾部分來解讀：

```
def show_tablewidget(self, dict_data, tableWidget, clear_fore=True):
    ''' 傳入 dict_data 與 tableWidget，以實作在 tableWidget 上呈現 dict_data'''
    ''' 提取自己需要的資訊：'''
    if clear_fore == True:              # 檢測在搜尋之前是否要清空下載購物車的資訊
        self.download_info_list = []
```

之所以檢測是否要清空下載購物車的資訊，是因為呼叫的 show_
tablewidget() 是頁碼跳躍函式，當點擊「下一頁」按鈕時，希望保留下載
購物車的資訊。而新建一個搜尋（點擊「搜尋」按鈕），則表示需要清空
下載購物車的資訊。

每次頁碼跳躍或新建搜尋都應該清空狀態列的內容，所以會有下面
的程式碼：

```
# 此處位置在函式 show_tablewidget() 內部
' 更新狀態列資訊 '
self.signal_status.emit('clear', [])        # 清空狀態列
```

　　我們希望這個軟體能夠把之前選中的頁面記錄下來，並且在下一次跳躍到這些頁面時能夠自動選中它們。這個功能網路爬蟲是無法實作的，需要用程式碼手動實作：

```
# 此處位置在函式 show_tablewidget() 內部
' 檢測 checkBox 之前是否已經被選中過，若被選中過則設定為選中，否則設定為不選中 '
if tableWidget.objectName() == 'tableWidget_title':
    if self.current_page_num_title in self.select_title_page_info:
        self.checkBox_select_title.setCheckState(Qt.Checked)
    else:
        self.checkBox_select_title.setCheckState(Qt.Unchecked)
    flag = 'title'
else:
    if self.current_page_num_content in self.select_content_page_info:
        self.checkBox_select_content.setCheckState(Qt.Checked)
    else:
        self.checkBox_select_content.setCheckState(Qt.Unchecked)
    flag = 'content'
```

　　過濾資訊的顯示在「自訂過濾」部分進行講解，這裡先略過。程式碼如下：

```
# 此處位置在函式 show_tablewidget() 內部
''' 檢測過濾顯示的資訊 '''
if self.lineEdit_filter_title.isEnabled() == True:
    filter_text = self.lineEdit_filter_title.text()
    self.filter_title_list = self.get_filter_list(filter_text)
else:
    self.filter_title_list = []
if self.lineEdit_filter_content.isEnabled() == True:
    filter_text = self.lineEdit_filter_content.text()
    self.filter_content_list = self.get_filter_list(filter_text)
else:
    self.filter_content_list = []
```

　　下面處理從網路中獲取的資料。需要説明的是，可以為結果自訂增加標記 dict_ target['flag'] = flag。之所以這樣做，是因為伺服器傳回的標題搜尋結果與內容搜尋結果有相同的內容。如果把這些相同的內容增加到下載購物車中，則無法明確下載購物車中的基本元素到底是來自標題搜尋還是內容搜尋，這樣就無法建立下載購物車與標題搜尋和內容搜尋之間一一對應的關係，不方便管理購物車。而加上標記之後，就可以實作一一對應的關係。程式碼如下：

```python
# 此處位置在函式 show_tablewidget() 內部
''' 從傳入的網路爬蟲抓取的資料中提取自己需要的資料 '''
if len(dict_data) > 0:
    # key_word = self.lineEdit.text()
    len_index = len(dict_data)
    list_target = []   # 從 dict_data 中提取目標資料，基本元素是下面的 dict_target
    for index in range(len_index):
        dict_temp = dict_data[index]   # 提取從伺服器中傳回的其中一行資訊
        # 從 dict_temp 中提取自己需要的資訊，主要包括 title、content、time、
download_url 等
        dict_target = {}
        '提取標題與內容'
        _temp_title = dict_temp['announcementTitle']
        _temp_content = dict_temp['announcementContent']
        # <em> 和 </em> 是伺服器對搜尋關鍵字增加的標記，這裡剔除它們
        for i in ['<em>', '</em>']:
            _temp_title = _temp_title.replace(i, '')
            _temp_content = str(_temp_content).replace(i, '')

        dict_target['title'] = _temp_title
        dict_target['content'] = _temp_content

        '提取時間'
        _temp = dict_temp['adjunctUrl']
        dict_target['time'] = _temp.split(r'/')[1]

        '提取 URL'
        download_url = 'http://static.xxx.com.cn/' + dict_temp['adjunctUrl']
        dict_target['download_url'] = download_url
        dict_target['flag'] = flag
        # print(download_url)
        '增加處理的結果'
        list_target.append(dict_target)
```

　　同樣，對於下載過濾，也放在「自訂過濾」部分進行講解。程式碼如下：

```
# 此處位置在函式 show_tablewidget() 內部
    ''' 根據過濾規則進行自訂過濾，預設是不過濾 '''
    df = DataFrame(list_target)
    df = self.filter_df(df, filter_title_list=self.filter_title_list,
                        filter_content_list=self.filter_content_list)

    ''' 過濾後更新 list_target '''
    _temp = df.to_dict('index')
    list_target = list(_temp.values())

else:   # 處理沒有資料的情況
    list_target = []
```

　　獲取完資料之後，接下來顯示這些資料。首先確定需要顯示資料的行數、列數，以及每行的名稱、每列的名稱。程式碼如下：

```
# 此處位置在函式 show_tablewidget() 內部
'''tableWidget 的初始化 '''
list_col = ['time', 'title', 'download_url']
len_col = len(list_col)
len_index = len(list_target)            # list_target 可能有所改變，需要重新計算長度
if tableWidget.objectName() == 'tableWidget_title':
    self.list_target_title = list_target
else:
    self.list_target_content = list_target
tableWidget.setRowCount(len_index)          # 設定行數
tableWidget.setColumnCount(len_col)         # 設定列數
# 設定垂直方向上的名字
tableWidget.setHorizontalHeaderLabels(['時間 ', ' 標題 ', ' 查看 '])
tableWidget.setVerticalHeaderLabels([str(i) for i in range(1, len_index +
1)])                                    # 設定水平方向上的名字
tableWidget.setCornerButtonEnabled(True)  # 在左上角點擊就可以全選
```

下面對每行和每列填充資料：

```python
# 此處位置在函式 show_tablewidget() 內部
'''填充 tableWidget 的資料'''
for index in range(len_index):
    for col in range(len_col):
        name_col = list_col[col]
        if name_col == 'download_url':
            item = QTableWidgetItem('查看')
            item.setTextAlignment(Qt.AlignCenter)
            font = QFont()
            font.setBold(True)
            # font.setWeight(75)
            font.setWeight(QFont.Weight(75))
            item.setFont(font)
            item.setBackground(QColor(218, 218, 218))
            item.setFlags(Qt.ItemIsUserCheckable | Qt.ItemIsEnabled)
            tableWidget.setItem(index, col, item)
        elif name_col == 'time':
            item = QTableWidgetItem(list_target[index][name_col])
            item.setFlags(Qt.ItemIsUserCheckable |
                        Qt.ItemIsEnabled)
            '''查看當前行所代表的內容是否已經在下載購物車中，如果在就設定為選中'''
            if list_target[index] in self.download_info_list:
                item.setCheckState(Qt.Checked)
            else:
                item.setCheckState(Qt.Unchecked)
            tableWidget.setItem(index, col, item)
        else:
            tableWidget.setItem(index, col, QTableWidgetItem(list_target
[index][name_col]))
# tableWidget.resizeColumnsToContents()
tableWidget.setColumnWidth(1, 500)
```

執行腳本，顯示效果如圖 9-7 所示。結合結果進行解讀效果會更好。

▲ 圖 9-7

（1）為什麼右側的「查看」功能不使用 QPushButton 而使用 QTableWidgetItem ？這是因為如果使用 QPushButton，點擊按鈕只會觸發 QPushButton 的訊號 / 槽機制，並且會完全覆蓋 tableWidget 的訊號 / 槽機制，因此不會觸發 tableWidget 的訊號 / 槽機制；而使用 QTableWidgetItem 則沒有這個問題，所以這裡使用 QTableWidgetItem。程式碼如下：

```
item = QTableWidgetItem(' 查看 ')
item.setTextAlignment(Qt.AlignCenter)
font = QFont()
font.setBold(True)
font.setWeight(75)
item.setFont(font)
item.setBackground(QColor(218, 218, 218))
item.setFlags(Qt.ItemIsUserCheckable | Qt.ItemIsEnabled)
tableWidget.setItem(index, col, item)
```

（2）使用 QTableWidgetItem 附帶的 check 功能而非嵌入 CheckBox 控制項，也是這個原因，注意下面開啟 check 功能的方法。

（3）對於表格頁面中的某行記錄，如果之前選中過，那麼當下次跳躍到這個頁面時，希望能夠自動選中它。程式碼如下：

```
item = QTableWidgetItem(list_target[index][name_col])
item.setFlags(Qt.ItemIsUserCheckable |
              Qt.ItemIsEnabled)
''' 查看當前行所代表的內容是否已經在下載購物車中，如果在就設定為選中 '''
if list_target[index] in self.download_info_list:
    item.setCheckState(Qt.Checked)
else:
    item.setCheckState(Qt.Unchecked)
tableWidget.setItem(index, col, item)
```

（4）可以指定第 2 列的寬度為 500（tableWidget.setColumnWidth(1, 500)），也可以根據列的內容長度自動調整列的寬度（tableWidget. resizeColumnsToContents()）：

```
# tableWidget.resizeColumnsToContents()
tableWidget.setColumnWidth(1, 500)
```

4. 頁面跳躍

頁面跳躍要實作的是如圖 9-8 所示的這幾個控制項的功能。

▲ 圖 9-8

首先，從 __init__() 函式中的訊號與槽出發，查看程式的實作方式：

```
' 頁面跳躍函式 '
self.pushButton_title_down.clicked.connect(lambda: self.page_go('title_down'))
self.pushButton_content_down.clicked.connect(lambda: self.page_go
('content_down'))
self.pushButton_title_up.clicked.connect(lambda: self.page_go('title_up'))
```

```
self.pushButton_content_up.clicked.connect(lambda: self.page_go('content_up'))
self.pushButton_title_jump_to.clicked.connect(lambda: self.page_go('title_
jump_to'))
self.pushButton_content_jump_to.clicked.connect(lambda: self.page_go
('content_jump_to'))
```

可以看到，所有的頁面跳躍函式都指向 page_go() 函式，並且此處使用的是可以傳遞參數的訊號 / 槽機制。

另外，在 lineEdit 控制項上按 Enter 鍵，呈現的效果與點擊「頁面跳躍」按鈕的效果一樣。程式碼如下：

```
self.lineEdit_content_page.returnPressed.connect(self.pushButton_content_
jump_to.click)
self.lineEdit_title_page.returnPressed.connect(lambda: self.page_go('title_
jump_to'))
```

> ⧗ 注意：
>
> 這裡使用兩種實作方法：一種方法是透過點擊「頁面跳躍」按鈕來間接觸發 page_go() 函式；另一種方法是直接觸發 page_go() 函式。這兩種實作方法的結果是一樣的。

下面介紹 page_go() 函式做什麼：

```
def page_go(self, go_type):
    '''頁面跳躍主函式'''
    if go_type == 'title_down': # 觸發「下一頁」按鈕
        _temp = self.current_page_num_title
        self.current_page_num_title += 1
        # 如果待跳躍的頁面真實、有效，則繼續；否則不進行跳躍
        if 1 <= self.current_page_num_title <= self.total_pages_title:
            self.update_tablewidget_title(page_num=self.current_ page_num_
title)
        else:
            self.current_page_num_title = _temp
```

當在標題搜尋網頁面中點擊「下一頁」按鈕時，會觸發 page_go() 函式，並傳遞 title_down 參數。上面的程式碼的作用如下：若下一頁是有效的，則跳躍；否則不跳躍。

頁碼的跳躍的實作方式也是一樣的：若待跳躍的頁碼是有效的（就是待跳躍的頁碼 PageNum 的大小在 1 與頁碼最大值之間），則跳躍；否則不跳躍。程式碼如下：

```
# 此處位置在page_go()函式內部
elif go_type == 'title_jump_to':
    _temp = self.current_page_num_title
    self.current_page_num_title = int(self.lineEdit_title_page.text())
    if 1 <= self.current_page_num_title <= self.total_pages_title:
        self.update_tablewidget_title(page_num=self.current_ page_num_title)
    else:
        self.current_page_num_title = _temp
```

5. 快速選擇

快速選擇解決的是如圖 9-9 所示的黑色框中選項的選擇問題。

▲ 圖 9-9

相關的訊號與槽的程式碼如下（其中前兩行程式碼由 tableWidget 的訊號觸發，後兩行程式碼由 checkBox 控制項的訊號觸發）：

```
'tableWidget 相關'
self.tableWidget_title.itemChanged.connect(self.select_item)
self.tableWidget_content.itemChanged.connect(self.select_item)
'選擇標題或內容'
```

```
self.checkBox_select_title.clicked['bool']
connect(self.select_checkBox)
self.checkBox_select_content.clicked['bool'].
connect(self.select_checkBox)
```

下面先從 select_item() 函式開始解讀，它是最基本的選擇函式：

```
def select_item(self, item):
    ''' 處理選擇 item 的主函式 '''
    # print('item+change')
    column = item.column()
    row = item.row()
    if column == 0:   # 只針對第 1 列
        if item.checkState() == Qt.Checked:
            if item.tableWidget().objectName() == 'tableWidget_title':
                download_one = self.list_target_title[row]
            else:
                download_one = self.list_target_content[row]
            if download_one not in self.download_info_list:
                self.download_info_list.append(download_one)
                self.signal_status.emit('select_status', [])
        else:
            if item.tableWidget().objectName() == 'tableWidget_title':
                download_one = self.list_target_title[row]
            else:
                download_one = self.list_target_content[row]
            if download_one in self.download_info_list:
                self.download_info_list.remove(download_one)
                self.signal_status.emit('select_status', [])
```

上述程式碼的意思如下：如果第 1 列（column=0）的 item.checkState 為選中狀態，那麼從當前表格中找出當前行的資訊，若資訊不在下載購物車（self.download_info_list）中，則增加進去，同時在狀態列上顯示 select_status 資訊；如果 item.checkState 為未選中狀態，那麼從當前表格中找出當前行的資訊，若資訊在下載購物車（self.download_ info_list）中，則需要把資訊刪除，同時在狀態列上顯示 select_status 資訊。

需要說明的是，self.signal_status.emit('select_status', []) 函式有一個空清單參數，用來向狀態列發送額外的資訊。這裡不需要額外的資訊，所以傳遞一個空清單就可以，但是不能省略。

當點擊「下載所選」按鈕後，將觸發下面的函式：

```
def select_checkBox(self, bool):
    sender = self.sender() # sender() 傳回的是觸發了這個訊號的那個控制項
    if sender.objectName() == 'checkBox_select_title':
        self.select_checkBox_one(sender, self.tableWidget_title)
    elif sender.objectName() == 'checkBox_select_content':
        self.select_checkBox_one(sender, self.tableWidget_content)
```

然後呼叫下面的函式：

```
def select_checkBox_one(self, sender, tableWidget):
    if sender.checkState() == Qt.Checked:
        self.select_tableWidget(tableWidget)
        if tableWidget.objectName() == 'tableWidget_title':
            self.select_title_page_info.add(self.current_ page_num_title)
        elif tableWidget.objectName() == 'tableWidget_content':
            self.select_content_page_info.add(self.current_ page_num_content)
    else:
        self.select_tableWidget_clear(tableWidget)
        if tableWidget.objectName() == 'tableWidget_title':
            if self.current_page_num_title in self.select_title_page_info:
                self.select_title_page_info.remove (self.current_page_num_
title)
        elif tableWidget.objectName() == 'tableWidget_content':
            if self.current_page_num_content in self.select_content_page_info:
                self.select_content_page_info.remove (self.current_page_num_
content)
```

上述程式碼的意思如下：如果「選擇當頁」的 checkBox 處於選中狀態，則觸發 self.select_tableWidget(tableWidget) 函式全選當前清單的所有內容，並對當前頁面已經選中的內容做標記；不然觸發 self.select_tableWidget_clear(tableWidget) 函式不選擇當前清單的所有內容，如果標記了「選擇當頁」則刪除標記。這裡之所以要進行標記和刪除標記,是為了方便在頁面跳躍時自動幫助使用者選中已經標記的頁面,詳見 show_tablewidget() 函式。

可以看到,下面的兩個函式是核心,其內容也非常簡單:

```python
def select_tableWidget(self, tableWidget):
    ''' 選擇 tableWidget 的函式 '''
    row_count = tableWidget.rowCount()
    for index in range(row_count):
        item = tableWidget.item(index, 0)
        if item.checkState() == Qt.Unchecked:
            item.setCheckState(Qt.Checked)

def select_tableWidget_clear(self, tableWidget):
    ''' 清除選擇 tableWidget 的函式 '''
    row_count = tableWidget.rowCount()
    for index in range(row_count):
        item = tableWidget.item(index, 0)
        if item.checkState() == Qt.Checked:
            item.setCheckState(Qt.Unchecked)
```

6. 下載所選

當選擇好內容之後,接下來就要進行下載,畢竟下載才是最終的目的。「下載所選」雖然只是一個按鈕,但是真正實作起來卻不太容易,因為使用者希望在下載時,既可以知道下載的進度,又可以使用軟體進行新的搜尋,這就產生了以下兩個問題。

- Qt 的多執行緒問題(這裡是指主執行緒負責前端的使用,子執行緒負責後端的下載)。
- Qt 的子執行緒與主執行緒進行互動的問題(這裡是指使用子執行緒修改主執行緒的狀態列的顯示結果)。

在 Python 中,用於解決多執行緒問題的方法有很多,但是如果需要實作子執行緒向主執行緒發射訊號,則建議使用 Qt 的多執行緒技術。這是因為 Python 的多執行緒（如 threading）不容易實作訊號的發射，與狀態列的槽函式互動困難，而使用 Qt 的 QThread 則不存在這個問題。

下面從 __init__() 函式中的訊號與槽開始介紹：

```
'下載'
self.pushButton_download_select_title.clicked.
connect(self.download_pdf)
self.pushButton_download_select_content.clicked.
connect(self.download_pdf)
download_thread.signal.connect(self.show_status)# 連接子執行緒的訊號與主執行緒的槽
```

download_thread 是 WorkThread 類別的實例，專門用來下載資料。關於 WorkThread 類別的用法，稍後再說明。這裡的 download_thread.signal.connect(self.show_status) 函式表示將子執行緒的自訂訊號 signal 與主執行緒的槽函式 show_status() 進行連接，這樣就可以實作子執行緒與主執行緒的互動。此外，self.download_pdf 是最關鍵的函式，下面對其進行解讀：

```
def download_pdf(self):
    '''下載 PDF 的主函式'''
    if download_thread.isRunning() == True:
        QMessageBox.warning(self, '警告!', '檢測到下載程式正在執行，請不要重複執
行', QMessageBox.Yes)
        return None

    download_thread.download_list = self.download_info_list.copy()
    download_thread.download_path = copy.copy(self.download_path)
    download_thread.start()
```

首先，檢測這個子執行緒是否正在執行下載操作，如果是則不進行下一步操作。因為點擊「下載所選」按鈕之後會有一個初始化的時間，使用者可能會在這段時間連續點擊這個按鈕，這樣做可以防止出現這種情況。

其次，向 download_thread 的實例傳遞下載的清單和下載路徑參數。

最後，啟動 download_thread 的下載函式 download_thread.start()。

下面重點介紹 WorkThread 類別。實際上，與 threading.Thread 類別相比，WorkThread 類別僅多出了一個訊號：

```
class WorkThread(QThread):
    # 宣告一個包括 str 類型和 list 類型的參數的訊號
    signal = pyqtSignal(str, list)

    def __int__(self):
        self.download_list = self.download_path = []
        self.download_list_err = []
        self.filter_content_list = self.filter_title_list = []
        super(WorkThread, self).__init__()

    def main_download(self, download_list, download_path, download_status=
'download_status'):
        count_all = len(download_list)
        count_err = count_right = count_num = 0
        self.download_list_err = []
        for key_dict in download_list:
            count_num += 1
            download_url = key_dict['download_url']
            time = key_dict['time']
            title = key_dict['title']
            total_title = time + '_' + title
            total_title = total_title.replace(':', '：')
            total_title = total_title.replace('?', '？')
            total_title = total_title.replace('*', '★')

            file_path = download_path + os.sep + '%s.pdf' % total_title
            if os.path.isfile(file_path) == True:  # 若檔案已經存在，則預設為下載成功
                count_right += 1
                signal_list = [count_num, count_all, count_right, count_err,
title]
                self.signal.emit(download_status, signal_list)  # 迴圈結束後發出
訊號
                continue
            else:
```

```
                    f = open(file_path, "wb") # 先建立一個檔案，以免其他執行緒重複建立
這個檔案

                    try:
                        r = requests.get(download_url, stream=True)
                        data = r.raw.read()
                    except:
                        self.download_list_err.append(key_dict)
                        count_err += 1
                        f.close()
                        os.remove(file_path) # 檔案下載失敗，要先關閉 open() 函式，然後
刪除檔案

                        signal_list = [count_num, count_all, count_right,
count_err, title]
                        # 迴圈結束後發射訊號
                        self.signal.emit(download_status, signal_list)
                        continue
                    f.write(data)
                    f.close()
                    count_right += 1
                    signal_list = [count_num, count_all, count_right, count_err,
title]
                    self.signal.emit(download_status, signal_list) # 迴圈結束後發射
訊號

    def run(self):
        self.main_download(self.download_list, self.download_path, download_
status='download_status')
        self.main_download(self.download_list_err, self.download_path,
download_status='download_status_err')
        self.main_download(self.download_list_err, self.download_path,
download_status='download_status_err')
```

上面的程式碼並不難理解，但是有 3 點需要注意。

（1）由於路徑中不能出現「:」、「?」和「*」等字元，因此要對它們
進行替換：

```
download_url = key_dict['download_url']
time = key_dict['time']
```

```
title = key_dict['title']
total_title = time + '_' + title
total_title = total_title.replace(':', '：')
total_title = total_title.replace('?', '？')
total_title = total_title.replace('*', '★')
```

（2）每次下載無論是否成功，都要向主程式發射訊號：

```
signal_list = [count_num, count_all, count_right, count_err, title]
self.signal.emit(download_status, signal_list)  # 迴圈結束後發射訊號
```

signal_list 是傳遞的額外的訊號，可以在主執行緒的 show_status() 函式中查看它的使用方法：

```
def show_status(self, type, list_args):
    if type == 'download_status':
        count_num, count_all, count_right, count_err, title = list_args
        self.statusBar().showMessage(
            '完成：{0}/{3}，正確：{1}，錯誤：{2}，本次下載：{4}'.format(count_num,
count_right, count_err, count_all, title))
    if type == 'download_status_err':
        count_num, count_all, count_right, count_err, title = list_args
        self.statusBar().showMessage(
            '重新下載失敗：完成：{0}/{3}，正確：{1}，錯誤：{2}，本次下載：{4}'.
format(count_num, count_right, count_err, count_all, title))
    if type == 'select_status':
        self.statusBar().showMessage('已選擇：%d' % len(self.download_info_
list))
    if type == 'change_save_path_status':
        self.statusBar().showMessage('儲存目錄修改為：%s' % self.download_path)
    if type == 'clear':
        self.statusBar().showMessage(' ')
```

（3）當第一次下載操作執行完畢之後，可能會有一些漏網之魚（因為存在下載失敗被忽略的情況），解決方法就是重複兩次下載失敗的操作。在一般情況下，第一次下載就可以 100% 成功，另外兩次下載操作僅是多加一層保險而已。程式碼如下：

```
def run(self):
        self.main_download(self.download_list, self.download_path, download_
status='download_status')
        self.main_download(self.download_list_err, self.download_path,
download_status='download_status_err')
        self.main_download(self.download_list_err, self.download_path,
download_status='download_status_err')
```

7. 查看功能

查看功能解決的是點擊如圖 9-10 所示的「查看」按鈕，就可以自動開啟對應的 PDF 檔案的問題。

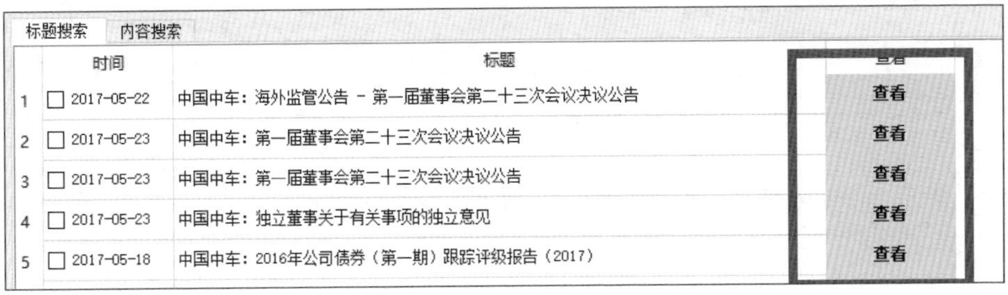

		时间	标题	查看
1	☐	2017-05-22	中国中车：海外监管公告 – 第一届董事会第二十三次会议决议公告	查看
2	☐	2017-05-23	中国中车：第一届董事会第二十三次会议决议公告	查看
3	☐	2017-05-23	中国中车：第一届董事会第二十三次会议决议公告	查看
4	☐	2017-05-23	中国中车：独立董事关于有关事项的独立意见	查看
5	☐	2017-05-18	中国中车：2016年公司债券（第一期）跟踪评级报告（2017）	查看

▲ 圖 9-10

這部分內容很簡單，下面從 __init__() 函式的訊號與槽開始介紹：

```
self.tableWidget_title.cellClicked.connect(self.view_one_new)
self.tableWidget_content.cellClicked.connect(self.view_one_new)
```

可以看到，主要是 view_one_new 在起作用：

```
def view_one_new(self, row, column):
    ''' 查看新聞的主函式 '''
    sender = self.sender()
    if column == 2:  # 只針對第 3 列 ---> 查看
        if sender.objectName() == 'tableWidget_title':
            download_one = self.list_target_title[row]
        else:
            download_one = self.list_target_content[row]
        download_path = copy.copy(self.download_path)
```

```
        view_thread = threading.Thread(target=self.view_one_new_thread,
args=(download_path, download_one), daemon=True)
        view_thread.start()
```

這裡的查看功能使用的也是多執行緒，因為使用者希望在後台下載 PDF 檔案的過程中，不影響自己對軟體的操作。由於這裡的子執行緒與主執行緒不進行互動，因此不需要使用 QThread，只需使用相對簡單的 threading 模組就可以。程式碼如下：

```
def view_one_new_thread(self, download_path, download_one):
    ''' 查看功能的多執行緒程式 '''
    download_url = download_one['download_url']
    title = download_one['title']
    title = title.replace(':', '：')
    title = title.replace('?', ' ？ ')
    title = title.replace('*', ' ★ ')

    path = download_path + os.sep + '%s.pdf' % title
    if not os.path.isfile(path):
        try:
            r = requests.get(download_url, stream=True)
            data = r.raw.read()
        except:
            return
        f = open(path, "wb")
        f.write(data)
        f.close()
    os.system(path)
```

子執行緒中的查看功能實作起來很簡單：只需要將對應的 PDF 檔案下載到本地，並用系統預設的 PDF 檢視器開啟即可。開啟 PDF 檔案僅需要以下一行程式碼：

```
os.system(path)
```

8. 結果排序

有時候使用者可能需要對結果進行排序處理,其實質就是模擬網頁的操作,因此排序方法和官網的排序方法一致,如圖 9-11 所示。

▲ 圖 9-11

當選取「不限排序」核取方塊時,會觸發下面的函式:

```python
@Slot(bool)
def on_checkBox_sort_flag_clicked(self, checked):
        if checked == True: # 恢復預設的排序
            self.comboBox_name.setEnabled(False)
            self.comboBox_type.setEnabled(False)
            self.sort_name = 'nothing'
            self.sort_type = 'desc'
        elif self.comboBox_name.currentText() == '相關度': # 相關度有些特殊
            self.comboBox_name.setEnabled(True)
            # 如果 comboBox_name.currentText()=="相關度",則這個控制項不可用。這是
模擬官網的操作
            self.comboBox_type.setEnabled(False)
            self.sort_name = 'nothing'
            self.sort_type = 'desc'
        else: # 其他的則設定對應的參數
            self.comboBox_name.setEnabled(True)
            self.comboBox_type.setEnabled(True)
            sort_name = self.comboBox_name.currentText()
            sort_type = self.comboBox_type.currentText()

            self.sort_name = self.comboBox_dict[sort_name]
            self.sort_type = self.comboBox_dict[sort_type]
```

上述程式碼的含義如下:如果不需要對結果進行排序,則設定 sort_name 和 sort_type 為預設值;如果需要排序,則設定為以下形式。

- 如果「排序名稱」選擇的是「相關度」，則不允許選擇排序名稱
  （這是模擬官網的結果）。
- 如果「排序名稱」沒有選擇「相關度」，則可以選擇排序名稱。

排序名稱和排序類型兩個 comboBox 對應的程式碼如下（其邏輯同
上）：

```python
@Slot(str)
def on_comboBox_name_currentTextChanged(self, p0):
        if p0 == '相關度':
            self.comboBox_name.setEnabled(True)
            self.comboBox_type.setEnabled(False)
            self.sort_name = 'nothing'
            self.sort_type = 'desc'
else:
            self.comboBox_name.setEnabled(True)
            self.comboBox_type.setEnabled(True)
            sort_name = self.comboBox_name.currentText()
            self.sort_name = self.comboBox_dict[sort_name]

@Slot(str)
def on_comboBox_type_currentTextChanged(self, p0):
        sort_type = self.comboBox_type.currentText()
        self.sort_type = self.comboBox_dict[sort_type]
```

9. 時間過濾

時間過濾功能相對簡單，無非是修改傳遞時間的參數，程式碼如下：

```python
@Slot(QDate)
def on_dateEdit_dateChanged(self, date):
        self.start_time = self.get_dateEdit_time(self.dateEdit)

@Slot(QDate)
def on_dateEdit_2_dateChanged(self, date):
        self.end_time = self.get_dateEdit_time(self.dateEdit_2)
```

10. 自訂過濾

這部分不僅實作了完整的模擬官方網站的功能，還間接實作了對官方網站進行自訂搜尋的功能。使用者可以透過設定關鍵字對搜尋結果進行自訂過濾。GUI 的呈現如圖 9-12 所示。

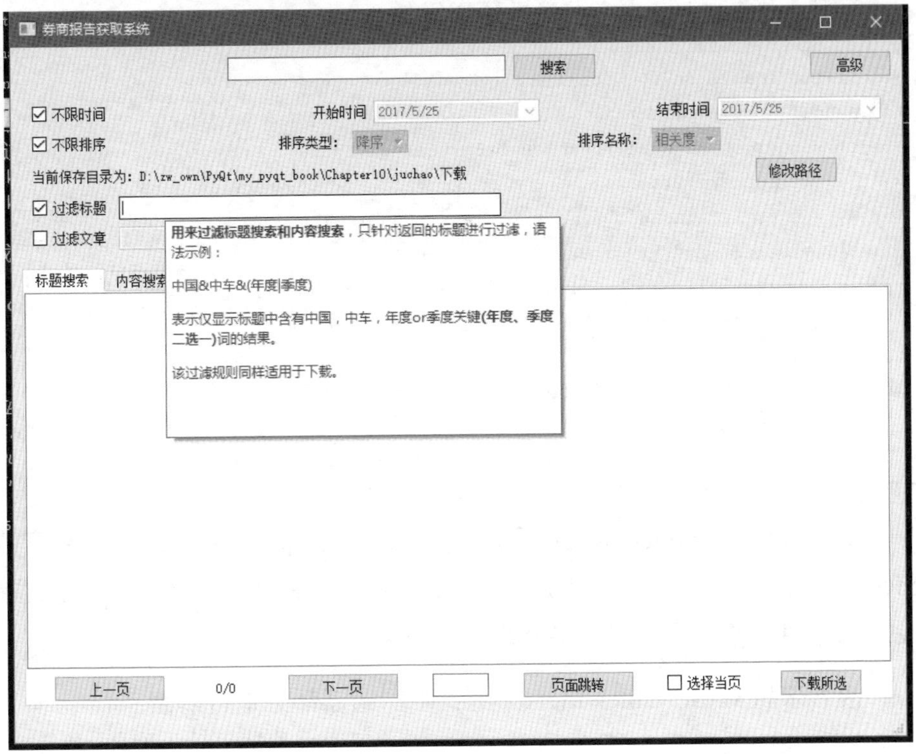

▲ 圖 9-12

當選取「過濾標題」核取方塊或「過濾文章」核取方塊後，對應的 lineEdit 就會設定為可用狀態，這時如果滑鼠指標在 lineEdit 上停留一會兒，則會出現如圖 9-12 所示的提示框，用來說明過濾搜尋的使用方法。這個提示框的設計透過 Qt Designer 就可以實作——點擊滑鼠右鍵，在彈出的快顯功能表中選擇「改變工具提示」命令。

下面仍然從 __init__() 函式的訊號與槽開始分析這部分內容：

```
' 顯示 / 下載過濾操作 '
self.checkBox_filter_title.clicked['bool'].connect(self.filter_enable)
self.checkBox_filter_content.clicked['bool'].connect(self.filter_enable)
```

可見，filter_enable() 函式是最關鍵的：

```
def filter_enable(self, bool):
    sender = self.sender()
    if sender.objectName() == 'checkBox_filter_title':
        if bool == True:
            self.lineEdit_filter_title.setEnabled(True)
        else:
            self.lineEdit_filter_title.setEnabled(False)
    elif sender.objectName() == 'checkBox_filter_content':
        if bool == True:
            self.lineEdit_filter_content.setEnabled(True)
        else:
            self.lineEdit_filter_content.setEnabled(False)
```

使用 filter_enable() 函式解決的問題非常簡單，以過濾標題的 checkBox 為例——當選取「過濾標題」核取方塊時，對應的 lineEdit 就設定為可用狀態，否則設定為不可用狀態。

接下來對 show_tablewidget() 函式中的過濾部分進行解讀：

```
''' 檢測過濾顯示的資訊 '''
if self.lineEdit_filter_title.isEnabled() == True:
    filter_text = self.lineEdit_filter_title.text()
    self.filter_title_list = self.get_filter_list(filter_text)
else:
    self.filter_title_list=[]
if self.lineEdit_filter_content.isEnabled() == True:
    filter_text = self.lineEdit_filter_content.text()
    self.filter_content_list = self.get_filter_list(filter_text)
else:
    self.filter_content_list=[]
```

如果啟用了 lineEdit_filter_title 或 lineEdit_filter_content，就從中選取過濾的資訊；不然就設定為 []（不過濾）。可以透過 get_filter_list() 函式對所選取的文字資訊進行進一步的加工，使之更容易被處理：

```
def get_filter_list(self,filter_text):
    #剔除空格，(，)，(，)，分行符號等元素
    filter_text = re.sub(r'[\s()（）]','',filter_text)
    filter_list = filter_text.split('&')
    return filter_list
```

以輸入的關鍵字「中國 & 中車 &(年度 | 季度)」為例，這裡的小括號「()」僅是為了便於理解，沒有其他的意思。同時，考慮到使用者也可能會輸入全形狀態下的小括號「（）」和空格等元素，因此要刪除這些非中文字元。最後，所輸入的關鍵字在這個函式中會傳回清單 [' 中國 ',' 中車 ',' 年度 | 季度 ']，接下來它會被派上用場：

```
''' 根據過濾規則進行自訂過濾，預設是不過濾 '''
df = DataFrame(list_target)
df = self.filter_df(df,filter_title_list=self.filter_title_list, filter_
content_list = self.filter_content_list)
''' 過濾後，更新 list_target'''
_temp = df.to_dict('index')
list_target = list(_temp.values())
```

上述程式碼的含義如下：先把 list_target 變成 DataFrame，然後對 DataFrame 進行過濾，最後把 DataFrame 變成 list_target。在這裡過濾的主函式是 filter_df()：

```
def filter_df(self, df, filter_title_list=[],filter_content_list=[]):
    '''
    過濾 df 的主函式
    :param df: df.columns
            Out[10]:
            Index(['content', 'download_url', 'time', 'title'],
dtype='object')

```

```
:param filter_title_list: filter_title_list=['成都','年度'|'季度']
filter_content_list: filter_content_list=['成都','年度'|'季度']
:return: df_filter
'''
for each in filter_title_list:
    ser = df.title
    df = df[ser.str.contains(each)]
# 處理內容傳回為 None 的情況，作用是若沒有文章內容傳回，則不進行過濾
filter_content_list = [each + '|None' for each in filter_content_list]
for each in filter_content_list:
    ser = df.content
    df = df[ser.str.contains(each)]
return df
```

這裡用到了 Pandas 模組的一些基本技巧。Pandas 是 Python 在處理資料方面的「瑞士刀」等級的模組，根據筆者的經驗，90% 以上的資料處理任務 Pandas 基本上都能夠勝任，並且性能卓越。現在對 ser.str.contains() 函式進行簡單的說明。Pandas 對字串的處理統一封裝到 str 類別中，contains() 接收的參數是一個正規表示法，因此「年度 | 季度」表示的是年度或季度。ser.str.contains(" 年度 | 季度 ") 傳回的是一個布林類型的 Series（Pandas 中常用的類別，也就是 ser 實例化的類別），包含「年度 | 季度」的為 True，不包含的為 False。

接 下 來 show_tablewidget() 函 式 把 過 濾 後 的 list_target 顯 示 到 tableWidget 上，在下載時也會進行這樣的過濾。

至此，本書最後一個案例介紹完畢。這是本書最具有實戰性的案例，可以看出，想要開發出一個具有實用價值的案例是一項很複雜的工程，需要認真處理各方面的細節。在讀者的不斷求索中，能夠與本書相遇也是一種緣分。如果讀者能夠從本書中獲取自己想要的東西，那麼筆者會感覺非常欣慰。

Qt for Python 程式碼轉換

在不同版本的 Qt for Python 程式碼中，PySide 6 / PyQt 6 / PyQt 5 是最常見的，筆者關心的是 PySide 6 / PyQt 6 之間及 PyQt 6 / PyQt 5 之間的差異。

筆者推薦讀者學習 QtPy 模組，因為這個模組對 PyQt 5、PyQt 6、PySide 6、PySide 2 提供支援，並且可以極佳地處理它們之間的差異。

A.1 PySide 6 和 PyQt 6 相互轉換

PySide 6 和 PyQt 6 之間最大的區別是許可方式：PyQt 6 在 GPL 或商業許可下可用，而 PySide 6 在 LGPL 許可下可用。

- 對於使用 PyQt（GPL）建構的應用程式，如果分發軟體，則必須向使用者提供軟體的原始程式碼。
- 對於使用 PySide（LGPL）建構的應用程式，如果分發軟體，則無須將應用程式的原始程式碼給使用者。如果要修改 LGPL 函式庫（PySide 本身的原始程式碼），則需要共用原始程式碼。在一般情況下不會修改 PySide 函式庫。

如果計畫在 GPL 下發佈軟體，或不準備分發軟體，那麼 PyQt 6 的 GPL 可以滿足需求。但是，如果想分發軟體但不共用原始程式碼，則需要從 Riverbank 購買 PyQt 6 的商業許可證或使用 PySide 6。

> ⧗ **注意：**
>
> Qt 本身在 Qt 商業許可證，以及 GPL 2.0、GPL 3.0 和 LGPL 3.0 許可證下可用。

　　由於 PySide 6 和 PyQt 6 都是 Qt for Python 的綁定，對絕大部分程式碼來説，二者可以互通，不相容的地方很小。對於差異部分，第 1 章已經介紹過，PySide 6 和 PyQt 6 之間最顯著的差異有兩個，了解了這兩個差異基本上就可以解決 PySide 6 和 PyQt 6 之間 95% 的相容性問題。

　　一是訊號與槽的命名，PySide 6 和 PyQt 6 關於訊號與槽有不同的命名，使用下面的方法可以統一起來，程式碼如下：

```
from PySide6.QtCore import Signal,Slot
from PyQt6.QtCore import  pyqtSignal as Signal,pyqtSlot as Slot
```

　　二是關於列舉的問題。PySide 6 對列舉的選項提供了捷徑，如 Qt.DayOfWeek 列舉包括星期一到星期日這 7 個值，在 PySide 中使用星期三可以直接用 Qt.Wednesday，而在 PyQt 6 中需要完整地使用 Qt.DayOfWeek.Wednesday。 當然， 在 PySide 6 中使用 Qt.DayOfWeek. Wednesday 也不會出錯。對於所有其他列舉也一樣，PySide 6 可以使用捷徑，PyQt 6 不可以。解決這個問題最簡單的方式是從官方説明文件中查詢列舉的完整路徑，如附圖 A-1 所示，在 Qt 幫手中隨便一查就可以查到列舉的名稱與路徑。

　　使用這種方法有極少數查不到的列舉，如 QDateTimeEdit.Section. DateSections_Mask（ 捷徑為 QDateTimeEdit.DateSections_Mask），可到 Qt 官方網站進行查詢，或透過 QDateTimeEdit 進行間接查詢。

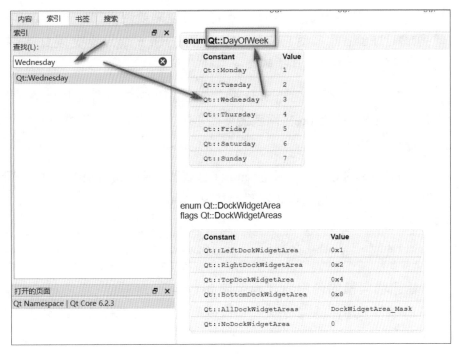

▲ 附圖 A-1

也可以是使用 qtpy 模組，這個模組可以把 PySide / PyQt 統一起來，假設 Python 環境只安裝了 PyQt 6 和 QtPy，沒有安裝 PySide 等，它會為 PyQt 6 的列舉增加捷徑，簡單來說就是透過以下方式匯入的 Qt 模組可以直接使用 Qt.Wednesday：

```
from qtpy.QtCore import Qt
```

掌握了上面兩種方法基本上就可以解決 PySide 6 和 PyQt 6 之間 95% 的相容性問題。如果讀者想要了解它們之間更詳細的資訊，可以簡單了解後面的內容，這些在實際開發中並不一定能用到，並且有些問題看到之後就知道如何解決。這些內容並不是全部，主要是筆者碰到的一些差異。

（1）PySide 6 的很多字串的傳回值為 bytes 類型（最常見的是使用 pyside6-uic.exe 編譯的 .py 檔案），如 QCheckBox().checkState().name 傳

回 b'Checked'，這種無法正常顯示中文，所以需要使用 .decode('utf8') 把它轉換成 UTF8 格式，使它支援中文。而 PyQt 6 則預設支援 UTF8 格式，可以正常顯示中文，無須轉換。

（2）關於 Qt 模組，在 PySide 6 中 QtGui 和 QtCore 都可以匯入，但 QtGui 中的 Qt 來自 QtCore，兩者的使用基本上沒有區別。而在 PyQt 6 中只能從 QtCore 匯入。

（3）PyQt 6 的 QObject 沒有 emit() 函式和 connect() 函式，所以以下程式碼在 PySide 6 中可用但是不適用於 PyQt 6：

```
self.connect(editor, SIGNAL("returnPressed()"), self.commitAndCloseEditor)
self.emit(SIGNAL("dataChanged(QModelIndex,QModelIndex)"), index, index)
```

這種訊號與槽的使用方式適用於 PyQt 4 和 PySide，用法和 C++ 類似，在 PyQt 5 及 PySide 2 之後，可以使用下面的方式代替，這也是推薦的方式：

```
self.editor.returnPressed.connect(self.commitAndCloseEditor)
self.dataChanged.emit(index, index)
```

（4）在一些事件中，如 QDropEvent，PySide 6 支援 pos() 函式（傳回 QPoint，整數座標）和 position() 函式（傳回 QPointF，浮點數座標），PyQt 6 只支援 position() 函式，可以透過 QPointF.toPoint() 函式把它們轉換成 QPoint。

（5）在 QFileDialog.getOpenFileName() 檔案目錄參數中，PySide 6 是 dir，PyQt 6 是 directory。

（6）在 QFontDialog.getFont() 函式中，PySide 6 傳回 (bool, QFont)，PyQt 6 傳回 (QFont, bool)。

（7）在 QInputDialog.getInt() 函式中，PySide 6 的參數 minValue 和 maxValue 對應 PyQt 6 的參數 min 和 max。

（8）PySide6.QtAxContainer 模組對應 PyQt6.QAxContainer。

（9）PySide6.QtCore.QSize(75, 24) 有一個 toTuple() 函式，傳回 Python 的 Tuple 類型 (75,24)。PyQt6.QtCore.QSize(75, 24) 則沒有這個方法，使用 (QSize().width(), QSize().height()) 代替。

（10）案例 3-10 的程式碼在 PyQt 6 中重新開啟時無法實作突顯，這可能是因為 PyQt 6 根據垃圾回收機制刪除了語法突顯部分的內容，在實例化的時候綁定到 self 就可以解決這個問題。對 PySide 6 來說，以下程式碼沒有問題：

```
highlighter = PythonHighlighter(self.editor.document())
```

但是對 PyQt 6 來說，需要改成以下形式才能正確執行：

```
self.highlighter = PythonHighlighter(self.editor.document())
```

（11）案例 4-9 對 PyQt 6 會顯示出錯，這可能是因為已經被 QDialog 使用的 QDialogButtonBox 無法被其他控制項使用，解決這個問題有以下兩種想法。

一是每次新建的彈出對話方塊都新建 QDialogButtonBox：

```
# 錯誤用法
button1.clicked.connect(lambda: self.show_dialog(buttonBox_dialog))
# 正確用法
button1.clicked.connect(lambda:self.show_dialog(self.create_buttonBox()))
```

二是使用之前的彈出對話方塊，不新建：

```
def show_dialog(self, buttonBox):
    if hasattr(self,'dialog'):
        self.dialog.exec()
        return
    self.dialog = QDialog(self)
    # 案例 4-9 的程式碼和 PySide 6 對應的 show_dialog() 函式相同，這裡不再贅述
```

（12）關於 WhatsThis 提示，PySide 6 使用的是類別實例方法 whatsThis.createAction (self)，whatsThis 是 QWhatsThis 類別的實例，而 PyQt 6 只能使用靜態函式，也就是 QWhatsThis. createAction (self)；對 whatsThis.enterWhatsThisMode() 函式來說也一樣。

（13）對 PyQt 6 來說，案例 6-1 無法在實例化之後修改從父類別繼承的一些函式，也就是說，以下程式碼的第 2 行是無效的，paintEvent 是 QWidget 內建的函式，這裡使用 PyQt 6 無法修改，但是使用 PySide 6 就可以修改：

```
elif text == 'paintEvent':
    self.paintEvent = self._paintEvent
    self.update()
```

解決辦法是雖然不可以修改父類別的函式，但是可以修改自己的函式。最簡單的方法是繼承這個函式就可以，新增一個 paintEvent 空函式：

```
def paintEvent(self, event):
    return
```

加上這兩行程式碼之後使用 PyQt 6 就可以正確執行。

（14）關於 .ui 檔案。

PySide 6 使用 pyside6-uic.exe 命令可以將 .ui 檔案編譯為 .py 檔案：

```
pyside6-uic.exe -o test.py  test.ui
```

PyQt 6 使用 pyuic6.exe 命令可以將 .ui 檔案編譯為 .py 檔案：

```
pyuic6.exe -o test.py  test.ui
```

PySide 6 載入資源檔的方式如下：

```
import sys
from PySide6 import QtWidgets
from PySide6.QtUiTools import QUiLoader
```

```
loader = QUiLoader()

app = QtWidgets.QApplication(sys.argv)
window = loader.load("mainwindow.ui", None)
window.show()
app.exec()
```

PyQt 6 載入資源檔的方式如下：

```
import sys
from PyQt6 import QtWidgets
from PyQt6 import QtWidgets, uic

app = QtWidgets.QApplication(sys.argv)

window = uic.loadUi("mainwindow.ui")
window.show()
app.exec()
```

A.2 從 PySide 2 / PyQt 5 到 PySide 6 / PyQt 6

PyQt 6 的列舉不能使用捷徑（如不能直接使用 Qt.Wednesday，必須間接使用 Qt.DayOfWeek.Wednesday），除此之外，其他綁定（如 PySide 6 / PySide 2 / PyQt 5）都可以使用。此外，PyQt 6 不再提供對資源檔 .qrc 的支援，沒有提供 pyrcc6.exe 工具，其他綁定都可以支援。使用 PyQt 6 需要額外注意這些。

從 PySide 2 到 PySide 6，從 PyQt 5 到 PyQt 6，它們對各自的模組都會儘量保持最大的相容性，也就是說，在絕大多數情況下，只需要進行以下替換即可：

```
from PySide2 import *
from PyQt5 import *
```

替換成以下形式：

```
from PySide6 import *
from PyQt6 import *
```

剩下的主要是 Qt 6 和 Qt 5 之間的差異，對兩者都適用，下面選取幾個說明。

1. exec() 和 exec_()

在之前 PyQt 5 / PySide 2 的程式中會發現執行程式使用 app.exec_()，而 PyQt 6 / PySide 6 使用 app.exec()，兩者的差異如下：QApplication 類別的 exec_() 來自 PyQt 4 及以前版本，因為在 Python 2 中，exec 是 Python 的關鍵字（Python 3 不是），為了避免衝突，PyQt 5 延續了 exec_()。對 PyQt 6 / PySide 6 來說，沒有支援 Python 2 的計畫，並且官方也不再維護 Python 2。所以，不用考慮 Python 2 使用者的情緒，恢復了 app.exec()。

2. QAction 位置的變化

在 Qt 5 中，QAction 位 於 QtWidgets 模 組，在 Qt 6 中 已 遷 移 到 QtGui 模組，程式碼如下：

```
from PyQt5.QtWidgets import QAction
from PySide2.QtWidgets import QAction
from PyQt6.QtGui import QAction
from PySide6.QtGui import QAction
```

3. 高解析度螢幕支援

Qt 6 預設啟用對高切割畫面的支援，可以透過以下程式碼關閉：

```
QApplication.setHighDpiScaleFactorRoundingPolicy(Qt.HighDpiScaleFactorRoundingPolicy.Floor)
```

4. QMouseEvent 事件方法

Qt 6 相對 Qt 5 關於 QMouseEvent 事件的函式如下。

- globalPos() 已棄用，使用 globalPosition().toPoint() 代替。
- globalX() 和 globalY() 已 棄 用， 使 用 globalPosition().x() 和 globalPosition().y() 代替。
- localPos() 已棄用，使用 position() 代替。
- screenPos() 已棄用，使用 globalPosition() 代替。
- windowPos() 已棄用，使用 scenePosition() 代替。
- x() 和 y() 已棄用，使用 position().x() 及 position().y() 代替。

5. 棄用 QApplication.desktop()

QApplication.desktop() 傳回的 QDesktopWidget 實例已經不再支援，使 用 QWidget.screen()、QApplication.primaryScreen() 或 QApplication. screens() 代替。

6. 正規表示法

QRegExp 模組已棄用，使用 QRegularExpression 代替。

7. QPalette 色票面板

QPalette 色票面板列舉值 Foreground 和 Background 已棄用，使用 WindowText 和 Window 代替。

以上是筆者遇到的部分差異資訊，並不是全部，僅供讀者參考。

如何知道哪些函式是已棄用的呢？可以參考官方說明文件，以 QMouseEvent 為例來說明，如附圖 A-2 所示。

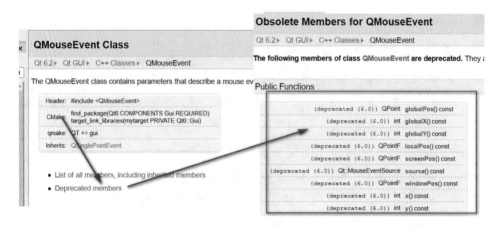

▲ 附圖 A-2

在一般情況下,透過官方説明文件總能快速找到解決方法。

C++ to Python 程式碼轉換

除了想要學習 PySide 2 / PyQt 5 生態的案例，讀者可能還想學習其他生態的案例，如 C++ 的 Qt。Qt 的生態非常豐富，官方為 Qt 提供的 demo 比 PySide 6 的豐富很多，我們可能需要把這些 C++ 程式碼轉換成 PySide 6 / PyQt 6 程式碼，這就是本附錄要介紹的內容。

與 C++ 程式碼相比，Python 程式碼要精簡很多，下面以 appendix\ B-CtoPyhtonDemo 中的檔案為例詳細說明。這個專案資料夾有幾個檔案，其中 qt_QDialog2.py 是 Python 檔案，其他都是 C++ 相關的檔案，如附圖 B-1 所示。

▲ 附圖 B-1

對於 C++ 檔案，需要重點改寫的是 main.cpp 檔案和 finddialog.cpp 檔案。main.cpp 檔案中的程式碼如下：

```cpp
#include <QApplication>

#include "finddialog.h"

int main(int argc, char *argv[])
```

```
{
    QApplication app(argc, argv);
    FindDialog dialog;

    dialog.show();

    return app.exec();
}
```

對應的 Python 檔案中的程式碼如下：

```
if __name__ == '__main__':
    app = QApplication(sys.argv)
    demo = FindDialog()
    demo.show()
    sys.exit(app.exec())
```

對於 finddialog.cpp 檔案，主要是建立一個 FindDialog 類別：

```
//! [0]
FindDialog::FindDialog(QWidget *parent)
    : QDialog(parent)
{}
```

對應的 Python 檔案中的程式碼如下：

```
class FindDialog(QDialog):
    def __init__(self, parent=None):
            super(FindDialog, self).__init__(parent)
```

剩下的是一些屬性的建立。在 C++ 中：

```
findButton = new QPushButton(tr("&Find"));
findButton->setDefault(true);
moreButton = new QPushButton(tr("&More"));
moreButton->setCheckable(true);
moreButton->setAutoDefault(false);

buttonBox = new QDialogButtonBox(Qt::Vertical);
```

```
buttonBox->addButton(findButton, QDialogButtonBox::ActionRole);
    buttonBox->addButton(moreButton, QDialogButtonBox::ActionRole);
```

對應的 Python 檔案中的程式碼如下：

```
# topRight: QPushButton * 2
findButton = QPushButton("&Find")
findButton.setDefault(True)
moreButton = QPushButton("&More")
moreButton.setCheckable(True)
moreButton.setAutoDefault(False)
buttonBox = QDialogButtonBox(Qt.Orientation.Vertical)
buttonBox.addButton(findButton, QDialogButtonBox.ButtonRole.ActionRole)
    buttonBox.addButton(moreButton, QDialogButtonBox.ButtonRole.ActionRole)
```

對於訊號與槽，C++ 程式碼如下：

```
connect(moreButton, &QAbstractButton::toggled, extension,
&QWidget::setVisible);
```

對應的 Python 檔案中的程式碼如下：

```
moreButton.toggled.connect(extension.setVisible)
```

以上是 appendix\B-CtoPyhtonDemo 中 C++ 程式碼轉為 Python 檔案的主要內容。

這裡沒有舉出函式的轉換情況，如果有 C++ 函式，如以下函式形式：

```
void FindDialog::testFunc()
{
}
```

則對應的 Python 程式碼如下：

```
class FindDialog(QDialog):
def  testFunc(self):
    pass
```

下面舉出 finddialog.cpp 檔案中的完整程式碼：

```cpp
#include <QtWidgets>

#include "finddialog.h"

//! [0]
FindDialog::FindDialog(QWidget *parent)
    : QDialog(parent)
{
    label = new QLabel(tr("Find &what:"));
    lineEdit = new QLineEdit;
    label->setBuddy(lineEdit);

    caseCheckBox = new QCheckBox(tr("Match &case"));
    fromStartCheckBox = new QCheckBox(tr("Search from &start"));
    fromStartCheckBox->setChecked(true);

//! [1]
    findButton = new QPushButton(tr("&Find"));
    findButton->setDefault(true);

    moreButton = new QPushButton(tr("&More"));
    moreButton->setCheckable(true);
//! [0]
    moreButton->setAutoDefault(false);

//! [1]

//! [2]
    extension = new QWidget;

    wholeWordsCheckBox = new QCheckBox(tr("&Whole words"));
    backwardCheckBox = new QCheckBox(tr("Search &backward"));
    searchSelectionCheckBox = new QCheckBox(tr("Search se&lection"));
//! [2]

//! [3]
    buttonBox = new QDialogButtonBox(Qt::Vertical);
    buttonBox->addButton(findButton, QDialogButtonBox::ActionRole);
```

```
    buttonBox->addButton(moreButton, QDialogButtonBox::ActionRole);

    connect(moreButton, &QAbstractButton::toggled, extension,
&QWidget::setVisible);

    QVBoxLayout *extensionLayout = new QVBoxLayout;
    extensionLayout->setContentsMargins(QMargins());
    extensionLayout->addWidget(wholeWordsCheckBox);
    extensionLayout->addWidget(backwardCheckBox);
    extensionLayout->addWidget(searchSelectionCheckBox);
    extension->setLayout(extensionLayout);
//! [3]

//! [4]
    QHBoxLayout *topLeftLayout = new QHBoxLayout;
    topLeftLayout->addWidget(label);
    topLeftLayout->addWidget(lineEdit);

    QVBoxLayout *leftLayout = new QVBoxLayout;
    leftLayout->addLayout(topLeftLayout);
    leftLayout->addWidget(caseCheckBox);
    leftLayout->addWidget(fromStartCheckBox);

    QGridLayout *mainLayout = new QGridLayout;
    mainLayout->setSizeConstraint(QLayout::SetFixedSize);
    mainLayout->addLayout(leftLayout, 0, 0);
    mainLayout->addWidget(buttonBox, 0, 1);
    mainLayout->addWidget(extension, 1, 0, 1, 2);
    mainLayout->setRowStretch(2, 1);

    setLayout(mainLayout);

    setWindowTitle(tr("Extension"));
//! [4] //! [5]
    extension->hide();
}
//! [5]
```

對應的 Python 程式碼（qt_Qdialog2.py）如下：

```python
# -*- coding: utf-8 -*-
import sys
from PyQt6.QtCore import *
from PyQt6.QtGui import *
from PyQt6.QtWidgets import *


class FindDialog(QDialog):

    def __init__(self, parent=None):
        super(FindDialog, self).__init__(parent)
        self.setWindowTitle("Extension")

        # topLeft: label+LineEdit
        label = QLabel("Find w&hat:")
        lineEdit = QLineEdit()
        label.setBuddy(lineEdit)
        topLeftLayout = QHBoxLayout()
        topLeftLayout.addWidget(label)
        topLeftLayout.addWidget(lineEdit)

        # left: topLeft + QCheckBox * 2
        caseCheckBox = QCheckBox("Match &case")
        fromStartCheckBox = QCheckBox("Search from &start")
        fromStartCheckBox.setChecked(True)
        leftLayout = QVBoxLayout()
        leftLayout.addLayout(topLeftLayout)
        leftLayout.addWidget(caseCheckBox)
        leftLayout.addWidget(fromStartCheckBox)

        # topRight: QPushButton * 2
        findButton = QPushButton("&Find")
        findButton.setDefault(True)
        moreButton = QPushButton("&More")
        moreButton.setCheckable(True)
        moreButton.setAutoDefault(False)
        buttonBox = QDialogButtonBox(Qt.Orientation.Vertical)
        buttonBox.addButton(findButton, QDialogButtonBox.ButtonRole.
ActionRole)
```

```
        buttonBox.addButton(moreButton, QDialogButtonBox.ButtonRole.
ActionRole)

        # hide QWidge
        extension = QWidget()
        extensionLayout = QVBoxLayout()
        extension.setLayout(extensionLayout)
        extension.hide()
        # hide QWidge: QCheckBox * 3
        wholeWordsCheckBox = QCheckBox("&Whole words")
        backwardCheckBox = QCheckBox("Search &backward")
        searchSelectionCheckBox = QCheckBox("Search se&lection")
        extensionLayout.setContentsMargins(QMargins())
        extensionLayout.addWidget(wholeWordsCheckBox)
        extensionLayout.addWidget(backwardCheckBox)
        extensionLayout.addWidget(searchSelectionCheckBox)

        # mainLayout
        mainLayout = QGridLayout()
        mainLayout.setSizeConstraint(QLayout.SizeConstraint.SetFixedSize)
        mainLayout.addLayout(leftLayout, 0, 0)
        mainLayout.addWidget(buttonBox, 0, 1)
        mainLayout.addWidget(extension, 1, 0, 1, 2)
        mainLayout.setRowStretch(2, 1)
        self.setLayout(mainLayout)

        # signal & slot
        moreButton.toggled.connect(extension.setVisible)

if __name__ == '__main__':
    app = QApplication(sys.argv)
    demo = FindDialog()
    demo.show()
    sys.exit(app.exec())
```

本書一些通用列舉表格目錄

本書以表格的形式呈現了很多列舉、屬性和函式參數等的用法。有些表格根據目錄也可以快速定位，如與 QFormLayout 有關的列舉用法，可以根據目錄快速定位到 6.2.4 節；有些比較重要但又難以根據目錄定位，下面用附資料表 C-1 列舉出來。

附表 C-1

表格	內容	出現章節
表 3-2	對齊方式	3.2.1 節
表 3-13	QFont 字型粗細	3.4.1 節
表 3-30	QFontDatabase.WritingSystem，只顯示特定書寫系統的字型，如中文、韓文等	3.7.7 節
表 3-46	獲取焦點	3.10.4 節
表 4-13	Qt.GlobalColor 支援的標準顏色	4.2.2 節
表 4-26	Qt 中的標準快速鍵與 Windows 和 macOS 中的快速鍵的對應關係	4.4.2 節
表 6-2	sizePolicy 策略	6.2.1 節

優秀 PySide / PyQt 開放
原始碼專案推薦

如果讀者想再進一步,則可以學習國內外一些優秀的開放原始碼專案,本附錄列舉了一些筆者了解的優秀的開放原始碼專案供讀者參考。有些是應用案例,有些可以看作 Qt for Python 的擴充,當然肯定有一些優秀項目本書沒有介紹。這些項目大多基於 PyQt 5,由於篇幅有限,對於這些項目僅做簡介,感興趣的讀者可以自行研究。

D.1 QtPy:PySide / PyQt 統一介面

QtPy 是一個小型抽象層,對 PyQt 5、PyQt 6、PySide 6、PySide 2 進行封裝並提供統一支援的介面,可以直接使用 QtPy 匯入 Qt for Python 的各種模組,而非從 PySide 或 PyQt 中匯入。因為 QtPy 處理了很多 PyQt 5、PyQt 6、PySide 6、PySide 2 之間的相容性的問題,所以在開發程式時使用 QtPy 可以極大地降低程式的遷移成本,從而有更多的時間關注自己的程式,而非程式碼遷移。

GitHub 專案的位址為 spyder-ide/qtpy(在 GitHub 上搜尋 spyder-ide/qtpy 即可找到該項目,由於符合標準性因素未列出完整位址)。也可以使用 pip 命令安裝 QtPy,程式碼如下:

```
pip install qtpy
```

D.2 qtmodern：主題支援

　　qtmodern 和之前介紹的 qdarkstyle 一樣，都是主題模組，提供了白色主題和黑色主題，確保 PyQt / PySide 應用程式在多個平臺上看起來更美觀且效果統一，如附圖 D-1 所示。

　　GitHub 專案的位址為 gmarull/qtmodern，也可以使用 pip 命令安裝 qtmodern，程式碼如下：

```
pip install qtmodern
```

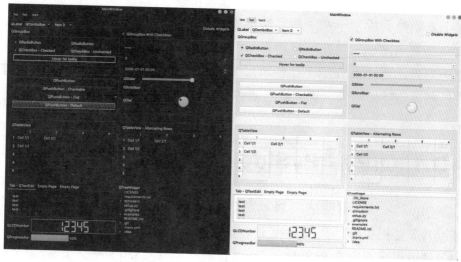

▲ 附圖 D-1

　　使用方法如下：

```
import qtmodern.styles
import qtmodern.windows

app = QApplication()
win = YourWindow()

qtmodern.styles.dark(app)
mw = qtmodern.windows.ModernWindow(win)
mw.show()
```

D.3 QtAwesome：字型與圖示支援

為 PyQt 和 PySide 應用程式增加字型與圖示的支援，效果如附圖 D-2 所示。

GitHub 專案的位址為 spyder-ide/qtawesome。

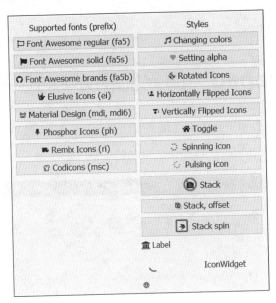

▲ 附圖 D-2

D.4 pyqgis：地理資訊系統軟體

QGIS 是一個開放原始碼地理資訊系統。該專案誕生於 2002 年 5 月，同年 6 月在 SourceForge 上作為專案成立。該項目致力於使所有人都可以使用地理資訊系統（Geographic Information System，GIS）軟體。QGIS 支援在大多數 UNIX、Windows 和 macOS 平臺上執行。QGIS 是使用 Qt 和 C++ 開發的，pyqgis 是對 Python 的綁定，用於為 QGIS 開發外掛程式，可以在 QGIS 的 Python 環境中開發。

　　QGIS 旨在成為一個使用者友善的 GIS，提供通用的功能和特性。該專案最初的目標是提供一個 GIS 資料檢視器。QGIS 已達到其發展階段，用於滿足 GIS 日常資料查看需求、資料捕捉、進階 GIS 分析，以及複雜地圖、地圖集和報告形式的演示。QGIS 支援豐富的網格和向量資料格式，使用外掛程式架構輕鬆增加新格式支援。QGIS 在 GNU 通用公共許可證（GPL）下發佈。在此許可下開發 QGIS 表示可以檢查和修改原始程式碼。

D.5 notepad：簡易記事本程式

　　基於 Python 2 和 PyQt 5 建構的簡單記事本如附圖 D-3 所示。GitHub 專案的位址為 BrainAxe/Awesome-Notepad。

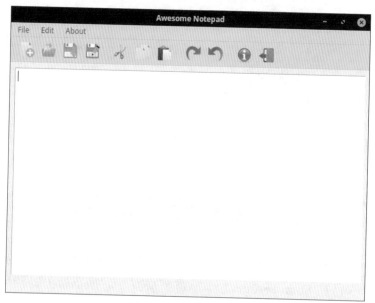

▲ 附圖 D-3

D.6 qt_style_sheet_inspector：Qt 樣式表檢查修改器

Qt 樣式表檢查修改器的功能如下。

- 在執行時期查看應用程式的當前樣式表。
- 在執行時期更改樣式表（按快速鍵 Ctrl+S）。
- 使用搜尋欄幫助查詢特定類型或名稱（按 F3 鍵）。
- 可以撤銷 / 重做更改（按快速鍵 Ctrl+Alt+Z 或 Ctrl+Alt+Y）。

效果如附圖 D-4 所示。

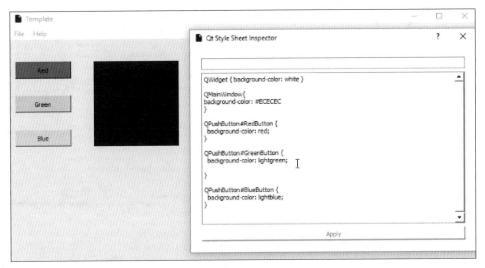

▲ 附圖 D-4

這是一個免費軟體，需要使用 PyQt 5 才能工作。GitHub 專案的位址為 ESSS/qt_style_ sheet_inspector。

D.7 QssStylesheetEditor：Qt 樣式表編輯器

QssStylesheetEditor 是一個功能強大的 Qt 樣式表編輯器，不僅支援即時預覽、自動提示和自訂變數，還支援預覽自訂 UI 程式，以及引用 QPalette 等功能。

軟 體 介 面 如 附 圖 D-5 所 示。GitHub 專 案 的 位 址 為 hustlei/ QssStylesheetEditor。

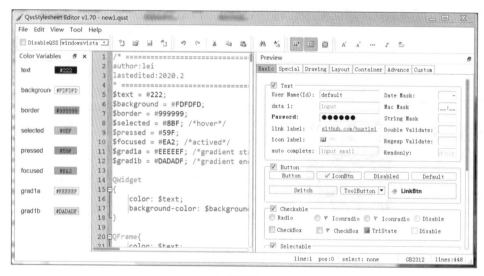

▲ 附圖 D-5

QssStylesheet Editor 的功能如下。

- QSS 程式碼突顯，程式碼折疊。
- QSS 程式碼自動提示和自動補全。
- 即時預覽 QSS 樣式效果，可以預覽幾乎所有的 qtwidget 控制項的效果。
- 支援預覽自訂介面程式碼。
- 支援在 QSS 中自訂變數。
- 自訂變數可以在顏色對話方塊中拾取變數的顏色。

- 支援透過顏色對話方塊改變 QPalette，並在 QSS 中引用。
- 支援使用相對路徑引用圖片，以及引用資源檔中的圖片。
- 支援切換不同的系統主題，如 XP 主題、Vista 主題等（不同主題下的 QSS 效果略有差異）。
- 能夠在 Windows、Linux 和 UNIX 平臺上執行。
- 支援多種語言（目前已支援中文、英文、俄文）。

D.8 PyDracula：一個基於 PySide 6 / PyQt 6 的現代 GUI 程式

PyDracula 是基於 PySide 6 / PyQt 6 的現代 GUI 程式，介面效果如附圖 D-6 所示。

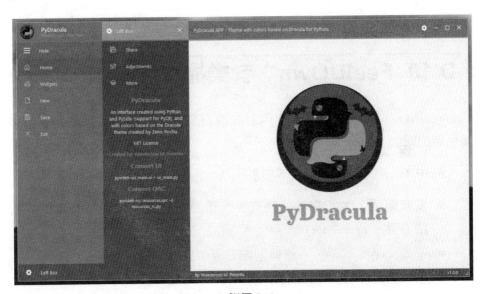

▲ 附圖 D-6

GitHub 專案的位址為 Wanderson-Magalhaes/Modern_GUI_PyDracula_PySide6_or_PyQt6。

　　此介面可以免費用於任何用途，但是如果讀者打算將其用於商業用途，則可以考慮捐贈來幫助維護該項目和其他項目，這有助保持這個項目和其他項目的活躍度。

D.9 PySimpleGUIQt：簡易 GUI 框架

　　PySimpleGUI 為 GUI 框架 Tkinter 提供了簡易封裝，使用簡單程式就可以開發一個 GUI 程式；PySimpleGUIQt 是對應的 Qt 版本，並且在不斷更新中。如果讀者只需要非常簡單的 GUI，則可以考慮使用這個模組。

　　GitHub 專案的位址為 PySimpleGUI/PySimpleGUI。也可以使用 pip 命令安裝 PySimpleGUI，程式碼如下：

```
pip install --upgrade PySimpleGUIQt
```

D.10 FeelUOwn：音樂播放機 1

　　FeelUOwn 是一個穩定、使用者友善及高度可訂製的音樂播放機，介面效果如附圖 D-7 所示。

　　FeelUOwn 的特性包括以下幾點。

- 安裝簡單，對初學者比較友善，預設提供音樂平臺外掛程式（如網易雲、蝦米、QQ 等）。
- 基於文字的歌單，方便與朋友分享、裝置之間同步。
- 提供基於 TCP 的互動控制協定。
- 類似於 .vimrc 和 .emacs 的設定檔 .fuorc。
- 有友善的開發上手文件，核心模組覆蓋了較好的文件和測試。

　　GitHub 專案的位址為 feeluown/FeelUOwn。可以透過 pip 命令安裝，但是還需要額外設定，詳見官方説明文件。

▲ 附圖 D-7(編按：本軟體為簡體中文介面)

D.11　MusicPlayer：音樂播放機 2

　　MusicPlayer 是一個整合了多家音樂網站（目前網易雲 / 蝦米 / QQ 音樂）的播放機，相對來說沒有 FeelUOwn 活躍。GitHub 專案的位址為 HuberTRoy/MusicBox。

　　MusicPlayer 的功能包括以下幾點。

- 支援網易雲、蝦米、QQ 音樂的歌單 / 搜尋，可以播放音樂，以及查看音樂資訊（歌詞）。
- 根據所聽歌曲推薦歌曲。
- 有桌面歌詞系統。
- 支援下載音樂。
- 支援網易雲手機號登入同步歌單。

- 可以盡可能還原網易雲音樂體驗。
- 可以跨平臺。
- 可以使用 QSS 設定樣式，類似於 CSS 的自訂擴充。

介面效果如附圖 D-8 所示。

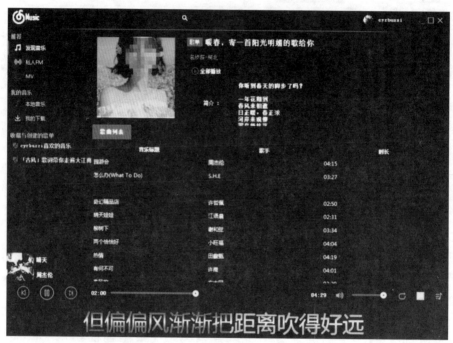

▲ 附圖 D-8 (編按：本軟體為簡體中文介面)

D.12 15 個應用程式的集合

這些應用程式展示了 PyQt 框架的各個部分，包括進階小元件、多媒體、圖形視圖和無裝飾的視窗。然而，最有趣且功能最完整的應用程式是掃雷、紙牌和繪畫。

（1）網路瀏覽器（單視窗，不支援多標籤）：MooseAche。

（2）網路瀏覽器（多標籤視窗）：Mozzarella Ashbadger。

（3）掃雷艦：掃月艦。

（4）記事本：No2Pads。

（5）計算機：Calculon（Qt Designer）。

（6）文字處理器：Megasolid Idiom。

（7）網路攝影機 / 快照：NSAViewer。

（8）媒體播放機：故障燈。

（9）便利貼：棕色便箋（Qt Designer）。

（10）油漆：Piecasso（Qt Designer）。

（11）解壓縮：7Pez（Qt Designer）。

（12）翻譯器：Translataarrr（Qt Designer）。

（13）天氣：Raindar（Qt Designer）。

（14）貨幣轉換器：甜甜圈（PyQtGraph）。

（15）紙牌：Ronery（QGraphicsScene）。

絕大多數程式唯一的要求是 PyQt5，極少有其他要求。所有程式均在 MIT 下獲得許可，這樣就可以自由地重用程式，在商業和非商業專案中重新混合，唯一的要求是在分發時包含相同的許可證。

GitHub 專案的位址為 pythonguis/15-minute-apps。另外，這是國外的非常好的學習 PySide / PyQt 網站維護的專案，缺點是沒有中文。

D.13 youtube-dl-GUI：YouTube 下載程式

這個專案是用 PyQt 撰寫的 youtube-dl GUI 程式。它基於 youtube-dl 開發，youtube-dl 是由多個貢獻者維護並公開發佈的視訊下載腳本。該 GUI 程式基於 Python 3.x 撰寫，並根據 MIT 許可證發佈（不是公開發佈的）。

GitHub 專案的位址為 yasoob/youtube-dl-GUI。介面效果如附圖 D-9 所示。

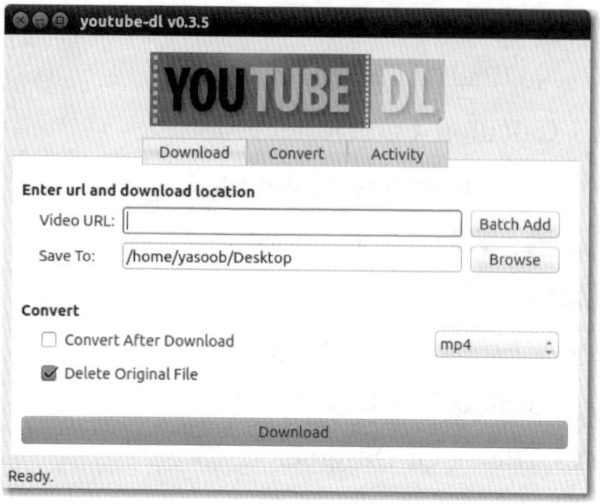

▲ 附圖 D-9

此應用程式具有以下功能。

- 支援從 200 多個網站下載視訊。
- 允許平行處理下載多個視訊。
- 分別顯示每個視訊的下載統計資訊。
- 恢復中斷的下載。
- 以最佳品質下載視訊。

D.14 自訂 Widgets

該專案為 PyQt 程式提供一些很漂亮的自訂小元件，用來簡化 UI 開發過程。這些小元件可以先在 QT Designer 中使用，然後匯入 PyiSide / PyQt 程式中。

GitHub 專案的位址為 KhamisiKibet/QT-PyQt-PySide-Custom-Widgets。也可以透過 pip 命令安裝 Widgets，程式碼如下：

```
pip install QT-PyQt-PySide-Custom-Widgets
```

部分介面效果如附圖 D-10 和附圖 D-11 所示。

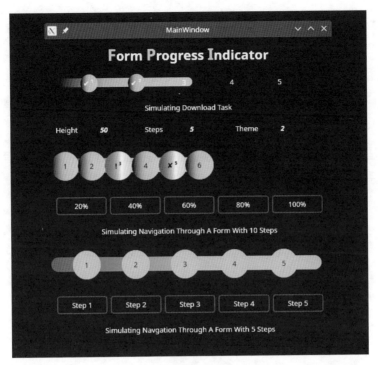

▲ 附圖 D-10

▲ 附圖 D-11

D.15 vnpy：開放原始碼量化交易平臺

之所以把 vnpy 放在最後是因為它其實包括兩個不同的項目，雖然這兩個項目之間存在爭議，但都是優秀的開放原始碼量化交易平臺，都是基於 PyQt 5 的開放原始碼專案。

兩個項目的名字非常相似，至於兩者各自有什麼特點，兩者之間有什麼關係，以及哪個更合適自己，感興趣的讀者可以自己研究。

NOTE

NOTE